T0225814

Grundkurs Mathematik für Biologen

Von apl. Prof. Dr. rer. nat. habil. Herbert Vogt
Universität Würzburg

2., überarbeitete und erweiterte Auflage
Mit zahlreichen Figuren, Aufgaben mit Lösungen
und Beispielen

B.G.Teubner Stuttgart 1994

Dr. rer. nat. habil. Herbert Vogt, apl. Prof. an der Universität Würzburg

Geboren 1940 in Gerolzhofen. Von 1959 bis 1964 Studium der Mathematik und Physik an der Universität in Würzburg. 1964 Staatsexamen Mathematik/Physik, 1968 Promotion und 1979 Habilitation an der Universität Würzburg.
Arbeitsgebiete: Wahrscheinlichkeitsrechnung, Statistik, Biomathematik und Wirtschaftsmathematik.

Die Deutsche Bibliothek – CIP-Einheitsaufnahme

Vogt, Herbert:
Grundkurs Mathematik für Biologen / von Herbert Vogt. – 2.,
überarb. und erw. Aufl. – Stuttgart : Teubner, 1994
    (Teubner-Studienbücher : Mathematik)
    ISBN-13: 978-3-519-12065-0   e-ISBN-13: 978-3-322-84865-9
    DOI: 10.1007/978-3-322-84865-9

© B. G. Teubner Stuttgart 1994

Gesamtherstellung: Druckhaus Beltz, Hemsbach/Bergstraße

EIN BRIEF AN DEN AUTOR

Lieber Herbert,

vielen Dank für Deine Nachfrage nach dem Fortgang meiner Studien. Wahrscheinlich willst Du wissen, wann ich endlich zum Examen antrete. Ich bin gerade dabei, meine Diplomarbeit zu beenden. Zum Glück kenne ich einen Computerfreak, der mir bei der Auswertung der vielen Daten hilft, die ich gesammelt habe. Er geht sehr souverän mit der Software um und darum denke ich, es wird schon alles richtig sein. Nur mit der Interpretation der Resultate, die der Computer ausdruckt, habe ich noch Schwierigkeiten. Wir machen immer eine ANOVA, wozu wir allerdings die Daten manchmal etwas umstrukturieren müssen, damit sich die Signifikanz einstellt. Das muß etwas Gutes sein und ich wüßte gern mehr darüber. Mein Freund sagt zwar: „Hauptsache, der Computer läuft; begreifen wollen und müssen wir nichts!", aber neulich hat mich doch der Betreuer meiner Diplomarbeit verunsichert, der wissen wollte, ob denn das Programm auch die Normalverteilungsannahme überprüft. Dagegen sagte mir ein Mathematiker, der Nachweis, daß empirische Daten einer Normalverteilung gehorchen, sei prinzipiell unmöglich. Wie reimt sich das zusammen? Wenn ich wenigstens wüßte, was eine Normalverteilung ist! Es rächt sich jetzt, daß ich noch keine Statistik-Vorlesung gehört habe, aber ich werde das nachholen.

Darf ich Dir auch einmal einen guten Rat geben? Wenn die 2. Auflage Deines Buchs erscheint, solltest Du unbedingt ein paar Abschnitte über die statistische Auswertung von Daten anfügen. Die Anfänger lernen heute in den Vorlesungen zur Biomathematik vorwiegend Statistik und mancher Dozent würde Dein Buch empfehlen, wenn es auch dieses Gebiet behandeln würde. Die Differential- und Integralrechnung, die Du bei uns für wiederholungsbedürftig hältst, wird oft einfach als bekannt vorausgesetzt (ja, ja, ich weiß: fälschlicherweise). Es ist halt einmal so, daß wir Biologen sehr viele Bereiche studieren müssen; da wird Deine Vorstellung, daß wir erst einen zweisemestrigen Grundkurs in Mathematik und dann noch eine Vorlesung und eine Übung in Statistik besuchen, nur selten realisiert werden. Wenn wir uns aber notgedrungen mit wenig Mathematik begnügen, dann müssen auch statistische Grundkenntnisse schon den Anfängern vermittelt werden.

Mit freundlichen Grüßen Dein Robert.

Der Autor dankt nicht nur Robert für seinen guten Rat, sondern auch Herrn Dr.P. Spuhler vom Teubner-Verlag. Die Niederschrift der neuen, erweiterten Fassung dieses „Grundkurses" erfolgte mit LaTeX. Dabei mußte ich oft den Rat von erfahrenen Textverarbeitern erbitten. Dr.Rainer Göb, Dr.Michael Sachs, die Dipl. Math. Peter Frahm, Gudrun Kiesmüller und Herr Stefan Hinker haben mir oft geholfen und meine vielen Fragen mit großer Geduld beantwortet. Ihnen allen danke ich recht herzlich.

Würzburg, im September 1993   H.Vogt

INHALTSVERZEICHNIS

Seite

1 Grundbegriffe   7
1.1 Einige Begriffe der Aussagenlogik   7
1.2 Reelle Zahlen und Funktionen   10
1.3 Koordinaten und Kurven   25

2 Folgen und Reihen   36
2.1 Definitionen und Beispiele   36
2.2 Konvergenz und Divergenz   38
2.3 Binomialkoeffizienten   47
2.4 Reihen   51
2.5 Differenzengleichungen und Populationsmodelle   55

3 Wichtige Funktionstypen   74
3.1 Polynome   74
3.2 Exponentialfunktionen und Logarithmen   81
3.3 Schwingungsfunktionen   94

4 Differentialrechnung   97
4.1 Die Ableitung   97
4.2 Differentiationsregeln   102
4.3 Maxima und Minima   113
4.4 Dimensionsbetrachtung und weitere Anwendungen   122

5 Integralrechnung   128
5.1 Das Riemann-Integral   128
5.2 Integrationsregeln   135
5.3 Dimensionsbetrachtung und Anwendungen   141
5.4 Uneigentliche Integrale   149

6 Näherungsverfahren   152
6.1 Genäherte Berechnung von Nullstellen   152
6.2 Interpolation   156
6.3 Näherungsweise Integration   158
6.4 Taylor-Polynome   161

7 Gewöhnliche Differentialgleichungen   165
7.1 Lineare Differentialgleichungen 1.Ordnung   165
7.2 Einige Differentialgleichungen 2.Ordnung   181

8 Funktionen von mehreren Variablen   196

8.1 Beispiele und Definitionen 196
8.2 Darstellung von Funktionen zweier Variablen 199
8.3 Partielle Ableitungen 208
8.4 Extremwerte 217
8.5 Einige partielle Differentialgleichungen 220

9 Begriffe der Wahrscheinlichkeitsrechnung 227
9.1 Meßwerte hängen vom Zufall ab 227
9.2 Münzen, Würfel, Urnen 229
9.3 Rechenoperationen für Mengen und Axiome 236
9.4 Bedingte Wahrscheinlichkeit und Unabhängigkeit 240
9.5 Bernoulli-Schema und Binomialverteilung 248
9.6 Zufällige Variable 252
9.7 Erwartungswert und Streuung 263
9.8 Unabhängige zufällige Variable 275
9.9 Der Korrelationskoeffizient 282
9.10 Wichtige Sätze der Wahrscheinlichkeitsrechnung 286

10 Schätzmethoden 296
10.1 Parameterschätzung 296
10.2 Konfidenz-Intervalle 307
10.3 Lineare Regression 315

11 Signifikanztests 322
11.1 Einführende Beispiele und allgemeines Schema 322
11.2 Test der Nullhypothese $\mu = \mu_0$ bei Normalverteilung
mit bekanntem σ. 327
11.3 Test der Nullhypothese $\mu = \mu_0$ bei Normalverteilung
mit unbekannter Streuung (ein t-Test). 330
11.4 Der t-Test für verbundene Stichproben 333
11.5 Test der Hypothese $p = p_0$ für eine Binomialverteilung 337
11.6 Der Vorzeichen-Test 340
11.7 Der Vorzeichen-Rang-Test von Wilcoxon 345
11.8 Der Zweistichproben-Test von Wilcoxon 354
11.9 Der Rangkorrelationskoeffizient von Spearman 368
11.10 χ^2-Tests 375
11.11 Der exakte Test von Fisher 389

Anhang: Einige PASCAL-Programme 392
Lösungen 398
Literaturverzeichnis 417
Sachverzeichnis 419

1 Grundbegriffe

1.1 Einige Begriffe der Aussagenlogik

Dieser erste Abschnitt ist keine Einführung in die Aussagenlogik; der Leser soll nur notwendige und hinreichende Bedingungen unterscheiden lernen und erfahren, was ein direkter und was ein indirekter Beweis ist.

Wir gehen aus von *Aussagen* wie z.B. „Tante Rosa kommt morgen", „6 ist teilbar durch 2", oder „7 ist kleiner als 4". Solche Aussagen über *bestimmte Subjekte* sind *wahr* oder *falsch*; etwas anderes gibt es in der Logik nicht. Daneben betrachten wir auch Aussagen über *unbestimmte Subjekte*; das sind Sätze, deren Subjekt ein Symbol ist, für das man ein beliebiges Element einer Grundmenge G einsetzen kann. Wir nennen sie *unbestimmte Aussagen*. Beispiele hierfür sind „Tante X kommt morgen", „a ist teilbar durch 2" oder „x ist kleiner als 4". Die unbestimmten Subjekte, die wir auch Symbole nennen, sind hier „Tante X", „a" und „x". Die Grundmengen, aus denen man ein Element für sie einsetzen kann, könnten etwa die Menge aller Tanten einer bestimmten Person, die Menge der natürlichen Zahlen 1,2, ... und die Menge aller reellen Zahlen sein. Es muß immer klar sein, auf welche Grundmenge sich eine unbestimmte Aussage bezieht.

Setzt man für ein Symbol in einer unbestimmten Aussage ein Element von G ein, dann entsteht eine wahre oder eine falsche Aussage.
Es gibt auch unbestimmte Aussagen mit mehreren Symbolen, wie etwa „x ist kleiner als y", aber das kompliziert die Sache nicht wesentlich; die Grundmenge ist dann eben eine Menge von Wertepaaren (x, y). Schwieriger wird es, wenn man sog. Quantoren, das sind Worte wie „alle", „ein" oder „kein" hinzunimmt, wodurch Aussagen wie „alle x sind größer als 0" oder „eine Tante kommt morgen" entstehen. Sie sind wahr oder falsch, genau wie die obigen einfachen Aussagen. So ist „alle x sind größer als 0" genau dann wahr, wenn „x ist größer als 0" für jedes x aus G wahr ist und genau dann falsch, wenn es wenigstens ein x in G gibt, für welches „x ist größer als 0" falsch ist. Wir wollen uns aber hier auf einfache Aussagen wie die zuerst genannten beschränken; unser bescheidenes Ziel erreichen wir auch so. Den stärker an der Aussagenlogik interessierten Lesern sei das Buch von Hermes [15] empfohlen.

Die Teilmenge von G, für die eine unbestimmte Aussage A wahr wird, bezeichnen wir mit M_A; die übrigen Elemente von G, für die A falsch wird, bilden dann eine Menge $\overline{M}_A$, die man auch als das *Komplement* von M_A bezeichnet (s. Figur 1).

Es kann nun sein, daß M_A ganz in einer Menge M_B enthalten ist (s.Figur 2), für deren Elemente eine andere unbestimmte Aussage B zu einer wahren Aussage wird. Dann ist B offenbar in allen Fällen wahr, in denen A wahr ist und wenn A wahr sein soll, dann muß auch B wahr sein. Man sagt dann auch, daß A hinreicht, um auf B zu schließen und daß B notwendigerweise wahr sein muß, wenn A wahr ist. Wir nennen daher

A eine hinreichende Bedingung für B ,

B eine notwendige Bedingung für A

und sagen: aus A folgt B. (Beispiel: aus „$x < 4$ " folgt „$x < 7$ ")
Für diese drei gleichbedeutenden Sprechweisen schreiben wir kurz
$A \Rightarrow B$ und sagen auch „es gilt $A \Rightarrow B$ ".

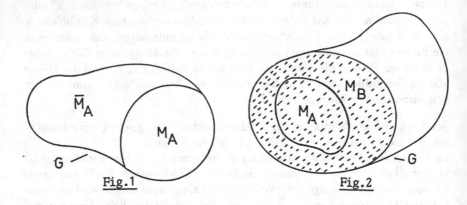

Fig.1   Fig.2

Unabhängig von dieser Darstellbarkeit durch Teilmengen einer Grundmenge G schreiben wir $A \Rightarrow B$ immer dann, wenn B aus A gefolgert werden kann. Wenn sowohl $A \Rightarrow B$, als auch $B \Rightarrow A$ gilt, dann schreiben wir

$A \Longleftrightarrow B$ und nennen A und B äquivalent.

Die Mengen M_A und M_B sind dann gleich.

Wenn $A \Rightarrow B$ und $B \Rightarrow C$ gelten, dann gilt auch $A \Rightarrow C$; für die Teilmengen bedeutet dies, daß M_A in M_C enthalten ist, falls M_A in M_B und M_B in M_C enthalten ist. Dies läßt sich fortsetzen und man gelangt so zu *Schlußketten* der Form

$A \Rightarrow B \Rightarrow C \Rightarrow \cdots \Rightarrow D$, woraus man $A \Rightarrow D$ schließt.

Von dieser Struktur ist der *direkte Beweis*. Man möchte zeigen, daß eine Aussage C wahr ist und geht dazu von einer schon bewiesenen oder einer ohne Beweis als wahr akzeptierten Aussage (einem Axiom) aus. Läßt sich dann eine von A bis C führende Schlußkette angeben, dann ist C bewiesen, d.h. man hat nach dem Prinzip des direkten Beweises gezeigt, daß C wahr ist.

BEISPIEL 1 : Wir beweisen, daß

$$\frac{a}{b} + \frac{b}{a} \geq 2 \text{ für beliebige } a > 0, b > 0$$

wahr ist. Dazu gehen wir aus von der wahren Aussage $(a - b)^2 \geq 0$; diese ist offenbar äquivalent mit $a^2 - 2ab + b^2 \geq 0$. Durch Division mit dem positiven Faktor ab schließen wir daraus $\frac{a}{b} - 2 + \frac{b}{a} \geq 0$ und daraus die zu beweisende Ungleichung, indem wir auf beiden Seiten 2 addieren. Der Beweis ist also durch folgende Schlußkette gegeben:

$$(a - b)^2 \geq 0 \Rightarrow a^2 - 2ab + b^2 \geq 0 \Rightarrow \frac{a}{b} - 2 - \frac{b}{a} \geq 0 \Rightarrow \frac{a}{b} + \frac{b}{a} \geq 2 .$$

Man erkennt daraus auch, daß das = -Zeichen nur gilt, wenn $a = b$ ist und daß für $a \neq b$ das > -Zeichen gilt.

Man könnte nun auch von der zuletzt angeschriebenen Aussage ausgehen, alle Pfeilrichtungen umkehren und damit beweisen, daß

$$(a - b)^2 \geq 0, \text{ wenn } \frac{a}{b} + \frac{b}{a} \geq 2 \text{ (mit } a > 0 \text{ und } b > 0 \text{)}$$

richtig ist. Dies wäre aber kein Beweis für das letztere! Es ist nämlich durchaus möglich, aus falschen Annahmen durch richtiges Schließen wahre Ergebnisse herzuleiten. Zum Beispiel erhält man aus

$$-1 = 1 \text{ durch Quadrieren } (-1)^2 = 1^2 \text{ und daraus } 1 = 1 .$$

Die zu beweisende Aussage muß also am Ende der Schlußkette stehen.

Der *indirekte Beweis* geht aus vom Gegenteil $\overline{A}$ der zu beweisenden Aussage A und unterstellt $\overline{A}$ als wahr. Dann wird eine Schlußkette konstruiert, die zu einer offensichtlich falschen Aussage F führt. Dann kann $\overline{A}$ nicht wahr sein, denn sonst wäre ja nach dem Prinzip des direkten Beweises auch F wahr. Daher ist

$\overline{A}$ falsch und somit A wahr. Man nennt dabei F auch den Widerspruch und den indirekten Beweis einen Widerspruchsbeweis. Ein klassisches Beispiel ist der Beweis, daß $\sqrt{2}$ keine rationale Zahl ist, d.h. daß sie nicht als Quotient ganzer Zahlen geschrieben werden kann. Diesen indirekten Beweis führen wir als

BEISPIEL 2 : Wäre $\sqrt{2}$ ein Quotient ganzer Zahlen, dann könnte man durch Kürzen erreichen, daß

$$\sqrt{2} = \frac{a}{b} \text{ , wobei } a \text{ und } b \text{ teilerfremde ganze Zahlen wären.}$$

Durch Quadrieren folgt dann $2 = a^2/b^2$ und daraus $2b^2 = a^2$. Dann ist aber a durch 2 teilbar, weil a^2 sonst nicht gerade sein könnte. Folglich muß a^2 sogar durch 4 teilbar sein und damit folgt aus der letzten Gleichung, daß b^2 auch durch 2 teilbar ist. Dies ist wiederum nur für gerades b möglich und damit folgt der Widerspruch, daß a und b beide durch 2 teilbar sind, obwohl wir a und b als teilerfremd voraussetzen konnten. Damit ist nach dem Prinzip des indirekten Beweises gezeigt, daß es keine ganzen Zahlen gibt, deren Quotient gleich $\sqrt{2}$ wäre.

AUFGABE 1 : Aus den folgenden Aussagen bilde man Paare, bei denen die eine Aussage aus der anderen folgt und formuliere dies auch mit „hinreichend" und „notwendig" :
a) „u ist eine ungerade Zahl",   b) „$u = 3^n$ mit n aus $\{1,2,...\}$ ",   c) „u ist ein Rechteck",   d) „u ist ein Quadrat",   e) „u ist ein Viereck",   f) „u ist ein Insekt",   g) „u ist eine Hummel".

1.2   Reelle Zahlen und Funktionen

Jede positive reelle Zahl läßt sich als Abstand zweier Punkte deuten und umgekehrt ist jeder Abstand eine reelle Zahl $a > 0$. Für den Betrag einer reellen Zahl a schreiben wir $|a|$; falls $a > 0$, ist $|a| = a$, falls $a < 0$, ist $|a| = -a$. Der Betrag von 0 ist 0. Also gilt stets $|a| \geq 0$.
Wir wollen als bekannt voraussetzen, daß man jede reelle Zahl als Dezimalbruch mit unendlich vielen Dezimalen schreiben kann. Dezimalbrüche, bei denen eine Ziffer oder eine Ziffernfolge unendlich oft wiederholt wird, nennt man *periodisch*. Sie sind *rational,* d.h. sie können auch als Bruch a/b mit ganzen Zahlen a und b geschrieben werden. So ist z.B.

$$1,24000... = \frac{124}{100} \text{ und } 0,171717... = \frac{17}{99}$$

(denn $(100 - 1) \cdot 0,171717\ldots = 17,1717\ldots - 0,171717\ldots = 17)$.

Umgekehrt ergibt jede rationale Zahl a/b beim Ausführen der Division durch b einen periodischen Dezimalbruch, denn als Divisionsreste können ja nur die Zahlen $0,1,2,\ldots,b-1$ auftreten. Wenn sich zum ersten Mal einer dieser Reste wiederholt, dann wiederholen sich auch die folgenden immer wieder in derselben Reihenfolge und es entsteht ein periodischer Dezimalbruch. So ist etwa
$$3/7 = 0,428571\ 428571\ldots,$$
Denn nach Berechnung der 6. Dezimale nach dem Komma hat man zum ersten Mal einen Rest, der schon zuvor aufgetreten ist, nämlich die 3.
In Beispiel 2 des vorigen Abschnitts haben wir bewiesen, daß $\sqrt{2}$ nicht rational ist. Also muß $\sqrt{2}$ gleich einem unendlichen, *nicht* periodischen Dezimalbruch sein. Solche reellen Zahlen nennt man *irrational*. Viele Quadratwurzeln, z.B. auch $\sqrt{3}$, $\sqrt{5}$, aber auch die Kreiszahl π sind irrational.
Es dürfte bekannt sein, daß man jede reelle Zahl als Punkt auf einer sog. Zahlengeraden deuten kann. Dazu wählt man auf einer beliebigen Geraden zwei Punkte aus und ordnet dem einen die 0, dem anderen die 1 zu. Dadurch sind dann die Punkte, die den übrigen reellen Zahlen entsprechen, festgelegt. Häufig greift man aus der Zahlengeraden Intervalle heraus.

DEFINITION: Ein *offenes Intervall* (a, b) ist die Menge aller reellen Zahlen, die der Bedingung $a < x < b$ genügen. Ein *abgeschlossenes Intervall* $[a, b]$ ist die Menge aller reellen Zahlen, die der Bedingung $a \leq x \leq b$ genügen.

In der üblichen Mengenschreibweise ist also (a, b) die Menge $\{x \mid a < x < b\}$, gelesen als „Menge aller x mit a kleiner als x und x kleiner als b", während $[a, b]$ die Menge $\{x \mid a \leq x \leq b\}$ ist, gelesen als „Menge aller x mit a kleiner oder gleich x und x kleiner oder gleich b".

Eine Menge M von reellen Zahlen heißt *nach oben beschränkt*, wenn es eine reelle Zahl K gibt mit $x \leq K$ für alle x aus M. Die Menge M heißt *nach unten beschränkt*, wenn es eine reelle Zahl L gibt mit $x \geq L$ für alle x aus M. K und L heißen dann eine *obere Schranke* bzw. eine *untere Schranke* für M und wenn es eine obere Schranke bzw. eine untere Schranke gibt, dann gibt es auch unendlich viele solche Schranken, denn mit K ist natürlich auch jede reelle Zahl $U > K$ eine obere Schranke und mit L ist auch jede reelle Zahl $V < L$ eine untere Schranke. Die Menge M heißt *beschränkt*, wenn sie sowohl eine obere, als auch eine untere Schranke besitzt.
Wir vereinbaren nun, daß wir im folgenden mit Zahlen immer reelle Zahlen meinen; sie können ganz, rational oder irrational sein. Andere, nämlich kom-

plexe Zahlen, werden nur gelegentlich auftreten und dann klar als solche gekennzeichnet werden.

Wenn eine Menge M nur aus endlich vielen Zahlen besteht, dann gibt es darunter eine größte; man nennt sie das *Maximum* und schreibt dafür auch $\max\{x|\ x \in M\}$.

Wenn die betrachtete Menge M aus unendlich vielen Zahlen besteht, kann sie ein Maximum besitzen oder nicht. Zum Beispiel ist $b = \max\{x|\ x \in [a,b]\ \}$, während die Menge (a,b) kein Maximum besitzt; denn jedes x aus (a,b) ist kleiner als b und daher gibt es stets ein x' mit $x < x' < b$, d.h. zu jedem x in (a,b) gibt es eine größere Zahl in (a,b).

Das *Minimum* einer Zahlenmenge ist die kleinste Zahl dieser Menge, falls es eine solche gibt. Das Minimum von $[a,b]$ ist a, während (a,b) kein Minimum besitzt. Andererseits ist a die größte untere Schranke und b die kleinste obere Schranke, die man zur Menge (a,b) angeben kann. Solche Schranken nennt man auch das infimum bzw. das supremum der Menge; die exakte Definition lautet wie folgt:

DEFINITION: Eine Zahl b heißt das *supremum* oder die *kleinste obere Schranke* einer Zahlenmenge M , wenn $x \leq b$ für alle x aus M und wenn für jedes $\varepsilon > 0$ ein x in M existiert mit $x > b - \varepsilon$.

Eine Zahl a heißt das *infimum* oder die *größte untere Schranke* einer Zahlenmenge M, wenn $x \geq a$ für alle x aus M und wenn für jedes $\varepsilon > 0$ ein x aus M existiert mit $x < a + \varepsilon$.

Man schreibt $b = \sup\{x|\ x \in M\}$ und $a = \inf\{x|\ x \in M\}$. supremum und infimum sind Oberbegriffe zu Maximum bzw. Minimum. Wenn das Maximum existiert, ist es gleich dem supremum und das Minimum ist, wenn es existiert, gleich dem infimum. Es läßt sich leicht zeigen, daß eine Zahlenmenge höchstens ein supremum und höchstens ein infimum hat. Aber auch supremum und infimum existieren nicht immer; z.B. gibt es zur Menge aller reellen Zahlen weder ein supremum, noch ein infimum. Der folgende Satz spricht eine fundamentale Eigenschaft der reellen Zahlen aus:

SATZ 1.2.1 : Zu jeder nach oben beschränkten Menge reeller Zahlen gibt es eine reelle Zahl, die das supremum der Menge ist. Zu jeder nach unten beschränkten Menge reeller Zahlen gibt es eine reelle Zahl, die das infimum der Menge ist.

BEISPIEL 1 : Die Menge $M = \{\frac{1}{n} \mid n = 1, 2, \ldots\}$ ist nach oben und unten beschränkt. Maximum und zugleich supremum ist 1, das Minimum existiert nicht; infimum ist die nicht in M liegende Zahl 0.

12

Man beachte, daß Maximum und Minimum, wenn sie existieren, immer Elemente der Menge sind, während supremum und infimum nicht unbedingt zur Menge gehören müssen, sondern auch „angrenzende" Zahlen sein können.

Nach diesen Vorbemerkungen über reelle Zahlen kommen wir nun zum Funktionsbegriff. Es gibt meßbare Größen, die so eng miteinander verknüpft sind, daß man sagen kann, die eine sei eine Funktion der anderen. So ist beim Fall eines Körpers die Fallstrecke eine Funktion der Zeit, der Druck in einer Flüssigkeit ist eine Funktion der Tiefe usw.. Zunächst wollen wir aber noch keine dimensionsbehafteten Größen betrachten, sondern dimensionslose Symbole $x, y, z, u \ldots$, die wir *Variable* nennen, weil sie in gewissen Zahlenmengen variieren, d.h. Werte aus diesen Mengen annehmen.

DEFINITION: Eine Funktion f einer Variablen x ist eine Abbildung einer Menge D in die Menge der reellen Zahlen, wobei jedem Element x aus D genau eine reelle Zahl $f(x)$ als *Funktionswert* zugeordnet wird.

Die Menge D heißt der *Definitionsbereich* der Funktion, die Menge aller Funktionswerte $f(x)$ heißt der *Wertebereich* der Funktion und wird mit W bezeichnet. Für uns werden D und W stets Mengen reeller Zahlen sein. Wir werden mit $f(x)$ nicht nur Funktionswerte, sondern auch die Funktion f selbst bezeichnen. Das ist logisch nicht korrekt, hat aber den Vorteil, daß damit zugleich mitgeteilt wird, wie die Variable heißen soll. Statt x schreibt man nämlich auch y, z oder t und für f dann auch $f(y), f(z)$ oder $f(t)$. Auch das Funktionssymbol ist nicht immer f; man bezeichnet Funktionen auch mit $g(x), h(y)$ usw.. Oft ist es zweckmäßig, für die Funktionswerte ein zweites Symbol einzuführen. Man schreibt z.B. $y = f(x)$, wenn man den Funktionswert als Variable auffaßt, die von der „unabhängigen" Variablen x abhängig ist.

BEISPIEL 2 : Jedem x aus $D = [0, \frac{1}{2}]$ ordnen wir $f(x) = \sqrt{1 - 2x}$ zu. Das Wurzelzeichen soll hier und im folgenden stets die positive Quadratwurzel bedeuten. Dann ist $f(0) = 1$ das Maximum und $f(0,5) = 0$ das Minimum der Menge W aller Funktionswerte. Wir vermuten daher, daß $W = [0,1]$ ist. In der Tat gibt es zu jedem y aus $[0,1]$ ein x aus D, für welches $\sqrt{1 - 2x} = y$ gilt. Wir finden dieses x, indem wir aus

$$\sqrt{1 - 2x} = y \text{ folgern: } 1 - 2x = y^2 \text{ und daraus } x = \frac{1}{2}(1 - y^2).$$

Für y aus $[0,1]$ ist dieses x aus D.

13

Wir haben eben die *Umkehrfunktion* zu

$$f(x) = \sqrt{1 - 2x}, \quad D = [\,0, \frac{1}{2}\,]$$

berechnet. Wir wollen sie mit $g(y)$ bezeichnen. Offenbar ist

$$g(y) = \frac{1}{2}(1 - y^2) \quad \text{mit} \quad \{y | 0 \leq y \leq 1\} \text{ als Definitionsbereich.}$$

Die Umkehr ist offenbar möglich, weil es zu jedem y aus W genau ein x in D gibt mit $y = f(x)$. Dies gilt allgemein:

SATZ 1.2.2 : Wenn eine Funktion $f(x)$ jeden Funktionswert y im Wertebereich W nur für ein x aus ihrem Definitionsbereich D annimmt, dann gibt es eine auf W definierte Funktion $g(y)$, für die

$$x = g(y) \text{ genau dann gilt, wenn } y = f(x).$$

Für g ist W der Definitionsbereich und D der Wertebereich. Diese Funktion $g(y)$ wird als die *Umkehrfunktion* zu $f(x)$ bezeichnet.

DEFINITION: Eine Funktion heißt *streng monoton wachsend*, wenn für x_1 und x_2 in D

$$\text{aus } x_1 < x_2 \text{ stets folgt: } f(x_1) < f(x_2).$$

Sie heißt *streng monoton fallend*, wenn für x_1 und x_2 in D

$$\text{aus } x_1 < x_2 \text{ stets folgt: } f(x_1) > f(x_2).$$

Monoton wachsend bzw. *monoton fallend* heißt $f(x)$ dann, wenn aus $x_1 < x_2$ nur $f(x_1) \leq f(x_2)$ bzw. $f(x_1) \geq f(x_2)$ folgt.

Eine streng monotone Funktion nimmt jeden ihrer Funktionswerte nur an einer Stelle x an, daher existiert nach Satz 1.2.2 die Umkehrfunktion $g(y)$. Sie ist offenbar im selben Sinn wie $f(x)$ streng monoton.

Bemerkung: An manchen Schulen vertauscht man nach Berechnung der Umkehrfunktion die Bezeichnungen der Variablen, schreibt also $g(x)$ statt $g(y)$. Das ist unzweckmäßig, weil wir oft mit dimensionsbehafteten Größen zu tun haben werden. Wenn z.B. $s(t)$ der in der Zeit t zurückgelegte Weg ist, dann wird man die Zeit, die man für den Weg s braucht, doch wohl $t(s)$ nennen und nicht auf einmal mit s die Zeit und mit t den Weg meinen wollen!

Wir hätten den Nachweis, daß $W = [0,1]$ ist, nicht führen müssen, sondern hätten uns auf den sog. *Zwischenwertsatz* für stetige Funktionen berufen können. Wir erinnern uns an die

DEFINITION: Eine Funktion f ist *stetig* an einer Stelle x_0, wenn der Funktionswert $f(x)$ beliebig dicht bei $f(x_0)$ liegt, falls x hinreichend dicht bei x_0 gewählt wird. Genauer gesagt:

Zu jedem $\varepsilon > 0$ gibt es ein $\delta > 0$ mit $|f(x) - f(x_0)| < \varepsilon$, falls $|x - x_0| < \delta$.

x_0 und die benachbarten x-Werte mit $|x - x_0| < \delta$ müssen dazu natürlich in D liegen, sonst wären ja die Funktionswerte nicht definiert. Man nennt eine Funktion $f(x)$ *stetig in D* oder *stetig in einem Intervall*, wenn $f(x)$ stetig an jeder Stelle x dieser Mengen ist. Bei den Intervallen setzt man voraus, daß sie in D enthalten sind. Der erwähnte Zwischenwertsatz lautet:

SATZ 1.2.3 : Eine in einem Intervall $[a, b]$ stetige Funktion f nimmt jeden Wert zwischen $f(a)$ und $f(b)$ mindestens einmal in $[a, b]$ an.

Zum Beweis dieses Satzes fehlt uns noch der Begriff der Konvergenz; er ist aber auch ohne Beweis einleuchtend genug, besonders wenn man an die als anschauliche Stütze manchmal verwendete Formulierung denkt, wonach man eine stetige Funktion angeblich immer als ununterbrochene Kurve zeichnen kann. Wie aber zeichnet man eine Funktion?

Dazu berechnet man die Funktionswerte $f(x_i)$ für möglichst viele x_i und zeichnet dann die Punkte $(x_i, f(x_i))$ in einem rechtwinkligen x,y-Koordinatensystem. Durch Verbinden dieser Punkte (am besten mit Hilfe eines Kurvenlineals) entsteht dann der sog. *Graph* der Funktion. Er ist eine Näherung für die wahre Funktionskurve, die aus allen Punkten $(x, f(x))$ mit x in D besteht. Zunächst wird man die Punkte $(x_i, f(x_i))$ in einer *Wertetabelle* zusammenstellen. So beruht z.B. der in Figur 3 gezeichnete Graph unserer Funktion $f(x) = \sqrt{1 - 2x}$ auf folgender Wertetabelle:

x_i	0	0,1	0,2	0,3	0,4	0,5
$f(x_i)$	1,00	0,89	0,77	0,63	0,45	0,00

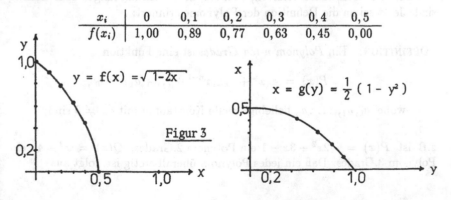

Figur 3

15

Ob man eine Größe als stetige Funktion einer anderen darstellt, hängt davon ab, ob sie im Verhältnis zur gewählten Einheit fein unterteilbar ist oder nicht. Zum Beispiel wird man die Flüssigkeitsmenge in einem auslaufenden Gefäß als stetige Funktion der Zeit angeben. Werden einzelne Moleküle gezählt, dann ist der Bestand eine Funktion mit Unstetigkeiten. In Figur 4a ist das Gewicht eines Ferkels, in Figur 4b die Anzahl der Blattläuse auf einem Blatt als Funktion der Zeit skizziert. Ersteres stellt man mit gutem Grund als stetige Funktion, letzteres als Funktion mit Unstetigkeiten dar. Ist allerdings eine Stückzahl so groß, daß man als Einheit 1000 Stück oder noch größere Einheiten wählt, dann wird man für die Beschreibung eines solchen Bestandes in Abhängigkeit von der Zeit ebenfalls eine stetige Funktion wählen.

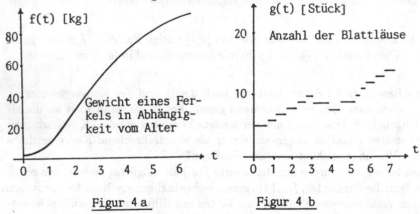

Figur 4 a   Figur 4 b

Es gibt große Klassen von Funktionen, die für alle reellen Zahlen definiert sind (wenn man nicht willkürlich einen kleineren Definitionsbereich wählt) und überall stetig sind. Dazu gehören die Polynome, die Winkelfunktionen sinus und cosinus und die Exponentialfunktionen. Mit diesen allen werden wir uns in Kapitel 3 noch näher befassen, weil sie für die Anwendungen sehr wichtig sind. Jetzt sei an die Definition der Polynome erinnert:

DEFINITION: Ein *Polynom n-ten Grades* ist eine Funktion

$$P(x) = a_n x^n + a_{n-1} x^{n-1} + \ldots + a_1 x + a_0 \,,$$

wobei $a_0, a_1, \ldots, a_n$ beliebige reelle Konstanten mit $a_n \neq 0$ sind;

z.B. ist $P(x) = -2x^2 + 3x - 1$ ein Polynom 2.Grades, $Q(x) = x^3 - 4x$ ein Polynom 3.Grades. Daß ein jedes Polynom überall stetig ist, folgt aus

16

SATZ 1.2.4 : Wenn $f(x)$ und $g(x)$ in x_0 stetig sind, dann sind auch die Funktionen $f(x) + g(x)$ und $f(x)g(x)$ dort stetig; auch die Funktion $\frac{f(x)}{g(x)}$ ist dann stetig in x_0, falls $g(x_0) \neq 0$.

Man sieht nämlich ohne weiteres ein, daß $f(x) = x$ und jede konstante Funktion $g(x) = a$ (für alle x) stetig in jedem Punkt x_0 sind. Nach dem Satz folgt daraus zunächst die Stetigkeit von ax, dann die von ax^2 und schließlich die Stetigkeit von ax^k für alle $k = 0, 1, 2, \ldots\ldots$ und beliebige a. Ein Polynom ist aber Summe solcher Ausdrücke und so folgt durch mehrmalige Anwendung von Satz 1.2.4 die Stetigkeit eines jeden Polynoms für alle x.
Zum Beweis von Satz 1.2.4 benötigen wir die Rechenregel

$$|a + b| \leq |a| + |b| \quad \text{für beliebige reelle Zahlen } a \text{ und } b \,.$$

Sie heißt die „Dreiecksungleichung", weil sie auch für Beträge von Vektoren gilt und im Fall von Vektoren mit zwei Komponenten äquivalent damit ist, daß eine Dreieckseite nie länger ist als die beiden anderen Dreieckseiten zusammen.

<u>Beweis von Satz 1.2.4</u> : Sind $f(x)$ und $g(x)$ stetig in x_0, dann gibt es zu beliebigem $\varepsilon > 0$, also auch zu $\varepsilon/2$, Zahlen $\delta_1 > 0$ und $\delta_2 > 0$ mit

$$|f(x) - f(x_0)| < \frac{\varepsilon}{2}, \text{ falls } |x - x_0| < \delta_1 \text{ und}$$

$$|g(x) - g(x_0)| < \frac{\varepsilon}{2}, \text{ falls } |x - x_0| < \delta_2 \,.$$

Wir müssen zeigen, daß

$$|(f(x) + g(x)) - (f(x_0) + g(x_0))| < \varepsilon \text{ wird,}$$

wenn $|x - x_0|$ hinreichend klein gewählt wird. Nun ist aber

$$|(f(x) + g(x)) - (f(x_0) + g(x_0))| = |(f(x) - f(x_0)) + (g(x) - g(x_0))|$$

und letzteres ist nach der Dreiecksungleichung nicht größer als

$$|f(x) - f(x_0)| + |g(x) - g(x_0)|.$$

Wählen wir also $\delta = \min\{\delta_1, \delta_2\}$, dann sind für $|x - x_0| < \delta$ die beiden letzten Beträge beide kleiner als $\varepsilon/2$ und somit folgt das gewünschte Resultat.
Ähnlich beweist man die übrigen Aussagen des Satzes; man braucht dazu noch zusätzlich die Rechenregel $|ab| = |a| \cdot |b|$ und daß jede in x_0 stetige Funktion in einer hinreichend kleinen Umgebung von x_0 beschränkt bleibt.

Die Winkelfunktionen definieren wir zunächst nur für spitze Winkel, d.h. Winkel zwischen 0° und 90° (das Zeichen ° bedeutet „Grad"). Sei φ ein spitzer Winkel in einem rechtwinkligen Dreieck. Die beiden Seiten, die den rechten Winkel einschließen, nennt man Katheten, die dritte Seite ist die Hypotenuse. Sei a die Länge der φ gegenüberliegenden Kathete, b die Länge der anderen Kathete. Erstere nennt man die Gegenkathete, letztere die Ankathete. Die Länge der Hypotenuse sei c. Dann definiert man:

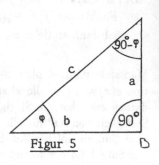

Figur 5

$$\sin\varphi = \frac{a}{c}, \quad \cos\varphi = \frac{b}{c}, \quad \tan\varphi = \frac{a}{b} \quad \cot\varphi = \frac{b}{a}.$$

sin, cos, tan und cot sind Abkürzungen für sinus, cosinus, tangens und cotangens. Offensichtlich ist

$$\frac{\sin\varphi}{\cos\varphi} = \tan\varphi, \quad \frac{1}{tan\varphi} = \cot\varphi.$$

Da der dritte Winkel des Dreiecks $90° - \varphi$ ist und weil für ihn b die Länge der Gegenkathete, a die Länge der Ankathete ist, lesen wir aus Figur 5 ab, daß

$$\sin(90° - \varphi) = \cos\varphi, \quad \cos(90° - \varphi) = sin\varphi. \qquad (1)$$

Aus dem Satz des Pythagoras: $c^2 = a^2 + b^2$
folgt schließlich durch Division dieser Gleichung mit c^2 die oft verwendete Beziehung

$$1 = (\sin\varphi)^2 + (\cos\varphi)^2 \qquad (2)$$

für beliebige φ zwischen 0° und 90°. Übrigens schreibt man meistens $\sin^2\varphi$ und $\cos^2\varphi$ statt $(\sin\varphi)^2$ bzw. $(\cos\varphi)^2$.
Ehe wir nun den Definitionsbereich der Winkelfunktionen erweitern, stellen wir einige alltägliche Anwendungen zusammen.

BEISPIEL 3: Jede Kraft K, deren Richtung in einer x,y−Ebene liegt, läßt sich in zwei Kräfte

$$K_x = K\cos\varphi \text{ und } K_y = K\sin\varphi$$

zerlegen, wobei φ der Winkel ist, den die Richtung der Kraft mit der x−Richtung bildet (s.Figur 6).
Die Kraft K wirkt dann so, wie wenn zur selben Zeit und im selben Punkt die

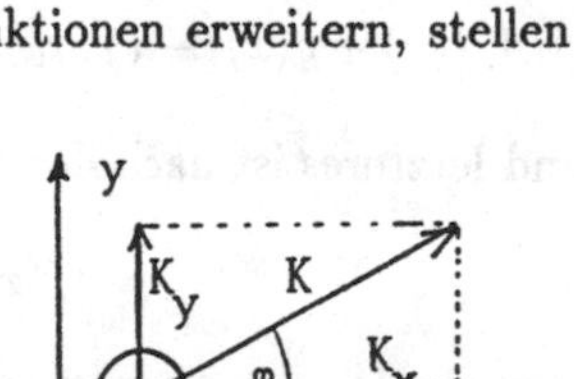

Figur 6

18

zueinander senkrechten Kräfte K_x und K_y angreifen würden. Gleichermaßen kann man Geschwindigkeiten und Beschleunigungen zerlegen.

BEISPIEL 4: Wenn sich ein ebenes Blatt so zur Sonne stellt, daß die zur Blattebene senkrechte Richtung im Winkel α gegen die Sonne steht, dann bekommt das Blatt von der direkten Strahlungsintensität I nur noch den Anteil $I\cos\alpha$ ab. (Es erhält auch indirektes Licht aus anderen Richtungen.) Denn wenn I die Strahlungsenergie pro Zeiteinheit ist, die bei senkrechtem Lichteinfall auf $1\,cm^2$ trifft, dann fällt darauf nach einer Verdrehung um den Winkel α nur noch die Energie pro Zeiteinheit, die zuvor auf die Fläche $1\cos\alpha\ cm^2$ fiel (s.Figur 7)

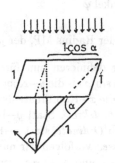

Figur 7

BEISPIEL 5 : Wenn an einem Hebel, der an einem Ende drehbar gelagert ist, eine Kraft K angreift, die mit der Hebelrichtung den Winkel β bildet, dann bewirkt sie ein Drehmoment, dessen Betrag gleich $Kr\sin\beta$ ist. Dabei ist r die Entfernung vom Drehpunkt bis zum Angriffspunkt der Kraft (s.Figur 8)

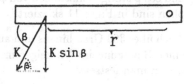

Figur 8

BEISPIEL 6 : Wenn ein Lichtstrahl die Grenzfläche zweier Medien durchdringt, dann ändert er im allgemeinen seine Richtung. Für Einfallswinkel α und Ausfallwinkel β (s.Figur 9) gilt das Snellius'sche Brechungsgesetz

$$\frac{\sin\alpha}{\sin\beta} = \frac{v_1}{v_2}$$

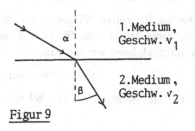

1.Medium, Geschw. v_1

2.Medium, Geschw. v_2

Figur 9

Dabei sind v_1 und v_2 die Lichtgeschwindigkeiten im 1. und im 2. Medium.

Bis jetzt haben wir Winkelfunktionen nur für spitze Winkel definiert. Lassen wir nun einen Punkt P auf einem Kreis mit Radius 1 und Mittelpunkt M wandern, so daß die Strecke MP alle Winkel von $0°$ bis $360°$ mit einer festen Richtung einschließt. Diese Richtung wählen wir als $x-$Richtung, eine dazu senkrechte Richtung sei die $y-$Richtung und M = (0,0) der Ursprung des Koordinatensystems.

Ist dann P durch das Koordinatenpaar (x, y) gegeben, dann gilt für spitze Winkel φ

$$x = \cos\varphi, \quad y = \sin\varphi,$$

da der Radius MP, der ja die Hypotenuse bildet, gleich 1 ist (s.Figur 10).

Wir definieren nun für beliebige Winkel φ den $\sin\varphi$ als die y−Koordinate und den $\cos\varphi$ als die x−Koordinate des Punktes P auf dem *Einheitskreis*. Statt y−Koordinate sagt man auch *Ordinate*, statt x−Koordinate auch *Abszisse*. Verfolgen wir nun die Werte von Ordinate und Abszisse, wenn P gegen den Uhrzeigersinn den Kreis durchläuft und φ damit von 0 bis 360 Grad läuft! Offenbar sind $\sin\varphi$ und $\cos\varphi$ stetige Funktionen von φ; ihre Graphen sind in Figur 11 skizziert.

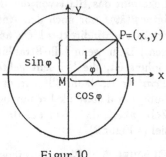

Figur 10

Auch über 360 Grad hinaus und auch für negative Winkel (letztere entsprechen einer Bewegung im Uhrzeigersinn!) lassen sich diese Funktionen definieren, indem man festsetzt

$$\sin(\varphi \pm k \cdot 360) = \sin\varphi, \quad \cos(\varphi \pm k \cdot 360) = \cos\varphi, \quad k = 0, 1, 2, \ldots .$$

Aus Figur 11 und Figur 10 erkennt man leicht, daß die Beziehungen

$$\sin^2\varphi + \cos^2\varphi = 1 \text{ und } \sin(90° - \varphi) = \cos\varphi \text{ bzw. } \cos(90° - \varphi) = \sin\varphi, \cdot$$

die wir für spitze Winkel hergeleitet hatten, auch jetzt erhalten bleiben, wo wir diese Funktionen für alle Winkel zwischen $-\infty$ und ∞ definiert haben. Zusätzlich lesen wir aus Figur 11 oder Figur 10 ab:

$$\sin(-\varphi) = -\sin\varphi, \qquad \cos(-\varphi) = \cos\varphi .$$

Die Gradmessung der Winkel wurde von den Babyloniern übernommen; da-

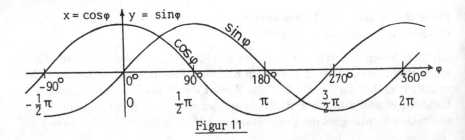

Figur 11

20

neben verwendet man auch die *Bogenlänge s*. Zu einem Winkel von φ Grad gehört als Bogenlänge s die Länge des Kreisbogens auf dem Einheitskreis, der die Punkte $(0,1)$ und $P = (\cos\varphi, \sin\varphi)$ verbindet. Offensichtlich verhält sich s zum Kreisumfang 2π so wie φ° zu 360°. Also entspricht dem Gradmaß φ das Bogenmaß

$$s = s(\varphi) = 2\pi \frac{\varphi}{360} .$$

Zum Beispiel gehört zu $\varphi = 45^\circ$ die Bogenlänge $s = .2\pi\frac{45}{360} = \pi/4$.
Ein negativer Winkel erhält so auch eine negative Bogenlänge. Auch wenn man die Bogenlänge zugrundelegt, sind $\sin s$ und $\cos s$ für alle reellen Zahlen definiert und stetig. In Figur 11 sind unter die Grad- Abszissen jeweils die entsprechenden Abszissen in Bogenlänge angeschrieben. Natürlich muß immer klar sein, ob Winkelangaben in $^\circ$ oder im Bogenmaß erfolgen. So ist etwa $\sin(30) = \frac{1}{2}$, wenn $30\,^\circ$ gemeint sind, aber $\sin(30) = -0,988$, wenn das Bogenmaß $30 = 9\pi + 1,726$ gemeint ist.

Mit sinus und cosinus sind nun auch tangens und cotangens für beliebige positive und negative Zahlen definiert, mit Ausnahme der Stellen, in denen ihr Nenner gleich 0 wird. Bei tangens sind dies die Nullstellen des cosinus, also $\pm\pi/2$, $\pm 3\pi/2$, $\pm 5\pi/2, \cdots$, bei cotangens die Nullstellen des sinus, also $\pm k\pi$, $k = 0, 1, 2, \ldots$. Man kann nicht sagen, diese Funktionen seien an diesen Stellen „gleich ∞ ", weil ∞ keine reelle Zahl ist (Funktionswerte müssen reelle Zahlen sein!) und weil man mit demselben Recht sagen könnte, daß sie dort „gleich $-\infty$ " sind. Denn wenn man sich den betreffenden Stellen von der einen Seite her nähert, wächst der Funktionswert gegen ∞, von der anderen Seite her fällt er aber gegen $-\infty$ (vgl. hierzu die Aufgabe 3).

Die Bedeutung der sinus- und cosinus-Funktionen für die Biologie liegt darin, daß man mit ihrer Hilfe periodische Vorgänge im allgemeinen recht gut beschreiben kann. Viele physiologische Daten schwanken in sog. Biorhythmen. Allerdings sind sinus und cosinus immer nur mit 2π periodisch, d.h. für jedes Bogenmaß s ist

$$\sin(s + 2\pi) = \sin s \text{ und } \cos(s + 2\pi) = \cos s .$$

Außerdem schwanken diese Funktionen immer nur zwischen ihrem Maximum 1 und ihrem Minimum -1 . Wir müssen sie daher ein wenig modifizieren, wenn wir mit ihrer Hilfe reale Schwingungsvorgänge beschreiben wollen. Hinzu kommt, daß Schwingungen i.a. Funktionen der Zeit und nicht eines Winkels sind.
Daher geben wir den Winkel s (im Bogenmaß) als Funktion $s(t)$ der Zeit t vor

21

und machen damit auch $\sin s(t)$ und $\cos s(t)$ zu Funktionen der Zeit t. Meist setzt man

$$s(t) = \omega t + \varphi_0 \text{ mit } \omega > 0 \text{ und beliebigem } \varphi_0,$$

wobei auch φ_0 ein Bogenmaß bedeuten muß, weil es zum Bogenmaß ωt addiert wird. φ_0 heißt *Anfangswinkel* oder auch *Anfangsphase* der Schwingung. Die Funktionen

$$\sin(\omega t + \varphi_0) \qquad \cos(\omega t + \varphi_0)$$

haben ihre erste volle Periode gerade dann durchlaufen, wenn $s(0) = \varphi_0$ in $s(t) = \varphi_0 + 2\pi$ übergegangen ist, d.h. wenn

$$\omega t + \varphi_0 = \varphi_0 + 2\pi, \text{ d.h. für } t = \frac{2\pi}{\omega}$$

Diesen t-Wert nennen wir die *Schwingungsdauer* τ. Es ist also

$$\tau = \frac{2\pi}{\omega} \tag{3}$$

Schließlich kann man die obigen Funktionen noch mit einem positiven Faktor A multiplizieren und eine Konstante m dazu addieren. So erhält man mit

$$A\sin(\omega t + \varphi_0) + m \tag{4}$$

eine Funktion, die zwischen ihrem Maximalwert $A + m$ und ihrem Minimalwert $-A + m$ ständig hin und her schwankt und mit der Schwingungsdauer $\tau = 2\pi/\omega$ periodisch ist. Übrigens kann man wegen $\cos s = \sin(s + \pi/2)$ jede cosinus-Schwingung auch als sinus-Schwingung mit einer um $\pi/2$ größeren Anfangsphase darstellen.

Wir werden im Abschnitt 3.3 noch einmal auf Schwingungsfunktionen zurückkommen; zunächst aber wirft die Ersetzung von s durch $s(t) = \omega t + \varphi_0$ eine allgemeine Frage auf: $\sin s$ ist eine stetige Funktion von s, was wir zwar nicht bewiesen haben, aber aufgrund von Figur 10 glauben. Wenn nun $s(t)$ irgendeine stetige Funktion von t ist, muß dann $\sin s(t)$ eine stetige Funktion von t sein?

Wir stellen die Frage noch allgemeiner und beantworten sie mit

SATZ 1.2.5 : $f(x)$ sei stetig in x_0 und $x(t)$ sei eine Funktion mit $x(t_0) = x_0$. Ist dann $x(t)$ stetig in t_0, dann ist auch $f(x(t))$ stetig in t_0.

Dabei ist $f(x(t))$ die Funktion von t, die entsteht, wenn man das x in $f(x)$ durch $x(t)$ ersetzt, genauer: durch den Ausdruck in t, durch den $x(t)$ gegeben ist. Beispiel: $\sin x$ geht über in $\sin(\omega t + c)$, wenn $\omega t + c$ für x eingesetzt wird.

<u>Beweis:</u> Da $f(x)$ stetig in x_0 ist, gibt es zu beliebigem $\varepsilon > 0$ ein $\delta_1 > 0$ mit

$$|f(x) - f(x_0)| < \varepsilon, \text{ falls } |x - x_0| < \delta_1 .$$

Da $x(t)$ stetig in t_0 ist, gibt es zu δ_1 ein $\delta_2 > 0$ mit

$$|x(t) - x(t_0)| < \delta_1 , \text{ falls } |t - t_0| < \delta_2 .$$

Mit $|t - t_0| < \delta_2$ folgt also $|x(t) - x(t_0)| < \delta_1$ und damit $|f(x(t)) - f(x(t_0))| < \varepsilon$. Das $\varepsilon > 0$ war beliebig, also ist $f(x(t))$ stetig in t_0.

Es folgt nun die Stetigkeit von $f(x(t))$ für alle t, falls $x(t)$ stetig für alle t und $f(x)$ stetig für alle x aus dem Wertebereich der Funktion $x(t)$ ist. Der Satz läßt sich auch ohne Mühe erweitern auf mehrfach zusammengesetzte Funktionen. So ist z.B. die für alle u definierte Funktion

$$f(u) = [\sin(u^2 - 1)]^3, \text{die wir mit } x = \sin v, \ v = u^2 - 1 ,$$

auch in der Form $[x(v(u))]^3$ schreiben könnten, überall stetig. Denn x^3 ist stetig für alle x, $\sin v$ ist stetig für alle v und $u^2 - 1$ ist stetig für alle u .

Die Winkelfunktion tangens wird benutzt, um den Anstieg von Geraden zu definieren.

DEFINITION: Der *Anstieg* einer Geraden ist das durch zwei beliebige Geradenpunkte $P = (x_1, y_1)$ und $Q = (x_2, y_2)$ gegebene Verhältnis

$$a = \frac{y_2 - y_1}{x_2 - x_1} . \tag{5}$$

Nur für die zur y−Achse parallelen Geraden ist der Anstieg nicht definiert, weil bei ihnen stets $x_2 = x_1$ gilt.

Die Zahl a hängt offenbar nicht davon ab, welche Punkte P und Q auf der Geraden gewählt werden und auch nicht von deren Reihenfolge, denn bei Vertauschung von P und Q ändert sich nur das Vorzeichen im Zähler und im Nenner, d.h. a bleibt gleich. Für beliebige P und Q ist a der tangens des spitzen Winkels, den die x−Achse und die Gerade bilden. Diesen Winkel α rechnen wir positiv, wenn die Gerade ansteigt, negativ, wenn die Gerade fallend ist.

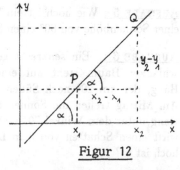

Figur 12

Der Anstieg a ist daher für steigende Geraden positiv, für fallende Geraden negativ. Er ist gleich 0, wenn die Gerade parallel zur x-Achse ist.

23

Für einen beliebigen Punkt $T = (x, y)$, $T \neq P$, gilt nun

$$\frac{y - y_1}{x - x_1} = \tan \alpha = a \quad \text{oder}$$

$$y = y_1 + a(x - x_1). \tag{6}$$

Die letzte Gleichung gilt auch, wenn $T = P$, d.h. $(x, y) = (x_1, y_1)$ und somit gilt sie für alle Punkte der Geraden. Man nennt sie die *Gleichung für die Gerade durch einen gegebenen Punkt* (x_1, y_1) *bei gegebenem Anstieg* a. Sie wird zur *Gleichung für die Gerade durch zwei gegebene Punkte*, wenn man für a wieder die rechte Seite von (5) einsetzt. In beiden Fällen kann man übergehen zu

$$y = ax + b, \tag{7}$$

der sog. *allgemeinen Geradengleichung*. Dazu ist nur $b = y_1 - ax_1$ zu setzen. Eine Geradengleichung bestimmt y als *lineare* Funktion von x, also als Polynom 1. Grades oder (wenn $a = 0$) als Polynom 0. Grades. Eine Ausnahme bilden die Parallelen zur y-Achse; sie sind durch Gleichungen der Form $x = c$ gegeben.

AUFGABE 2 : Zeigen Sie, daß die Funktion $f(x) = |x - 2|$, die man auch durch die Vorschrift

$$f(x) = \begin{cases} x - 2 & \text{für } x > 2 \\ 2 - x & \text{für } x \leq 2 \end{cases}$$

angeben könnte, überall stetig ist.

AUFGABE 3 : Skizzieren Sie $\tan x$ und $\cot x$ für $-\frac{\pi}{2} < x < \frac{\pi}{2}$.

AUFGABE 4 : An einem gleichseitigen und an einem gleichschenklig rechtwinkligen Dreieck überlege man sich die Werte der Winkelfunktionen für $30°$, $45°$, $60°$, $120°$, $135°$ und $150°$.

AUFGABE 5 : Wie hoch ist ein Turm, wenn er auf horizontalem Grund bei einer Sonnenhöhe von $60°$ einen Schatten von 14 m Länge wirft?

AUFGABE 6 : Ein senkrecht gewachsener, schlanker Baum steht auf einem ebenen Hang, der um $20°$ nach Süden geneigt ist. Am Mittag treffen die Sonnenstrahlen den Hang unter dem Winkel $70°$ und der Baum wirft einen Schatten von 3 m Länge. Wie hoch ist er?

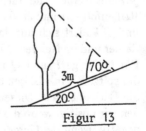

Figur 13

AUFGABE 7 : Geben Sie Gleichungen für die folgenden Geraden an:
    a) die Gerade durch die Punkte $(-1; 2)$ und $(3; 4)$ der x,y- Ebene;

b) die Gerade durch den Punkt $(3; -1)$ mit dem Anstieg $-0,4$;

c) die Parallele zur x-Achse im Abstand 3 oberhalb derselben;

d) die Parallele zur y-Achse im Abstand 5 links derselben.

1.3 Koordinaten und Kurven

a) GLEICHUNGEN FÜR KARTESISCHE KOORDINATEN

Wir benutzten ein rechtwinkliges x, y−Koordinatensystem, um Funktionskurven darzustellen. Ein solches System nennt man auch kartesisch (zu Ehren von R. Descartes (lat. Cartesius),1596-1650). Zu einem x aus D liefert $y = f(x)$ das zugehörige y. Man kann diese Gleichung aber auch als Bedingung für die Punkte (x, y) der Ebene ansehen, die von den Punkten auf der Funktionskurve erfüllt wird, von allen anderen nicht. Ebenso kann man auch andere Gleichungen für kartesische Koordinaten x, y als solche Bedingungen auffassen.

Bezeichnung: Die Punkte (x, y), die eine gegebene Gleichung für x und y erfüllen, nennen wir die *Lösungsmenge* dieser Gleichung.

Im allgemeinen ist die Lösungsmenge einer Gleichung eine Kurve, die wir die *durch die Gleichung bestimmte Kurve* nennen. Es gibt aber auch Gleichungen, die von keinem Punkt (x, y) erfüllt werden, wie etwa $x^2 + y^2 = -1$ oder solche, die nur von einem oder wenigen Punkten erfüllt werden, wie etwa $x^2 + y^2 = 0$.

BEISPIEL 1: Die Gleichung

$$x^2 + y^2 = a^2 \qquad (1)$$

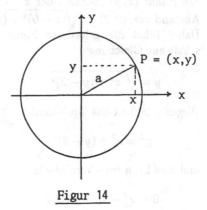

wird von den Punkten erfüllt, deren Abstand vom Koordinatenursprung $(0,0)$ gerade gleich der positiven Zahl a ist. Denn nach Pythagoras ist der Abstand eines Punktes (x, y) von $(0,0)$ gleich $\sqrt{x^2 + y^2}$ (s.Figur 14). Also wird durch Gleichung (1) der Kreis mit dem Mittelpunkt $(0,0)$ und dem Radius a bestimmt. Er ist keine Funktionskurve, denn zu jedem x aus $(-a, a)$ gibt es zwei y−Werte, die als Funktionswerte in Frage kämen.

Figur 14

Man könnte zwar die obere Hälfte des Kreises als Funktionskurve von $y = \sqrt{a^2 - x^2}$ und die untere Hälfte als Funktionskurve von $y = -\sqrt{a^2 - x^2}$ angeben. Einfacher ist aber die geschlossene Darstellung der gesamten Kreislinie mit der einen Gleichung (1).

BEISPIEL 2: Der Kreis mit dem beliebigen Mittelpunkt (x_0, y_0) und dem Radius a ist durch die Gleichung

$$(x - x_0)^2 + (y - y_0)^2 = a^2 \text{ gegeben.} \qquad (2)$$

Denn der Abstand eines Punktes (x, y) von (x_0, y_0) ist gleich

$$\sqrt{(x - x_0)^2 + (y - y_0)^2} \, .$$

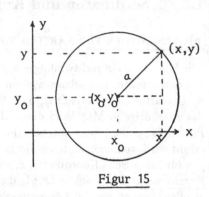

Figur 15

(s.Figur 15). Oft hat man zunächst keine Gleichung gegeben, sondern man sucht einen sog. „geometrischen Ort", das ist die Menge aller Punkte mit einer gewissen Eigenschaft. Solche Eigenschaften lassen sich dann häufig in Form von Gleichungen für die Koordinaten formulieren, wie bei folgendem

BEISPIEL 3 : Gesucht sei die Menge aller Punkte, die von der x−Achse denselben Abstand haben wie von dem Punkt $(0; 2)$. Punkte unterhalb der x−Achse kommen nicht in Frage, weil sie alle einen größeren Abstand zu $(0; 2)$ haben als zur x− Achse.

Ein Punkt (x, y) oberhalb der x− Achse hat den Abstand y von dieser. Sein Abstand von $(0; 2)$ ist $\sqrt{(x - 0)^2 + (y - 2)^2}$.

Daher führt die geforderte Eigenschaft zur Gleichung

$$y = \sqrt{x^2 + (y - 2)^2} \, ;$$

Wegen $y > 0$ ist das äquivalent zu

$$y^2 = x^2 + (y - 2)^2$$

und dies kann man vereinfachen zu

$$0 = x^2 - 4y + 4 \text{ oder}$$

$$y = \frac{1}{4}x^2 + 1 \, .$$

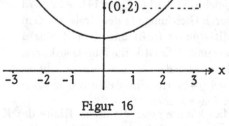

Figur 16

Die gesuchte Kurve ist daher eine Parabel, denn die Funktionskurven von Polynomen 2. Grades sind Parabeln (s.Fig.16). Natürlich ist auch jede andere

26

Funktionsgleichung $y = f(x)$ ein Beispiel für die Darstellung einer Kurve mit Hilfe einer Gleichung für kartesische Koordinaten.

b) GLEICHUNGEN FÜR POLARKOORDINATEN

Ebenso wie durch seine kartesischen Koordinaten x, y kann man einen Punkt P der Ebene auch durch seinen Abstand r von einem festen Punkt U und den Winkel φ, den die Strecke UP mit einer festen Richtung bildet, festlegen. Das Zahlenpaar (r, φ) nennt man dann die *Polarkoordinaten* von P, U den *Pol* und die feste Richtung die *Polare* des Polarkoordinatensystems (s. Figur 17).

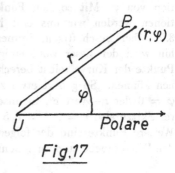

Fig. 17

Jedem Punkt $P \neq U$ entspricht ein Paar (r, φ) mit $r > 0$ und $0 \leq \varphi < 2\pi$ (gewöhnlich gibt man φ im Bogenmaß an). Man kann für φ aber auch Werte größer als 2π zulassen und damit andeuten, daß P aus einer Bewegung resultiert, die mindestens einen ganzen Umlauf im positiven Umlaufsinn, d.h. gegen den Uhrzeigersinn, um U hinter sich hat. Negative φ läßt man zu, wenn man Bewegungen im negativen Umlaufsinn, also im Uhrzeigersinn, um U beschreiben möchte (vgl. dazu die Beispiele 4 und 5).

Viele Kurven lassen sich einfacher durch eine Gleichung für Polarkoordinaten darstellen als durch eine Gleichung für kartesische Koordinaten. Dazu gehören auch die Kreise um U, die jetzt einfach durch eine Gleichung $r = a$ gegeben sind.

BEISPIEL 4: Durch eine Gleichung der Form

$$r = b\varphi + d \, , \, b > 0 \, , \, d > 0 \, , \qquad (3)$$

mit
$-d/b < \varphi < \infty$
ist eine *lineare Spirale* gegeben. In Figur 18 ist die lineare Spirale mit $b = 1/2\pi$, $d = 1$ skizziert.

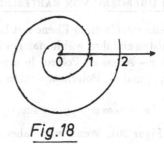

Fig. 18

BEISPIEL 5: Durch eine Gleichung der Form

$$r = c^{b\varphi + d} \text{ mit } b > 0, c > 0, \ -\infty < \varphi < \infty \qquad (4)$$

ist eine sog. *logarithmische Spirale* gegeben.

Sie ist für $c = 2$, $d = -1$ und $b = 1/2\pi$ in Figur 19 skizziert. r ist hier eine Exponentialfunktion von φ. Mit solchen Funktionen werden wir uns erst in 3.2 näher beschäftigen, immerhin wird der Leser wohl einige Punkte der Kurve selbst berechnen können. So gehört etwa zu $\varphi = 0$ der $r-$Wert c^d, in unserer Skizze also $r = 2^{-1} = 0,5$. Weitere Punkte sind der folgenden Wertetabelle zu entnehmen:

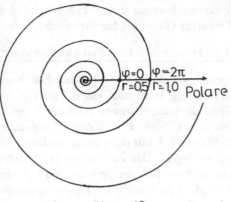

Figur 19

φ	0	$\frac{\pi}{2}$	$\frac{3\pi}{2}$	2π	3π	4π	5π	6π	$-\frac{\pi}{2}$	$-\pi$
r	0,5	0,59	0,84	1,00	1,41	2,00	2,83	4,00	0,42	0,35

Wer das Potenzrechnen üben möchte, sollte alle Tabellenwerte nachprüfen. So berechnet man zum Beispiel zu $\varphi = \frac{\pi}{2}$

$$r = 2^{(\frac{1}{2\pi}\frac{\pi}{2}-1)} = 2^{\frac{1}{4}-1} = 2^{-\frac{3}{4}} = \frac{1}{\sqrt[4]{2^3}} = \frac{1}{\sqrt{\sqrt{8}}} = \frac{1}{\sqrt{2,83}} = \frac{1}{1,68} = 0,59$$

c) Übergang von kartesischen Koordinaten zu Polarkoordinaten

Wenn man in einer Ebene mit kartesischen Koordinaten zusätzlich Polarkoordinaten einführt, wählt man gewöhnlich den Punkt $(x, y) = (0, 0)$ als Pol U und die $x-$ Achse als Polare. In diesem Fall gilt für die kartesischen Koordinaten (x, y) und die Polarkoordinaten (r, φ) eines jeden Punktes der Zusammenhang

$$x = r\cos\varphi \quad , y = r\sin\varphi \qquad (5)$$

(s.Figur 20). Wenn man daher in eine Gleichung für x und y die rechten Seiten der Gleichungen (5) einsetzt, dann hat man die Kurve, die zuvor durch eine Gleichung für x und y gegeben war, nun mit Hilfe einer Gleichung für Polarkoordinaten r, φ dargestellt.

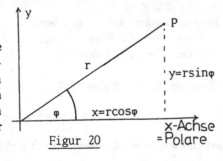

Figur 20

28

BEISPIEL 6: Aus der Kreisgleichung $x^2 + y^2 = a^2$ wird so die Gleichung

$$r^2 \cos^2 \varphi + r^2 \sin^2 \varphi = a^2 \,,$$

und wegen $r \geq 0$ und $\cos^2 \varphi + \sin^2 \varphi = 1$ ist dies gleichbedeutend mit $r = a$.

BEISPIEL 7 : Die durch die Gleichung

$$(x^2 + y^2)^3 = y^4$$

bestimmte Kurve wird mit

$$x = r \cos \varphi, \ y = r \sin \varphi$$

zu $\quad r^6 = r^4 (\sin \varphi)^4 \quad$ oder

$$r^2 = (\sin \varphi)^4 \,,$$

was wegen $r \geq 0$ gleichbedeutend ist mit

$$r = \sin^2 \varphi \,.$$

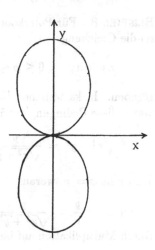

Diese Gleichung bestimmt ebenso wie die obige Gleichung für x und y die in Figur 21 gezeichnete Kurve.

Figur 21

Im Prinzip kann man auch jede Gleichung für Polarkoordinaten umformen zu einer Gleichung (bzw. in mehrere Gleichungen, s. unten) für kartesische Koordinaten. Ist der Ursprung beider Koordinatensysteme derselbe Punkt und ist die Polare identisch mit der $x-$Richtung, dann gilt $r = \sqrt{x^2 + y^2}$; für φ aber müßte man eine Umkehrfunktion einer Winkelfunktion einsetzen, etwa

$$\varphi = \arctan \frac{y}{x} \quad \text{oder} \quad \varphi = \arcsin \frac{y}{\sqrt{x^2 + y^2}} \quad \text{oder} \quad \varphi = \arccos \frac{x}{\sqrt{x^2 + y^2}} \,.$$

Diese Bezeichnungen werden gelesen als „arcus tangens", „arcus sinus" und „arcus cosinus". Sie bedeuten die Bogenlänge, deren tangens gleich y/x ist bzw. die Bogenlänge, deren sinus gleich $y/\sqrt{x^2 + y^2}$ ist usw..
Da die Winkelfunktionen aber alle ihre Werte mehrfach annehmen (schon wegen ihrer Periodizität), gibt es zu ihnen gar keine eindeutigen Umkehrfunktionen (vgl.Satz 1.2.2). So läßt sich etwa ohne weitere Information nicht entscheiden, ob $\arcsin 0,5$ gleich $\pi/6$ oder gleich $5\pi/6$ ist. Durch diese Mehrdeutigkeit der arcus- Funktionen ergeben sich Schwierigkeiten für den Übergang von Polarkoordinaten zu kartesischen Koordinaten. Man denke etwa an die Beispiele

4 und 5 ; die dort gegebenen Spiralen könnte man nur mühsam und stückweise durch Gleichungen für kartesische Koordinaten beschreiben und daher wird auch niemand diese Absicht haben.

Diese Schwierigkeiten treten aber nicht auf, wenn φ nur in Winkelfunktionen auftritt. Dazu das folgende

BEISPIEL 8 : Für Polarkoordinaten r, φ sei die Gleichung

$$r = \sin\varphi \quad, \ 0 \le \varphi \le 2\pi$$

gegeben. In kartesischen Koordinaten lautet diese Bedingung zunächst

$$\sqrt{x^2 + y^2} = \frac{y}{\sqrt{x^2 + y^2}} \, ,$$

denn $r \sin\varphi = y$, woraus

$$\sin\varphi = \frac{y}{r} = \frac{y}{\sqrt{x^2 + y^2}} \text{ folgt.}$$

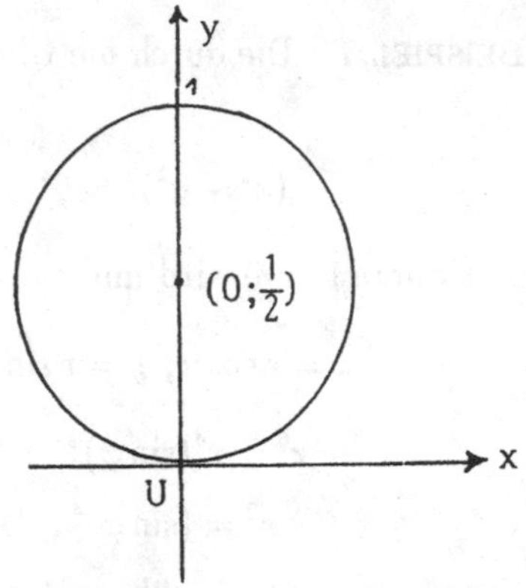

Figur 22

Durch Multiplikation auf beiden Seiten mit $\sqrt{x^2 + y^2}$ folgt nun

$$x^2 + y^2 = y \text{ oder } x^2 + y^2 - y = 0 \, .$$

Statt $y^2 - y$ schreiben wir $(y - \frac{1}{2})^2 - \frac{1}{4}$ (man nennt das eine „quadratische Ergänzung") und erhalten so

$$x^2 + (y - \frac{1}{2})^2 = \frac{1}{4} \, .$$

Diese Gleichung von der Form (2) stellt den Kreis mit dem Radius $\frac{1}{2}$ und dem Mittelpunkt $(0; \frac{1}{2})$ dar (s.Figur 22).

d) PARAMETERDARSTELLUNG VON KURVEN

Für viele Zwecke ist es am bequemsten, wenn eine Kurve nicht durch eine Gleichung für die Koordinaten ihrer Punkte gegeben ist, sondern wenn diese Koordinaten als Funktion einer Variablen t gegeben sind. Wenn etwa zwei Funktionen

$$x(t) \text{ und } y(t) \text{ für } a \le t \le b$$

gegeben sind, dann durchläuft der Punkt $(x(t), y(t))$ eine Kurve der $x, y-$Ebene, wenn t das Intervall [a,b] durchläuft. Man spricht dann von einer *Parameterdarstellung* der Kurve und nennt t den *Kurvenparameter*. Der Parameter ist hier also eine Variable, von der die Koordinaten der Kurvenpunkte abhängen, während man sonst unter einem Parameter eine nicht näher festgelegte Konstante versteht, wie etwa die Konstanten a und b in einer Geradengleichung $y = ax + b$. Oft tritt die Zeit als Parameter auf, weshalb wir diesen auch mit t bezeichnet haben.

Ebenso wie x und y können auch Polarkoordinaten r und φ als Funktionen eines Parameters t gegeben sein und auch dann durchlaufen die in Polarkoordinaten gegebenen Punkte $(r(t), \varphi(t))$ eine Kurve, wenn t ein Intervall durchläuft. Der Definitionsbereich der Funktionen $x(t), y(t)$ bzw. $r(t), \varphi(t)$ kann auch ein Intervall unendlicher Länge sein, z.B. $\{t | t \geq 0\}$ oder $\{t | -\infty < t < \infty\}$.

BEISPIEL 9 (Wurfparabel): Ein Körper wird zur Zeit $t = 0$ mit einer Anfangsgeschwindigkeit w_0 schräg nach oben geworfen. w_0 kann man in eine horizontale Komponente u_0 und eine vertikale Komponente v_0 zerlegen (s.Figur 23). Wenn man Reibungseinflüsse vernachlässigt, wird der Körper nur nach unten (gegen die y–Richtung) beschleunigt, und zwar mit der Erdbeschleunigung g, die ungefähr $9,81 m/sec^2$ beträgt. Wenn seine Ausgangsposition durch den Punkt (x_0, y_0) gegeben ist, dann folgt daraus

$$x(t) = x_0 + u_0 t, \quad y(t) = y_0 + v_0 t - \frac{1}{2} g t^2,$$

wie man im Physikunterricht lernt. Der Punkt $(x(t), y(t))$, der die Lage des Körpers zur Zeit t angibt, läßt sich so unmittelbar berechnen. Wenn man zusätzlich wissen möchte, von welcher Gestalt die Bahnkurve ist, dann eliminiert man den Parameter t und gelangt so zu einer Gleichung für x und y. Wir können das hier tun, indem wir aus der ersteren Gleichung

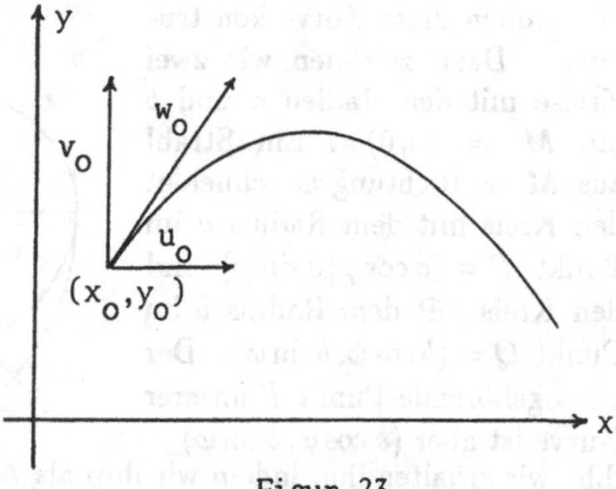

$$t = \frac{x - x_0}{u_0}$$

Figur 23

entnehmen und in der zweiten Gleichung rechts einsetzen. Dadurch sieht man, daß sich y durch ein Polynom 2.Grades in x ausdrücken läßt. Die Bahnkurve ist daher eine Parabel (s.Figur 23).

BEISPIEL 10 (Parameterdarstellung eines Kreises):
Der Kreis soll den Mittelpunkt $M = (x_0, y_0)$ und den Radius a haben. Als Parameter wählen wir den Winkel φ, den die zu einem Kurvenpunkt führende

Strecke MP mit der $x-$Achse bildet. Dann gilt (s.Figur 24):

$$x(\varphi) = x_0 + a\cos\varphi \,, y = y_0 + a\sin\varphi$$

für $0 \leq \varphi \leq 2\pi$. Wenn nun ein
Punkt (x,y) ein solcher Kurvenpunkt
$(x(\varphi),y(\varphi))$ ist, dann gilt für ihn

$$(x - x_0)^2 = a^2\cos^2\varphi \text{ und}$$

$$(y - y_0)^2 = a^2\sin^2\varphi \,.$$

Indem wir beide Gleichungen addieren
und wieder $cos^2\varphi + sin^2\varphi = 1$ benutzen,
eliminieren wir den Parameter φ und
gelangen zur Kreisgleichung (2).

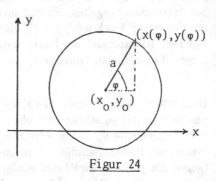

Figur 24

BEISPIEL 11 (Ellipsenkonstruktion):
Durch die folgende Parameterdarstellung ist eine Kurve gegeben:

$$x = a\cos\varphi \,, \quad y = b\sin\varphi \,, \quad a > 0, \, b > 0, \, 0 \leq \varphi \leq 2\pi$$

Wir wollen diese Kurve konstruieren. Dazu zeichnen wir zwei
Kreise mit den Radien a und b
um $M = (0,0)$. Ein Strahl
aus M in Richtung φ schneidet
den Kreis mit dem Radius a im
Punkt $P = (a\cos\varphi, a\sin\varphi)$ und
den Kreis mit dem Radius b im
Punkt $Q = (b\cos\varphi, b\sin\varphi)$. Der
zu φ gehörende Punkt T unserer
Kurve ist aber $(a\cos\varphi, b\sin\varphi)$

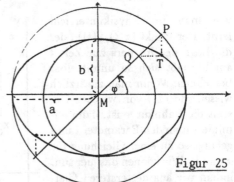

Figur 25

d.h. wir erhalten ihn, indem wir ihm als Abszisse die Abszisse von P und als
Ordinate die Ordinate von Q geben (s.Figur 25). Wenn man zu vielen Winkeln
die Kurvenpunkte T so konstruiert, dann erkennt man, daß die entstehende
Kurve eine Ellipse mit den Halbachsen a und b ist. Der Parameter φ kann
ähnlich wie im vorigen Beispiel eliminiert werden. Man folgert aus

$$x = a\cos\varphi, \, y = b\sin\varphi \,, \text{ daß}$$

$$(\frac{x}{a})^2 = \cos^2\varphi \,, \, (\frac{y}{b})^2 = \sin^2\varphi \,;$$

durch Addition der beiden letzten Gleichungen folgt

$$\frac{x^2}{a^2} + \frac{y^2}{b^2} = 1 . \tag{6}$$

Die Gleichung (6) ist die sog. Mittelpunkt-Gleichung der Ellipse mit den Halbachsen a und b in der aus Figur 25 ersichtlichen Lage.

Mit Hilfe einer Parameterdarstellung kann man auch Kurven im dreidimensionalen Raum leicht darstellen. Wie man einen Punkt der Ebene durch zwei Koordinaten vorgibt, kann man einen Punkt im Raum durch drei Koordinaten (x, y, z) vorgeben. Wir beschränken uns hier auf kartesische Koordinaten, d.h. x, y und z beziehen sich auf drei Achsen, die paarweise aufeinander senkrecht stehen. Meist deutet man die z–Richtung als die Richtung nach oben, während $x-$ und $y-$Richtung eine horizontale Ebene bestimmen. Nun können x, y und z als Funktionen eines Parameters t gegeben sein und der Punkt $(x(t), y(t), z(t))$ durchläuft eine Kurve, wenn t den Definitionsbereich dieser Funktionen durchläuft.

BEISPIEL 12 (Kreisspirale im Raum):
Für $\varphi \geq 0$ und $d > 0$ sei

$$x(\varphi) = \cos\varphi , \; y = \sin\varphi \text{ und } z = d\varphi$$

Der Parameter heißt hier also nicht t, sondern ist ein Winkel φ und zu φ gehört der Punkt

$$P(\varphi) = (\cos\varphi, \sin\varphi, d\varphi) .$$

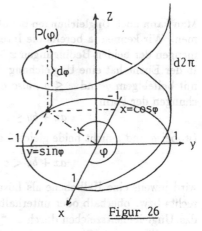

Figur 26

Der Punkt $(\cos\varphi, \sin\varphi)$ der x, y-Ebene ist der Fußpunkt des Lotes von $P(\varphi)$ auf die $x, y-$Ebene. Dieser Fußpunkt durchläuft immer wieder den Einheitskreis, während $P(\varphi)$ dabei immer mehr an Höhe gewinnt. Bei jedem Umlauf, d.h. wenn φ um 2π anwächst, vergrößert sich nämlich $z(\varphi)$ um $d2\pi$ (s.Figur 26).

e) MEHRERE BEDINGUNGEN, UNGLEICHUNGEN

Stellt man für die Punkte einer Ebene nicht nur eine, sondern mehrere Bedingungen, die für sich die Lösungsmengen $L_1, L_2, \ldots$ besitzen, dann erfüllt nur der Durchschnitt aller Lösungsmengen alle gestellten Bedingungen. Zwei Geradengleichungen z.B. erfüllt nur der Schnittpunkt beider Geraden, falls diese sich schneiden; man erhält ihn sehr leicht, indem man die beiden Geradengleichungen nach x und y löst. Bei parallelen Geraden, wie z.b. bei den durch die Gleichungen

$$y = 3x - 2 \text{ und } y = 3x + 1$$

gegebenen, gibt es keine Lösung, d.h. der Durchschnitt der beiden Lösungsmengen ist leer.

BEISPIEL 13 : Die Gerade $y = 3x - 2$ schneidet den Kreis
$x^2 + (y+3)^2 = 5$ in den Punkten $(0,4; -0,8)$ und $(-1; -5)$. Denn wenn wir in der Kreisgleichung $3x - 2$ für y einsetzen, erhalten wir für x die quadratische Gleichung

$$10x^2 + 6x - 4 = 0 \,,$$

welche die beiden Lösungen $x_1 = 0,4$ und $x_2 = -1$ besitzt. Dazu gehören $y_1 = -0,8$ und $y_2 = -5$, wie wir mit Hilfe der Geradengleichung feststellen.

Man kann auch Ungleichungen benutzen, um geometrische Gebilde zu bestimmen. Wir kennen ja bereits die Intervalle [a,b] als Durchschnitt der Lösungsmengen der beiden Bedingungen $x \geq a$ und $x \leq b$.
In der Ebene hat eine Ungleichung $x \leq b$ als Lösungsmenge alle Punkte (x,y) mit beliebigem y und $x \leq b$, also eine *Halbebene* . Aber auch durch Ungleichungen der Form

$$ax + by \leq c \text{ bzw. } ax + by \geq c$$

(wobei a und b nicht beide gleich 0 sein dürfen), oder auch durch

$$ax + by < c \text{ bzw. } ax + by > c$$

wird jeweils eine Halbebene als Lösungsmenge bestimmt. Sie liegt links oder rechts bzw. oberhalb oder unterhalb der Geraden, die man erhält, wenn man das Ungleichheitszeichen durch „=" ersetzt. Welche der beiden Halbebenen, in die die gesamte Ebene durch diese Gerade zerlegt wird, die Lösungsmenge der Ungleichung ist, kann man so erkennen: Man setzt irgendeinen nicht auf der Geraden liegenden Punkt in die Ungleichung ein; erfüllt er sie, dann liegt er auf der „richtigen" Seite, erfüllt er sie nicht, dann ist die andere Halbebene die Lösungsmenge der Ungleichung. Bei einer Ungleichung mit dem $\leq$ – oder $\geq$ –Zeichen gehört die Gerade $ax + by = c$ mit zur Lösungsmenge, bei einer Ungleichung mit $<$ oder $>$ gehört sie nicht dazu.

BEISPIEL 14 : Der Punkt $(0,0)$ gehört zur Halbebene $3x - 2y \leq 4$, denn er erfüllt diese Ungleichung; er gehört nicht zur Halbebene $2x - y > 0$, denn er erfüllt diese Ungleichung nicht. Zur letzteren Halbebene gehört z.B. der Punkt $(1,0)$. Zur Halbebene $3x - 2y \leq 4$ gehört die begrenzende Gerade $3x - 2y = 4$, zur Halbebene $2x - y > 0$ gehört die sie begrenzende Gerade $2x - y = 0$ nicht.

<u>AUFGABE 8:</u> Wie lauten die Schnittpunkte der Geraden

$$y = 0,5x + 3 \text{ mit der Ellipse } \frac{x^2}{4} + \frac{y^2}{9} = 1 \text{ ?}$$

<u>AUFGABE 9:</u> Man beschreibe die Lösungsmenge der beiden Bedingungen

$$x^2 + y^2 \leq 8 \text{ und } y = x$$

Ändert sie sich, wenn man als dritte Bedingung $2x + y \leq 4$ hinzunimmt?

<u>AUFGABE 10:</u> Leiten Sie die Gleichung $x^2/a^2 + y^2/b^2 = 1$ der Ellipse im Fall $0 < b < a$ daraus ab, daß sie der geometrische Ort für alle Punkte ist, deren Abstände zu den Punkten

$$B_1 = (\sqrt{a^2 - b^2}, 0) \text{ und } B_2 = (-\sqrt{a^2 - b^2}, 0)$$

stets die Summe $2a$ ergeben.

B_1 und B_2 sind die sog. *Brennpunkte* der Ellipse, $\sqrt{a^2 - b^2}$ heißt *lineare Exzentrizität*. Ein Kreis läßt sich auch als Ellipse auffassen, deren Halbachsen gleich sind und deren lineare Exzentrizität daher 0 ist.

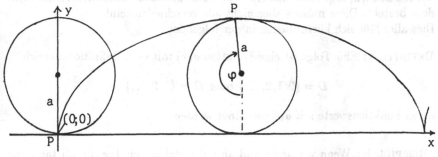

Figur 27

<u>AUFGABE 11:</u> Ein Rad mit dem Radius a rollt in x- Richtung. P sei ein Punkt

35

am Rand, der zum Zeitpunkt $t = 0$ ganz unten ist und mit dem Koordinatenursprung $(0,0)$ zusammenfällt. Man gebe eine Parameterdarstellung für die Bahnkurve von $P = (x, y)$ an, indem man x und y in Abhängigkeit vom Winkel φ, um den sich das Rad gedreht hat, angibt. Eine solche Bahnkurve nennt man eine *Zykloide* (s. Figur 27).

Bemerkung: In der Rokokozeit benutzte man die in Aufgabe 10 betrachtete Eigenschaft der Ellipse zum Bau von sogenannten Flüstergewölben. Das sind Räume mit elliptisch gekrümmter Decke oder auch elliptischem Grundriß. Alle Schallwellen, die von einem Brennpunkt ausgehen und an den elliptischen Wänden bzw. der Decke zum anderen Brennpunkt hin reflektiert werden, haben bis dorthin dieselbe Weglänge $2a$. Daher kann man am einen Brennpunkt gut hören, was am anderen geflüstert wird.

2 Folgen und Reihen

2.1 Definitionen und Beispiele

Eine Folge ist eine Menge von numerierten Zahlen. Die Nummern sind $0,1,2,\ldots$ oder $1,2,\ldots$ und heißen *Indizes*. Die Zahl mit dem Index k heißt das *Folgenglied* a_k. Wenn eine Folge nur endlich viele Glieder hat, dann wollen wir sie ausdrücklich eine *endliche Folge* nennen, während wir sonst unter einer Folge eine unendliche Menge von Folgengliedern verstehen wollen. Der Index k läuft also dann von 0 (oder 1) bis ∞ und da die Glieder der Reihe nach aufgezählt werden können, sagt man, daß eine Folge aus *abzählbar unendlich vielen* Gliedern besteht. Diese müssen aber nicht alle verschieden sein!
Dies alles läßt sich kürzer fassen in der folgenden

DEFINITION: Eine Folge ist eine Funktion $a(k)$ mit dem Definitionsbereich

$$D = \{0, 1, 2, \ldots\} \text{ oder } D = \{1, 2, \ldots\},$$

deren Funktionswerte mit a_k bezeichnet werden.

BEISPIEL 1 : Wenn wir heute und an jedem folgenden Tag die Mittagstemperatur messen, entsteht auf empirische Weise eine Folge $a_0, a_1, a_2, \ldots$, wobei a_k der Meßwert am Mittag des k−ten Tages ab heute ist. Diese Temperaturen werden unregelmäßig schwanken und daher werden wir ein künftiges a_k nur ungenau schätzen, nicht aber berechnen können.

Anders wäre es, wenn wir den Winkel α_k beobachteten, den die Sonne am $k-$ten Tag als Höchststand erreicht. Hier kann man aufgrund geographischer und astronomischer Kenntnisse eine Formel angeben, die es erlaubt, α_k für beliebiges k zu berechnen.

BEZEICHNUNG: Wir sagen, eine Folge ist *explizit* gegeben, wenn man jedes Folgenglied a_k mit Hilfe einer Formel berechnen kann. Die nachstehenden Beispiele sind explizit gegebene Folgen.

BEISPIEL 2: Eine *arithmetische Folge* ist durch eine Formel

$$a_k = a_0 + kd, \quad k = 0,1,2,\dots \tag{1}$$

gegeben. So erhalten wir etwa mit $a_0 = 1$, $d = 2$ die Folge der ungeraden Zahlen

$$a_0 = 1, \ a_1 = 3, \ a_3 = 5, \ \dots .$$

BEISPIEL 3: Eine *geometrische Folge* ist durch eine Formel

$$a_k = a_0 q^k, \quad q \neq 0, \ k = 0,1,2,\dots \tag{2}$$

gegeben. Die Konstante a_0 auf der rechten Seite ist identisch mit dem ersten Folgenglied, weil q^0 für beliebiges q gleich 1 ist. Die nächsten Folgenglieder sind dann $a_0 q$, $a_0 q^2$, $a_0 q^3$ usw..

Eine geometrische Folge entsteht, wenn eine Größe in festen Zeitabständen jeweils um denselben Prozentsatz wächst oder verringert wird. So wird etwa eine jährlich um 10% wachsende Population mit dem Anfangsbestand a_0 Stück nach einem Jahr die Stückzahl $a_0 \cdot 1,10$, nach zwei Jahren $a_0(1,10)^2$, $\dots$, nach k Jahren die Stückzahl $a_0(1,10)^k$ erreichen.

Ebenso verhält es sich mit einem bei einer Bank eingezahlten Kapital K, das mit $p\%$ verzinst wird. Es wächst in k Jahren auf den Betrag $K(1 + p/100)^k$ an.

Würden wir jährlich den Erdölverbrauch um 5% gegenüber dem Vorjahr verringern, dann hätten wir im $k-$ten auf das jetzige folgenden Jahr noch einen Verbrauch von

$$v_0(1 - \frac{5}{100})^k = v_0(0,95)^k,$$

wenn v_0 der jetzige Jahresverbrauch ist.

Natürlich kann man Indizes und Folgenglieder auch mit anderen Buchstaben als k und a bezeichnen.

Weitere Beispiele: $b_i = i^2$, $i = 1, 2, \ldots$ ist die Folge der Quadratzahlen $1, 4, 9, \ldots$; $a_n = 1/n$, $n = 1, 2, \ldots$ ist eine Folge positiver Zahlen, die immer kleiner werden und sich dem Wert 0 immer mehr nähern. Auch $c_k = (k-1)/(k+1)$, $k = 1, 2, \ldots$ ist eine Folge mit leicht erkennbarem Verhalten. Alle c_k sind wegen $k - 1 < k + 1$ kleiner als 1 und doch ist stets $c_{k+1} > c_k$, denn

$$1 - c_{k+1} = 1 - \frac{k}{k+2} = \frac{2}{k+2}$$

und das ist kleiner als $1 - c_k = 2/(k+1)$. Diese Folgen geben Anlaß zu folgender

DEFINITION: Eine Folge a_k heißt *monoton wachsend* , wenn für alle k die Ungleichung $a_k \leq a_{k+1}$ gilt; sie heißt *monoton fallend* , wenn für alle k die Ungleichung $a_k \geq a_{k+1}$ gilt.

Darüber hinaus stellen wir fest, daß es zu den beiden letzten Folgen jeweils eine Zahl gibt, der sich die Folgenglieder immer mehr nähern. Bei $a_n = 1/n$ ist dies die Zahl 0 , bei der Folge c_k die Zahl 1. Wenn man n bzw. k hinreichend groß wählt, dann kann man erreichen, daß sich a_n beliebig wenig von 0 bzw. c_k beliebig wenig von 1 unterscheidet. Dieses Verhalten der Folgen gibt Anlaß zur Definition der Begriffe $K\ o\ n\ v\ e\ r\ g\ e\ n\ z$ und $G\ r\ e\ n\ z\ w\ e\ r\ t$. Sie sind grundlegend für alles weitere!

2.2 Konvergenz und Divergenz

Wenn man von einem natürlichen Gleichgewicht spricht, dann meint man damit einen Zustand, der sich bei gegebenen Umweltbedingungen allmählich einstellen wird oder schon eingestellt hat. Bei einer einmaligen Störung des Gleichgewichts sorgt die Natur häufig für eine Rückkehr zum vorigen Gleichgewicht oder für ein neues Gleichgewicht. Wird etwa eine Art durch eine Seuche dezimiert, dann finden die Überlebenden mehr Futter und vielleicht sind auch natürliche Feinde abgewandert, so daß sich der Bestand so lange vermehrt, bis er wieder einem natürlichen Gleichgewicht entspricht.

Wenn man solche Vorgänge mathematisch beschreibt, wird man Gleichgewichte mit Hilfe von Konvergenzaussagen definieren. Daher müssen wir zunächst eine präzise Vorstellung vom Begriff der Konvergenz entwickeln, der im übrigen auch die Grundlage der gesamten Infinitesimalrechnung ist.

DEFINITION: Eine Folge a_k heißt *konvergent*, wenn es eine Zahl α mit der folgenden Eigenschaft gibt: Zu jeder (beliebig kleinen) Zahl $\varepsilon > 0$ läßt sich ein Index k_ε angeben mit

$$|a_k - \varepsilon| < \varepsilon \text{ für alle } k > k_\varepsilon .$$

Wollte man ohne das zu Unrecht so gefürchtete ε auskommen, dann könnte man sagen: die Folge konvergiert gegen α, wenn man durch hinreichend große Wahl von k den Betrag $|a_k - \alpha|$ beliebig klein machen kann. Um mögliche Mißverständnisse auszuräumen, müßte man dann aber „beliebig klein" und „hinreichend groß" erläutern und käme dadurch doch wieder auf die obige Definition.

Eine Zahl α im Sinn der obigen Definition nennt man den *Grenzwert* oder den *limes* der Folge a_k. Man sagt die Folge *konvergiert* gegen α und schreibt

$$\lim_{k \to \infty} a_k = \alpha .$$

Eine Folge kann nur einen Grenzwert besitzen. Wären nämlich α und β zwei verschiedene Grenzwerte einer Folge a_k, dann könnte man $\varepsilon = \frac{1}{2}|\alpha - \beta|$ wählen und dazu Indizes k_1, k_2 finden mit

$$|a_k - \alpha| < \varepsilon \text{ für alle } k > k_1 \text{ und } |a_k - \beta| < \varepsilon \text{ für alle } k > k_2 ;$$

nun setzt man $k_\varepsilon = \max(k_1, k_2)$ und schätzt $|\alpha - \beta|$ mit Hilfe der Dreiecksungleichung nach oben ab:

$$|\alpha - \beta| = |\alpha - a_k + a_k - \beta| \leq |\alpha - a_k| + |a_k - \beta| .$$

Für alle $k > k_\varepsilon$ sind aber die letzten beiden Beträge kleiner als ε und somit haben wir

$$|\alpha - \beta| < 2\varepsilon \text{ im Widerspruch zu } \varepsilon = \frac{1}{2}|\alpha - \beta| .$$

Damit ist ein indirekter Beweis dafür geführt, daß eine Folge höchstens einen Grenzwert haben kann.

Bezeichnung: Eine Folge heißt *divergent* , wenn sie keinen Grenzwert besitzt.

BEISPIEL 1: Die Folge $a_k = 1/k$, $k = 1, 2, \ldots$, konvergiert gegen 0 , denn $|a_k - 0| = 1/k$ und dies ist kleiner als ein beliebiges $\varepsilon > 0$, wenn man k größer als $1/\varepsilon$ wählt. Als k_ε kann man also hier die zu $1/\varepsilon$ nächstgelegene ganze Zahl nehmen.

BEISPIEL 2: Die Folge $a_n = n$, $n = 1, 2, \ldots$, divergiert, weil a_n für wachsendes n über alle Grenzen wächst.

BEISPIEL 3: Auch die Folge $a_i = (-1)^i$, $i = 1, 2, \ldots$ divergiert; weder 1 noch -1 ist Grenzwert, denn es gibt z.B. zu $\varepsilon = 0,5$ beliebig große Indizes i mit $|a_i - 1| > 0,5$ und ebenso auch beliebig große i mit $|a_i - (-1)| > 0,5$.

Im folgenden brauchen wir den nachstehenden

<u>HILFSSATZ</u>: Wenn $a > 0$ und $b > 0$, dann ist für $n = 1, 2, \ldots$ stets

$$(a + b)^n \geq a^n + na^{n-1}b .$$

Wir beweisen diesen Hilfssatz nach dem

Prinzip der vollständigen Induktion: Eine Behauptung ist bewiesen für alle $n = 1, 2, \ldots$, wenn sie für $n = 1$ richtig ist und wenn aus der Annahme, daß sie für ein beliebiges $n \geq 1$ gilt, stets auch die Richtigkeit für $n + 1$ folgt.

Unser Hilfssatz ist richtig für $n = 1$, denn $(a + b)^1 = a^1 + 1a^0b$; wenn er für irgendein n gilt, d.h. wenn $(a + b)^n \geq a^n + na^{n-1}b$, dann folgt durch Multiplikation dieser Ungleichung mit dem positiven Faktor $(a + b)$, daß

$$(a+b)^{n+1} \geq (a^n + na^{n-1}b)(a+b) = a^{n+1} + na^nb + a^nb + na^{n-1}b^2 \geq a^{n+1} + (n+1)a^nb$$

$$\text{und somit} (a + b)^{n+1} \geq a^{n+1} + (n + 1)a^nb$$

und das ist gerade die Aussage des Hilfssatzes für $n + 1$. Also folgt aus der Annahme, daß der Hilfssatz für ein beliebiges $n \geq 1$ gilt, seine Gültigkeit auch für $n + 1$ und damit ist er nach dem Prinzip der vollständigen Induktion für alle n bewiesen.

SATZ 2.2.1: Eine geometrische Folge $a_k = a_0q^k$, $k = 0, 1, 2, \ldots$ mit $a_0 \neq 0$ divergiert, wenn $|q| > 1$ ist; sie konvergiert gegen 0, wenn $|q| < 1$ ist.

<u>Beweis:</u> Wenn $|q| > 1$, dann gibt es eine positive Zahl b mit $|q| = 1 + b$ und nach unserem Hilfssatz ist dann $|q^k| = (1 + b)^k \geq 1 + kb$; Also ist

$$|a_k| = |a_0| \cdot |q^k| \geq |a_0|(1 + kb) .$$

Somit wird $|a_k|$ beliebig groß, wenn wir nur k hinreichend groß wählen und darum divergiert die Folge.

Ist dagegen $|q| < 1$, dann gibt es eine positive Zahl c mit

$$|q| = \frac{1}{1 + c} \text{und daher } |q^k| = \frac{1}{(1 + c)^k} .$$

Nach dem Hilfssatz ist dies aber kleiner als $1/(1 + kc)$ und kann also beliebig klein gemacht werden, wenn man k groß genug wählt. Es gibt daher auch ein k_ε mit

$$|a_0 q^k - 0| = |a_0| \cdot |q^k| < \varepsilon \text{ für alle } k > k_\varepsilon .$$

Sind zwei Folgen a_n und b_n gegeben, dann können wir damit neue Folgen bilden, z.B.

$$c_n = a_n + b_n \text{ oder } d_n = a_n b_n.$$

Wenn a_n und b_n konvergente Folgen sind, dann sind dies auch diese neuen Folgen, denn es gilt der

SATZ 2.2.2: a_n und b_n seien konvergente Folgen mit den Grenzwerten α bzw. β ; dann sind die Folgen $c_n = a_n + b_n$ und $d_n = a_n b_n$ konvergent gegen

$$\lim_{n \to \infty} c_n = \alpha + \beta \text{ und } \lim_{n \to \infty} d_n = \alpha \beta .$$

Ist $\beta \neq 0$ und sind alle $b_n \neq 0$, dann ist auch $e_n = a_n / b_n$ konvergent gegen α/β .

Beweis für c_n : Aus der Dreiecksungleichung folgt

$$|c_n - (\alpha + \beta)| = |(a_n - \alpha) + (b_n - \beta)| \leq |a_n - \alpha| + |b_n - \beta| ;$$

die beiden letzten Beträge werden aber für hinreichend großes n beliebig klein, also auch kleiner als $\varepsilon/2$, für jedes $\varepsilon > 0$. Daher folgt

$$|c_n - (\alpha + \beta)| < \varepsilon \text{ für alle hinreichend großen } n$$

und das war zu zeigen. Ähnlich beweist man die übrigen Aussagen des Satzes. Aus der zweiten Aussage des Satzes folgt für den Fall, daß a_n eine konstante Folge mit $a_n = h$ für alle n ist (und folglich auch h als Grenzwert hat), daß aus

$$\lim_{n \to \infty} b_n = \beta \text{ folgt: } \lim_{n \to \infty} h b_n = h \beta .$$

Nicht immer kann man den Grenzwert einer konvergenten Folge sofort erraten und oft läßt sich nicht ohne weiteres entscheiden, ob sie konvergiert oder nicht. Wer etwa die Folge

$$a_n = \left(1 + \frac{1}{n}\right)^n , n = 1, 2, \ldots$$

noch nie gesehen hat, wird kaum erraten, daß ihr Grenzwert die berühmte Eulersche Zahl $e = 2,71828\ldots$, die Basis der natürlichen Logarithmen ist.

Sie ist nach L. Euler (1707-1783) benannt.Wir werden dieser Zahl bei den Exponentialfunktionen wieder begenen.
In einer solchen Situation ist man froh, wenn man wenigstens entscheiden kann, ob die Folge konvergiert oder nicht. Diesem Zweck dienen sog. Konvergenzkriterien.

1.KONVERGENZKRITERIUM:
a) Wenn eine Folge monoton wächst und nach oben beschränkt ist, dann konvergiert sie.
b) Wenn eine Folge monoton fällt und nach unten beschränkt ist, dann konvergiert sie.
Nach oben bzw. nach unten beschränkt ist eine Folge, wenn dies für die Menge ihrer Folgenglieder gilt (s.1.2).
Beweis: Im Fall a) hat die Menge aller Folgenglieder a_k ein supremum s nach Satz 1. 2. 1 . Nach der Definition des supremum gibt es dann zu jedem $\varepsilon > 0$ ein Element a_{k_ε} in dieser Menge mit $a_{k_\varepsilon} > s - \varepsilon$.
Dann folgt aus der Monotonie der Folge:

$$a_k \geq a_{k_\varepsilon} > s - \varepsilon \text{ für alle } k > k_\varepsilon .$$

Da alle a_k nicht größer als ihr supremum s sind, folgt somit

$$|a_k - s| < \varepsilon \text{ für alle } k \geq k_\varepsilon .$$

Also ist hier das supremum s zugleich der limes der Folge. Analog beweist man die Aussage b) des Kriteriums, indem man zeigt, daß dann das infimum der Menge aller Folgenglieder zugleich limes der Folge sein muß.

Bei dem Beispiel $a_n = \left(1 + \frac{1}{n}\right)^n$ ist das 1. Konvergenzkriterium erfüllt, weil diese Folge monoton wächst und nach oben beschränkt ist. Um das zu zeigen, braucht man aber den Binomischen Satz, den wir erst im nächsten Abschnitt kennenlernen werden. Wir stellen dieses Beispiel daher zurück und betrachten stattdessen

BEISPIEL 4: N versteckte Objekte werden gesucht und a_k sei die Anzahl der nach k Minuten gefundenen. Diese Folge ist monoton wachsend und nach oben durch N beschränkt. Sie ist also nach dem 1.Konvergenzkriterium konvergent. Den limes kann man nicht angeben; nur wenn man wüßte, daß nach hinreichend langer Suche alle Objekte gefunden werden, könnte man sagen, daß er gleich N ist.

2.KONVERGENZKRITERIUM: Eine Folge a_n konvergiert genau dann, wenn zu jedem $\varepsilon > 0$ ein Index n_ε existiert, so daß für alle n und m , die beide größer als n_ε sind, die Ungleichung

$$|a_n - a_m| < \varepsilon \text{ erfüllt ist.}$$

Dies nennt man nach A. Cauchy (1789-1857) auch das Cauchy-Kriterium. Wie man aus seiner Formulierung erkennt, ist es notwendig und hinreichend für die Konvergenz der Folge. Das 1.Konvergenzkriterium ist dagegen nur hinreichend, denn es gibt auch nicht monotone und trotzdem konvergente Folgen. Das 2.Konvergenzkriterium ähnelt der Definition der Konvergenz, doch letztere kann man zum Nachweis der Konvergenz nur heranziehen, wenn man bereits eine Zahl als Grenzwert α vermutet. Die Konvergenzkriterien erlauben dagegen den Nachweis der Konvergenz auch dann, wenn man den Grenzwert nicht errät (vgl. Beispiel 4).

Es ist leicht zu zeigen, daß das Cauchy-Kriterium notwendig ist; wenn nämlich a_n gegen einen Grenzwert α konvergiert, dann gibt es zu jedem $\varepsilon > 0$, und damit auch zu $\frac{\varepsilon}{2}$, einen Index

$$n_{\varepsilon/2} \text{ mit } |a_n - \alpha| < \frac{\varepsilon}{2}, \text{ und } |a_m - \alpha| < \frac{\varepsilon}{2}, \text{ falls } n \text{ und } m \text{ größer als } n_{\varepsilon/2}.$$

Aus der Dreiecksungleichung folgt dann

$$|a_n - a_m| = |a_n - \alpha + \alpha - a_m| \le |a_n - \alpha| + |a_m - \alpha| < \frac{\varepsilon}{2} + \frac{\varepsilon}{2} = \varepsilon.$$

Der Beweis, daß das Cauchy-Kriterium auch hinreichend ist, erfordert etwas mehr Scharfsinn. Man findet ihn z.B. bei Grauert/Lieb [14],Bd.1,S.43 .

BEISPIEL 5: Wir erzeugen per Zufall einen Dezimalbruch 0,... , indem wir auf ein Rouletterad zehn Felder mit den Ziffern 0,1,2,...,9 malen und als k−te Dezimale die Ziffer schreiben, die sich beim k−ten Spiel ergibt. Sind z.B. die ersten drei Ziffern 7, 3 und 5, dann ist $a_1 = 0,7$, $a_2 = 0,73$, $a_3 = 0,735$ usw. . Fährt man so fort, dann erhält man eine konvergente Folge, denn ab der k−ten Dezimale unterscheiden sich alle folgenden a_k höchstens noch um 10^{-k} und man braucht daher k nur so groß zu wählen, daß $10^{-k} < \varepsilon$ gilt. Für alle n und m , die größer als dieses k sind, gilt dann $|a_n - a_m| < \varepsilon$ und somit ist das Cauchy-Kriterium erfüllt. Somit konvergiert unsere Folge, aber niemand kann sagen, gegen welchen Grenzwert. Dieser ist allerdings mit Sicherheit irrational, weil sich andernfalls irgendeine endliche Ziffernsequenz ständig wiederholen müßte. Dies ist ein Indiz dafür, daß es weitaus mehr irrationale als rationale Zahlen gibt!

BEISPIEL 6: Auf der Suche nach der Maximalstelle x_m einer unbekannten Funktion $f(x)$, die so wie die in Figur 28 aussehen soll, verfährt ein Experimentator wie folgt: er wählt einen Anfangswert x_1 und ein $\Delta > 0$ als Schrittweite. Dann beobachtet er die Funktionswerte $f(x_1)$ und $f(x_2)$, wobei $x_2 = x_1 + \Delta$. Ist nun

$$f(x_1) < f(x_2),$$

dann setzt er $x_3 = x_2 + \Delta$ und setzt das Verfahren fort, d.h. er geht auf der x–Achse mit der Schrittweite Δ so lange nach rechts, als die Funktionswerte dabei anwachsen.

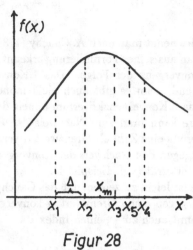

Figur 28

Wenn erstmals für ein x_k und das folgende $x_{k+1} = x_k + \Delta$ die Ungleichung $f(x_k) \geq f(x_{k+1})$ gilt (das kann auch schon für $k = 1$ eintreten), dann ändert er die Richtung und halbiert die Schrittweite, d.h. er setzt nun $x_{k+2} = x_{k+1} - \Delta/2$ und fährt auf diese Weise so lange fort, bis wieder ein Funktionswert nicht größer als sein unmittelbarer Vorgänger ist. Wenn die Funktion $f(x)$ so wie die in Figur 28 skizzierte nur an einer Stelle x_m ihr Maximum annimmt, dann konvergiert die Folge x_k nach dem Cauchy-Kriterium. Denn jedesmal, wenn die Maximalstelle erreicht oder überschritten wurde, erfolgt beim nächsten oder beim übernächsten Schritt ein Richtungswechsel und eine Halbierung der Schrittweite. Nach zwei Schritten erreicht man bei der halbierten Schrittweite den vorletzten x–Wert wieder und nach vier Schritten würde man den drittletzten erreichen, der ja noch einen kleineren Funktionswert als der vorletzte hatte. Ist also das Maximum erstmals erreicht oder überschritten, dann hat man spätestens nach jedem vierten Schritt eine Richtungsänderung bei gleichzeitiger Halbierung der Schrittweite. Wenn dann ein x_n der letzte x–Wert ist, der mit der Schrittweite $\Delta/2^i$ erreicht wurde, dann bilden x_{n-2} und x_n ein Intervall, in dem alle künftigen x_k mit $k > n$ liegen. Daraus folgt die Konvergenz nach dem Cauchy-Kriterium. Liegt eine Funktionskurve von der in Figur 28 skizzierten Gestalt vor, dann kann man zusätzlich beweisen, daß die Folge x_k gegen x_m konvergiert; hat die Funktion aber mehrere Maximalstellen, dann hängt es von x_1 und Δ ab, gegen welche die Folge x_k konvergiert.

3. KONVERGENZKRITERIUM :
Wenn die Differenzen $a_{k+1} - a_k$ abwechselnde Vorzeichen haben (man sagt dann, die Folge *alterniert*), und wenn die Beträge $|a_{k+1} - a_k|$ eine monoton fallende, gegen 0 konvergente Folge bilden, dann konvergiert auch die Folge a_k .

Beweis: Die Folgenglieder mit geradem Index bilden eine monotone Folge und ebenso die mit ungeradem Index. Wenn die eine dieser Folgen monoton wächst, dann fällt die andere monoton und umgekehrt. Die wachsende Folge ist nach oben beschränkt durch jedes Glied der fallenden Folge und letztere ist nach unten beschränkt durch jedes Glied der wachsenden Folge. Also konvergieren die Folgen $a_1, a_3, a_5, \ldots$ und $a_0, a_2, a_4, \ldots$ nach dem 1.Konvergenzkriterium. Hätten sie verschiedene Grenzwerte, dann könnten die Beträge $|a_{k+1} - a_k|$ nicht gegen 0 konvergieren. Der gemeinsame Grenzwert der beiden Folgen ist damit auch der Grenzwert der Folge a_k .

Ein typisches Beispiel für eine alternierende Folge sind die Maxima und Minima einer abklingenden Schwingung in ihrer zeitlichen Reihenfolge.

Bisher haben wir nur Grenzwerte von Folgen kennengelernt. Man verwendet diesen Begriff aber auch bei beliebigen Funktionen.

DEFINITION: Der Grenzwert einer Funktion $f(x)$ an einer Stelle x_0 existiert, wenn für eine <u>jede</u> gegen x_0 konvergente Folge x_k die Folge der zugehörigen Funktionswerte $f(x_k)$ stets konvergiert, und zwar stets gegen denselben Grenzwert. Für diesen schreiben wir

$$\lim_{x \to x_0} f(x) .$$

Wenn $f(x)$ in x_0 stetig ist, dann folgt $\lim_{x \to x_0} f(x) = f(x_0)$.

Denn zu jedem $\varepsilon > 0$ gibt es ja dann ein $\delta > 0$ mit

$$|f(x) - f(x_0)| < \varepsilon, \text{ falls } |x - x_0| < \delta .$$

Wenn aber die Folge x_k gegen x_0 konvergiert, dann gibt es zu δ einen Index k_δ mit

$$|x_k - x_0| < \delta, \text{ falls } k > k_\delta .$$

Also gilt dann für alle $k > k_\delta$ auch, daß $|f(x_k) - f(x_0)| < \varepsilon$, d.h. die Folge $f(x_k)$ konvergiert stets gegen $f(x_0)$.

Sehr oft interessiert auch das Verhalten einer Funktion $f(x)$, wenn x über alle Grenzen wächst oder kleiner als jede negative Schranke wird.

DEFINITION: Eine Funktion $f(x)$ *konvergiert für unbegrenzt wachsendes* x gegen einen Grenzwert α, wenn zu jedem $\varepsilon > 0$ eine Zahl K existiert mit

$$|f(x) - \alpha| < \varepsilon \text{ für alle } x > K .$$

Sie *konvergiert für unbegrenzt fallendes* x gegen einen Grenzwert β , wenn zu jedem $\varepsilon > 0$ eine Zahl L existiert mit

$$|f(x) - \beta| < \varepsilon \text{ für alle } x < L .$$

Wir schreiben dann $\lim\limits_{x \to \infty} f(x) = \alpha$ bzw. $\lim\limits_{x \to -\infty} = \beta$.

Häufig wächst $f(x)$ ebenfalls über alle Grenzen oder es wird $f(x)$ kleiner als jede negative Zahl, wenn x über alle Grenzen wächst oder fällt. Wir schreiben dann

$$f(x) \to \infty \text{ für } x \to \infty ,$$

falls $f(x)$ jede positive Schranke P übertrifft, wenn man nur x groß genug wählt; wir schreiben

$$f(x) \to -\infty \text{ für } x \to \infty ,$$

falls $f(x)$ jede negative Schranke Q unterschreitet, falls man nur x hinreichend groß wählt. Analog sind die Bezeichnungen

$$f(x) \to \infty \text{ für } x \to -\infty \text{ und } f(x) \to -\infty \text{ für } x \to -\infty$$

aufzufassen; dabei ist „falls man nur x hinreichend groß wählt" zu ersetzen durch „falls man nur x hinreichend klein wählt."

Hier schreiben wir absichtlich <u>nicht</u> $\lim f(x)$, denn ein Grenzwert ist für uns eine reelle Zahl, während ∞ und $-\infty$ Symbole anderer Art sind.

Zum Konvergenzverhalten von Folgen ist noch zu ergänzen, daß es sich nicht ändert, wenn man endlich viele Glieder hinzufügt oder wegläßt. Es ändert sich auch nicht, wenn man die Reihenfolge der Glieder beliebig ändert. Wählt man der Reihe nach unendlich viele Glieder einer gegebenen Folge aus, so entsteht eine *Teilfolge* . Jede Teilfolge einer konvergenten Folge konvergiert ebenfalls gegen den Grenzwert der letzteren. Dagegen können Teilfolgen von divergenten Folgen divergent oder konvergent sein. Zum Beispiel ist $a_k = \frac{1}{k}$, $k = 2, 4, 6, \ldots$ eine Teilfolge der konvergenten Folge $a_k = \frac{1}{k}$, $k = 1, 2, 3, \ldots$; $a_n = (-1)^n$, $n = 2, 4, 6, \ldots$ ist konvergente Teilfolge der divergenten Folge $a_n = (-1)^n$, $n = 1, 2, 3, \ldots$.

AUFGABE 12: Zeigen Sie die Richtigkeit folgender Aussagen:

$$a) \lim_{x \to \infty} \frac{x}{1 + x} = 1 ; \qquad b) \lim_{x \to \infty} \frac{\sin x}{x} = 0 ;$$

46

c) für ein Polynom $P(x) = a_n x^n + a_{n-1} x^{n-1} + \ldots + a_1 x + a_0$ mit $n \geq 1$ $a_n \neq 0$ gilt

$$P(x) \to \infty \text{ oder } P(x) \to -\infty \text{ für } x \to \infty,$$

je nachdem, ob $a_n > 0$ oder < 0 ist. Dasselbe gilt für $x \to -\infty$, wenn n gerade ist. Wie lautet die Aussage für $x \to -\infty$, wenn n ungerade ist?

AUFGABE 13: Zeigen Sie, daß $a_n = n^{1/n}$, $n = 1, 2, \ldots$ gegen 1 konvergiert!

AUFGABE 14: Der Forscher Philo Drose läßt einen Käfer in einer engen Röhre krabbeln, die an beiden Seiten verschlossen ist. Zur Zeit t hat der Käfer eine Weglänge a_t in der einen Richtung und eine Weglänge b_t in der anderen Richtung zurückgelegt. Philo berechnet für die Zeiten $t = 1, 2, \ldots$ jeweils den relativen Anteil $c_t = a_t / (a_t + b_t)$ des Weges in der einen Richtung bezüglich der gesamten zurückgelegten Weglänge. Er stellt fest, daß c_t für große t sehr nahe bei $0,5$ liegt. Zeigen Sie ihm, daß dies einen einfachen Grund hat und daß c_t unabhängig von irgendwelchen Orientierungsfähigkeiten des Käfers in jedem Fall gegen $\frac{1}{2}$ konvergiert, wenn er ewig läuft und dabei eine gegen ∞ anwachsende Weglänge zurücklegt.

AUFGABE 15: Die Zoologin Melanie Gaster fängt jeden Tag fünf Edelzwicker und mißt ihre Flügelspannweite. Nach jeder Messung berechnet sie das arithmetische Mittel aller bisherigen Meßwerte

$$m_1, m_2, \ldots, m_n, \text{ also } a_n = \frac{1}{n}(m_1 + m_2, + \ldots + m_n).$$

Nun gibt es aber in dem betreffenden Gebiet nur noch fünf Edelzwicker und daher fängt sie diese fünf an jedem Tag. Da sie die Tiere nicht markiert und weil die Reihenfolge, in der sie eingefangen werden, von Tag zu Tag meist wechselt, merkt Melanie nicht, daß sich die Meßwerte wiederholen. Wird ihre Folge a_n konvergieren und wenn ja, wogegen?

2.3 Binomialkoeffizienten

Einen Ausdruck der Form $(a + b)^n$ nennt man ein *Binom* ; man kann es ausmultiplizieren, indem man aus jeder der n miteinander zu multiplizierenden Klammern $(a + b)$ entweder a oder b als Faktor auswählt, jeweils das Produkt aus den n ausgewählten Faktoren bildet und dann alle Produkte addiert, die auf diese Weise entstehen können. Dabei sind alle Möglichkeiten für die Auswahl von je einem Faktor aus jeder Klammer zu durchlaufen! Für $n = 2$ und $n = 3$ erhalten wir so

$$(a + b)^2 = (a + b)(a + b) = a^2 + ab + ba + b^2 = a^2 + 2ab + b^2,$$

47

$$(a+b)^3 = (a+b)(a+b)(a+b) = a^3 + a^2b + aba + ba^2 + ab^2 + bab + b^2a + b^3 =$$
$$= a^3 + 3a^2b + 3b^2a + b^3.$$

Zunächst ergeben sich immer 2^n Summanden, weil die beiden Möglichkeiten, die man in jeder Klammer für die Auswahl des Faktors hat, frei mit den Möglichkeiten bei den anderen Klammern kombiniert werden können. Daher erhalten wir bei $n = 2$ zunächst $2^2 = 4$, bei $n = 3$ zunächst $2^3 = 8$ Summanden und bei $(a+b)^4$ sind es zunächst $2^4 = 16$ Summanden. Alle diese Summanden sind von der Form

$$a^{n-k}b^k, \quad k = 0, 1, \ldots, n \, ,$$

denn weil aus jeder Klammer ein Faktor kommt, müssen die Exponenten von a und b stets die Summe n ergeben.

a^n und b^n treten nur einmal auf, denn es gibt ja nur eine Möglichkeit, einer jeden Klammer den Faktor a bzw. b zu entnehmen. Wir wollen aber für alle $k = 0, 1, \ldots, n$ wissen, wie oft $a^{n-k}b^k$ vorkommt.

<u>Bezeichnung</u>: Die Anzahl der Summanden $a^{n-k}b^k$, die sich beim Ausmultiplizieren eines Binoms $(a+b)^n$ ergibt, nennen wir „n über k“ und schreiben dafür $\binom{n}{k}$. Das Symbol $\binom{n}{k}$ ist ein sogenannter *Binomialkoeffizient*. Damit gilt also

$$(a+b)^n = \binom{n}{0}a^nb^0 + \binom{n}{1}a^{n-1}b^1 + \binom{n}{2}a^{n-2}b^2 + \ldots + \binom{n}{n-1}a^1b^{n-1} + \binom{n}{n}a^0b^n \, ,$$

was man mit Hilfe des Summenzeichens kürzer wie folgt schreibt:

$$(a+b)^n = \sum_{k=0}^{n} \binom{n}{k} a^{n-k}b^k \, . \tag{1}$$

Gleichung (1) wird auch als der *Binomische Satz* bezeichnet. Vorläufig ist dies aber nur die Einführung der Symbole $\binom{n}{k}$ und wir müssen uns noch überlegen, wie man diese Zahlen berechnet. $\binom{n}{k}$ ist die Anzahl der Möglichkeiten, die man bei der Auswahl von k Objekten aus n Objekten hat. Denn jedesmal, wenn wir eines der Produkte $a^{n-k}b^k$ bilden, wählen wir k der Klammern aus, um ihnen den Faktor b zu entnehmen. Den übrigen $n-k$ Klammern wird dann der Faktor a entnommen. Daraus erkennt man, daß jeder Auswahl von k aus n Objekten genau eine Auswahl von $n - k$ nicht ausgewählten entspricht und daraus folgt schon eine Eigenschaft der Binomialkoeffizienten:

1.) $\displaystyle\binom{n}{k} = \binom{n}{n-k}$ für $n = 0, 1, \ldots, n$ (Symmetrie).

Wir kennen auch die Summe der zu n gehörenden Binomialkoeffizienten; sie ist nach Gleichung (1) mit $a = b = 1$ gleich $(1+1)^n = 2^n$ und entspricht der schon erwähnten Tatsache, daß sich beim Ausmultiplizieren eines Binoms $(a+b)^n$ zunächst 2^n Summanden ergeben. Also gilt

2.) $\displaystyle\binom{n}{0} + \binom{n}{1} + \ldots + \binom{n}{n} = 2^n \, .$

Aus den zu n gehörenden Binomialkoeffizienten kann man die zu $n+1$ gehörenden bestimmen, nämlich nach der Formel

3.) $\displaystyle\binom{n+1}{k} = \binom{n}{k} + \binom{n}{k-1},$

allerdings gilt dies zunächst nur für $k = 1, 2, \ldots, n$, denn für $k = n+1$ hätten wir rechts $\binom{n}{n+1}$, für $k = 0$ stünde rechts $\binom{n}{-1}$ und beides ist noch nicht definiert. Man setzt aber $\binom{n}{k} = 0$, wenn $k > n$ oder $k < 0$ ist. Das ist sinnvoll, denn es gibt keine Möglichkeit, mehr auszuwählen als da ist und man kann auch keine negative Anzahl von Objekten auswählen. Damit gilt Formel 3.) auch für $k = 0$ und $k = n+1$.

Der Beweis für Formel 3.) ergibt sich aus einer einfachen kombinatorischen Überlegung: Man könnte eines der $n+1$ Objekte färben und dann die $\binom{n+1}{k}$ Auswahlmöglichkeiten zusammensetzen aus denen mit dem gefärbten Objekt und denen ohne das gefärbte Objekt. Mit dem gefärbten hat man $\binom{n}{k-1}$ Möglichkeiten, denn es sind zu dem gefärbten Objekt noch $k-1$ weitere aus den n ungefärbten zu wählen; ohne das gefärbte Objekt sind es $\binom{n}{k}$ Möglichkeiten, denn nun sind k Objekte aus den n ungefärbten zu entnehmen.

$n = 0$					$\binom{0}{0}$		*Pascal'sches*			1		
$n = 1$				$\binom{1}{0}$	$\binom{1}{1}$		*Dreieck*		1		1	
$n = 2$			$\binom{2}{0}$	$\binom{2}{1}$	$\binom{2}{2}$			1		2		1
$n = 3$		$\binom{3}{0}$	$\binom{3}{1}$	$\binom{3}{2}$	$\binom{3}{3}$		1		3		3	1
$n = 4$	$\binom{4}{0}$	$\binom{4}{1}$	$\binom{4}{2}$	$\binom{4}{3}$	$\binom{4}{4}$	1		4		6	4	1

49

Die dritte Eigenschaft ermöglicht nun die sukzessive Berechnung aller Binomialkoeffizienten aus den zu $n = 1$ gehörenden $\binom{1}{0} = 1$ und $\binom{1}{1} = 1$. Am übersichtlichsten geschieht das mit dem sogenannten *Pascalschen Dreieck*, das wir an der Spitze noch durch $\binom{0}{0} = 1$ ergänzen. Wir schreiben links die Symbole $\binom{n}{k}$ und rechts ihre Zahlenwerte.

Außen steht immer 1 und jeder andere Koeffizient ergibt sich durch Addition der beiden über ihm stehenden Koeffizienten. Für größere n ist dieses nach B. Pascal (1623-1662) benannte Berechnungsschema zu mühsam. Daher leiten wir durch eine zweite kombinatorische Überlegung eine Formel für die direkte Berechnung der Binomialkoeffizienten her:

Man kann n verschiedene Objekte auf $n(n-1)(n-2) \cdot \ldots \cdot 2 \cdot 1$ verschiedene Weisen anordnen. Denn an die 1.Stelle kann man jedes der n Objekte setzen, hat dafür also n Möglichkeiten. Unabhängig davon, welches Objekt an 1.Stelle steht, hat man dann noch jeweils $n - 1$ Möglichkeiten für die 2.Stelle, dann jeweils noch $(n - 2)$ Möglichkeiten für die 3.Stelle usw. bis zur letzten Stelle, für die es nach Besetzung aller übrigen Stellen jeweils nur die eine Möglichkeit gibt, sie mit dem letzten noch übrigen Objekt zu besetzen. Für drei Objekte gibt es also $3 \cdot 2 \cdot 1 = 6$, für vier Objekte $4 \cdot 3 \cdot 2 \cdot 1 = 24$ und für fünf bereits $5 \cdot 4 \cdot 3 \cdot 2 \cdot 1 = 120$ Möglichkeiten der Anordnung.

Man schreibt statt $n(n - 1)(n - 2) \cdot \ldots \cdot 2 \cdot 1$ auch $n!$ (gelesen „n Fakultät"; das lateinische *facultas* bedeutete unter anderem auch „Auswahlmöglichkeit"). Wenn man nun immer die ersten k Stellen einklammert (s.Figur 29) und die n Objekte auf alle $n!$ möglichen Weisen anordnet, erhält man sicherlich jede mögliche Auswahl von k Objekten mindestens einmal innerhalb der Klammern. Da man k eingeklammerte Objekte innerhalb der Klammern auf $k!$ verschiedene Weisen anordnen kann und jede dieser Anordnungen noch mit $(n - k)!$ verschiedenen Anordnungen der Objekte außerhalb der Klammern kombinieren kann, erhält man jede mögliche Auswahl von k Objekten sogar $k!(n - k)!$--mal. Daher muß die Formel

$$\binom{n}{k} = \frac{n!}{k!(n - k)!} \tag{2}$$

gelten, wenigstens für $k = 1, 2, \ldots, n - 1$. Daß $\binom{n}{0}$ und $\binom{n}{n}$ gleich 1 sein müssen, wissen wir bereits. Deshalb vereinbaren wir, daß $0! = 1$ ist und damit gilt Formel (2) für alle $k = 0, 1, \ldots, n$.

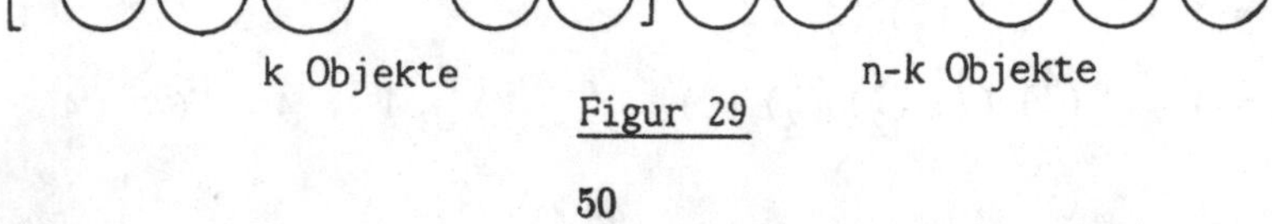

k Objekte   n-k Objekte

Figur 29

So ist etwa

$$\binom{7}{3} = \frac{7!}{3!4!} = \frac{7 \cdot 6 \cdot 5 \cdot 4 \cdot 3 \cdot 2 \cdot 1}{(3 \cdot 2 \cdot 1)(4 \cdot 3 \cdot 2 \cdot 1)} = \frac{7 \cdot 6 \cdot 5}{3 \cdot 2 \cdot 1} = 35 .$$

Wie hier in diesem Beispiel kann man immer $(n - k)!$ kürzen und hat dann im Nenner und Zähler die gleiche Anzahl von Faktoren. Ist $k > n - k$, dann nutzt man die Symmetrieformel (1) und berechnet statt $\binom{n}{k}$ den ebenso großen Koeffizienten $\binom{n}{n-k}$. So ist z.B.

$$\binom{11}{7} = \binom{11}{4} = \frac{11 \cdot 10 \cdot 9 \cdot 8}{4 \cdot 3 \cdot 2 \cdot 1} = 330 .$$

Übrigens folgt jetzt der in 2.2 mit vollständiger Induktion bewiesene Hilfssatz direkt aus dem Binomischen Satz, denn für $a > 0$, $b > 0$ und $n \geq 2$ ist

$$(a + b)^n = \sum_{k=0}^{n} \binom{n}{k} a^{n-k} b^k = \binom{n}{0} a^n + \binom{n}{1} a^{n-1} b + \text{ positive Summanden.}$$

Mit $\binom{n}{0} = 1$ und $\binom{n}{1} = n$ folgt also $(a + b)^n \geq a^n + n a^{n-1} b$.

AUFGABE 16: Wenn $P(x)$ ein Polynom n-ten Grades und $\Delta \neq 0$ ist, was für eine Funktion ist dann $P(x + \Delta) - P(x)$?

AUFGABE 17: 10 verschieden behandelte Maiskörner werden in die Erde gesteckt und keimen. In wieviel verschiedenen Reihenfolgen können die Keimlinge sichtbar werden?

AUFGABE 18: 6 von 10 Keimlingen sollen verpflanzt werden. Wieviele Auswahlmöglichkeiten hat man?

2.4 Reihen

DEFINITION: Die Summe von endlich vielen Gliedern einer Folge ist eine *endliche Reihe*.

Für die endliche Reihe aus den Folgengliedern $a_0, a_1, \ldots, a_k$ schreiben wir

$$a_0 + a_1 + \ldots + a_k \text{ oder kürzer } \sum_{n=0}^{k} a_n .$$

Ihr Wert hängt bei gegebener Folge a_n nur von k ab und kann in vielen Fällen durch eine einfache Formel angegeben werden.

51

BEISPIEL 1: Eine arithmetische Folge $a_n = a_0 + nd$, $n = 0, 1, 2, \ldots$ ergibt für beliebiges k die *endliche arithmetische Reihe*

$$\sum_{n=0}^{k}(a_0 + nd) = a_0 + (a_0 + d) + (a_0 + 2d) + \ldots + (a_0 + kd) =$$

$$= (k+1)a_0 + d(1 + 2 + \ldots + k) :$$

Die Summe der ersten k natürlichen Zahlen ist selbst eine endliche arithmetische Reihe, die man nach der Formel

$$1 + 2 + \ldots + k = \frac{1}{2}k(k+1) \quad \text{berechnen kann.} \tag{1}$$

Dies erkennt man, indem man unter die Summe noch einmal dieselben Summanden in entgegengesetzter Reihenfolge schreibt:

$$\begin{matrix} 1 & +2 & +\ldots & +k \\ +k & +(k-1) & +\ldots & +1 \end{matrix} = k(k+1) \, .$$

Daher gilt für endliche arithmetische Reihen die Formel

$$\sum_{n=0}^{k}(a_0 + nd) = (k+1)a_0 + d\frac{k(k+1)}{2} \, . \tag{2}$$

BEISPIEL 2: Die Binomialkoeffizienten $\binom{n}{k}$, $k = 0, 1, \ldots n$, sind eine endliche Folge. Die endliche Reihe

$$\sum_{k=0}^{n}\binom{n}{k}$$ ist gleich 2^n, wie wir im vorigen Abschnitt sahen.

BEISPIEL 3: Summiert man die Glieder einer geometrischen Folge $a_n = a_0 q^n$ für $n = 0$ bis $n = k$, dann entsteht die *endliche geometrische Reihe*

$$S_k = \sum_{n=0}^{k} a_0 q^n = a_0 + a_0 q + a_0 q^2 + \ldots + a_0 q^k = a_0(1 + q + q^2 + \ldots + q^k).$$

Das q-fache von S_k ist dann $qS_k = a_0(q + q^2 + q^3 + \ldots + q^{k+1})$ und daraus folgt

$$S_k - qS_k = a_0 - a_0 q^{k+1} \quad \text{oder} \quad (1-q)S_k = a_0(1 - q^{k+1}) \, .$$

Daraus folgt

$$S_k = \sum_{n=0}^{k} a_0 q^n = a_0 \frac{1 - q^{k+1}}{1 - q} \, , \text{ falls } q \neq 1 \, . \tag{3}$$

Im Sonderfall $q = 1$ gilt $S_k = a_0(k + 1)$.

Betrachten wir nun etwas näher den Fall, daß $|q| < 1$ ist. In Abschnitt 2.2 haben wir gezeigt, daß dann q^k gegen 0 konvergiert und dasselbe gilt dann natürlich auch für $q^{k+1} = q \cdot q^k$ (s. Satz 2.2.2). Also folgt

$$\lim_{k \to \infty} S_k = a_0 \frac{1}{1 - q} .$$

Das bedeutet aber, daß wir diesem Wert beliebig nahekommen können, wenn wir hinreichend viele Glieder der geometrischen Folge addieren.
Wir nennen die endlichen Reihen S_k nun die *Teilsummen der unendlichen geometrischen Reihe* $a_0 + a_0q + a_0q^2 + \ldots$.
Der letzteren ordnen wir als Wert den Grenzwert von S_k für $k \to \infty$ zu, falls er existiert. Allgemein gelte folgende

DEFINITION: Ist a_n, $n = 0, 1, 2, \ldots$ eine gegebene Folge, dann versteht man unter der

$$\text{unendlichen Reihe} \quad \sum_{n=0}^{\infty} a_n \text{ den } \lim_{k \to \infty} S_k \text{ , wobei } S_k = \sum_{n=0}^{k} a_n$$

für $k = 0, 1, 2, \ldots$ die Folge der *k-ten Teilsummen* ist.
Konvergiert diese Folge der Teilsummen nicht, dann hat die unendliche Reihe keinen Wert und man sagt dann auch, sie sei *divergent*.

BEISPIEL 4: Aus obigem ergibt sich die Berechnungsformel für die unendliche geometrische Reihe für den Fall, daß $|q| < 1$ ist:

$$\sum_{n=0}^{\infty} a_0q^n = a_0 \frac{1}{1 - q} \text{ , falls } |q| < 1 . \tag{4}$$

Anfänger haben oft Schwierigkeiten mit unendlichen Reihen, weil sie das Summenzeichen als Aufforderung zur Addition von unendlich vielen Summanden auffassen; das kann aber niemand. Auch der Computer führt keineswegs unendlich viele Additionsschritte aus, sondern er bestimmt den Grenzwert der Teilsummen mit einer vorgegebenen Genauigkeit. Schon der Philosoph Zenon (etwa 500 v.Ch.) wies auf solche Verständnis-Schwierigkeiten hin, als er in seinem Paradoxon von Achilles und der Schildkröte den Schluß zog, daß der Held das langsame Tier niemals einholen könne; wenn er nämlich dorthin gekommen sei, wo die Schildkröte anfangs war, sei diese ja wieder ein Stück weiter gekrochen und komme er dorthin, wo sie nun ist, hat sie wieder ein kleines Stück zurückgelegt usw. . Da man dies in Gedanken beliebig oft fortsetzen könne, werde er sie nie einholen.

In Wahrheit unterteilt Zenon aber die Zeit, die Achilles für das Einholen der Schildkröte braucht, in eine Folge von unendlich vielen, immer kürzer werdenden Intervallen, und die daraus gebildete unendliche Reihe konvergiert sehr wohl. Wenn etwa ein Läufer A doppelt so schnell läuft wie ein zweiter Läufer B und wenn A gerade eine Minute braucht, um den jetzigen Vorsprung von B zurückzulegen, dann durchläuft er den nächsten Vorsprung in $\frac{1}{2}$ min , den übernächsten in $\frac{1}{4}$ min usw. und er hat B nach genau

$$1 + \frac{1}{2} + \frac{1}{4} + \ldots = \sum_{n=0}^{\infty} 1 \cdot \left(\frac{1}{2}\right)^n = 1 \, \frac{1}{1 - 1/2} = 2 \, \text{min}$$

eingeholt. Zenons Paradoxon weist auf eine Lücke im mathematischen Begriffssystem der Antike hin und hätte der Anstoß zur Infinitesimalrechnung werden kömnen, denn die beruht wie die Auflösung des Paradoxons auf dem Begriff des Grenzwerts einer Folge!

BEISPIEL 5: Wir bilden die unendliche Reihe, die aus der Folge

$$a_n = \frac{1}{n(n+1)} \, , \, n = 1, 2, \ldots \text{ entsteht, also } \sum_{n=1}^{\infty} \frac{1}{n(n+1)} \, ;$$

dazu berechnen wir erst einmal einige Teilsummen und erhalten

$$S_1 = \frac{1}{1 \cdot 2} \, , \, S_2 = \frac{1}{2} + \frac{1}{2 \cdot 3} = \frac{2}{3} \, , \, S_3 = \frac{2}{3} + \frac{1}{3 \cdot 4} = \frac{3}{4} \, .$$

Vielleicht gilt also allgemein: $S_k = k/(k+1)$?

Um diese Vermutung durch vollständige Induktion (s. Abschnitt 2.2) zu beweisen, zeigen wir, daß aus der Gültigkeit dieser Formel für ein beliebiges k die Gültigkeit auch für $k+1$ folgt. In der Tat folgt aus

$$S_k = \frac{k}{k+1} \, , \, \text{daß } S_{k+1} = S_k + \frac{1}{(k+1)(k+2)} = \frac{k}{k+1} + \frac{1}{(k+1)(k+2)} =$$

$$= \frac{k(k+2)+1}{(k+1)(k+2)} = \frac{k^2+2k+1}{(k+1)(k+2)} = \frac{(k+1)^2}{(k+1)(k+2)} = \frac{k+1}{k+2} \, .$$

Da die Formel für $k = 1$ (und $k = 2, k = 3$) bereits bewiesen ist, folgt sie nun also für alle $k = 1, 2, \ldots$.

54

Nun ist schnell gezeigt, daß der Grenzwert von S_k für $k \to \infty$ gleich 1 ist, denn

$$|S_k - 1| = |\frac{k}{k+1} - 1| = |\frac{k - (k+1)}{k+1}| = \frac{1}{k+1}$$

und dies wird kleiner als jedes $\varepsilon > 0$ für alle hinreichend großen k. Deshalb folgt

$$\sum_{n=1}^{\infty} \frac{1}{n(n+1)} = 1 .$$

AUFGABE 19: Zeigen Sie, daß

$$\sum_{n=1}^{\infty} \frac{1}{n} \text{ divergiert und daß } \sum_{n=1}^{\infty} \frac{1}{n^2} \text{ konvergiert.}$$

Hinweis: Im ersten Fall ist S_k für $k = 2, 4, 8, 16, \ldots$ jeweils größer als $1 \cdot \frac{1}{2}$, $2 \cdot \frac{1}{2}$, $3 \cdot \frac{1}{2}$, $4 \cdot \frac{1}{2} \ldots$, für $k = 2^r$ größer als $r \cdot \frac{1}{2}$. Für $k \to \infty$ wächst S_k also über alle Grenzen. Im zweiten Fall kann man mit Hilfe von Beispiel 5 zeigen, daß alle Teilsummen S_k kleiner als 2 sind und daher nach dem 1. Konvergenzkriterium konvergieren müssen, weil diese Folge nach oben beschränkt und monoton wachsend ist.

AUFGABE 20: Wenn die Erdölvorräte beim jetzigen Jahresverbrauch noch für 30 Jahre ausreichen, um wieviel Prozent müßte man dann von Jahr zu Jahr den Verbrauch reduzieren, damit sie für immer ausreichen würden?

2.5 Differenzengleichungen und Populationsmodelle

Die bisher betrachteten Folgen waren alle *explizit* gegeben, also durch eine Formel, die a_n als Funktion des Index n angab. Eine Folge kann aber auch *rekursiv* gegeben werden, indem man ein oder mehrere Anfangsglieder vorgibt und dazu eine sog. *Rekursionsgleichung* , mit deren Hilfe man a_{n+1} aus seinen Vorgängern $a_n, a_{n-1}, \ldots$ berechnen und damit Schritt für Schritt alle weiteren Folgenglieder erhalten kann.

BEISPIEL 1: Wenn eine Population von Generation zu Generation um 8% anwächst, dann ist die Anzahl a_{n+1} der Individuen der (n+1)-ten Generation um den Faktor 1,08 größer als die Anzahl a_n der Individuen der n-ten Generation. Es gilt also die Rekursionsgleichung

$$a_{n+1} = a_n \cdot 1,08 \text{ für } n = 0, 1, 2, \ldots .$$

Kennt man a_0, dann kann man $a_1 = a_0 \cdot 1,08$, $a_2 = a_1 \cdot 1,08 = a_0 \cdot 1,08^2$, ... usw. berechnen. Die Rekursionsgleichung gilt ja für <u>alle</u> $n = 0, 1, 2, \ldots$; mit ihr sind unendlich viele Gleichungen gegeben. Sie ist vom Typ

$$a_{n+1} = a_n q , \ n = 0, 1, 2, \ldots . \tag{1}$$

Auch wenn die Folgenglieder jeweils um denselben Prozentsatz kleiner als ihre Vorgänger sind, erhalten wir eine Rekursionsgleichung dieses Typs. Verringert sich etwa ein Bestand von Jahr zu Jahr um 5%, dann gilt $a_{n+1} = a_n \cdot 0,95$.

<u>Bezeichnungen:</u> Eine *Rekursionsgleichung* gibt das Folgenglied a_{n+1} als Funktion von Folgengliedern mit Indizes $\leq n$ an. Sie gilt ab einem Anfangsindex (meist ab $n = 1$ oder ab $n = 0$). Als *Lösung* einer Rekursionsgleichung bezeichnen wir jede Folge, deren Glieder der Rekursionsgleichung genügen. Die *Lösungsgesamtheit* ist die Menge aller Folgen, die Lösung der Rekursionsgleichung sind. Eine Rekursionsgleichung vom Typ (1) heißt *homogene lineare Differenzengleichung 1.Ordnung*. Linear ist sie, weil die in ihr auftretenden Folgenglieder alle in der 1.Potenz vorkommen, von 1. Ordnung ist sie, weil zur Berechnung von a_{n+1} nur der unmittelbare Vorgänger a_n nötig ist. Als Differenzengleichungen bezeichnet man solche Rekursionsgleichungen, weil sie häufig über die Betrachtung von Differenzen der Folgenglieder hergeleitet werden. Außerdem klingt damit bereits eine Analogie zu den später zu behandelnden Differentialgleichungen an.

SATZ 2.5.1: Die Lösungsgesamtheit einer Differenzengleichung vom Typ (1) ist die Menge aller geometrischen Folgen

$$a_n = a_0 q^n , \ n = 0, 1, 2, \ldots \text{ mit beliebigem } a_0 .$$

<u>Beweis:</u> Jede geometrische Folge mit dem in (1) gegebenen q ist eine Lösung, denn sie genügt wegen

$$a_{n+1} = a_0 q^{n+1} = a_0 q^n \cdot q = a_n q \text{ für alle } n = 0, 1, \ldots$$

der Rekursionsgleichung. Andererseits hat jede Lösungsfolge einen Anfangswert a_0 und da sie Lösung ist, folgt aus (1), daß $a_1 = a_0 q$, $a_2 = a_1 q = a_0 q^2, \ldots$ und wenn $a_n = a_0 q^n$, dann folgt aus (1), daß $a_{n+1} = a_0 q^{n+1}$ ist. Also ergibt sich durch vollständige Induktion, daß jede Lösungsfolge eine geometrische Folge mit dem Faktor q sein muß.

<u>Bemerkung:</u> Wir haben eben die Gleichheit von zwei Mengen gezeigt; die eine war die Menge aller Lösungen zu einer Differenzengleichung vom Typ (1) , die andere war die Menge aller geometrischen Folgen mit dem in (1) gegebenen q. Allgemein

beweist man die Gleichheit zweier Mengen A und B, indem man zeigt: Jedes Element von A ist auch in B und jedes Element von B ist auch in A.

Ein bekanntes Beispiel ist auch die Verzinsung eines Kapitals: wenn man pro Jahr $p\%$ Zins erhält, dann gilt für den Kapitalstand K_n nach n Jahren die Rekursionsgleichung $K_{n+1} = K_n(1 + \frac{p}{100})$ und ein zum Zeitpunkt $t = 0$ eingezahltes Kapital K_0 ist nach n Jahren auf den Betrag $K_0 q^n$ angewchsen, wobei $q = 1 + \frac{p}{100}$.

Eine *inhomogene Differenzengleichung 1.Ordnung* ist durch

$$a_{n+1} = a_n q + d \,, \ n = 0, 1, 2, \ldots \ \text{mit} \ d \neq 0 \qquad (2)$$

gegeben. Das lange Wort „Differenzengleichung" kürzen wir künftig mit „Dgl." ab.

BEISPIEL 2: Ein Bienenvolk verliert während der Sommermonate in jeder Woche 20% der zu Beginn dieser Woche vorhandenen Arbeiterinnen. Es kommen aber in jeder Woche 7000 junge Arbeiterinnen hinzu. Dies führt zu der Dgl. $a_{n+1} = a_n \cdot 0,80 + 7000$ vom Typ (2). a_0 ist der Anfangsbestand an Arbeiterinnen zu Beginn der Betrachtung, a_n ist der Bestand nach n Wochen. Mit dieser Dgl. ist natürlich nur ein primitives Modell für die tatsächliche Entwicklung des Volkes gegeben, weil sowohl die wöchentlichen Ausfälle wie auch die Anzahl der schlüpfenden Jungbienen zufälligen Schwankungen unterliegen. Sind diese gering, dann liefert das Modell dennoch eine gute Beschreibung des Wachstums.

Auch für (2) wollen wir die Lösungsgesamtheit bestimmen. Zunächst erledigen wir den Sonderfall $q = 1$. Hier lautet die Rekursionsgleichung $a_{n+1} = a_n + d$ und somit gilt

$$a_1 = a_0 + d, \ a_2 = a_0 + 2d, \ \ldots, \ a_n = a_0 + nd;$$

jede Lösung ist also eine arithmetische Folge, bei der jedes Glied um d größer ist als sein Vorgänger und umgekehrt ist auch jede solche arithmetische Folge eine Lösung, denn offenbar ist $a_{n+1} = a_n + d$.

Wenn $q \neq 1$, dann gibt es eine besonders einfache, nämlich konstante Lösung. Setzen wir nämlich $a_n = \alpha = $ konstant für alle n, dann sehen wir, daß für

57

dieses α wegen (2) gelten muß:

$$\alpha = \alpha q + d \text{ , also } \alpha = \frac{d}{1-q} \text{ .}$$

Wie erhalten wir nun die nicht konstanten Lösungen von (2)? Wenn eine Folge b_n, $n = 0, 1, 2, \ldots$ eine Lösung von (2) ist, dann gilt

$$b_{n+1} = b_n q + d \text{ und da auch } \alpha = \alpha q + d \text{ ,}$$

folgt durch Subtraktion der beiden Gleichungen

$$(b_{n+1} - \alpha) = (b_n - \alpha)q \text{ .}$$

Das heißt aber, daß die Folge der Differenzen $b_n - \alpha$, die wir vorübergehend mit z_n bezeichnen wollen, eine Lösung der Dgl.

$$z_{n+1} = z_n q \text{ (d.h. der zu (2) gehörenden \textit{homogenen} Dgl.)}$$

ist. Nach Satz 2.5.1 sind alle Lösungen dieser homogenen Dgl. vom Typ (1) durch die Menge der geometrischen Folgen $z_n = Aq^n$, A beliebig, gegeben. Da $z_n = b_n - \alpha$ und b_n eine beliebige Lösung zu (2) ist, muß sie also von der Form $b_n = \alpha + Aq^n$ sein.

Umgekehrt zeigt man auch leicht, daß \textit{jede} solche Folge eine Lösung von (2) ist, denn dann ist

$$a_{n+1} = \alpha + Aq^{n+1} = \alpha q + d + Aq^{n+1} = (\alpha + Aq^n)q + d = a_n q + d \text{ für } n = 0, 1, 2, \ldots \text{ .}$$

Damit folgt

SATZ 2.5.2: Die Lösungsgesamtheit der Dgl.(2) ist im Fall $q \neq 1$

$$\text{die Menge der Folgen } a_n = \frac{d}{1-q} + Aq^n \text{ , } A \text{ beliebig } , n = 0, 1, \ldots \text{ .}$$

Für $A = 0$ erhält man die konstante Lösung $a_n = \alpha = d/(1-q)$.

Dieses α ist zugleich der \textit{einzig mögliche} Grenzwert einer Lösung; denn wenn a_n gegen einen Grenzwert β konvergiert, dann gilt dasselbe auch für $a_{n+1} = a_n q + d$. Also ist einerseits

$$\lim_{n \to \infty} (a_n q + d) = \beta \text{, andererseits nach Satz 2.2.2: } \lim_{n \to \infty} (a_n q + d) = \beta q + d \text{ ;}$$

Es folgt also $\beta = \beta q + d$ und damit $\beta = \alpha = d/(1-q)$.

Wenn $|q| < 1$, dann konvergieren alle Lösungsfolgen gegen α, für $|q| > 1$ konvergiert nur die konstante Lösung, die wir mit $A = 0$ erhalten. Beides folgt direkt aus Satz 2.2.1 .

Wie (1) hat auch (2) unendlich viele Lösungen; wenn aber a_0 gegeben ist, dann kann man mit Hilfe von (2) der Reihe nach a_1, a_2, und alle weiteren Folgenglieder berechnen, d.h. die Lösungsfolge ist durch den Anfangswert a_0 eindeutig bestimmt. Wie findet man nun die explizite Form der durch ein gegebenes a_0 bestimmten Lösung aus der in Satz 2.5.2 gegebenen Lösungsgesamtheit heraus?

Da sich alle diese Lösungen nur in der willkürlich wählbaren Konstanten A unterscheiden, müssen wir A so wählen, daß die in Satz 2.5.2 angegebene Formel für $n = 0$ das gegebene a_0 ergibt, d.h.

$$\frac{d}{1-q} + Aq^0 = \frac{d}{1-q} + A = a_0 \text{ , also } A = a_0 - \frac{d}{1-q} \text{ .}$$

Damit lautet die zu einem gegebenen Anfangswert a_0 gehörende Lösung in expliziter Form:

$$a_n = \frac{d}{1-q} + (a_0 - \frac{d}{1-q})q^n \text{ .}$$

BEISPIEL 3: Das Bienenvolk von Beispiel 2, für dessen Bestand an Arbeiterinnen die Rekursionsgleichung $a_{n+1} = a_n \cdot 0,8 + 7000$, $n = 0, 1, \ldots$ gilt, habe zu Beginn $a_0 = 20\,000$ Arbeiterinnen. Wieviele sind es nach 12 Wochen? Wieviele junge Arbeiterinnen müßten pro Woche schlüpfen, wenn sich der Bestand nach 12 Wochen verdoppelt haben soll?

Man könnte hier den gesuchten Wert von a_{12} rekursiv über

$$a_1 = 20\,000 \cdot 0,8 + 7000 = 23\,000 \text{ , } a_2 = 23\,000 \cdot 0,8 + 7000 = 25\,400 \text{ usw.}$$

berechnen. Schneller ist der Weg über die Lösungsgesamtheit

$$a_n = \frac{7000}{1 - 0,8} + A \cdot 0,8^n \text{ , } A \text{ beliebig.}$$

Den gegebenen Anfangswert $a_0 = 20\,000$ erhalten wir für

$$A = a_0 - \frac{d}{1-q} = 20\,000 - \frac{7000}{0,2} = -15\,000 \text{ ,}$$

also lautet die zu diesem a_0 gehörende Lösung

$a_n = 35\,000 - 15\,000 \cdot 0,8^n$, $n = 0, 1, 2, \ldots$, das gesuchte a_{12} ist daher gleich

$$35\,000 - 15\,000 \cdot 0,8^{12} = 35\,000 - 15\,000 \cdot 0,06872 = 33\,970 \ .$$

Bei nur 7000 schlüpfenden Arbeiterinnen pro Woche wird der Bestand nie doppelt so groß, sondern er würde von unten her gegen 35 000 konvergieren, wenn die Rekursionsgleichung beliebig lange gültig wäre. Damit die doppelte Anzahl 40 000 nach 12 Wochen erreicht wird, müßte

$$\frac{d}{0,2} + (20\,000 - \frac{d}{0,2})0,8^{12} = 40\,000$$

gelten, woraus $d = 8295$ folgt.

BEISPIEL 4 (Ein Diffusionsmodell): In zwei Behältern I und II befinden sich N Partikel. Die Behälter sind durch eine Membran getrennt, die für die Partikel durchlässig ist. Die Beweglichkeit der Partikel, die Durchlässigkeit der Membran und die Größe bzw. Form der Behälter sollen so sein, daß jeweils nach 1 min der 10.Teil der zuvor in I befindlichen Partikel nach II gewandert ist und der 20.Teil der zuvor in II befindlichen nach I.

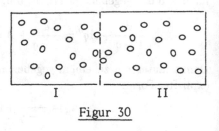

Figur 30

Wenn also a_n die Anzahl der Partikel in I und b_n die Anzahl der Partikel in II nach n min ist, dann gilt

$$a_{n+1} = a_n - \frac{1}{10}a_n + \frac{1}{20}b_n \ .$$

Das ist noch keine Rekursionsgleichung für eine Folge, denn es kommen ja noch Folgenglieder aus zwei Folgen vor. Da aber immer $a_n + b_n = N$ gilt, können wir b_n durch $N - a_n$ ersetzen und erhalten

$$a_{n+1} = 0,9a_n + 0,05(N - a_n) = a_n \cdot 0,85 + 0,05N \ .$$

Dies ist eine Dgl. vom Typ (2) mit $q = 0,85$ und $d = 0,05N$.
Die Lösungsgesamtheit ist also die Menge aller Folgen

$$a_n = \frac{0,05N}{1 - 0,85} + A(0,85)^n = \frac{N}{3} + A(0,85)^n \ , \quad A \text{ beliebig}, \ n = 0, 1, 2, \dots \ .$$

Alle Lösungen konvergieren gegen $N/3$, da $|q| < 1$.
Sind am Anfang alle Partikel in I, also $a_0 = N$, dann ist $A = 2N/3$ zu setzen

und die Lösung zu diesem Anfangswert konvergiert von oben her monoton fallend gegen $N/3$. Sind am Anfang alle in II, also $a_0 = 0$, dann ist $A = -N/3$ zu setzen und wir erhalten eine monoton wachsende, von unten gegen $N/3$ konvergierende Lösung. Zu jedem beliebigen Anfangswert a_0 aus der Menge $\{0, 1, \ldots, N\}$ erhalten wir die zugehörige Lösung, indem wir $A = a_0 - N/3$ wählen.

Da $b_n = N - a_n$, ist zu jeder Lösungsfolge a_n auch eine Folge b_n bestimmt.

BEISPIEL 5: Leonardo Pisano (ca.1170-1230, genannt Fibonacci) stellte seinen Schülern folgende Denksportaufgabe: Gewisse Kaninchen werden einen Monat nach ihrer Geburt geschlechtsreif und jedes solche Pärchen hat einen Monat später und nach jedem weiteren Monat ein Pärchen als Nachkommen. Zum Zeitpunkt $t = 0$ kommt ein erwachsenes Pärchen in eine bisher noch nicht von Kaninchen bevölkerte Gegend. Zum Zeitpunkt $t = 1$ (nach 1 Monat) sind es also zwei Pärchen (das alte und ein neugeborenes). Wieviele Pärchen sind es nach 2,3,4,... Monaten, vorausgesetzt, daß keines der Tierchen stirbt?

Wer seinen Scharfsinn prüfen möchte, der überlege sich nun eine Rekursionsgleichung für die Anzahl a_n, $n = 0, 1, 2, \ldots$ der Pärchen, ohne die folgende Skizze zu Hilfe zu nehmen.

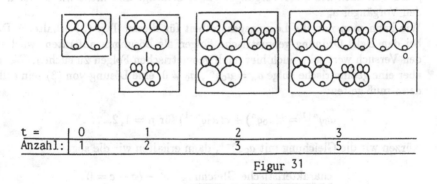

t =	0	1	2	3
Anzahl:	1	2	3	5

Figur 31

Die Skizze läßt vermuten, daß folgende Rekursionsgleichung gilt:

$$a_{n+1} = a_n + a_{n-1} \text{ für } n = 1, 2, \ldots .$$

Man kann dies durch folgende Überlegung bestätigen: Da keine Kaninchen sterben, sind zum Zeitpunkt $t = n + 1$ noch alle a_n Pärchen da, die zum

Zeitpunkt $t = n$ vorhanden sind. Vermehren werden sich von $t = n$ bis $t = n+1$ nur diejenigen, die zum Zeitpunkt $t = n$ geschlechtsreif sind, und das sind die a_{n-1} Pärchen, die schon zum Zeitpunkt $t = n-1$ da waren. Es kommen also zu den a_n Pärchen bis zum Zeitpunkt $t = n + 1$ noch a_{n-1} neugeborene Pärchen hinzu. Mit Hilfe der Rekursionsgleichung kann man nun aus $a_0 = 1$, $a_1 = 2$ die weiteren Folgenglieder berechnen:

$$a_2 = 2 + 1 = 3, \quad a_3 = 3 + 2 = 5, \quad a_4 = 5 + 3 = 8, \quad a_5 = 8 + 5 = 13, \dots .$$

Bemerkung: Diese sog. Fibonacci-Zahlen treten übrigens nicht nur bei diesen doch sehr speziellen Kaninchen auf, sondern auch bei der Anordnung von Blättern. Wenn r die Anzahl der Umläufe ist, die die Blätter um einen Stengel ausführen, bis wieder eines in derselben Richtung vom Stengel wegweist wie das erste, dann ist r bei vielen Pflanzen eine solche Fibonacci-Zahl und die Anzahl der an einer solchen Periode beteiligten Blätter ist dann häufig die übernächste Fibonacci-Zahl (vgl. Batschelet [1],196 ff).

Die Rekursionsgleichung $a_{n+1} = a_n + a_{n-1}$ ist vom Typ

$$a_{n+1} = ba_n + ca_{n-1} , \quad n = 1, 2, \dots \text{ wobei } c \neq 0, \tag{3}$$

den man als *homogene lineare Dgl. 2.Ordnung* bezeichnet. Sie ist von 2. Ordnung, weil man zur Berechnung von a_{n+1} wegen der Voraussetzung $c \neq 0$ auf jeden Fall auch den „Vor-Vorgänger" a_{n-1} benötigt und nicht wie bisher nur den Vorgänger a_n .

Wie kann man nun die Lösungsgesamtheit für diesen Typ (3) erhalten? Da bei den Dgl.1.Ordnung geometrische Folgen als Lösungen auftraten, wird es den Versuch wert sein, auch hier nach geometrischen Folgen zu suchen. Wenn aber eine geometrische Folge $a_n = a_0 q^n$, $a_0 \neq 0$, eine Lösung von (3) sein soll, dann muß gelten:

$$a_0 q^{n+1} = b(a_0 q^n) + c(a_0 q^{n-1}) \text{ für } n = 1, 2, \dots .$$

Kürzen wir die Gleichung mit $a_0 q^{n-1}$, dann erhalten wir die sog.

charakteristische Gleichung $\quad q^2 - bq - c = 0$

zum Typ (3) . Offensichtlich ist eine jede Folge $a_n = q^n$ Lösung zu (3), wenn wir für q eine Lösung der charakteristischen Gleichung einsetzen. Diese hat aber als quadratische Gleichung im allgemeinen zwei Lösungen, wie man (hoffentlich!) an der Schule gelernt hat. Bekanntlich kann man ein Polynom

$$x^2 + Bx + C \text{ umformen in } (x + \frac{B}{2})^2 - \frac{B^2}{4} + C$$

d.h. man ergänzt quadratisch und erkennt, daß das Polynom gleich 0 wird für die in jeder Formelsammlung zu findenden Nullstellen

$$x_1 = -\frac{B}{2} + \sqrt{\frac{B^2}{4} - C} \quad x_2 = -\frac{B}{2} - \sqrt{\frac{B^2}{4} - C} \ .$$

Wir müssen also nur $B = -b$ und $C = -c$ einsetzen und erhalten als Lösungen der charakteristischen Gleichung

$$q_1 = \frac{b}{2} + \sqrt{\frac{b^2}{4} + c}, \quad q_2 = \frac{b}{2} - \sqrt{\frac{b^2}{4} + c} \ .$$

Diese Lösungen lassen sich deuten als Schnittpunkte einer Parabel mit einer q-Achse. Es gibt nur dann zwei verschiedene Schnittpunkte, wenn der Term unter dem Wurzelzeichen positiv ist. Dies betrachten wir als

<u>Fall 1:</u> $\quad \frac{b^2}{4} + c > 0$; dann ist $q_1 \neq q_2$ und beide sind reell.

Es sind dann nicht nur die Folgen Aq_1^n und Bq_2^n, $n = 0, 1, 2, \ldots$, für beliebige Konstanten A und B eine Lösung von (3), sondern man kann durch Einsetzen in (3) auch zeigen, daß alle Folgen der Form

$$\boxed{a_n = Aq_1^n + Bq_2^n} \ , \ A \text{ und } B \text{ beliebig}, \ n = 0, 1, 2, \ldots$$

Lösungsfolgen zu (3) sind.

Zu fragen ist noch, ob dies alle Lösungen sind, oder ob es noch welche gibt, die sich nicht in dieser Form explizit angeben lassen. Da jede Lösungsfolge zwei Anfangswerte a_0 und a_1 besitzt und dann durch (3) alle weiteren Folgenglieder bestimmt sind, ist die oben angegebene Menge von Folgen bereits die Lösungsgesamtheit, wenn wir A und B immer so wählen können, daß sich beliebige Anfangswerte a_0 und a_1 für $n = 0$ bzw. $n = 1$ aus der obigen Formel ergeben, d.h. daß

$$a_0 = Aq_1^0 + Bq_2^0 \text{ und } a_1 = Aq_1^1 + Bq_2^1,$$

also die beiden Gleichungen

$$a_0 = A + B \ , \quad a_1 = Aq_1 + Bq_2$$

erfüllt sind. Wie man leicht nachrechnet, kann man diese beiden Gleichungen wegen $q_1 \neq q_2$ stets nach A und B auflösen und erhält

$$A = \frac{a_1 - a_0 q_2}{q_1 - q_2}, \quad B = \frac{a_0 q_1 - a_1}{q_1 - q_2} \ .$$

Also haben wir für den Fall 1 bereits die Lösungsgesamtheit von (3).

Fall 2: $\dfrac{b^2}{4} + c = 0$; dann ist $q_1 = q_2 = \dfrac{b}{2}$ und wir nennen diesen Wert q.

Nun ist sicherlich Aq^n für beliebiges A eine Lösung, aber dies ist noch nicht die Lösungsgesamtheit von (3). Durch eine Überlegung, die mit der Differentialrechnung und sog. doppelten Nullstellen zusammenhängt, kommt man darauf, auch die Folge nq^n als weitere Lösung zu vermuten. Wir bestätigen diese Vermutung, indem wir zeigen, daß diese Folge der Rekursionsgleichung (3) genügt, daß also gilt:

$$(n + 1)q^{n+1} = bnq^n + c(n - 1)q^{n-1} .$$

Da q Lösung der charakteristischen Gleichung $q^2 - bq - c = 0$ ist, gilt auch die Gleichung, die wir daraus durch Multiplikation mit nq^{n-1} erhalten, also

$$nq^{n+1} = bnq^n + cnq^{n-1} ;$$

Subtrahieren wir diese von der obigen Gleichung, dann sehen wir, daß sie erfüllt ist, wenn

$$q^{n+1} = -cq^{n-1} \text{ oder } q^2 = -c$$

gilt. Letzteres ist aber wegen $q = b/2$ erfüllt, denn im Fall 2 ist ja $q^2 + c = b^2/4 + c = 0$. Durch Einsetzen in (3) folgt nun leicht, daß auch Bnq^n für beliebiges B eine Lösung ist und nun ist jede Lösungsfolge von (3) in der Menge aller Folgen der Form

$$\boxed{a_n = Aq^n + Bnq^n}\quad A \text{ und } B \text{ beliebig, } n = 0, 1, \ldots$$

enthalten. Dies folgt wieder daraus, daß wir beliebige Anfangswerte a_0 und a_1 durch geeignete Wahl von A und B verwirklichen können. Wir müssen dazu nur die Gleichungen

$$a_0 = Aq^0 + B \cdot 0q^0 \text{ und } a_1 = Aq^1 + B \cdot 1q^1 , \text{ also}$$

$$a_0 = A \text{ und } a_1 = q(A + B)$$

nach A und B auflösen. Also bilden die Folgen der oben eingerahmten Form bereits die Lösungsgesamtheit im Fall 2 .

Fall 3: $\dfrac{b^2}{4} + c < 0$; jetzt ist die Wurzel aus diesem Ausdruck keine reelle Zahl mehr, d.h. die durch $q^2 - bq - c$ gegebene Parabel schneidet die q-Achse nicht. Die Lösungen

$$q_1 = \frac{b}{2} + \sqrt{\frac{b^2}{4} + c} \text{ und } q_2 = \frac{b}{2} - \sqrt{\frac{b^2}{4} + c}$$

der charakteristischen Gleichung $q^2 - bq - c = 0$ sind nun komplexe Zahlen. Es sind gerade die interessantesten Beispiele, die zu diesem Fall führen, nämlich diejenigen, bei denen Schwingungen auftreten.

Daher stellen wir kurz einige Regeln für das Rechnen mit komplexen Zahlen zusammen und versichern gleich, daß man nur ein neues Symbol einführen muß, nämlich

$$i \text{ für } \sqrt{-1} \text{, die sog. } imaginäre\ Einheit.$$

i läßt sich auch durch die Eigenschaft $i^2 = -1$ definieren und das ist im Grunde alles, was man beim Rechnen mit komplexen Zahlen berücksichtigen muß.

DEFINITION: Für jedes $a > 0$ sei nun $\sqrt{-a} = \sqrt{(-1)a} = i\sqrt{a}$, wobei $\sqrt{a}$ wie bisher die positive Quadratwurzel aus a bedeuten soll.

BEZEICHNUNG: Die *Menge der komplexen Zahlen* besteht aus allen Elementen der Form $u + iv$, wobei u und v reelle Zahlen sind. u nennt man den *Realteil*, v den *Imaginärteil* der komplexen Zahl $u + iv$.

Sämtliche Regeln der Addition, Multiplikation und Division bleiben gültig, wenn man diese Rechenoperationen so definiert, als wäre i reell mit Ausnahme der Eigenschaft $i^2 = -1$. Allerdings kann man nicht mit Ungleichungen für komplexe Zahlen rechnen, da diese zu Widersprüchen führen würden; so ist z.B. weder $i > 0$ noch $i < 0$ sinnvoll, denn beide Ungleichungen führen nach den üblichen Rechenregeln für Ungleichungen auf den Widerspruch $i^2 = -1 > 0$. Wir brauchen hier nur die Addition und die Multiplikation.

<u>Addition:</u> Die Summe zweier komplexer Zahlen $u + iv$ und $r + is$ ist die komplexe Zahl $(u + r) + i(v + s)$. Man addiert also einfach die Realteile und die Imaginärteile gesondert.

<u>Multiplikation:</u> Das Produkt komplexer Zahlen $u + iv$ und $r + is$ ist

$$(u + iv)(r + is) = ur + ivr + uis + i^2vs = (ur - vs) + i(vr + us).$$

Die beiden Klammern werden also wie üblich multipliziert und dann setzt man -1 für i^2 ein.

BEZEICHNUNG: Man nennt zwei komplexe Zahlen $u+iv$ und $r+is$ *zueinander konjugiert*, wenn $u = r$ und $v = -s$ gilt.

Zum Beispiel sind $3 + i \cdot 1,2$ und $3 - i \cdot 1,2$ zueinander konjugiert. Die Summe aus zwei zueinander konjugierten komplexen Zahlen ist immer reell!
Für die zu einer Zahl z konjugierte Zahl schreibt man $\bar{z}$ Hat man zwei zueinander konjugierte Paare $z_1, \bar{z}_1$ und $z_2, \bar{z}_2$, dann sind auch die Produkte $z_1 z_2$ und $\bar{z}_1 \bar{z}_2$ zueinander konjugiert. Dies folgt ohne Mühe aus der obigen Festlegung der Multiplikation. Für den Spezialfall $z_1 = z_2 = z$ folgt, daß z^2 und $\bar{z}^2$ ebenfalls konjugiert sind und durch vollständige Induktion zeigt man dann, daß auch

$$z^n \text{ und } \bar{z}^n \text{ für alle } n = 0, 1, 2, \ldots \text{ konjugiert sind.}$$

Die Tatsache, daß man reelle Zahlen als Summe konjugiert komplexer Zahlen darstellen kann, ist der Grund dafür, daß wir im Fall 3 die Lösungsgesamtheit des Typs (3) mit den konjugiert komplexen Lösungen q_1 und q_2 der charakteristischen Gleichung ebenso darstellen können wie im Fall 1, d.h. in der Form $a_n = A q_1^n + B q_2^n$. Allerdings sind jetzt für die beliebigen Konstanten A und B auch komplexe Zahlen zuzulassen, denn wie zuvor bestimmt man die Lösung zu gegebenen (reellen) Anfangswerten a_0 und a_1 aus den Gleichungen

$$a_0 = A + B \; ; a_1 = A q_1 + B q_2$$

Da nun a_0 reell ist, folgt aus der ersten Gleichung, daß die Imaginärteile von A und B die Summe 0 ergeben. A und B können also in der Form $A = u + iv$, $B = r - iv$ geschrieben werden. Da q_1 und q_2 immer konjugiert sind, kann man sie auch in der Form $q_1 = t + is$, $q_2 = t - is$ schreiben. Die obige Gleichung für a_1 läßt sich dann auch in der Form

$$a_1 = (u + iv)(t + is) + (r - iv)(t - is) = (ut - vs + rt - vs) + i(vt + us - vt - rs)$$

schreiben, d.h. der Imaginärteil der rechten Seite ist $is(u - r)$; da der Anfangswert a_1 reell ist, muß also $u = r$ sein, denn $s \neq 0$ haben wir ja im Fall 3 immer. Es folgt also, daß bei reellen Anfangswerten die Konstanten A und B konjugiert komplex sein müssen.
Aus dem vorigen ergibt sich dann, daß auch $A q_1^n$ und $B q_2^n$ für alle n konjugiert komplex sind. Damit sind dann mit a_0 und a_1 auch alle weiteren Folgenglieder a_n stets reell, was ja auch schon wegen der Rekursionsgleichung (3) so sein muß. Wir fassen nun zusammen:

SATZ 2.5.3: Die Lösungsgesamtheit der homogenen linearen Dgl. 2.Ordnung

$$a_{n+1} = b a_n + c a_{n-1} \; , \; n = 1, 2, \ldots \; , \; c \neq 0$$

besteht aus allen Folgen der Form

$$\boxed{a_n = Aq_1^n + Bq_2^n}\,,\ n = 0,1,2,\dots, A \text{ und } B \text{ beliebig,}$$

falls die charakteristische Gleichung $q^2 - bq - c$ zwei verschiedene Lösungen q_1 und q_2 besitzt. Sind diese konjugiert komplex, dann sind A und B beliebig komplex, sind q_1 und q_2 reell, dann erhalten wir alle reellen Lösungen, wenn A und B beliebige reelle Zahlen sind.

Im Sonderfall $q_1 = q_2 = q = b/2$ besteht die Lösungsgesamtheit aus allen Folgen der Form $a_n = Aq^n + Bnq^n$, wobei A und B beliebig reell sind.

DEFINITION: Der *Betrag* einer komplexen Zahl $z = u + iv$ ist $|z| = \sqrt{u^2 + v^2}$. Es gilt also stets $|z| \geq 0$.

Konjugierte Zahlen haben also immer denselben Betrag. Aus der Definition der Multiplikation komplexer Zahlen und der des Betrages folgen die Regeln

$$|z_1 z_2| = |z_1| \cdot |z_2| \text{ und } |z^n| = |\bar{z}^n| = |z|^n\,.$$

Wenn nun der Betrag einer komplexen Zahl q kleiner als 1 ist, dann folgt wie bei einem reellen q, daß q^n gegen 0 konvergiert; denn $|q|^n = |q^n|$ ist eine Nullfolge und wenn die Beträge von q^n gegen 0 konvergieren, dan müssen das offenbar auch die Real- und Imaginärteile von q^n tun. Daraus folgt, daß man das Konvergenzverhalten der Lösungen gerade im komplexen Fall sehr einfach erkennen kann: Entweder es gilt $0 < |q_1| = |q_2| < 1$; dann konvergieren alle Lösungsfolgen gegen 0. Oder der gemeinsame Betrag von q_1 und q_2 ist größer als 1 ; dann divergieren alle Lösungsfolgen mit Ausnahme der trivialen konstanten Lösung $a_n = 0$ für alle n, die wir mit $A = B = 0$ erhalten. Den Fall $|q_1| = |q_2| = 1$ betrachten wir erst in Beispiel 8; dort werden sich periodische Lösungen ergeben.

BEISPIEL 6: Die Dgl. $a_{n+1} = a_n + a_{n-1}$ für die Kaninchen von Beispiel 5 gehört zum Fall 1, denn $b = c = 1$, also ist $b^2/4 + c > 0$.
Die Lösungen der charakteristischen Gleichung $q^2 - q - 1 = 0$ sind also reell, und zwar erhalten wir $q_1 = \frac{1}{2}(1 + \sqrt{5})$, $q_2 = \frac{1}{2}(1 - \sqrt{5})$.
Da das erste Pärchen schon geschlechtsreif ist, folgt $a_0 = 1$, $a_1 = 2$ und wir müssen daher A und B aus den beiden Gleichungen

$$1 = A + B \text{ und } 2 = A\frac{1}{2}(1 + \sqrt{5}) + B\frac{1}{2}(1 - \sqrt{5})$$

bestimmen. Es folgt $A = \frac{1}{2} + \frac{3}{10}\sqrt{5}$, $B = \frac{1}{2} - \frac{3}{10}\sqrt{5}$.
Die zu unseren Anfangswerten $a_0 = 1$, $a_1 = 2$ gehörende Lösung ist also

$$a_n = (\frac{1}{2} + \frac{3}{10}\sqrt{5})\left(\frac{1 + \sqrt{5}}{2}\right)^n + (\frac{1}{2} - \frac{3}{10}\sqrt{5})\left(\frac{1 - \sqrt{5}}{2}\right)^n\,,\ n = 0,1,2,\dots\,.$$

Dies ist die explizite Form für die Folge der Fibonacci-Zahlen 1,2,3,5,8,13,21,34,.... Für kleine n berechnet man freilich a_n schneller rekursiv mit Hilfe der Dgl.. Wenn n groß ist, dann ist die explizite Form vorteilhafter; so können wir etwa mit dem Taschenrechner recht schnell

$$a_{32} = (0,5 + 0,3\sqrt{5}) \left(\frac{1 + \sqrt{5}}{2} \right)^{32} + (0,5 - 0,3\sqrt{5}) \left(\frac{1 - \sqrt{5}}{2} \right)^{32} =$$

$$= 1,17082(1,6180339)^{32} - 0,17082(-0,6180339)^{32} = 5\,702\,875$$

berechnen. Den negativen Term kann man dabei man dabei weglassen, weil er praktisch gleich 0 ist. Der exakte Wert von a_{32} ist $5\,702\,887$; die Diskrepanz kommt von den Rundungsfehlern.

BEISPIEL 7 (ein Räuber-Beute-Modell): In einem Gebiet würde sich die Anzahl gewisser Beutetiere von Generation zu Generation mit dem Faktor 4 vermehren, wenn keine Räuber das wären. Wenn b_k die Anzahl der Beutetiere der k-ten Generation ist und r_k die Anzahl der gleichzeitig vorhandenen Räuber, dann soll gelten:

$b_{k+1} = 4b_k - 200r_{k+1}$ für $k = 0,1,\ldots$, $r_{k+1} = 0,01b_{k-1} + r_k$ für $k = 1,2\ldots$. Man kann sich vorstellen, daß durch jeden Räuber die Anzahl der Beutetiere um 200 verringert wird und daß durch je 100 Beutetiere eine Zunahme der Räuberpopulation um 1 bewirkt wird, allerdings erst zwei Beutetiergenerationen später (Räuber vermehren sich im allgemeinen langsamer als ihre Beutetiere).

Wir wollen eine Rekursionsgleichung für die Beutetiere folgern und müssen dazu b_{k+1} allein durch seine Vorgänger ausdrücken, d.h. wir müssen die Glieder der Folge r_k eliminieren. Dazu reduzieren wir den Index in der 1.Modellgleichung um 1 und erhalten so $b_k = 4b_{k-1} - 200r_k$; subtrahieren wir diese Gleichung von der 1.Modellgleichung, dann erhalten wir

$$b_{k+1} - b_k = 4(b_k - b_{k-1}) - 200(r_{k+1} - r_k) \ ; \ \text{für } r_{k+1} - r_k$$

können wir aber wegen der 2.Modellgleichung $0,01b_{k-1}$ einsetzen und erhalten so

$$b_{k+1} = 5b_k - 6b_{k-1} \text{ für } k = 1,2,\ldots \text{ , also eine Dgl. vom Typ (3).}$$

Ihre charakteristische Gleichung ist $q^2 - 5q + 6 = 0$ mit den reellen Lösungen $q_1 = 3$, $q_2 = 2$. Die Lösungsgesamtheit besteht daher aus allen Folgen der Form

$$b_k = A \cdot 3^k + B \cdot 2^k, \ k = 0,1,2,\ldots \text{ , } A \text{ und } B \text{ beliebig reell.}$$

Nehmen wir einmal an, es seien die Anfangswerte $b_0 = 1$ und $b_1 = 2$ gegeben (die Einheit kann hier z.B. 1000 Stück bedeuten). Dann sind A und B so zu wählen, daß

$$1 = A + B \text{ und } 2 = A \cdot 3 + B \cdot 2 \text{ gilt, woraus } A = 0, B = 1 \text{ folgt.}$$

Die zu den Anfangswerten $b_0 = 1$, $b_1 = 2$ gehörende Lösung ist also $b_k = 2^k$, d.h. die Beutetiere verdoppeln ihre Anzahl von Generation zu Generation. Eine geringfügige Änderung der Anfangswerte genügt aber für eine ganz andere Entwicklung des Bestandes! Setzen wir $b_0 = 1$, $b_1 = 1,9$, dann sind A und B aus den Gleichungen

$$1 = A + B, \quad 1,9 = 3A + 2B \text{ zu bestimmen, woraus } A = -0,1, \ B = 1,1 \text{ folgt.}$$

Zu diesen Anfangswerten gehört also die Lösung

$$b_k = -0,1 \cdot 3^k + 1,1 \cdot 2^k, \ k = 0,1,\dots.$$

Da 3^k schneller wächst als 2^k, werden die Folgenglieder irgendwann negativ, d.h. die Beutetiere werden ausgerottet, es sei denn, daß die Räuber schon vorher aussterben. In beiden Fällen können dann die Modellgleichungen natürlich nicht mehr gelten. In der Tat berechnen wir aus den Anfangswerten $b_0 = 1$, $b_1 = 1,9$ über die Rekursionsgleichung

$$b_2 = 3,5, \ b_3 = 6,1, \ b_4 = 9,5, \ b_5 = 10,9, \ b_6 = -2,5,$$

also sterben die Beutetierte schon vor der 6.Generation aus, falls nicht die Räuber schon vorher aussterben. Letzteres könnte man überprüfen, indem man auch für die Räuber eine Rekursionsgleichung herleitet.

Ein Beispiel zum Fall 2 schenken wir uns, weil er nicht oft eintreten dürfte und eines zum komplexen Fall 3 wird beim folgenden Typ (4) mitbehandelt. Eine Rekursionsgleichung vom Typ

$$a_{n+1} = ba_n + ca_{n-1} + d, \text{ mit } c \neq 0, \ d \neq 0, \ n = 1,2,\dots \quad (4)$$

wird als *inhomogene lineare Differenzengleichung 2.Ordnung* bezeichnet. Wie bei den Dgl. 1.Ordnung läßt sich zeigen: Die Lösungsgesamtheit von (4) läßt sich darstellen als Menge aller Folgen, die man erhält, wenn man zu einer beliebigen festen Lösung von (4) alle Lösungen der *zugehörigen homogenen Dgl.*

$$a_{n+1} = ba_n + ca_{n-1}, \ n = 1,2,\dots \quad (4^*)$$

addiert. Schematisch und einprägsam (aber ungenauer) ausgedrückt:

$$\boxed{\text{Lösungsgesamtheit von (4)}} = \boxed{\begin{array}{c} \text{feste Lösung von (4) plus} \\ \text{Lösungsgesamtheit von (4*)} \end{array}}$$

Da wir bereits wissen, wie man die Lösungsgesamtheit von (4*) zu bestimmen hat, ist es also nur nötig, irgendeine feste Lösung von (4) zu finden; man nennt diese häufig auch eine *spezielle Lösung*. Natürlich wird man dazu eine möglichst einfache Lösung wählen und daher probieren wir, ob es eine konstante Lösung gibt, also eine Konstante α, für die $a_n = \alpha$, $n = 0, 1, 2, \ldots$, eine Lösung von (4) ergibt. Ein solches α muß also die Gleichung

$$\alpha = b\alpha + c\alpha + d \text{ erfüllen, woraus } \alpha = \frac{d}{1 - (b + c)} \text{ folgt.}$$

Falls $b + c \neq 1$, ist dieses α tatsächlich eine konstante Lösung von (4), denn wenn man dort a_{n+1}, a_n und a_{n-1} jeweils durch $d/(1 - (b + c))$ ersetzt, ist die Gleichung erfüllt.

Falls $b + c = 1$ ist, dann setzen wir $b = 1 - c$ in (4) ein und erhalten

$$a_{n+1} = (1 - c)a_n + ca_{n-1} + d \text{ oder } a_{n+1} - a_n = -c(a_n - a_{n-1}) + d \, .$$

Setzen wir nun $z_{n+1} = a_{n+1} - a_n$ und $z_n = a_n - a_{n-1}$, dann ist die letzte Gleichung eine inhomogene Dgl.1.Ordnung vom Typ (2): $z_{n+1} = -cz_n + d$. Diese hat eine konstante Lösung, nämlich $z_n = d/(1 + c)$, es sei denn, daß $c = -1$ wäre. Nun gilt aber

$$z_1 + z_2 + \ldots + z_n = (a_1 - a_0) + (a_2 - a_1) + \ldots + (a_n - a_{n-1}) = a_n - a_0$$

und da wir nur irgendeine Lösung brauchen, können wir $a_0 = 0$ setzen. Wenn nun alle z_n gleich $d/(1 + c)$ sind, folgt also

$$a_n = n\frac{d}{1 + c} \text{ als spezielle Lösung von (4).}$$

Es fehlt uns jetzt nur noch der Fall $b + c = 1$, $c = -1$, also $b = 2$, $c = -1$. Die Dgl.(4) lautet nun also

$$a_{n+1} = 2a_n - a_{n-1} + d \text{ oder } a_{n+1} - a_n = a_n - a_{n-1} + d \, ;$$

für die Differenzen $z_n = a_n - a_{n-1}$ folgt somit

$$z_{n+1} = z_n + d \, , \text{ die } z_n \text{ bilden also eine arithmetische Folge.}$$

Eine spezielle Lösung dafür ist $z_n = nd$, $n = 1, 2, \ldots$ und daraus erhalten wir, indem wir wieder $a_0 = 0$ wählen:

$$a_n = z_1 + z_2 + \ldots + z_n = d + 2d + 3d + \ldots + nd = d(1 + 2 + \ldots + n), \text{ also}$$

$$a_n = d\,\frac{n(n+1)}{2} \quad n = 0,1,\ldots \text{ als spezielle Lösung zu (4)}.$$

Wir fassen den Weg zu einer speziellen Lösung von (4) in einem sog. Strukturdiagramm zusammen:

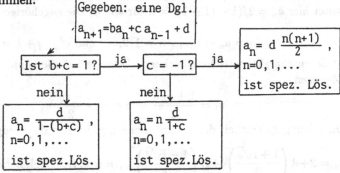

Den Weg zur Lösungsgesamtheit fassen wir zusammen im folgendem

SATZ 2.5.4: Die Menge aller Folgen, die einer inhomogenen linearen Differenzengleichung 2.Ordnung vom Typ

$$a_{n+1} = ba_n + ca_{n-1} + d \ , \ n = 1,2,\ldots \ , \ c \neq 0,\ d \neq 0$$

genügen, kann in der Form $a_n = \bar{a}_n + a_n{}^*$ angegeben werden. Dabei ist $\bar{a}_n$ eine dem obigen Strukturdiagramm zu entnehmende spezielle Lösung dieser Dgl., während $a_n{}^*$ die Lösungsgesamtheit der zugehörigen homogenen Dgl. vom Typ (3) durchläuft, die man erhält, wenn man oben 0 statt d einsetzt.

BEISPIEL 8: Für eine Population möge die Rekursionsgleichung

$$a_{n+1} = a_n - a_{n-1} + 2 \ , \ n = 1,2,\ldots$$

gelten. Man kann sich dabei vorstellen, daß in jedem Zeitintervall der Länge 1 zwei Jungtiere geboren werden (oder etwa 2000, falls die Einheit 1000 Stück ist) und daß vom Zeitpunkt $t = n$ bis $t = n+1$ immer gerade so viele Tiere sterben, wie zum Zeitpunkt $t = n-1$ vorhanden waren. Es seien die Anfangswerte $a_0 = 2$, $a_1 = 3$ gegeben und wir wollen zunächst mit Hilfe der Dgl. sehen, wie sich der Bestand weiterentwickelt: es folgt

$$a_2 = 3 - 2 + 2 = 3, \ a_3 = 3 - 3 + 2 = 2, \ a_4 = 1, \ a_5 = 1, \ a_6 = 2, \ a_7 = 3 \ .$$

Da nun aber $a_6 = a_0$ und $a_7 = a_1$, wiederholen sich auch die weiteren Werte und wir erkennen, daß wir eine *periodische Lösung* erhalten haben, deren Periodenlänge gleich 6 ist, d.h. es gilt für alle $n = 0,1,2,\ldots$ stets $a_{n+6} = a_n$.

Bei diesem Beispiel braucht man die Lösungsgesamtheit nur, wenn man wissen will, ob *alle* Lösungen diese Periodizität haben, ob also bei beliebigen Anfangswerten $a_{n+6} = a_n$ gilt. Wir wollen so neugierig sein, zumal wir hier den Normalfall $b + c \neq 1$ haben, bei dem es eine konstante Lösung gibt. Sie lautet hier $\bar{a}_n = 2/(1 - (1 - 1)) = 2$ für alle n. Die zugehörige homogene Dgl. ist

$$a_{n+1} = a_n - a_{n-1} \, , \ n = 1, 2, \ldots \ \text{und} \ q^2 - q + 1 = 0$$

ist deren charakteristische Gleichung. Letztere hat die konjugiert komplexen Lösungen

$$q_1 = \frac{1 + i\sqrt{3}}{2} \ \text{und} \ q_2 = \frac{1 - i\sqrt{3}}{2} \, ;$$

Die Lösungsgesamtheit der inhomogenen Dgl. ist also die Menge aller Folgen

$$a_n = 2 + A \left(\frac{1 + i\sqrt{3}}{2} \right)^n + B \left(\frac{1 - i\sqrt{3}}{2} \right)^n \, , \ n = 0, 1, \ldots, A, B \ \text{beliebig komplex.}$$

Bei reellen Anfangswerten a_0, a_1 ergeben sich A und B als konjugiert komplexe Konstanten und alle a_n sind dann reell, wie es ja schon wegen der Dgl. sein muß. Bei den Anfangswerten $a_0 = 2$, $a_1 = 3$ unseres Beispiels erhalten wir A und B aus den beiden Gleichungen, die sich ergeben, wenn man in der obigem Formel $n = 0$ und $n = 1$ setzt:

$$a_0 = 2 = 2 + A + B \ \text{und} \ a_1 = 3 = 2 + A\frac{1 + i\sqrt{3}}{2} + B\frac{1 - i\sqrt{3}}{2} \, ,$$

woraus $A = -i\sqrt{3}/3$, $B = i\sqrt{3}/3$ folgt.

Auch bei der inhomogenen Dgl.2.Ordnung sind also die zunächst willkürlichen Konstanten A und B durch zwei Anfangswerte a_0 und a_1 bestimmt. Dies muß so sein, weil mit a_0 und a_1 ja auch alle weiteren Folgenglieder über die Dgl. berechnet werden können.

Daß alle Lösungen mit derselben Periodenlänge 6 periodisch sind, weisen wir nun nach, indem wir zeigen, daß

$$q_1^6 = q_1^0 = 1 \ \text{und damit} \ q_1^7 = q_1^1 \, , \ q_1^8 = q_1^2 \ \ldots \ \text{gilt.}$$

Da q_2^n für alle n konjugiert zu q_1^n ist, gilt dann dasselbe für q_2 und damit folgt $q_1^{n+6} = q_1^n \cdot q_1^6 = q_1^n \cdot 1$ und ebenso $q_2^{n+6} = q_2^n$, so daß aus der obigen Darstellung der Lösungsgesamtheit $a_{n+6} = a_n$ für alle n folgt. Tatsächlich ist

$$q_1^2 = \frac{(1 + i\sqrt{3})^2}{4} = \frac{-1 + i\sqrt{3}}{2} \ \text{und} \ q_1^4 = \frac{(-1 + i\sqrt{3})^2}{4} = \frac{-1 - i\sqrt{3}}{2} \, , \ \text{also}$$

$$q_1^6 = q_1^4 \cdot q_1^2 = \frac{(-1 - i\sqrt{3})(-1 + i\sqrt{3})}{4} = \frac{1 + i\sqrt{3} - i\sqrt{3} + 3}{4} = 1 \, .$$

BEISPIEL 9: Der Fall $b + c = 1$ tritt ein bei der Dgl.

$$a_{n+1} = \frac{1}{2}a_n + \frac{1}{2}a_{n-1} + 1 \ , \ n = 1, 2, \ldots .$$

Dem Strukturdiagramm entnehmen wir als spezielle Lösung

$$\bar{a}_n = n\frac{d}{1+c} = n\frac{1}{1+0,5} = \frac{2}{3}n \ , \ n = 0, 1, \ldots .$$

Die charakteristische Gleichung der zugehörigen homogenen Dgl.

$$a_{n+1} = 0,5a_n + 0,5a_{n-1} \text{ lautet } q^2 - 0,5q - 0,5 = 0$$

und hat die Lösungen $q_1 = 1$, $q_2 = -0,5$. Die Lösungsgesamtheit ist also die Menge der Folgen

$$a_n = \frac{2}{3}n + A + B(-0,5)^n \ , \ A \text{ und } B \text{ beliebig reell.}$$

Hätten wir zum Beispiel die Anfangswerte $a_0 = 1$, $a_1 = 2$ gegeben, dann wären A und B aus den Gleichungen $1 = A + B$, $2 = 2/3 + A - 0,5B$ zu berechnen, aus denen $A = 11/9$ und $B = -2/9$ folgt.

AUFGABE 21: Berechnen Sie $a_2, a_3, \ldots, a_7$ in Beispiel 8 mit der Formel

$$a_n = 2 + A\left(\frac{1+i\sqrt{3}}{2}\right)^n + B\left(\frac{1-i\sqrt{3}}{2}\right)^n \ , \text{ wobei } A = -\frac{i\sqrt{3}}{3} \ , \ B = \frac{i\sqrt{3}}{3}.$$

AUFGABE 22: In einem Gefäß G ist ein Liter Alkohol, in einem anderen Gefäß H ist ein Liter Wasser. Man entnimmt G $100\,cm^3$, schüttet sie nach H, rührt dort um und gießt dann $100\,cm^3$ der nun in H vorhandenen Mischung nach G. Diesen Schöpfvorgang wiederholt man immer wieder. Welchem Grenzwert wird sich die in G befindliche Alkoholmenge dabei immer mehr annähern? Wie oft muß man den Vorgang wiederholen, damit in G weniger als 0,6 Liter Alkohol sind?

AUFGABE 23: Wie lautet die Folge der Fibonacci-Zahlen, wenn zum Zeitpunkt $t = 0$ ein erwachsenes und zwei neugeborene Pärchen in der Gegend ausgesetzt werden?

AUFGABE 24: In einem Wald schlägt man in jedem Winter $3000\,m^3$ Nutzholz; der verbleibende Bestand an Nutzholz wächst dann das folgende Jahr über um 3% . Man stelle dazu eine Rekursionsgleichung auf und suche die zum Anfangsbestand $a_0 = 50\,000\,m^3$ gehörende Lösung. Dabei sei a_0 der Bestand an schlagbarem Nutzholz unmittelbar vor dem ersten Einschlag, a_n sei dieser Bestand unmittelbar vor dem $(n + 1)$-ten Einschlag.

<u>Aufgabe 25:</u> Gewisse Zellen teilen sich genau $2\,h$ nach ihrer Entstehung und bei jeder Teilung entstehen zwei neue Zellen aus einer $2\,h$ alten Zelle. Zum Zeitpunkt $t = 0$ seien nur Zellen mit dem Alter $1\,h$ vorhanden und solche mit dem Alter $0\,h$, die also gerade entstanden sind. Teilungen können dann nur zu den Zeitpunkten $t = 1, 2, \ldots$ erfolgen und immer haben wir nur Zellen mit dem Alter 0 oder 1. Welche Rekursionsgleichung ergibt sich daraus für a_n = Anzahl der Zellen zur Zeit $t = n$ (einschließlich der gerade entstandenen)? Wenn zur Zeit $t = 0$ drei Zellen vorhanden sind, eine mit dem Alter $1\,h$ und zwei mit dem Alter $0\,h$, wie groß ist dann a_{12}? Man gebe die durch die Anfangsbedingungen festgelegte Folge a_n in expliziter Form an.

<u>Aufgabe 26:</u> Wenn eine Folge a_n der Fibonacci-Dgl. $a_{n+1} = a_n + a_{n-1}$ genügt, welcher Rekursionsgleichung genügt dann die Folge $z_n = a_n/a_{n-1}$? a_0 und a_1 seien positive ganze Zahlen. Zeigen Sie, daß diese Folge der „Zuwachsraten" z_n dem dritten Konvergenzkriterium (vgl. 2.2) genügt und geben Sie den Grenzwert an!

3   Wichtige Funktionstypen

3.1   Polynome

Wir haben die Polynome bereits in Abschnitt 1.2 als eine Klasse von überall stetigen Funktionen kennengelernt. Nun wollen wir weitere Eigenschaften und einige Anwendungen betrachten. Man kann Polynome in naheliegender Weise addieren, subtrahieren und miteinander multiplizieren. So ist z.B.

$$(-x^3 + 5x^2 - 8) + (2x^2 - 3x + 1) = -x^3 + 7x^2 - 3x - 7 \,,$$

$$(-x^3 + 5x^2 - 8) - (2x^2 - 3x + 1) = -x^3 + 3x^2 + 3x - 9 \,,$$

$$(-x^3 + 5x^2 - 8)(2x^2 - 3x + 1) = -2x^5 + 3x^4 - x^3 + 10x^4 - 15x^3 + 5x^2 - 16x^2 + 24x - 8$$

$$= -2x^5 + 13x^4 - 16x^3 - 11x^2 + 24x - 8 \,.$$

Auch die Division eines Polynoms durch ein anderes ist möglich, wir beschränken uns aber auf die Division durch einen *Linearfaktor* $(x - c)$, d.h.

wir wollen nur durch solche speziellen Polynome 1. Grades dividieren. Da die Division die Umkehr der Multiplikation ist, werden wir

$$P(x) : (x - c) = Q(x) + \frac{r}{x - c} \text{ genau dann schreiben, wenn}$$

$$P(x) = Q(x)(x - c) + r .$$

Wir zeigen nun, daß eine Umformung von $P(x)$ nach Art der letzten Gleichung immer möglich ist, falls der Grad n von $P(x)$ mindestens 1 ist.

SATZ 3.1.1 : Ist $P(x) = a_n x^n + a_{n-1} x^{n-1} + \ldots + a_1 x + a_0$, $a_n \neq 0$, ein beliebiges Polynom und c eine beliebige Zahl, dann gibt es ein Polynom

$$Q(x) = b_{n-1} x^{n-1} + b_{n-2} x^{n-2} + \ldots + b_1 x + b_0 \text{ und eine Konstante } r \text{ mit}$$

$$P(x) = Q(x)(x - c) + r .$$

Beweis: Aus dem Ansatz

$$a_n x^n + a_{n-1} x^{n-1} + \ldots + a_1 + a_0 =$$

$$= (b_{n-1} x^{n-1} + b_{n-2} x^{n-2} + \ldots + b_1 x + b_0)(x - c) + r$$

lassen sich die Zahlen $b_{n-1}, b_{n-2}, \ldots, b_0$ und r in jedem Fall berechnen. Wenn wir nämlich die beiden Klammern ausmultiplizieren und nach Potenzen von x zusammenfassen, erhalten wir $P(x)$, falls der Ansatz durchführbar ist. Durch Koeffizientenvergleich folgt so

$$a_n = b_{n-1}; \quad a_{n-1} = b_{n-2} - cb_{n-1}; \quad a_{n-2} = b_{n-3} - cb_{n-2}, \ldots$$

$$\ldots, a_1 = b_0 - cb_1; \quad a_0 = r - cb_0 .$$

Diese Gleichungen sind immer nach $b_{n-1}, b_{n-2}, \ldots, b_1, b_0, r$ lösbar, indem man zunächst $b_{n-1} = a_n$ erhält, dann $b_{n-2} = a_{n-1} + cb_{n-1}$ und so weiter nacheinander alle Koeffizienten von $Q(x)$ und zuletzt $r = a_0 + cb_0$ bestimmt.
Die Zerlegung ist also immer möglich und wegen $b_{n-1} = a_n \neq 0$ ist der Grad von $Q(x)$ stets $n - 1$.

Die Zerlegung kann man bequem mit dem sog. *Horner-Schema* durchführen:

	a_n	a_{n-1}	a_{n-2}	$\cdots$	a_1	a_0
c		cb_{n-1}	cb_{n-2}	$\cdots$	cb_1	cb_0
	b_{n-1}	b_{n-2}	b_{n-3}	$\cdots$	b_0	r

In der obersten Zeile stehen die Koeffizienten von $P(x)$, wobei auch diejenigen anzuschreiben sind, die gleich 0 sind. In die unterste Zeile kommt zunächst b_{n-1}, der erste Koeffizient von $Q(x)$, von dem wir ja schon wissen, daß er gleich a_n ist. Dann schreibt man cb_{n-1} unter a_{n-1}, addiert diese beiden Zahlen und erhält damit b_{n-2}. Dann schreibt man cb_{n-2} unter a_{n-2}, addiert diese beiden Zahlen und erhält damit b_{n-3} usw., bis man zuletzt $a_0 + cb_0 = r$ erhält. Am linken Rand wird die Zahl c notiert.

Aus der Zerlegung

$$P(x) = (x - c)Q(x) + r \text{ folgt: } P(c) = (c - c)Q(c) + r = r$$

d.h. der Divisionsrest r ist gleichzeitig der Wert von $P(x)$ für $x = c$.

Ist nun zufällig c eine *Nullstelle* von $P(x)$, d.h. $P(c) = 0$, dann ist $r = 0$ und die Division durch $(x - c)$ „geht auf". Dann ist also

$$P(x) = (x - c)Q(x) .$$

Ist d eine zweite, von c verschiedene Nullstelle von $P(x)$, dann folgt

$$P(d) = (d - c)Q(d), \text{ also ist mit } P(d) = 0 \text{ auch } Q(d) = 0 .$$

Dann kann man also nicht nur $P(x)$, sondern auch $Q(x)$ ohne Rest durch $(x - d)$ dividieren und erhält ein Polynom $R(x)$ vom Grad $n - 2$, also

$$Q(x) = (x - d)R(x) \text{ und damit } P(x) = (x - c)(x - d)R(x) .$$

Dies läßt sich so lange fortsetzen, als es Nullstellen gibt, die von den bereits gefundenen verschieden sind. Wenn es n verschiedene reelle Nullstellen von $P(x)$ gibt, können wir n-mal ohne Rest durch einen Linearfaktor dividieren. Da der Grad der Divisionsergebnisse $Q(x), R(x), \ldots$ bei jeder Division um 1 geringer wird, erhalten wir bei der n-ten Division ein Polynom vom Grad 0 , also eine von 0 verschiedene Konstante. Diese ist a_n, weil a_n stets der erste Koeffizient der Polynome $P(x), Q(x), R(x), \ldots$ ist. Da nun ein Polynom vom Grad 0 keine Nullstelle besitzt, folgt

SATZ 3.1.2: Ein Polynom vom Grad n hat höchstens n verschiedene Nullstellen.

76

Mit Nullstellen meinen wir hier nur reelle Zahlen. Es hat dann nicht jedes Polynom eine Nullstelle; zum Beispiel wird $x^2 + 1$ für kein reelles x gleich 0. Läßt man allerdings auch komplexe Zahlen als Nullstellen zu, dann bleibt Satz 3.1.2 auch richtig, aber es gilt dann sogar, daß jedes Polynom vom Grad n genau n Nullstellen besitzt, sofern man mehrfache Nullstellen auch mehrfach zählt. (Eine reelle oder komplexe Zahl c heißt k-fache Nullstelle von $P(x)$, wenn man $P(x)$ ohne Rest durch $(x - c)^k$, aber nicht mehr durch $(x - c)^{k+1}$ teilen kann.)
Aus der obigen Überlegung folgt auch der

SATZ 3.1.3: Hat ein Polynom $P(x) = a_n x^n + a_{n-1} x^{n-1} + \ldots + a_1 x + a_0$ vom Grad n die n verschiedenen Nullstellen $x_1, x_2, \ldots, x_n$, dann ist

$$P(x) = a_n(x - x_1)(x - x_2) \cdots (x - x_n)$$

Zum Beispiel hat $3x^2 + 1,5x - 9$ die Nullstellen $x_1 = 1,5$, $x_2 = -2$ und ist daher dieselbe Funktion wie $3(x - 1,5)(x + 2)$.
Übrigens hat ein Polynom von ungeradem Grad mindestens eine Nullstelle. Denn wenn x sehr groß ist, dann überwiegt $|a_n x^n|$ den Betrag von $a_{n-1} x^{n-1} + \ldots + a_1 + a_0$ (vgl.Aufgabe 12). Bei ungeradem n und $a_n > 0$ ist daher $P(x) > 0$ für hinreichend großes x und $P(x) < 0$ für hinreichend kleines x. Aus dem Zwischenwertsatz für stetige Funktionen (s.Satz 1.2.3) folgt dann, daß der Wert 0 mindestens einmal angenommen wird. Analog argumentiert man, wenn $a_n < 0$.

BEISPIEL 1: Gegeben ist $P(x) = -2x^4 + 3x^3 - 7x + 4$; gesucht sei $P(1,2)$ und das Resultat der Division $P(x) : (x - 1, 2)$. Das Horner-Schema ist

	-2	3	0	-7	4
$c = 1,2$		$-2,4$	$0,72$	$0,864$	$-7,3632$
	-2	$0,6$	$0,72$	$-6,136$	$-3,3632 = r$

Also ist $P(1,2) = -3,3632$ und

$$P(x) : (x - 1,2) = -2x^3 + 0,6x^2 + 0,72x - 6,136 + \frac{-3,3632}{x - 1,2} .$$

BEISPIEL 2: $P(x) = 2x^5 + 6x^4 + 4,5x^3 - 4x^2 - 12x - 9$; gesucht sei $P(-1,5)$.
Das Horner-Schema dafür ist

	2	6	$4,5$	-4	-12	-9
$c = -1,5$		-3	$-4,5$	0	6	9
	2	3	0	-4	-6	0

Also ist $P(-1,5) = 0$, d.h. $-1,5$ ist Nullstelle von $P(x)$. Das bedeutet auch, daß die Division $P(x) : (x + 1,5)$ ohne Rest „aufgeht" und das Resultat ist

$$Q(x) = 2x^4 + 3x^3 - 4x - 6 .$$

BEISPIEL 3: Wenn ein Polynom 2.Grades, also eine Parabel, die Nullstellen a und b besitzt, muß es sich nach Satz 3.1.3 umformen lassen in einen Ausdruck der Form $C(x - a)(x - b)$. Die Konstante C läßt sich ermitteln, wenn ein weiterer Punkt der Parabel gegeben ist. Wenn etwa die Nullstellen $a = 1$, $b = 2$ gegeben sind und wenn $P(0) = 3$ gelten soll, dann erhalten wir C aus der Gleichung

$$C(0 - 1)(0 - 2) = 3 \text{ oder } 2C = 3, \text{ also } C = 1,5 .$$

Also hat man die Gleichung für die Parabel in der Form

$$P(x) = 1,5(x - 1)(x - 2); \text{ das ergibt das Polynom } P(x) = 1,5x^2 - 4,5x + 3 .$$

Bei Experimenten wird oft eine Größe y in Abhängigkeit von einer anderen Größe x gemessen. Man erhält dabei zu verschiedenen x–Werten $x_0, x_1, \ldots, x_n$ als gemessene y–Werte $y_0, y_1, \ldots, y_n$. Es kann sein, daß y eine Funktion von x ist, d.h. wenn man x variiert und alle anderen Größen, die y beeinflussen könnten, konstant hält, dann gehört zu jedem x–Wert ein eindeutig bestimmter y–Wert. Manchmal folgt sogar aus Modell-Annahmen, um welchen Funktionstyp es sich dabei handeln muß. So folgt zum Beispiel aus der Annahme, daß Gasmoleküle kleine elastische Kügelchen sind, daß der Druck y, den eine feste Anzahl von Molekülen in einem Volumen von x cm^3 erzeugt, eine Funktion des Typs $y = a/x$ sein muß, wenn man die Temperatur (und damit die durchschnittliche kinetische Energie der Moleküle) konstant hält. Die Messungen dienen dann nur dazu, den Wert des Parameters a möglichst genau zu bestimmen.

Im allgemeinen sind aber die Meßwerte $y_0, y_1, \ldots, y_n$ alles, was wir von der Funktion $y = f(x)$ wissen. Man hat dann oft den Wunsch, die $n + 1$ Punkte (x_0, y_0), $(x_1, y_2), \ldots, (x_n, y_n)$ durch eine stetige Funktionskurve zu verbinden, weil man diese dann als Näherung für die unbekannte Funktion $f(x)$ verwenden möchte. Immerhin stimmen $f(x)$ und die Näherung dann ja an den Stellen $x_0, x_1, \ldots, x_n$ überein. Soll die Näherungskurve ein Polynom sein, dann ist der folgende Satz wichtig, welcher die bekannte Tatsache, daß es zu zwei verschiedenen Punkten genau eine verbindende Gerade gibt, verallgemeinert.

SATZ 3.1.4 : Zu $n+1$ Punkten (x_0, y_0), (x_1, y_1), ..., (x_n, y_n), deren Abszissen alle verschieden sind, gibt es genau ein Polynom $P(x)$, dessen Grad nicht größer als n ist und dessen Funktionskurve durch die gegebenen Punkte geht.

<u>Beweis:</u> Zunächst zeigen wir, daß es höchstens ein solches Polynom gibt. Wären nämlich $P(x)$ und $R(x)$ zwei verschiedene Polynome mit Grad $\leq n$, die durch die $n+1$ gegebenen Punkte gehen, dann wäre $P(x) - R(x)$ ein Polynom mit Grad $\leq n$, das nicht identisch gleich 0 wäre und im Widerspruch zum vorigen Satz die $n+1$ verschiedenen Nullstellen $x_0, x_1, \ldots, x_n$ hätte.

Daß es auch tatsächlich immer ein solches Polynom gibt, folgt daraus, daß man es stets nach einem Verfahren von Lagrange (1736-1813) konstruieren kann. Wir erläutern das Verfahren für $n = 2$ und $n = 3$ an je einem Beispiel.

BEISPIEL 4: Die Puppen einer Schmetterlingsart werden in einen Brutschrank gebracht. Bei einer Temperatur von $20°C$ dauert das Puppenstadium durchschnittlich $30,0$ Tage, bei $22°C$ sind es $26,4$ Tage, bei $25°C$ nur noch $22,5$ Tage im Durchschnitt. Man möchte die Dauer des Puppenstadiums für den Temperaturbereich $20 \leq x \leq 25$ durch ein Polynom 2.Grades annähern. Dazu betrachten wir zunächst den Ausdruck

$$30,0 \frac{(x-22)(x-25)}{(20-22)(20-25)} \; ;$$

für $x = 20$ wird der Bruch gleich 1, also nimmt der Ausdruck an dieser Stelle den Wert $30,0$ an. Für $x = 22$ und $x = 25$ wird er gleich 0. Konstruieren wir daher noch zwei analoge Ausdrücke für die Stellen $x = 22$ und $x = 25$, dann leistet die Summe aller drei Ausdrücke bereits das Gewünschte und läßt sich umformen zu einem Polynom 2.Grades:

$$30,0 \frac{(x-22)(x-25)}{(20-22)(20-25)} + 26,4 \frac{(x-20)(x-25)}{(22-20)(22-25)} + 22,5 \frac{(x-20)(x-22)}{(25-20)(25-22)} \; .$$

Durch Ausmultiplizieren und Zusammenfassen wird daraus das Polynom 2.Grades

$$P(x) = 0,1x^2 - 6x + 110 \; .$$

Da nach dem letzten Satz nur <u>ein</u> Polynom mit Grad ≤ 2 durch die drei gegebenen Punkte geht, muß jeder andere Weg zur Bestimmung eines solchen Polynoms dasselbe Resultat liefern. Um sich vor Rechenfehlern zu schützen, sollte man nachrechnen, ob das gefundene Polynom tatsächlich für die gegebenen x—Werte die gegebenen y—Werte annimmt. In unserem Beispiel ist also zu prüfen, ob tatsächlich $P(20) = 30,0$, $P(22) = 26,4$, $P(25) = 22,5$ gilt.

Allgemein kommen wir zu dem eindeutig bestimmten Polynom vom Grad ≤ 2 durch drei gegebene Punkte (x_0, y_0) , (x_1, y_1) , (x_2, y_2) über die

Lagrange-Formel für n = 2 :

$$P(x) = y_0 \frac{(x - x_1)(x - x_2)}{(x_0 - x_1)(x_0 - x_2)} + y_1 \frac{(x - x_0)(x - x_2)}{(x_1 - x_0)(x_1 - x_2)} + y_2 \frac{(x - x_0)(x - x_1)}{(x_2 - x_0)(x_2 - x_1)} .$$

Das Konstruktionsprinzip, das dieser Formel zugrundeliegt, kann auch bei mehr als drei Punkten verwendet werden. Bei vier gegebenen Punkten (x_0, y_0) , (x_1, y_1) , (x_2, y_2) , (x_3, y_3) mit verschiedenen Abszissen ist das einzige Polynom mit Grad ≤ 3 , das durch diese Punkte geht, gegeben durch die

Lagrange-Formel für n=3 :

$$P(x) = y_0 \frac{(x - x_1)(x - x_2)(x - x_3)}{(x_0 - x_1)(x_0 - x_2)(x_0 - x_3)} + y_1 \frac{(x - x_0)(x - x_2)(x - x_3)}{(x_1 - x_0)(x_1 - x_2)(x_1 - x_3)} +$$

$$+ y_2 \frac{(x - x_0)(x - x_1)(x - x_3)}{(x_2 - x_0)(x_2 - x_1)(x_2 - x_3)} + y_3 \frac{(x - x_0)(x - x_1)(x - x_2)}{(x_3 - x_0)(x_3 - x_1)(x_3 - x_2)} .$$

BEISPIEL 5 : Jungtiere einer Art wiegen bei der Geburt durchschnittlich 48 g, nach 4 Wochen 400 g, nach 8 Wochen 960 g und nach 12 Wochen 1200 g. Gesucht wird ein Polynom $P(t)$ mit Grad ≤ 3 , das als Näherung für das durchschnittliche Gewicht nach t Wochen im Bereich $0 \leq t \leq 12$ dienen kann. Die Lagrangeformel, in der nun t statt x zu setzen ist, ergibt hier

$$P(t) = 48 \frac{(t - 4)(t - 8)(t - 12)}{(0 - 4)(0 - 8)(0 - 12)} + 400 \frac{(t - 0)(t - 8)(t - 12)}{(4 - 0)(4 - 8)(4 - 12)} +$$

$$+ 960 \frac{(t - 0)(t - 4)(t - 12)}{(8 - 0)(8 - 4)(8 - 12)} + 1200 \frac{(t - 0)(t - 4)(t - 8)}{(12 - 0)(12 - 4)(12 - 8)}$$

und dies läßt sich umformen zu

$$P(t) = -\frac{11}{8}t^3 + 23t^2 + 18t + 48 \ .$$

Als Probe rechnet man nach, daß tatsächlich $P(0) = 48$, $P(4) = 400$, $P(8) = 960$ und $P(12) = 1200$ ist.

AUFGABE 27: Zwei runde Blätter gleicher Größe sitzen übereinander an einem Stengel. Wenn die Strecken, die von ihrem Mittelpunkt zum Stengel führen, den Winkel φ Grad miteinander bilden, dann sagen wir, die Blätter sind um den Winkel φ gegeneinander verdreht. Bei $\varphi = 45°$ sei von oben 47,5% der Fläche des unteren Blatts sichtbar (s.Fig. 32), bei $\varphi = 90°$ seien 82,0% und bei $\varphi = 180°$ natürlich 100% sichtbar.

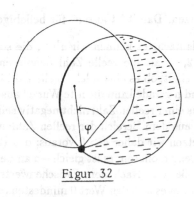

Figur 32

Man gebe den Zusammenhang zwischen dem Verdrehungswinkel φ und dem Prozentsatz der sichtbaren Fläche des unteren Blatts genähert als Polynom 3.Grades in φ an.

Bemerkung: Bei $\varphi = 0$ Grad sind 0% sichtbar! Übrigens läßt sich bei kreisförmigen Blättern dieser Prozentsatz auch exakt durch die Formel

$$p(x) = \frac{x + \sin x}{\pi} 100 \ \%$$

angeben, wobei x der Verdrehungswinkel im Bogenmaß ist. Die Herleitung dieser Formel ist nicht schwer und bietet Gelegenheit, ein wenig Kreisgeometrie zu wiederholen.

AUFGABE 28: Welche Parabel stimmt mit $\sin x$ in $x = 0$, $x = \frac{\pi}{4}$ und $x = \frac{\pi}{2}$ überein?

3.2   Exponentialfunktionen und Logarithmen

Wir können die Glieder einer geometrischen Folge a^k, $k = 0, 1, 2, \ldots$ als Funktionswerte einer Funktion auffassen, die wir a^x schreiben und die zunächst nur für die ganzen Zahlen $0, 1, 2, \ldots$ definiert ist. Unser Ziel ist es, a^x für beliebige reelle x zu definieren, und zwar so, daß dabei die wichtige Regel der

Potenzrechnung:

$$a^h \cdot a^k = a^{h+k}$$

erhalten bleibt. Für positive ganze Zahlen h und k ist diese Regel selbstverständlich und sie bleibt erhalten, wenn wir

$$a^{-k} = \frac{1}{a^k}$$

setzen. Damit ist also a^x für beliebige ganzzahlige x definiert.

Als nächstes können wir $a^{1/n}$, die sogenannte „n-te Wurzel aus a ", für $n = 1, 2, \ldots$ als die reelle Zahl definieren, deren n-te Potenz gleich a ist. Wer zweifelt, ob es eine solche reelle Zahl immer gibt, hat ganz recht: für ein $a < 0$ und n gerade kann die n-te Wurzel aus a nicht reell sein, weil eine gerade Potenz aus einer reellen Zahl nicht negativ sein kann. Schon $\sqrt{-1} = i = (-1)^{1/2}$ führte ja aus dem Bereich der reellen Zahlen hinaus.
Setzen wir daher $a > 0$ voraus; das Polynom $x^n - a$ wächst im Bereich $x \geq 0$ streng monoton, es ist gleich $-a$ an der Stelle $x = 0$ und positiv für hinreichend große x . Nach dem Zwischenwertsatz für stetige Funktionen (Satz 1.2.3) nimmt es also den Wert 0 mindestens einmal an, wegen der strengen Monotonie nimmt es ihn nur einmal an. Die einzige positive Nullstelle dieses Polynoms ist offenbar die n-te Wurzel aus a .
Nun setzt man

$$a^{\frac{m}{n}} = \left(a^{\frac{1}{n}}\right)^m \text{ und } a^{-\frac{m}{n}} = \frac{1}{a^{\frac{m}{n}}}$$

und hat damit a^x für positive a und beliebige rationale Exponenten x definiert. Man kann leicht zeigen, daß die obige Potenzregel nun auch für rationale h und k gilt.

Es bleibt also noch die Aufgabe, a^x auch für irrationales x zu definieren. Irrational sind z.B. $\sqrt{2}$, $\sqrt{3}$, π und viele andere mehr. Zunächst könnte man den folgenden Versuch machen: man nehme irgendeine Folge von rationalen Zahlen r_n, $n = 1, 2, \ldots$, die gegen das irrationale x konvergiert und definiere

$$a^x = \lim_{n \to \infty} a^{r_n} .$$

Dabei erhebt sich aber sofort die Frage, ob dieser limes auch existiert und ob er für jede gegen x konvergente Folge r_n stets derselbe ist! Andernfalls wäre a^x so nicht definierbar. Auch die praktische Berechnung der Funktionswerte wäre so sehr mühsam; wollte man zum Beispiel 2^π näherungsweise zu $2^{3,14}$ berechnen – in der vorläufig noch gar nicht bestätigten Hoffnung, daß $2^{3,14}$ ungefähr gleich 2^π sein wird – dann müßte man immerhin die hundertste Wurzel aus

2 dreihundertvierzehnmal mit sich selbst multiplizieren (bzw. die 50.Wurzel 157-mal). Wir gehen daher einen Umweg, der über die Betrachtung der Reihe

$$\sum_{k=0}^{\infty} \frac{x^k}{k!} = 1 + x + \frac{x^2}{2!} + \frac{x^3}{3!} + \cdots \tag{1}$$

führt, für die wir zunächst das Symbol $e(x)$ verwenden.

Wir zeigen zunächst, daß diese unendliche Reihe $e(x)$ für beliebige x konvergiert und somit eine für alle reellen x definierte Funktion darstellt:

1.) $e(x)$ konvergiert für jedes $x < 0$ nach dem 3.Konvergenzkriterium. Betrachten wir nämlich die Teilsummen

$$S_n = \sum_{k=0}^{n} \frac{x^k}{k!} \quad \text{und deren Differenzen } S_{n+1} - S_n = \frac{x^{n+1}}{(n+1)!},$$

dann sehen wir, daß letztere wegen $x < 0$ abwechselnde Vorzeichen haben. Die Beträge $|S_{n+1} - S_n|$ können zwar zunächst mit n anwachsen, aber sobald n größer wird als $|x|$, konvergieren sie monoton fallend gegen 0; da die Konvergenz einer Folge aber nicht von endlich vielen Anfangsgliedern abhängt, konvergiert $e(x)$ nach dem 3.Konvergenzkriterium.

2.) $e(x)$ konvergiert für jedes $x \geq 0$ nach dem 1.Konvergenzkriterium. Nun betrachten wir die Teilsummen S_n erst ab einem n_0, das größer als $2x$ sein soll. Dann ist für alle $n > n_0$

$$S_n = \sum_{k=0}^{n} \frac{x^k}{k!} = S_{n_0-1} + \sum_{k=n_0}^{n} \frac{x^k}{k!} = S_{n_0-1} +$$

$$+ \frac{x^{n_0}}{n_0!} \left[1 + \frac{x}{n_0 + 1} + \frac{x^2}{(n_0 + 1)(n_0 + 2)} + \cdots + \frac{x^{n-n_0}}{(n_0 + 1)(n_0 + 2) \cdots n)} \right].$$

Da $n_0 > 2x$, ist $\dfrac{x}{n_0 + 1} < \dfrac{1}{2}$, $\dfrac{x^2}{(n_0 + 1)(n_0 + 2)} < \dfrac{1}{4}$ usw.,

d.h. die in der eckigen Klammer stehende Summe ist kleiner als

$$1 + \frac{1}{2} + \frac{1}{4} + \cdots = 2.$$

Da dies für alle S_n mit $n > n_0$ gilt, folgt die Beschränktheit der Folge S_n nach oben. Daß sie monoton wächst, ist klar, denn S_{n+1} geht ja aus S_n durch Addition eines positiven Summanden hervor.

Also ist die Reihe $e(x)$ für beliebige x konvergent und stellt daher eine für alle reellen Zahlen x definierte Funktion dar, die wir ebenfalls mit $e(x)$ bezeichnen. Für $x = 0$ gilt offensichtlich $e(0) = 1$. Ihr Wert an der Stelle $x = 1$ ist die berühmte Eulersche Zahl e :

$$e = e(1) = 1 + 1 + \frac{1}{2!} + \frac{1}{3!} + \ldots = 2,7182818459\ldots$$

Der Grund für die Einführung der Funktion $e(x)$ liegt darin, daß sie die folgende, für *Exponentialfunktionen* charakteristische Eigenschaft besitzt:

$$e(x)e(y) = e(x + y) \text{ für beliebige } x, y . \tag{2}$$

Wir skizzieren einen Beweis dafür, ohne alle Details auszuführen.
Es läßt sich zeigen, daß man das Produkt $e(x)e(y)$ erhält, wenn man die beiden Reihen für $e(x)$ und $e(y)$ in folgender Weise miteinander multipliziert:

$$e(x)e(y) = (1 + x + \frac{x^2}{2!} + \frac{x^3}{3!} + \ldots)(1 + y + \frac{y^2}{2!} + \frac{y^3}{3!} + \ldots) =$$

$$= 1 + (x + y) + (\frac{x^2}{2!} + \frac{xy}{1!\,1!} + \frac{y^2}{2!}) + (\frac{x^3}{3!} + \frac{x^2 y}{2!\,1!} + \frac{xy^2}{1!\,2!} + \frac{y^3}{3!}) + \ldots ;$$

dabei werden also der Reihe nach für $k = 0, 1, 2, 3, \ldots$ die Produkte zusammengestellt, bei denen die Exponenten von x und y dieselbe Summe k ergeben. Ziehen wir der Reihe nach $\frac{1}{1!}, \frac{1}{2!}, \frac{1}{3!} \ldots$ vor die Klammern, dann sehen wir, daß das so geordnete Produkt gerade die Exponentialreihe

$$e(x + y) = 1 + \frac{(x + y)}{1!} + \frac{(x + y)^2}{2!} + \frac{(x + y)^3}{3!} + \ldots ,$$

liefert, was Gleichung (2) plausibel macht.
Mit Hilfe von (2) können wir nun zeigen, daß $e(x)$ alle Eigenschaften einer Exponentialfunktion besitzt:

1.) $e(n)$ ist für $n = 0, 1, 2, \ldots$ gleich e^n ; denn $e(0) = e^0 = 1$ und für $n = 1, 2, \ldots$ gilt

$$e(n) = e(1 + (n - 1)) = e \cdot e(n - 1) = e^2 e(n - 2) = \ldots = e^n e(0) = e^n .$$

2.) Für alle $n = 1, 2, \ldots$ ist $e(\frac{1}{n})$ die n-te Wurzel aus e, also die positive Zahl, deren n-te Potenz e ergibt. Dies folgt wie das vorige aus (2), denn

$$e(\frac{1}{n} + \frac{1}{n}) = e(\frac{1}{n})e(\frac{1}{n}) = [e(\frac{1}{n})]^2, \quad e(\frac{3}{n}) = e(\frac{2}{n} + \frac{1}{n}) = [e(\frac{1}{n})]^3 \quad \text{usw.,}$$

$$\text{also } e = e(1) = e(\frac{n}{n}) = [e(\frac{1}{n})]^n .$$

Daraus ergibt sich auch

3.) $e^{m/n}$ ist für beliebige n und m aus $\{1, 2, \ldots\}$ gleich der m-ten Potenz aus der n-ten Wurzel von e. Schließlich folgt wegen

$$1 = e(0) = e(-x + x) = e(-x) \cdot e(x), \text{ daß}$$

4.) $e(-x) = 1/e(x)$ für alle x gilt. Damit ist auch schon bewiesen, daß $e(x)$ für alle x positiv ist und somit keine Nullstellen haben kann; für $x > 0$ ist dies wegen der Reihendarstellung ohnehin trivial und für negative x folgt es aus der letzten Gleichung.

$e(x)$ ist also für rationale x nichts anderes als eine der uns für rationale x bereits vertrauten Exponential-Funktionen vom Typ a^x mit $a = e$. Daher schreiben wir von jetzt ab auch

$$e^x \text{ statt } e(x) .$$

Wenn nun aber x_k eine beliebige, gegen ein irrationales oder rationales x konvergente Folge ist, dann ist immer

$$\lim_{k \to \infty} e^{x_k} = e^x,$$

denn es gilt

5.) e^x ist stetig für alle x. Für beliebiges Δ ist nämlich

$$|e(x + \Delta) - e(x)| = |e^{x+\Delta} - e^x| = |e^x \cdot e^\Delta - e^x| = e^x|e^\Delta - 1| .$$

Wegen $|e^\Delta - 1| = |\Delta + \frac{\Delta^2}{2!} + \ldots| \leq |\Delta| \cdot |1 + |\Delta| + |\Delta|^2 + |\Delta|^3 + \ldots|$

und weil der letzte Betrag für $|\Delta| < 1$ gleich $\frac{|\Delta|}{1 - |\Delta|}$ ist, kann $e^x|e^\Delta - 1|$ durch hinreichend kleine Wahl von $|\Delta|$ beliebig klein gemacht werden. Das bedeutet aber die Stetigkeit von e^x für beliebige x. Als nächstes zeigen wir

6.) e^x ist streng monoton wachsend.

Denn für beliebige x_1, x_2 mit $x_1 < x_2$ ist

$$e^{x_2} = e^{x_1 + x_2 - x_1} = e^{x_1} e^{x_2 - x_1} \text{ und } x_2 - x_1 > 0;$$

Für jede Zahl $c > 0$ ist aber $e^c = 1 + c + \frac{c^2}{2!} + \ldots > 1$. Wegen

$$e^{x_1} > 0 \text{ und } e^{x_2 - x_1} > 1 \text{ gilt also } e^{x_2} = e^{x_1} e^{x_2 - x_1} > e^{x_1}.$$

7.) Für beliebige x und z ist $(e^x)^z = e^{xz}$.

Für ganze z folgt dies sofort aus (2), für beliebige z definieren wir es so.

Der natürliche Logarithmus als Umkehrfunktion von e^x

Als streng monotone Funktion kann e^x jeden Funktionswert nur an einer Stelle x annehmen. Es existiert daher nach Satz 1.2.2 eine Umkehrfunktion $g(y)$ mit

$$g(y) = x \text{ genau dann, wenn } y = e^x.$$

Definiert ist diese Umkehrfunktion auf dem Wertebereich W von e^x.
W ist die Menge aller positiven reellen Zahlen, also $W = \{y| \, y > 0\}$. Denn es gilt

$$e^x \to \infty \text{ für } x \to \infty, \text{ weil}$$

$$e^x = 1 + x + \frac{x^2}{2!} + \ldots \text{ für } x > 0 \text{ größer ist als } 1 + x$$

und daher mit wachsendem x über alle Grenzen wächst.
Wegen $0 < e^{-x} = 1 : e^x$ wird aber auch jede noch so kleine positive Zahl y von der Funktion e^x angenommen und es gilt

$$\lim_{x \to -\infty} e^x = 0.$$

Daraus ergibt sich nun wegen des Zwischenwertsatzes für stetige Funktionen (Satz 1.2.3), daß jede Zahl $y > 0$ als Funktionswert von e^x auftritt. $g(y)$ ist also auf $W = \{y| \, y > 0\}$ definiert und ihr Wertebereich ist der Definitionsbereich von e^x, also die Menge $\{x| -\infty < x < \infty\}$ aller reellen Zahlen.
Die Berechnung von $g(y)$ ist nicht so einfach wie die der Umkehrfunktionen zu $y = \sqrt{1 - 2x}$ oder etwa $y = x/(1 + x)$, bei denen man diese Gleichungen einfach nach x auflösen kann. Wir können ja nicht die Gleichung

$$y = 1 + x + \frac{x^2}{2!} + \frac{x^3}{3!} + \ldots$$

86

nach x auflösen. Daher führen wir für die Umkehrfunktion $g(y)$ einfach ein neues Funktionssymbol $\ln y$ ein. Es gilt also

$$x = \ln y \text{ genau dann, wenn } y = e^x \ .$$

Wir nennen $x = \ln y$ den *natürlichen Logarithmus* von y . Alle Eigenschaften der Umkehrfunktion $\ln y$ ergeben sich aus denen von e^x. Dies folgt schon daraus, daß man jeweils die eine der beiden Funktionskurven aus der anderen durch Spiegelung an der Geraden $y = x$ (s. Figur 33) erhalten kann.

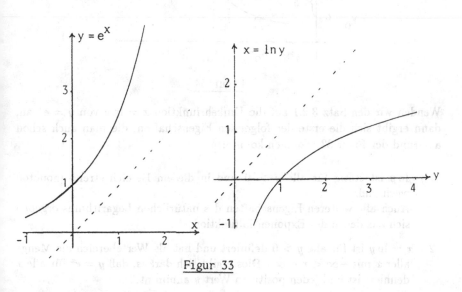

Figur 33

Monotonie und Stetigkeit von $\ln y$ folgen aus dem allgemeinen

SATZ 3.2.1 : Ist eine Funktion $y = f(x)$ streng monoton wachsend (fallend), dann ist auch ihre Umkehrfunktion $x = g(y)$ streng monoton wachsend (fallend) ; ist $f(x)$ für alle x definiert, streng monoton und stetig, dann ist die Umkehrfunktion $g(y)$ in ihrem gesamten Definitionsbereich (der gleich dem Wertebereich von $f(x)$ ist), stetig.

Der Beweis dieses Satzes ist einfach und mag als zusätzliche Übungsaufgabe dienen. Anhand der folgenden Figur kann man leicht erkennen, daß man zu jedem y_0 und beliebigem $\varepsilon > 0$ ein $\delta > 0$ finden kann, so daß

$$|g(y) - g(y_0)| = |x - x_0| < \varepsilon, \text{ wenn nur } |y - y_0| < \delta \text{ gilt.}$$

87

Das heißt aber, daß die Umkehrfunktion an jeder beliebigen Stelle y_0 stetig ist. Auch die Monotonieaussage über g(y) wird durch die Figur plausibel.

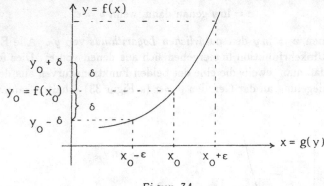

Figur 34

Wenden wir den Satz 3.2.1 auf die Umkehrfunktion $x = \ln y$ von $y = e^x$ an, dann ergibt sich die erste der folgenden Eigenschaften, die man auch schon aufgrund der Figur 33 erkennen konnte:

1.) $\ln y$ ist stetig für alle $y > 0$ und in diesem Bereich streng monoton wachsend.
Auch alle weiteren Eigenschaften des natürlichen Logarithmus ergeben sich aus denen der Exponentialfunktion e^x.

2.) $x = \ln y$ ist für alle $y > 0$ definiert und hat als Wertebereich die Menge aller x mit $-\infty < x < \infty$. Dies ergibt sich daraus, daß $y = e^x$ für alle x definiert ist und jeden positiven Wert y annimmt.

3.) Für $0 < y < 1$ ist $\ln y < 0$; $\ln 1 = 0$; für $y > 1$ ist $\ln y > 0$; $\ln e = 1$.
Dem entspricht, daß $0 < e^x < 1$ für negative x gilt und $1 = e^0$, sowie $e^x > 1$ für $x > 0$ und $e = e^1$:

4.) Es gelten für $a > 0 , b > 0$, die folgenden Rechenregeln:
$$\ln ab = \ln a + \ln b \text{ und } \ln \frac{a}{b} = \ln a - \ln b .$$
Die erste folgt aus
$$ab = e^{\ln a} e^{\ln b} = e^{\ln a + \ln b} \text{ , letztere aus}$$
$$a : b = e^{\ln a} : e^{\ln b} = e^{\ln a - \ln b} :$$
Speziell ist $\ln \frac{1}{b} = \ln 1 - \ln b = -\ln b$.

88

5.) $\ln a^c = c \ln a$ für beliebige $a > 0$ und beliebiges c , denn

$$a^c = (e^{\ln a})^c = e^{c \ln a} .$$

Endlich können wir nun für beliebige $a > 0$ die Exponentialfunktion a^x für alle x (also auch für irrationale x) definieren. Wir setzen einfach

$$a^x = (e^{\ln a})^x = e^{x \ln a} . \tag{3}$$

Für rationale x stimmt dies wegen der Eigenschaften der e-Funktion mit unserer anfänglichen Definition von a^x überein; für irrationale x ist das jetzt definierte a^x der Grenzwert von a^{x_i} für jede gegen x konvergente Folge x_i , also auch für jede gegen x konvergente Folge von rationalen x_i. Dies ist eine Konsequenz der Stetigkeit von $e^{x \ln a}$ und diese folgt aus dem Satz 1.2.5 über die Stetigkeit zusammengesetzter Funktionen (die e-Funktion ist stetig und $x \ln a$ ist stetig).

Die Exponentialfunktion a^x nimmt ebenso wie e^x jedes $y > 0$ als Wert an, doch sind dabei zwei Fälle zu unterscheiden:

A) $a > 1$; dann ist $\ln a > 0$ und $a^x = e^{x \ln a}$ wächst streng monoton.

Es gilt dann $a^x \to \infty$ für $x \to \infty$ und $\lim\limits_{x \to -\infty} a^x = 0$.

Eine solche Funktion beschreibt z.B. das ungehemmte Wachstum eines Bestands, der sich in jeder Zeiteinheit um einen festen Prozentsatz vermehrt. Wir schreiben dann t statt x und betrachten a^t nur für $t \geq 0$. Wegen $a^0 = 1$ ist dabei der Anfangsbestand zur Zeit $t = 0$ gleich 1 gesetzt. Wollen wir von einem beliebigen Anfangsbestand $b(0) = b_0$ ausgehen, dann betrachten wir als Bestand $b(t)$ zur Zeit t eben die Funktion

$b(t) = b_0 a^t$ für $t \geq 0$. Wegen $a = e^{\ln a}$ ist $b_0 a^t = b_0 e^{(\ln a)t}$ und weil

$b(t+1) = b_0 a^{t+1} = b_0 a^t a = b(t)a$, ist a der Vermehrungsfaktor. Wenn also p der Prozentsatz der Vermehrung pro Zeiteinheit ist, dann gilt $a = (1 + \frac{p}{100})$.

BEISPIEL 1: Eine Bakterienkultur vermehrt sich in jeder Stunde um 60% . Zu Beginn sind 1000 Bakterien vorhanden, wieviele sind es nach 9,3 h ? Der Faktor a ist hier $1,6 = (1 + \frac{60}{100})$, also ist die gesuchte Anzahl gleich $1000 \cdot 1,6^{9,3}$. Wer auf dem Taschenrechner eine Taste für x^y hat, kann $1,6^{9,3}$ direkt ablesen; wer nur ln-Taste und e^x-Taste hat, der formt um in

$$1,6^{9,3} = e^{9,3 \ln 1,6} = e^{9,3 \cdot 0,4700} = e^{4,371} = 79,125 ,$$

das Resultat ist also 79125 .

B) $0 < a < 1$; dann ist $\ln a < 0$ und $a^x = e^{(\ln a)x}$ fällt streng monoton, denn der Exponent $(\ln a)x$ wird ja für wachsende x immer kleiner. Jetzt gilt

$$\lim_{x \to \infty} a^x = 0 \ (\text{und } a^x \to \infty \text{ für } x \to -\infty) \,.$$

Mit einer solchen Funktion kann man einen Bestand beschreiben, der in jeder Zeiteinheit immer um einen festen Prozentsatz abnimmt. Wir ersetzen nun wieder x durch t und betrachten wie oben den Funktionstyp

$$b(t) = b_0 a^t \text{ für } t \geq 0, \text{ wobei nun aber } a = (1 - \frac{p}{100})$$

und p der Prozentsatz der Abnahme pro Zeiteinheit ist. b_0 ist wieder der Anfangsbestand zur Zeit $t = 0$. Nun nimmt der Bestand $b(t)$ stetig und streng monoton ab und geht für $t \to \infty$ gegen 0.
Im Fall B) ist $\ln a < 0$ und man setzt häufig $\ln a = -\beta$ mit $\beta > 0$. Das bekannteste Beispiel für den Fall B) ist der radioaktive Zerfall und dann heißt β die *Zerfallskonstante*.

BEISPIEL 2: Eine radioaktive Substanz nimmt pro Minute um 2% ab. Wann ist sie zur Hälfte zerfallen?
Die Abnahme bezieht sich natürlich immer auf den jeweiligen Bestand zu Beginn einer beliebigen Minute und nicht immer auf den Anfangsbestand. Sonst wäre die Aufgabe ganz einfach und wir hätten nach 25 min noch die Hälfte des Anfangsbestandes b_0. Es ist aber klar, daß auch die in einer Minute zerfallende Menge mit der Zeit abnimmt; nur der Prozentsatz bleibt gleich! a ist hier $0,98 = (1 - p/100)$ und wir haben t so zu bestimmen, daß

$$b_0(0,98)^t = b_0 \cdot \frac{1}{2}, \text{ also } 0,98^t = \frac{1}{2} \text{ ist.}$$

Es kommt hier also nicht auf b_0 an. Zwei positive Zahlen sind genau dann gleich, wenn ihre Logarithmen gleich sind; dies folgt aus der strengen Monotonie der Logarithmusfunktion und wir benutzen dies, um die letzte Gleichung nach t aufzulösen. Diese geht durch Logarithmieren auf beiden Seiten über in die Gleichung

$$t \ln 0,98 = -\ln 2 \; ; \text{ da wir } \ln 0,98 = -0,020203 \, , \ln 2 = 0,693147$$

vom Taschenrechner ablesen können, wird daraus

$$-0,020203t = -0,693147 \text{ und daraus folgt: } t = 34,31 \text{ min} \,.$$

90

Wir haben damit die *Halbwertzeit*, das ist die Zeit, nach der eine beliebige Ausgangsmasse b_0 dieser radioaktiven Substanz zur Hälfte zerfallen ist, bestimmt. Hat man das Zerfallsgesetz schon in der Form $b(t) = b_0 e^{-\beta t}$ mit bekanntem β gegeben (in unserem Beispiel mußten wir erst $\beta = 0,020203$ berechnen), dann erhält man die Halbwertzeit sofort aus der Gleichung

$$b_0 e^{-\beta t} = b_0 \cdot \frac{1}{2} \quad \text{oder} \quad -\beta t = -\ln 2$$

und daraus ergibt sich der Zusammenhang zwischen Zerfallskonstante und der Halbwertzeit $t = t_h$ zu

$$t_h = \frac{\ln 2}{\beta} = \frac{0,693147}{\beta}. \tag{4}$$

BEISPIEL 3: Das Kohlenstoff-Isotop C^{14} zerfällt mit einer Halbwertzeit von 5730 Jahren. Sein Anteil in lebenden Organismen entspricht seinem Anteil am Kohlenstoff der Luft. Von letzterem Anteil nehmen wir an, daß er über Jahrtausende hinweg annähernd konstant geblieben ist. Stirbt ein Organismus ab, dann zerfällt das in ihm gebundene Isotop C^{14} mit der angegebenen Halbwertzeit zu gewöhnlichem, stabilen Kohlenstoff. Wie alt ist dann ein Papyrus, der noch 75% des C^{14}- Gehalts aufweist, den ein heute gefertigter Papyrus hätte?

Wir bestimmen zunächst β über die Halbwertzeit:

$$5730 = 0,693147 \frac{1}{\beta}, \quad \text{also} \quad \beta = \frac{0,693147}{5730} = 0,0001210 \; ;$$

das gesuchte Alter in Jahren erhalten wir dann aus der Gleichung

$$e^{-\beta t} = 0,75 \; , \quad \text{woraus} \quad -\beta t = \ln 0,75 = -0,2877 \; \text{folgt.}$$

Der Papyrus ist also etwa $\frac{0,2877}{0,000121} = 2378$ Jahre alt.

Bemerkung: Wegen $e^x = 1 + x + \frac{x^2}{2!} + \dots$ kann der Exponent x einer Exponentialfunktion keine Dimension haben. Andernfalls hätten die Summanden in der Reihe verschiedene Dimensionen und man könnte sie gar nicht addieren. Das bedeutet aber, daß Logarithmen dimensionslos sind. Im obigen Beispiel muß βt dimensionslos sein; wenn also t in sec, min oder Jahren gemessen wird, dann ist die Einheit von β gleich $1/sec$ bzw. $1/min$ bzw. $1/Jahr$. Der Zahlenwert von β hängt natürlich von der gewählten Zeiteinheit ab: nach t Tagen ist genauso viel zerfallen wie nach $24 \cdot t$ Stunden. Die Zahlenangabe für β in der Einheit 1/Stunde muß also 1/24 des Zahlenwerts für β in der Einheit 1/Tag sein!

Dekadische und Dyadische Logarithmen:

a^x ist für $a > 1$ streng monoton wachsend und somit gibt es eine eindeutige Umkehrfunktion, die wir mit $^a \log y$ bezeichnen und den *Logarithmus von y zur Basis a* nennen. Es ist also

$$x = {}^a \log y \text{ genau dann, wenn } y = a^x \,. \tag{5}$$

Die *Dekadischen Logarithmen* (vom griechischen „deka"$= 10$) sind die Logarithmen zur Basis 10 . Man verwendete sie früher häufig bei Potenzrechnungen. War etwa $0,935^{21}$ zu berechnen, dann las man aus einer Tabelle $^{10}\log 0,935 = (0,970812 - 1)$ ab, multiplizierte diesen Logarithmus mit 21 und erhielt so den Logarithmus der gesuchten Zahl zu $21(0,970812 - 1) = 20,3871 - 21 = 0,3871 - 1$. Dann entnahm man der Tabelle, daß dies der Dekadische Logarithmus von $0,244$ ist. Also ist $0,935^{21} = 0,244$. Heute hat man es mit dem Taschenrechner weit bequemer. Dieser berechnet a^b mit großer Genauigkeit als Teilsumme der Exponentialreihe von $e^{b \ln a} = e(b \ln a)$.

Für die Logarithmen zu einer beliebigen Basis $a > 1$ gelten dieselben Regeln 1.) bis 5.) wie für die natürlichen Logarithmen; wir müssen nur dort ln durch $^a\log$, e durch a und die dortigen Zahlsymbole a, b durch zwei beliebige andere ersetzen.

Für alle $y > 0$ geht $^a\log y$ aus $\ln y$ durch Multiplikation mit einem konstanten *Umrechnungsfaktor* hervor. Da nämlich

$$y = a^{\,^a\log y} = e^{\ln a \cdot \,^a\log y} \text{ und andererseits } y = e^{\ln y}, \text{ folgt}$$

$$\ln y = (\ln a) \cdot {}^a\log y \quad \text{oder} \quad {}^a\log y = \frac{1}{\ln a} \ln y \,.$$

Für dekadische und natürliche Logarithmen sind die Umrechnungsfaktoren also $\ln 10 = 2,3025850$ und $1/\ln 10 = 0,4342945$; es gelten daher die Umrechnungsformeln

$$\boxed{{}^{10}\log y = 0,4342945 \cdot \ln y} \quad \boxed{\ln y = 2,3025850 \cdot {}^{10}\log y} \,. \tag{6}$$

Bei der Schreibweise für Logarithmen wird oft auf die Angabe der Basis verzichtet. Mit log ist dann in der Regel der dekadische, mit ln der natürliche Logarithmus gemeint.

Für Zehnerpotenzen kann man den dekadischen Logarithmus sofort angeben, so ist etwa

$$\log 1000 = \log 10^3 = 3, \ \log 100 = \log 10^2 = 2, \ \log 10 = 1 \,,$$

$$\log 0,1 = \log 10^{-1} = -1 \,, \ \log 0,01 = -2 \text{ usw.} \,.$$

In der Informatik spielen die Logarithmen zur Basis 2 eine große Rolle. Man nennt sie die *dyadischen Logarithmen* (vom griechischen dyo = zwei). Mit $\ln 2 = 0,693147$ gelten die Umrechnungsformeln

$$\boxed{\ln y = 0,693147 \cdot {}^2\log y} \qquad \boxed{{}^2\log y = \tfrac{1}{\ln 2}\ln y = 1,44267 \cdot \ln y}. \qquad (7)$$

Nun kann man für alle Potenzen von 2 den Logarithmus zur Basis 2 angeben, z.B.

$$^2\log 8 = 3, \ ^2\log 4 = 2, \ ^2\log 2 = 1, \ ^2\log \frac{1}{8} = -3 \text{ usw..}$$

Es wurde schon erwähnt, daß zwei positive Ausdrücke genau dann gleich sind, wenn ihre natürlichen Logarithmen gleich sind und dasselbe gilt ja dann auch für ihre dyadischen oder dekadischen Logarithmen. Dies benutzt man zum Lösen von Potenzgleichungen. Zum Beispiel gilt

$$3^{x+1} = 4^x \Longleftrightarrow (x+1)\log 3 = x\log 4 \text{ also } x = \frac{\log 3}{\log 4 - \log 3},$$

wobei es egal ist, welche Logarithmen wir benutzen. Mit Dekadischen Logarithmen erhalten wir den Quotienten $0,47712/(0,60206 - 0,47712) = 3,82$, mit anderen Logarithmen könnte man den Umrechnungsfaktor wieder kürzen und der Quotient hätte denselben Wert. -

AUFGABE 29: Zeigen Sie, daß die Folge $a_n = \left(1 + \frac{1}{n}\right)^n$, $n = 1, 2, \ldots$ für $n \to \infty$ gegen die Euler'sche Zahl e konvergiert.
Hinweis: Man entwickle a_n nach dem Binomischen Satz und zeige zuerst

$$a_n \leq S_n = \sum_{k=0}^{n} \frac{1}{k!} \ . \text{ Ferner gilt für } n \to \infty, \text{ daß } \binom{n}{k} : n^k \to \frac{1}{k!},$$

und zwar für jedes k. Daraus folgt, daß a_n der Teilsumme S_n für hinreichend große n beliebig nahe kommt und somit denselben Grenzwert e besitzt.

AUFGABE 30: Welche Halbwertzeit hat ein radioaktives Präparat, das nach 30 Tagen zu 80% zerfallen ist?

AUFGABE 31: In ein trübes Medium tritt von oben das Sonnenlicht mit Intensität L_0 ein. In 1 m Tiefe gelangen nur noch 10% von L_0 . Man nehme an, daß sich die Lichtintensität in der Tiefe x Meter durch die Funktion $L(x) = L_0 e^{-\beta x}$ beschreiben läßt. β wird hier als „Extinktionskoeffizient"bezeichnet. Berechnen Sie β und geben Sie an, welchen Prozentsatz des in sie eindringenden Lichts eine jede 10 cm dicke Schicht des Mediums absorbiert.

AUFGABE 32: x und y seien positiv und durch die Funktion $y = cx^k$ miteinander verknüpft. Wie hängen die Logarithmen von y und x voneinander ab?

3.3 Schwingungsfunktionen

Schon in Abschnitt 1.2 haben wir Funktionen des Typs

$$y(t) = A \sin(\omega t + \varphi_0) \text{ mit } A > 0, \ \omega > 0, \ t \geq 0 \qquad (1)$$

betrachtet. Mit ihnen kann man Größen beschreiben, die zwischen A und $-A$ schwanken. Die Kurven solcher Funktionen nennt man auch *harmonische Schwingungen*, weil man sie als besonders regelmäßig und wohlgerundet empfindet. Es gibt nämlich auch Schwingungsvorgänge, die sich nicht auf diese einfache Weise beschreiben lassen, etwa weil ihnen eine Zickzack-Linie besser entspricht. Wegen

$$\sin(\omega t + \varphi_0 + \frac{\pi}{2}) = \cos(\omega t + \varphi_0)$$

sind auch die cos-Schwingungen $A \cos(\omega t + \varphi_0)$ bereits in der Menge der Funktionen (1) enthalten. Wir wissen schon (s. 1.2), daß das Maximum A (wie auch das Minimum $-A$) einer solchen Funktion immer wieder in regelmäßigen Zeitabständen wiederkehrt, die alle gleich der

$$\textit{Schwingungsdauer} \quad \tau = \frac{2\pi}{\omega}$$

sind. A heißt die *Amplitude* der Schwingung. Durch Addition mehrerer Funktionen des Typs (1) kann man auch kompliziertere Schwingungen darstellen. Figur 35 zeigt die Funktionskurve von

$$y(t) = \sin t + \frac{1}{2} \sin(2t + \frac{\pi}{2}) = \sin t + \frac{1}{2} \cos(2t) .$$

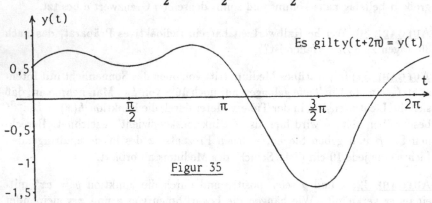

Figur 35

94

Aber auch diese Funktionen nehmen negative Werte an und können weder abklingende, noch anschwellende Schwingungen beschreiben.
Beobachtete natürliche Schwingungen betreffen aber meist Größen, die nur positive Werte annehmen können und ihre Amplituden sind meist nicht konstant. Den ersteren Mangel können wir beheben, indem wir statt (1) die Menge der Funktionen

$$y(t) = m + A\sin(\omega t + \varphi_0) \text{ mit } A > 0,\ \omega > 0,\ t \geq 0 \qquad (2)$$

betrachten; wählen wir dabei m, den sog. *Mittelwert* der Schwingung, hinreichend groß, dann bleibt $y(t) > 0$ für alle t.

BEISPIEL 1: Mit Ebbe und Flut hebt und senkt sich auch der Grundwasserspiegel im Erdreich nahe der Küste, und zwar sei der Unterschied zwischen Höchst- und Tiefststand gleich 38 cm. Zur Zeit $t = 0$ sei der Tiefststand gerade erreicht und er wird nach 12,42 h wieder erreicht werden (dies ist etwa die Hälfte der Zeit, die der Mond braucht, um wieder im selben Winkel zu erscheinen; in etwa 12,42 h folgt Flut auf Flut und Ebbe auf Ebbe.[1] Bei Tiefststand sei der Grundwasserspiegel 300 cm unter der Erdoberfläche. Man beschreibe die Tiefe $y(t)$ des Grundwasserspiegels nach t Stunden als Funktion des Typs

$$y(t) = m + A\sin(\omega t + \varphi_0).$$

Da die sinus-Funktion zwischen -1 und 1 schwankt, ist der maximale Unterschied von 38 cm gleich $2A$, also $A = 19$ cm. Der Maximalwert (bei Tiefststand) ist $300 = m + A$, also $m = 300 - 19 = 281\,cm$.
Da der Tiefststand zur Zeit $t = 0$ herrscht, muß

$$300 = 281 + 19\sin(\omega \cdot 0 + \varphi_0) = 281 + 19\sin\varphi_0$$

gelten, d.h. $\sin\varphi_0$ muß gleich 1 sein. Dies tritt ein, wenn wir $\varphi_0 = \frac{\pi}{2}$ setzen. Die Schwingungsdauer ist 12,42 h , also $2\pi/\omega = 12,42$ und daher ist $\omega = 2\pi/12,42 = 0,506$. Damit haben wir in

$$y(t) = 281 + 19\sin(0,506t + \frac{\pi}{2}), \quad t \geq 0 \text{ in h}$$

eine Funktion, die uns die Tiefe des Grundwassers in Abhängigkeit von der Zeit in guter Näherung beschreiben wird, wenigstens für einige Perioden.

---

[1] Genau genommen müßte auch die Gravitation der Sonne berücksichtigt werden, die sowohl den Unterschied zwischen Höchst- und Tiefststand, aber auch den Zeitabstand zwischen den Maxima (bzw. den Minima) ein wenig verändert.

Es gibt in der Natur mehr Beispiele für Schwingungen mit variabler als mit fester Amplitude. Daher setzen wir nun die Amplitude A ebenfalls als Funktion der Zeit an und erhalten mit Funktionen des Typs

$$y(t) = m + A(t)\sin(\omega t + \varphi_0) \tag{3}$$

schon ziemlich allgemeine Schwingungen. Wir wollen uns aber hier auf die beiden Fälle beschränken, in denen $A(t)$ eine wachsende oder fallende Exponentialfunktion ist:

$$A(t) = A_0 e^{\alpha t} \quad \text{oder} \quad A(t) = A_0 e^{-\beta t}, \quad \alpha > 0, \ \beta > 0.$$

Wegen $A(0) = A_0$ nennt man A_0 die *Anfangsamplitude*, das bedeutet aber offensichtlich nicht, daß $y(0) = A_0$ ist (dies gilt nur, wenn $\sin\varphi_0 = 1$). Mit diesen speziellen Funktionen $A(t)$ erhalten wir die Schwingungsfunktionen

$$y(t) = m + A_0 e^{\alpha t}\sin(\omega t + \varphi_0), \tag{4}$$

$$y(t) = m + A_0 e^{-\beta t}\sin(\omega t + \varphi_0); \tag{5}$$

die Parameter A_0, α und β setzt man dabei in der Regel als positiv voraus. Die Funktionen (4) beschreiben Schwingungen mit exponentiell anwachsenden, (5) solche mit exponentiell fallenden Amplituden. In Figur 36a ist eine Funktion des Typs (4), in Figur 36b eine des Typs (5) skizziert. Maxima und Minima dieser Funktionen werden nun nicht mehr genau an den Stellen angenommen, in denen ihre sinus-Funktion maximal bzw. minimal ist, sondern beim Typ (4) etwas später, beim Typ (5) etwas früher. Man kann aber mit Hilfe der Differentialrechnung zeigen, daß sie in denselben Abständen aufeinander folgen, wie bei der sinus-Funktion, die als Faktor neben der Amplitudenfunktion steht (vgl. Aufgabe 63).

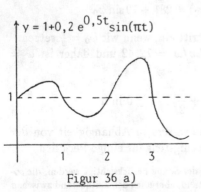

$y = 1 + 0,2\, e^{0,5t}\sin(\pi t)$

Figur 36 a)

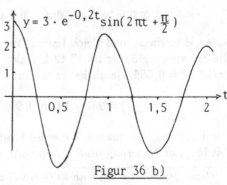

$y = 3 \cdot e^{-0,2t}\sin(2\pi t + \frac{\pi}{2})$

Figur 36 b)

96

AUFGABE 33: Für unsere geographische Breite ist der kürzeste Tag 7,84 h lang, der längste 16,36 h . Unter der Annahme, daß der längste Tag auf den 21. Juni, der kürzeste auf den 22. Dezember fällt, gebe man eine Funktion $y(t) = m + A\sin(\omega t + \varphi_0)$ an, (t in Tagen, $t = 0$ entspreche 0^{00} Uhr am 1.Januar), mit deren Hilfe man für jeden Tag des Jahres dessen Länge (in h) genähert berechnen kann. Wann wären die Äquinoktialtage (an denen Tag und Nacht gleich lang sind), wenn unsere Funktion die Tageslänge exakt angeben würde? Wie groß wäre dann die mittlere Tagesdauer m ?

AUFGABE 34: Skizzieren Sie die zum Typ (3) gehörende Funktion

$$y(t) = (1 + \sin t)\sin 2t .$$

AUFGABE 35: Der Ausschlag eines in x-Richtung schwingenden Pendels läßt sich in guter Näherung durch

$$x(t) = A_0 e^{-\beta t}\sin(\omega t + \varphi_0)$$

beschreiben. $x(t)$ kann z.B. die x-Koordinate des Pendelschwerpunkts sein. Man bestimme ω und β aus folgenden Angaben: die Maxima von $x(t)$ folgen in zeitlichen Abständen von 2 sec aufeinander und jedes ist um 3% kleiner als sein Vorgänger. Dabei benutze man die oben erwähnte und erst in Aufgabe 63 zu zeigende Tatsache, daß diese Maxima in denselben Abständen aufeinander folgen, wie die der Funktion $\sin(\omega t + \varphi_0)$, also im Abstand $\tau = 2\pi/\omega$.

4   Differentialrechnung

4.1   Die Ableitung

Es ist jetzt unser Ziel, zu einer gegebenen Funktion $f(x)$ eine andere Funktion $f'(x)$ zu finden, die für möglichst alle x des Definitionsbereichs von $f(x)$ angeben soll, wie stark $f(x)$ an der Stelle x ansteigt oder fällt. Zunächst müssen wir überlegen, was die vage Ausdrucksweise, daß $f(x)$ an einer Stelle mehr oder weniger „stark ansteigt" bzw. fällt, bedeuten soll.

Vorläufig wollen wir sagen, daß f(x) an einer bestimmten Stelle x_0 stark ansteigt, wenn für positive Δ der Quotient

$$\frac{f(x_0 + \Delta) - f(x_0)}{\Delta} \quad (1)$$

eine große positive Zahl ist. Man kann nämlich $f(x_0 + \Delta) - f(x_0)$ als den Höhenunterschied der benachbarten Kurvenpunkte

$$(x_0, f(x_0)) \text{ und } (x_0 + \Delta, f(x_0 + \Delta))$$

auffassen.

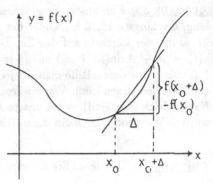

Figur 37

Ebenso wollen wir sagen, daß $f(x)$ an der Stelle x_0 stark fällt, wenn der Quotient (1) eine negative Zahl mit großem Betrag ist.

Nun ist aber aufgrund der Figur 37 sofort klar, daß wir uns auf kleine Δ beschränken müssen, wenn Quotient (1) eine gute Näherung für das Anstiegsverhalten der Funktion an der Stelle x_0 sein soll. Wir erkennen auch, daß sich das Vorzeichen des Quotienten bei hinreichend glattem Verlauf der Kurve im allgemeinen nicht ändert, wenn wir auch negative Δ mit kleinen Beträgen zulassen; denn meistens wird sich dabei sowohl das Vorzeichen des Zählers von (1) mit dem des Nenners ändern.

Man nennt (1) einen *Differenzenquotienten* von $f(x)$ an der Stelle x_0. Sein Zähler ist ja auch die Differenz der zu $x_0 + \Delta$ und x_0 gehörenden Funktionswerte, sein Nenner Δ ist die Differenz $(x_0 + \Delta) - x_0$.

Der Wert des Differenzenquotienten ist gleich dem Anstieg der durch die Punkte $(x_0, f(x_0))$ und $(x_0 + \Delta, f(x_0 + \Delta))$ führenden Geraden. Diese Gerade wird als *Sehne* bezeichnet, weil sie wie eine Bogensehne die Endpunkte $(x_0, f(x_0))$ und $(x_0 + \Delta, f(x_0 + \Delta))$ des zwischen diesen beiden Punkten liegenden Kurvenstücks verbindet. Hat man zwei Punkte (x_1, y_1) und (x_2, y_2) einer Geraden, dann kann man ihren Anstieg nach der Formel

$$\tan \alpha = \frac{y_2 - y_1}{x_2 - x_1} \quad \text{(s. Figur 12 in 1.2)}$$

berechnen. α ist der Winkel, den die Gerade mit der x-Achse bildet. Mit

$$(x_1, y_1) = (x_0, f(x_0)), \quad (x_2, y_2) = (x_0 + \Delta, f(x_0 + \Delta))$$

erhalten wir als Anstieg der Sehne in der Tat den Differenzenquotienten:

$$\frac{y_2 - y_1}{x_2 - x_1} = \frac{f(x_0 + \Delta) - f(x_0)}{\Delta}.$$

Bei gekrümmten Kurven hängt der Wert des Differenzenquotienten von Δ ab; es kann jedoch sein, daß er sich für hinreichend kleinen Betrag von Δ beliebig wenig von einer festen Zahl unterscheidet, die wir dann $f'(x_0)$ nennen werden. Ob dies eintritt, hängt davon ab, wie sich die Funktionswerte $f(x_0 + \Delta)$ verhalten, wenn $|\Delta|$ beliebig klein wird. Die im folgenden definierte Differenzierbarkeit bedeutet die Konvergenz der Differenzenquotienten gegen eine feste Zahl.

DEFINITION: Eine Funktion $f(x)$ ist *differenzierbar an der Stelle* x_0, wenn es zu jedem $\varepsilon > 0$ ein $\delta > 0$ gibt, so daß

$$\frac{f(x_0 + \Delta) - f(x_0)}{\Delta} \text{ für alle } \Delta \neq 0 \text{ mit } |\Delta| < \delta$$

um weniger als ε von einer festen Zahl $f'(x_0)$ abweicht, d.h.

$$|\frac{f(x_0 + \Delta) - f(x_0)}{\Delta} - f'(x_0)| < \varepsilon \text{ für alle } \Delta \neq 0 \text{ mit } |\Delta| < \delta.$$

$\Delta \neq 0$ muß vorausgesetzt werden, weil der Differenzenquotient für $\Delta = 0$ nicht definiert ist. Eine äquivalente Definition der Differenzierbarkeit lautet:

$f(x)$ ist differenzierbar an der Stelle x_0 , wenn für <u>jede</u> gegen 0 konvergente Folge Δ_i mit $\Delta_i \neq 0$ für alle $i = 1, 2, \ldots$,

$$\text{die Folge der Differenzenquotienten } \frac{f(x_0 + \Delta_i) - f(x_0)}{\Delta_i} \qquad (2)$$

stets gegen denselben Grenzwert konvergiert.

Diesen Grenzwert bezeichnet man als die 1.*Ableitung* $f'(x_0)$ oder den *Differentialquotienten* der Funktion $f(x)$ an der Stelle x_0 .

Will man betonen, daß $f'(x_0)$ ein Grenzwert ist, dann schreibt man auch

$$f'(x_0) = \lim_{\Delta \to \infty} \frac{f(x_0 + \Delta) - f(x_0)}{\Delta} , \qquad (3)$$

wobei die rechte Seite aufzufassen ist als der <u>gemeinsame Grenzwert</u> aller Folgen von Differenzenquotienten, die sich bei beliebigen, gegen 0 konvergenten Folgen Δ_i mit $\Delta_i \neq 0$ für alle $i = 1, 2, \ldots$ ergeben. Solche Folgen Δ_i werden wir künftig als *Nullfolgen* bezeichnen.

99

Den *Anstieg* der Funktion an der Stelle x_0 definieren wir nun als den Wert der Ableitung $f'(x_0)$. Er läßt sich beliebig gut approximieren durch den Anstieg einer Sehne durch $(x_0, f(x_0))$ und einen dicht benachbarten Kurvenpunkt, denn er ist ja der Grenzwert solcher Anstiegswerte. Wenn $f(x)$ an der Stelle x_0 differenzierbar ist, dann sagen wir auch: „die Ableitung von $f(x)$ an der Stelle x_0 existiert" oder „der limes der Differenzenquotienten an der Stelle x_0 existiert".

$f(x)$ ist an der Stelle x_0 *nicht differenzierbar*, wenn man eine Nullfolge Δ_i angeben kann, für die die Folge (2) nicht konvergiert oder wenn man zwei Nullfolgen findet, deren zugehörige Folgen (2) gegen verschiedene Grenzwerte konvergieren.

Wenn $f(x)$ an der Stelle x_0 unstetig ist, kann $f(x)$ dort nicht differenzierbar sein. Bei Unstetigkeit in x_0 gibt es nämlich ein $\varepsilon > 0$, so daß zu jedem $\delta > 0$ noch ein Δ_i mit $|\Delta_i| < \delta$ und $|f(x_0 + \Delta_i) - f(x_0)| \geq \varepsilon$ existiert. (Man beachte, daß dies das logische Gegenteil der Stetigkeitsbedingung ist!) Aus solchen Δ_i könnte man aber eine Nullfolge konstruieren, deren zugehörige Differenzenquotienten keine konvergente Folge bilden, weil ihre Beträge gegen ∞ divergieren. Daraus folgt nach dem Prinzip des indirekten Beweises der

SATZ 4.1.1 : Wenn $f(x)$ an der Stelle x_0 differenzierbar ist, dann ist $f(x)$ dort auch stetig.

Wie wir nämlich eben gesehen haben, führt die Annahme, daß $f(x)$ an einer Stelle differenzierbar und unstetig ist, zum Widerspruch.

Die Umkehr des Satzes wäre falsch; z.B. ist die in Figur 38 skizzierte Funktion $f(x) = |1 - x|$ an der Stelle $x_0 = 1$ zwar stetig, aber nicht differenzierbar. Alle Differenzenquotienten mit $\Delta > 0$ sind hier gleich 1, alle mit $\Delta < 0$ gleich -1.

Wählen wir also eine Nullfolge mit nur positiven Δ_i, dann ist der limes der Differenzenquotienten gleich 1, während er gleich -1 ist, wenn man eine Nullfolge mit nur negativen Δ_i wählt. Der limes der Differenzenquotienten ist also hier nicht für jede Nullfolge derselbe; er würde sogar überhaupt nicht existieren, wenn man abwechselnd positive und negative Δ_i wählen würde, denn dann wären ja die Differenzenquotienten abwechselnd 1 und -1 .

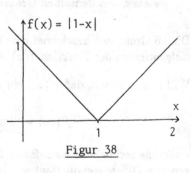

Figur 38

DEFINITION: Wenn $f(x)$ an der Stelle x_0 differenzierbar ist, dann bezeichnen wir die Gerade durch $(x_0, f(x_0))$, die den Anstieg $f'(x_0)$ besitzt, als die *Tangente* an die Funktionskurve von $f(x)$ im Punkt $(x_0, f(x_0))$.

Die Tangente ist also nur für solche Kurvenpunkte definiert, für die $f(x)$ differenzierbar ist. Das stimmt mit unserer Anschauung überein, denn wo eine Kurve geknickt ist (wie im eben betrachteten Beispiel) oder gar unstetig ist, käme wohl auch niemand auf die Idee, eine Tangente zeichnen zu wollen.

In 1.2 haben wir die Gleichung $y = y_1 + a(x - x_1)$ für die Gerade durch einen Punkt (x_1, y_1) mit dem Anstieg a kennengelernt. Daraus ergibt sich nun mit $(x_1, y_1) = (x_0, f(x_0))$ und $a = f'(x_0)$ die

$$T\,a\,n\,g\,e\,n\,t\,e\,n\,g\,l\,e\,i\,c\,h\,u\,n\,g \quad \boxed{y = f(x_0) + f'(x_0)(x - x_0)} \quad (4)$$

für die Tangente durch den Kurvenpunkt $(x_0, f(x_0))$.

Wir haben bisher die Ableitung nur für eine feste Stelle x_0 definiert. Denken wir uns nun x_0 variabel und $f'(x_0)$ für alle x_0 berechnet, für die $f(x)$ differenzierbar ist. Dann haben wir eine neue Funktion $f'(x_0)$ gewonnen, die für alle diese x_0 den zugehörigen Anstieg von $f(x)$ angibt. Statt $f(x_0)$ schreiben wir nun besser $f'(x)$ und sagen, daß wir „f(x) differenziert haben". Statt $f'(x)$ sind auch die Bezeichnungen

$$\frac{d}{dx}\,f(x) \text{ oder } \frac{dy}{dx} \text{ (falls man } f(x) \text{ auch mit } y \text{ bezeichnet)}$$

üblich. Man sollte aber das Symbol $\frac{dy}{dx}$ nicht mit einem Bruch verwechseln; es steht für den Grenzwert einer Folge von Brüchen, nämlich der Differenzenquotienten.

BEISPIEL 1: $f(x) = x^n$ hat an einer beliebigen Stelle x_0 die Differenzenquotienten

$$\frac{f(x_0 + \Delta) - f(x_0)}{\Delta} = \frac{(x_0 + \Delta)^n - x_0^n}{\Delta}.$$

Der Zähler ist nach dem binomischen Satz gleich

$$x_0^n + \binom{n}{1}x_0^{n-1}\Delta + \binom{n}{2}x_0^{n-2}\Delta^2 + \ldots + \binom{n}{n}\Delta^n - x_0^n =$$

$$= nx_0^{n-1}\Delta + \binom{n}{2}x_0^{n-2}\Delta^2 + \ldots + \Delta^n.$$

Also können wir die Differenzenquotienten durch Δ kürzen und erhalten

$$nx_0^{n-1} + \binom{n}{2}x_0^{n-2}\Delta + \ldots + \Delta^{n-1}.$$

Setzen wir nun für Δ eine beliebige Nullfolge Δ_i ein, dann konvergiert dies in jedem Fall gegen denselben Grenzwert, nämlich nx_0^{n-1} .

Also ist $f(x) = x^n$ an jeder beliebigen Stelle x_0 differenzierbar und die Ableitung ist $f'(x_0) = nx_0^{n-1}$. Da wir uns nun x_0 als variabel denken, schreiben wir das Resultat so:

$$\text{für } f(x) = x^n \text{ ist } f'(x) = nx^{n-1} \text{ oder } (x^n)' = nx^{n-1} .$$

Dies kann man sich als Regel merken; wer das Differenzieren als Rechentechnik beherrscht, wendet immer solche Regeln an, denn es wäre mühsam, wenn man in jedem Einzelfall den Grenzübergang für die Differenzenquotienten so wie in diesem Beispiel durchführen wollte. Um die Regeln zu gewinnen, muß man allerdings diese Mühe auf sich nehmen.

AUFGABE 36: Geben Sie Gleichungen für die Tangenten an die Funktionskurve von $f(x) = x^3$ in folgenden Kurvenpunkten an: (-2;-8) , (0;0) und (1;1).

AUFGABE 37: Die beiden folgenden Funktionen $f(x)$ und $g(x)$ sind beide überall stetig, auch an der Stelle $x_0 = 2$, denn für $x \to 2$ ist $\lim f(x) = f(2)$ und $\lim g(x) = g(2)$.

$$f(x) = \begin{cases} x^2 & \text{für } x \geq 2 \\ 2x & \text{für } x < 2 \end{cases} \quad , \quad g(x) = \begin{cases} x^2 & \text{für } x \geq 2 \\ 4(x-1) & \text{für } x < 2 . \end{cases}$$

Prüfen Sie, ob beide Funktionen an der Stelle $x_0 = 2$ differenzierbar sind!

4.2 Differentiationsregeln

Die folgenden Regeln sind nötig, um das Differenzieren als Rechentechnik zu lernen. Ihre mechanische Anwendung läßt allerdings manchmal die Definition der Ableitung als Grenzwert in Vergessenheit geraten.

1.Regel: Wenn $f(x) = c$ für alle x , also eine konstante Funktion ist, dann ist $f'(x) = 0$ für alle x .
Beweis: Jeder Differenzenquotient ist $\frac{c-c}{\Delta} = 0$, also ist auch sein Grenzwert $f'(x)$ gleich 0 .

2.Regel: Aus $f(x) = x^n$ folgt $f'(x) = nx^{n-1}$.
Beweis: Für $n = 1, 2, \ldots$ haben wir das schon im vorigen Abschnitt bewiesen.

Für $n = 0$ folgt diese Regel aus der 1.Regel, denn $x^0 = 1 = $ konstant für alle x (auch 0^0 wird gleich 1 definiert).

3.Regel: $(f(x) + g(x))' = f'(x) + g'(x)$, genauer: die Funktion $f(x) + g(x)$ ist überall differenzierbar, wo $f(x)$ und $g(x)$ beide differenzierbar sind und die Ableitung von $(f(x) + g(x))$ ist $f'(x) + g'(x)$.

Beweis: Die Differenzenquotienten von $f(x) + g(x)$ sind

$$\frac{f(x + \Delta) + g(x + \Delta) - (f(x) + g(x))}{\Delta} = \frac{f(x + \Delta) - f(x)}{\Delta} + \frac{g(x + \Delta) - g(x)}{\Delta} \ ;$$

die Regel folgt nun aus Satz 2.2.2 , wonach $c_n = a_n + b_n$ gegen $\alpha + \beta$ konvergiert, wenn a_n gegen α und b_n gegen β konvergiert. Da nämlich für jede Nullfolge Δ_i gilt:

$$\lim_{i \to \infty} \frac{f(x + \Delta_i) - f(x)}{\Delta_i} = f'(x) \text{ und } \lim_{i \to \infty} \frac{g(x + \Delta_i) - g(x)}{\Delta_i} = g'(x) \ ,$$

muß sich nach dem eben zitierten Satz die Summe $f'(x) + g'(x)$ als limes der Differenzenquotienten von $f(x) + g(x)$ ergeben.

Man kann diese Regel sofort auf drei und mehr differenzierbare Funktionen ausdehnen:

$$(f(x) + g(x) + h(x))' = (f(x) + g(x))' + h'(x) = f'(x) + g'(x) + h'(x) \ ;$$

indem man so fortfährt, erhält man schließlich für $n = 2, 3, \ldots$ die Regel:

$$(f_1(x) + f_2(x) + \ldots + f_n(x))' = f_1'(x) + f_2'(x) + \ldots + f_n'(x) \ .$$

4.Regel: $(cf(x))' = c\,f'(x)$ für jede Konstante c .
Beweis:

$$\lim_{\Delta \to 0} \frac{cf(x + \Delta) - cf(x)}{\Delta} = c \lim_{\Delta \to 0} \frac{f(x + \Delta) - f(x)}{\Delta} = c\,f'(x) \ .$$

Mit Hilfe dieser vier ersten Regeln kann man jedes Polynom differenzieren. Wenn

$$\begin{aligned}
P(x) &= a_n x^n + a_{n-1} x^{n-1} + \ldots + a_1 x + a_0 \text{, dann ist} \\
P'(x) &= n\,a_n x^{n-1} + (n-1)a_{n-1} x^{n-2} + \ldots + a_1 \ .
\end{aligned}$$

Gleichzeitig folgt, daß die Polynome überall differenzierbar sind!

<u>5.Regel</u>: Die Funktion e^x ist überall differenzierbar und $(e^x)' = e^x$.
<u>Beweis</u>:

$$\frac{e^{x+\Delta} - e^x}{\Delta} = \frac{e^\Delta e^x - e^x}{\Delta} = e^x \frac{e^\Delta - 1}{\Delta} = e^x \frac{1}{\Delta}(\Delta + \frac{\Delta^2}{2!} + \dots) = e^x(1 + \frac{\Delta}{2!} + \dots);$$

für $\Delta \to 0$ konvergiert der Differenzenquotient also gegen e^x . Daß wir dabei die unendliche Reihe $\Delta + \frac{\Delta^2}{2!} + \dots$ gliedweise durch Δ dividiert haben, ist wegen Satz 2.2.2 gerechtfertigt. Denn diese Reihe konvergiert, d.h. ihre Teilsummen S_n konvergieren, gegen $e^\Delta - 1$. Also konvergiert auch die Folge $\frac{1}{\Delta} S_n$, und dies ist die Folge der Teilsummen der Reihe $1 + \frac{\Delta}{2!} + \frac{\Delta^2}{3!} + \dots$, nach Satz 2.2.2 gegen $\frac{1}{\Delta}(e^\Delta - 1)$. Diese Regel ist auch plausibel, weil die gliedweise Differentiation der Reihe

$$1 + x + \frac{x^2}{2!} + \frac{x^3}{3!} + \dots \quad \text{zu} \quad 0 + 1 + x + \frac{x^2}{2!} + \dots$$

führt, also wieder zur selben Reihe, mit der wir ja e^x definiert haben. Wir können jedoch nicht aus der 3.Regel bzw. ihrer Erweiterung auf endlich viele Summanden schließen, daß man die Ableitung einer durch eine unendliche Reihe dargestellte Funktion immer erhält, wenn man die Reihe gliedweise differenziert. Es gibt Gegenbeispiele, die zeigen, daß man die dritte Regel nicht ohne weitere Voraussetzungen (die bei e^x gegeben sind), auf unendlich viele Summanden erweitern kann.

<u>6.Regel</u> (Produktregel): Wo $f(x)$ und $g(x)$ beide differenzierbar sind, ist es auch ihr Produkt $f(x)g(x)$ und

$$(f(x)g(x))' = f(x)g'(x) + f'(x)g(x) \tag{1}$$

<u>Beweis</u>: Für die Funktion $h(x) = f(x)g(x)$ ist

$$\frac{h(x+\Delta) - h(x)}{\Delta} = \frac{f(x+\Delta)g(x+\Delta) - f(x)g(x)}{\Delta} =$$

$$= \frac{f(x+\Delta)g(x+\Delta) - f(x+\Delta)g(x) + f(x+\Delta)g(x) - f(x)g(x)}{\Delta} =$$

$$= f(x+\Delta)\frac{g(x+\Delta) - g(x)}{\Delta} + g(x)\frac{f(x+\Delta) - f(x)}{\Delta} ;$$

für $\Delta \to 0$ konvergiert diese Summe gegen $f(x)g'(x) + f'(x)g(x)$.
Übrigens folgt die 4.Regel als Spezialfall aus der 6.Regel.

BEISPIEL 1: Die Ableitung von $2x^3 e^x$ ist $2x^3 e^x + 6x^2 e^x$.

7.Regel: Wo $f(x) \neq 0$ und differenzierbar ist, dort ist auch $h(x) = 1/f(x)$ differenzierbar und es gilt

$$h'(x) = \left(\frac{1}{f(x)}\right)' = \frac{-f'(x)}{(f(x))^2} \,.$$

<u>Beweis:</u> Da $f(x) \neq 0$ und differenzierbar, also auch stetig an der Stelle x ist, muß für hinreichend kleine Beträge von Δ auch $f(x + \Delta) \neq 0$ gelten. Für solche Δ ist dann

$$\frac{h(x + \Delta) - h(x)}{\Delta} = \frac{\frac{1}{f(x+\Delta)} - \frac{1}{f(x)}}{\Delta} = \frac{f(x) - f(x+\Delta)}{f(x+\Delta)f(x)\Delta} =$$

$$\frac{1}{f(x+\Delta)f(x)}\left(-\frac{f(x+\Delta) - f(x)}{\Delta}\right); \text{ für } \Delta \to 0 \text{ folgt die Behauptung, da}$$

$$\lim_{\Delta \to 0} \frac{1}{f(x+\Delta)f(x)} = \frac{1}{(f(x))^2} \text{ und } \lim_{\Delta \to 0} -\frac{f(x+\Delta) - f(x)}{\Delta} = -f'(x) \,.$$

BEISPIEL 2: Die Ableitung von $1/x^n = x^{-n}$ ist

$$\frac{-nx^{n-1}}{(x^n)^2} = \frac{-nx^{n-1}}{x^{2n}} = -nx^{-n-1} \,.$$

Also gilt die für $k = 0, 1, 2, \dots$ bereits bekannte Regel:$(x^k)' = kx^{k-1}$ auch für $k = -1, -2, \dots$.

8.Regel (Quotientenregel): Wo $f(x)$ und $g(x)$ differenzierbar sind und $g(x) \neq 0$ ist, dort ist auch $h(x) = f(x)/g(x)$ differenzierbar und es gilt

$$\left[\frac{f(x)}{g(x)}\right]' = \frac{g(x)f'(x) - f(x)g'(x)}{(g(x))^2} \,. \tag{2}$$

<u>Beweis:</u> Diese Regel folgt aus den beiden vorigen, denn

$$h(x) = f(x) \cdot \frac{1}{g(x)}, \text{ also } h'(x) = f(x)\left(\frac{1}{g(x)}\right)' + f'(x)\left(\frac{1}{g(x)}\right) =$$

$$= f(x)\frac{-g'(x)}{(g(x))^2} + \frac{g(x)f'(x)}{(g(x))^2} = \frac{g(x)f'(x) - f(x)g'(x)}{(g(x))^2} \,.$$

In vielen Fällen kann man wahlweise die eine oder eine andere Regel anwenden; das Resultat ist –bis auf etwaige Unterschiede in der Schreibweise– stets dasselbe. Denn die Funktionswerte der Ableitung hängen ja über die Differenzenquotienten und deren Grenzwerte ausschließlich von den Werten der zu differenzierenden Funktion ab. Es kommt also nicht darauf an, welche Regel man verwendet oder wie man die gegebene Funktion vor dem Differenzieren umformt; letzteres kann allerdings Rechenvorteile bringen.

BEISPIEL 3: Nach der Quotientenregel gilt für $x \neq 0$

$$\left(\frac{x-1}{x}\right)' = \frac{x(x-1)' - (x-1)1}{x^2} = \frac{1}{x^2}\,.$$

Schreiben wir $(x-1)/x$ in der Form $1 - 1/x$, dann erhalten wir die Ableitung nach der 1.,3.,4. und 7.Regel zu $0 - 1(-1)/x^2 = 1/x^2$.

9.Regel (Kettenregel): $z(x)$ sei eine differenzierbare Funktion von x und $g(z)$ sei für alle z definiert, die als Funktionswerte von $z(x)$ auftreten können. Existiert dann $g'(z)$ an einer Stelle $z = z(x)$, dann ist die Funktion

$f(x) = g(z(x))$ an der Stelle x differenzierbar und $f'(x) = g'(z(x))z'(x)$.

$$(3)$$

Dabei ist $f(x) = g(z(x))$ die Funktion von x , die man erhält, wenn man in $g(z)$ für z den x enthaltenden Ausdruck einsetzt, durch den $z(x)$ gegeben ist; $g'(z(x))$ ist die Funktion von x, die man erhält, wenn man in $g'(z)$ für z ebenfalls diesen Ausdruck einsetzt. Wir machen uns das an einem einfachen Beispiel klar:

BEISPIEL 4: $(x^2-1)^5$ läßt sich auffassen als z^5 mit $z = z(x) = (x^2-1)$. Also ist hier $g(z) = z^5$ und $f(x) = g(z(x)) = (x^2-1)^5$. Nach der Kettenregel ist nun

$$[(x^2-1)^5]' = g'(z(x))z'(x) = 5z^4 \cdot 2x = 10x(x^2-1)^4\,.$$

Beweis der Kettenregel: Wir unterscheiden zwei Fälle:

a) es ist $z(x+\Delta) \neq z(x)$, wenn $|\Delta|$ hinreichend klein und nicht gleich 0 ist. Dann gilt folgende Umformung:

$$\frac{f(x+\Delta) - f(x)}{\Delta} = \frac{g(z(x+\Delta)) - g(z(x))}{\Delta} =$$

$$= \frac{g(z(x+\Delta)) - g(z(x))}{z(x+\Delta) - z(x)} \cdot \frac{z(x+\Delta) - z(x)}{\Delta}\,. \qquad (*)$$

106

Setzen wir für Δ eine beliebige Nullfolge Δ_i ein, dann bilden auch die Differenzen $z(x + \Delta_i) - z(x)$ eine Nullfolge, denn als differenzierbare Funktion ist $z(x)$ ja auch stetig und wegen der obigen Voraussetzung sind diese Differenzen für hinreichend kleine $|\Delta_i| \neq 0$ von 0 verschieden. Für hinreichend große i unterscheidet sich dann der letzte Quotient in (*) beliebig wenig von $z'(x)$ und da $g'(z)$ an der Stelle $z(x)$ existiert, unterscheidet sich der vorletzte Quotient in (*) für hinreichend große i beliebig wenig von $g'(z(x))$. Daraus ergibt sich die Behauptung.

b) es gibt von 0 verschiedene Δ-Werte mit beliebig kleinem Betrag und $z(x + \Delta) = z(x)$; dann kann man aus lauter solchen Δ-Werten eine Nullfolge

$$\Delta_i \text{ bilden, für die dann } \lim_{i \to \infty} \frac{z(x + \Delta_i) - z(x)}{\Delta_i} = 0 \text{ gilt.}$$

Da $z'(x)$ nach Voraussetzung existiert, gilt dieser Grenzwert aber für jede Nullfolge, d.h. $z'(x) = 0$.

Betrachten wir nun

$$\frac{f(x + \Delta_i) - f(x)}{\Delta_i} = \frac{g(z(x + \Delta_i)) - g(z(x))}{\Delta_i}$$

für eine beliebige Nullfolge Δ_i : für alle i gilt entweder die Umformung (*), oder der Differenzenquotient ist gleich 0 wegen $z(x + \Delta_i) = z(x)$. Für hinreichend große i unterscheidet sich nun aber

$$\frac{z(x + \Delta_i) - z(x)}{\Delta_i} \text{ beliebig wenig von } z'(x) = 0 \text{ und } \frac{g(z(x + \Delta_i)) - g(z(x))}{z(x + \Delta_i) - z(x)}$$

unterscheidet sich beliebig wenig von $g'(z(x))$, falls (*) gilt und i groß genug ist. Denn mit $\Delta_i \to 0$ geht wegen der Stetigkeit von $z(x)$ auch $z(x + \Delta_i) - z(x)$ gegen 0. Im Fall b) gilt also für jede beliebige Nullfolge Δ_i :

$$\lim_{i \to \infty} \frac{f(x + \Delta_i) - f(x)}{\Delta_i} = 0 = g'(z(x))z'(x) \text{ mit } z'(x) = 0.$$

Also folgt die Kettenregel in beiden Fällen.

BEISPIEL 5: $e^{-\beta x}$ ist e^z mit $z(x) = -\beta x$. Also ist

$$g(z) = e^z, \; g'(z) = e^z \text{ und } z'(x) = -\beta.$$

Nach der Kettenregel ist daher

$$(e^{-\beta x})' = e^z \cdot z'(x) = e^{-\beta x}(-\beta) = -\beta e^{-\beta x}.$$

Die Kettenregel kann man mit Worten so ausdrücken:
Die Ableitung einer Funktion $f(x) = g(z(x))$ nach x ist das Produkt der Ableitung $g'(z)$ mit $z'(x)$, wobei in $g'(z)$ nachträglich für z wieder $z(x)$ einzusetzen ist.

Wir werden die Kettenregel laufend benötigen. Sie hat auch theoretische Bedeutung, denn aus ihr ergibt sich ja die Differenzierbarkeit zusammengesetzter Funktionen der Form $f(x) = g(z(x))$, wenn diese mit differenzierbaren Funktionen $z(x)$ und $g(z)$ gebildet werden. Die Kettenregel läßt sich auch auf mehrfach zusammengesetzte Funktionen erweitern:
Wenn $g(u), u(z)$ und $z(x)$ differenzierbare Funktionen sind, dann folgt für

$$f(x) = g[u(z(x))] \text{ zunächst } f'(x) = g'(u)\frac{d}{dx}u ;$$

durch nochmalige Anwendung der Kettenregel erhalten wir

$$\frac{d}{dx}u = u'(z)z'(x) \text{ also } f'(x) = g'[u(z(x))]u'(z(x))z'(x),$$

wobei das Differentiationszeichen $'$ jeweils die Ableitung nach der ersten Variablen in der darauf folgenden Klammer bedeutet.

BEISPIEL 6: Die Funktion $(1 - x^2)^{-5}$ läßt sich auffassen als

$$g[u(z(x))] \text{ mit } g[u] = \frac{1}{u}, \ u = z^5 \text{ und } z = 1 - x^2 ; \text{ also ist}$$

$$f'(x) = g'(u)u'(z)z'(x) = \frac{-1}{u^2}5z^4(-2x) = \frac{10(1 - x^2)^4}{(1 - x^2)^{10}} = 10x(1 - x^2)^{-6}.$$

10.Regel (Ableitung einer Umkehrfunktion): wenn $x = g(y)$ die Umkehrfunktion zu $y = f(x)$ ist und $f(x)$ ist differenzierbar an einer Stelle $x_0 = g(y_0)$, wobei $f'(x_0) \neq 0$ gelten soll, dann ist $g(y)$ an der Stelle $y_0 = f(x_0)$ ebenfalls differenzierbar und es gilt

$$g'(y_0) = \frac{1}{f'(x_0)} .$$

Daraus folgt dann: wenn $f'(x) \neq 0$ für alle x aus einem Intervall I gilt, dann existiert $g'(y)$ für alle y aus dem zu I gehörenden Wertebereich von $y = f(x)$ und es gilt

$$g'(y) = \frac{1}{f'(x)}|_{x=g(y)} . \tag{4}$$

108

Diese Schreibweise bedeutet, daß man nachträglich an die Stelle von x den Ausdruck $g(y)$ einsetzt.

Wir verzichten hier auf einen strengen Beweis und appellieren an die Anschauung (vgl.Figur 39): Wenn wir $f(x_0 + \Delta) - f(x_0)$ mit Δ_y bezeichnen und Δ nun mit Δ_x, dann ist

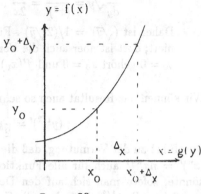

Figur 39

$$\Delta_x = g(y_0 + \Delta_y) - g(y_0);$$

Wenn nun

$$f'(x_0) = \lim_{\Delta_x \to 0} \frac{\Delta_y}{\Delta_x}$$

von 0 verschieden ist, dann existiert auch

$$g'(y_0) = \lim_{\Delta_y \to 0} \frac{g(y_0 + \Delta_y) - g(y_0)}{\Delta_y} = \lim_{\Delta_y \to 0} \frac{\Delta_x}{\Delta_y} = \lim_{\Delta_y \to 0} \frac{1}{\Delta_y / \Delta_x}$$

und dies ist gleich $\lim\limits_{\Delta_x \to 0} \dfrac{1}{\Delta_y / \Delta_x} = \dfrac{1}{f'(x_0)}$.

Denn wenn Δ_y eine beliebige Nullfolge durchläuft, dann ist auch $\Delta_x = g(y_0 + \Delta_y) - g(y_0)$ wegen der Stetigkeit von $g(y)$ in y_0 eine Nullfolge.

BEISPIEL 7: $x = \ln y$ ist die Umkehrfunktion zu $y = e^x$; also ist $\ln y$ für alle $y > 0$ differenzierbar und es gilt

$$(\ln y)' = \frac{1}{(e^x)'} = \frac{1}{e^x} \text{ mit } x = \ln y;$$

da aber $e^{\ln y} = y$ ist, folgt $(\ln y)' = \frac{1}{y}$.

Wir halten dies als 11.Regel fest, wobei wir der Einheitlichkeit der Schreibweise wegen x statt y schreiben:

<u>11.Regel:</u> $f(x) = \ln x$ ist für $x > 0$ differenzierbar und $(\ln x)' = \dfrac{1}{x}$. $\qquad$ (5)

BEISPIEL 8: $x = \sqrt{y} = y^{1/2}$ ist die Umkehrfunktion von $y = x^2$ und für $y \geq 0$ definiert. Daher gilt nach der 10.Regel

$$\frac{d}{dy}\sqrt{y} = \frac{1}{(x^2)'} = \frac{1}{2x} \; , \text{ wobei } x = \sqrt{y} \text{ einzusetzen ist.}$$

Daher ist $(\sqrt{y})' = 1/(2\sqrt{y})$. Für $y_0 = 0$ ist diese Ableitung nicht definiert; dort ist aber auch die Voraussetzung $f'(x_0) \neq 0$ verletzt, denn zu $y_0 = 0$ gehört $x_0 = 0$ und $f'(x_0) = 2x_0 = 0$.

Wir können das Resultat auch so schreiben:

$$(y^{1/2})' = \frac{1}{2}y^{\frac{1}{2}-1} = \frac{1}{2}y^{-\frac{1}{2}} \; ;$$

Dies führt zu der Vermutung, daß die bisher nur für ganze n bewiesene Regel: $(x^n)' = nx^{n-1}$ auch für alle Funktionen x^a mit beliebigem reellen a gelten könnte, sofern man sich auf den Definitionsbereich $x > 0$ beschränkt (für $x < 0$ ist z.B. $x^{1/2}$ nicht als reelle Zahl definierbar und für $x = 0$ würde die Ableitung dieser Funktion nicht existieren!) In der Tat gilt die

12.Regel: Für beliebige reelle a ist x^a für alle $x > 0$ differenzierbar und es gilt

$$(x^a)' = ax^{a-1} \; . \tag{6}$$

Beweis: Wir schreiben a^x in der Form $(e^{\ln x})^a = e^{a\ln x}$; nach der Kettenregel ist dann $(x^a)' = e^z z'(x)$ mit $z(x) = a \ln x$. $z'(x)$ ist aber nach der 11.und 4.Regel gleich a/x , also gilt

$$(x^a)' = e^{a\ln x}\frac{a}{x} = ax^{a-1} \; .$$

Als 13.Regel wollen wir die Ableitungen von $\sin x$ und $\cos x$ herleiten. Dazu brauchen wir ein sogenanntes Additionstheorem, nämlich die Formel

$$\sin(\alpha + \beta) = \sin\alpha\cos\beta + \cos\alpha\sin\beta \; . \tag{7}$$

Für $\alpha > 0$, $\beta > 0$, $\alpha + \beta < 90°$ kann man die Formel aus der Figur 40 ablesen, die man dazu in folgender Reihenfolge betrachtet: Der obere Schenkel des Winkels β hat die Länge 1, deshalb haben die Katheten des rechtwinkligen Dreiecks ACD die Längen $|CD| = \sin\beta$ und $|AC| = \cos\beta$. Die Strecke DF hat die Länge

$$\sin(\alpha + \beta) = |DE| + |EF| \; .$$

Winkel EDC ist gleich α, weil seine Schenkel senkrecht auf denen von α stehen; also gilt

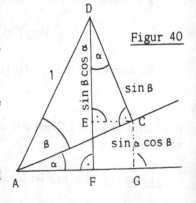

Figur 40

110

$|DE| : |DC| = \cos\alpha$ oder $|DE| = \cos\alpha \cdot |DC| = \cos\alpha\sin\beta$.

Ferner gilt $|CG| : |AC| = \sin\alpha$ und somit $|CG| = \sin\alpha \cdot |AC| = \sin\alpha\cos\beta$. Wegen $|CG| = |EF|$ folgt also

$$\sin(\alpha+\beta) = |EF| + |DE| = \sin\alpha\cos\beta + \cos\alpha\sin\beta \ .$$

Diese Formel bleibt auch für beliebige Winkel (also auch für stumpfe oder sogar negative Winkel) gültig. Für cos kann man einen ähnlichen Satz aus Fig.40 ablesen:

$$\cos(\alpha+\beta) = \cos\alpha\cos\beta - \sin\alpha\sin\beta \ . \tag{8}$$

Die beiden Additionstheoreme (7) und (8) gelten für beliebige Winkel und natürlich auch dann, wenn diese im Bogenmaß angegeben werden. Im folgenden sei nun x das Bogenmaß.

Jeden Differenzenquotienten von $\sin x$, also $\dfrac{\sin(x+\Delta) - \sin x}{\Delta}$, können wir nun mit Hilfe von (7) umformen in

$$\frac{1}{\Delta}(\sin x\cos\Delta + \cos x\sin\Delta - \sin x) = \sin x\frac{\cos\Delta-1}{\Delta} + \cos x\frac{\sin\Delta}{\Delta} \ . \tag{9}$$

Als nächstes zeigen wir:

$$\lim_{\Delta\to 0}\frac{\sin\Delta}{\Delta} = 1 \text{ und } \lim_{\Delta\to 0}\frac{\cos\Delta-1}{\Delta} = 0 \ . \tag{10}$$

Dazu zeichnen wir ein $\Delta > 0$ als Bogen eines Einheitskreises und stellen fest (s.Figur 41):

$$\sin\Delta = |CD| < |CB| < \Delta \ , \text{ also } \frac{\sin\Delta}{\Delta} < 1 \ .$$

Die Fläche des Kreissektors mit dem Bogen Δ verhält sich zur Fläche π des Einheitskreises wie Δ zum Kreisumfang 2π , also ist sie gleich $\pi\Delta/2\pi = \Delta/2$.
Die Fläche des Dreiecks ABE ist

$$\frac{1}{2}(1\cdot\tan\Delta) = \tan\Delta/2$$

und sie ist größer als die Fläche $\Delta/2$ des Kreissektors. Es gilt also

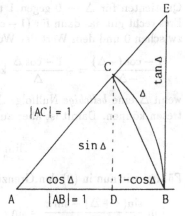

Figur 41

$$\frac{\Delta}{2} < \frac{\tan\Delta}{2} \ \Rightarrow \ \Delta < \frac{\sin\Delta}{\cos\Delta} \ \Rightarrow \ \cos\Delta < \frac{\sin\Delta}{\Delta} \ .$$

111

Damit ist also für positive kleine Winkel bewiesen:

$$\cos \Delta < \frac{\sin \Delta}{\Delta} < 1$$

Wegen $\cos(-\Delta) = \cos \Delta$ und $\sin(-\Delta)/(-\Delta) = -\sin \Delta/(-\Delta) = (\sin \Delta)/\Delta$ gelten diese Ungleichungen aber auch für negative Bogenlängen Δ mit kleinem Betrag.

Da nun $\cos \Delta$ gegen 1 konvergiert, wenn Δ eine beliebige Nullfolge durchläuft, muß dies für den stets zwischen $\cos \Delta$ und 1 liegenden Quotienten $(\sin \Delta)/\Delta$ erst recht gelten. Für $\Delta \to 0$ ist also $\lim((\sin \Delta)/\Delta) = 1$.

Mit dieser Aussage folgt auch der zweite zu beweisende Grenzwert; nach Pythagoras und wegen $|BC| < \Delta$ ist nämlich (s.Figur 41)

$$(1 - \cos \Delta)^2 = |BC|^2 - (\sin \Delta)^2 < \Delta^2 - (\sin \Delta)^2 \text{, also}$$

$$1 - \cos \Delta < \sqrt{\Delta^2 - (\sin \Delta)^2} = \Delta \sqrt{1 - \frac{(\sin \Delta)^2}{\Delta^2}}.$$

Somit gilt für positive spitze Winkel Δ, daß

$$0 < \frac{1 - \cos \Delta}{\Delta} < \sqrt{1 - \frac{(\sin \Delta)^2}{\Delta^2}}.$$

Mit $(\sin \Delta)/\Delta$ geht aber auch das in der Wurzel stehende Quadrat dieses Quotienten für $\Delta \to 0$ gegen 1 und damit konvergiert die Wurzel gegen 0. Erst recht gilt das dann für $(1 - \cos \Delta)/\Delta$, da der Wert dieses Ausdruck stets zwischen 0 und dem Wert der Wurzel liegt. Wegen

$$\frac{1 - \cos(-\Delta)}{-\Delta} = -\frac{1 - \cos \Delta}{\Delta} \text{ konvergiert } \frac{1 - \cos \Delta}{\Delta} \text{ auch dann gegen 0},$$

wenn Δ eine *beliebige* Nullfolge Δ_i durchläuft, bei der auch negative Δ_i auftreten können. Damit ist aber auch gezeigt:

$$\lim_{\Delta \to 0} \frac{\cos \Delta - 1}{\Delta} = 0.$$

Führen wir nun in (9) den Grenzübergang $\Delta \to 0$ durch, dann erhalten wir:

$$\lim_{\Delta \to 0} \frac{\sin(x + \Delta) - \sin x}{\Delta} = \sin x \cdot 0 + \cos x \cdot 1 = \cos x \text{ also } (\sin x)' = \cos x.$$

Die Ableitung des cosinus erhalten wir nun einfach mit der Kettenregel: Wegen $\cos x = \sin(x + \frac{\pi}{2})$ ist

$$(\cos x)' = (\sin(x + \frac{\pi}{2}))' = \cos z \cdot z'(x) \text{ mit } z = x + \frac{\pi}{2}, \ z'(x) = 1 \text{ ; also ist}$$

$$(\cos x)' = \cos(x + \frac{\pi}{2}) \quad \text{und dies ist } -\sin x \,,$$

wie man sich an Figur 11 in 1.2 klarmachen kann. Damit folgt nun die

13.Regel: $(\sin x)' = \cos x$ und $(\cos x)' = -\sin x$, wenn x das Bogenmaß ist. Darüber hinaus ist auch gezeigt, daß $\sin x$ und $\cos x$ überall differenzierbare Funktionen sind.

AUFGABE 38: Mit Hilfe der Kettenregel zeige man, daß die für das Bogenmaß bewiesene 13.Regel *nicht* richtig bleibt, wenn der Winkel in Grad gemessen wird.

AUFGABE 39: Differenzieren Sie folgende Funktionen:
$f(x) = \sin x \cos x$; $\quad g(x) = \tan x$; $\quad h(x) = (\sin x)^n$; $\quad r(x) = e^{-x^2}$;
$p(x) = \ln(\cos x)$ (ist nur definiert, wo $\cos x > 0$!) $\quad q(x) = e^{-x}$;
$s(y) = \arcsin y$ (= das Bogenmaß s , dessen sinus gleich y ist, also die Umkehrfunktion zu $y = \sin x$; damit die Umkehrfunktion eindeutig festgelegt ist, muß man sich auf einen Monotoniebereich von $\sin x$ beschränken, z.B. auf $-\pi/2 \le x \le \pi/2$.)

4.3 Maxima und Minima

Wer nach ökonomischen Grundsätzen handelt, der bemüht sich, sein Ziel mit dem geringsten Aufwand zu erreichen oder bei gegebenem Aufwand eine maximale Wirkung zu erzielen. Der Mensch hat auch hier die Natur als Vorbild; so wählen etwa Zugvögel eine optimale Flughöhe, um ihr Ziel mit möglichst geringem Energieverbrauch zu erreichen, Lichtstrahlen werden so gebrochen, daß sie den Weg zwischen zwei beliebigen Punkten ihrer Bahn in der kürzesten Zeit durchlaufen und in der Physiologie von Pflanzen und Tieren lassen sich Beispiele für optimale Baupläne finden.

Um so etwas nachweisen zu können, muß man Maxima und Minima – wir sagen für beides Extremwerte bzw. Extrema – einer Funktion bestimmen können. Auch für die Darstellung von Funktionskurven ist die Kenntnis der Extremwerte und der Extremalstellen wichtig.

DEFINITION: Ein Funktionswert $f(x_0)$ ist das *absolute Maximum* der Funktion $f(x)$, wenn für alle x aus dem Definitionsbereich D der Funktion $f(x) \le f(x_0)$ gilt.
$f(x_0)$ ist das *absolute Minimum* von $f(x)$, wenn $f(x) \ge f(x_0)$ für alle x aus D gilt.

Es ist klar, daß es höchstens ein absolutes Maximum und höchstens ein absolutes Minimum geben kann. Es ist aber möglich, daß ein absolutes Extremum an mehreren, sogar an unendlich vielen Stellen angenommen wird. In Figur 42 sind einige Fälle skizziert.

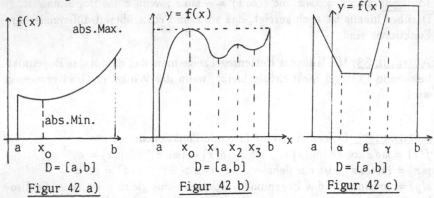

Figur 42 a)   Figur 42 b)   Figur 42 c)

Es gibt Funktionen, die kein absolutes Maximum oder kein absolutes Minimum besitzen. So hat z.B. die für alle $x > 0$ definierte Funktion $f(x) = 1/x$ kein absolutes Maximum. Denn zu jedem Funktionswert findet man einen noch größeren, indem man x noch dichter bei 0 wählt. Diese Funktion hat auch kein absolutes Minimum, denn jeder ihrer Funktionswerte ist größer als 0 und zu jedem findet man einen noch kleineren, indem man das x noch größer wählt. Immerhin gilt aber der

SATZ 4.3.1 : Eine für ein abgeschlossenes Intervall $[a, b]$ definierte und dort stetige Funktion besitzt ein absolutes Maximum und auch ein absolutes Minimum. Beide nimmt sie mindestens einmal in $[a, b]$ an.

Der Beweis ist nicht ganz einfach; man kann ihn z.B. bei Grauert/Lieb ([14], Bd.I,S.75f) nachlesen.

Neben den absoluten Extremwerten betrachtet man auch relative; bei letzteren wird nicht gefordert, daß sie die größten bzw. kleinsten Funktionswerte überhaupt sind, sondern nur, daß sie es für eine gewisse Umgebung der betreffenden Extremalstelle sind.

DEFINITION : $f(x)$ hat ein *relatives Maximum* an einer Stelle x_0 , wenn in D eine Umgebung U_δ von x_0 enthalten ist, so daß $f(x) \leq f(x_0)$ für alle x aus U_δ .

114

$f(x)$ hat ein *relatives Minimum* an einer Stelle x_0 , wenn in D eine Umgebung U_δ enthalten ist, so daß $f(x) \geq f(x_0)$ für alle x aus U_δ .

Die Umgebung ist natürlich nie eindeutig festgelegt; wenn für irgendein $\delta > 0$ die Umgebung $U_\delta = \{x|\ x_0 - \delta < x < x_0 + \delta\}$ die in der Definition genannte Eigenschaft hat, dann hat auch jede Umgebung, die mit einem kleineren $\delta' > 0$ gebildet wird, diese Eigenschaft.

Es kann mehrere relative Maxima geben, die verschiedene Werte haben können und dasselbe gilt für relative Minima. Daraus folgt schon, daß nicht jedes relative Extremum zugleich ein absolutes Extremum ist. Umgekehrt ist ein absolutes Extremum nur dann zugleich ein relatives, wenn mit der Stelle x_0, in der es angenommen wird, auch eine Umgebung U_δ im Definitionsbereich D enthalten ist.
In Figur 42a ist $f(b)$ das absolute Maximum, ein relatives gibt es nicht. Dagegen ist dort $f(x_0)$ absolutes und zugleich relatives Minimum.
In Figur 42b ist $f(x_0) = f(b)$ das absolute Maximum; $f(x_0)$ ist zugleich relatives Maximum, $f(b)$ nicht. Ein weiteres relatives Maximum (aber kein absolutes) ist $f(x_2)$. Das absolute Minimum ist der Randwert $f(a)$, relative (aber nicht absolute) Minima sind $f(x_1)$ und $f(x_3)$; .
In Figur 42c wird das absolute Maximum $f(b)$ auch für alle x aus $[\gamma, b]$ angenommen, das absolute Minimum $f(\alpha)$ auch für alle x aus $[\alpha, \beta]$. Jedes x mit $\gamma \leq x < \beta$ ist auch Stelle eines relativen Maximums, jedes x aus $[\alpha, \beta]$ auch Stelle eines relativen Minimums.

In den Definitionen der Extrema ist weder von Stetigkeit, noch von Differenzierbarkeit die Rede; tatsächlich können auch x-Werte Extremalstellen sein, in denen die Funktion nicht differenzierbar oder sogar unstetig ist. Wenn $f(x)$ aber an einer Stelle x_0 differenzierbar ist, dann ist die Bedingung: $f'(x_0) = 0$ *notwendig* (vgl.1.1) dafür, daß $f(x_0)$ ein relatives Extremum ist. Dies besagt der folgende, auf Fermat (1601-65) zurückgehende

SATZ 4.3.2: Wenn $f(x)$ an der Stelle x_0 differenzierbar ist und wenn $f(x_0)$ ein relatives Extremum ist, dann ist $f'(x_0) = 0$.

<u>Beweis:</u> Wenn $f(x_0)$ ein relatives Maximum ist, gibt es eine Umgebung U_δ von x_0, in der $f(x_0)$ größter Funktionswert ist. Dann gilt für alle Δ mit $0 < \Delta < \delta$, daß

$$\frac{f(x_0 + \Delta) - f(x_0)}{\Delta} \leq 0 \text{ , also } f'(x_0) = \lim_{\Delta \to 0} \frac{f(x_0 + \Delta) - f(x_0)}{\Delta} \leq 0 \text{ ;}$$

aber für alle Δ mit $-\delta < \Delta < 0$ gilt, (weil jetzt Zähler und Nenner ≤ 0 bzw. < 0 sind),

$$\frac{f(x_0 + \Delta) - f(x_0)}{\Delta} \geq 0 \ , \ \text{also } f'(x_0) = \lim_{\Delta \to 0} \frac{f(x_0 + \Delta) - f(x_0)}{\Delta} \geq 0 \ .$$

Damit folgt $f'(x_0) = 0$.
Ganz analog beweist man für den Fall, daß $f(x_0)$ ein relatives Minimum ist, daß dann ebenfalls $f'(x_0) = 0$ gelten muß.

Das für ein relatives Extremum in x_0 notwendige Kriterium $f'(x_0) = 0$ ist keineswegs auch hinreichend. So ist etwa die Ableitung von $f(x) = x^3$ gleich $3x^2$ und dies ist 0 an der Stelle $x_0 = 0$. Die Funktion x^3 hat dort aber keinerlei Extremum, denn beliebig nahe bei $x_0 = 0$ gibt es negative x-Werte mit $x^3 < 0 = f(x_0)$ und positive x-Werte mit $x^3 > 0 = f(x_0)$.

Aus Satz 4.3.2 folgt der nach M.Rolle (1652-1719) benannte

SATZ 4.3.3: Wenn $f(x)$ stetig in $[a,b]$ und differenzierbar für alle x aus (a,b) ist, dann folgt aus $f(a) = f(b)$, daß es in (a,b) mindestens eine Stelle x_0 mit $f'(x_0) = 0$ gibt. ·

Beweis: Nach dem Satz 4.3.1 nimmt $f(x)$ in $[a,b]$ ihr absolutes Maximum und ihr absolutes Minimum an. Sind beide gleich $f(a) = f(b)$, dann ist $f(x)$ in $[a,b]$ konstant gleich $f(a)$ und daher ist dann $f'(x) = 0$ für alle x in (a,b). Ist aber eines der beiden Extrema von $f(a) = f(b)$ verschieden, dann wird es im Innern von $[a,b]$ angenommen und ist daher auch relatives Extremum; dort ist dann nach Satz 4.3.2 die Ableitung gleich 0.

SATZ 4.3.4 (Mittelwertsatz der Differentialrechnung):
Wenn $f(x)$ stetig in $[a,b]$ und differenzierbar in (a,b) ist, dann gibt es mindestens eine Stelle ξ in (a,b) mit

$$\frac{f(b) - f(a)}{b - a} = f'(\xi) \text{ oder } f(b) = f(a) + f'(\xi)(b - a) \ . \tag{1}$$

Im Intervall gibt es also eine Stelle ξ , für die die Ableitung genau so groß ist wie der mit den Intervallenden a und b gebildete Differenzenquotient.
Beweis: Man muß nur den Satz von Rolle auf die Hilfsfunktion

$$g(x) = f(x) - \frac{f(b) - f(a)}{b - a}(x - a) \text{ anwenden,}$$

116

die so konstruiert ist, daß $g(a) = g(b) = f(a)$ ist. Es gibt also in (a, b) eine Stelle ξ mit $g'(\xi) = 0$ und weil

$$g'(x) = f'(x) - \frac{f(b) - f(a)}{b - a}, \text{ folgt } g'(\xi) = 0 = f'(\xi) - \frac{f(b) - f(a)}{b - a}.$$

Wir wissen schon, daß die Ableitung einer konstanten Funktion überall gleich 0 ist. Hier ist auch die Umkehr richtig, denn es gilt

SATZ 4.3.5: Ist $f'(x) = 0$ für alle x aus einem Intervall (a, b) und $f(x)$ stetig in $[a, b]$, dann ist $f(x)$ konstant in $[a, b]$.

Beweis: Wäre $f(x) \neq f(a)$ für irgendein x mit $a < x \leq b$, dann gäbe es nach dem Mittelwertsatz mindestens ein ξ im Innern von $[a, x]$ mit

$$f'(\xi) = \frac{f(x) - f(a)}{x - a} \neq 0 \text{ im Widerspruch zur Voraussetzung.}$$

Wir haben die Ableitung auch als Anstieg der Funktion bezeichnet. Es ist daher nicht verwunderlich, daß es zwischen der Monotonie von Funktionen und der Ableitung Zusammenhänge gibt. Insbesondere gilt

SATZ 4.3.6: $f(x)$ sei in einem Intervall [a,b] stetig und in (a, b) differenzierbar. Gilt dann $f'(x) > 0$ für alle x aus (a, b), dann ist $f(x)$ in $[a, b]$ streng monoton wachsend. Gilt $f'(x) < 0$ für alle x aus (a, b), dann ist $f(x)$ in $[a, b]$ streng monoton fallend.

Beweis: x_1 und x_2 seien beliebig aus $[a, b]$ mit $x_1 < x_2$; nach dem Mittelwertsatz gibt es ein x_0 mit $x_1 < x_0 < x_2$ und

$$f'(x_0) = \frac{f(x_2) - f(x_1)}{x_2 - x_1} ;$$

wenn nun $f'(x) > 0$ in (a, b), dann ist auch $f'(x_0) > 0$, also $f(x_1) < f(x_2)$, d.h. $f(x)$ ist streng monoton wachsend in $[a, b]$.
Ist dagegen $f'(x) < 0$ in (a, b), dann ist auch $f'(x_0) < 0$ und dann folgt aus $x_1 < x_2$, daß $f(x_1) > f(x_2)$ und $f(x)$ somit streng monoton fallend ist.
Die Umkehr dieses Satzes wäre nicht richtig; aus der strengen Monotonie einer Funktion folgt nicht, daß die Ableitung immer nur positiv oder immer nur negativ sein müßte. Zum Beispiel ist $f(x) = x^3$ streng monoton wachsend auf

der ganzen x-Achse, aber die Ableitung $f'(x) = 3x^2$ ist an der Stelle $x = 0$ gleich 0.

Bezeichnung: Wenn die Ableitung $f'(x)$ einer Funktion $f(x)$ wieder eine differenzierbare Funktion ist, dann nennen wir die Ableitung von $f'(x)$ die *zweite Ableitung* von $f(x)$ und schreiben dafür $f''(x)$. Die Ableitung der 2. Ableitung ist dann die 3. Ableitung usw. . Wir nennen $f(x)$ an einer Stelle k-mal differenzierbar, wenn die k-te Ableitung an dieser Stelle existiert, was nur sein kann, wenn dort auch die 1.,2.,...bis (k-1)-te Ableitung existiert.

BEISPIEL 1: Wir berechnen 1. und 2. Ableitung für einige Funktionen:
   a) $P(x) = -x^3 + 2x^2 - 7x + 4$; $P'(x) = -3x^2 + 4x - 7$; $P''(x) = -6x + 4$;
   b) $f(x) = \sin x$; $f'(x) = \cos x$; $f''(x) = -\sin x$;
   c) $g(x) = xe^{-x}$; $g'(x) = xe^{-x}(-1) + e^{-x} = e^{-x}(1 - x)$;
      $g''(x) = -e^{-x}(1 - x) + e^{-x}(-1) = e^{-x}(x - 2)$.

Im folgenden Satz lernen wir nun hinreichende Bedingungen für relative Extremwerte kennen:

SATZ 4.3.7: $f(x)$ sei an der Stelle x_0 zweimal differenzierbar.

Aus $\boxed{f'(x_0) = 0 \text{ und } f''(x_0) < 0}$ folgt: $f(x_0)$ ist relatives Maximum.

Aus $\boxed{f'(x_0) = 0 \text{ und } f''(x_0) > 0}$ folgt: $f(x_0)$ ist relatives Minimum.

Man beachte, daß die Bedingung in beiden Fällen aus zwei Aussagen besteht, weshalb wir sie eingerahmt haben.

Beweis (für ein relatives Maximum): Sei $f'(x_0) = 0$ und $f''(x_0) < 0$. Da $f''(x_0)$ existiert und negativ ist, muß es eine Umgebung $I_\delta = (x_0 - \delta, x_0 + \delta)$ von x_0 geben, mit

$$\frac{f'(x_0 + \Delta) - f'(x_0)}{\Delta} = \frac{f'(x_0 + \Delta) - 0}{\Delta} < 0 \text{ , falls } x_0 + \Delta \text{ aus } I_\delta \text{ ;}$$

denn andernfalls gäbe es beliebig nahe bei x_0 noch Zahlen $x_0 + \Delta$, für die dieser Differenzenquotient ≥ 0 wäre und dann könnte man auch eine Nullfolge Δ_i finden, für die alle Differenzenquotienten ≥ 0 wären. Dann müßte aber $f''(x_0) \geq 0$ sein im Widerspruch zur Voraussetzung.
Für alle $\Delta > 0$ mit $x_0 + \Delta$ aus I_δ bedeutet das: $f'(x_0 + \Delta) < 0$;
Für alle $\Delta < 0$ mit $x_0 + \Delta$ aus I_δ bedeutet das: $f'(x_0 + \Delta) > 0$.

Also ist $f'(x) > 0$ für alle x aus $(x_0 - \delta, x_0)$ und $f'(x) < 0$ für alle x aus $(x_0, x_0 + \delta)$. Aus Satz 4.3.6 folgt nun, daß $f(x)$ in $(x_0 - \delta, x_0)$ streng monoton wächst und in $(x_0, x_0 + \delta)$ streng monoton fällt. Für die Umgebung I_δ von x_0 ist also $f(x_0)$ der größte Funktionswert, d.h. $f(x_0)$ ist ein relatives Maximum. Für ein relatives Minimum verläuft der Beweis ganz analog.

Die Umkehr von Satz 4.3.7 ist nicht richtig, denn es kann auch sein, daß die 2.Ableitung an der Stelle eines relativen Extremums gleich 0 ist. Zum Beispiel hat $f(x) = x^4$ an der Stelle $x_0 = 0$ ersichtlich ein relatives Minimum und es gilt dort: $f'(x_0) = 4x_0^3 = 0$ und $f''(x_0) = 12x_0^2 = 0$. Die im Satz genannten hinreichenden Bedingungen für ein relatives Maximum bzw. Minimum sind also nicht notwendig. (Notwendig ist nur die Teilbedingung $f'(x_0) = 0$!) Man sollte übrigens die praktische Bedeutung der in Satz 4.3.7 genannten hinreichenden Bedingungen nicht überschätzen; oft kann man nämlich auch ohne die (zuweilen mühsame) Berechnung der 2.Ableitung entscheiden, ob an einer Nullstelle von $f'(x)$ ein relatives Maximum oder ein relatives Minimum, oder aber überhaupt kein relatives Extremum vorliegt.

BEISPIEL 2: $f(x) = xe^{-x}$ sei für $x \geq 0$ gegeben. $f(0) = 0$ und $f(x) > 0$ für alle $x > 0$, aber $\lim f(x) = 0$ für $x \to \infty$ $(f(x) = x/e^x$ und $e^x = 1 + x + x^2/2! + \ldots$ wächst stärker als x); es muß daher eine Stelle $x_0 > 0$ geben, in der das absolute Maximum angenommen wird. Da es im Innern des Definitionsbereichs angenommen wird, ist es zugleich relatives Maximum und es folgt $f'(x_0) = 0$.
Nun hat aber die Ableitung $f'(x) = x(-e^{-x}) + e^{-x} = e^{-x}(1 - x)$ nur die eine Nullstelle $x_0 = 1$, weil e^{-x} für alle x positiv ist. Also ist $f(1) = e^{-1}$ das absolute und zugleich relatives Maximum.

BEISPIEL 3: Ein Teilchen bewegt sich in der x,y-Ebene unterhalb der x-Achse mit Geschwindigkeit v_1, oberhalb mit v_2. Auf welchem Weg kommt es am schnellsten von einem Punkt $(0, -u)$ zu einem Punkt (a, b) ? Dabei seien u, a, b positiv (s. Figur 43!) Die benötigte Zeit hängt nur von dem Punkt $(x, 0)$ ab, in dem das Teilchen die x-Achse kreuzt.

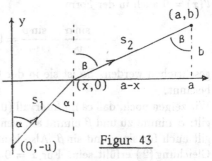

Figur 43

Es muß sich unterhalb wie oberhalb der x-Achse geradlinig bewegen, weil die kürzeste Verbindung zweier Punkte bekanntlich ihre Verbindungsstrecke ist. Der Figur 43 entnehmen wir, daß die erste Teilstrecke des Weges, die $(0, -u)$

mit $(x, 0)$ verbindet, nach Pythagoras die Länge

$$s_1 = \sqrt{u^2 + x^2} \text{ besitzt.}$$

Die zweite Teilstrecke von $(x, 0)$ nach (a, b) hat die Länge

$$s_2 = \sqrt{(a - x)^2 + b^2} \text{ , zu minimieren ist also die Zeit}$$

$$t(x) = \frac{s_1}{v_1} + \frac{s_2}{v_2} = \frac{1}{v_1} \sqrt{u^2 + x^2} + \frac{1}{v_2} \sqrt{(a - x)^2 + b^2}.$$

Diese Formel bleibt auch für $x > a$ oder negative x gültig. Da $t(x)$ für $x \to \infty$ wie für $x \to -\infty$ gegen ∞ geht, muß es mindestens ein relatives Minimum geben.

Die Ableitung von $t(x)$ berechnen wir mit Hilfe der Kettenregel, indem wir im ersten Summanden $z(x) = u^2 + x^2$, im zweiten $z(x) = (a - x)^2 + b^2$ setzen, zu

$$t'(x) = \frac{1}{v_1} \cdot \frac{x}{\sqrt{u^2 + x^2}} - \frac{1}{v_2} \cdot \frac{(a - x)}{\sqrt{(a - x)^2 + b^2}} \ ;$$

dies läßt sich auch in der Form

$$t'(x) = \frac{1}{v_1} \cdot \frac{x}{s_1} - \frac{1}{v_2} \cdot \frac{(a - x)}{s_2}$$

schreiben. Nun ist aber $x/s_1 = \sin \alpha$ und $(a - x)/s_2 = \sin \beta$, wenn α und β die Winkel sind, welche die Teilstrecken mit der (in Figur 43 gestrichelt gezeichneten) Senkrechten zur x-Achse bilden.

Also kann die für ein relatives Extremum von $t(x)$ notwendige Bedingung $t'(x) = 0$ auch in der Form

$$\frac{\sin \alpha}{v_1} - \frac{\sin \beta}{v_2} = 0 \text{ oder } \frac{\sin \alpha}{\sin \beta} = \frac{v_1}{v_2} \qquad (2)$$

geschrieben werden. So ist sie in der Optik als *Brechungsgesetz von Snellius* bekannt.

Wir zeigen noch, daß es im Intervall $(0, a)$ genau ein x_0 gibt, für das $t'(x_0) = 0$ gilt: α nimmt zu und β nimmt ab, wenn x in $[0, a]$ von 0 nach a läuft; dasselbe gilt auch für $\sin \alpha$ und $\sin \beta$. Also kann höchstens an einer Stelle in $[0, a]$ die Gleichung (2) erfüllt sein. Für $x = 0$ gilt $\alpha = 0 = \sin \alpha$, während $\sin \beta$ dort > 0 ist. Für $x = a$ ist dagegen $\sin \alpha > 0$, während $\beta = 0 = \sin \beta$ ist. Also ist

$$\frac{\sin \alpha}{v_1} - \frac{\sin \beta}{v_2} < 0 \text{ für } x = 0 \text{ und } > 0 \text{ für } x = a.$$

Daher muß es nach dem Zwischenwertsatz (s. Satz 1.2.3) ein x_0 mit $0 < x_0 < a$ geben, für welches (1) erfüllt ist. Es gibt also genau ein x_0 in (a, b), für welches $t'(x_0) = 0$ gilt. Da es ein relatives Minimum gibt, muß es dort angenommen werden. Es ist zugleich absolutes Minimum von $t(x)$ in $[0, a]$, weil dieses x_0 dort die einzige Nullstelle der Ableitung ist. Letzteres folgt nämlich aus

SATZ 4.3.8: $f(x)$ sei stetig in $[a, b]$ und differenzierbar in (a, b) ; hat $f(x)$ an einer Stelle x_0 in (a, b) ein relatives Extremum und ist x_0 die einzige Nullstelle von $f'(x)$ in (a, b), dann ist das relative Extremum zugleich absolutes Extremum von $f(x)$ über $[a, b]$.

Beweis: Es ist $f(x) \neq f(x_0)$ für alle x mit $a \leq x < x_0$, da sonst nach dem Satz von Rolle eine weitere Nullstelle der Ableitung zwischen a und x_0 sein müßte. Also ist entweder $f(x) > f(x_0)$ oder $f(x) < f(x_0)$ für alle x mit $a \leq x < x_0$. Wenn $f(x_0)$ ein relatives Maximum ist, gilt letzteres und genauso folgt $f(x) < f(x_0)$ für alle x mit $x_0 < x \leq b$. Also ist das relative Maximum zugleich das absolute Maximum über $[a, b]$. Analog folgt, daß ein relatives Minimum zugleich absolutes Minimum ist, wenn x_0 die einzige Nullstelle der Ableitung in (a, b) ist.

AUFGABE 40: Auf einen horizontalen Hebel wirkt eine Last, die in der Entfernung a vom Drehpunkt D mit der Kraft G nach unten zieht. Am freien Hebelende zieht eine Kraft K nach oben und hält so das Gleichgewicht. Wenn man berücksichtigt, daß der Hebel bei einer Länge von x ein Eigengewicht von hx hat, dann muß K so groß sein, daß das von K erzeugte Drehmoment Kx gleich der Summe der von G und der Gewichtskraft hx erzeugten Drehmomente ist, also

$$Kx = Ga + hx \cdot \frac{x}{2}$$

(Das Drehmoment einer senkrecht an einem Hebel angreifenden Kraft ist gleich ihrem Produkt mit der Hebellänge; das Eigengewicht wirkt so, als ob es nur in der Hebelmitte angreifen würde ; h ist ein konstanter Proportionalitätsfaktor.) Für die Kraft K, die das Gleichgewicht hält, folgt also

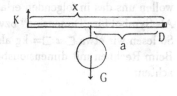

Figur 44

$$K = K(x) = \frac{Ga}{x} + \frac{hx}{2} .$$

Bei welcher Hebellänge x wird $K(x)$ minimal? Dies ist dann offensichtlich die optimale Hebellänge, denn bei dieser Länge ist die benötigte Kraft minimal.

AUFGABE 41: Von einer Stelle A geht eine Luftverunreinigung aus, die als durchschnittliche Anzahl von SO_2-Molekülen pro cm^3 in einer gewissen Höhe gemessen wird. Sie nimmt mit der Entfernung x von A nach der Formel $U(x) = 40000e^{-bx}$ ab. Der Verunreinigung $U(x)$ überlagert sich eine zweite, die von einer Stelle B kommt und mit der Entfernung y von B nach der Formel $V(y) = 10000e^{-by}$ abnimmt. Die Distanz von A und B sei d , also gilt $y = d - x$.
Zeigen Sie, daß die Gesamtverunreinigung $U(x) + V(y)$ auf der Verbindungsstrecke von A und B dort minimal ist, wo $U(x) = V(y)$ gilt. Sollte allerdings $U(d)$ noch größer als $V(0)$ sein, dann gibt es kein relatives Minimum auf der Verbindungsstrecke von A und B, weil dann die Gesamtverunreinigung monoton mit x abnimmt.

4.4 Dimensionsbetrachtung und weitere Anwendungen

Bei etlichen Beispielen haben wir bemerkt, daß die in Funktionen auftretenden Variablen, aber auch Konstante, nicht immer nur im geometrischen Sinn als Längen, sondern auch als Massen, Kräfte oder Zeiten auftreten. Diese physikalischen Begriffe nennt man *Dimensionen*.
Durch formale Produkt- oder Quotientenbildung gewinnt man aus wenigen Grunddimensionen andere, aus ersteren zusammengesetzte Dimensionen. So ist z.B. Kraft·Weg die Dimension der Arbeit, die der Geschwindigkeit ist Weg:Zeit usw. . Jede Größe, der eine Dimension zugeordnet ist, wird in einer *Einheit* gemessen, der Weg z.B. in cm, m oder km , die Zeit in sec, min, h (=Stunde) oder d (=Tag). Der Unterschied zwischen „Dimension" und „Einheit" wird häufig ignoriert. Korrekt wäre zum Beispiel die Formulierung: „v hat die Dimension einer Geschwindigkeit und wird in der Einheit m/sec angegeben." Stattdessen sagt man häufig: „v hat die Dimension m/sec." Auch wir wollen uns das in folgenden erlauben.
Als Symbol für „Dimension" bzw. „Einheit" verwenden wir das Zeichen $\sqsubset \sqsupset$.
So lesen wir etwa $\sqsubset x \sqsupset$= kg als „die Dimension von x ist kg."
Beim Rechnen mit dimensionsbehafteten Größen sind folgende Regeln zu beachten: .

1.) Addieren und Subtrahieren kann man nur Größen gleicher Dimension; Summen und Differenzen haben stets dieselbe Dimension wie die einzelnen Summanden. So ist z.B. 5m -3m = 2m .

122

2.) Man kann Größen mit beliebigen Dimensionen miteinander multiplizieren. Das Produkt hat als Dimension das Produkt der Dimensionen der einzelnen Faktoren. Es gilt also $\llcorner xy \lrcorner = \llcorner x \lrcorner \cdot \llcorner y \lrcorner$. Zum Beispiel ist $5cm \cdot 3cm = 15cm^2$ oder $1N \cdot 4m = 4Nm = 4J$ (N=Newton ist eine Krafteinheit, J=Joule eine Arbeits- oder Energie-Einheit, wobei $1J = 1N \cdot 1m$ ist.)

3.) Man kann Größen beliebiger Dimension durcheinander dividieren und die Dimension des Quotienten ist gleich der Dimension des Zählers dividiert durch die Dimension des Nenners:

$$\llcorner \frac{x}{y} \lrcorner = \frac{\llcorner x \lrcorner}{\llcorner y \lrcorner} \,.$$ So ist etwa $30 km : 0,5h = 60\,km/h$.

Zu beachten ist auch, daß Gleichungen nur sinnvoll sein können, wenn auf beiden Seiten des = -Zeichens Größen derselben Dimension stehen. Jetzt ist allerdings eine Dimension im eigentlichen Sinn, also „Länge", „Zeit", „Masse" etc. gemeint, denn $1\,m = 100\,cm$ ist sinnvoll, während z.b. $7\,N = 0,15\,m$ sicherlich unsinnig ist.

Exponenten von Exponentialfunktionen und letztere selbst haben keine Dimension. Das wird plausibel, wenn man an die Definition

$$e^x = 1 + x + \frac{x^2}{2!} + \cdots$$

denkt: hätte x eine Dimension, dann könnte man die Teilsummen gar nicht bilden, denn es hätte z.b. x^2 eine andere Dimension als x. Auch $\sin x$, $\cos x$, $\tan x$, $\cot x$ und $\ln x$ sind solche „dimensionslosen" Größen (manchmal sagt man auch, sie hätten die Dimension 1); denkt man an die Definition der Winkelfunktionen als Verhältnis zweier Längen, bei dem sich die Dimension „Länge" wegkürzt und daran, daß $\ln x$ der Exponent von $e^{\ln x} = x$ ist, dann wird auch das verständlich.

BEISPIEL 1: $s(t) = s_0 e^{-\beta t}$ sei die nach t min noch vorhandene Menge einer radioaktiven Substanz in Gramm. Die Anfangsmenge s_0 ist dann auch in g anzugeben. Da der Exponent $-\beta t$ dimensionslos ist, hat die Zerfallskonstante β die Einheit 1/min . Die Halbwertzeit ist $t_h = \ln 2/\beta$ (s.3.2); wegen $\llcorner \frac{1}{\beta} \lrcorner = min$ haben beide Seiten dieser Gleichung dieselbe Dimension. Man sollte jedes Resultat einer Rechnung mit dimensionsbehafteten Größen einer solchen „Dimensionsprobe" unterwerfen.
Der folgende Satz ist trivial, aber wichtig:

SATZ 4.4.1: Die 1.Ableitung einer Funktion hat dieselbe Dimension wie die Differenzenquotienten, deren limes sie ja ist; die 2.Ableitung hat dann dieselbe Dimension wie die Differenzenquotienten von $f'(x)$, d.h.

$$\sqsubset f'(x) \sqsupset = \frac{\sqsubset f(x) \sqsupset}{\sqsubset x \sqsupset} \; ; \quad \sqsubset f''(x) \sqsupset = \frac{\sqsubset f'(x) \sqsupset}{\sqsubset x \sqsupset} = \frac{\sqsubset f(x) \sqsupset}{\sqsubset x \sqsupset^2} \; .$$

BEISPIEL 2: Ein Körper soll sich in y–Richtung bewegen, die wir uns als vertikal vorstellen. Dann ist $y(t)$ seine Höhe zur Zeit t; sie sei in m angegeben und t in sec. Normalerweise ist $y(t)$ differenzierbar und $y'(t)$ hat dann die Dimension m/sec und wird als *Momentangeschwindigkeit* bezeichnet, die der Körper zur Zeit t in y–Richtung hat. $y'(t) > 0$ bedeutet, daß er sich zur Zeit t aufwärts bewegt, sobald $y'(t) < 0$ wird, bewegt er sich abwärts. $y''(t)$ hat dann die Dimension m/sec^2 und ist die *Momentanbeschleunigung* in y- Richtung zur Zeit t.

Wir wollen den Fall konstanter Beschleunigung ein wenig näher betrachten. Es gelte also

$$y''(t) = b = \text{ konstant für alle } t \geq 0. \tag{1}$$

b kann positiv oder negativ sein, je nachdem, ob die Beschleunigung in y-Richtung oder gegen sie wirkt. Da $y''(t) = b$ die Ableitung von $y'(t)$ ist, muß

$$y'(t) = bt + c \text{ mit irgendeiner Konstanten } c \text{ für } t \geq 0 \tag{2}$$

gelten, denn solche Funktionen haben die Ableitung b und wenn $z'(t)$ eine andere Funktion mit der Ableitung b ist, dann gilt $(z'(t) - y'(t))' = 0$ und daher ist $z'(t) - y'(t)$ nach Satz 4.3.5 eine Konstante k; es gilt also $z'(t) = bt + c + k$ und somit ist die Menge der Funktionen $y'(t) = bt + c$ mit beliebigem c bereits die Menge aller Funktionen mit der konstanten Ableitung b.

Ebenso kann man zeigen, daß aus $y'(t) = c + bt$ folgt:

$$y(t) = a + ct + \frac{b}{2}t^2 \text{ mit einer Konstanten } a\,, t \geq 0, \tag{3}$$

weil nur solche Funktionen die Ableitung $y'(t) = c + bt$ haben.

In den willkürlich wählbaren Konstanten c und a drückt sich die Vielfalt der Bewegungen aus, die bei konstanter Beschleunigung b in y- Richtung möglich sind. $a = y(0)$ ist die Anfangsposition und wegen (2) ist $c = y'(0)$ die Anfangsgeschwindigkeit in y-Richtung. Das bekannteste Beispiel für eine Bewegung bei konstanter Beschleunigung ist der freie Fall eines Körpers unter dem Einfluß der Erdbeschleunigung, die etwa $-9,81m/sec^2$ beträgt und bei nicht allzu großer Fallstrecke als konstant behandelt werden kann. Hat man Anfangsposition $y(0) = a$ und Anfangsgeschwindigkeit $y'(0) = c$ gegeben, dann gestattet (3) die Berechnung der Höhe $y(t)$ für jeden Zeitpunkt $t \geq 0$, falls die Bewegung ungestört verläuft. In Figur 45 ist $y(t)$ für die Anfangshöhe $50m$, die Anfangsgeschwindigkeit $20m/sec$ und die konstante Beschleunigung $-10m/sec^2$ skizziert. $y(t)$ entspricht also in etwa der Höhe eines Steins, der zum Zeitpunkt 0 von der Höhe $50m$ aus mit Anfangsgeschwindigkeit $20m/sec$ nach oben geworfen wird.

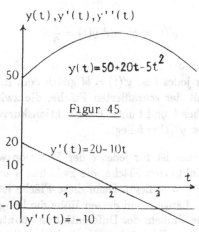

Figur 45

Die Erdbeschleunigung ist nach unten gerichtet, also negativ. Sie bremst zunächst, bis die Geschwindigkeit $y'(t) = 20 - 10t$ gleich 0 wird, was nach 2sec geschieht. Zum selben Zeitpunkt erreicht die Höhe $y(t) = 50 + 20t - 5$ ihr Maximum, der Stein also seinen höchsten Punkt. Danach fällt er immer schneller nach unten. Seine Geschwindigkeit ist nach $t$sec $20 - 10t$m/sec; so lange sie positiv ist, fliegt der Stein aufwärts, nach 2sec ist sie für einen Moment gleich 0, danach ist sie negativ.

Allerdings haben wir hier die Reibungskraft vernachlässigt, die mit wachsender Geschwindigkeit immer größer wird und daher eine nicht konstante bremsende Beschleunigung verursacht. Wenn sie so groß geworden ist, daß sie die Erdbeschleunigung ausgleicht, dann wird der Stein nicht mehr schneller und fällt mit konstanter Geschwindigkeit weiter nach unten.

Bei der Herleitung von (2) aus (1) und von (3) aus (2) haben wir den Vorgang des Differenzierens umgekehrt: wir suchten eine Funktion, deren Ableitung gleich einer gegebenen Funktion ist! Da wir die Konstanten a und c beliebig wählen konnten, gab es offenbar unendlich viele Funktionen mit der vorgegebenen Ableitung. Auch bei Übergang von (1) zu (2) änderte sich die Dimension; aus m/sec^2 für $y''(t) = b$ wurde m/sec für $y'(t) = bt + c$ und von m/sec gehen wir über zu m als Dimension von $y(t)$, wenn wir aus (2) die Formel (3) gewinnen. Eigentlich hätten wir in Figur 45 für jede dieser drei Dimensionen eine eigene Ordinatenachse zeichnen müssen.

Zwischen einer Funktion und ihrer Ableitung gibt es neben der Deutung der letzteren als Momentan-Anstieg der Funktion noch einen geometrischen Zusammenhang. Dazu führt uns folgender Spezialfall des vorigen Beispiels:

125

Sei $a = c = 0$, d.h. wir setzen $y'(0) = 0$ und $y(0) = 0$, während y'' wieder konstant gleich b sein soll. Die Bewegung entspricht also dem freien Fall eines Körpers, der zum Zeitpunkt 0 aus der Höhe 0 mit Anfangsgeschwindigkeit 0 losgelassen wird. Aus (2) und (3) folgt nun

$$y'(t) = bt \text{ und } y(t) = \frac{1}{2}bt^2 \,.$$

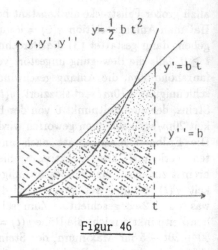

Figur 46

Aus der Figur 46 erkennen wir leicht: für jedes t ist $y'(t) = bt$ gleich dem Inhalt der schraffierten Fläche, die zwischen 0 und t unter der Funktionskurve von $y''(t) = b$ liegt.

Ferner ist für jedes t der Funktionswert $y(t) = \frac{1}{2}bt^2$ gleich dem Inhalt der punktierten Fläche, die zwischen 0 und t unterhalb der Funktionskurve von $y'(t) = bt$ liegt. Denn diese Fläche ist jeweils ein Dreieck, dessen Grundlinie die Länge t und dessen Höhe die Länge bt besitzt.
Die Umkehr der Differentiation könnte also etwas mit Flächeninhalten zu tun haben. Das nächste Kapitel wird diese Vermutung bestätigen.

AUFGABE 42: Eine Kugel wird zum Zeitpunkt $t = 0$ mit einer Anfangsgeschwindigkeit v_0 unter einem Winkel u gegen die Horizontale schräg nach oben geworfen. Welcher Winkel u führt zu maximaler Wurfweite?
Hinweis: Zerlegen Sie v_0 in die Vertikalkomponente $v_0 \sin u$ und die Horizontalkomponente $v_0 \cos u$. Dann kann man die Bahnkurve in der Parameterdarstellung (vgl.1.3) $x(t), y(t)$ erhalten, indem man $x(t)$ und $y(t)$ getrennt berechnet. Es ist $x'(0) = v_0 \cos u$ und $y'(0) = v_0 \sin u$. Ferner ist zu beachten, daß in y-Richtung die konstante Erdbeschleunigung wirkt (man runde sie auf $-10 m/sec^2$), während in der x-Richtung keine Beschleunigung wirkt.

AUFGABE 43: C.J.Pennycuick (IBIS 111 (1969),525-556 , vgl. auch Batschelet [1],S.260) gab für den Energieverbrauch von Zugvögeln, die mit Geschwindigkeit v gegen die umgebende Luft fliegen, die Formel

$$E = v^3 \cdot A\sigma + \frac{G^2}{Bv\sigma}$$

an. Dabei ist E in cal/min gemessen, G ist die Masse des Vogels in g und σ die Luftdichte in g/cm^3. v sei in m/sec gemessen, A und B sind Konstanten,

126

die von Gestalt und Physiologie des Vogels abhängen. Welche Dimensionen haben A und B? Bei welcher Geschwindigkeit v ist E am kleinsten? Dabei nehme man σ zunächst als konstant an. Es ist jedoch anzunehmen, daß sich die Zugvögel durch Wahl der Flughöhe Luftschichten mit günstigem σ aussuchen. Der Term $v^3 A\sigma$ bedeutet offenbar die Energie pro Minute, die zur Aufrechterhaltung von v nötig ist, während der zweite Term die Energie pro min bedeutet, die zur Beibehaltung der Höhe nötig ist. Der erste Term wächst mit σ, der zweite nimmt mit wachsendem σ ab. Bestimmen Sie das optimale σ, das bei gegebenem v zu minimalem E führt!

Angenommen, das optimale σ wäre $10^{-3}g/cm^3$; in welcher Höhe wäre dann diese für die Vögel optimale Luftdichte gegeben, wenn σ nach der Formel $\sigma(h) = 1,25 \cdot 10^{-3} \cdot e^{-h/8000}$ mit der Höhe h (in m über dem Erdboden) abnimmt?

AUFGABE 44: Bei einer Autokatalyse sei $x(t)$ die Menge des neugebildeten Stoffs nach t min, $a - x(t)$ die dann noch vorhandene Menge des Ausgangsmaterials (beides in g). Der neue Stoff bildet sich mit der Geschwindigkeit

$$x'(t) = kx(t)(a - x(t)) \text{ (in g/min).}$$

Welche Dimension muß der Proportionalitätsfaktor k haben? Bei welcher Menge $x(t)$ wird $x'(t)$ maximal? Man kann annehmen, daß $x'(t) > 0$ für alle $t > 0$ gilt. Man erhält dasselbe Resultat, wenn man $x'(t)$ als Funktion von t mit Hilfe der Kettenregel differenziert, oder ob man einfach den Ausdruck $kx(a - x)$ hinsichtlich x maximiert.

Wir können aber aufgrund unserer bisherigen Kenntnisse weder die Funktion $x(t)$ noch den Zeitpunkt für das maximale $x'(t)$ bestimmen. Dazu müßten wir einfache Differentialgleichungen lösen können, was wir Kapitel 7 noch lernen werden.

5 Integralrechnung

5.1 Das Riemann-Integral

Wir betrachten zunächst eine stetige Funktion $f(x)$ mit positiven Werten über einem Intervall $[a, b]$. Die Fläche, die von $[a, b]$, dem über $[a, b]$ liegenden Teil der Funktionskurve und den beiden die Punkte $(a, 0)$ und $(a, f(a))$ bzw. $(b, 0)$ und $(b, f(b))$ verbindenden Strecken begrenzt wird, nennen wir eine *Integralfläche* (s.Figur 47).

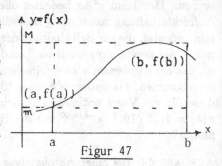

Figur 47

Als Laie zweifelt man nicht daran, daß sich einer solchen Integralfläche auch ein Flächeninhalt zuordnen läßt und daß dieser eine positive Zahl mit der Dimension einer Flächeneinheit (etwa cm^2) ist. Vorläufig gehen wir ebenfalls davon aus und schreiben für einen solchen Flächeninhalt das Symbol

$$\int_a^b f(x)\,dx \; ; \tag{1}$$

wir nennen es das *Integral* von a bis b über $f(x)$ nach dx.
a heißt die *untere*, b die *obere Integrationsgrenze*. $f(x)$ nennt man den *Integranden*.

Wie man in Figur 47 sehen kann, ist das Rechteck mit der Grundlinie $[a, b]$ und der Höhe $m = \min\{f(x)|a \leq x \leq b\}$ völlig in der Integralfläche enthalten. Andererseits umfaßt das Rechteck mit Grundlinie $[a, b]$ und Höhe $M = \max\{f(x)|a \leq x \leq b\}$ die Integralfläche ganz. Wenn also (1) sinnvoll definiert werden soll, muß folgende Abschätzung nach oben und unten richtig sein:

$$m(b - a) \leq \int_a^b f(x)\,dx \leq M(b - a) \, . \tag{2}$$

Es gibt also eine Zahl c mit

$$m \leq c \leq M \text{ und } c(b - a) = \int_a^b f(x)\,dx \, .$$

Nach dem Zwischenwertsatz (s.Satz 1.2.2) für stetige Funktionen muß es aber in $[a, b]$ mindestens eine Stelle ξ mit $f(\xi) = c$ geben; also gilt

SATZ 5.1.1 (Mittelwertsatz der Integralrechnung): Wenn $f(x)$ in $[a, b]$ stetig ist, dann gibt es ein ξ in $[a, b]$ mit

$$f(\xi)(b - a) = \int_a^b f(x)\, dx \ .$$

Nun lösen wir uns von der Annahme, daß $f(x)$ in $[a, b]$ positiv sein soll. Wenn $f(x)$ negativ ist und trotzdem (2) und der Mittelwertsatz gültig bleiben sollen, dann muß das Integral über $f(x)$ negativ sein; es soll dann den negativ zu wertenden Inhalt der Integralfläche bedeuten.

Wenn unser Integral ein vernünftiger Flächeninhaltsbegriff ist, dann muß eine Integralfläche, die durch Aneinanderfügen von zwei Integralflächen entsteht, als Inhalt die Summe der Inhalte der beiden letzteren haben. Also muß z.B. für $a < b < c$ gelten:

$$\int_a^b f(x)\, dx + \int_b^c f(x)\, dx = \int_a^c f(x)\, dx. \qquad (3)$$

Wenn wir nun noch vereinbaren, daß für beliebige a, b stets

$$\int_a^b f(x)\, dx = -\int_b^a f(x)\, dx \qquad (4)$$

gelten soll, dann können wir (3) auf beliebige Grenzen a, b, c erweitern, ohne mit der Anschauung in Widerspruch zu geraten. Speziell gilt dann für $c = a$ und beliebige b

$$\int_a^a f(x)\, dx = \int_a^b f(x)\, dx + \int_b^a f(x)\, dx = \int_a^b f(x)\, dx - \int_a^b f(x)\, dx = 0, \qquad (5)$$

was vernünftig ist, denn die zum Integral von a bis a gehörende Integralfläche ist zu einer Strecke entartet, deren Flächeninhalt natürlich gleich 0 sein muß.

Wenn nun $f(x)$ in $[a, b]$ Nullstellen hat, dann haben wir nach obigem das Integral aufzufassen als Summe der Flächeninhalte oberhalb der x-Achse minus der Summe aller Flächeninhalte unterhalb der x-Achse. Bei einer Funktion wie in Figur 48 gilt z.B.

$$\int_a^b f(x)\, dx = \int_a^{x_1} f(x)\, dx + \int_{x_1}^{x_2} f(x)\, dx + \int_{x_2}^{x_3} f(x)\, dx + \int_{x_3}^b f(x)\, dx \ ,$$

wobei der erste und der dritte Summand positiv, der zweite und der vierte negativ sind. Das heißt nicht, daß wir bei der Berechnung eines solchen Integrals die Nullstellen von $f(x)$ in $[a, b]$ bestimmen und das Integral auf diese Weise in mehrere Summanden zerlegen müßten! Das Berechnungsverfahren, das wir kennenlernen werden, berücksichtigt die verschiedenen Vorzeichen der Teilintegrale und addiert letztere automatisch auf (s.Beispiel 1 im folgenden. Wir denken uns jetzt die obere Integrationsgrenze b variabel und bezeichnen sie mit z. Dann ist

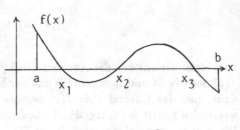

Figur 48

$$F(z) = \int_a^z f(x)\,dx \text{ eine Funktion von } z\,. \tag{6}$$

Unser Ziel ist die Berechnung von $F(z)$, aber zunächst überlegen wir, ob man $F(z)$ differenzieren kann. Dieser scheinbare Umweg bringt uns zum folgenden Satz und liefert gleichzeitig ein bequemes Berechnungsverfahren für Integrale.

SATZ 5.1.2 (Hauptsatz der Integralrechnung): Wenn $f(x)$ in $[a, b]$ stetig ist, dann ist für alle z mit $a < z < b$

$$F(z) = \int_a^z f(x)\,dx \text{ differenzierbar und } F'(z) = f(z)\,.$$

<u>Beweis:</u> Wegen (3) ist für positive wie für negative Δ

$$F(z+\Delta) = \int_a^{z+\Delta} f(x)\,dx = \int_a^z f(x)\,dx + \int_z^{z+\Delta} f(x)\,dx = F(z) + \int_z^{z+\Delta} f(x)\,dx\,,$$

$$\text{also } \frac{F(z+\Delta) - F(z)}{\Delta} = \frac{1}{\Delta}\int_z^{z+\Delta} f(x)\,dx\,.$$

$|\Delta|$ sei so klein, daß mit z auch $z + \Delta$ in (a, b) liegt; nach Satz 5.1.1 gibt es zwischen z und $z + \Delta$ ein ξ mit

$$\int_z^{z+\Delta} f(x)\,dx = f(\xi)(z + \Delta - z) = f(\xi)\Delta\,.$$

Wegen (4) können wir hier Satz 5.1.1 auch anwenden, wenn $\Delta < 0$ ist. Setzen wir nun für Δ eine beliebige Nullfolge Δ_i ein, dann gibt es also für alle hinreichend kleinen $|\Delta_i|$ zu Δ_i ein ξ_i mit

$$\frac{F(z+\Delta_i) - F(z)}{\Delta_i} = f(\xi_i) \text{ und } \xi_i \text{ zwischen } z \text{ und } z + \Delta_i\,.$$

130

Für $\Delta_i \to 0$ konvergiert daher ξ_i gegen z und da $f(x)$ stetig an der Stelle $x = z$ ist, konvergiert die Folge $f(\xi_i)$ für jede beliebige Nullfolge Δ_i gegen $f(z)$. Also ist $F(z)$ für jedes z in (a, b) differenzierbar und $F'(z) = f(z)$.

In Figur 49 ist die Zerlegung

$$F(z + \Delta) = F(z) + \int_z^{z+\Delta} f(x)\, dx$$

für $\Delta > 0$ veranschaulicht. Eine Folgerung aus dem Hauptsatz ist der folgende Satz, der das übliche Berechnungsverfahren für Integrale angibt.

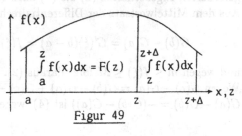

Figur 49

SATZ 5.1.3: Wenn $f(x)$ stetig in $[a, b]$ ist und $G(x)$ eine in $[a, b]$ differenzierbare Funktion mit der Ableitung $G'(x) = f(x)$ ist, dann ist

$$\int_a^b f(x)\, dx = G(b) - G(a). \qquad (7)$$

Beweis: Nach dem Hauptsatz ist $F(z)$ für alle z in (a, b) differenzierbar und $F'(z) = f(z)$. Wenn nun $G(z)$ eine differenzierbare Funktion ist, deren Ableitung $G'(z)$ für alle z in (a, b) ebenfalls gleich $f(z)$ ist, dann gilt

$$(G(z) - F(z))' = f(z) - f(z) = 0 \text{ für alle } z \text{ in } (a, b);$$

nach Satz 4.3.5 ist daher $G(z) - F(z)$ für alle z in $[a, b]$ gleich einer Konstanten c, also $F(z) = G(z) - c$. Da nun

$$F(a) = \int_a^a f(x)\, dx = 0, \text{ folgt } F(a) = G(a) - c = 0,$$

also $c = G(a)$. Für alle z aus $[a, b]$ gilt somit $F(z) = G(z) - G(a)$, also ist auch

$$\int_a^b f(x)\, dx = F(b) = G(b) - G(a). \qquad (8)$$

Daraus ergibt sich das folgende einfache Berechnungsverfahren: Man sucht eine sog. *Stammfunktion zu* $f(x)$, das ist eine Funktion $G(x)$, deren Ableitung $G'(x)$ gleich $f(x)$ ist; eine solche Funktion $G(x)$ nennt man auch ein *unbestimmtes Integral* von $f(x)$. Dagegen heißen die bisher betrachteten Integrale mit gegebenen Integrationsgrenzen *bestimmte Integrale*. Nach Satz 5.1.3 ist das bestimmte Integral von a bis b über eine stetige Funktion $f(x)$ nach dx gleich

$G(b) - G(a)$, wenn $G(x)$ Stammfunktion zu $f(x)$ ist. Für eine Stammfunktion (=unbestimmtes Integral) zu $f(x)$ schreibt man als Symbol $\int f(x)\,dx$.

Wir können nun nachprüfen, daß die so berechneten bestimmten Integrale die geforderten Eigenschaften (2) bis (5) auch tatsächlich besitzen:
Aus dem Mittelwertsatz der Differentialrechnung (Satz 4.3.4) folgt

$$G(b) - G(a) = G'(\xi)(b - a) = f(\xi)(b - a) \text{ für ein } \xi \text{ in (a,b)}$$

und wegen $m \le f(\xi) \le M$ folgt daraus (2).
Wegen $G(c) - G(a) = G(b) - G(a) + G(c) - G(b)$ folgt (3) und wegen $G(a) - G(b) = -(G(b) - G(a))$ ist (4), wegen $G(a) - G(a) = 0$ ist (5) erfüllt.

BEISPIEL 1: $\sin x$ ist Stammfunktion zu $\cos x$, weil $(\sin x)' = \cos x$. Damit können wir jedes bestimmte Integral über $\cos x$ berechnen. So ist etwa

$$\int_0^{\pi/2} \cos x\,dx = \sin\frac{\pi}{2} - \sin 0 = 1, \quad \int_0^{\pi} \cos x\,dx = \sin \pi - \sin 0 = 0 - 0 = 0$$

(der Wert 0 ergibt sich, weil die über dem Intervall $[0, \frac{\pi}{2}]$ liegende Integralfläche so groß ist wie die unterhalb von $[\frac{\pi}{2}, \pi]$ liegende).

Oft schreibt man $G(x)|_a^b$ statt $G(b) - G(a)$; man spart dadurch Platz, wenn $G(x)$ ein längerer Ausdruck ist, wie beim folgenden

BEISPIEL 2: $\displaystyle\int_{-1}^{3} (x^4 - 2x^3 + x^2 - 3x + 5)dx = \frac{1}{5}x^5 - \frac{1}{2}x^4 + \frac{1}{3}x^3 - \frac{3}{2}x^2 + 5x\,|_{-1}^3 =$

$$= (\frac{243}{5} - \frac{81}{2} + 9 - \frac{27}{2} + 15) - (\frac{-1}{5} - \frac{1}{2} - \frac{1}{3} - \frac{3}{2} - 5) = 26,133 \ .$$

Durch Differenzieren prüft man leicht nach, daß das zweite Polynom tatsächlich eine Stammfunktion des Integranden ist.

Wir wissen nun also, wie sich der Inhalt einer Integralfläche mit Hilfe einer Stammfunktion berechnen läßt, vorausgesetzt, daß ein solcher Inhalt überhaupt definiert werden kann. Dies ist einfach, wenn die Funktionskurve von $f(x)$ eine Gerade ist, denn dann ist die Integralfläche eine aus der elementaren Geometrie bekannte Figur, nämlich ein Trapez, ein Dreieck, oder sie besteht aus zwei Dreiecken. Zum Beispiel ist $\int_1^4 (6 - x)\,dx$ der Inhalt eines Trapezes, dessen parallele Seiten die Längen $f(1) = 5$ und $f(4) = 2$ haben und dessen Höhe gleich 4-1=3 ist. Nach der Trapezformel ist die Integralfläche somit gleich

$\frac{1}{2}(5+2)3 = 10,5$; dasselbe erhalten wir mit der Stammfunktion $6x - x^2/2$, nämlich

$$6x - x^2/2|_1^4 = (24 - 16/2) - (6 - 1/2) = 10,5 .$$

Im allgemeinen ist die Funktionskurve jedoch gekrümmt und dann definiert man den Flächeninhalt als Grenzwert einer Folge von geradlinig begrenzten Figuren. Ähnlich macht man es ja auch beim Kreis, dessen Inhalt definiert wird als Grenzwert des Inhalts einbeschriebener regelmäßiger n-Ecke für $n \to \infty$. Wir gehen aus von einer Zerlegung des Integrationsweges [a,b] in n Teilintervalle, die wir mit den Nummern $1, 2, \ldots, n$ versehen. Dabei sei a der Anfangspunkt des ersten, b der Endpunkt des n-ten Teilintervalls und für $i = 1, 2, \ldots, n - 1$ sei stets der Endpunkt des i-ten Teilintervalls gleich dem Anfangspunkt des nächsten Teilintervalls (s.Figur 50) Nun sei m_i das absolute

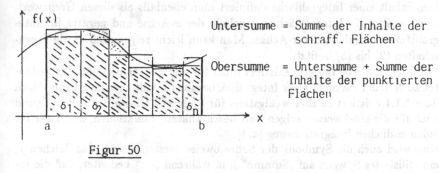

Untersumme = Summe der Inhalte der schraff. Flächen

Obersumme = Untersumme + Summe der Inhalte der punktierten Flächen

Figur 50

Minimum, M_i das absolute Maximum von $f(x)$ über dem i-ten Teilintervall. Beide existieren, weil wir $f(x)$ nach wie vor als stetig in $[a, b]$ voraussetzen. Wenn δ_i die Länge des i- ten Teilintervalls ist, dann gilt offenbar

$$\sum_{i=1}^n m_i \delta_i \leq \sum_{i=1}^n M_i \delta_i .$$

Die linke Summe nennt man die *Untersumme,* die rechte Summe die *Obersumme* zu der gegebenen Zerlegung von $[a, b]$ in die n Teilintervalle.

Bezeichnung: Eine *Zerlegungsfolge* ist für $[a, b]$ gegeben, wenn für alle $n = 1, 2, \ldots$ eine Zerlegung von $[a, b]$ in n Teilintervalle gegeben ist, wobei für $n \to \infty$ das Maximum der Intervallängen gegen 0 konvergiert.

Es ist wohl einleuchtend, daß der Unterschied zwischen Ober- und Untersumme bei immer feiner werdender Zerlegung geringer werden wird. Man kann sogar zeigen:

SATZ 5.1.4: Wenn $f(x)$ in $[a, b]$ stetig (oder auch nur stückweise stetig

133

und beschränkt) ist, dann konvergieren die Untersummen und die Obersummen von $f(x)$ über $[a, b]$ für jede beliebige Zerlegungsfolge gegen denselben Grenzwert.

Auf diesem Satz beruht die Integraldefinition nach Riemann (1826-1866):

DEFINITION: Wenn für jede Zerlegungsfolge des Intervalls $[a, b]$ die Untersummen und die Obersummen von $f(x)$ gegen denselben Grenzwert konvergieren, dann nennen wir letzteren das Riemann'sche

Integral von a bis b über $f(x)$ nach dx, geschrieben: $\displaystyle\int_a^b f(x)\, dx$.

Den Inhalt einer Integralfläche definiert man ebenfalls als diesen Grenzwert; er ist positiv für Integralflächen oberhalb der x-Achse und negativ für Integralflächen unterhalb der x-Achse. Man kann leicht zeigen, daß er die Eigenschaften (2) bis (5) besitzt.

Das Riemann'sche Integral existiert nicht für alle Funktionen und das bedeutet auch, daß man nicht jeder Integralfläche einen Inhalt zuordnen kann. Nach Satz 5.1.4 existiert es aber wenigstens für die große Klasse der stetigen (und auch für die stückweise stetigen und beschränkten) Funktionen, und zwar für jeden endlichen Integrationsweg $[a, b]$.

Nun wird auch die Symbolik der Schreibweise verständlicher: das Zeichen $\int$, ein stilisiertes S, weist auf „Summe" hin, während „dx" bedeutet, daß die Intervallängen δ_i für $n \to \infty$ gegen 0 gehen.

BEISPIEL 3: Einem senkrecht auf eine Ebene blickenden Beobachter erscheint ein Stäbchen der Länge 1 mit der Länge $\cos x$, wenn es mit der Ebene den Winkel x (im Bogenmaß) bildet. Wenn x der Reihe nach die Werte $k\frac{\pi}{2n}$, $k = 1, 2, \ldots, n$ annimmt, dann ist der Durchschnitt der n scheinbaren Längen gleich

$$\frac{1}{n} \sum_{k=1}^n \cos \frac{k}{2n}\pi = \frac{1}{\frac{\pi}{2}} \cdot \frac{\pi}{2n} \sum_{k=1}^n \cos \frac{k}{2n}\pi \ ,$$

wobei die rechte Seite erkennen läßt, daß es sich um eine durch $\pi/2$ dividierte Untersumme des Integrals über $\cos x$ von 0 bis $\pi/2$ handelt. Für große n gilt also

$$\frac{1}{n} \sum_{k=1}^n \cos \frac{k}{2n}\pi \approx \frac{2}{\pi} \cdot \int_0^{\pi/2} \cos x \, dx = \frac{2}{\pi} = 0,63662$$

und gegen diesen Wert strebt der Durchschnitt aller n scheinbaren Längen für $n \to \infty$. Als Übung rechne man nach, daß sich für $n = 6$ der Durchschnittswert zu ca. 0,55 ergibt. Er ist kleiner als der Grenzwert für $n \to \infty$, weil auch die zu $n = 6$ gehörende Untersumme noch beträchtlich kleiner als das Integral ist.

Dieses Beispiel erinnert noch einmal an den Mittelwertsatz (Satz 5.1.1), nach dem ein Integral gleich der Länge $(b-a)$ des Integrationsweges mal einem „Durchschnittswert" $f(\xi)$ des Integranden sein muß!

5.2 Integrationsregeln

Die Suche nach einer Stammfunktion bedeutet die Umkehr der Differentiation. Daher läßt sich aus jeder Differentiationsregel eine Integrationsregel gewinnen. Wir stellen letztere im folgenden zusammen, wobei

$$\int f(x)\, dx = \ldots \text{ zu lesen ist: „\underline{eine} Stammfunktion zu } f(x) \text{ ist } \ldots \text{".}$$

Zu jeder Stammfunktion könnte man ja noch eine beliebige Konstante addieren und hätte wieder eine Stammfunktion.

1.Regel: $\int 0\, dx = c$, wobei c eine beliebige Konstante ist.

2.Regel: $\int x^n\, dx = x^{n+1}/(n+1)$ für $n = 0, 1, 2, \ldots$.

3.Regel: $\int (f(x) + g(x))dx = \int f(x)\, dx + \int g(x)\, dx$; diese Regel läßt sich ohne weiteres auf endlich viele Summanden erweitern.

4.Regel: $\int cf(x)\, dx = c \int f(x)\, dx$.

5.Regel: $\int e^x\, dx = e^x$.

Die Produktregel der Differentialrechnung lautete:

$$(f(x)g(x))' = f(x)g'(x) + f'(x)g(x) ;$$

durch Integration auf beiden Seiten erhalten wir daraus bei Berücksichtigung der obigen 3.Regel zunächst

$$f(x)g(x) = \int f(x)g'(x)\, dx + \int f'(x)g(x)\, dx \text{ und daraus als}$$

6.Regel: $\int f'(x)g(x)\, dx = f(x)g(x) - \int f(x)g'(x)\, dx$. Man wendet diese Regel der sog. *partiellen Integration* an, wenn das Integral auf der rechten Seite einfacher ist als das linke, das wir uns gegeben denken. Die Kunst besteht

darin, einen gegebenen Integranden als ein Produkt der Form $f'(x)g(x)$ aufzufassen und vorherzusehen, daß $f(x)g'(x)$ einfacher zu integrieren sein wird
als $f'(x)g(x)$.

BEISPIEL 1: Im Integral $\int xe^{-x}\,dx$ fassen wir e^{-x} als $f'(x)$ auf und x sei $g(x)$.
Dann ist $f(x) = -e^{-x}$ nicht komplizierter als $f'(x)$ und $g'(x) = 1$. Mit
der 6.Regel erhalten wir also

$$\int xe^{-x}\,dx = -e^{-x}\cdot x - \int -e^{-x}\cdot 1\,dx = -xe^{-x} + \int e^{-x}\,dx = -e^{-x}(x+1).$$

Mit Hilfe dieser Stammfunktion können wir beliebige bestimmte Integrale über xe^{-x} ausrechnen, z.B.

$$\int_0^2 xe^{-x}\,dx = -e^{-x}(x+1)\big|_0^2 = -e^{-2}(3) - (-e^0 \cdot 1) = 1 - 3e^{-2}.$$

BEISPIEL 2: Wir fassen das Integral

$$\int \ln x\,dx \text{ auf als } \int 1 \cdot \ln x\,dx \text{ mit } 1 = f'(x) \text{ und } \ln x = g(x);$$

da $g'(x) = 1/x$, erhalten wir durch partielle Integration

$$\int \ln x\,dx = x \ln x - \int x\frac{1}{x}\,dx = x \ln x - x.$$

7.Regel (Substitutionsregel): Hier gibt es zwei Varianten: a) Gesucht ist ein
bestimmtes Integral von a bis b über eine in $[a,b]$ stetige Funktion $f(x)$.
Definiert man dann x als Funktion $x(u)$ einer Hilfsvariablen u auf einem In-
tervall $[\alpha,\beta]$ mit $a = x(\alpha)$, $b = x(\beta)$, und stetiger Ableitung $x'(u)$ auf $[\alpha,\beta]$,
dann gilt

$$\int_a^b f(x)\,dx = \int_\alpha^\beta f(x(u))x'(u)\,du.$$

Man sucht dabei die Funktion $x(u)$ so zu wählen, daß das rechte Integral einfacher wird als das linke.
b) Gesucht ist eine Stammfunktion zu $f(x)$; ist dann $x(u)$ eine Funktion mit
$x'(u) \neq 0$ für alle u aus einem offenen Intervall und ist $H(u)$ eine Stammfunktion zu $f(x(u))x'(u)$, dann ist $H(u(x))$ Stammfunktion zu $f(x)$ für alle x aus
dem Wertebereich von $x(u)$. ($u(x)$ ist die Umkehrfunktion von $x(u)$.) Liegt
dann ein Intervall $[a,b]$ im Wertebereich von $x(u)$, dann gilt

$$\int_a^b f(x)\,dx = H(u(x))\big|_a^b = H(u(b)) - H(u(a)).$$

136

Wir zeigen zunächst beide Varianten am

BEISPIEL 3: Wir substituieren $x(u) = u^2 - 1$, $u = \sqrt{x+1}$ im Integral

$$\int_1^4 \frac{x-1}{\sqrt{x+1}}\, dx \; ; \text{ da } x'(u) = 2u \text{ und } 1 = x(\sqrt{2}),\ 4 = x(\sqrt{5}),$$

wird es nach der Variante a) zu

$$\int_{\sqrt{2}}^{\sqrt{5}} \frac{u^2-1}{u} 2u\, du = \int_{\sqrt{2}}^{\sqrt{5}} 2(u^2-2)du = \frac{2}{3}u^3 - 4u\big|_{\sqrt{2}}^{\sqrt{5}} =$$

$$= \frac{2}{3}(\sqrt{5})^3 - 4\sqrt{5} - [\frac{2}{3}(\sqrt{2})^3 - 4\sqrt{2}] = \frac{8}{3}\sqrt{2} - \frac{2}{3}\sqrt{5}\,.$$

Wenden wir Variante b) der 7.Regel auf denselben Integranden $(x-1)/\sqrt{x+1}$ und dieselbe Substitution $x(u) = u^2 - 1$, $u(x) = \sqrt{x+1}$ wie eben an, dann bestimmen wir zunächst eine Stammfunktion zu

$$f(x(u))x'(u) = \frac{x(u)-1}{\sqrt{x(u)+1}} = \frac{u^2-2}{u}2u = 2u^2 - 4$$

und finden eine solche leicht in $H(u) = \frac{2}{3}u^3 - 4u$. Setzen wir nun $u(x) = \sqrt{x+1}$ für u in $H(u)$ ein, erhalten wir

$$H(u(x)) = \frac{2}{3}(\sqrt{x+1})^3 - 4\sqrt{x+1} \text{ als Stammfunktion zu } f(x) = \frac{x-1}{\sqrt{x+1}}\,.$$

Dies kann man leicht durch Differenzieren nachprüfen. Wir können uns die Hilfsfunktion $x(u) = u^2 - 1$ für alle $u > 0$ gegeben denken, denn es gilt $x'(u) = 2u \neq 0$ für $u > 0$. Der Wertebereich von $x(u)$ besteht dann aus allen x mit $x > -1$. Daher ist für jedes Intervall $[a, b]$ mit $-1 < a \leq b$

$$\int_a^b \frac{x-1}{\sqrt{x+1}}\, dx = \frac{2}{3}(\sqrt{x+1})^3 - 4\sqrt{x+1}\big|_a^b\;;$$

Für $a = 1$, $b = 4$ erhalten wir natürlich dasselbe Resultat wie zuvor mit der Variante a).

Beweis der Substitutionsregel:

a) Ist $G(x)$ eine Stammfunktion von $f(x)$, dann ist das Integral

$$\int_a^b f(x)dx = G(b) - G(a) = G(x(\beta)) - G(x(\alpha)),$$

wenn $x(\alpha) = a$, $x(\beta) = b$. Nach der Kettenregel hat die Funktion $G(x(u))$ die Ableitung $\frac{d}{du} G(x(u)) = G'(x(u))x'(u)$.

Wenn also das Integral

$$\int_\alpha^\beta f(x(u))x'(u)du \text{ existiert, dann ist es } \underline{\text{auch}} \text{ gleich } G(x(\beta)) - G(x(\alpha))\,.$$

137

Die Existenz dieses Integrals ist aber durch die Voraussetzungen gesichert: mit $x'(u)$ ist auch $x(u)$ stetig in $[\alpha, \beta]$ und $f(x(u))$ ist als zusammengesetzte Funktion wegen der Stetigkeit von $x(u)$ und $f(x)$ ebenfalls stetig in $[a, b]$ (vgl. Satz 1.2.5).

b) Da $x(u)$ für ein offenes Intervall gegeben ist und dort $x'(u) \neq 0$ ist, wächst oder fällt $x(u)$ streng monoton und der Wertebereich von $x(u)$ ist wieder ein offenes Intervall. Auf letzterem ist die Umkehrfunktion $u(x)$ eindeutig bestimmt und auch $u'(x)$ ist dort $\neq 0$;

Ist nun $H(u)$ eine Stammfunktion zu $f(x(u))x'(u)$, dann gilt für alle x aus dem Wertebereich von $x(u)$ nach der Kettenregel

$$\frac{d}{dx}H(u(x)) = H'(u(x))u'(x) = f(x(u(x)))x'(u)u'(x) = f(x) \,,$$

denn $x(u(x)) = x$ und $x'(u) = 1/u'(x)$.

Wenn wir also in $H(u)$ eine Stammfunktion zu $f(x(u))x'(u)$ finden können, dann haben wir in $H(u(x))$ eine Stammfunktion zu $f(x)$.

BEISPIEL 4: Wir suchen eine Stammfunktion zu $f(x) = a^x$ mit $a > 0$. $a^x = e^{x \ln a} = e^u$, wenn wir $u = x \ln a$ setzen. Für $x(u) = u/\ln a$ ist $x'(u) = 1/\ln a$ und somit ist $f(x(u))x'(u)$ hier gleich $e^u/\ln a$; diese Funktion von u ist Stammfunktion von sich selbst und wenn wir hier $u(x) = x \ln a$ für u einsetzen, erhalten wir die Stammfunktion von a^x zu

$$\int a^x \, dx = \frac{1}{\ln a} e^{x \ln a} = \frac{1}{\ln a} a^x \,.$$

Wir merken uns also als 8.Regel: Für alle $a > 0$ ist $\int a^x \, dx = a^x/\ln a$.

Wegen $(\ln x)' = 1/x$ gilt für $x > 0$, also den Bereich, in dem $\ln x$ definiert ist, daß $\int (1/x) dx = \ln x$.

Für $x < 0$ ist $\ln(-x)$ definiert und nach der Kettenregel ist

$$(\ln(-x))' = \frac{1}{-x}(-1) = \frac{1}{x} \,, \quad \text{also} \quad \int \frac{1}{x} = \ln(-x) = \ln|x| \,.$$

Da für $x > 0$ die Funktionen $|x|$ und x identisch sind, folgt als 9.Regel: Sowohl im Bereich $x > 0$ wie im Bereich $x < 0$ gilt

$$\int \frac{1}{x} \, dx = \ln|x| \,.$$

Man muß bei bestimmten Integralen aber darauf achten, daß der Integrationsweg nicht durch 0 führt! Denn sonst wäre der Integrand $1/x$ nicht beschränkt und in 0 nicht definiert. Das Integral würde nicht existieren!

138

Für $a \neq 0$ hatten wir die Differentiationsregel $(x^a)' = ax^{a-1}$; multiplizieren wir die Gleichung mit $1/a$ und integrieren wir auf beiden Seiten, so wird daraus die Integrationsregel $\frac{1}{a}x^a = \int x^{a-1}\, dx$ und setzen wir $a - 1 = \alpha$, dann erhalten wir als

10.Regel: Für alle $\alpha \neq -1$ gilt

$$\int x^\alpha\, dx = \frac{1}{\alpha + 1}x^{\alpha+1}\,.$$

Aus den Regeln $(\sin x)' = \cos x$, $(\cos x)' = -\sin x$ folgt die

11.Regel: $\int \cos x\, dx = \sin x$, $\int \sin x\, dx = -\cos x$, (falls x das Bogenmaß!)

12.Regel: Wenn $x = g(y)$ Umkehrfunktion zu $y = f(x)$ und $f'(x)$ im betrachteten Bereich $\neq 0$ ist, dann gilt

$$g(y) = \int \frac{1}{f'(g(y))}\, dy\,.$$

Dies folgt aus der Differentiationsregel $g'(y) = 1/f'(x)$ mit $x = g(y)$.

BEISPIEL 5: Im Bereich $-\frac{\pi}{2} < x < \frac{\pi}{2}$ verläuft $y = \tan x$ streng monoton und daher gibt es eine eindeutig bestimmte Umkehrfunktion, die wir mit $x = \arctan y$ bezeichnen. Dies bedeutet, daß x der Winkel im Bogenmaß (Bogen = arcus) zwischen $-\pi/2$ und $\pi/2$ ist, dessen tangens gleich y ist. Die Ableitung von $f(x) = \tan x$ ist $f'(x) = 1 + \tan^2 x$, wie man leicht mit der Quotientenregel nachrechnet. Nach der 12.Regel ist also

$$\arctan y = \int \frac{1}{1 + \tan^2(\arctan y)}\, dy = \int \frac{1}{1 + y^2}\, dy$$

Da der tangens zwischen $-\pi/2$ und $\pi/2$ alle reellen Zahlen zwischen $-\infty$ und ∞ annimmt, ist seine Umkehrfunktion arctan überall definiert; wir können also für beliebige Intervalle $[a, b]$ das Integral

$$\int_a^b \frac{1}{1 + y^2}\, dy = \arctan b - \arctan a \text{ berechnen.}$$

Zum Beispiel erhalten wir für $a = -1$, $b = 1$ den Wert $(\pi/4) - (-\pi/4) = \pi/2$.

Wenn eine Funktion von der Form $f'(x)/f(x)$ ist, dann ist sie die Ableitung von $\ln |f(x)|$; denn wenn $f(x) > 0$, dann ist

$$[\ln |f(x)|]' = [\ln f(x)]' = \frac{1}{f(x)}f'(x) \text{ wegen der Kettenregel}$$

und wenn $f(x) < 0$, dann erhalten wir wieder mit der Kettenregel

$$[\ln|f(x)|]' = [\ln(-f(x))]' = \frac{1}{-f(x)}(-f'(x)) = f'(x)/f(x) \text{ . Also folgt als}$$

<u>13.Regel:</u> $\int(f'(x)/f(x))dx = \ln|f(x)|$.

Bestimmte Integrale im Riemann'schen Sinn existieren hier im allgemeinen nur, wenn der Integrationsweg keine Nullstelle von $f(x)$ enthält, denn dort wäre $f'(x)/f(x)$ nicht definiert.

BEISPIEL 6: $\tan x$ ist von der Form $-f'(x)/f(x)$ mit $f(x) = \cos x$, denn $(\cos x)' = -\sin x$; es folgt also

$$\int \tan x \, dx = -ln|\cos x| \text{ .}$$

Mit Hilfe solcher Regeln kann man für sehr viele Funktionen Stammfunktionen bestimmen. Es gibt aber auch Stammfunktionen, die sich nicht durch die üblichen Funktionssymbole ausdrücken lassen. Dazu gehören auch Stammfunktionen von relativ einfachen Funktionen, wie z.B. die in der Statistik wichtige Stammfunktion von e^{-x^2} oder die von $1/\ln x$.

<u>AUFGABE 45:</u> Man integriere partiell $\int x^2 e^{-x} dx$ und $\int \cos^2 x \, dx$.
<u>AUFGABE 46:</u> Man berechne den Inhalt des halben Einheitskreises als Integral. (Hinweis: man integriert $\sqrt{1-x^2}$ und substituiert $x = \sin u$.)
<u>AUFGABE 47:</u> Berechnen Sie die bestimmten Integrale

$$\int_0^{\pi/2} \sin x \cdot \cos x \, dx \text{ ; } \quad \int_0^{\pi/2} \sin 2x \, dx \text{ ; } \quad \int_1^9 \frac{\ln x}{x} \, dx \text{ .}$$

<u>AUFGABE 48:</u> In einer zylindrischen Boden-
probe vom Querschnitt q ist Wasser mit einer Dichte ρ enthalten, die mit der Tiefe x
zunimmt, und zwar gelte

$$\rho(x) = \rho_0 \, e^{\alpha x} \text{ .}$$

Welche Wassermenge enthält die Probe,
wenn h die Höhe des Zylinders ist?

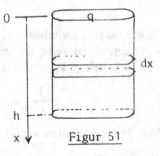

Figur 51

Hinweis: Man denke sich die Probe in dünne horizontale Schichten der Dicke dx zerlegt. Eine solche Schicht enthält dann etwa die Menge $\rho(x)qdx$ Wasser, wenn sie sich in der Tiefe x befindet. Die Summe aller dieser Mengen ergibt als Grenzwert für immer dünnere Schichten das Integral $\int_0^h q\rho(x)\,dx$.

140

5.3 Dimensionsbetrachtung und Anwendungen

Die Integralrechnung braucht man häufig, wenn variable Geschwindigkeiten, Beschleunigungen, Quellstärken, Dichten oder auch Vermehrungsquoten als Funktionen der Zeit oder einer anderen Variablen gegeben sind. Das Integral über eine solche Funktion hat dann auch eine physikalische Bedeutung und seine Dimension ist anders als die des Integranden $f(x)$. Da dieser durch Ableitung nach x aus dem unbestimmten Integral $\int f(x)dx$ gewonnen werden kann, ist seine Dimension die des Integrals, dividiert durch die Dimension von x. Daraus folgt:

$$\boxed{\text{Dimension von } \int f(x)\,dx = (\text{Dimension von } f(x))(\text{Dimension von } x)}$$

Dasselbe gilt für die Dimension eines bestimmten Integrals; es ist ja die Differenz zweier Werte eines unbestimmten Integrals. Zudem ist es ja der Grenzwert von Untersummen bzw. Obersummen, die sich ihrerseits aus Rechteckflächen mit der Dimension $\sqsubset f(x_i) \sqsupset \cdot \sqsubset \delta_i \sqsupset = \sqsubset f(x) \sqsupset \cdot \sqsubset x \sqsupset$ zusammensetzen. Wir haben zwar von Integralflächen gesprochen, doch haben diese die Dimension einer geometrischen Fläche nur dann, wenn sowohl x als auch $f(x)$ die Dimension einer Länge hat. Ist etwa $f(z)$ die Geschwindigkeit eines Körpers zur Zeit z bezüglich einer gewissen Richtung, dann ist

$$\int_0^t f(z)\,dz \text{ der von } z = 0 \text{ bis } z = t \text{ zurückgelegte Weg}$$

in dieser Richtung. Dieser hat die Dimension m, wenn $\sqsubset f(z) \sqsupset = m/sec$ und $\sqsubset z \sqsupset = sec$ ist.

Betrachten wir gleich allgemein den Zusammenhang zwischen

Beschleunigung, Geschwindigkeit und Weg.

In 4.4 haben wir schon den Spezialfall der konstanten Beschleunigung behandelt. Sei nun

$y''(t)$ die momentane Beschleunigung in y-Richtung, die ein Körper zur Zeit t erfährt,

$y'(t)$ die momentane Geschwindigkeit, mit der er sich zur Zeit t in y- Richtung bewegt und

$y(t)$ sein Ort bezüglich der y-Skala zur Zeit t, also die y-Koordinate des Punkts, in dem er sich zur Zeit t befindet.

Dabei stellen wir uns den Körper entweder punktförmig vor, oder wir bezeichnen seinen Schwerpunkt als den Punkt, in dem er sich jeweils befindet.

Sei nun $y'''(t)$ ab einem Zeitpunkt t_0 gegeben; dann ist für $t_0 < t_1$

$$\int_{t_0}^{t_1} y''(t)\, dt = y'(t_1) - y'(t_0)$$

der Zuwachs der Geschwindigkeit von t_0 bis t_1 (bzw. ihre Abnahme, wenn $y''(t)$ und damit auch das Integral negativ ist). Wenn wir die Anfangsgeschwindigkeit $y'(t_0)$ kennen, haben wir damit die Geschwindigkeit für jeden späteren Zeitpunkt t_1, denn es folgt

$$y'(t_1) = y'(t_0) + \int_{t_0}^{t_1} y''(t)\, dt \ . \tag{1}$$

Integrieren wir nun über die Geschwindigkeit $y'(t)$, dann ist

$$\int_{t_0}^{t_1} y'(t)\, dt = y(t_1) - y(t_o) \ \text{die Länge der Strecke,}$$

um die sich die Position des Körpers von t_0 bis t_1 in y-Richtung verändert. Dabei heben sich Wegstrecken auf, wenn sie einmal in der y- Richtung und einmal in der Gegenrichtung durchlaufen werden. Die insgesamt zurückgelegte Weglänge kann also größer sein, als die obige Differenz, die nur die resultierende Verschiebung in y-Richtung angibt; dazu müßte allerdings $y'(t)$ im Zeitintervall (t_0, t_1) das Vorzeichen wechseln. Kennen wir also $y(t_0)$ und $y'(t)$ für $t \geq t_0$, dann können wir die Position bezüglich der y-Skala zu jedem Zeitpunkt $t_1 > t_0$ angeben:

$$y(t_1) = y(t_0) + \int_{t_0}^{t_1} y'(t)\, dt \ . \tag{2}$$

Als Übung sollte man aus diesen Formeln (1) und (2) die schon in 4.4 für den Spezialfall $y''(t) = b = konst.$ angegebenen Formeln noch einmal herleiten.

Als nächste Anwendung der Integralrechnung betrachten wir den Begriff der

Arbeit

Wirkt eine konstante Kraft K bei einer Bewegung in x-Richtung, dann ist die von ihr verrichtete Arbeit bekanntlich gleich $K \cdot \Delta$, wenn sie eine Verschiebung Δ in x-Richtung bewirkt. Allgemeiner definiert man für eine mit x variable Kraft $K(x)$, die in x-Richtung wirkt und Verschiebung von x_0 bis x_1 ausführt,

$$\int_{x_0}^{x_1} K(x)\, dx \ \text{als die geleistete Arbeit.} \tag{3}$$

142

Maßeinheiten für die Arbeit sind $1\,erg = 1\,dyn\,cm$ oder $1\,J = 1\,Nm$; $1\,N$ (ein Newton) und $1\,dyn$ sind Krafteinheiten, wobei $1\,N = 10^5\,dyn$. Also ist $1\,J = 10^7\,erg$.

Arbeit und Energie lassen sich ineinander umwandeln und haben daher dieselbe Dimension. So hat z.B. eine gespannte Feder eine potentielle Energie, die gleich der zum Spannen aufgewendeten Arbeit ist, ein Stein, der von einem Turm fällt, hat beim Aufprall eine kinetische Energie, die gleich der Arbeit ist, die es kostete, ihn auf den Turm zu bringen usw. (all dies gilt exakt nur bei Vernachlässigung von Reibungsverlusten).

BEISPIEL 1: Die Zugkraft $K(x)$, die eine um $x\,cm$ gedehnte Spiralfeder entwickelt, ist nach dem Hooke'schen Gesetz gleich $K(x) = k \cdot x$; der Proportionalitätsfaktor k hat die Dimension Kraft/Länge, also etwa N/cm. Welche Arbeit kostet es nun, die Feder um $10\,cm$ zu verlängern?

Bezeichnen wir die Ruhelage des Federendes, an dem gezogen wird, mit $x = 0$, dann wirkt die Kraft $K(x) = kx$ in x-Richtung und die zu leistende Arbeit ist

$$\int_0^{10} kx\,dx = \frac{k}{2}x^2\big|_0^{10} = 50k(Ncm) = 0{,}5k\,(Nm) = 0{,}5k\,(J)\,.$$

Flächen- und Rauminhalte

Mit Integralrechnung kann man nicht nur Integralflächen, sondern auch allgemeinere Flächeninhalte bestimmen.

So läßt sich z.B. der Inhalt der in Figur 52 skizzierten Fläche Q als Differenz von zwei Integralen ausdrücken:

Inhalt von Q $= \displaystyle\int_a^b f(x)dx - \int_a^b g(x)dx$.

Noch wichtiger ist die Bestimmung von Rauminhalten über Integrale. Schneidet man einen Körper mit einer Ebene, die senkrecht zur x-Achse ist, dann ergibt sich eine Querschnittfläche, deren Inhalt $q(x)$ abhängig von der Stelle x ist, in der die Ebene die x-Achse schneidet.

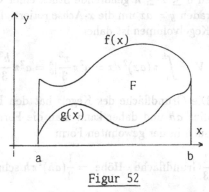

Figur 52

Man wird versuchen, die x-Achse so zu legen, daß man $q(x)$ angeben kann.

143

Die ausgeschnittene Querschnittfläche sehen wir als Grundfläche einer dünnen Scheibe der Dicke Δ an, die man aus dem Körper schneiden könnte (s.Figur 53).

Diese Scheibe hat etwa das Volumen $q(x)\Delta$ und dies stimmt umso genauer, je dünner sie ist. Durch Addition solcher genäherten Scheibenvolumina und einen Grenzübergang, bei dem die maximale Scheibendicke gegen 0 konvergiert, erhält man das Volumen V des Körpers zu

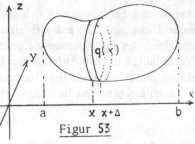

Figur 53

$$V = \int_a^b q(x)\,dx \ . \qquad (4)$$

Da jeder Punkt des Körpers nun durch drei Koordinaten x, y, z gegeben ist, haben wir in Figur 53 auch drei Achsen angedeutet. Die Integrationsgrenzen a und b sind das Minimum bzw. das Maximum der x-Koordinaten aller Punkte des Körpers.

Besonders leicht ist das Volumen von *Rotationskörpern* zu berechnen. Ein solcher Körper entsteht durch Rotation einer Integralfläche um die x-Achse. Dabei beschreibt jeder Punkt der Funktionskurve von $f(x)$, über die integriert wird, einen Kreis mit dem Inhalt $q(x) = \pi(f(x))^2$. Daher ist das Volumen des Rotationskörpers

$$V = \int_a^b \pi(f(x))^2\,dx \ . \qquad (5)$$

BEISPIEL 2: Wir leiten die Formel für das Volumen eines Kegels mit Hilfe von (5) ab: Ein gerader Kreiskegel entsteht, wenn das zu $0 \le x \le h$ gehörende Stück einer Geraden $y = ax$ um die x-Achse rotiert. Das Kegelvolumen ist daher

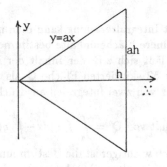

Figur 54

$$V = \int_0^h \pi(ax)^2\,dx = a^2\pi\frac{x^3}{3}\Big|_0^h = a^2\pi\frac{h^3}{3} \ .$$

Die Grundfläche des Kegels hat den Radius ah und daher kann man die Formel auch in der gewohnten Form

$$\frac{1}{3}\text{Grundfläche} \cdot \text{Höhe} = \frac{1}{3}(ah)^2\pi h \text{ schreiben.}$$

BEISPIEL 3: Auch das Kugelvolumen ergibt sich unmittelbar aus (5). Eine Kugel vom Radius r, deren Mittelpunkt der Koordinatenursprung ist, entsteht

144

durch Rotation der Integralfläche des Halbkreises, der für $-r \leq x \leq r$ durch
$f(x) = \sqrt{r^2 - x^2}$ gegeben ist. Das Kugelvolumen ist also

$$V = \int_{-r}^{r} (r^2 - x^2)\pi \, dx = \pi (r^2 x - \frac{x^3}{3} \big|_{-r}^{r} = \frac{4}{3} r^3 \pi \, .$$

Schwerpunkte

Eine vage Vorstellung vom Begriff des Schwerpunkts eines Körpers hat wohl ein
jeder. Hat der Körper eine Symmetrie-Achse, wie etwa ein Rotationskörper,
bei dem die Rotationsachse Symmetrie-Achse ist, dann vermutet man den
Schwerpunkt mit Recht auf dieser Achse. Gibt es zwei Symmetrie-Achsen,
dann ist ihr Schnittpunkt der Schwerpunkt. Dasselbe gilt auch für Flächen;
auch diese haben nämlich in der Regel einen Schwerpunkt, sofern sie beschränkt sind.

Man kann den Schwerpunkt S eines Körpers definieren als einen Punkt mit
folgender Eigenschaft: Würde man den Körper in diesem Punkt frei drehbar
aufhängen, dann würde er in Ruhe bleiben, also keine Dreh- oder Kippbe-
wegung ausführen, wenn ein äußeres Kraftfeld in beliebiger Richtung auf ihn
wirkt. Dieses Kraftfeld ist als räumlich homogen, d.h. überall gleich gerichtet
und gleich stark (wie es in etwa für das Schwerefeld der Erde gilt) vorauszusetzen.

Durch die für räumliche Integrale charakteristische Zerlegung des Körpers in
dünne Schichten und einige Rechnung kann man zeigen, daß es für einen Körper
einen eindeutig bestimmten Schwerpunkt $S = (x_s, y_s, z_s)$ gibt. Die Schwerpunktkoordinaten sind

$$x_s = \frac{1}{V} \int_a^b q(x) x \, dx \; ; \quad y_s = \frac{1}{V} \int_c^d q(y) y \, dy \; ; \quad z_s = \frac{1}{V} \int_e^g q(z) z \, dz \, . \quad (6)$$

Dabei ist vorauszusetzen, daß der Körper homogen ist, d.h. er hat eine konstante Massendichte. V ist sein Volumen, a und b sind minimale bzw. maximale x-Koordinate und $q(x)$ ist der Inhalt der Querschnittsfläche, in der
eine zur x-Achse senkrechte und den Punkt x der x-Achse enthaltende Ebene
den Körper schneidet. Ganz analog ist c die minimale, d die maximale y-
Koordinate des Körpers und $q(y)$ der Inhalt eines Querschnitts senkrecht zur
y-Achse, e die minimale, g die maximale z-Koordinate und $q(z)$ der Inhalt
eines Querschnitts senkrecht zur z- Achse in der Höhe z.

Wenn die Dichte ρ eines Körpers zwar variabel ist, aber nur von einer Richtung
abhängt, dann kann man diese Richtung als x-Achse wählen und x_s nach
folgender Modifikation von (6) berechnen:

$$x_s = \frac{1}{M} \int_a^b \rho(x) q(x) x \, dx \, , \text{ wobei } M = \int_a^b \rho(x) q(x) \, dx$$

die Masse des Körpers ist (vgl. im folgenden die Massenberechnung bei variabler Dichte). y_s und z_s werden in diesem Fall nach wie vor nach den Formeln (6) berechnet.

BEISPIEL 4: Der Schwerpunkt eines geraden Kreiskegels mit Radius r und Höhe h liegt auf seiner Symmetrie-Achse, also auf der Strecke, die die Spitze mit dem Mittelpunkt des Grundkreises verbindet.

Stellen wir den Kegel also so auf die x,y-Ebene, daß der Mittelpunkt des Grundkreises der Ursprung des räumlichen Koordinatensystems wird. Die Spitze des Kegels liegt dann in Höhe h auf der z-Achse. Wegen der Symmetrie gilt $x_s = y_s = 0$.

z_s berechnen wir nach Formel (6). Daß hier $e = 0$ und $g = h$ zu setzen ist, sieht man an der Figur 55. Der Querschnitt in Höhe z ist ein Kreis mit dem Radius $r(h-z)/h$, denn letzterer verhält sich zu r nach dem Strahlensatz der Elementargeometrie wie $h - z$ zu h.

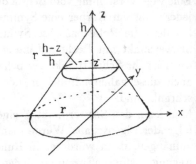

Figur 55

Also ist $q(z) = (r\frac{h-z}{h})^2\pi$ und daraus folgt nach (6)

$$z_s = \frac{1}{V}\int_0^h (r\frac{h-z}{h})^2\pi z\, dz = \frac{r^2\pi}{Vh^2}\int_0^h (h^2 z - 2hz^2 + z^3)dz\;;$$

Wegen $V = r^2\pi h/3$ ist dies gleich

$$\frac{3}{h^3}\left[\frac{h^2 z^2}{2} - \frac{2}{3}hz^3 + \frac{z^4}{4}\Big|_0^h\right] = \frac{3}{h^3}\cdot\frac{1}{12}h^4 = \frac{h}{4}\,.$$

Also hängt die Höhe $z_s = h/4$ des Schwerpunkts nur von der Kegelhöhe h, nicht aber vom Radius des Grundkreises ab. Übrigens liegt der Schwerpunkt nicht immer im Innern des Körpers; zum Beispiel ist der Schwerpunkt eines Rings sein Mittelpunkt, und dieser liegt außerhalb des Rings.

Man kann die Formeln (6) auch zur Berechnung von Flächenschwerpunkten verwenden. Man muß dann nur V durch den Inhalt der Fläche ersetzen und $q(x), q(y)$ nicht als Inhalte von Querschnittsflächen, sondern als Längen von Querschnittslinien auffassen. Wenn es sich um eine ebene Fläche handelt, wird man sie in die x,y-Ebene legen und dann ist $z_s = 0$ bzw. es fallen die z-Koordinaten weg.

BEISPIEL 5: Eine homogene Halbkugel vom Radius r liegt mit der flachen Seite auf der x, y-Ebene, so daß der Ursprung des Koordinatensystems zugleich Mittelpunkt ihres Grundkreises ist. Aus Symmetriegründen liegt der Schwerpunkt S der Halbkugel dann auf der z-Achse, d.h. $x_s = y_s = 0$.

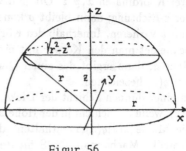

Figur 56

Eine Ebene, die in Höhe z (mit $0 < z < r$) senkrecht zur z-Achse verläuft, schneidet die Halbkugel in einem Kreis mit dem Radius $\sqrt{r^2 - z^2}$ (Satz des Pythagoras).
Hier ist also $q(z) = (r^2 - z^2)\pi$ und nach (6) ist nun

$$z_s = \frac{1}{V} \int_0^r (r^2 - z^2)\pi z \, dz = \frac{\pi}{V}\left(\frac{r^2 z^2}{2} - \frac{z^4}{4}\right)\Big|_0^r = \frac{\pi}{V} r^4 \cdot \frac{1}{4}.$$

V ist das halbe Kugelvolumen, also $V = \frac{2}{3}r^3\pi$ und somit ist z_s gleich $3r/8$.

BEISPIEL 6: Jetzt wollen wir den Schwerpunkt für die Oberfläche der Halbkugel in Beispiel 5 berechnen. Wieder ist aus Symmetriegründen $x_s = y_s = 0$. Bei Berechnung von z_s setzen wir für V nun den Inhalt der Halbkugel-Oberfläche ein. Dieser ist $2r^2\pi$ oder $3r^2\pi$ je nachdem, ob wir die Grundfläche mit dazunehmen oder nicht. $q(z)$ ist jetzt der *Umfang* des Schnittkreises in Höhe z, also $q(z) = 2\sqrt{r^2 - z^2}\pi$. Es folgt somit

$$\int_0^r q(z) \, dz = \int_0^r 2\pi \sqrt{r^2 - z^2}\, z \, dz.$$

Nun ist aber $2z\sqrt{r^2 - z^2}$ gerade die Ableitung von $-\frac{2}{3}(r^2 - z^2)^{3/2}$, daher ist unser Integral gleich

$$-\frac{2\pi}{3}(r^2 - z^2)^{3/2}\Big|_{z=0}^{z=r} = \frac{2\pi}{3} r^3.$$

Für die Oberfläche der unten offenen Halbkugel (mit $V = 2r^2\pi$) ist also $z_s = r/3$, für die geschlossene Halbkugel (mit $V = 3r^2\pi$) gilt $z_s = 2r/9$. In beiden Fällen liegt der Schwerpunkt der Fläche nicht in der Fläche.

Massenberechnung bei variabler Dichte

Manchmal ist die Masse eines Körpers nicht gleichmäßig, sondern mit variabler Dichte ρ verteilt. Im allgemeinen ist dann ρ eine Funktion des Ortes, also aller

147

drei Koordinaten x, y, z. Oft ändert sich aber ρ nur in einer Richtung, z.B. der z-Richtung; dann bleibt ρ konstant, wenn z festgehalten wird und nur x und y variieren. Innerhalb des Körpers ist ρ dann eine Funktion von z allein. Schneidet man den Körper mit einer zur x, y-Ebene parallelen Ebene in der Höhe z, dann ergibt das einen Querschnitt, dessen Flächeninhalt wir wieder mit $q(z)$ bezeichnen.

In einer dünnen Schicht der Dicke Δ bleibt nun ρ annähernd konstant gleich $\rho(z)$, wenn die Schicht in der Höhe z liegt. In dieser Schicht ist dann annähernd die Masse $\rho(z)q(z)\Delta$ enthalten, denn $q(z)\Delta$ ist in etwa das Volumen der Schicht. Macht man alle Schichten immer dünner, dann strebt die Summe aller dieser genäherten Massenanteile gegen das Integral

$$\int_e^g \rho(z)q(z)\, dz, \text{ welches die Gesamtmasse des Körpers ist.} \qquad (7)$$

Dabei ist wieder e die kleinste, g die größte z-Koordinate aller Punkte des Körpers.

Dieselbe Formel gilt für die Gesamtmasse einer Substanz, die in einem Körper bzw. einem Flüssigkeitsvolumen mit variabler Dichte $\rho(z)$ vorkommt. Bereits im Hinweis zu Aufgabe 48 haben wir diese Formel angegeben und begründet.

BEISPIEL 7: In einer Emulsion, die ein zylindrisches Gefäß mit Querschnittfläche q bis zur Höhe h füllt, schweben Teilchen einer Substanz S. In der Höhe z über dem Boden des Gefäßes sei die Dichte der Substanz gleich $\rho(z) = \rho_0 e^{-\beta z}$ (in g/cm^3). Welche Menge der Substanz ist dann in der Emulsion enthalten?

Nach Formel (7) ist die gesuchte Menge in Gramm gleich dem Integral

$$\int_0^h \rho(z)q\, dz = \rho_0 q \int_0^h e^{-\beta z}\, dz = \rho_0 q(-\frac{1}{\beta}e^{-\beta z}|_0^h = \frac{\rho_0 q}{\beta}(1 - e^{-\beta h})\,.$$

Dimensionsprobe: ρ_0 ist die Dichte unmittelbar über dem Boden, hat also die Dimension g/cm^3; q sei in cm^2, h in cm angegeben. β hat dann die Dimension $1/cm$, weil der Exponent $-\beta h$ dimensionslos sein muß. Also hat unser Resultat die Dimension

$$\frac{g}{cm^3}cm^2 cm = g\,, \text{ es ist also tatsächlich eine Masse.}$$

AUFGABE 49: Die Emulsion von Beispiel 7 enthalte G Gramm der Substanz. Wie groß ist dann die Dichte ρ_0 der Substanz unmittelbar über dem Boden des Gefäßes? Wie groß ist die Dichte $\bar{\rho}$, die man bei gleichmäßiger Verteilung der Substanz nach kräftigem Schütteln erhält?

AUFGABE 50: Zum Zeitpunkt $t = t_0$ seien gewisse Schädlinge in einem Wald in großer Anzahl A_0 vorhanden. Sie vermehren sich nach der Formel

$$A(t) = A_0 e^{\alpha t}, \ t \geq 0 \ (\text{in Tagen}), \ \alpha > 0.$$

Wenn jeder Schädling pro Tag $3 cm^2$ Blattfläche vertilgt, welche Blattfläche wird dann insgesamt in 3 Wochen (von $t = 0$ bis $t = 21$) von den Schädlingen gefressen?

AUFGABE 51: Die Quellstärke einer Quelle geht von $30\,l/min$ in vier Wochen auf $4\,l/min$ zurück. Welche Wassermenge hat die Quelle dann insgesamt in diesem Zeitraum geschüttet, wenn man eine exponentielle Abnahme der Quellstärke $Q(t)$ nach der Formel $Q(t) = 30 e^{-\beta t}$ annimmt?

AUFGABE 52: Ein Körper soll aus zwei getrennten Teilen A und B bestehen. Seine Dichte sei in A und B gleich und konstant. Der Schwerpunkt von A sei $S_1 = (x_1, y_1, z_1)$, der von B sei $S_2 = (x_2, y_2, z_2)$. Zeigen Sie, daß für den Schwerpunkt $S = (x_s, y_s, z_s)$ des gesamten Körpers die folgenden Formeln gelten:

$$x_s = x_1 \frac{V_1}{V} + x_2 \frac{V_2}{V} \ ; \ y_s = y_1 \frac{V_1}{V} + y_2 \frac{V_2}{V} \ ; \ z_s = z_1 \frac{V_1}{V} + z_2 \frac{V_2}{V} \ . \tag{8}$$

Dabei sind V_1 und V_2 die Volumina von A bzw. B und $V = V_1 + V_2$ das Gesamtvolumen des Körpers. Ersetzt man die Volumina durch die entsprechenden Massen, dann gelten die Formeln ebenfalls, sogar für Körper mit variabler Dichte. In beiden Fällen kann man sie ohne weiteres auch für Körper mit mehr als zwei getrennten Bestandteilen erweitern.

5.4 Uneigentliche Integrale

Bei allen bestimmten Integralen, die wir bisher berechneten, war der Integrationsweg ein endliches Intervall. Nur auf Integralflächen über endlichen Intervallen ist die Riemann'sche Integraldefinition anwendbar, denn diese geht ja von Zerlegungen des Intervalls $[a, b]$ in endlich viele Teilintervalle aus, die alle eine endliche Länge besitzen. In der Physik und vor allem auch in der Statistik vereinfacht es jedoch vieles, wenn man auch Integrale für Integrationswege mit unendlicher Länge zur Verfügung hat. Diesem Zweck dient folgende

DEFINITION: $\displaystyle\int_a^\infty f(x)\,dx = \lim_{b\to\infty}\int_a^b f(x)\,dx$, falls dieser Grenzwert existiert.

Das rechts stehende Integral ist als Funktion $F(b)$ der oberen Grenze aufzufassen; der Grenzwert ist also $\lim F(b)$ für $b \to \infty$. Er existiert (vgl. das Ende des Abschnitts 2.2), wenn es eine reelle Zahl α gibt mit $|F(b) - \alpha| < \varepsilon$ für jedes $\varepsilon > 0$, falls b groß genug ist.
Entsprechend sind die folgenden Definitionen aufzufassen.

DEFINITION: $\displaystyle\int_{-\infty}^b f(x)\,dx = \lim_{a\to -\infty}\int_a^b f(x)\,dx$, falls dieser Grenzwert existiert.

Hier ist das uneigentliche Integral also der limes von $\int_a^b f(x)\,dx$ für $a \to -\infty$.

DEFINITION: $\displaystyle\int_{-\infty}^\infty f(x)\,dx = \int_{-\infty}^c f(x)\,dx + \int_c^\infty f(x)\,dx$ für ein beliebiges c,

falls die beiden uneigentlichen Integrale der rechten Seite im Sinn der vorigen Definitionen existieren; sie existieren dann für jedes c und ergeben stets dieselbe Summe.

BEISPIEL 1: Wir integrieren $f(x) = 1/x^2$ von 1 bis ∞ :

$$\int_1^\infty \frac{1}{x^2}\,dx = \lim_{b\to\infty}\int_1^b \frac{1}{x^2}\,dx = \lim_{b\to\infty}(-\frac{1}{x}\,\Big|_1^b) = \lim_{b\to\infty}(1-\frac{1}{b}) = 1\,.$$

Also hat hier die bis ins Unendliche ausgedehnte Integralfläche durchaus einen endlichen Inhalt, wenn wir auch Grenzwerte von Riemann-Integralen noch als Flächeninhalte interpretieren.

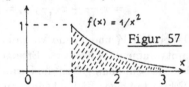

Figur 57

BEISPIEL 2: Das uneigentliche Integral von $-\infty$ bis ∞ über die Funktion $f(x) = 1/(1 + x^2)$ existiert; es ist

$$\int_{-\infty}^\infty \frac{1}{1+x^2}\,dx = \int_{-\infty}^0 \frac{1}{1+x^2}\,dx + \int_0^\infty \frac{1}{1+x^2}\,dx =$$

$$= \lim_{a\to -\infty}(\arctan x\,\Big|_a^0) + \lim_{b\to\infty}(\arctan x\,\Big|_0^b) = (0 - (-\frac{\pi}{2})) + (\frac{\pi}{2} - 0) = \pi.$$

Natürlich kommt es vor, daß diese Grenzwerte Riemann'scher Integrale nicht existieren und dann sagen wir, daß das betreffende uneigentliche Integral nicht existiert. Zum Beispiel existiert

$$\int_0^\infty x\,dx \text{ nicht, denn } \lim_{b\to\infty}\int_0^b x\,dx = \lim_{b\to\infty}\frac{b^2}{2} \text{ existiert nicht.}$$

BEISPIEL 3: Die Leistung (=Energie/Zeiteinheit) einer radioaktiven Strahlungsquelle ist proportional zu deren Masse $S(t)$, die nach dem Zerfallsgesetz $S(t) = S_0 e^{-\beta t}$ abnimmt. Die Leistung ist also gleich $pS(t)$, wobei p der Proportionalitätsfaktor ist. Nach dem Zerfallsgesetz, welches eine Idealisierung der Wirklichkeit ist, wäre auch in fernster Zukunft noch eine geringe Masse vorhanden. Wir setzen daher die gesamte Strahlungsenergie, die unsere Quelle noch liefern wird, gleich dem uneigentlichen Integral

$$\int_0^\infty pS(t)\,dt = \int_0^\infty pS_0 e^{-\beta t}\,dt = \lim_{b \to \infty} pS_0(\frac{1}{\beta} - \frac{1}{\beta}e^{-\beta b}) = \frac{1}{\beta}pS_0 .$$

BEISPIEL 4: Eine Kugel rollt auf einer Ebene und hat zunächst eine Geschwindigkeit $v_0 = 5\,m/sec$. Durch den Einfluß der Reibung nimmt die Geschwindigkeit exponentiell ab und beträgt nach $4\,sec$ noch $2,5\,m/sec$. Wie weit wird die Kugel noch rollen? Da die „Halbwertzeit" (vgl.3.2) $\ln 2/\beta$ hier $4\,sec$ ist, folgt $\beta = \ln 2/4 = 0,1733$ und somit ist $v(t) = 5e^{-0,1733t}\,m/sec$ die Geschwindigkeit nach $t\,sec$. Wenn dies exakt zuträfe, würde die Kugel ewig weiterrollen, denn sie hätte auch in fernster Zukunft noch eine geringe Gschwindigkeit. Der Weg, den sie dann noch zurücklegen würde, wäre gleich dem uneigentlichen Integral

$$\int_0^\infty 5e^{-0,1733t}\,dt = \lim_{b \to \infty}(\frac{5}{-0,1733}e^{-0,1733t}|_0^b) = \frac{5}{0,1733} = 28,85\,m .$$

Dieser Wert wäre nahezu derselbe, wenn wir nicht bis ∞, sondern nur bis zu einer großen oberen Grenze b, etwa bis $b = 50\,sec$ integriert hätten. Daher ist auch die Frage, ob die Kugel wirklich unendlich lange in Bewegung bleibt, oder ob sie nach längerer Zeit abrupt stehenbleibt, nur von philosophischem Interesse. Der zurückgelegte Weg ist in beiden Fällen endlich und praktisch derselbe.

Auch bei endlichem Integrationsweg $[a, b]$ kann es sein, daß ein Integral zunächst nicht definiert ist, weil der Integrand an einer Stelle des Intervalls nicht definiert ist. Dazu betrachten wir das

BEISPIEL 5: Die Funktion $f(x) = 1/\sqrt{x}$ ist für $x = 0$ nicht definiert

und daher ist das Integral $\int_0^1 \frac{1}{\sqrt{x}}\,dx$ zunächst nicht definiert.

Es gibt zu diesem Integral keine einzige Obersumme, wie immer wir auch das Intervall $[0, 1]$ zerlegen; denn über dem ersten Teilintervall nimmt $1/\sqrt{x}$ jeweils

151

beliebig große Werte an.
Es existiert aber

$$\int_{\delta}^{1} \frac{1}{\sqrt{x}} dx = 2 - 2\sqrt{\delta}, \text{ wenn } 0 < \delta < 1 .$$

Wir können mit δ gegen 0 gehen und dabei konvergiert $2 - 2\sqrt{\delta}$ gegen 2. Daher definieren wir

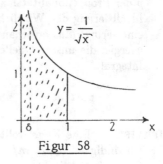

Figur 58

$$\int_{0}^{1} \frac{1}{\sqrt{x}} dx = \lim_{\delta \downarrow 0} \int_{\delta}^{1} \frac{1}{\sqrt{x}} dx ;$$

wir wissen bereits, daß dieser limes existiert und gleich 2 ist. Die Schreibweise $\delta \downarrow 0$ bedeutet, daß der Grenzwert nur für beliebige *positive* Nullfolgen δ_i zu bilden ist, d.h. δ geht „von oben" gegen 0.
Was wir in diesem Beispiel getan haben, setzen wir nun allgemein fest:

DEFINITION: Wenn $f(x)$ für $x = a$ nicht definiert ist, dann ist

$$\int_{a}^{b} f(x) dx = \lim_{\delta \downarrow 0} \int_{a+\delta}^{b} f(x) dx , \text{ falls dieser limes existiert.}$$

Falls $f(b)$ nicht definiert ist, setzen wir ganz entsprechend

$$\int_{a}^{b} f(x) dx = \lim_{\delta \downarrow 0} \int_{a}^{b-\delta} f(x) dx , \text{ falls dieser limes existiert.}$$

6 Näherungsverfahren

6.1 Genäherte Berechnung von Nullstellen

Bei vielen Berechnungen ist man auf Näherungswerte angewiesen, weil die exakten Werte nicht oder nur mit Mühe bestimmbar sind. So muß man etwa für π, e oder auch für $\sqrt{2}$ Näherungen einsetzen, wenn man den Zahlenwert einer Größe bestimmen möchte, die von solchen irrationalen Zahlen abhängt. Auch Nullstellen von Funktionen können oft nur näherungsweise bestimmt werden, denn nur für einige Typen, wie etwa die Polynome bis zum 4.Grad, kennt man Formeln für die exakte Berechnung der Nullstellen. In vielen Fällen ist man daher auf Näherungsverfahren angewiesen. Das einfachste ist das

Verfahren von Newton

Man setzt hier voraus, daß die Funktion $f(x)$, von der eine Nullstelle gesucht wird, überall oder zumindest in einer Umgebung einer jeden Nullstelle differenzierbar ist.

Durch Berechnen einiger Funktionswerte verschafft man sich eine erste Näherung x_1 für eine Nullstelle. Es ist wichtig, daß x_1 schon ziemlich dicht bei einer unbekannten Nullstelle ξ liegt. Eine kleine Skizze des ungefähren Funktionsverlaufs erleichtert die Wahl einer guten 1.Näherung. Dann legt man durch den Kurvenpunkt $(x_1, f(x_1))$ die Tangente. Sie ist nach (4) in Abschnitt 4.1 durch die Gleichung

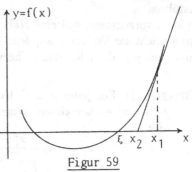

Figur 59

$$y = f(x_1) + f'(x_1)(x - x_1) \text{ gegeben.}$$

Als zweite Näherung x_2 wollen wir den x-Wert wählen, für den die Tangente die x-Achse schneidet (s.Figur 59), für den also

$$y = f(x_1) + f'(x_1)(x - x_1) = 0 \text{ gilt.}$$

Wenn $f'(x_1) \neq 0$ ist, kann man diese Gleichung nach x auflösen und erhält $x - x_1 = -f(x_1)/f'(x_1)$, also

$$x = x_2 = x_1 - \frac{f(x_1)}{f'(x_1)} \; ; \tag{1}$$

im allgemeinen ist dann x_2 eine bessere Näherung als x_1. Es kann aber auch vorkommen, daß x_2 weiter von ξ entfernt ist als x_1 und das Verfahren versagt, wenn $f'(x_1) = 0$ ist, weil dann kein Schnittpunkt der Tangente mit der x-Achse existiert (die Tangente ist ja dann parallel zur x-Achse).

Hätten wir mit x_2 statt mit x_1 begonnen, dann wäre die nächste Näherung

$$x_3 = x_2 - \frac{f(x_2)}{f'(x_2)}$$

gewesen. Man kann also die Formel (1) immer wieder anwenden und erhält so eine Folge x_i , $i = 1, 2, \dots$ von Näherungswerten, die rekursiv durch die Formel

$$\boxed{x_{i+1} = x_i - \frac{f(x_i)}{f'(x_i)}} \; , \; i = 1, 2, \dots \tag{2}$$

und den Anfangswert x_1 gegeben ist. Sie wird im allgemeinen gegen die Nullstelle ξ konvergieren, besonders wenn x_1 schon ziemlich dicht bei ξ liegt. Ein solches Rechenverfahren, das bei jedem Schritt die Ausgangsdaten für den nächsten Schritt erzeugt, nennt man ein *Iterationsverfahren*. Elektronische Rechner können in sehr kurzer Zeit eine große Anzahl von Iterationsschritten ausführen.

Es kann vorkommen, daß eine Näherung x_i schon gleich der Nullstelle ξ ist. Dann bricht das Verfahren ab, denn wegen $f(x_i) = 0$ ist dann x_{i+1} und damit dann auch jede der folgenden Näherungen gleich x_i.

BEISPIEL 1: Für jedes $a > 0$ kann man $\sqrt{a}$ als Nullstelle der Funktion $f(x) = x^2 - a$ berechnen. Wegen $f'(x) = 2x$ ist die Rekursionsformel (2) hier

$$x_{i+1} = x_i - \frac{x_i^2 - a}{2x_i} = \frac{x_i^2 + a}{2x_i} = \frac{1}{2}(x_i + \frac{a}{x_i}) .$$

Will man z.B. $\sqrt{2}$ berechnen und benutzt man $x_1 = 1,4$ als erste Näherung, dann erhält man

$$x_2 = \frac{1}{2}(1,4 + \frac{2}{1,4}) = 1,414286, \text{ was mit } \sqrt{2} = 1,41421\ldots$$

schon recht gut übereinstimmt. Die nächste Näherung

$$x_3 = \frac{1}{2}(1,414286 + \frac{2}{1,414286}) = 1,414213564$$

unterscheidet sich von $\sqrt{2}$ erst in der letzten Dezimale.

BEISPIEL 2: Man kann auch Schnittpunkte zweier Funktionen $g(x)$ und $h(x)$ bestimmen, indem man die Nullstellen von $f(x) = g(x) - h(x)$ berechnet. Sei etwa $g(x) = e^{0,1x}$, $h(x) = x$. Jeder Schnittpunkt der beiden Funktionskurven hat als Abszisse eine Lösung der Gleichung $e^{0,1x} = x$, also eine Nullstelle von $f(x) = e^{0,1x} - x$. Da $f(1,0) = e^{0,1} - 1 = 0,1052 > 0$ und $f(1,2) = e^{0,12} - 1,2 = -0,0725 < 0$ gilt, muß nach dem Zwischenwertsatz für stetige Funktionen eine Nullstelle von $f(x)$ zwischen $1,0$ und $1,2$ liegen. Wir wählen als 1.Näherung für diese Nullstelle $x_1 = 1,1$ und berechnen $f(x_1) = e^{0,11} - 1,1 = 0,0163$. Wegen $f'(x) = 0,1 \cdot e^{0,1x} - 1$ ist $f'(1,1) = 0,1e^{0,11} - 1 = -0,8884$. Die nächste Näherung ist also $x_2 = 1,1 - \frac{0,0163}{-0,8884} = 1,118$.

Ein anderes Verfahren zur genäherten Bestimmung von Nullstellen ist die

Für dieses Verfahren muß die Funktion $f(x)$ nicht differenzierbar sein, es genügt, wenn sie überall stetig ist. Man startet jetzt mit zwei Näherungswerten x_1 und x_2, für die $f(x_1)$ und $f(x_2)$ verschiedene Vorzeichen haben. Nach dem Zwischenwertsatz muß dann mindestens eine Nullstelle zwischen x_1 und x_2 liegen. Als nächste Näherung x_3 wählt man nun den Schnittpunkt der Geraden, die durch die Punkte $(x_1, f(x_1))$ und $(x_2, f(x_2))$ läuft, mit der x-Achse (s.Figur 60).

Diese Gerade ist durch die Gleichung

$$y = f(x_1) + \frac{f(x_2) - f(x_1)}{x_2 - x_1}(x - x_1)$$

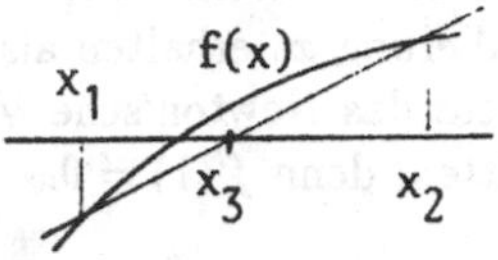

gegeben. x_3 ist also der x-Wert, für welchen y gleich 0 wird. Setzen wir die rechte Seite gleich 0 und lösen nach x auf, dann erhalten wir $x = x_3$ durch die Formel:

Figur 60

$$\boxed{x_3 = x_1 - f(x_1)\frac{x_2 - x_1}{f(x_2) - f(x_1)}} \tag{3}$$

Diese Formel nennt man die *regula falsi*. Sie unterscheidet sich von der Newton'schen Formel (2) dadurch, daß $f'(x_1)$ durch einen Differenzenquotienten ersetzt wird.

Auch die regula falsi liefert ein iteratives Näherungsverfahren. Ist $f(x_3) = 0$, dann hat man schon eine Nullstelle und somit das Ziel erreicht. Ist aber $f(x_3) \neq 0$, dann haben entweder $f(x_2)$ und $f(x_3)$, oder $f(x_1)$ und $f(x_3)$ verschiedene Vorzeichen und daher kann man entweder x_2 und x_3, oder x_1 und x_3 als Ausgangswerte für die nächste Näherung x_4 benutzen und dieses Verfahren läßt sich weiter fortsetzen.

Die regula falsi liefert immer eine gegen eine Nullstelle konvergente Folge von Näherungswerten, falls $f(x)$ stetig ist. Sie ist daher auch brauchbar in Fällen, in denen das Newton'sche Verfahren versagt.

BEISPIEL 3: $f(x) = x^3 - 3x^2 + 3x - 0,9$ hat zwischen $x_1 = 0,5$ und $x_2 = 0,6$ eine Nullstelle, denn $f(0,5) = -0,025$ und $f(0,6) = 0,036$. Mit der regula falsi erhalten wir

$$x_3 = 0,5 - (-0,025)\frac{0,6 - 0,5}{0,036 - (-0,025)} = 0,541 .$$

$f(0,541)$ ist etwa $0,003$, die gesuchte Nullstelle muß also zwischen $x_1 = 0,5$ und $x_3 = 0,541$ liegen. Mit diesen beiden Ausgangswerten erhalten wir

$$x_4 = 0,5 - (-0,025)\frac{0,541 - 0,500}{0,003 - (-0,025)} = 0,5366.$$

Da $f(x_4)$ nur noch etwa $0,0005$ ist, würde ein weiterer Iterationsschritt nicht mehr viel ändern, d.h. $x_4 = 0,5366$ ist schon eine sehr genaue Näherung für die gesuchte Nullstelle.

Mit dem Newton'schen Verfahren und $x_1 = 0,5$ hätten wir eine bessere zweite Näherung x_2 erhalten als das mit der regula falsi bestimmte x_3. Andererseits hätte das Newton'sche Verfahren versagt, wenn wir es mit $x_1 = 1$ gestartet hätten, denn $f'(1) = 0$.

6.2 Interpolation

Von Interpolation spricht man, wenn eine Funktion $f(x)$, von der einige Werte $f(x_1), f(x_2), \ldots, f(x_n)$ bekannt sind, durch eine einfache Funktion $g(x)$ derart angenähert wird, daß $g(x_i) = f(x_i)$ für $i = 1, 2, \ldots, n$.

Man hofft dann, daß $g(x)$ zwischen diesen Stellen $x_1, x_2, \ldots, x_n$ eine gute Näherung für $f(x)$ sein wird. Diese Hoffnung stützt sich auf die Übereinstimmung von $g(x)$ mit $f(x)$ an den Stellen $x_1, \ldots, x_n$, die deshalb auch *Stützstellen* genannt werden. Wir nennen ferner die Differenz

$g(x) - f(x) = r(x)$ den *Fehler von $g(x)$ an der Stelle x* und

$r(x)/f(x) = \rho(x)$ den *relativen Fehler von $g(x)$ an der Stelle x* .

Der *prozentuale Fehler von $g(x)$ an der Stelle x* ist dann $\rho(x) \cdot 100\,\%$. $g(x)$ ist der *Näherungswert* oder *Interpolationswert* und $f(x)$ der *wahre Wert*.

<u>a) Lineare Interpolation</u>

Dabei ersetzt man $f(x)$ über einem Intervall $[x_1, x_2]$ durch die Gerade, welche die Punkte $(x_1, f(x_1))$ und $(x_2, f(x_2))$ verbindet, also durch

$$g(x) = f(x_1) + \frac{f(x_2) - f(x_1)}{x_2 - x_1}(x - x_1)\,. \tag{1}$$

Dies ist die Formel für die *lineare Interpolation*.

BEISPIEL 1: Wenn jemand den Wert von $\cos 50°$ braucht und keinen Taschenrechner hat, könnte er $\cos 50°$ aus $\cos 45° = 1/\sqrt{2} = 0,7071$ und $\cos 60° = 0,5$ linear interpolieren. (Die Werte des cos für 45 und 60 Grad überlegt er sich durch Betrachtung eines gleichschenklig rechtwinkligen bzw. eines gleichseitigen Dreiecks.) Er erhält

$$g(50) = 0,7071 + \frac{0,5000 - 0,7071}{60 - 45}(50 - 45) = 0,6381 \ .$$

(Der wahre Wert ist $0,64278\ldots$, der Fehler also $0,63810 - 0,64278 = -0,00468$, der relative Fehler $-0,00468/0,64278 = -0,00728$, der prozentuale Fehler somit $-0,728\,\%$.)

Wenn $f(x)$ zweimal differenzierbar ist und $f''(x)$ stetig ist, dann kann man den Fehler $r(x)$ der linearen Interpolation nach oben abschätzen. Es gilt nämlich

$$|r(x)| \leq \frac{(x_2 - x_1)^2}{8} \max_{x_1 \leq z \leq x_2} |f''(z)| \text{ für alle } x \text{ aus } [x_1, x_2] \tag{2}$$

Wir beweisen diese Abschätzung nicht, aber wir interpretieren sie: Der Fehler kann nur dann groß werden, wenn die Stützstellen x_1 und x_2 weit auseinanderliegen und wenn $f''(x)$ im Intervall $[x_1, x_2]$ große Beträge annimmt. Das ist verständlich, denn je größer $|f''(x)|$, umso schneller ändert sich der Anstieg $f'(x)$ von $f(x)$, d.h. umso stärker ist die Funktionskurve von $f(x)$ gekrümmt. Daß sich aber stark gekrümmte Kurven weniger gut durch Geradenstücke interpolieren lassen als schwach gekrümmte, ist wohl klar.

Quadratische Interpolation

Wenn die Interpolationsfunktion $g(x)$ ein Polynom ist, können wir es auch durch die Lagrange-Formeln gewinnen, die wir in 3.1 kennengelernt haben. Auch bei der linearen Interpolation hätten wir die Gerade $g(x)$ in der Lagrange-Form

$$g(x) = f(x_1)\frac{x - x_2}{x_1 - x_2} + f(x_2)\frac{x - x_1}{x_2 - x_1}$$

schreiben können; durch Umformung erhält man daraus (1).

Bei der quadratischen Interpolation soll $g(x)$ ein Polynom mit Grad ≤ 2 sein, das an drei Stellen x_0, x_1, x_2 mit den Funktionswerten $f(x_0), f(x_1), f(x_2)$ übereinstimmt. Wie wir nach Satz 3.1.4 wissen, gibt es genau ein solches Polynom $g(x)$ und nach Lagrange ist es gleich

$$f(x_0)\frac{(x - x_1)(x - x_2)}{(x_0 - x_1)(x_0 - x_2)} + f(x_1)\frac{(x - x_0)(x - x_2)}{(x_1 - x_0)(x_1 - x_2)} + f(x_2)\frac{(x - x_0)(x - x_1)}{(x_2 - x_0)(x_2 - x_1)}.$$

Meist sind die x-Werte *äquidistant*, d.h. $x_0 = x_1 - \Delta$, $x_2 = x_1 + \Delta$ für ein $\Delta > 0$. Wenn wir dies in die Lagrangeformel einsetzen, vereinfacht sich $g(x)$ zu

$$f(x_1) + \frac{x - x_1}{2\Delta}(f(x_2) - f(x_0)) + \frac{(x - x_1)^2}{2 \cdot \Delta^2}(f(x_0) + f(x_2) - 2f(x_1)) \ . \quad (3)$$

(*Formel für die quadratische Interpolation* bei äquidistanten x-Werten.)

BEISPIEL 2: Wir wollen jetzt $\cos 50°$ aus den drei bekannten Werten

$$\cos 30° = \sqrt{3}/2 = 0,8660 \ , \quad \cos 45° = 0,7071 \text{und} \quad \cos 60° = 0,5$$

quadratisch interpolieren. Die x-Werte sind hier äquidistant mit $\Delta = 15$. Der Wert $g(50)$ des Interpolationspolynoms $g(x)$ ist

$$0,7071 + \frac{50 - 45}{2 \cdot 15}(0,500 - 0,866) + \frac{(50 - 45)^2}{2 \cdot 15^2}(0,8660 + 0,5000 - 2 \cdot 0,7071) =$$

$= 0,6434$. Der Fehler ist jetzt nur noch $0,64340 - 0,64278\ldots = 0,00062$, also ist diese quadratische Interpolation viel genauer als die lineare von Beispiel 1. Auch sonst ist die quadratische Interpolation bei gleicher Schrittweite, d.h. bei gleichem Abstand der Stützstellen, in der Regel genauer als die lineare Interpolation, obwohl man natürlich auch Gegenbeispiele konstruieren könnte.

6.3 Näherungsweise Integration

Bei empirischen Untersuchungen interessiert manchmal ein Integral über eine Funktion $f(x)$, von der man nur einige Funktionswerte $f(x_0), f(x_1), \ldots, f(x_n)$ kennt, etwa weil man sie gemessen hat. In diesem Fall kann man keine Stammfunktion für $f(x)$ angeben, mit deren Hilfe man integrieren könnte. Aber auch zu gewissen explizit gegebenen Funktionen, etwa zu e^{-x^2} oder $\frac{1}{x}\sin x$, können wir keine Stammfunktionen angeben, weil diese sich nicht mit den gebräuchlichen Funktionssymbolen bilden lassen. Auch in solchen Fällen ist das folgende Näherungsverfahren von Simpson (1710-1751) nützlich.

Es beruht auf der quadratischen Interpolation. Man legt durch je drei benachbarte, bekannte Punkte der Funktionskurve das Polynom mit Grad ≤ 2, das diese drei Punkte verbindet. Dann ersetzt man die Funktionskurve stückweise durch die Polynome und integriert über die letzteren. Die Addition der Teilintegrale ergibt dann eine überraschend einfache Formel, wenn man äquidistante

x-Werte hat.

Setzen wir also voraus, daß die Punkte $x_0, x_1, \ldots, x_n$ in festem Abstand Δ aufeinander folgen! Ferner müssen wir n als gerade Zahl wählen: für $n = 2$ haben wir nämlich die drei zu x_0, x_1, x_2 gehörenden Kurvenpunkte, die ein Polynom mit Grad ≤ 2 festlegen; für $n = 4$ können wir gerade das Polynom anfügen, das zu den drei Punkten x_2, x_3, x_4 gehört usw.. Damit die Anzahl der Stützstellen „aufgeht", muß also n eine der Zahlen $2, 4, 6, \ldots$ sein.

Wir nennen die Interpolationspolynome nun einfach Parabeln, obwohl sie in Sonderfällen zu Geraden entarten können. Der erste Parabelbogen ist durch (3) in 6.2 gegeben, das erste Teilintegral ist also

$$\int_{x_0}^{x_2} \left[f(x_1) + \frac{x - x_1}{2\Delta}(f(x_2 - f(x_0)) + \frac{(x - x_1)^2}{2\Delta^2}(f(x_0) + f(x_2) - 2f(x_1)) \right] dx =$$

$$= f(x_1)x|_{x_0}^{x_2} + \frac{f(x_2) - f(x_0)}{4\Delta}(x - x_1)^2|_{x_0}^{x_2} + \frac{f(x_0) + f(x_2) - 2f(x_1)}{6\Delta^2}(x - x_1)^3|_{x_0}^{x_2}.$$

Wegen $x|_{x_0}^{x_2} = x_2 - x_0 = 2\Delta$, $(x - x_1)^2|_{x_0}^{x_2} = \Delta^2 - (-\Delta)^2 = 0$ und

$(x - x_1)^3|_{x_0}^{x_2} = \Delta^3 - (-\Delta)^3 = 2\Delta^3$ ist das erste Teilintegral gleich

$$f(x_1)2\Delta + \frac{f(x_0) + f(x_2) - 2f(x_1)}{6\Delta^2}2\Delta^3 = \frac{\Delta}{3}(f(x_0) + 4f(x_1) + f(x_2)) \quad (1)$$

Dies ist bereits eine Näherung für ein Integral $\int_a^b f(x)\,dx$, wenn wir das Intervall $[a, b]$ nur in zwei gleich lange Teilintervalle zerlegen, d.h. wenn wir $x_0 = a$, $x_1 = (a + b)/2$ und $x_2 = b$ setzen. Dabei wäre dann $\Delta = (b - a)/2$. Es ist zu vermuten, daß die Näherung besser wird, wenn wir $[a, b]$ nicht nur in zwei, sondern in vier oder noch mehr Teilintervalle zerlegen. Sei also $\Delta = (b - a)/n$, n gerade und $x_0 = a$, $x_1 = a + \Delta, \ldots, x_n = a + n\Delta = b$.

Nun müssen wir zu dem durch (1) gegebenen Wert des ersten Teilintegrals den des zweiten Teilintegrals addieren. Letzteren erhalten wir mit Hilfe von (1), wenn wir dort x_0 durch x_2, x_1 durch x_3 und x_2 durch x_4 ersetzen. Die beiden ersten Teilintegrale ergeben daher zusammen

$$\frac{\Delta}{3}[f(x_0) + 4f(x_1) + 2f(x_2) + 4f(x_3) + f(x_4)] . \quad (2)$$

Durch (2) ist die Näherungsformel für ein Integral $\int_a^b f(x)\,dx$ gegeben, wenn $[a, b]$ in vier gleich lange Teilintervalle zerlegt wird. Nun erkennt man leicht, wie die Formel für $n = 6$, $n = 8$ usw. lautet und faßt dies zusammen in der

Simpson-Regel: ein Integral $\displaystyle\int_a^b f(x)\,dx$ ist ungefähr gleich

$$J_\Delta = \tfrac{\Delta}{3}[f(x_0) + 4f(x_1) + 2f(x_2) + \ldots + 4f(x_{n-1}) + f(x_n)] \qquad (3)$$

Dabei ist n gerade und $\Delta = (b-a)/n$; bei $f(x_0)$ und $f(x_n)$ steht der Koeffizient 1, bei $f(x_1)$ und $f(x_{n-1})$ der Koeffizient 4. Die Koeffizienten von $f(x_2)$ bis $f(x_{n-2})$ sind abwechselnd 2 und 4.

BEISPIEL 1: Ein Solar-Element wandelt 60% der auf seine Oberfläche von $Q\,cm^2$ fallenden Sonnenenergie in nutzbare Wärme um. Während einer Stunde mißt man alle 5 min die Intensität $f(t)$ der einfallenden Sonnenenergie und erhält folgende Werte:

t	0	5	10	15	20	25	30	35	40	45	50	55	60
$f(t)$	0,30	0,35	0,30	0,40	0,35	0,50	0,50	0,45	0,50	0,55	0,30	0,35	0,40

Die Zeit t wird in min angegeben, die Intensität in $cal/(cm^2\,min)$. Die insgesamt während der Stunde eingefallene Sonnenenergie ist

$$Q \int_0^{60} f(t)\,dt \text{ , wir kennen zwar } f(t) \text{ nur für } t_0 = 0, \ t_1 = 5, \ldots, \ t_{12} = 60,$$

können aber das Integral annähern durch J_Δ für $n = 12$, $\Delta = 5$:

$$J_\Delta = \frac{5}{3}[0,30 + 4 \cdot 0,35 + 2 \cdot 0,30 + 4 \cdot 0,40 + 2 \cdot 0,35 + 4 \cdot 0,50 + 2 \cdot 0,50+$$

$$+4 \cdot 0,45 + 2 \cdot 0,50 + 4 \cdot 0,55 + 2 \cdot 0,30 + 4 \cdot 0,35 + 0,40] = 25,00 .$$

Also ist die insgesamt eingefallene Sonnenenergie etwa gleich $25Q\,cal$ und dadurch wurde eine nutzbare Wärmemenge von etwa $0,6 \cdot 25Q = 15Q\,cal$ gewonnen.

Dimensionsprobe: Das Integral hat die Dimension $\sqsubset f(t) \sqsupset \cdot \sqsubset t \sqsupset$, also $min \cdot cal/(cm^2 min) = cal/cm^2$, somit hat das Resultat $15\,Q$ die Dimension $(cal/cm^2)cm^2 = cal$.

BEISPIEL 2: In der Statistik benötigt man die Integrale

$$\Phi(y) = \int_{-\infty}^{y} \frac{1}{\sqrt{2\pi}} e^{-x^2/2}\,dx \ ;$$

dies ist die Wahrscheinlichkeit, daß eine standard-normalverteilte zufällige Variable nicht größer als y wird. Wegen der 0-Symmetrie der Standard-Normalverteilung ist $\Phi(0) = 1/2$, also gilt für $y > 0$

$$\Phi(y) = \frac{1}{2} + \Psi(y) \text{ mit } \Psi(y) = \int_0^{y} \frac{1}{\sqrt{2\pi}} e^{-x^2/2}\,dx .$$

Weil der Integrand zu den Funktionen gehört, deren Stammfunktionen sich nicht durch die gebräuchlichen Funktionssymbole ausdrücken lassen, ist man hier auf näherungsweise Integration angewiesen. Man kann z.B. das Verfahren von Simpson als Computerprogramm verwenden und $\Psi(y)$ tabellieren.

Wir wollen das Verfahren für $y = 1,6$ demonstrieren; dazu wählen wir $n = 8$, also $\Delta = 1,6/8 = 0,2$. Die Stützstellen sind somit $0, 0,2, 0,4, \ldots, 1,6$ und

$$\Psi(1,6) \approx J_\Delta = \frac{0,2}{3}[\frac{1}{\sqrt{2\pi}}(e^0 + 4e^{-0,2^2/2} + 2e^{-0,4^2/2}+$$

$$+4e^{-0,6^2/2} + 2e^{-0,8^2/2} + 4e^{-1/2} + 2e^{-1,2^2/2} + 4e^{-1,4^2/2} + e^{-1,6^2/2})] = 0,4452 ;$$

Die statistischen Tabellenwerke geben den Wert mit $\Psi(1,6) = 0,445201$ an.

6.4   Taylor-Polynome

Auch die Tangente an eine Funktionskurve kann als Näherung für letztere dienen. Anders als bei der linearen Interpolation stützen wir uns aber dabei nicht auf zwei Funktionswerte, sondern nur auf einen Funktionswert $f(x_0)$ und auf die Ableitung $f'(x_0)$, denn die Tangente durch den Kurvenpunkt $(x_0, f(x_0)$ ist ja (vgl.4.1 (4)) durch

$$y = f(x_0) + f'(x_0)(x - x_0)$$

gegeben. Wenn x dicht bei x_0 liegt, wird dieses y ungefähr gleich $f(x)$ sein. Die rechte Seite der Tangentengleichung ist ein Polynom mit Grad ≤ 1, das wir mit $p_1(x)$ bezeichnen wollen. Für $x = x_0$ stimmen $f(x)$ und $y = p_1(x)$ offenbar überein, denn

$$p_1(x_0) = f(x_0) ; \text{ zusätzlich gilt } p_1'(x_0) = f'(x_0) ,$$

d.h. in $x = x_0$ haben $f(x)$ und das Näherungspolynom $p_1(x)$ auch dieselbe Ableitung.

Man kann den Betrag des Fehlers $r(x) = p_1(x) - f(x)$ nach oben abschätzen, und zwar erhält man nach einigem Rechnen die Formel

$$|r(x)| \leq \frac{1}{2}(x - x_0)^2 \cdot \max_{x_0 \leq z \leq x} |f''(z)| . \tag{1}$$

Voraussetzung dafür ist, daß die zweite Ableitung $f''(z)$ in $[x_0, x]$ existiert und stetig ist. Man sieht aus der Abschätzung, daß der Fehler klein ist, wenn x

dicht bei x_0 liegt und wenn die Funktionskurve nicht zu sehr gekrümmt ist, d.h. wenn $|f''(z)|$ im betrachteten Bereich nicht zu groß ist.

Hätten wir statt $p_1(x)$ ein Polynom $p_2(x)$ genommen, das an der Stelle $x = x_0$ nicht nur im Funktionswert und der 1.Ableitung mit $f(x)$ übereinstimmt, sondern auch noch in der 2.Ableitung, dann wäre der Fehler vermutlich noch kleiner. Wir erhalten ein solches $p_2(x)$, indem wir zu $p_1(x)$ noch einen Summanden $a(x - x_0)^2$ addieren, wobei a passend zu bestimmen ist. Aus

$$p_2(x) = p_1(x) + a(x - x_0)^2 \text{ folgt dann } p_2(x_0) = p_1(x_0) = f(x_0)$$

und aus $p_2'(x) = p_1'(x) + 2a(x - x_0)$ folgt $p_2'(x_0) = p_1'(x_0) = f'(x_0)$;

Da nun $p_2''(x) = 2a = const.$, brauchen wir nur $a = f''(x_0)/2$ zu setzen und haben in

$$p_2(x) = f(x_0) + f'(x_0)(x - x_0) + \frac{1}{2}f''(x_0)(x - x_0)^2 \qquad (2)$$

ein Polynom mit Grad ≤ 2, das in x_0 mit $f(x)$ nicht nur den Funktionswert, sondern auch 1. und 2. Ableitung gemeinsam hat.

Man nennt $p_1(x)$ das *Taylorpolynom 1.Ordnung*, $p_2(x)$ das *Taylorpolynom 2.Ordnung* für $f(x)$ an der Stelle x_0 (nach B.Taylor,1685-1731).

Wenn $f(x)$ beliebig oft differenzierbar ist, kann man Taylorpolynome von beliebig hoher Ordnung n wie folgt definieren:

$$p_n(x) = f(x_0) + \sum_{k=1}^{n} \frac{f^{(k)}(x_0)}{k!}(x - x_0)^k \qquad (3)$$

ist das *Taylorpolynom n-ter Ordnung* für $f(x)$ an der Stelle x_0. $f^{(k)}(x_0)$ bedeutet die k-te Ableitung von $f(x)$ an der Stelle x_0. Durch n-maliges Differenzieren von $p_n(x)$ kann man leicht zeigen, daß nicht nur $p_n(x_0) = f(x_0)$, ist, sondern daß auch die ersten n Ableitungen von $p_n(x)$ und $f(x)$ an der Stelle x_0 übereinstimmen.

Man wird vermuten, daß ein Taylorpolynom von höherer Ordnung in der Nähe von x_0 im allgemeinen eine bessere Näherung für $f(x)$ ist als ein Taylorpolynom von niedrigerer Ordnung. Dies wird bestätigt durch

SATZ 6.4.1: Ist $f(x)$ in einer Umgebung U von x_0 mindestens $(n + 1)$-mal differenzierbar und ist $f^{(n+1)}(x)$ dort stetig, dann gilt für den Fehler $r_n(x) = p_n(x) - f(x)$ des Taylorpolynoms der Ordnung n die

162

Abschätzung

$$|r_n(x)| \leq \frac{|x - x_0|^{n+1}}{(n + 1)!} \max |f^{(n+1)}(z)|, \qquad (4)$$

wobei das Maximum des Betrags der $(n + 1)$-ten Ableitung stets über dem Intervall von x_0 bis x zu bilden ist. Die Abschätzung ist für $n = 1$ dieselbe wie (1); sie gilt für alle x aus jeder Umgebung U von x_0, für die obige Voraussetzung erfüllt ist.

Der kritische Leser wird sich bereits gefragt haben, wozu die Annäherung einer Funktion durch ein Taylorpolynom eigentlich gut sein soll. Die folgenden beiden Beispiele werden Anwendungsmöglichkeiten zeigen. Zunächst sei jedoch die Bemerkung erlaubt, daß der unmittelbare Profit in der Mathematik kein gutes Kriterium ist - was übrigens auch für viele andere Bereiche gilt. Oft haben scheinbare Spielereien neue Wege eröffnet und gerade die Taylorpolynome haben zu tiefer liegenden Problemen geführt, aus denen ein ganzer Zweig der Mathematik, nämlich die Theorie der Funktionen einer komplexen Variablen entstanden ist.
Bei unendlich oft differenzierbaren Funktionen, wie z.B. den Winkelfunktionen oder den Exponentialfunktionen, kann man nämlich von den Taylorpolynomen $p_n(x)$ übergehen zu der sog.

$$\textit{Taylorreihe } p_\infty(x) = f(x_0) + \sum_{k=1}^{\infty} f^{(k)}(x_0)\frac{1}{k!}(x - x_0)^k \qquad (5)$$

und sich fragen, für welche x diese Reihe konvergiert und ob dann auch immer $p_\infty(x) = f(x)$ gilt. Wenn dies zutrifft, dann hat man offenbar eine Funktion durch eine unendliche Reihe dargestellt! Die erwähnte klassische Funktionentheorie hat solche Fragen beantwortet und darüber hinaus auch durchaus praktisch verwertbare Resultate erzielt.
Die Taylorpolynome sind aber auch ein nützliches Werkzeug bei vielen praktischen Berechnungen. Es kommt z.B. vor, daß man an einer Stelle x_0 den Funktionswert $f(x_0)$ und alle Ableitungen schon kennt, daß aber für eine benachbarte Stelle x der Funktionswert $f(x)$ nur mit Mühe berechnet werden kann. Dann ist ein Taylorpolynom eine bequeme Näherung.

BEISPIEL 1: Von der Funktion $\sin x$ kennen wir an der Stelle $x_0 = 0$ den Funktionswert $\sin(0) = 0$ und die Werte aller Ableitungen:

$$\sin'(0) = \cos(0) = 1, \ \sin''(0) = -\sin(0) = 0, \ \sin'''(0) = -\cos(0) = -1$$

usw.. Wir können $\sin x$ daher sofort durch ein Taylorpolynom beliebig hoher Ordnung annähern, z.B. durch

$$p_3(x) = 0 + 1 \cdot (x - 0) + 0 \cdot \frac{1}{2!}(x - 0)^2 + (-1)\frac{1}{3!}(x - 0)^3 = x - \frac{1}{6}x^3 \,.$$

Mit x ist hier das Bogenmaß eines Winkels gemeint, denn für das Gradmaß wären die Ableitungen anders (vgl. Aufgabe 38!). $p_3(x)$ ist eine recht brauchbare Näherung für $\sin x$, wenn $|x|$ nicht zu groß ist. So erhalten wir etwa für das Bogenmaß $x = 0,2$ die Näherung $p_3(0,2) = 0,2 - 0,008/6 = 0,198666\ldots$, während der exakte Wert $\sin 0,2 = 0,1986693$ ist.

Wir hätten statt $x_0 = 0$ auch einen anderen Ausgangspunkt, z.B. $x_0 = \pi/4$, oder $x_0 = \pi/2$ oder sonst ein x_0 wählen können, für welches wir den Funktionswert und die Werte der Ableitungen schon kennen. Das Taylorpolynom hätte dann andere Koeffizienten (s. auch Aufgabe 55!).

BEISPIEL 2: Oft kann man Grenzwerte besser bestimmen, wenn man die dabei auftretenden Funktionen durch Taylorpolynome annähert. Als Beispiel betrachten wir

$$h(x) = \frac{1 - e^x}{\sin x} \,; \quad h(0) \text{ ist nicht definiert,}$$

denn für $x = 0$ sind Zähler und Nenner gleich 0. Wir fragen aber, ob $\lim h(x)$ für $x \to 0$ existiert.

Dazu ersetzen wir e^x durch die Reihe $1 + x + \frac{1}{2!}x^2 + \ldots$ und setzen $\sin x = p_1(x) + r_1(x) = x + r_1(x)$. Dabei ist $r_1(x)$ der Fehler des Taylorpolynoms 1.Ordnung $p_1(x) = x$. Also ist

$$h(x) = \frac{-x - x^2/2! - \ldots}{x + r_1(x)} \,;$$

nach Satz 6.4.1 ist

$$|r_1(x)| \leq \frac{(x - 0)^2}{2} \max |\sin''(z)| \,,$$

wobei das Maximum für das Intervall von 0 bis x zu nehmen ist (x darf auch negativ sein!). Da $\sin''(z) = -\sin z$, ist das Maximum von $|\sin''(z)|$ auf keinen Fall größer als 1 und somit ist $|r_1(x)| \leq x^2/2$.
Daraus schließt man nun leicht, daß $\lim h(x)$ für $x \to 0$ gleich -1 ist.

164

AUFGABE 53: Bestimmen Sie alle Nullstellen von $P(x) = x^4 - 7x^2 + 0,5x + 10$ exakt oder näherungsweise.

AUFGABE 54: Aus $e^{0,5} = 1,6487$, $e^{0,6} = 1,8221$ und $e^{0,7} = 2,0138$ interpoliere man $e^{0,63}$ erst linear, dann quadratisch.

AUFGABE 55: Mit dem Taylorpolynom $p_3(x)$ nähere man den $\cos x$ in der Nähe von $x_0 = \pi/4$ an. Wie lautet das Taylorpolynom, wenn wir $x_0 = \pi/3$ oder wenn wir x im Gradmaß wählen und $x_0 = 60$ Grad setzen? Vergleichen Sie für einige Gradwerte zwischen 45 und 60 bzw. für einige Bogenmaßwerte zwischen $\pi/4$ und $\pi/2$ die mit den beiden Polynomen erhaltenen Näherungen für $\cos x$.

AUFGABE 56: Von einer Funktion $u(x)$ sei bekannt, daß sie beliebig oft differenzierbar ist, daß $u(0) = 1$ ist und daß $u'(x) = u(x)$ für alle x gilt. Wie lautet dann das Taylorpolynom $p_n(x)$ für $u(x)$ an der Stelle $x_0 = 0$?

7 Gewöhnliche Differentialgleichungen

7.1 Lineare Differentialgleichungen 1.Ordnung

Die Integrationsaufgabe besteht im wesentlichen darin, eine Funktion zu suchen, deren Ableitung $f(x)$ gegeben ist. Bezeichnen wir die zu suchende Funktion mit $y(x)$, dann ist also die folgende Gleichung gegeben:

$$y'(x) = f(x) \; ; \text{ dies ist bereits eine Differentialgleichung.}$$

Eine Funktion $y(x)$, für die diese Gleichung erfüllt ist, nennen wir eine *Lösung der Differentialgleichung*. Da mit $y(x)$ auch $y(x) + c$ für jede Konstante c eine Lösung ist, gibt es unendlich viele Lösungen, falls es eine gibt.

DEFINITION: Eine Gleichung, in der eine oder mehrere Ableitungen einer unbekannten Funktion $y(x)$ vorkommen, ist eine *Differentialgleichung*, wenn außer diesen Ableitungen höchstens noch Ausdrücke vorkommen, die von x und Konstanten oder der unbekannten Funktion $y(x)$ abhängen. Sie heißt *Differentialgleichung 1.Ordnung*, wenn nur die 1.Ableitung $y'(x)$, aber keine höhere Ableitung auftritt. Sie heißt *Differentialgleichung k-ter Ordnung*, wenn die k-te Ableitung, aber keine höhere auftritt.

Eine *Lösung* der Differentialgleichung ist jede Funktion, für die die Differentialgleichung identisch erfüllt ist, wenn man rechts und links für $y(x), y'(x)$ usw. diese Funktion bzw. ihre Ableitungen einsetzt.

Wir wollen das lange Wort Differentialgleichung abkürzen und da keine Verwechslungen mit Differenzengleichungen zu befürchten sind, verwenden wir wie bei diesen die Abkürzung Dgl. . Eine Lösung einer Dgl. ist also eine Funktion, die der Bedingung, die mit der Dgl. an die gesuchte Funktion gestellt wird, genügt.

BEISPIEL 1 (Unbeschränktes Wachstum): Bei einer Population, deren Vermehrung nicht durch einschränkende Bedingungen gehemmt wird, ist der Zuwachs von einem Zeitpunkt t bis zu einem späteren Zeitpunkt $t + \Delta$ in etwa proportional dem Bestand $y(t)$ zur Zeit t und proportional zu Δ. Es gilt also

$$y(t + \Delta) - y(t) \approx ay(t)\Delta \text{ oder } \frac{y(t + \Delta) - y(t)}{\Delta} \approx ay(t).$$

Der Proportionalitätsfaktor a hat die Dimension 1/Zeit unabhängig davon, in welcher Einheit wir $y(t)$ messen. Durch den Grenzübergang für $\Delta \to 0$ wird aus dem $\approx$-Zeichen das =-Zeichen und wir erhalten die sog. *lineare homogene Dgl. 1.Ordnung*

$$y'(t) = ay(t) \text{ , die wir auch in der Form } y' = ay \qquad (1)$$

schreiben, denn es kommt nicht darauf an, ob wir die Variable, von der die gesuchte Funktion abhängt, mit t oder x bezeichnen. Vorläufig betrachten wir diesen Typ (1) nur für konstante Koeffizienten a.

Die Funktion $y(t) = e^{at}$ hat die Ableitung $y'(t) = ae^{at} = ay(t)$ und ist somit eine Lösung zu (1). Aber auch jedes Vielfache Ce^{at} ist offensichtlich ebenfalls eine Lösung. Bei gegebenem Anfangswert $y(0)$ wird die weitere Entwicklung unserer Population vermutlich durch die Bedingung $y' = ay$ festgelegt sein und andererseits können wir $C = y(0)$ wählen und damit hat unsere Lösung $y(t) = Ce^{at}$ den gegebenen Anfangswert $y(0)$. Es ist also zu erraten, daß die Menge der Funktionen

$$y(t) = Ce^{at} \text{ , } C \text{ beliebig}$$

bereits die *Lösungsgesamtheit* der Dgl.(1) ist. (Man vergleiche dies mit der Lösungsgesamtheit Aq^n, A beliebig, der homogenen Differenzengleichung 1.Ordnung in 2.5 ; generell bestehen starke Analogien zwischen den Lösungsmethoden von Differenzen- und Differentialgleichungen.)

Wir können auch streng beweisen, daß jede Lösung von (1) von der Form Ce^{at} sein muß. Ist nämlich $y(t) = e^{at}$ und $z(t)$ eine beliebige andere Lösung, dann gilt nach der Quotientenregel

$$\left(\frac{z}{y}\right)' = \frac{yz' - zy'}{y^2} = 0 \text{ für alle } t,$$

denn nach Voraussetzung ist $z' = az$, $y' = ay$, also $yz' - zy' = ayz - azy = 0$. Daher muß $z(t)/y(t)$ gleich einer Konstanten C sein und somit ist $z(t)$ von der Form $z(t) = Ce^{at}$.

Daß die Menge dieser Funktionen bereits die Menge aller Lösungen von (1) ist, folgt aber auch aus einem allgemeinen Satz, auf den wir uns später noch öfter berufen werden. Wir benötigen ihn vorerst nur in der folgenden speziellen Form:

Existenz- und Eindeutigkeitssatz (für Dgl.1.Ordnung):
Eine Dgl. vom Typ

$$y'(t) = f(t, y) \text{ (wobei } y = y(t) \text{ die gesuchte Funktion ist)}$$

hat zu einem beliebigen Anfangspunkt (t_0, y_0) genau eine Lösung $y(t)$ mit $y(t_0) = y_0$, wenn dieser Anfangspunkt in einem Gebiet der t, y-Ebene liegt, in dem $f(t, y)$ stetig in t und *Lipschitz*-stetig in y ist.

Dabei ist $f(t, y)$ ein Ausdruck, der von den beiden Variablen t, y abhängt (eine Funktion von zwei Variablen, s.Abschnitt 8.1). Stetigkeit in t bedeutet natürlich, daß

$$|f(t, y) - f(t_0, y)| < \varepsilon \text{ für jedes } \varepsilon > 0 ,$$

falls nur $|t - t_0|$ hinreichend klein ist.

Lipschitz-Stetigkeit ist eine etwas stärkere Forderung als Stetigkeit. $f(t, y)$ heißt *Lipschitz-stetig in* y, wenn es eine Konstante $L > 0$ gibt, so daß der Betrag der Veränderung von $f(t, y)$ nie größer als $L|\Delta|$ wird, falls man innerhalb des betrachteten Gebiets der t, y-Ebene y um Δ verändert. Es soll dort für beliebige Δ also gelten:

$$|f(t, y) - f(t, y + \Delta)| \leq L|\Delta| .$$

Es ist klar, daß daraus sofort die Stetigkeit in y folgt: zu beliebigem $\varepsilon > 0$ braucht man nur $\delta = \varepsilon/L$ zu wählen und schon folgt $|f(t, y) - f(t, y_0)| < \varepsilon$, falls $|y - y_0| < \delta$.

Bei unserem ersten Dgl.-Typ $y' = ay$ ist $f(t, y) = ay$; dies ist stetig in t, da es von t gar nicht abhängt und somit bei Änderungen von t konstant bleibt. ay ist Lipschitz-stetig in y, denn wir können offenbar $|a|$ als Lipschitz-Konstante L verwenden. Da also die beiden Bedingungen des Existenz- und Eindeutigkeitssatzes in der ganzen t, y-Ebene gelten, geht durch jeden Punkt dieser Ebene genau eine Lösungskurve. Man kann also einen beliebigen Punkt (t_0, y_0) als Anfangspunkt wählen und dann gibt es nur eine Lösung der Dgl. , deren Funktionskurve diesen Punkt enthält. Da wir aber zu beliebigem (t_0, y_0) stets unsere Konstante C so wählen können, daß $y_0 = Ce^{at_0}$ gilt (nämlich mit $C = y_0 e^{-at_0}$) , ist die Menge aller Funktionen $y(t) = Ce^{at}$ die Lösungsgesamtheit. Dies wußten wir zwar schon aufgrund unserer Betrachtung des Quotienten $z(t)/y(t)$, aber der Existenz- und Eindeutigkeitssatz wird uns im folgenden öfters von großem Nutzen sein. Wir werden von einer Lösungsmenge künftig nur noch zeigen müssen, daß sie zu jedem Punkt eines Gebiets eine Funktion enthält, deren Kurve durch diesen Punkt geht. Wenn für das Gebiet dann die Bedingungen des Existenz- und Eindeutigkeitssatzes gelten, dann ist unsere Lösungsmenge bereits die Lösungsgesamtheit, zumindest für dieses Gebiet der t, y-Ebene.

Im Beispiel 1 war die Konstante a der Dgl. $y' = ay$ positiv, da die Population wachsen sollte. Ist $a < 0$, dann lautet die Lösungsgesamtheit wie zuvor, wir können aber auch $a = -\beta$ mit $\beta > 0$ setzen und die Lösungsgesamtheit in der Form

$$y(t) = Ce^{-\beta t} \, , \ C \text{ beliebig}$$

schreiben, die wir bereits bei den Zerfallsgesetzen (s.3.2) kennengelernt haben. Jetzt können wir erklären, warum eine radioaktive Substanz gerade so abnimmt. Dies folgt aus der leicht einzusehenden Dgl. $y' = -\beta y$; in der Tat ist es plausibel, daß die Geschwindigkeit, mit der die Substanz abnimmt, proportional zu ihrem jeweiligen Bestand ist.

Wie bei den Differenzengleichungen betrachten wir nun als nächsten Typ die *inhomogene lineare Differentialgleichung 1.Ordnung*:

$$y' = ay + b \text{ mit } a \neq 0, \ b \neq 0 \, , \tag{2}$$

wobei y wieder eine gesuchte Funktion $y(t)$ bzw. $y(x)$ bedeutet. Auch hier ist es so, daß sich zwei beliebige Lösungen von (2) immer nur um eine Lösung von $y' = ay$ unterscheiden können, also um eine Lösung der zugehörigen homogenen Dgl.. Dies ist leicht einzusehen: Aus

$z' = az + b \, , \ y' = ay + b$ folgt $z' - y' = (z - y)' = a(z - y)$, also $z - y = Ce^{at}$.

Wir müssen also nur irgendeine Lösung von (2) suchen; zu ihr addieren wir die Lösungsgesamtheit der zugehörigen homogenen Dgl. des Typs (1) und haben damit schon die Lösungsgesamtheit von (2). Wir suchen daher eine möglichst einfache Lösung von (2) und versuchen, ob wir eine konstante Lösung finden: Aus $y = const.$ folgt $y' = 0$, andererseits soll $y' = ay + b$ gelten. $ay + b = 0$ ist erfüllt, wenn wir $y = -b/a$ setzen. Also ist die Lösungsgesamtheit von (2) die Menge der Funktionen

$$y(t) = -\frac{b}{a} + Ce^{at}, \quad C \text{ beliebig.}$$

Aus dieser Menge können wir wieder durch geeignete Wahl von C die zu einem Anfangswert $y(0) = y_0$ gehörende Lösung herausgreifen. Wir wählen C so, daß

$$y_0 = -\frac{b}{a} + Ce^{a0} = -\frac{b}{a} + C \text{ gilt, also } C = y_0 + \frac{b}{a}.$$

BEISPIEL 2 (ein Diffusionsmodell): Außerhalb einer Zelle sei eine Substanz S in konstanter Konzentration k (g/cm^3) vorhanden. Im Innern der Zelle sei die Konzentration von S eine Funktion $y(t)$ der Zeit t. Während einer kurzen Zeitspanne von t bis $t + \Delta$ diffundiert durch die Zellmembran eine Menge Δ_m , die nach dem von A. Fick (1829-1901) festgestellten Naturgesetz proportional zu Δ, der Zellenoberfläche F und zum Konzentrationsunterschied $k - y(t)$ ist. Letzterer ändert sich aber ein wenig von t bis $t + \Delta$; daher gilt im folgenden nur das $\approx$-Zeichen:

$$\Delta_m' \approx \alpha F(k - y(t))\Delta \; ; \text{ dabei ist } \alpha \text{ der Proportionalitätsfaktor.}$$

Nimmt man ferner an, daß sich das Volumen V der Zelle durch die Diffusion nicht ändert, dann kann man die Veränderung Δ_y der inneren Konzentration $y(t)$ gleich Δ_m/V setzen und somit

$$\Delta_y \approx \alpha \frac{F}{V}(k - y(t)) \; \Delta \Rightarrow \frac{\Delta_y}{\Delta} \approx \alpha \frac{F}{V}(k - y)$$

schreiben. Durch Grenzübergang mit $\Delta \to 0$ wird daraus eine Dgl. vom Typ (2), nämlich

$$y' = -\alpha \frac{F}{V}y + \alpha \frac{F}{V}k \; ; \text{ (hier ist } a = -\alpha \frac{F}{V}, \; b = \alpha \frac{F}{V}k).$$

Die Lösungsgesamtheit ist also

$$y(t) = -\frac{b}{a} + Ce^{at} = k + Ce^{-(\alpha F/V)t}, \quad C \text{ beliebig.}$$

Man sieht sofort, daß sich die innere Konzentration $y(t)$ auf lange Sicht der konstanten äußeren Konzentration k angleicht, denn für beliebiges C gilt offenbar $y(t) \to k$ für $t \to \infty$.
Bei gegebenem $y(0) = y_0$ setzt man $C = y_0 + b/a = y_0 - k$. Ist also der Ausgangswert y_0 größer als k, dann wird C positiv und dann gleicht sich $y(t)$ von oben her streng monoton fallend an k an. Ist $y_0 < k$, dann folgt $C < 0$ und $y(t)$ wächst dann streng monoton von unten her gegen k.

BEISPIEL 3: Modell der Nervenreizung nach N.Rashevski (Math. Biophysics, Vol.I/II,3rd ed.N.Y.1960, s.auch Batschelet [1],S.306).
Die Reizung eines Nervs wird durch stimulierende Ionen bewirkt, während andere Ionen hemmend wirken. Sei $z(t)$ die Konzentration der ersteren, $y(t)$ die Konzentration der letzteren in der Zelle. Der Reiz besteht so lange, wie das Verhältnis z/y einen Schwellenwert s überschreitet.
Sei nun c die konstante Konzentration der stimulierenden, d die Konzentration der hemmenden Ionen in der Umgebung der Nervenzelle. Wenn ein elektrischer Strom konstanter Stärke I durch die Zelle fließt, dann gilt

$$z' = b_1 I - q_1(z - c) \text{ und } y' = b_2 I - q_2(y - d) \, .$$

Dabei sind b_1, q_1 und b_2, q_2 positive Proportionalitätsfaktoren, die für die beiden Arten verschieden sein werden. Die Ausdrücke $q_1(z - c)$ bzw. $q_2(y - d)$ sind Änderungsraten, die durch Diffusion in bzw. aus der Zelle bewirkt werden. Beide Dgl. sind vom Typ (2), die erste mit $a = -q_1$, $b = b_1 I + q_1 c$, die zweite mit $a = -q_2$, $b = b_2 I + q_2 d$. Sie haben daher die Lösungsgesamtheiten

$$z(t) = \frac{b_1 I}{q_1} + c + C e^{-q_1 t} \, , \ y(t) = \frac{b_2 I}{q_2} + d + D e^{-q_2 t},$$

wobei C und D beliebig sind. Nehmen wir an, daß bei Einsetzen des Stroms die inneren Konzentrationen den äußeren gleich sind, daß also $z(0) = c$, $y(0) = d$ gilt, dann ist $C = -b_1 I/q_1$ und $D = -b_2 I/q_2$ zu wählen und wir erhalten zu diesen Anfangswerten die Lösungen

$$z(t) = c + \frac{b_1 I}{q_1}(1 - e^{-q_1 t}) \text{ und } y(t) = d + \frac{b_2 I}{q_2}(1 - e^{-q_2 t}).$$

Wenn der Strom unvermindert und lange genug fließt, dann wird $z(t)$ von $z_0 = c$ bis $c + b_1 I/q_1$ anwachsen und $y(t)$ von $y(0) = d$ bis $d + b_2 I/q_2$. Liegt das Verhältnis dieser beiden Endwerte unterhalb des Schwellenwerts s, dann wird die Reizung auch bei Fortbestehen des Stroms I wieder aufhören, soferne sie

vorher überhaupt eingesetzt hat.
Letzteres tritt vor allem dann ein, wenn
q_1 größer als q_2 ist und deshalb die Anpassung an das höhere Niveau bei den
stimulierenden Ionen schneller eintritt
als bei den hemmenden. Ein solcher
Fall ist in Figur 61 skizziert. Ob überhaupt eine Reizung eintritt, hängt von
der Stromstärke I, aber auch von den
anderen Parametern ab. Bei Figur 61
könnte es z.b. sein, daß z/y bei t_1 den
Schwellenwert s erstmals erreicht und
nach t_2 wieder unterschreitet. Obwohl
also die Stromstärke I schon bei $t = 0$
einsetzt und nach t_2 noch fortbesteht,
setzt die Reizung erst bei t_1 ein und besteht nur bis t_2.

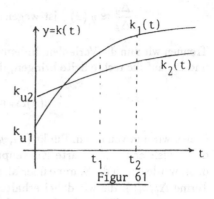

Figur 61

Weitere Anwendungsbeispiele für den Typ (2) ergeben sich bei der Erwärmung
oder Abkühlung von Körpern (vgl. die Aufgaben 57 und 58) und bei vielen
anderen Phänomenen.

Es gibt schon bei den Dgl. 1.Ordnung eine große Vielfalt und wir versuchen
daher gar nicht, eine Übersicht über alle Typen zu geben. In vielen Fällen
kann man die Lösung auch gar nicht explizit anschreiben; selbst im einfach-
sten Fall $y' = f(x)$ kann das eintreten, da es Funktionen $f(x)$ gibt, zu denen
zwar Stammfunktionen existieren, welche aber nicht mit den gebräuchlichen
Funktionssymbolen ausgedrückt werden können.
Andererseits gibt es einige einfache Verfahren, mit denen man große Klassen
von Differentialgleichungen lösen kann. Eines von diesen ist die sog.

Trennung der Variablen:

Man wendet dieses Verfahren auf Differentialgleichungen vom Typ

$$y' = a(x)g(y) \qquad (3)$$

an, wobei eine Funktion $y(x)$ gesucht ist und $g(y)$ eine Funktion von $y = y(x)$
ist. Typ (1) ist ein Spezialfall von (3) mit $a(x) = a$ und $g(y) = y$.
Betrachten wir nun zwei benachbarte Punkte (x, y) und $(x + \Delta_x, y + \Delta_y)$ auf

171

einer Lösungskurve von (3). Da

$$\frac{\Delta_y}{\Delta_x} \approx y'(x) \text{ , ist wegen (3) auch } \frac{\Delta_y}{\Delta_x} \approx a(x)g(y) \text{ .}$$

Trennen wir nun die Variablen, indem wir $a(x)$ und Δ_x auf die linke Seite, $g(y)$ und Δ_y auf die rechte Seite bringen, dann erhalten wir

$$a(x)\Delta_x \approx \frac{1}{g(y)}\Delta_y \text{ .}$$

Gehen wir nun von einem Punkt (x_0, y_0) unserer Lösungskurve längs derselben durch viele eng benachbarte Kurvenpunkte bis zu einem Kurvenpunkt (c, d), dann werden auch die Summe über alle Terme $a(x)\Delta_x$ und die Summe über die Terme $\Delta_y/g(y)$, die wir dabei erhalten, ungefähr übereinstimmen, und zwar umso besser, je dichter die durchlaufenen Punkte benachbart sind. Damit ist zwar nicht streng bewiesen, aber doch vielleicht plausibel, daß die Integrale

$$\int_{x_0}^{c} a(x)\,dx \text{ und } \int_{y_0}^{d} \frac{1}{g(y)}\,dy$$

übereinstimmen. Ist nun $A(x)$ eine Stammfunktion zu $a(x)$ und $B(y)$ eine Stammfunktion zu $1/g(y)$, dann folgt für beliebige Kurvenpunkte (c, d), daß $A(c) - A(x_0) = B(d) - B(y_0)$. Denken wir uns nun c und d variabel und schreiben wir dafür x und y, dann folgt also für beliebige unbestimmte Integrale $A(x) = \int a(x)dx$ und $B(y) = \int (1/g(y))dy$, daß sie für alle Punkte einer Lösungskurve bis auf eine Konstante übereinstimmen. Aus der Dgl. $y' = a(x)g(y)$ folgt also

$$\int a(x)\,dx = \int \frac{1}{g(y)}\,dy + \gamma \text{ mit konstantem } \gamma,$$

wenn (x, y) eine Lösungskurve durchläuft. Diese Gleichung kann man in vielen Fällen nach y auflösen und γ so wählen, daß ein beliebiger Anfangswert $y(0) = y_0$ angenommen wird. Wenn dann $a(x)g(y)$ die Bedingungen des Existenz- und Eindeutigkeitssatzes erfüllt, hat man schon die Lösungsgesamtheit.

BEISPIEL 4 (die sog. allometrische Differentialgleichung):
Von Allometrie spricht man, wenn durch Messung einer Größe auf den Wert einer anderen geschlossen wird, aber auch dann, wenn die Entwicklung beider Größen verglichen wird. Dabei kann es sich z.B. um die Entwicklung zweier Größen im Verlauf einer Stammesgeschichte oder auch während des Lebens eines Individuums handeln. Wir nennen die Größen x und y und nehmen

zunächst an, daß sie sich *proportional zueinander* ändern. Dies heißt bekanntlich, daß die Proportion $y : x$ bei Änderung beider Größen erhalten bleibt, also

$$\frac{y}{x} = \frac{y + \Delta_y}{x + \Delta_x} \ , \ \text{wenn } x \text{ in } x + \Delta_x \text{ und } y \text{ in } y + \Delta_y \text{ übergeht.}$$

Durch Multiplikation mit dem gemeinsamen Nenner $x(x + \Delta_x)$ folgt daraus

$$x\Delta_y = y\Delta_x \text{ und somit } \frac{\Delta_y}{y} = \frac{\Delta_x}{x};$$

proportionale Änderung heißt also, daß die *relativen Änderungen* Δ_y/y und Δ_x/x gleich sind. Wenn also x um $p\%$ größer oder kleiner wird, muß dasselbe für y gelten und umgekehrt.

Wegen $y + \Delta_y = y(1 + \Delta_y/y)$ und $x + \Delta_x = x(1 + \Delta_x/x)$, und weil die beiden Klammerausdrücke im betrachteten Fall gleich sind, kann man auch sagen: Wenn sich x und y proportional zueinander ändern, gehen die neuen Werte jeweils durch Multiplikation mit *demselben Faktor* aus den alten Werten hervor.

Nun verändern sich aber viele Größen nicht proportional zueinander; ein Erwachsener geht aus dem Kind nicht dadurch hervor, daß dessen Längenabmessungen sämtlich mit demselben Faktor gestreckt würden, sondern die „Proportionen verschieben sich" und ähnliches kann man auch bei Tieren und Pflanzen häufig beobachten. Wenn nun die einfachste Annahme nicht zutrifft, ist manchmal

$$\text{statt } \frac{\Delta_y}{y} = \frac{\Delta_x}{x} \text{ wenigstens } \frac{\Delta_y}{y} = k\frac{\Delta_x}{x}$$

mit einer Konstanten $k \neq 0$ erfüllt. Für $k = 1$ erhält man dann als Spezialfall wieder die proportionale Änderung. Wegen $\Delta_y/\Delta_x \to y'$ für $\Delta_x \to 0$ führt die letzte Gleichung zur Dgl.

$$y' = k\frac{y}{x} \ , \text{ die man als allometrische Dgl. bezeichnet.} \qquad (4)$$

Dabei suchen wir nun y als Funktion von x. Diese Dgl. ist vom Typ (3) mit $a(x) = k/x$ und $g(y) = y$. Ihre Lösungen errät man leicht auch ohne die Trennung der Variablen, denn aus

$$y = Cx^k \text{ folgt } y' = kCx^{k-1} = k\frac{y}{x} \ ;$$

also ist $y = Cx^k$ für beliebiges C eine Lösung der Dgl. $y' = ky/x$. Wir wollen die Trennung der Variablen aber dennoch an diesem einfachen Beispiel demonstrieren:

$$\text{aus } y' = \frac{dy}{dx} = k\frac{y}{x} \text{ folgern wir } \int \frac{1}{y}\,dy = \int \frac{k}{x}\,dx$$

173

und daraus

$$\ln|y| = \ln|x| + \gamma \; ;$$

setzen wir $x > 0$ und $y > 0$ voraus, wie es ja für die meisten Anwendungen sinnvoll ist, dann können wir die Betragstriche weglassen und erhalten $\ln y = k \ln x + \gamma$ und daraus

$$y = e^{\gamma} x^k = C x^k \text{ mit } C = e^{\gamma} \; .$$

Da γ eine beliebige Integrationskonstante war, ist C beliebig, aber positiv. Wenn wir uns auf positive Größen x und y beschränken, haben wir damit schon die Lösungsgesamtheit; denn im Bereich $x > 0, y > 0$ erfüllt $f(x, y) = ky/x$ die Bedingungen des Existenz- und Eindeutigkeitssatzes und in diesem Bereich können wir $C > 0$ stets so wählen, daß die Lösungskurve durch einen beliebigen Anfangspunkt (x_0, y_0) geht. Wir müssen nur C aus der Gleichung $y_0 = C x_0^k$ bestimmen, d.h. wir setzen $C = y_0/x_0^k$ und erhalten die Lösung

$$y(x) = y_0 \left(\frac{x}{x_0} \right)^k \text{ zum Anfangswert } y_0(x_0) \; .$$

Für $x = 0$ ist die rechte Seite der allometrischen Dgl. $y' = ky/x$ gar nicht definiert und daher muß auch der Existenz- und Eindeutigkeitssatz für die Punkte $(0, y)$ der y-Achse nicht gelten. In der Tat laufen bei positivem k <u>alle</u> Kurven der Funktionen $y(x) = C x^k$ für $x \to 0$ in den Punkt $(0, 0)$ und keine einzige in einen Punkt $(0, y)$ mit $y \neq 0$.

Aus einer Dgl. vom allometrischen Typ (3) folgt also immer ein Zusammenhang der Form $y = C x^k$; durch Logarithmieren beider Seiten folgt dann

$$\ln y = k \ln x + \gamma \text{ mit } \gamma = \ln C \; ,$$

also ein *linearer Zusammenhang* für die Logarithmen von x und y. Wenn wir daher von den Punkten (x, y) einer Lösungskurve übergehen zu den Punkten $(\ln x, \ln y)$, dann liegen die letzteren auf einer Geraden mit dem Anstieg k und dem Ordinatenabschnitt γ. Dies kann dazu dienen, die Gültigkeit der Dgl.(3) empirisch zu überprüfen. Sind nämlich (x_i, y_i), $i = 1, 2, \ldots, n$ gemessene Wertepaare, dann müssen die Punkte $(\ln x_i, \ln y_i)$ ungefähr auf der genannten Geraden liegen. Zieht man dann entweder nach Augenmaß oder nach einem mathematischen Verfahren (das wir später unter dem Stichwort „Lineare Regression" kennenlernen werden) durch die letzteren Punkte eine Gerade, dann ist deren Anstieg eine Schätzung für k und ihr Ordinatenabschnitt ist eine Schätzung für γ.

BEISPIEL 5: In Figur 62a sind für 15 Weinbergschnecken jeweils der größte Durchmesser x_i des Schneckenhauses und das Gewicht y_i der Schnecke angetragen. Wenn sich alle Abmessungen des Hauses und des darin lebenden Tieres während dessen Entwicklung proportional zueinander vergrößern, dann müßte man erwarten, daß das Gewicht y mit der dritten

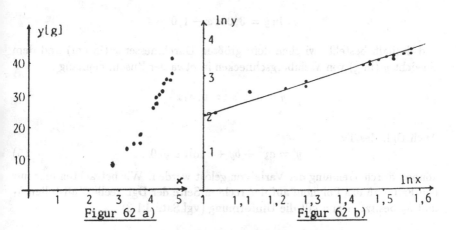

Figur 62 a)   Figur 62 b)

Potenz des größten Durchmessers x wächst. Denn wie kompliziert eine Form auch ist, wächst das Volumen bei ähnlicher Vergrößerung doch immer mit der 3. Potenz einer beliebig definierten Längenabmessung. In diesem Fall wäre also $y = Cx^3$.

In Figur 62b sind nun die Punkte $(\ln x_i, \ln y_i)$ angetragen und wir sehen, daß diese recht gut auf einer Geraden liegen, die wir nach Augenmaß durch diese Punkte legen können. Der Anstieg dieser Geraden läßt sich aus der Figur wie folgt ablesen: die kleinste Schnecke hat den maximalen Gehäusedurchmesser $x_1 = 2,8\,cm$ und das Gewicht $y_1 = 8,0\,g$. Ihr entspricht in Figur 62b der Punkt $(\ln 2,8 ; \ln 8,0) = (1,03 ; 2,08)$; die größte Schnecke hat den maximalen Gehäusedurchmesser $x_{15} = 4,8\,cm$ und das Gewicht $y_{15} = 41,0\,g$. Ihr entspricht in Figur 62b der Punkt $(\ln 4,8 ; \ln 41,0) = (1,57 ; 3,71)$.

Da die Gerade in Figur 62b zufällig durch diese beiden Punkte läuft, können wir ihren Anstieg mit Hilfe der Formel für den Anstieg einer Geraden durch zwei Punkte (vgl. Figur 12 in 1.2) zu

$$(3,71 - 2,08)/(1,57 - 1,03) = 1,63/0,54 = 3,02$$

berechnen. k ist also ungefähr gleich 3 und das stimmt mit der Annahme überein, daß sich beim Wachstum dieser Schnecken alle Längen proportional vergrößern. Es wäre aber ein unzulässiger Umkehrschluß, wenn man deshalb

175

schon diese Annahme als bewiesen ansehen würde.

Um den Achsenabschitt γ aus Figur 62b abzulesen, müssen wir beachten, daß dort die y-Achse um eine Einheit nach rechts verschoben ist! Der Schnittpunkt unserer empirischen Geraden mit der $\ln y$-Achse ist also $(1; 2)$ und aus $2 = 3 \cdot 1 + \gamma$ folgt $\gamma = \ln C = -1$, und somit $C = e^{-1} = 0,37$.

Der Zusammenhang zwischen $\ln x$ und $\ln y$ lautet also in etwa

$$\ln y = 3,0 \ln x - 1,0$$

und deshalb besteht zwischen dem größten Durchmesser x (in cm) und dem Gewicht y (in g) von Weinbergschnecken in etwa der Zusammenhang

$$y = e^{-1,0} x^3 = 0,37 x^3.$$

Auch Dgl. des Typs

$$y' = ay^2 + by + c \text{ mit } a \neq 0 \tag{5}$$

können durch Trennung der Variablen gelöst werden. Wir betrachten hier nur den Fall, daß das Polynom auf der rechten Seite der Dgl. reelle Nullstellen λ_1 und λ_2 besitzt. Dann gilt die Umformung (vgl.Satz 3.1.3)

$$ay^2 + by + c = a(y - \lambda_1)(y - \lambda_2) \, .$$

a) Wenn $\lambda_1 = \lambda_2$, dann sind beide gleich $-b/2a$ und (5) kann in der Form

$$y' = a(y - \lambda)^2 \text{ mit } \lambda = -\frac{b}{2a}$$

geschrieben werden. Durch Trennung der Variablen erhalten wir daraus

$$\int (y - \lambda)^{-2} \, dy = \int a \, dx + \gamma \text{ und daraus } -(y - \lambda)^{-1} = ax + \gamma \, ;$$

dies lösen wir nach y auf und erhalten so die Lösungsmenge

$$y(x) = -\frac{1}{ax + \gamma} + \lambda \text{ mit beliebigem } \gamma \, .$$

Die Bedingungen des Existenz- und Eindeutigkeitssatzes sind hier offenbar für alle Punkte (x_0, y_0) der x, y-Ebene erfüllt. Daher geht durch jeden dieser Punkte genau eine Lösungskurve. Diese erhalten wir, wenn wir γ so wählen, daß $y_0 = -1/(ax_0 + \gamma) + \lambda$ gilt, also mit $\gamma = (\lambda - y_0)^{-1} - ax_0$. Nur für $y_0 = \lambda$ kann man kein solches γ als reelle Zahl angeben. Man könnte aber $\gamma = \infty$ zulassen und damit erhält man die konstante Lösung $y(x) = \lambda$.

Die Lösungsgesamtheit von (5) im Fall $\lambda_1 = \lambda_2$ ist daher die Menge aller Funktionen

$$y(x) = -\frac{1}{ax + \gamma} + \lambda \text{ mit beliebigem } \gamma \text{ und die konstante Lösung } y(x) = \lambda .$$

b) Wenn $\lambda_1 \neq \lambda_2$, dann läßt sich $ay^2 + by + c$ nach Satz 3.1.3 umformen in $a(y - \lambda_1)(y - \lambda_2)$ und (5) wird damit zu

$$y' = a(y - \lambda_1)(y - \lambda_2) .$$

Man erkennt sofort, daß die konstanten Lösungen $y(x) = \lambda_1$ und $y(x) = \lambda_2$ die Dgl. erfüllen. Die übrigen Lösungen erhalten wir durch Trennung der Variablen:

$$\int \frac{1}{(y - \lambda_1)(y - \lambda_2)} \, dy = \int a \, dx + \gamma = ax + \gamma .$$

Es gilt, wie man leicht nachrechnet, folgende Zerlegung:

$$\frac{1}{(y - \lambda_1)(y - \lambda_2)} = \frac{1}{\lambda_1 - \lambda_2} \left(\frac{1}{y - \lambda_1} - \frac{1}{y - \lambda_2} \right) .$$

Das Integral nach dy läßt sich daher zerlegen in

$$\frac{1}{\lambda_1 - \lambda_2} \left(\int \frac{1}{y - \lambda_1} \, dy - \int \frac{1}{y - \lambda_2} \, dy \right) .$$

Bei der Integration müssen die Werte $y = \lambda_1$ und $y = \lambda_2$ vermieden werden. Wir wollen annehmen, daß λ_1 die größere der beiden Nullstellen ist und unterscheiden
I) Lösungskurven mit $\lambda_2 < y(x) < \lambda_1$ für alle x und II) Lösungskurven, für die entweder $y(x) < \lambda_2$ oder $y(x) > \lambda_1$ gilt.

Zunächst integrieren wir und multiplizieren beide Seiten mit $(\lambda_1 - \lambda_2)$. Dies ergibt

$$\ln |y - \lambda_1| - \ln |y - \lambda_2| = (\lambda_1 - \lambda_2)(ax + \gamma) ;$$

Mit γ ist auch $\tilde{\gamma} = (\lambda_1 - \lambda_2)\gamma$ beliebig; es folgt

$$\ln \frac{|y - \lambda_1|}{|y - \lambda_2|} = (\lambda_1 - \lambda_2)ax + \tilde{\gamma}, \ \tilde{\gamma} \text{ beliebig und daraus}$$

$$\frac{|y - \lambda_1|}{|y - \lambda_2|} = Q e^{(\lambda_1 - \lambda_2)ax} \text{ mit } Q \text{ beliebig} > 0 , \text{ da } Q = e^{\tilde{\gamma}} .$$

177

Im Fall I) ist $\dfrac{|y - \lambda_1|}{|y - \lambda_2|} = \dfrac{\lambda_1 - y}{y - \lambda_2}$, also $\lambda_1 - y = (y - \lambda_2)Qe^{(\lambda_1 - \lambda_2)ax}$;

lösen wir dies nach y auf, so erhalten wir

$$y = \frac{\lambda_1 + \lambda_2 Qe^{(\lambda_1 - \lambda_2)ax}}{1 + Qe^{(\lambda_1 - \lambda_2)ax}} , \quad Q \text{ beliebig } > 0 .$$

Im Fall II) ist $\dfrac{|y - \lambda_1|}{|y - \lambda_2|} = \dfrac{y - \lambda_1}{y - \lambda_2}$, also $y - \lambda_1 = (y - \lambda_2)Qe^{(\lambda_1 - \lambda_2)ax}$;

nach y aufgelöst, ergibt dies

$$y = \frac{\lambda_1 - \lambda_2 Qe^{(\lambda_1 - \lambda_2)ax}}{1 - Qe^{\lambda_1 - \lambda_2)ax}} , \quad Q \text{ beliebig } > 0.$$

Nun ist aber leicht zu sehen, daß diese Lösungsmenge in der obigen für den Fall I) enthalten ist, wenn wir dort auch beliebige negative Werte von Q zulassen. Wir können nun durch geeignete Wahl von Q z.B. zu $x_0 = 0$ jeden beliebigen Anfangswert $y_0 = y(0)$ außer $y_0 = \lambda_2$ verwirklichen, indem wir die sich für $x = 0$ ergebende Gleichung

$$y_0 = \frac{\lambda_1 + \lambda_2 Q}{1 + Q} \text{ nach } Q \text{ auflösen.}$$

Es folgt $Q = (\lambda_1 - y_0)/(y_0 - \lambda_2)$. Nur wenn $y_0 = \lambda_2$ sein soll, ist Q nicht definiert; aus der obigen Gleichung würde man dann auch den Widerspruch $\lambda_1 = \lambda_2$ erhalten. Doch ist ja der Anfangswert $y_0 = \lambda_2$ mit der konstanten Lösung $y(x) = \lambda_2$ verwirklicht. (Die andere konstante Lösung, nämlich $y(x) = \lambda_1$, erhält man mit $Q = 0$.)
Aus dem Existenz- und Eindeutigkeitssatz läßt sich schließen, daß die Lösungsgesamtheit von (5) durch die Menge aller Funktionen

$$y(x) = \frac{\lambda_1 + \lambda_2 Qe^{(\lambda_1 - \lambda_2)ax}}{1 + Qe^{(\lambda_1 - \lambda_2)ax}}, \quad Q \text{ beliebig}, \tag{6}$$

einschließlich der konstanten Lösung $y(x) = \lambda_2$ gegeben ist.

178

Wenn $y(x)$ eine Lösung der Form (6) mit $Q < 0$ ist, dann gibt es einen x-Wert, für den der Nenner gleich 0 wird, d.h. dort ist $y(x)$ nicht definiert. Die Lösung zerfällt dann in zwei Kurven, eine verläuft links, die andere rechts von dem betreffenden x-Wert. In Figur 63 ist eine solche Lösung zusammen mit einer zu Fall I) gehörenden skizziert. Bei letzterer verläuft die Kurve stets zwischen λ_2 und λ_1. Ist $a < 0$ dann gilt wie in der Skizze $y(x) \to \lambda_1$ für $x \to \infty$ und $y(x) \to \lambda_2$ für $x \to -\infty$. Bei $a > 0$ wäre es umgekehrt.

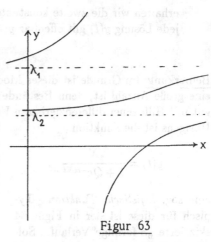

Figur 63

BEISPIEL 5 (Ausbreitung einer Infektion): Eine Population bestehe aus einer großen Anzahl N von Individuen, von denen zur Zeit t eine Anzahl $y(t)$ mit einem Virus infiziert ist. Wir nehmen an, daß kein Individuum stirbt und daß keine neuen hinzukommen. Wenn die Infizierten nicht isoliert werden und wenn alle Individuen häufig Kontakt mit anderen haben, erscheint die folgende Modellannahme gerechtfertigt:

$$y'(t) = \alpha y(t)(N - y(t)) \text{ mit } \alpha > 0.$$

Denn $y'(t)$ ist die Geschwindigkeit, mit der $y(t)$ wächst (Anzahl der Neuinfektionen pro Zeiteinheit) und diese wird proportional zur Anzahl der Infizierten, aber auch proportional zur Anzahl $N - y(t)$ der noch nicht Infizierten sein. Aus $y' = \alpha y(N - y)$ folgt

$$y' = -\alpha y^2 + \alpha N y = -\alpha(y - N)(y - 0),$$

d.h. die Dgl. ist vom Typ $y' = ay^2 + by + c$ (Typ (5)) mit $a = -\alpha$, $b = \alpha N$, $c = 0$.

Hier ist $\lambda_1 = N$, $\lambda_2 = 0$; Also ist jede Lösung entweder konstant gleich 0 (wenn zu Beginn kein Kranker da ist, bleiben alle gesund), oder nach (6) von der Form

$$y(t) = \frac{N}{1 + Qe^{-\alpha Nt}}, \text{ } Q \text{ beliebig.}$$

Da $y(0) = N/(1+Q)$ und weil hier nur Anfangswerte $y(0)$ mit $0 \leq y(0) \leq N$ in Frage kommen, interessieren nur Lösungen mit $Q \geq 0$. Für $Q = 0$

erhalten wir die zweite konstante Lösung $y(t) = N$ für alle $t \geq 0$. Für jede Lösung $y(t)$ gilt offenbar $y(t) \to N$ für $t \to \infty$.

Bemerkung: Im Grunde ist dieses Modell nur sinnvoll, wenn auch $y(0)$ schon eine große Anzahl ist; denn Bestände mit kleinen Anzahlen kann man nicht gut mit Hilfe einer differenzierbaren Funktion $y(t)$ beschreiben.
Übrigens ist die Funktion

$$y(t) = \frac{N}{1 + Qe^{-\alpha Nt}}$$

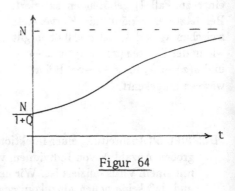

Figur 64

eine sog. *logistische Funktion*. Typisch für diese ist der in Figur 64 skizzierte „S-förmige"Verlauf. Solche Funktionen treten häufig bei biochemischen Sättigungsvorgängen auf, z.B. kann man den Alkoholgehalt einer gärenden Flüssigkeit in guter Näherung durch eine logistische Funktion der Zeit beschreiben.

AUFGABE 57: Eine strömende Flüssigkeit hat die konstante Temperatur T_u. In ihr ist ein Körper, dessen Temperatur $T(t)$ sich gemäß der folgenden Dgl. ändert:

$$T'(t) = k(T_u - T) \text{ (Newtons Dgl. für Abkühlung bzw. Erwärmung).}$$

Wie lautet ihre Lösungsgesamtheit? Der Faktor k hängt von Form und Material des Körpers, aber auch von der Art der Flüssigkeit und deren Strömungsgeschwindigkeit ab. Für $k = 0,5[1/min]$ und $T_u = 10[^\circ C]$ berechne man die Zeit, die der Körper braucht, um sich von $80^\circ C$ auf $20^\circ C$ abzukühlen; man berechne auch seine Temperatur nach $10\,min$, wenn er bei $t = 0$ mit der Eigentemperatur $-20^\circ C$ in die Flüssigkeit kommt.

AUFGABE 58: In einem Gefäß ist eine Flüssigkeit und darin ist ein Körper. Durch Rühren erreicht man, daß die Flüssigkeit überall dieselbe Temperatur $S(t)$ besitzt. Die Temperatur des Körpers sei $T(t)$ und es gelte

$$T'(t) = k[S(t) - T(t)] \text{ und } S'(t) = m[T(t) - S(t)] \,;$$

die Proportionalitätsfaktoren k und m sind i.a. verschieden, weil die Wärmekapazität der Flüssigkeit nicht gleich derjenigen des Körpers sein wird. Nach welcher Zeit hat sich ein anfangs bestehender Temperatur-Unterschied zwischen

Körper und Flüssigkeit zur Hälfte ausgeglichen? (Hinweis: aus den gegebenen Gleichungen leite man eine Dgl. für die Differenz $D(t) = T(t) - S(t)$ her.)

AUFGABE 59: Eine Funktion $f(x)$ hat einen *Wendepunkt* an einer Stelle $x = x_0$, wenn $f''(x)$ für $x = x_0$ gleich 0 ist und dort das Vorzeichen wechselt. Man gebe die Wendepunktkoordinaten einer logistischen Funktion

$$f(x) = \frac{A}{1 + Qe^{-kx}} \text{ mit } A > 0,\ Q > 0,\ k > 0 \text{ an.}$$

AUFGABE 60: Es seien A Moleküle einer Substanz S_1 und B Moleküle einer Substanz S_2 vorhanden. Je ein Molekül von S_1 und S_2 können miteinander reagieren und ergeben dann ein Molekül einer neuen Substanz Y. Es sei $y(t)$ die Anzahl der zur Zeit t vorhandenen Y-Moleküle. Man nimmt an, daß $y(t)$ gemäß der Dgl.

$$y' = k(A - y)(B - y)$$

wächst, denn $A-y$ und $B-y$ sind die Anzahlen der noch vorhandenen Moleküle von S_1 und S_2. Wie lautet die Lösung dieser Dgl. zu $y(0) = 0$ und gegen welchen limes strebt dieses $y(t)$ für $t \to \infty$?

AUFGABE 61: Als Sättigungs- oder auch Dosis-Wirkungs- Kurven spielen die sog.

Menten-Michaelis-Funktionen $y(x) = \dfrac{kx}{K + x}$ mit $K > 0$, $k > 0$, $x \geq 0$

eine große Rolle. Man zeige, daß $y(x)$ streng monoton wächst und daß $y(x) \to k$ für $x \to \infty$. Ferner gebe man eine Dgl. 1.Ordnung an, der $y(x)$ genügt.

7.2 Einige Differentialgleichungen 2. Ordnung

Wir beginnen mit einem Beispiel aus der Physik: Eine Kugel der Masse m Gramm hängt an einer Spiralfeder. Wird sie um eine Strecke der Länge y (nach unten oder nach oben) aus ihrer Ruhelage gebracht, dann bewirkt die Dehnung bzw. Stauchung der Feder eine Kraft gegen die Richtung der Verschiebung, welche proportional zu y ist. Diese „rücktreibende Kraft" ist also

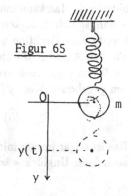

Figur 65

ky, wobei $\sqsubset k \sqsupset = \dfrac{\text{Kraft}}{\text{Länge}}$, etwa $\dfrac{dyn}{cm}$.

Befindet sich die Kugel also zur Zeit t in der Entfernung $y(t)$ von ihrer Ruhelage, dann wird sie in Richtung auf diese hin beschleunigt. Die Beschleunigung $y''(t)$ ergibt sich aus dem Newton'schen Gesetz:

$$\text{Kraft} = \text{Masse mal Beschleunigung, also } -ky(t) = my''(t) \, .$$

Das $—$-Zeichen müssen wir setzen, weil die Beschleunigung *gegen* die y-Richtung erfolgt, wenn $y > 0$ ist und *in* y-Richtung, wenn $y < 0$. So kommen wir zu der homogenen Dgl. 2.Ordnung $y'' = -(k/m)y$ oder

$$y'' = -ay \text{ mit } a > 0, \tag{1}$$

wobei in unserem Beispiel $a = k/m$ gilt. Reibungskräfte und Masse der Feder werden vernachlässigt.

Wir können Lösungen zu (1) erraten, denn wir erinnern uns, daß

$$\frac{d}{dt}\sin(\omega t) = \omega \cos(\omega t) \text{ und } \frac{d}{dt}\omega\cos(\omega t) = -\omega^2 \sin(\omega t) \, .$$

Setzen wir also $\omega = \sqrt{a}$ und $y(t) = \sin(\sqrt{a}t)$, dann gilt

$$y'' = -a\sin(\sqrt{a}t) = -ay \, ,$$

d.h. wir haben schon eine Lösung für die Dgl.(1).

Man prüft nun leicht durch zweimaliges Differenzieren nach, daß auch

$$y(t) = A\sin(\sqrt{a}t + \varphi) \text{ mit beliebigem } A \text{ und } \varphi$$

eine Lösung ist. Diese Lösungen sind also sinus -Schwingungen, wie sie uns aus 1.2 und 3.3 bekannt sind. Weil wir Reibungskräfte vernachlässigt haben, ergeben sich *ungedämpfte Schwingungen,* also solche mit gleichbleibender Amplitude A. Man kann nun eine beliebige Anfangsposition $y(0)$ und eine beliebige Anfangsgeschwindigkeit $y'(0)$ vorgeben; es gibt dann in unserer Lösungsmenge bereits eine Funktion $y(t)$, die diese Anfangsbedingungen erfüllt. Man kann nämlich A und φ so wählen, daß die Lösung $y(t) = A\sin(\sqrt{a}t+\varphi)$ an der Stelle $t = 0$ den gegebenen Wert $y(0)$ und ihre Ableitung $y'(t) = \sqrt{a}A\cos(\sqrt{a}t + \varphi)$ den gegebenen Wert $y'(0)$ annimmt, d.h. daß

$$y(0) = A\sin\varphi \text{ und } y'(0) = \sqrt{a}A\cos\varphi \, .$$

Das ist sogar immer mit einem $A \geq 0$ erreichbar (obwohl negative Amplituden auch kein Unglück wären). Wenn nämlich ein $y'(0) \neq 0$ gegeben ist, dann können wir die erste Gleichung durch die zweite dividieren und erhalten nach Multiplikation mit $\sqrt{a}$

$$\frac{y(0)}{y'(0)}\sqrt{a} = \tan\varphi \,.$$

Wir können nun ein φ mit $-\pi/2 < \varphi < \pi/2$ oder eines mit $\pi/2 < \varphi < 3\pi/2$ wählen, so daß die letzte Gleichung erfüllt ist. Je nachdem, welche dieser beiden Möglichkeiten wir wählen, ist $\sin\varphi$ positiv oder negativ. Wir wählen die Möglichkeit, bei der sich A aus der Gleichung $y(0) = A\sin\varphi$ positiv ergibt.

Es kann auch $y'(0) = 0$ gegeben sein. Dann setzen wir $\varphi = \pi/2$, falls $y(0) > 0$ und $\varphi = -\pi/2$, falls $y(0) < 0$; dann ist $\sin\varphi$ gleich 1 bzw. -1 und wir haben wieder erreicht, daß sich A aus der Gleichung $y(0) = A\sin\varphi$ nichtnegativ ergibt.

Für Dgl.2.Ordnung gilt ein ähnlicher Existenz- und Eindeutigkeitssatz wie für Dgl.1.Ordnung. Wenn $y'' = g(t, y, y')$ die Dgl.2.Ordnung ist und $g(t, y, y')$ ist stetig in t und Lipschitz-stetig in y (vgl.7.1) und in y', dann existiert in einem Gebiet des (t,y,y')-Raumes, in dem diese Bedingungen erfüllt sind, zu jedem (t_0, y_0, y_0') nur *eine* zweimal differenzierbare Funktion $y(t)$ mit $y(0) = y_0$ und $y'(0) = y_0'$. Kann man also mit einer Lösungsmenge beliebige Werte für $y(0)$ und $y'(0)$ erfüllen, dann ist diese Menge bereits die Lösungsgesamtheit. Daraus folgt der

SATZ 7.2.1: Die Lösungsgesamtheit einer Dgl.2.Ordnung vom Typ

$y'' = -ay$ mit $a > 0$ ist die Menge der Funktionen $y(t) = A\sin(\sqrt{a}t + \varphi)$;

dabei ist A beliebig > 0 und φ beliebig.

Wegen $\sin(x + \pi/2) = \cos x$ könnte man dieselbe Menge offenbar auch als Menge von cosinus-Schwingungen angeben.
Betrachten wir nun auch die Dgl. vom Typ

$$y'' = ay \text{ mit } a > 0 \,. \tag{2}$$

Hier können wir keine Schwingungen als Lösungen erwarten, denn die Dgl. besagt, daß $y'' > 0$ gilt, so lange y positiv ist und das bedeutet eine positive Krümmung für alle $t > 0$, wenn nur der Anfangswert $y(0)$ positiv ist. Bei Schwingungen hingegen wechseln sich positive und negative Krümmung ab. Wir kommen aber mit dem Ansatz $y(t) = e^{qt}$ zum Ziel. Daraus folgt nämlich $y''(t) = q^2 e^{qt} = q^2 y(t)$. Wir wählen also $q = \sqrt{a}$ oder $q = -\sqrt{a}$. Wie man durch zweimaliges Differenzieren sofort sieht, sind nicht nur die Funktionen

$$y(t) = e^{\sqrt{a}t} \text{ und } e^{-\sqrt{a}t} \text{ Lösungen,}$$

sondern auch jede Funktion der Form

$$y(t) = Ae^{\sqrt{a}t} + Be^{-\sqrt{a}t} \text{ mit } A \text{ und } B \text{ beliebig reell.}$$

Dies ist bereits die Lösungsgesamtheit der Dgl.(2).

Als nächstes betrachten wir eine *inhomogene* Dgl. 2.Ordnung, nämlich

$$y'' = -ay + b \text{ mit } a > 0 \, , \, b \neq 0 \, . \tag{3}$$

Wenn nun $z(t)$ und $y(t)$ zwei verschiedene Lösungen von (3) sind, dann folgern wir aus

$$y'' = -ay + b \text{ und } z'' = -az + b \, , \text{ daß } \; y'' - z'' = (y - z)'' = -a(y - z) \, ,$$

indem wir die zweite von der ersten Gleichung subtrahieren. $y - z$ ist also immer Lösung der zugehörigen homogenen Dgl. vom Typ (1). Wenn daher z eine beliebige Lösung von (3) ist, dann erhalten wir die Lösungsgesamtheit von (3), indem wir zu z die Lösungsgesamtheit der homogenen Dgl. $y'' = -ay$ addieren. Wir können hier z als konstante Lösung wählen, denn $z = b/a$ erfüllt wegen $z'' = 0 = -a(b/a) + b$ die Dgl.(3). Daraus folgt nun der

SATZ 7.2.2: Die Lösungsgesamtheit der inhomogenen Dgl.2.Ordnung vom Typ

$$y'' = -ay + b \text{ mit } a > 0 \, , \, b \neq 0$$

ist die Menge aller Funktionen

$$y(t) = \frac{b}{a} + A\sin(\sqrt{a}t + \varphi) \text{ mit } A \text{ beliebig} > 0 \text{ und } \varphi \text{ beliebig.}$$

BEISPIEL 1: Eine Population von Beutetieren bestehe aus einer großen Anzahl $y(t)$ von Individuen, so daß es sinnvoll erscheint, $y(t)$ als stetige und sogar zweimal differenzierbare Funktion der Zeit t zu betrachten. Dasselbe gelte für die Anzahl $x(t)$ einer Räuberpopulation. Wir gehen von folgenden Modellannahmen aus:

$$y'(t) = d - ex(t) \text{ und } x'(t) = c(y(t) - g) \, ,$$

wobei die Parameter c, d, e, g alle positiv seien.

Die erste Annahme bedeutet, daß sich die Beutetiere mit konstanter Geschwindigkeit d vermehren würden, wenn keine Räuber da wären. Durch letztere wird

184

diese Geschwindigkeit vermindert und kann auch negativ werden, wenn hinreichend viele Räuber da sind. Die zweite Annahme bedeutet, daß die Anzahl der Räuber nur wächst, wenn es mehr als g Beutetiere gibt und daß sie abnimmt, wenn weniger als g Beutetiere da sind. Man kann also g als „Gleichgewichtsbestand" der Beutetiere ansehen.

Wir differenzieren die erste Modellgleichung nach t und erhalten $y'' = -ex'$; für x' können wir aber wegen der zweiten Modellgleichung $c(y - g)$ einsetzen und so erhalten wir für den Bestand $y(t)$ der Beutetiere die Dgl.

$$y'' = -ec \cdot y + gec \text{ vom Typ (3) mit } a = -ec \text{ und } b = gec \,.$$

Die konstante Lösung ist hier $y = gec/ec = g$, Lösungsgesamtheit ist also die Menge der Funktionen

$$y(t) = g + A\sin(\sqrt{ec}\,t + \varphi)\,, \quad \varphi \text{ und } A \geq 0 \text{ beliebig.}$$

Alle Lösungen sind also Schwingungen um das *biologische Gleichgewicht g*. Die Schwingungsdauer ist $\tau = 2\pi/\sqrt{ec}$ (vgl.1.2 Formel (3)); sie ist umso kürzer, je größer die Parameter e und c sind, die man auch als Reaktionsparameter bezeichnet.

Wenn die Anfangswerte $y(0)$ und $y'(0)$ so ungünstig sind, daß sich daraus ein $A > g$ ergibt, dann wird $y(t)$ noch vor Ablauf der 1.Schwingungsperiode negativ, d.h. die Beutetiere werden ausgerottet.

Übrigens entspricht jeder Lösung für die Beutetiere auch eine für die Räuber; wegen $y' = d - ex(t)$ folgt ja $x(t) = d/e - y'/e$, also

$$x(t) = \frac{d}{e} - \frac{A}{e}\sqrt{ec}\cos(\sqrt{ec}\,t + \varphi) = \frac{d}{e} - A\sqrt{\frac{c}{e}}\cos(\sqrt{ec}\,t + \varphi)\,.$$

Aufgrund der für beliebiges u gültigen Regel: $\cos u = -\sin(u - \pi/2)$ können wir $x(t)$ auch in der Form

$$x(t) = \frac{d}{e} + A\sqrt{\frac{c}{e}}\sin(\sqrt{ec}\,t + \varphi - \pi/2)$$

schreiben. Die Räuberpopulation schwankt also mit derselben Schwingungsdauer wie die der Beutetiere; der mittlere Wert ist nun aber nicht g, sondern d/e, die Amplitude ist $\sqrt{c/e}A$ statt A und die Phase ist um $-\pi/2$ verschoben.

Gedämpfte Schwingungen

Jede mechanische Schwingung, die nicht durch äußere Kräfte aufrechterhalten wird, klingt erfahrungsgemäß ab , weil Reibungskräfte auftreten, die dem

Wechselspiel von potentieller und kinetischer Energie ein allmähliches oder auch baldiges Ende bereiten, indem sie laufend Energie in Wärme umwandeln. Die Reibung kann sogar so groß sein, daß überhaupt keine Schwingung zustande kommt. Wenn man etwa die eingangs betrachtete Kugel an der Spiralfeder in einen zähen Sirup tauchen würde, dann käme sie wohl nicht in Schwingungen, sondern würde sich nur langsam ihrer Ruhelage annähern.

Oft sind Reibungskräfte proportional zu einer Geschwindigkeit; daher gehen wir nun von (1) über zu

$$y'' = -ay - by' \text{ mit } a > 0, b > 0. \tag{4}$$

Der Parameter b hat die Dimension 1/Zeit und ist umso größer, je größer die Reibungskräfte sind. Diese wirken gewöhnlich in derselben Richtung wie die „rücktreibende Kraft"und daher setzen wir vor by' wie vor ay das $-$ -Zeichen.

Wir versuchen nun, ob es eine Exponentialfunktion $e^{\lambda t}$ gibt, die eine Lösung von (4) ist, wenn wir λ geeignet wählen. Aus

$$y(t) = e^{\lambda t} \text{ folgt } y' = \lambda e^{\lambda t}, \ y'' = \lambda^2 e^{\lambda t};$$

Wenn also (4) erfüllt sein soll, muß

$$\lambda^2 e^{\lambda t} = -ae^{lambdat} - b\lambda e^{\lambda t} \text{ oder } e^{\lambda t}(\lambda^2 + b\lambda + a) = 0)$$

gelten. Wegen $e^{\lambda t} > 0$ für alle t kann diese Gleichung nur erfüllt werden, wenn λ Lösung der

charakteristischen Gleichung: $\lambda^2 + b\lambda + a = 0$

ist. Ähnlich wie bei der charakteristischen Gleichung der Differenzengleichungen 2.Ordnung (vgl.2.5) unterscheiden wir drei Fälle:

1.) $b^2 > 4a$; die Lösungen der charakteristischen Gleichung, nämlich

$$\lambda_1 = -\frac{b}{2} + \frac{1}{2}\sqrt{b^2 - 4a} \text{ und } \lambda_2 = -\frac{b}{2} - \frac{1}{2}\sqrt{b^2 - 4a}$$

sind dann reell und verschieden.

Man kann leicht zeigen, daß nicht nur $e^{\lambda_1 t}$ und $e^{\lambda_2 t}$ Lösungen von (4) sind, sondern auch jede Funktion

$$y(t) = Ae^{\lambda_1 t} + Be^{\lambda_2 t} \text{ mit } A \text{ und } B \text{ beliebig, reell.}$$

Dazu differenziert man eine solche Funktion zweimal und zeigt dann, daß (4) erfüllt ist, weil λ_1 und λ_2 die charakteristische Gleichung lösen. Zu beliebigen

Anfangswerten $y(0)$ und $y'(0)$ findet man die zugehörige Lösung, indem man A und B aus den Gleichungen

$$y(0) = A + B \text{ und } y'(0) = A\lambda_1 + B\lambda_2$$

bestimmt. Wegen $\lambda_1 \neq \lambda_2$ ist dies immer möglich. Mit Hilfe des Existenz- und Eindeutigkeitssatzes, dessen Bedingungen hier erfüllt sind, folgt dann, daß die obige Lösungsmenge im Fall 1) schon die Lösungsgesamtheit ist. Zu Schwingungen kommt es hier nicht, weil der „Reibungsparameter" b zu groß ist. Wegen $b > 0$ und $0 < 4a < b^2$ folgt, daß λ_1 und λ_2 negativ sind. Daher konvergieren alle Lösungsfunktionen für $t \to \infty$ gegen 0.

2.) $b^2 = 4a$; in diesem Sonderfall hat die charakteristische Gleichung nur die eine Lösung $\lambda_1 = \lambda_2 = \lambda = -b/2$. Hier zeigt man durch Differenzieren und Einsetzen in (4), daß nicht nur die Funktionen $e^{\lambda t}$ und $te^{\lambda t}$ Lösungen von (4) sind, sondern auch jede Funktion des Typs

$$y(t) = Ae^{\lambda t} + Bte^{\lambda t} \text{ mit } A \text{ und } B \text{ beliebig, reell.}$$

Wieder können wir beliebige Anfangswerte $y(0)$ und $y'(0)$ realisieren, indem wir nun A und B aus den Gleichungen

$$y(0) = A \text{ und } y'(0) = A\lambda + B$$

bestimmen, was offenbar immer möglich ist. Man kann wieder schließen, daß die obige Lösungsmenge bereits die Lösungsgesamtheit ist und wegen $\lambda < 0$ konvergiert jede dieser Lösungsfunktionen $y(t)$ für $t \to \infty$ gegen 0. Wieder sind keine Schwingungen unter den Lösungen.

3.) $b^2 < 4a$; mit $\sqrt{b^2 - 4a} = i\sqrt{4a - b^2}$ sind dann die Lösungen

$$\lambda_1 = -\frac{b}{2} + \frac{i}{2}\sqrt{4a - b^2} \text{ und } \lambda_2 = -\frac{b}{2} - \frac{i}{2}\sqrt{4a - b^2}$$

der charakteristischen Gleichung konjugiert komplex. Wenn wir nun $e^{\lambda t}$ für ein komplexes λ ebenso differenzieren, wie wir es für reelle λ gewohnt sind, d.h. $(e^{\lambda t})' = \lambda e^{\lambda t}$ setzen und die zweite Ableitung gleich $\lambda^2 e^{\lambda t}$, dann können wir formal genau wie im Fall 1) zeigen, daß die Lösungsgesamtheit für (4) wieder die Menge der Funktionen

$$y(t) = Ae^{\lambda_1 t} + Be^{\lambda_2 t} \text{ (jetzt aber } A \text{ und } B \text{ beliebig komplex)}$$

ist. Wie aber ist e^z für komplexe z definiert? Die Reihe

$$\sum_{k=0}^{\infty} \frac{z^k}{k!} = 1 + z + \frac{z^2}{2!} + \dots$$

187

konvergiert nicht nur für jedes reelle, sondern auch für jedes komplexe z. Daher definiert man e^z als den (i.a. komplexen) Wert dieser Reihe. Dabei bleibt die grundlegende Eigenschaft

$$e^z \cdot e^u = e^{z+u} \text{ erhalten und } \frac{d}{dt}e^{\lambda t} = \lambda e^{\lambda t}$$

gilt auch für komplexe λ.
Indem wir nun die Lösungsgesamtheit ein wenig umformen, werden wir sehen, daß wir wie bei den Differenzengleichungen 2.Ordnung Schwingungen erhalten, wenn die charakteristische Gleichung konjugiert komplexe Lösungen hat. Dazu betrachten wir

$$e^{\lambda_1 t} = e^{-\frac{b}{2}t + i\omega t} \text{ , wobei wir } \frac{1}{2}\sqrt{4a - b^2} \text{ mit } \omega \text{ abkürzen.}$$

Wegen der erwähnten grundlegenden Eigenschaft der Exponentialfunktion ist

$$e^{-\frac{b}{2}t + i\omega t} = e^{-\frac{b}{2}t} \cdot e^{i\omega t} \text{ und}$$

$$e^{i\omega t} = 1 + \frac{i\omega t}{1!} + \frac{(i\omega t)^2}{2!} + \frac{(i\omega t)^3}{3!} + \frac{(i\omega t)^4}{4!} + \frac{(i\omega t)^5}{5!} + \cdots \text{ ;}$$

wegen $i^2 = -1$, $i^4 = 1, \ldots$ und $i^3 = -i$, $i^5 = i \ldots$ ist diese Reihe gleich

$$\left[1 - \frac{1}{2!}(\omega t)^2 + \frac{1}{4!}(\omega t)^4 - + \ldots\right] + i\left[(\omega t) - \frac{1}{3!}(\omega t)^3 + \frac{1}{5!}(\omega t)^5 - + \ldots\right] .$$

So läßt sich also die Reihe für $e^{i\omega t}$ zerlegen in die Summe einer reellen und einer rein imaginären Reihe. Die reelle Reihe ist aber die Taylorreihe (vgl.6.4) für $\cos \omega t$, wenn man sie mit $x = \omega t$ an der Stelle $x_0 = 0$ entwickelt. Die rein imaginäre Reihe ist das i- fache der Taylorreihe für $\sin \omega t$, entwickelt mit $x = \omega t$ an der Stelle $x_0 = 0$. Wir erhalten so die

Formel von A. de Moivre: $e^{i\omega t} = \cos(\omega t) + i\sin(\omega t)$.

Aus ihr folgt, indem wir ωt durch $-\omega t$ ersetzen und die Regeln $\cos(-x) = \cos x$, $\sin(-x) = -\sin x$ beachten, die ebenfalls schon de Moivre (1667-1754) bekannte Formel

$$e^{-i\omega t} = \cos(\omega t) - i\sin(\omega t)$$

Damit können wir nun unsere Lösungsgesamtheit im Fall 3) umformen:

$$Ae^{\lambda_1 t} + Be^{\lambda_2 t} = Ae^{-\frac{b}{2}t}[\cos(\omega t) + i\sin(\omega t)] + Be^{-\frac{b}{2}t}[\cos(\omega t) - i\sin(\omega t)] =$$

$$= e^{-\frac{b}{2}t}[(A + B)\cos(\omega t) + i(A - B)\sin(\omega t)], \text{ mit } \omega = \frac{1}{2}\sqrt{4a - b^2}.$$

A und B sind hier beliebige komplexe Konstanten. Bei allen Anwendungen suchen wir aber reelle Lösungen und haben daher auch reelle Anfangswerte $y(0)$ und $y'(0)$. Daraus ergeben sich dann A und B aus den Bedingungen

$$y(0) = A + B \text{ und } y'(0) = -\frac{b}{2}(A + B) + i\omega(A - B)$$

als konjugiert komplexe Konstanten und damit ist $y(t)$ für alle t reell. Setzen wir $\bar{A} = A + B$ und $\bar{B} = i(A - B)$, dann sind $\bar{A}$ und $\bar{B}$ reell und wir können die Lösungsgesamtheit zu (4) auch in der Form

$$y(t) = e^{-\frac{b}{2}t}[\bar{A}\cos(\omega t) + \bar{B}\sin(\omega t)] \text{ mit } \bar{A} \text{ und } \bar{B} \text{ beliebig, reell}$$

schreiben. Aber es geht noch einfacher! Man kann nämlich zu beliebigen reellen Konstanten $\bar{A}, \bar{B}$ reelle Konstanten C und φ finden, so daß gilt:

$$\bar{A}\cos(\omega t) + \bar{B}\sin(\omega t) = C\sin(\omega t + \varphi).$$

Dazu braucht man nur nach dem Additionstheorem des sinus (vgl.(3) in 4.2)

$$C\sin(\omega t + \varphi) = C\sin(\omega t)\cos\varphi + C\cos(\omega t)\sin\varphi$$

zu setzen und dann C und φ aus den Gleichungen

$$\bar{A} = C\sin\varphi, \quad \bar{B} = C\cos\varphi$$

zu bestimmen. Dies ist immer möglich und dabei kann man C sogar nichtnegativ wählen; daher ist unsere Lösungsgesamtheit auch gleich der Menge aller Funktionen

$$y(t) = Ce^{-\frac{b}{2}t}\sin(\omega t + \varphi), \ C \text{ beliebig } \geq 0 \text{ und } \varphi \text{ beliebig, reell.}$$

Es handelt sich also um sinus-Schwingungen mit exponentiell abnehmenden Amplituden. Die Schwingungsdauer ist bei Reibungseinfluß länger als ohne Reibung, da $\omega = \sqrt{4a - b^2}/2$ kleiner als $\sqrt{a}$ und somit

$$\tau = 2\pi/\omega \text{ größer ist als } 2\pi/\sqrt{a}.$$

Für $b \to 0$ geht jede Lösung von (4) gegen eine Lösung der Dgl. (2), welche die Reibung nicht berücksichtigt.
Wir fassen zusammen in

189

SATZ 7.2.3: Die Lösungsgesamtheit einer Dgl. 2.Ordnung vom Typ

$$y'' = -ay - by' \text{ mit } a > 0, \ b > 0 \text{ lautet: } y(t) = Ae^{\lambda_1 t} + Be^{\lambda_2 t},$$

falls die charakteristische Gleichung $\lambda^2 + b\lambda + a = 0$ zwei verschiedene Lösungen λ_1 und λ_2 besitzt. Sind diese reell, dann sind A und B beliebige reelle Konstanten, sind sie konjugiert komplex, dann sind A und B beliebige komplexe Konstanten. Im letzteren Fall ist aber jede reelle Lösung $y(t)$ auch in der Menge der Funktionen

$$y(t) = Ce^{-\frac{b}{2}t}\sin(\omega t + \varphi)$$

mit $\omega = \dfrac{1}{2}\sqrt{4a - b^2}$, C beliebig ≥ 0, φ beliebig, reell

enthalten, so daß also auch diese Menge die Lösungsgesamtheit darstellt. Im Sonderfall $b^2 = 4a$ ist $\lambda_1 = \lambda_2 = \lambda = -b/2$ und die Lösungsgesamtheit ist die Menge der Funktionen

$$y(t) = Ae^{-\frac{b}{2}t} + Bte^{-\frac{b}{2}t}, \quad A \text{ und } B \text{ beliebig, reell.}$$

Für jede Lösung $y(t)$ einer solchen Differentialgleichung gilt:

$$\lim_{t \to \infty} y(t) = 0.$$

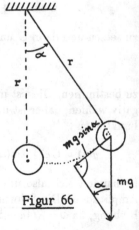

BEISPIEL 2: Wir betrachten ein Pendel, das wir uns als kleine, aber schwere Kugel an einem leichten Faden der Länge r vorstellen. Wenn es um einen Winkel α aus seiner Ruhelage gebracht wird, dann wirkt die Komponente $mg \sin\alpha$ der Gewichtskraft als rücktreibende Kraft tangential zur Bahnkurve (s.Figur 66). g ist die Erdbeschleunigung $9,81\,m/sec^2$ und m die Masse der Kugel in Gramm. Die Kraft $mg\sin\alpha$ ist nach Newton gleich dem Produkt der Masse m mit der Beschleunigung in Richtung der Bahntangente.

Figur 66

Wenn α (im Bogenmaß) als Funktion der Zeit t gegeben ist, dann ist die Entfernung von der Ruhelage gleich $r\alpha(t)$, die Geschwindigkeit des Pendels auf seiner kreisförmigen Bahnkurve ist dann $r\alpha'(t)$ und die Beschleunigung in tangentialer Richtung ist $r\alpha''(t)$. Es gilt also die Dgl.

$$mr\alpha''(t) = -mg\sin\alpha.$$

190

Das Minus-Zeichen auf der rechten Seite folgt daraus, daß ja die rücktreibende Kraft gegen die Richtung des jeweiligen Pendelausschlags wirkt; sie ist negativ, wenn $\alpha > 0$ und positiv, wenn $\alpha < 0$.

Wir können diese Dgl. nicht lösen und greifen daher zu der für kleine α (bis zu $\pi/6$) vertretbaren Näherung: $\sin \alpha \approx \alpha$. Damit erhalten wir die für uns lösbare Dgl.

$$mr\alpha'' = -mg\alpha \text{ oder } \alpha'' = -\frac{g}{r}\alpha \, .$$

Die Masse kürzt sich also heraus und daraus folgt, daß die Bewegung bei kleinen Ausschlagwinkeln nicht von der Masse abhängt. Ohne die Berücksichtigung der Reibung schwingen schwere und leichte Pendel also mit derselben Schwingungsdauer, sofern sie gleich lang sind.

Die vereinfachte Dgl. ist also vom Typ (1) ; ihre Lösungsgesamtheit ist die Menge der Funktionen

$$\alpha(t) = A\sin(\sqrt{\frac{g}{r}}t + \varphi), \ A \text{ beliebig}, \geq 0 \text{ und } \varphi \text{ beliebig, reell.}$$

Die Schwingungsdauer ist für jede dieser Funktionen $\tau = 2\pi\sqrt{r/g}$.

Nun wollen wir Reibungskräfte berücksichtigen. Sie entstehen durch den Luftwiderstand, aber auch an der Aufhängung des Pendels als mechanische Reibung und man kann sie in guter Näherung proportional zur Geschwindigkeit $r\alpha'(t)$ ansetzen. Die Newton'sche Gleichung lautet nun

$$mr\alpha'' = -mg\sin \alpha - qr\alpha' \text{ mit } q > 0$$

und das Minus-Zeichen steht vor q, weil die Reibungskraft gegen die Richtung der Geschwindigkeit wirkt. Mit der Näherung $\sin \alpha \approx \alpha$ (für kleine α) können wir übergehen zu

$$\alpha'' = -\frac{g}{r}\alpha - \frac{q}{m}\alpha' \, ;$$

jetzt hebt sich die Masse also nicht weg und man sieht auch sofort, daß der Einfluß der Reibung gering ist, wenn m groß gegen den Reibungsparameter q ist. Diese Dgl. ist vom Typ (4) und wir wollen annehmen, daß der 3.Fall vorliegt, d.h. daß $(q/m)^2 < 4g/r$ gilt. Die Lösungsgesamtheit kann dann in der Form

$$\alpha(t) = Ce^{-\frac{q}{2m}t}\sin(\omega t + \varphi) \text{ mit } C \text{ beliebig} \geq 0 \text{ und } \varphi \text{ beliebig, reell}$$

angegeben werden. Dabei ist

$$\omega = \frac{1}{2}\sqrt{4g/r - (q/m)^2} \, .$$

191

Sei z.B. $m = 100$ Gramm, $r = 100\,cm$ und der Reibungsparameter $q = 200\,dyn$ pro m/sec , also $q = 2\,dyn\,sec/cm$. Dann ist $q/m = 0,02$ und $g/r = 9,81$, also $(q/m)^2 = 0,0004 < 4g/r$ und somit liegt der 3.Fall vor. Die Lösungsgesamtheit lautet in der reellen Darstellungsweise

$$\alpha(t) = Ce^{-0,01t}\sin(3,13\,t + \varphi)\ ; \quad C \text{ beliebig } \geq 0,\ \varphi \text{ beliebig.}$$

Denn der Exponent $-q/2m$ des „Dämpfungsfaktors" ist gleich $-0,01$ und

$$\omega = \frac{1}{2}\sqrt{\frac{4g}{r} - \left(\frac{q}{m}\right)^2} \text{ ist hier } \frac{1}{2}\sqrt{\frac{4\cdot 981}{100} - (0,02)^2} = 3,13\ (1/sec).$$

Die Schwingungsdauer ist also $\tau = 2\pi/3,13 = 2,007$ (sec) und das ist fast dasselbe, was wir auch ohne Berücksichtigung der Reibung bekommen hätten, nämlich $2\pi\sqrt{r/g} = 2\pi\sqrt{100/981} = 2,006$ (sec). Bei diesem Zahlenbeispiel ist der Reibungseinfluß offenbar noch zu gering, um sich merklich auf ω auswirken zu können. Der „Dämpfungsfaktor" $e^{-0,01t}$ der Amplituden macht sich aber auf lange Sicht sehr wohl bemerkbar: nach $100\,sec$ haben sich die maximalen Pendelausschläge um den Faktor $e^{-1} = 0,368$ verkleinert.

Es seien nun die Anfangswerte $\alpha(0) = \pi/6$, $\alpha'(0) = 0$ gegeben, d.h. das Pendel wird zur Zeit $t = 0\,sec$ mit der Anfangsgeschwindigkeit 0 und einem Anfangswinkel von $30°$ losgelassen. Bei der obigen reellen Darstellung der Lösungsgesamtheit müssen also die Gleichungen

$$\frac{\pi}{6} = C\sin\varphi \quad \text{und} \quad 0 = -0,01\,C\sin\varphi + 3,13\,C\cos\varphi$$

gelten. Sie sind erfüllt, wenn man $\varphi = 1,568$ (dieses Bogenmaß entspricht etwa 89,82 Grad) und $C = (\pi/6) : \sin(1,568) \approx \pi/6$ wählt. Also erhalten wir das Resultat

$$\alpha(t) = \frac{\pi}{6}e^{-0,01t}\sin(3,13\,t + 1,568), \text{ ohne Reibung hätten wir}$$

$$\alpha(t) = \frac{\pi}{6}\sin(3,13\,t + \frac{\pi}{2}) \text{ erhalten.}$$

Bei geringer Reibung ändern sich ω und φ also kaum, aber die Amplituden werden immer kleiner und gehen allmählich gegen 0. Bei größerer Reibung würde ω deutlich kleiner, die Schwingungsdauer also länger werden und auch die Anfangsphase φ wäre merklich anders.

Schwingungen mit wachsenden Amplituden

Hätten wir statt der Dgl. (4) die Dgl. des Typs

$$y'' = -ay + by' \text{ mit } a > 0, \ b > 0 \tag{5}$$

betrachtet, dann wäre der einzige Unterschied das positive Vorzeichen vor b. Wir hätten denselben Lösungsansatz gemacht und die charakteristische Gleichung $\lambda^2 - b\lambda + a = 0$ anstelle von $\lambda^2 + b\lambda + a = 0$ erhalten. Die Lösungen lauten nun

$$\lambda_1 = +\frac{b}{2} + \frac{1}{2}\sqrt{b^2 - 4a} \text{ und } \lambda_2 = +\frac{b}{2} - \frac{1}{2}\sqrt{b^2 - 4a}$$

Die Quadratwurzel und damit die Fallunterscheidung ist also dieselbe wie bei dem Typ (4); wir erhalten die Lösungsgesamtheit von (5) in allen drei Fällen, indem wir in den Lösungen von (4) den abnehmenden Faktor $e^{-(b/2)t}$ durch den wachsenden Faktor $e^{(b/2)t}$ ersetzen. So erhalten wir insbesondere im 3. Fall, dem Schwingungsfall $b^2 < 4a$, die Lösungsgesamtheit in der Form

$$y(t) = Ce^{\frac{b}{2}t}\sin(\omega t + \varphi) \text{ mit } C \text{ beliebig} \geq 0 \text{ und } \varphi \text{ beliebig, reell.}$$

Dabei ist $\omega = \sqrt{4a - b^2}/2$ wie beim Typ (4).

Wir können nun nach bewährtem Muster auch inhomogene Dgl. 2. Ordnung wie

$$y'' = -ay + ky' + d \text{ mit } a > 0, \ k \neq 0, \ d \neq 0 \tag{6}$$

lösen. Zunächst sieht man, daß sich zwei beliebige Lösungen $y(t)$ und $z(t)$ von (6) stets um eine Lösung der zugehörigen homogenen Dgl. unterscheiden, denn aus

$$y'' = -ay + ky' + d \text{ und } z'' = -az + kz' + d \text{ folgt } (y-z)'' = -a(y-z) + k(y-z)'.$$

Hat man also eine beliebige Lösung von (6), dann erhält man die Lösungsgesamtheit von (6), indem man dazu alle Lösungen der zugehörigen homogenen Dgl. 2. Ordnung addiert. Letztere ist vom Typ (4), wenn $k < 0$, vom Typ (5), wenn $k > 0$.

Zu (6) gibt es aber immer die konstante Lösung $y = d/a$, denn diese erfüllt wegen $y' = y'' = 0$ die Dgl.: $0 = -a \cdot (d/a) + k \cdot 0 + d$. Die Lösungsgesamtheit einer Dgl. vom Typ (6) lautet also

$$y(t) = \frac{d}{a} + \boxed{\text{Lösungsgesamtheit von } y'' = -ay + ky'} \ .$$

Wir wollen das am folgenden Beispiel demonstrieren.

BEISPIEL 3: Wie in Beispiel 1 sei $y(t)$ die Anzahl der Beutetiere und $x(t)$ die Anzahl der Räuber zur Zeit t. Für die Geschwindigkeit der Vermehrung beider Populationen sollen jetzt die Modellgleichungen

$$y'(t) = ky(t) - ex(t) \text{ und } x'(t) = c(y(t) - g) \text{ gelten.}$$

Der einzige Unterschied zum Modell von Beispiel 1 ist nun, daß sich die Beutetiere ohne die Räuber nicht mit einer konstanten, sondern mit einer ihrem Bestand $y(t)$ proportionalen Geschwindigkeit vermehren würden. Analog wie im Beispiel 1 erhalten wir durch Differenzieren der ersten und Einsetzen der zweiten Modellgleichung die Dgl.

$$y'' = -ecy + ky' + ecg \;\; (k, e, c \text{ und } g \text{ sind positiv.})$$

Dies ist eine inhomogene Dgl. vom Typ (6) mit $a = ec$, $d = ecg$; sie hat also die konstante Lösung $y(t) = ecg/ec = g$ für alle t und das bedeutet, daß g ein Gleichgewichtsbestand der Beutetiere ist. Wenn diese Lösung verwirklicht wird, dann bleibt wegen $x'(t) = c(g - g) = 0$ auch der Bestand der Räuber konstant.

Die zugehörige homogene Dgl. lautet $y'' = -ecy + ky'$. Sie hat die charakteristische Gleichung $\lambda^2 - k\lambda + ec = 0$ mit den Lösungen

$$\lambda_1 = \frac{k}{2} + \frac{1}{2}\sqrt{k^2 - 4ec} \text{ und } \lambda_2 = \frac{k}{2} - \frac{1}{2}\sqrt{k^2 - 4ec}\,.$$

Normalerweise ist $\lambda_1 \neq \lambda_2$ und darauf wollen wir uns hier beschränken. Beide sind genau dann reell, wenn $k^2 > 4ec$ (Fall 1); da dann die Quadratwurzel kleiner ist als $k/2$, folgt sofort $0 < \lambda_2 < \lambda_1 < k$.
Die Lösungsgesamtheit für den Bestand der Beutetiere besteht dann aus der Menge aller Funktionen der Form

$$y(t) = g + Ae^{\lambda_1 t} + Be^{\lambda_2 t}\,, \quad A \text{ und } B \text{ beliebig, reell.}$$

Wenn die Anfangswerte $y(0)$ und $y'(0)$ so vorgegeben sind, daß A und B positiv sind, dann wächst $y(t)$ exponentiell, aber nicht so stark wie e^{kt} (so würde der Bestand wachsen, wenn keine Räuber da wären, denn dann würde die Dgl. $y' = ky$ aus der 1.Modellgleichung folgen!), da ja $0 < \lambda_2 < \lambda_1 < k$ gilt. Wenn A negativ wird, dann wird $y(t)$ für hinreichend große t negativ, weil die Exponentialfunktion mit dem Exponenten $\lambda_1 t$ stärker wächst als die mit dem Exponenten $\lambda_2 t$. Es ist also möglich daß die Beutetiere ausgerottet werden.

λ_1 und λ_2 sind genau dann konjugiert komplex, wenn $k^2 < 4ec$ (Fall 3). Die Lösungsgesamtheit kann dann entweder wie eben, nun aber mit komplexen

194

Exponenten und mit beliebigen komplexen Konstanten A und B geschrieben werden, oder in der reellen Form

$$y(t) = g + C e^{\frac{k}{2}t} \sin(\omega t + \varphi) \text{ mit } C \text{ beliebig} \geq 0 \text{ und } \varphi \text{ beliebig, reell.}$$

Dabei ist ω gleich $\sqrt{4ec - k^2}/2$.

Alle Lösungen mit $C \neq 0$ sind also dann Schwingungen mit exponentiell, also über alle Grenzen wachsenden Amplituden. Da diese also irgendwann größer als g werden, hat $y(t)$ für große t auch negative Werte, d.h. die Beutetiere werden ausgerottet, wenn nicht vorher schon die Räuber aussterben. Für letztere gilt nämlich eine Dgl. vom selben Typ, die man leicht aus den Modellgleichungen bestimmen kann:

Aus der zweiten Modellgleichung folgt $y = x'/c + g$ und wenn wir dies in die erste Modellgleichung einsetzen, wird daraus

$$\frac{x''}{c} = k\left(\frac{x'}{c} + g\right) - ex \text{ oder } x'' = -ecx + kx' + kcg$$

d.h. für die Räuber gilt bis auf die Konstante kcg dieselbe Dgl. ; daraus folgt aber, daß auch die Räuberpopulation Schwingungen mit derselben Schwingungsdauer wie die der Beutetiere ausführt und die Amplituden wachsen mit demselben Faktor. Der Gleichgewichtswert für die Räuber ist $kcg/ec = gk/e$ und die Anfangsphase wird bei den beiden Populationen verschieden sein, d.h. ihre Schwingungen sind zeitlich versetzt.

<u>AUFGABE 62:</u> Die Lösungsgesamtheit einer Dgl. vom Typ

$$y'' = -ay + ky' + ga \text{ sei } y(t) = g + A e^{\lambda_1 t} + B e^{\lambda_2 t},$$

mit A und B beliebig reell und die Nullstellen λ_1 und λ_2 der charakteristischen Gleichung $\lambda^2 - k\lambda + a = 0$ seien reell und verschieden (Fall 1). Zeigen Sie, daß keine dieser Funktionen mehr als ein relatives Extremum besitzen kann! Das bedeutet dann auch, daß keine Schwingungsfunktion in dieser Lösungsgesamtheit ist.

<u>AUFGABE 63:</u> Weisen Sie nach, daß die Extremalstellen einer Funktion

$$e^{\alpha t} \sin(\omega t) \text{ mit } \alpha \neq 0 \text{ , } \omega > 0$$

nicht dieselben sind wie die von $\sin(\omega t)$, daß sie aber in denselben Abständen aufeinanderfolgen.

<u>AUFGABE 64:</u> Die Anzahlen gewisser Beutetiere und Räuber zur Zeit t seien $y(t)$ bzw. $x(t)$, gemessen in der Einheit 10^6 Stück. Zur Zeit $t = 0$ seien $y(0) = 5$

195

Millionen Beutetiere und $x(0) = 0,1$ Millionen Räuber vorhanden. Für das Wachstum der beiden Bestände sollen die Modellgleichungen

$$y'(t) = 0,2y(t) - 10x(t) \text{ und } x'(t) = 0,01(y(t) - 6)$$

gelten. Die Zeiteinheit sei 1 Jahr. Wie groß ist $y'(0)$? Welche Lösung $y(t)$ gehört zu den Anfangsbedingungen $y(0) = 5$ und dem zu bestimmenden Wert von $y'(0)$? Werden die Beutetiere ausgerottet?

8 Funktionen von mehreren Variablen

8.1 Beispiele und Definitionen

Die meisten Größen, die wir beobachten können, hängen nicht nur von einer, sondern von mehreren anderen Größen ab. So wird etwa die photosynthetische Aktivität einer Pflanze nicht nur von der Intensität des einfallenden Lichts, sondern auch von der Temperatur, dem CO_2-Gehalt der Luft usw. beeinflußt. Der Druck in einem Gas hängt nicht nur von dessen Volumen, sondern auch von der Temperatur ab, die Reaktionsgeschwindigkeit einer chemischen Umsetzung von den Konzentrationen aller daran beteiligten Substanzen usw..

Wenn es dann möglich ist, alle Einflußgrößen bis auf eine festzuhalten, dann kann man die Abhängigkeit der zu beobachtenden Größe von dieser einen variablen Einflußgröße studieren. Erstere ist dann häufig eine Funktion der letzteren, also eine Funktion einer einzigen Variablen, und solche haben wir bisher betrachtet. Manchmal muß man sich jedoch auch mit Funktionen von mehreren Variablen beschäftigen, z.B. wenn mehrere Größen $x_1, x_2, \ldots, x_n$ gleichzeitig variieren und man wissen möchte, wie eine davon abhängende Größe y ihren Wert dann ändert.

Wir nennen $(x_1, x_2, \ldots, x_n)$ ein *n-tupel*, wobei n Variable oder auch n Zahlenwerte gemeint sein können. Im letzteren Fall nennen wir das n-tupel einen *Punkt des n-dimensionalen Raums R^n*, den wir uns im Fall $n = 2$ als Ebene, im Fall $n = 3$ als den dreidimensionalen Raum der euklidischen Geometrie vorstellen können. Für $n \geq 4$ fassen wir R^n einfach als die Menge aller n-tupel aus reellen Zahlen auf.

DEFINITION: Eine *Funktion von n Variablen* ist eine Vorschrift, die jedem Punkt $(x_1, x_2, \ldots, x_n)$ einer Teilmenge D des R^n eine bestimmte reelle

Zahl $f(x_1, x_2, \ldots, x_n)$ zuordnet. Diese ist der *Funktionswert an der Stelle* $(x_1, x_2, \ldots, x_n)$, die Menge aller Funktionswerte ist wieder der *Wertebereich* und D der *Definitionsbereich* der Funktion.

Wie im Fall einer Variablen sind wir ein wenig unlogisch und verwenden dieselbe Bezeichnung $f(x_1, x_2, \ldots, x_n)$ sowohl für Funktionswerte, als auch für die Funktion selbst. Das hat den Vorteil, daß man der Bezeichnung für die Funktion gleich ansieht, von welchen und von wievielen Variablen sie abhängt. Ist $n = 2$ oder $n = 3$, dann wählt man für die Variablen $x_1, x_2, \ldots$ auch die Bezeichnungen x, y oder u, v oder x, y, z.

BEISPIEL 1: Wenn ein erbliches Merkmal in den Varianten A und a vorkommt und diese durch ein einzelnes Gen bestimmt werden, dann gibt es die drei Genotypen AA, aa und Aa. Wenn diese mit den relativen Häufigkeiten x, y, z in der Population vorkommen, dann gilt

$$x \geq 0, \ y \geq 0, \ z \geq 0 \text{ und } x + y + z = 1.$$

So würde etwa $x = 0,23$, $y = 0,45$, $z = 0,32$ bedeuten, daß 23% der Population vom Genotyp AA sind, während 45% vom Typ Aa und 32% vom Typ aa sind. Es ist also $z = 1 - x - y$, d.h. man kann z als Funktion von x und y ausdrücken. An sich ist durch diese Vorschrift für alle (x, y) der x, y-Ebene ein Funktionswert $z(x, y)$ gegeben, seinen Sinn als relative Häufigkeit behält z jedoch nur, wenn wir als Definitionsbereich D die durch folgende Bedingungen bestimmte Teilmenge der Ebene wählen:

$$0 \leq x \leq 1 \ , \ 0 \leq y \leq 1 \ , \ x + y \leq 1.$$

D ist daher das Dreieck mit den Ecken

$(0; 0)$, $(1; 0)$ und $(0; 1)$.

Diejenigen Punkte des dreidimensionalen Raumes, für die (x, y) aus D und $z = 1 - x - y$ ist, bilden eine Fläche, die wir als die Funktionsfläche von $z(x, y) = 1 - x - y$ bezeichnen. Sie ist in Figur 67 skizziert. Die Art der Darstellung dieser Fläche dürfte einsichtig sein, wird aber im nächsten Abschnitt noch eingehend beschrieben.

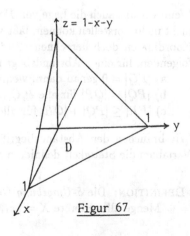

Figur 67

BEISPIEL 2: Der Abstand zweier Punkte (x_0, y_0) und (x, y) der Ebene ist gleich

$$z(x_0, y_0, x, y) = \sqrt{(x - x_0)^2 + (y - y_0)^2} ,$$

wie aus dem Satz des Pythagoras folgt (s.Figur 68). Der Abstand ist also eine Funktion von vier Variablen, wenn man beide Punkte als variabel ansieht, von zwei Variablen x, y, wenn (x_0, y_0) fest vorgegeben und nur (x, y) variabel ist. Im letzteren Fall schreibt man dafür $z(x, y)$.

Im R^3 haben zwei Punkte (x_0, y_0, z_0) und (x, y, z) den Abstand

$$\sqrt{(x - x_0)^2 + (y - y_0)^2 + (z - z_0)^2} ,$$

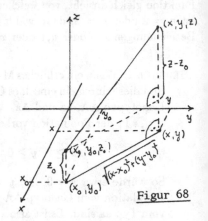

wie man sich anhand der Figur 68 bei zweimaliger Anwendung des Satzes von Pythagoras leicht überlegt. Diese Formeln für den Abstand zweier Punkte veranlassen die Definition des Abstands auch im anschaulich nicht mehr vorstellbaren R^n mit $n \geq 4$.

Figur 68

DEFINITION: Zwei Punkte $P = (p_1, p_2, \ldots, p_n)$ und $Q = (q_1, q_2, \ldots, q_n)$ des R^n haben den

$$Abstand \; |PQ| = \sqrt{(q_1 - p_1)^2 + (q_2 - p_2)^+ \ldots + (q_n - p_n)^2} .$$

Wenn wir uns auch die Lage von P und Q im n-dimensionalen Raum bei $n \geq 4$ nicht mehr vorstellen können, läßt sich der Abstand der Punkte bei gegebenen Koordinaten doch berechnen. Zudem hat der so definierte Abstand die drei folgenden, für einen Abstandsbegriff wesentlichen Eigenschaften:

a) $|PQ| = 0$ genau dann, wenn $P = Q$; $|PQ| > 0$, wenn $P \neq Q$.

b) $|PQ| = |QP|$ für alle P, Q (Symmetrie).

c) $|PR| \leq |PQ| + |QR|$ für alle P, Q, R (Dreieckungleichung, vgl.1.2).

Wir brauchen den Abstandsbegriff, um auch für Funktionen von mehreren Variablen die Stetigkeit definieren zu können.

DEFINITION: Die δ-Umgebung U_δ eines Punkts $P = (p_1, p_2, \ldots, p_n)$ ist die Menge aller Punkte $X = (x_1, x_2, \ldots, x_n)$, für die $|PX| < \delta$ gilt.

198

DEFINITION: Eine Funktion $f(x_1, x_2, \ldots, x_n)$ ist an einer Stelle (im Punkt) $P_0 = (x_{01}, x_{02}, \ldots, x_{0n})$ *stetig*, wenn es zu beliebigem $\varepsilon > 0$ ein $\delta > 0$ gibt, so daß

$$|f(x_1, x_2, \ldots, x_n) - f(x_{01}, x_{02}, \ldots, x_{0n})| < \varepsilon$$

für alle Punkte $(x_1, x_2, \ldots, x_n)$ aus der Umgebung U_δ von P_0.

Sie ist *stetig in einer Variablen* x_i, an der Stelle P_0, wenn es zu jedem $\varepsilon > 0$ ein $\delta > 0$ gibt, so daß für jedes Δ mit $|\Delta| < \delta$ gilt:

$$|f(x_{01}, \ldots, x_{0i} + \Delta, \ldots, x_{0n}) - f(x_{01}, \ldots, x_{0i}, \ldots, x_{0n})| < \varepsilon.$$

Aus der Stetigkeit an einer Stelle folgt sofort die Stetigkeit in jeder der Variablen an dieser Stelle, aber die Umkehr gilt nicht.

BEISPIEL 3: Für alle (x, y) der x, y-Ebene außer $(0, 0)$ ist die Funktion

$$z(x, y) = \frac{xy}{x^2 + y^2} \quad \text{definiert.}$$

Setzen wir $z(0, 0) = 0$, dann ist sie überall definiert. Sie ist dann an der Stelle $(0, 0)$ sowohl in x als auch in y stetig, denn es gilt

$|z(\Delta, 0) - z(0, 0)| = 0$ und auch $|z(0, \Delta) - z(0, 0)| = 0$ sogar für alle Δ.

Trotzdem ist sie unstetig in $(0, 0)$, denn es ist $z(\Delta, \Delta) = 0, 5$ für jedes $\Delta \neq 0$ und daher gibt es ein $\varepsilon > 0$, z.B. $\varepsilon = 0, 3$, für das in beliebiger Nähe zu $(0, 0)$ Punkte $(x, y) = (\Delta, \Delta)$ existieren, für die $|z(x, y) - z(0, 0)| \geq \varepsilon$ gilt.

AUFGABE 65: Die Punkte (x, y, z), die den Abstand r von einem festen Punkt (x_0, y_0, z_0) besitzen, bilden die Oberfläche einer Kugel mit dem Mittelpunkt (x_0, y_0, z_o) und dem Radius r. Geben Sie eine Gleichung in kartesischen Koordinaten für diese Oberfläche an und drücken Sie dann für die Oberflächenpunkte (x, y, z), bei denen $z \geq 0$ ist, z als Funktion von x und y aus! Welchen Definitionsbereich hat die Funktion und wo sind die Funktionswerte gleich 0 ?

8.2 Darstellung von Funktionen zweier Variablen

Bei einer Funktion $z = f(x, y)$ der beiden Variablen x, y stellt man sich letztere als kartesische Koordinaten in einer horizontalen Ebene vor und faßt den Funktionswert z als dritte Koordinate auf, wobei die z-Richtung vertikal nach oben weist. Der Definitionsbereich D der Funktion ist gewöhnlich eine Teilfläche der x, y-Ebene oder diese selbst. Die Menge aller Punkte (x, y, z) mit (x, y) aus D und $z = f(x, y)$ bildet dann in der Regel eine zweidimensionale Punktmenge im R^3, also eine -im allgemeinen gekrümmte- Fläche, die wir die *Funktionsfläche* $\mathcal{F}$ nennen. Für ihre Darstellung auf einem Blatt Papier gibt es mehrere Möglichkeiten:

A) Perspektivische Skizze

Hierbei wählt man einen Punkt außerhalb der darzustellenden Fläche $\mathcal{F}$ als Beobachtungspunkt B. Das Blatt Papier denkt man sich nun zwischen B und $\mathcal{F}$ gebracht. Jedem Punkt P von $\mathcal{F}$ wird nun als Bildpunkt auf dem Papier der Punkt P' zugeordnet, in dem die Strecke BP durch die Papierebene geht. Man kann sich in B auch ein Auge vorstellen, von dem sog. „Sehstrahlen" durch das Papier hindurch zu den Punkten von $\mathcal{F}$ laufen („perspicere" heißt „durchblicken" und davon kommt „Perspektive"). Die Bildpunkte sind dann sozusagen die Spuren, die die Sehstrahlen auf dem Papier hinterlassen. Nach diesem Verfahren kann man nicht nur Flächen, sondern auch dreidimensionale Körper abbilden.

So einfach das Prinzip der Perspektive ist, erfordert ihre Handhabung doch ein Wissen über geometrische Eigenschaften dieser Abbildungen, das hier nicht bereitgestellt werden soll. Erwähnt sei, daß das Bild einer Geraden wieder eine Gerade ist, daß die Bildgeraden von Parallelen sich in einem sog. „Fluchtpunkt" schneiden und daß Winkel bei der Abbildung im allgemeinen verzerrt, also verkleinert oder vergrößert werden.

Die Perspektive kommt unter allen Arten der Abbildung dem natürlichen Sehen am nächsten. Die nach den Gesetzen der Perspektive arbeitenden Maler der Renaissance waren es ja auch, die in ihren Bildern einen echten räumlichen Eindruck vermittelten.

B) Scheinperspektive

Man skizziert dabei zunächst die zueinander senkrechten Achsen eines kartesischen x, y, z-Koordinatensystems. Da es auf einem Blatt Papier keine drei zueinander senkrechten Richtungen gibt, zeichnet man eine Achse nach rechts, die zweite nach oben, die dritte aber, die nun senkrecht auf dem Papier stehen müßte, zeichnet man schräg nach links unten wie in Figur 69, oder schräg nach rechts oben wie in Figur 70. Dabei werden die rechten Winkel, die die dritte Achse mit den anderen Achsen bildet, verzerrt dargestellt als stumpfe oder auch spitze Winkel.

So wäre es auch bei einer echten Perspektive. Dort werden parallele Strecken um denselben Faktor verkürzt, wobei der Faktor von der Richtung dieser Strecken abhängt. Auch das berücksichtigt man bei der Scheinperspektive in vereinfachter Form, indem man zunächst alle Strecken, die in Richtung der dritten (schräg skizzierten) Achse verlaufen, um denselben Faktor verkürzt.

Das erreicht man, indem man die Einheit auf dieser Achse kürzer wählt als auf den beiden anderen Achsen. Einen beliebigen Raumpunkt (x, y, z) findet man in der Skizze, indem man zunächst den Punkt $(x, 0, 0)$ auf der x-Achse aufsucht. Durch diesen zieht man die Parallele zur y-Achse und geht auf dieser Parallelen zum Punkt $(x, y, 0)$, der in der Entfernung y von $(x, 0, 0)$ liegt. Von $(x, y, 0)$ aus geht man z Einheiten nach oben bzw. unten und kommt so zum Punkt (x, y, z). Bei dieser Art der Abbildung werden Gerade auch in der Skizze zu Geraden, wie es auch bei der echten Perspektive der Fall ist. Um eine Strecke abzubilden, muß man also nur ihre beiden Endpunkte abbilden und miteinander verbinden.

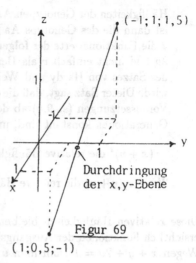

Figur 69

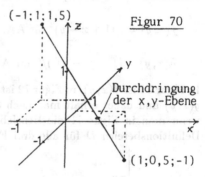

Figur 70

In Figur 69 und 70 haben wir jeweils ein Bild der Strecke vor uns, die die Punkte $(1; 0,5; -1)$ und $(-1; 1; 1,5)$ miteinander verbindet.

Bei der Darstellung einer Funktionsfläche $\mathcal{F}$ skizziert man zunächst ihre Schnittkurven mit den drei *Koordinatenebenen*, also der x, y- , der x, z- und der yz-Ebene. Natürlich kann es sein, daß $\mathcal{F}$ mit einer oder mehreren dieser Ebenen keinen einzigen Punkt und somit auch keine Schnittkurve gemeinsam hat. In solchen Fällen, aber auch dann, wenn die Schnittkurven mit den Koordinatenebenen nicht ausreichen, um einen räumlichen Eindruck von $\mathcal{F}$ zu vermitteln, wählt man weitere Ebenen als Hilfsebenen und zeichnet auch die Schnittkurven mit letzteren.

BEISPIEL 1: Wie im Beispiel 1 von 8.1 seien wieder x und y die relativen

201

Häufigkeiten der Genotypen AA und aa. Die relative Häufigkeit $1 - x - y$ ist dann die des Genotyps Aa und wir nennen sie jetzt $2v$, weil wir mit z die Funktionswerte der folgenden Funktionen bezeichnen. Wir wählen $2v$ und nicht einfach v als Bezeichnung, weil dadurch die Schreibweise des Satzes von Hardy und Weinberg (vgl. Beispiel 8 in 9.4) vereinfacht wird. Dieser Satz sagt, daß die drei relativen Häufigkeiten unter gewissen Voraussetzungen (s. 9.4) ab der nächsten Generation für alle folgenden Generationen konstant sind, und zwar ist dann stets

$(x + v)^2$ die relative Häufigkeit von AA, $\quad (y + v)^2$ die von aa, und

$2(x + v)(y + v)$ die relative Häufigkeit von Aa.

Diese relativen Häufigkeiten bleiben also für die Zukunft fest, aber sie sind ersichtlich Funktionen der Ausgangshäufigkeiten $x, y, 2v$.

Wegen $x + y + 2v = 1$ kann man $v = (1 - x - y)/2$ einsetzen und erhält so Funktionen von x und y, nämlich die relativen Häufigkeiten

$$f(x,y) = \frac{1}{4}(1 + x - y)^2 \text{ für AA}, \quad g(x,y) = \frac{1}{4}(1 + y - x)^2 \text{ für aa, und}$$

$$h(x,y) = (1 - (x - y)^2)/2 \text{ für Aa.}$$

In Figur 71 ist $f(x,y)$, in Figur 72 ist $h(x,y)$ dargestellt. Offenbar ist $f(y,x) = g(x,y)$ und daher erhält man auch ein Bild der Funktionsfläche von $g(x,y)$, wenn man in Figur 71 die Bezeichnungen von x- und y-Achse vertauscht. Definitionsbereich D für alle drei Funktionen ist die Menge aller (x,y), die

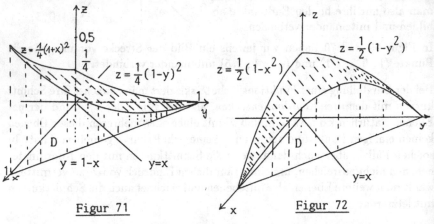

Figur 71   Figur 72

als relative Häufigkeiten von AA bzw. aa auftreten können, d.h. alle (x, y) mit $x \geq 0$, $y \geq 0$ und $x + y \leq 1$. Das sind alle Punkte, die im Dreieck mit den Eckpunkten $(0,0)$, $(0,1)$, $(1,0)$ liegen. In unserem dreidimensionalen System ist D also das Dreieck mit den Eckpunkten $(0,0,0)$, $(0,1,0)$ und $(1,0,0)$.

Zu Figur 71: Die Funktionsfläche $\mathcal{F}$ von $f(x, y)$ hat mit der durch die Bedingung $z = 0$ bestimmten (x, y)-Ebene nur den Punkt $(0,1,0)$ gemeinsam, denn in D ist $(x, y) = (0,1)$ der einzige Punkt mit $z = f(x,y) = (1 + x - y)^2/4 = 0$. Mit der durch $y = 0$ bestimmten x, z-Ebene hat $\mathcal{F}$ die Schnittkurve $z = (1 + x)^2/4$ gemeinsam, denn aus $y = 0$ folgt $z = f(x, 0) = (1 + x)^2/4$. Diese Schnittkurve ist eine Parabel, zu $\mathcal{F}$ gehört allerdings nur das über dem Intervall $[0, 1]$ der x-Achse liegende Stück. Mit der durch $x = 0$ bestimmten y, z-Ebene hat $\mathcal{F}$ die Schnittkurve $z = (1 - y)^2/4$ gemeinsam, denn aus $x = 0$ folgt $z = f(0, y) = (1 - y)^2/4$. Auch diese Schnittkurve ist Teil einer nach oben geöffneten Parabel; er liegt über dem Intervall $[0, 1]$ der y-Achse.

D wird auch von einem Stück der Geraden $y = 1 - x$ begrenzt und in unserem dreidimensionalen System bestimmt die Bedingung $y = 1 - x$ eine Ebene, die senkrecht auf der x, y-Ebene steht und diese in der Geraden $y = 1 - x$ schneidet. Diese Ebene wählen wir als Hilfsebene und erhalten ihre Schnittkurve mit $\mathcal{F}$, indem wir die Bedingung $y = 1 - x$ in $f(x, y)$ einsetzen. Wir erhalten so

$$z = f(x, 1 - x) = \frac{1}{4}(1 + x - (1 - x))^2 = \frac{1}{4}(2x)^2 = x^2.$$

Dies ist nun aber <u>nicht</u> die Parabel $z = x^2$ der x, z-Ebene, sondern wir müssen über den Punkten (x, y) der Hypotenuse von D (für die $y = 1 - x$ gilt) jeweils um $z = x^2$ nach oben gehen. Dies ist in Figur 71 gestrichelt angedeutet, was die räumliche Wirkung verstärkt.

Außerdem machen wir uns bereits hier etwas zunutze, worauf die nächste Darstellungsmethode beruhen wird: wir überlegen, für welche Kurven der x, y-Ebene die Funktion $f(x, y)$ konstant bleibt. Bei $f(x, y) = (1 + x - y)^2/4$ sind dies offenbar die Geraden $x - y = c$ oder $y = x - c$, denn aus dieser Bedingung folgt, daß $f(x, y) = (1 + c)^2/4$, also konstant ist. Diese Geraden sind alle parallel zur Geraden $y = x$, die man einzeichnen kann, indem man $(0,0)$ mit $(1,1)$ verbindet. Nun kann man in dieser Richtung die Funktionsfläche ein wenig schraffieren, was ebenfalls die räumliche Wirkung erhöht.

Zu Figur 72: Die Funktionsfläche von $h(x, y) = (1 - (x - y)^2)/2$ hat mit der x, y-Ebene nur die beiden Punkte $(0,1)$ und $(1,0)$ gemeinsam, denn nur dort wird $h(x, y)$ gleich 0. Die Schnittkurven von $\mathcal{F}$ mit der x, z-Ebene und der

y, z-Ebene sind durch die Gleichungen

$$z = \frac{1}{2}(1 - x^2) \text{ und } z = \frac{1}{2}(1 - y^2)$$

gegeben. Es sind also zwei kongruente Parabelbogen, von denen aber der eine durch die Scheinperspektive verzerrt dargestellt wird. Die Hilfsebene $y = 1 - x$ hat nun mit $\mathcal{F}$ die Kurve

$$z = h(x, 1 - x) = \frac{1}{2}(1 - (x - 1 + x)^2) = 2(x - x^2)$$

gemeinsam, d.h. über den Punkten (x, y) des zu D gehörenden Stücks der Geraden $y = 1 - x$ sind diese z-Werte nach oben anzutragen.

Um eine Schnittkurve zu zeichnen, berechnet man einige Punkte von ihr, trägt sie in der Skizze an und verbindet sie. Auch die Scheinperspektive erfordert ein wenig zeichnerisches Geschick, das man sich erst nach einiger Übung aneignen kann. Es wäre eine gute Übung für das räumliche Vorstellungsvermögen, das man auch im Zeitalter der Computergrafiken noch benötigt, wenn der Leser selbst einige scheinperspektivische Skizzen von einfachen Funktionsflächen anfertigen würde.

C) Darstellung mit Hilfe von Höhenlinien

Dieses Verfahren stellt weniger Anforderungen an zeichnerisches Geschick und räumliches Vorstellungsvermögen, wird aber schon seit langem für geographische Karten benutzt. Man stelle sich vor, daß die Funktionsfläche $\mathcal{F}$ einer Funktion $z = f(x, y)$ von einer Ebene geschnitten wird, die sich parallel zur x, y-Ebene in der Höhe c über der letzteren erstreckt. Sie ist durch die einfache Bedingung $z = c$ gegeben. Auf der Schnittkurve muß also ebenfalls

$$z = c \text{ und damit auch } f(x, y) = c$$

gelten. Durch diese Bedingung ist im allgemeinen eine Kurve in der x, y- Ebene bestimmt. Verläuft sie durch den Definitionsbereich D der Funktion $f(x, y)$, dann ist $f(x, y)$ für alle auf dieser Kurve liegenden (x, y) konstant und gleich c. Deutet man die Funktionswerte z als Höhen über der x, y-Ebene, dann bezeichnet man die durch die Bedingung $f(x, y) = c$ bestimmten Kurven in D als *Höhenlinien*, da die Höhe von $\mathcal{F}$ über diesen Kurven konstant bleibt.
Eine Höhenlinie besteht im allgemeinen aus einem oder mehreren in D enthaltenen Kurvenstücken; sie kann auch aus einzelnen Punkten bestehen oder die leere Menge sein. Letzteres tritt ein, wenn kein (x, y) aus D den Funktionswert $f(x, y) = c$ ergibt. Man sagt dann, daß zu c keine Höhenlinie existiert.

Bemerkung: Bei den Anwendungen haben die Funktionswerte meist eine andere Dimension als die einer Höhe. Daher verwendet man statt „Höhenlinie"auch die Bezeichnung „Isolinie"(vom griechischen „isos", was „gleich" bedeutet), denn es sind ja Kurven mit gleichen Funktionswerten. Spezialfälle sind die den Meteorologen vertrauten Isobaren (Kurven gleichen Luftdrucks) und Isothermen (Kurven gleicher Temperatur). Wir wollen hier aber die anschauliche Bezeichnung „Höhenlinien" auch bei beliebiger Dimension von z verwenden.

Aus der Definition geht hervor, daß Höhenlinien im allgemeinen nicht auf der Funktionsfläche $\mathcal{F}$, sondern immer in der x, y-Ebene liegen. Sie sind nicht die Schnittkurven, die $\mathcal{F}$ mit den Ebenen $z = c$ bildet (außer für $c = 0$), sondern deren senkrechte Projektionen auf die x, y-Ebene. Indem man zu verschiedenen Werten von c jeweils die Höhenlinie in D einzeichnet und den c-Wert an die Linie schreibt, kann man auch eine gewisse räumliche Vorstellung von $\mathcal{F}$ gewinnen.

BEISPIEL 2: Für die in Beispiel 1 dargestellten Funktionen

$$f(x,y) = \frac{1}{4}(1 + x - y)^2 \text{ und } h(x,y) = \frac{1}{2}(1 - (x - y)^2)$$

geben wir in Figur 73 und 74 einige Höhenlinien an. Die Bedingung

$$\frac{1}{4}(1 + x - y)^2 = c \text{ führt zu } 1 + x - y = \pm 2\sqrt{c} \text{ oder } y = x + 1 \pm 2\sqrt{c}.$$

In D kommen aber nur Punkte mit $y \leq 1$ und $x \geq 0$ vor und darum kann nur die Gerade $y = x + 1 - 2\sqrt{c}$, nicht aber die Gerade $y = x + 1 + 2\sqrt{c}$ mit D gemeinsame Punkte haben. Für $c < 0$ oder $c > 1$ gibt es keine Höhenlinien, weil $0 \leq f(x,y) \leq 1$ für alle (x,y) aus D gilt. Für $0 \leq c \leq 1$ hat die Gerade $y = x + 1 - 2\sqrt{c}$ mindestens einen Punkt mit D gemeinsam, für jedes c mit $0 < c < 1$ ist die Höhenlinie eine Strecke (s.Figur 73).

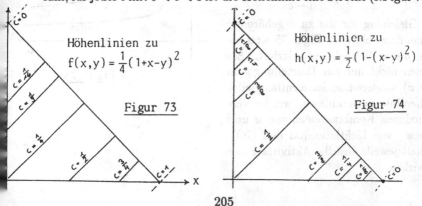

Höhenlinien zu
$$f(x,y) = \frac{1}{4}(1+x-y)^2$$

Figur 73

Höhenlinien zu
$$h(x,y) = \frac{1}{2}(1-(x-y)^2)$$

Figur 74

205

Die Bedingung $h(x,y) = c$ bedeutet

$$\frac{1}{2}(1 - (x-y)^2) = c \; ; \text{ es folgt } x - y = \pm\sqrt{1 - 2c} \text{ oder } y = x \pm \sqrt{1 - 2c}$$

und nun gibt es für alle c mit $0 < c < 1/2$ zwei Strecken in D, die zu den Geraden $y = x - \sqrt{1 - 2c}$ und $y = x + \sqrt{1 - 2c}$ gehören und zusammen die Höhenlinie zum Wert c bilden. Für $c = 0$ besteht die Höhenlinie nur aus den beiden Punkten $(0,1)$ und $(1,0)$, für $c = 1/2$ ist das in D verlaufende Stück der Geraden $y = x$ die Höhenlinie (s.Figur 74). Im allgemeinen sind Höhenlinien nicht wie bei diesem Beispiel gerade, sondern gekrümmt.

BEISPIEL 3: Es gibt Modelle für die photosynthetische Aktivität z von Pflanzen, die z als Funktion der beiden Variablen $x =$ „Lichtintensität" und $y =$ „CO_2-Gehalt der Umgebung" in der Form

$$z(x,y) = \frac{ax \cdot by}{ax + by} \quad \text{mit } a > 0, \; b > 0, \; D = \{(x,y)|x > 0, \; y > 0\}$$

angeben (vgl.Thornley [9],S.92 ff).

Wir führen die Hilfsvariablen $u = ax$ und $v = by$ ein und erhalten so

$$z(u,v) = \frac{uv}{u + v} \text{ für } u > 0, \; v > 0.$$

Die Bedingung $z = c$ bedeutet also

$$\frac{uv}{u + v} = c \text{ oder } uv = cu + cv, \text{ woraus}$$

$$v = v(u) = \frac{cu}{u - c}$$

als Gleichung für die zu c gehörende Höhenlinie folgt. In Figur 75 sind einige dieser Höhenlinien skizziert. Sie dienen nicht nur zur Darstellung von $z(u,v)$, sondern man kann entlang jeder Höhenlinie auch ablesen, welche verschiedenen Kombinationen von u und v bzw. von Lichtintensität und CO_2-Gehalt jeweils dieselbe Aktivität $z = c$ bewirken.

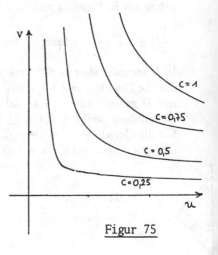

Figur 75

206

BEISPIEL 4: Es sei x die Masse einer radioaktiven Substanz zum Zeitpunkt $t = 0$. Wenn β die Zerfallskonstante ist, dann ist zu jedem Zeitpunkt $t \geq 0$ noch die Menge $z(x, t) = xe^{-\beta t}$ vorhanden. Wir haben nun eine Funktion von zwei Variablen, weil wir jetzt auch die Ausgangsmasse als variabel ansehen, die früher eine gegebene Konstante war.

Wir ändern die Zeiteinheit so, daß $\beta = 1$ ist (dazu ist die Zeitspanne als Einheit zu nehmen, für die sich x auf xe^{-1} reduziert) und geben einige Höhenlinien der Funktion

$$z(x, t) = xe^{-t}$$

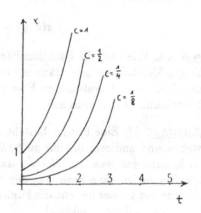

in $D = \{(x, t) | x \geq 0,\ t \geq 0\}$ an.

Aus $z = c$ folgt $xe^{-t} = c$ und daraus

$$x = ce^{t} \text{ für beliebige } c \geq 0$$

als Gleichung für die zu c gehörende Höhenlinie. Zu jedem t gehört also auf der Höhenlinie zu c gerade die Masse $x = ce^{t}$, die so groß ist, daß zur Zeit t noch die Masse c übrig ist (s.Figur 76).

Figur 76

Es sei $z = f(x, y)$ eine Funktion mit einem Definitionsbereich D. Sie ordnet den Punkten (x, y) aus D, für die x gleich einem festen Wert x_0 ist, die Funktionswerte $z = f(x_0, y)$ zu. Dadurch ist eine Funktion der einen Variablen y gegeben. Ihr Definitionsbereich ist die Menge aller y, für die (x_0, y) in D liegt. Er kann von x_0 abhängig sein.

Geometrisch läßt sich die Funktionskurve von $z = f(x_0, y)$ deuten als Schnittkurve der Funktionsfläche $\mathcal{F}$ von $z = f(x, y)$ mit der Ebene, die durch die Bedingung $x = x_0$ bestimmt ist. Diese steht senkrecht zur x, y-Ebene und hat mit letzterer die Gerade $x = x_0$ gemeinsam. Man erhält sie auch, indem man die y, z-Koordinatenebene um x_0 in $x-$Richtung parallel verschiebt.

Analog dazu ist $z = f(x, y_0)$ für jedes feste y_0, zu dem es Punkte (x, y_0) in D gibt, eine Funktion von x allein und die Funktionskurve läßt sich deuten als Schnittkurve von $\mathcal{F}$ mit der Ebene, die durch $y = y_0$ bestimmt ist. Diese steht auch senkrecht zur x, y-Ebene und hat mit letzterer die Gerade $y = y_0$ gemeinsam.

Schneiden wir zum Beispiel die in Figur 76 durch Höhenlinien dargestellte Funktionsfläche $\mathcal{F}$ mit einer Ebene $x = x_0$, dann erhalten wir als Schnittkurve

207

die Kurve der Zerfallsfunktion $z(t) = x_0 e^{-t}$; schneiden wir $\mathcal{F}$ mit einer Ebene $t = t_0$, dann ist die Schnittkurve eine Gerade in einer x, z-Ebene und durch die Gleichung $z = x \cdot e^{-t_0}$ gegeben, die den Anstieg e^{-t_0} hat. Man betrachte unter diesem Gesichtspunkt noch einmal die Figur 76.

AUFGABE 66: Auf $D = \{(x,y)|x^2 + y^2 \leq 1\}$ sei die Funktion

$$z(x,y) = \sqrt{1 - x^2 - y^2}$$

gegeben. Wie sieht die Funktionsfläche $\mathcal{F}$ aus?

Zeigen Sie, daß jede Schnittkurve von $\mathcal{F}$ mit einer durch eine Bedingung $y = y_0$ mit $0 < y_0 < 1$ bestimmten Ebene ein Halbkreis ist und geben Sie dessen Mittelpunkt und Radius an!

AUFGABE 67: Eine Pflanze besteht aus Organen, die zu 90% aus Wasser bestehen und anderen, die nur zu 50% aus Wasser bestehen. Dabei seien Gewichtsprozente gemeint. Wenn x das Gewicht der ersteren, y das der letzteren Organe ist, dann kann man den Gewichtsprozentsatz, zu dem die gesamte Pflanze aus Wasser besteht, als Funktion $z(x,y)$ angeben. Skizzieren Sie einige Höhenlinien dieser Funktion!

8.3 Partielle Ableitungen

Der Begriff der Ableitung läßt sich auch für Funktionen von mehreren Variablen definieren. Wie bei einer Variablen geht man dabei aus von Differenzenquotienten: der Funktionswert eines Punktes $(x_1, \ldots, x_{i-1}, x_i, x_{i+1}, \ldots, x_n)$ wird vom dem eines benachbarten Punktes $(x_1, \ldots, x_{i-1}, x_i + \Delta, x_{i+1}, \ldots, x_n)$ subtrahiert und diese Differenz wird durch Δ dividiert. Für die beiden Punkte, die natürlich im Definitionsbereich D sein müssen, schreiben wir kürzer $(\ldots, x_i, \ldots)$ und $(\ldots, x_i + \Delta, \ldots)$ und deuten damit gleichzeitig an, daß nur die i-te Komponente der beiden verschieden ist.

DEFINITION: Eine Funktion $f(x_1, x_2, \ldots, x_n)$ ist im Innern ihres Definitionsbereichs D nach einer Variablen x_i partiell differenzierbar, wenn für alle Punkte $(x_1, x_2, \ldots, x_n)$ aus D, zu denen es eine Umgebung U_δ in D gibt, der Grenzwert

$$\lim_{\Delta \to 0} \frac{f(\ldots, x_i + \Delta, \ldots) - f(\ldots, x_i, \ldots)}{\Delta} \text{ existiert.}$$

Damit ist wie in 4.1 gemeint, daß man durch Einsetzen einer beliebigen Nullfolge Δ_i für Δ stets eine gegen denselben Grenzwert konvergierende Folge von Differenzenquotienten erhält. Diesen Grenzwert nennen wir die

partielle Ableitung von f nach x_i , die wir mit

$$\frac{\partial}{\partial x_i} f(x_1, x_2, \ldots, x_n) \text{ oder mit } f_{x_i} \text{ bezeichnen.}$$

Da alle Variablen außer x_i bei der Grenzwertbildung fest bleiben, sind sie beim Differenzieren wie Konstante zu behandeln. Davon abgesehen gelten für die partielle Differentiation nach einer Variablen dieselben Regeln wie bei den gewöhnlichen Ableitungen, denn nach der Definition ist ja die partielle Ableitung von f nach x_i nichts anderes als eine gewöhnliche Ableitung nach x_i bei festen Werten der übrigen Variablen.

Der Wert einer partiellen Ableitung hängt aber meistens nicht nur von x_i, sondern auch von den übrigen Variablen ab, also von der Stelle $(x_1, x_2, \ldots, x_n)$, an der die partielle Ableitung gebildet wird. Sie ist also im allgemeinen eine Funktion von $x_1, x_2, \ldots, x_n$.

BEISPIEL 1: $f(x, y) = yx^2 + \sin y + \cos(xy)$ hat die partiellen Ableitungen

$$f_x = 2xy - y \sin(xy) \text{ und } f_y = x^2 + \cos y - x \sin(xy) .$$

BEISPIEL 2: $z(u, x, y) = (xu^2 - uy)e^{-2xy}$ hat die partiellen Ableitungen

$$\frac{\partial}{\partial u} z = (2ux - y)e^{-2xy} , \quad \frac{\partial}{\partial x} z = u^2 e^{-2xy} + (xu^2 - uy)e^{-2xy}(-2y)$$

und $\frac{\partial}{\partial y} z = -ue^{-2xy} + (xu^2 - uy)e^{-2xy}(-2x) = e^{-2xy}(2uxy - 2x^2u^2 - u) .$

Geometrische Deutung: Bilden wir die partielle Ableitung f_x einer Funktion $f(x, y)$ an einer bestimmten Stelle (x_0, y_0), also

$$\lim_{\Delta \to 0} \frac{f(x_0 + \Delta, y_0) - f(x_0, y_0)}{\Delta} = f_x(x_0, y_0),$$

dann gehen hier nur Funktionswerte der Funktion $f(x, y_0)$ von x ein, die man aus $f(x, y)$ erhält, wenn man y den festen Wert y_0 gibt. Wir wissen bereits aus dem vorigen Abschnitt, daß wir die Funktionskurve von $f(x, y_0)$ als Schnittkurve der Funktionsfläche von $z = f(x, y)$ mit der Ebene $y = y_0$ erhalten.

Daher ist $f_x(x_0, y_0)$ nichts anderes als der Anstieg dieser Schnittkurve, d.h. der Funktionskurve von $z = f(x, y_0)$ an der Stelle $x = x_0$.

Ebenso ist $f_y(x_0, y_0)$ der Anstieg der Funktionskurve von $z = f(x_0, y)$, die wir aus der Funktionsfläche von $z = f(x, y)$ durch den Schnitt mit der Ebene $x = x_0$ ausschneiden, an der Stelle $y = y_0$.

BEISPIEL 3: Die Funktion $z = f(x, y) = 1 - x^2 - y^2$ ist für alle (x, y) definiert. Ihre Höhenlinien sind Kreise, denn aus $z = c$ folgt die Kreisgleichung $x^2 + y^2 = 1 - c$; es gibt nur zu $c \leq 1$ Höhenlinien, denn offenbar ist $z(x, y) \leq z(0, 0) = 1$ für alle (x, y).

Wir betrachten die partiellen Ableitungen für einige Punkte (s.Figur 77):

$$\text{die partiellen Ableitungen sind } f_x = -2x \text{ und } f_y = -2y .$$

a) Für $(x_0, y_0) = (0, 0)$ ist $f_x(0, 0) = f_y(0, 0) = 0$. Das bedeutet, daß die Schnittkurven $z = f(x, 0) = 1 - x^2$ und $z = f(0, y) = 1 - y^2$ über dem Punkt $(0, 0)$ eine waagrechte Tangente besitzen.

b) Für $(x_0, y_0) = (0, 8; 0, 5)$ ist $f_x(0, 8; 0, 5) = -1, 6$, $f_y(0, 8; 0, 5) = -1$. Also hat die Schnittkurve $z = f(x; 0, 5) = 1 - x^2 - 0, 25 = 0, 75 - x^2$ für $x = 0, 8$, d.h. über dem Punkt $(0, 8; 0, 5)$ eine Tangente mit dem Anstieg $-1, 6$ und die Schnittkurve $z = f(0, 8; y) = 1 - 0, 64 - y^2 = 0, 36 - y^2$ hat über demselben Punkt eine Tangente mit dem Anstieg -1.

Diese Tangenten und die Schnittkurven sind in Figur 77 gestrichelt angedeutet.

c) Für $(x_0, y_0) = (0, 8; -0, 5)$ ist $f_x(0, 8; -0, 5) = -1, 6$ und $f_y(0, 8; -0, 5) = 1$. Also hat auch die Schnittkurve $z = f(x; -0, 5) = 0, 75 - x^2$ (dies ist dieselbe Funktion von x wie $z(x; 0, 5)$, aber als Schnittkurve mit der Funktionsfläche ist sie um eine Einheit gegen die y-Richtung verschoben) für $x = x_0 = 0, 8$ (jetzt über dem Punkt $(0, 8; -0, 5)$) den Anstieg $-1, 6$, während die Kurve $z = (0, 8; y) = 0, 36 - y^2$ über $(0, 8; -0, 5)$ den Anstieg 1 hat.

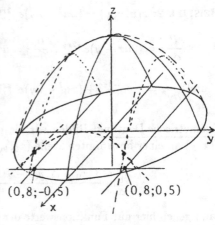

$(0,8;-0,5)$ $(0,8;0,5)$

Figur 77

Bemerkung: Die in Figur 77 skizzierte Funktionsfläche ist ein sogenanntes Rotations-paraboloid. Sie entsteht durch Rotation der durch $z = 1 - x^2$ bestimmten Parabel um die z-Achse oder auch durch Rotation der durch $z = 1 - y^2$ in der y, z-Ebene bestimmten Parabel um die z-Achse.

Allgemein ist vielleicht folgende anschauliche Formulierung ganz hilfreich: $f_x(x_0, y_0)$ ist der „Anstieg der Funktionsfläche, wenn man sich in der x, y-Ebene von (x_0, y_0) aus ein kleines Stück $\Delta > 0$ in x- Richtung bewegt". Man meint damit den Anstieg der Schnittkurve $z = f(x, y_0)$ für $x = x_0$. Genauso sagt man manchmal, $f_y(x_0, y_0)$ sei der „Anstieg der Funktionsfläche, wenn an sich von (x_0, y_0) aus ein kleines Stück $\Delta > 0$ in y-Richtung bewegt". Man meint damit den Anstieg von $f(x_0, y)$ für $y = y_0$.
Wir haben in Beispiel 3 unter c) gesehen, daß der Anstieg der beiden Schittkur-ven für ein und denselben Punkt (x_0, y_0) verschiedenes Vorzeichen haben kann. Dort war es offenbar so, daß eine kleine Vergrößerung der Variablen x von $0, 8$ auf $0, 8 + \Delta$ eine Verringerung des Funktionswerts gegenüber $f(0, 8; -0, 5)$ zur Folge hat, während eine kleine Vergrößerung von y auf $-0, 5 + \Delta$ eine Vergröße-rung der Funktionswerte bewirkt.

Bei Funktionen von mehr als zwei Variablen haben wir keine Funktionsflächen und können eine partielle Ableitung nicht so leicht als Anstieg einer Schnitt-kurve deuten. Dennoch verbindet man auch bei Funktionen $f(x_1, x_2, \ldots, x_n)$ mit $n \geq 3$ eine gewisse Anschauung mit der partiellen Ableitung f_{x_i} ; man nennt sie mitunter den „Anstieg der Funktionswerte bei Bewegung in x_i-Richtung". Die Bewegung hat man sich im Definitionsbereich D vorzustellen.

BEISPIEL 4: Die Wachstumsrate einer Pflanze (gemessen etwa als Zunahme ihrer Trockensubstanz pro Woche) hängt von etlichen Größen ab wie etwa dem Wasserangebot, der Sonnenscheindauer, dem Angebot an ver-schiedenen Mineralsalzen usw. . Variiert man nur eine dieser Größen, die wir mit x bezeichnen wollen, dann kann man die Wachstumsrate w häufig in guter Näherung durch eine Funktion vom sog.

$$\text{Michaelis-Menten-Typ } w(x) = \frac{kx}{x + K} \text{ mit } x \geq 0, \ k > 0, \ K > 0$$

ausdrücken. Man kann leicht zeigen, daß eine solche Funktion streng monoton wächst und für $x \to \infty$ gegen k konvergiert. Mit einer sol-chen Funktion werden zwei empirische Erfahrungen erfaßt: $w(0) = 0$, d.h. ganz ohne die betreffende Einflußgröße ist kein Wachstum möglich; zweitens kann man durch Vergrößerung von x kaum noch eine Steigerung von w erreichen, wenn x schon so groß ist, daß $w(x)$ sein supremum k schon fast erreicht hat.

Dieses supremum k ist nur konstant, wenn alle übrigen Einflußgrößen konstant gehalten werden. Es könnte nun sein, daß k seinerseits eine Michaelis-Menten-Funktion einer zweiten Variablen y ist, wenn die übrigen Einflußgrößen (alle außer x und y) konstant gehalten werden. Dann wäre

$$k = \frac{k_2 y}{y + K_2} \; ; \; \text{so folgt} \; w = \frac{k_2 xy}{(x + K)(y + K_2)} \; \text{oder} \; w = k_2 \frac{xy}{(x + K_1)(y + K_2)},$$

wenn wir nun K mit K_1 bezeichnen.

Es könnte nun sein, daß k_2 wieder als Michaelis-Menten-Funktion von einer Variablen z abhängt (bei konstanten restlichen Variablen) und daß man das so lange fortsetzen kann, bis alle Einflußgrößen erfaßt sind, von denen w abhängt. Man gelangt dann zu einer Funktion des Typs

$$w = k_n \frac{x_1 x_2 \cdot \ldots \cdot x_n}{(x_1 + K_1) \cdot \ldots \cdot (x_n + K_n)} \; \text{für} \; x_i \geq 0, \; K_i \geq 0, \; i = 1, \ldots, n \; \text{und} \; k_n > 0 .$$

Diese Funktion könnte man als *multiple Michaelis-Menten-Funktion* bezeichnen. Sind tatsächlich mit $x_1, x_2, \ldots, x_n$ alle für das Wachstum relevanten Variablen erfaßt, dann ist k_n eine für die Art charakteristische Konstante. Man kann w dann auch in der Form

$$w(x_1, x_2, \ldots, x_n) = k_n \prod_{i=1}^{n} \frac{x_i}{x_i + K_i} \; \text{schreiben, wobei} \; \prod_{i=1}^{n} \; \text{bedeutet, daß}$$

die Faktoren $\dfrac{x_i}{x_i + K_i}$ für $i = 1, 2, \ldots, n$ miteinander zu multiplizieren sind.

Die partiellen Ableitungen von $w(x_1, x_2, \ldots, x_n)$ sind leicht zu berechnen; offenbar ist

$$\frac{\partial}{\partial x_j} w = k_n \left[\frac{d}{dx_j} \left(\frac{x_j}{x_j + K_j} \right) \right] \cdot \prod_{i \neq j} \frac{x_i}{x_i + K_i} = k_n \frac{K_j}{(x_j + K_j)^2} \prod_{i \neq j} \frac{x_i}{x_i + K_i} ,$$

wobei die unter dem Produkt-Zeichen stehende Ungleichung $i \neq j$ natürlich bedeuten soll, daß das Produkt für alle i von 1 bis n zu bilden ist, die nicht gleich j sind.

Diese partiellen Ableitungen geben in etwa an, um wieviel sich die Wachstumsrate ändert, wenn man x_j um eine Einheit vergrößert; beides stimmt i.a. umso besser überein, je kleiner die gewählten Einheiten sind. Man erkennt aus der obigen Darstellung, daß die partiellen Ableitungen alle positiv sind und für $x_j \to \infty$ gegen 0 konvergieren. Das bedeutet, daß man w durch Vergrößern von x_j steigern kann, aber nur noch ganz wenig, wenn x_j schon relativ groß ist.

Die Kettenregel für mehrere Variable

Wenn unter den Variablen $x_1, x_2, \ldots, x_n$ nur eine ist, die von einer weiteren Variablen t abhängt, und zwar als differenzierbare Funktion $x_i(t)$, dann gilt für die partielle Ableitung einer Funktion $f(x_1, \ldots, x_n)$ nach t die übliche Kettenregel:

$$\frac{\partial}{\partial t} f(x_1, \ldots, x_n) = \frac{\partial}{\partial x_i} f(x_1, \ldots, x_n) \cdot x_i'(t) .$$

Vorauszusetzen ist natürlich auch, daß f nach x_i differenzierbar ist.

Wenn jedoch mehrere Variable von t abhängen, ist die Regel für diesen Fall zu erweitern. Man beweist sie ganz ähnlich wie bei einer Variablen durch Erweiterung und Umformung des Differenzenquotienten und erhält nach einigem Rechnen die

Kettenregel für eine Funktion von n Variablen:

Existieren alle partiellen Ableitungen von $f(x_1, x_2, \ldots, x_n)$ und sind einige der Variablen als differenzierbare Funktionen von t gegeben, die anderen unabhängig von t, dann ist

$$\frac{\partial}{\partial t} f(x_1, x_2, \ldots, x_n) = \sum_{i=1}^{n} f_{x_i} \cdot x_i'(t) ,$$

wobei $x_i'(t) = 0$ ist, wenn x_i nicht von t abhängt.

Letzteres ist verständlich, denn wenn x_i nicht von t abhängt, kann man den Wert von x_i nicht ändern, indem man t ändert und dann wäre jeder Differenzenquotient von $x_i(t)$ gleich 0.

Sind alle x_i explizit als differenzierbare Funktionen von t gegeben, dann wird $f(x_1, x_2, \ldots, x_n)$ zu einer Funktion von t allein, wenn wir für alle x_i die nur die Variable t enthaltenden Ausdrücke $x_i(t)$ einsetzen. Man schreibt dann

$$\frac{d}{dt} f(x_1, x_2, \ldots, x_n) \quad \text{statt} \quad \frac{\partial}{\partial t} f(x_1, x_2, \ldots, x_n) ,$$

denn nun handelt es sich um eine gewöhnliche Ableitung; man kann sie dann auch als Funktion von t allein schreiben.

BEISPIEL 5: Durch $x(t)$ und $y(t)$ sei die Parameterdarstellung einer Kurve der x, y-Ebene gegeben, die der Punkt $(x(t), y(t))$ in Abhängigkeit von der Zeit t durchläuft. Mit welcher Geschwindigkeit nähert er sich bzw.

entfernt er sich vom Koordinatenursprung $(0,0)$?

Sein Abstand von $(0,0)$ ist

$$f(x,y) = \sqrt{x^2 + y^2} \; ; \text{ also ist } \frac{d}{dt} f(x,y) = f_x x'(t) + f_y y'(t) =$$

$$\frac{x}{\sqrt{x^2 + y^2}} x'(t) + \frac{y}{\sqrt{x^2 + y^2}} y'(t)$$

die Geschwindigkeit, mit der sich der Abstand ändert. Er wird kleiner, wenn die berechnete Ableitung negativ ist, er wird größer, wenn sie positiv ist.

Für eine Kreisbahn mit dem Mittelpunkt $(0,0)$ ist der Abstand konstant und folglich muß die obige Geschwindigkeit 0 ergeben. In der Tat ist z.B. $x(t) = r \cos t$, $y(t) = r \sin t$ die Parameterdarstellung des Kreises mit dem Radius r und dem Mittelpunkt $(0,0)$ und wenn wir

$$xx'(t) = r \cos t(-r \sin t) \text{ und } yy'(t) = r \sin t(r \cos t)$$

in die oben allgemein berechnete Geschwindigkeit einsetzen, erhalten wir 0.

Ebenso wie bei den Funktionen einer Variablen aus der Differenzierbarkeit die Stetigkeit folgt, hat bei einer Funktion mehrerer Variablen die Existenz der partiellen Ableitung nach einer Variablen x_i die Stetigkeit der Funktion bezüglich dieser Variablen zur Folge. Dennoch kann die Funktion an einer Stelle unstetig sein, selbst wenn dort alle partiellen Ableitungen existieren und die Funktion somit in allen Variablen stetig ist. Zu dieser Einsicht kann wieder die schon in 8.1 als Beispiel 3 verwendete Funktion verhelfen:

$$z(x,y) = \frac{xy}{x^2 + y^2} \text{ für } (x,y) \neq (0,0) \; , \quad z(0,0) = 0.$$

Wir haben bereits dort ihre Unstetigkeit in $(0,0)$ gezeigt; in den beiden Variablen x und y ist sie jedoch stetig und sogar differenzierbar, denn

$$z_x(0,0) = z_y(0,0) = \lim_{\Delta \to 0} \frac{\frac{\Delta \cdot 0}{\Delta^2} - 0}{\Delta} = 0 \; .$$

Höhere partielle Ableitungen

Differenziert man eine partielle Ableitung nach einer der Variablen, dann erhält man eine partielle Ableitung 2.Ordnung. Für

$$\frac{\partial}{\partial x_j} (\frac{\partial}{\partial x_i} f(x_1, \ldots, x_n)) \text{ schreiben wir } f_{x_i x_j}, \text{ oder } \frac{\partial^2}{\partial x_i \partial x_j} f(x_1, \ldots, x_n) \; .$$

214

Für $j = i$ erhält man die *2.partielle Ableitung nach* x_i, die mit

$$f_{x_i x_i} \text{ oder auch mit } \frac{\partial^2}{\partial x_i^2} f(x_1 \ldots, x_n)$$

bezeichnet wird. Die partiellen Ableitungen mit $i \neq j$ nennen wir die *gemischten partiellen Ableitungen 2.Ordnung*. Für diese gilt

SATZ 8.3.1: Wenn die partiellen Ableitungen 2.Ordnung $f_{x_i x_j}$ und $f_{x_j x_i}$ beide existieren und stetig sind, dann sind sie gleich.

Wir beweisen den Satz nicht, sondern überprüfen ihn nur an einigen Beispielen.

BEISPIEL 6: Die partiellen Ableitungen 1.Ordnung der Funktion

$$f(x, y) = x^2 \sin y \text{ sind } f_x = 2x \sin y \text{ und } f_y = x^2 \cos y \; ;$$

$$f_{xx} = 2 \sin y \; , \; f_{yy} = -x^2 \sin y \; ; \text{ die gemischten Ableitungen}$$

$$f_{xy} = 2x(\sin y)' = 2x \cos y \text{ und } f_{yx} = (x^2)' \cdot \cos y = 2x \cos y \text{ sind gleich.}$$

BEISPIEL 7: $y(t)$ sei die Menge einer radioaktiven Substanz in einem Organismus. Für ihren Abbau gilt die Dgl. $y' = -\beta y - \gamma y$, wobei β die Zerfallskonstante und γ eine Ausscheidungskonstante ist. Die Lösungsgesamtheit der Dgl. ist

$$y(t) = Ce^{-(\beta+\gamma)t} \text{ mit } C \text{ beliebig} \geq 0.$$

Betrachten wir nun den Anfangswert $C = y(0)$ als variabel und bezeichnen ihn mit x ; ferner wollen wir annehmen, daß $\gamma = az$ ist, wobei z eine Variable ist, mit der man die Intensität des Stoffwechsels messen kann. Damit wird y zu einer Funktion von drei Variablen:

$$y(x, z, t) = xe^{-(\beta+az)t} \text{ mit } x > 0, z > 0, t \geq 0 \; .$$

Die partiellen Ableitungen 1.Ordnung geben in etwa an, um wieviel sich y ändert, wenn man die betreffende Variable um eine Einheit vergrößert. Sie sind

$$y_x = e^{-(\beta+az)t}, \; y_z = -atx \cdot e^{-(\beta+az)t}, \; y_t = -(\beta + az)x \cdot e^{-(\beta+az)t} \; .$$

Die Ableitungen 2.Ordnung sind

$$y_{xx} = 0, \; y_{zz} = (at)^2 x \cdot e^{-(\beta+az)t}, \; y_{tt} = (\beta + az)^2 x \cdot e^{-(\beta+az)t} \; ;$$

$$y_{xz} = y_{zx} = -at \cdot e^{-(\beta+az)t}, \ y_{xt} = y_{tx} = -(\beta + az) \cdot e^{-(\beta+az)t} \text{ und}$$

$$y_{zt} = y_{tz} = -ax \cdot e^{-(\beta+az)t} + (\beta + az)atx \cdot e^{-(\beta+az)t} =$$

$$= (-ax + \beta atx + za^2tx)e^{-(\beta+az)t}.$$

Eine Ableitung 2.Ordnung $f_{x_i x_j}$ gibt an, wie stark sich f_{x_i} ändert, wenn man x_j vergrößert. Nach Satz 8.3.1 ändert sich im allgemeinen f_{x_j} ebenso stark und im selben (positiven oder negativen) Sinn, wenn man x_i vergrößert. Eine tiefere Einsicht in die geometrische Bedeutung der 2.Ableitungen erhält man in der Differentialgeometrie, wo man das Krümmungsverhalten von Flächen untersucht.

AUFGABE 68: Eine Ertragfunktion $f(x_1, \ldots, x_n)$ habe die folgende Eigenschaft: Wenn man alle Einflußgrößen (z.B. Anbaufläche, Saatgutmenge, Arbeitsaufwand) mit einem Faktor $\lambda \geq 0$ multipliziert, dann erhält man auch den λ-fachen Ertrag, d.h.

$$f(\lambda x_1, \lambda x_2, \ldots, \lambda x_n) = \lambda f(x_1, x_2, \ldots, x_n).$$

Eine solche Funktion nennt man „homogen vom 1.Grad". Zeigen Sie, daß für eine solche Funktion, wenn sie in allen Variablen partiell differenzierbar ist, das folgende, nach Euler benannte Theorem gilt:

$$f(x_1, x_2, \ldots, x_n) = \sum_{i=1}^{n} f_{x_i} \cdot x_i.$$

(Hinweis: differenzieren Sie die erste Gleichung auf beiden Seiten nach λ (Kettenregel!) und setzen Sie dann $\lambda = 1$.!)

AUFGABE 69: Ein Körper fliegt mit Geschwindigkeit $v(t)$ durch den Raum und die Komponenten von $v(t)$ in x, y, z-Richtung seien $u_1(t)$, $u_2(t)$ und $u_3(t)$, so daß also

$$v(t) = \sqrt{(u_1(t))^2 + (u_2(t))^2 + u_3(t))^2}.$$

Die Beschleunigungen $b_i(t) = u_i'(t)$, $i = 1, 2, 3$, die der Körper in den drei Koordinatenrichtungen erfährt, seien bekannt. Wie kann man dann die Beschleunigung $v'(t)$ berechnen, mit der sich $v(t)$ ändert?

AUFGABE 70: Das Volumen V eines Körpers sei proportional zu xyz, wobei x eine Längen-, y eine Breiten- und z eine Höhenabmessung ist (z.B. wäre bei einem Kreiskegel mit Radius r für x und y jeweils $2r$, für z die Höhe des Kegels einzusetzen; das Volumen $V = r^2\pi z/3$ wäre dann offensichtlich proportional zu xyz.) Es sei bekannt, mit welchen Geschwindigkeiten $x'(t), y'(t), z'(t)$ die drei Abmessungen wachsen. Wie schnell wächst dann V?

AUFGABE 71: $f(u)$ sei eine beliebige differenzierbare Funktion. Mit $u = x - ct$ wird $f(x - ct)$ zu einer Funktion $g(x,t)$ der Variablen x und t. Wir fassen $g(x,t) = f(x - ct)$ als Höhe über der x-Achse zur Zeit t auf. Es gilt für beliebige x,t und $\Delta > 0$

$$g(x, t + \Delta) = f(x - c(t + \Delta)) = f(x - c\Delta - ct) = g(x - c\Delta, t) \, ;$$

Das bedeutet, daß zur Zeit $t + \Delta$ über jedem Punkt x der x-Achse gerade die Höhe erreicht wird, die zur Zeit t über $x - c\Delta$ war. Die Funktionskurve von $g(x, 0) = f(x)$ läuft also mit Geschwindigkeit c von links nach rechts, d.h. $g(x,t)$ ist eine „Wellenfunktion". Mit welcher Geschwindigkeit $v(t)$ bewegt sich bei festem x der Punkt $(x, g(x,t))$ nach oben bzw. unten ? Betrachten Sie als konkretes Beispiel die Wellenfunktion $g(x,t) = \sin(x - 0,5t)$ und skizzieren Sie die Kurven von $\sin(x - 0,5t_0)$ für $t_0 = 0$, $t_0 = \pi/2$ und $t_0 = \pi$.

8.4 Extremwerte

Absolute und relative Extrema sind wie bei Funktionen einer Variablen definiert.

DEFINITION: Eine Funktion $f(x_1, \ldots, x_n)$ nimmt an einer Stelle $(x_{01}, \ldots, x_{0n})$ ihr *absolutes Maximum (Minimum)* an, wenn für jede Stelle $(x_1, \ldots, x_n)$ des Definitionsbereichs der Funktionswert $f(x_1, \ldots, x_n)$ nicht größer (kleiner) ist als $f(x_{01}, \ldots, x_{0n})$. Das absolute Maximum (Minimum) ist dann der Funktionswert $f(x_{01}, \ldots, x_{0n})$.

DEFINITION: $f(x_1, \ldots, x_n)$ nimmt an der Stelle $(x_{01}, \ldots, x_{0n})$ ein *relatives Maximum (Minimum)* an, wenn es eine Umgebung U_δ von $(x_{01}, \ldots, x_{0n})$ gibt, so daß für jede Stelle $(x_1, \ldots, x_n)$ aus U_δ der Funktionswert $f(x_1, \ldots, x_n)$ nicht größer (kleiner) ist als $f(x_{01}, \ldots, x_{0n})$.

Dem Satz von Fermat (s.Satz 4.3.2) entspricht nun der

SATZ 8.4.1: Wenn $f(x_1, \ldots, x_n)$ an einer Stelle $(x_{01}, \ldots, x_{0n})$ ein relatives Extremum besitzt, dann sind dort alle partiellen Ableitungen gleich 0, wenn sie existieren.

Beweis: Ändert man im n-tupel $(x_{01}, \ldots, x_{0n})$ nur die i-te Koordinate um ein Δ mit hinreichend kleinem Betrag, dann ist das so veränderte n-tupel ein Punkt einer Umgebung U_δ im Sinne der obigen Definition. Ist nun $f(x_{01}, \ldots, x_{0n})$ ein relatives Maximum, dann ist der mit den beiden n-tupeln gebildete Differenzenquotient ≤ 0, wenn $\Delta > 0$ ist, denn sein Zähler

$$f(x_{01}, \ldots, x_{0i} + \Delta, \ldots, x_{0n}) - f(x_{01}, \ldots, x_{0i}, \ldots, x_{0n}) \text{ ist } \leq 0 \, ;$$

dasselbe gilt auch für den Zähler, wenn der Nenner $\Delta < 0$ ist, also ist dann der Differenzenquotient ≥ 0. Bildet man also die partielle Ableitung mit Hilfe einer Nullfolge von positiven Δ_i, dann muß sie ≤ 0 sein, während sie bei einer Nullfolge mit negativem Δ_i nur ≥ 0 sein kann. Daraus folgt, daß die partiellen Ableitungen alle gleich 0 sind, wenn $f(x_{01}, \ldots, x_{0n})$ ein relatives Maximum ist. Analog folgt dies bei einem relativen Minimum.

Der Satz gibt nur ein notwendiges, aber keineswegs hinreichendes Kriterium für relative Extrema an. Dazu das folgende

BEISPIEL 1: Die Funktion $f(x, y) = xy$ hat die partiellen Ableitungen $f_x = y$ und $f_y = x$. Beide sind gleich 0 für $(x, y) = (0, 0)$, aber $f(x, y)$ hat dort kein relatives Extremum; es gibt nämlich in unmittelbarer Nähe von $(0, 0)$ Punkte (x, y), für die $f(x, y) > f(0, 0) = 0$ ist, aber auch solche, für die $f(x, y) < f(0, 0) = 0$ ist. Es gilt z.B. für jedes $\delta > 0$, daß $f(\delta, \delta) = \delta^2 > 0$ ist, während $f(\delta, -\delta) = -\delta^2 < 0$ ist.

BEISPIEL 2: Die für alle (x, y) definierte Funktion $z(x, y) = 1 - x^2 - y^2$ kann nicht größer werden als $1 = z(0, 0)$; sie hat also an der Stelle $(0, 0)$ ihr absolutes Maximum und zugleich ein relatives; denn wenn ein absolutes Extremum im Innern des Definitionsbereichs angenommen wird, ist es natürlich auch ein relatives Extremum. In der Tat sind die beiden partiellen Ableitungen $z_x = -2x$ und $z_y = -2y$ gleich 0 an der Stelle $(x, y) = (0, 0)$.

BEISPIEL 3: Wie in Beispiel 1 von 8.1 seien x und y die relativen Häufigkeiten der Genotypen AA und aa bei einem Mendel'schen Vererbungsmodell und

$$h(x, y) = \frac{1}{2}(1 - (x - y)^2) \text{ die relative Häufigkeit für Aa,}$$

die sich für die folgenden Generationen aus dem Satz von Hardy und Weinberg ergibt. Die Funktionsfläche von $h(x, y)$ haben wir schon in Figur 72 dargestellt. Man sieht hier ohne weiteres, daß $h(x, y)$ nicht größer wird als $1/2$ und daß dieses absolute Maximum in jedem Punkt von D angenommen wird, für den $x = y$ ist. Hier gibt es also unendlich viele Extremalstellen, nämlich alle Punkte der Menge $\{(x,y)|x = y, 0 \leq x \leq 1/2\}$. Ersetzen wir hier die Bedingung $0 \leq x \leq 1/2$ durch $0 < x < 1/2$, dann sind die Punkte alle im Innern von D (s.Figur 72) und somit auch Stellen eines relativen Maximums. Für alle diese Punkte gilt $h_x = -(x - y) = 0$ und $h_y = (x - y) = 0$, wie es nach Satz 8.4.1 sein muß, wenn ein relatives Extremum vorliegt.

BEISPIEL 4: In Aufgabe 41 wurde die Formel von Pennycuick:

$$E(v, \sigma) = v^3 A\sigma + \frac{G^2}{Bv\sigma}$$

für den Energieverbrauch eines mit Geschwindigkeit v in einer Luftschicht mit der Dichte σ fliegenden Vogels zitiert. Dort ging es darum, entweder bei gegebenem σ die Geschwindigkeit v optimal zu wählen oder bei gegebenem v das optimale σ; letzteres würde bedeuten, daß der Vogel in der Höhe fliegt, in der die Luftdichte bei seiner Geschwindigkeit optimal ist, d.h. zu geringstem Energieverbrauch E führt. Die Frage ist nun, ob man auch gleichzeitig beide Variablen v, σ optimal wählen kann, so daß E sein absolutes Minimum annimmt. Da dieses Minimum im Bereich $v > 0$, $\sigma > 0$ angenommen werden müßte, wäre es auch ein relatives Minimum und es müßte dort gelten:

$$E_v = 3v^2 A\sigma - \frac{G^2}{B\sigma v^2} = 0 \text{ und } E_\sigma = v^3 A - \frac{G^2}{Bv\sigma^2} = 0 \,.$$

Daraus folgen die beiden Gleichungen

$$3A\sigma v^2 = \frac{G^2}{B\sigma v^2} \text{ und } Av^3 = \frac{G^2}{Bv\sigma^2}$$

und wenn wir die erste durch die zweite dividieren, erhalten wir den Widerspruch $3\sigma/v = \sigma/v$, was im Bereich $\sigma > 0$, $v > 0$ nicht möglich ist. Es gibt also kein relatives Extremum von $E(v, \sigma)$, obwohl es, wie die Lösung zu Aufgabe 41 zeigt, bei jedem festem σ ein relatives Minimum bezüglich v gibt und bei festem v ein relatives Minimum bezüglich σ. Wir hätten zu diesem Ergebnis auch schon bei der Lösung von Aufgabe 41 kommen können; dort ist nämlich das zu gegebenem σ optimale v proportional zu $1/\sqrt{\sigma}$ und setzt man dieses v in $E(v, \sigma)$ ein, dann wird auch E proportional zu $1/\sqrt{\sigma}$. Könnte der Vogel also zu jedem σ die optimale Geschwindigkeit realisieren, dann müßte er nach Pennycuick möglichst dicht am Boden fliegen, weil dort die Dichte der Luft am größten und E dann am kleinsten ist. Dieses Minimum von E wäre dann aber kein relatives, weil dort nicht beide partiellen Ableitungen gleich 0 sind;

es würde auch nicht im Innern des Definitionsbereichs angenommen, sondern am Rand, der durch den maximal möglichen σ-Wert (an der Erdoberfläche) bestimmt ist.

AUFGABE 72: Ein dünner Stab soll in 12 Stücke geschnitten werden, die die Kanten eines Quaders ergeben sollen. Zeigen Sie, daß dieser Quader das größte Volumen hat, wenn man die Stücke alle gleich lang macht und der Quader somit ein Würfel ist.

AUFGABE 73: Die Nektarmengen, die eine Biene an drei verschiedenen Trachtstellen sammelt, seien durch die Michaelis-Menten- Funktionen

$$\frac{k_1 x}{x + K} , \frac{k_2 y}{y + K} \text{ und } \frac{k_3 z}{z + K}$$

gegeben, wenn sie die Zeiten x, y, z an den drei Stellen verbringt. Sie soll insgesamt eine Zeiteinheit lang sammeln, also gilt $x + y + z = 1$ und wenn wir $z = 1 - x - y$ in die dritte Funktion einsetzen, können wir die insgesamt gesammelte Menge als Funktion von x und y auf $D = \{(x,y)|x \geq 0, y \geq 0, x + y \leq 1\}$ angeben:

$$S(x,y) = \frac{k_1 x}{x + K} + \frac{k_2 y}{y + K} + \frac{k_3 (1 - x - y)}{1 - x - y + K} .$$

Geben Sie eine notwendige Bedingung für ein relatives Maximum von $S(x,y)$ an und zeigen Sie, daß diese im Fall $k_1 = k_2 = k_3$ zu $x = y = z = 1/3$ führt und daß der Wert $S(1/3; 1/3)$ größer ist als die Randwerte $S(0,0)$, $S(1,0)$ und $S(0,1)$.

8.5   Einige partielle Differentialgleichungen

Eine partielle Differentialgleichung ist eine Gleichung, in der eine oder mehrere partielle Ableitungen einer gesuchten Funktion vorkommen. Daneben können Ausdrücke auftreten, die die gesuchte Funktion selbst, die Variablen, von denen die Funktion abhängt, sowie konstante Parameter enthalten. Wir wollen „partielle Differentialgleichung" mit „p.Dgl." abkürzen.
Eine p.Dgl. heißt *von k-ter Ordnung,* wenn mindestens eine partielle Ableitung k-ter Ordnung, aber keine Ableitung höherer Ordnung in ihr auftritt.

BEISPIEL 1: Gesucht sei eine Funktion $g(x,t)$, für die gilt:

$$\frac{\partial}{\partial t} g(x,t) = -c \frac{\partial}{\partial x} g(x,t) . \tag{1}$$

220

Lösung dieser p.Dgl. 1.Ordnung ist jede Funktion des Typs
$g(x,t) = f(x - ct)$, wobei f eine differenzierbare Funktion ist.

Denn die partiellen Ableitungen von $g(x,t) = f(x - ct)$ sind $g_x = f'(x - ct)$
und $g_t = -f'(x - ct)c$, also erfüllt jedes solche $g(x,t)$ die p.Dgl. vom Typ (1).
Man nennt diese darum auch die *Wellengleichung*, denn wie wir in Aufgabe 71
schon gesehen haben, stellt $f(x - ct)$ eine Welle dar, deren Gestalt durch die
beliebige differenzierbare Funktion $f(x) = g(x,0)$ gegeben ist und die sich mit
Geschwindigkeit c von links nach rechts über der x-Achse bewegt. Lösungen
sind hier z.B. $g(x,t) = (x - ct)^n$, oder $g(x,t) = Ae^{-(x-ct)}$ oder $g(x,t) =$
$B\sin(x - ct)$ usw. .

Schon aufgrund dieses Beispiels ist zu vermuten, daß die Lösungsgesamtheit
einer p.Dgl. weit vielfältiger sein wird als die einer gewöhnlichen Dgl. . Dort
waren eine oder mehrere Konstanten willkürlich wählbar, hier können wir sogar eine differenzierbare Funktion f willkürlich wählen! Dies ist nicht nur in
unserem Beispiel so, sondern ganz allgemein enthält die Lösungsgesamtheit
einer p.Dgl. mindestens eine willkürlich wählbare differenzierbare Funktion.

Wir wollen hier weder Lösungsmethoden für p.Dgl. entwickeln, noch auf ihre
Theorie eingehen. Da jedoch seit langem auch in der Biologie Modelle mit
p.Dgl. verwendet werden, soll der Anfänger wenigstens an einigen einfachen
Beispielen sehen, wie man durch „infinitesimale Betrachtungen" zu p.Dgl. kommen kann und wie man nachprüft, ob eine Funktion Lösung einer gegebenen
p.Dgl. ist.

BEISPIEL 2 (Diffusion in einer Richtung): Wir betrachten ein dünnes Rohr,
das parallel zur x-Richtung liegt. Es soll eine Flüssigkeit enthalten, in
der eine Substanz S gelöst ist. Die Konzentration k sei mit x und der Zeit t variabel, also eine Funktion $k(x,t)$. Wir wollen uns überlegen, wie sich $k(x,t)$ an
einer beliebigen Stelle x ändern wird. Dazu betrachten wir für ein $\delta > 0$
das Rohrstück von $x - \delta/2$ bis $x + \delta/2$
(s.Figur 78). In der Zeit von t bis
$t + \Delta$ wird durch die Querschnittfläche
q an der Stelle $x - \delta/2$ eine Menge der
Substanz in das Rohrstück hinein- bzw.
hinausdiffundieren, die proportional zu
q und Δ und $k_x(x - \delta/2, t)$ ist, denn
diese partielle Ableitung ist das „Kon-
zentrationsgefälle" an der Stelle $x - \delta/2$
zur Zeit t.

Figur 78

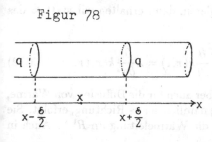

Ist es negativ, dann nimmt die Konzentration nach rechts hin ab und es wird sich ein kleiner Zuwachs an Substanz ergeben; ist es positiv, dann nimmt die Konzentration nach rechts hin zu und dann wird an der Stelle $x - \delta/2$ ein wenig an Substanz verlorengehen. Beide Fälle erfassen wir, wenn wir schreiben:

$$\text{Zuwachs von links} \approx -\lambda q \Delta k_x(x - \delta/2, t) \, ;$$

genauer gesagt soll dies der Zuwachs der Substanz S in Gramm sein, der sich im Rohrstück von t bis $t + \Delta$ infolge der Diffusion durch die linke Grenzfläche mit dem Flächeninhalt q ergibt. Dieser Zuwachs ist negativ, wenn rechts der Grenzfläche eine höhere Konzentration herrscht als links, weil dann mehr von rechts nach links diffundiert als umgekehrt.

Dagegen wird an der rechten Grenzfläche mehr in das Rohrstück hinein diffundieren als hinaus, wenn k_x positiv ist. Also schreiben wir entsprechend

$$\text{Zuwachs von rechts} \approx \lambda q \Delta k_x(x + \delta/2, t) \, .$$

λ ist ein Proportionalitätsfaktor, den man die *Diffusionskonstante* nennt. Von t bis $t + \Delta$ erhalten wir also den

$$\text{Massenzuwachs im Rohrstück} \approx q \lambda \Delta (k_x(x + \delta/2, t) - k_x(x - \delta/2, t)) \, .$$

Den Konzentrationszuwachs im Rohrstück erhalten wir hieraus, indem wir durch das Volumen $q\delta$ unseres Rohrstücks dividieren:

$$k(x, t + \Delta) - k(x, t) \approx \Delta \lambda \frac{k_x(x + \delta/2, t) - k_x(x - \delta/2, t)}{\delta}$$

und dies wird umso genauer gelten, je kleiner die positiven Größem δ und Δ sind. Der Bruch auf der rechten Seite ist ein Differenzenquotient der partiellen Ableitung k_x und wenn wir auf beiden Seiten durch Δ dividieren, erhalten wir

$$\frac{k(x, t + \Delta) - k(x, t)}{\Delta} \approx \lambda \frac{k_x(x + \delta/2, t) - k_x(x - \delta/2, t)}{\delta} \, ;$$

lassen wir nun Δ und δ gegen 0 konvergieren, dann erhalten wir statt $\approx$ das $=$ -Zeichen und die p.Dgl.2.Ordnung

$$k_t = \lambda k_{xx} \text{ oder ausführlicher } \frac{\partial}{\partial t} k(x, t) = \lambda \frac{\partial^2}{\partial x^2} k(x, t) \, . \tag{2}$$

Sie gilt für die Diffusion einer Substanz, aber auch für die Diffusion von Wärme, wenn die Diffusion nur in einer Richtung, nämlich der x- Richtung, erfolgt. Sie heißt auch die „Differentialgleichung für die Wärmeleitung im R^1 ". Auch in der Ebene und im Raum sind die p.Dgl. für die Diffusion von Substanzen dieselben wie für die Wärmediffusion. Wir diskutieren einige Lösungen von (2).

a) $k(x,t) = Ae^{\beta t - \sqrt{\beta/\lambda}\,x}$ ist für beliebige A und $\beta > 0$ eine Lösung von (2), denn

$$k_t = \beta k(x,t) \text{ und } k_{xx} = \frac{\beta}{\lambda}k(x,t) \text{ , also ist } k_t = \lambda k_{xx} \text{ erfüllt.}$$

Für $t = 0$ erhalten wir den von links nach rechts exponentiell abnehmenden

$$\text{Anfangsverlauf der Konzentration } k(x,0) = Ae^{-\sqrt{\beta/\lambda}\,x} \text{ .}$$

Betrachten wir dagegen $k(x,t)$ für ein festes x_0, dann erhalten wir

$$k(x_0,t) = Ae^{-\sqrt{\beta/\lambda}\,x_0}\,e^{\beta t} \text{ ,}$$

also wird die Konzentration an jeder Stelle x_0 im Laufe der Zeit exponentiell anwachsen.

Nehmen wir an, daß das Rohr an der Stelle $x_0 = 0$ beginnt, dann ist dort die Konzentration $k(0,t) = Ae^{\beta t}$. Eine solche Lösung ließe sich also realisieren, wenn am linken Ende laufend neue Substanz zugeführt wird, so daß sich dort ein exponentielles Ansteigen der Konzentration ergibt. Wenn $k(x,t)$ nicht eine Konzentration, sondern die Temperatur am Ort x zur Zeit t bedeuten sollte, müßte man das linke Ende entsprechend aufheizen. Nach obigem würde dann an jeder Stelle $x_0 > 0$ die Temperatur exponentiell ansteigen.

Wegen $k(x,t+\Delta) = Ae^{\beta t+\beta\Delta-\sqrt{\beta/\lambda}\,x} = Ae^{\beta t-\sqrt{\beta/\lambda}(x-\sqrt{\lambda\beta}\Delta)} = k(x - \sqrt{\lambda\beta}\Delta,\, t)$

ist zur Zeit $t + \Delta$ an der Stelle x die Konzentration bzw. Temperatur, die zur Zeit t an der Stelle $x - \sqrt{\lambda\beta}\Delta$ herrschte. Bei diesem Lösungstyp wandert also der Konzentrations- bzw. Temperaturverlauf mit der Geschwindigkeit $\sqrt{\lambda\beta}$ als Welle von links nach rechts.

Dimensionsprobe: Ist $\sqrt{\lambda\beta}$ wirklich eine Geschwindigkeit? Wenn $\sqsubset x \sqsupset = cm$ und $\sqsubset t \sqsupset = sec$, dann muß wegen (2) die Dimension von λ gleich cm^2/sec sein. Da βt als Exponent dimensionslos ist, muß $\sqsubset \beta \sqsupset = 1/sec$ sein. Daher ist $\sqsubset \sqrt{\lambda\beta} \sqsupset = \sqrt{cm^2/sec^2} = cm/sec$, also tatsächlich eine Geschwindigkeit.

b) Besonders wichtig sind die Lösungen von (2), die angeben, wie sich ein zu Beginn vorhandener Konzentrationsverlauf $k(x,0) = f(x)$ allmählich verteilt, wenn von außen keine Substanz zugeführt wird. Zu einer beliebigen Funktion

$f(x)$ (diese ist hier die Anfangsbedingung) läßt sich die zugehörige Lösung in der Form

$$k(x,t) = \frac{1}{2\sqrt{\pi\lambda t}} \int_{-\infty}^{\infty} f(u)e^{-\frac{(x-u)^2}{4\lambda t}}\, du \quad \text{für } t > 0 \tag{3}$$

darstellen. Wenn $f(x)$ nur in einem endlichen Intervall $[a,b]$ von 0 verschieden ist, reduziert sich der Integrationsweg auf dieses Intervall. Man kann zeigen, daß eine so definierte Funktion $k(x,t)$ stets gegen $f(x)$ konvergiert, wenn t von rechts gegen 0 geht. Mit solchen Lösungen läßt sich also tatsächlich ein beliebiger Anfangsverlauf $k(x,0) = f(x)$ realisieren.

Um zu prüfen, ob die Funktionen (3) wirklich Lösungen von (2) sind, führen wir die Bezeichung

$$J(x,t,u) \text{ für } \frac{1}{2\sqrt{\pi\lambda t}}f(u)e^{-\frac{(x-u)^2}{4\lambda t}} \text{ ein; damit ist } k(x,t) = \int_{-\infty}^{\infty} J(x,t,u)\, du\,.$$

Aus hier nicht zur Verfügung stehenden Sätzen folgt, daß man die Reihenfolge von Integration nach du und partieller Differentiation nach t und x vertauschen, d.h. „unter dem Integralzeichen differenzieren" darf. Es gilt daher

$$k_t(x,t) = \frac{\partial}{\partial t} \int_{-\infty}^{\infty} J(x,t,u)\, du = \int_{-\infty}^{\infty} J_t(x,t,u)\, du$$

$$\text{und } k_{xx}(x,t) = \frac{\partial^2}{\partial x^2} \int_{-\infty}^{\infty} J(x,t,u)\, du = \int_{-\infty}^{\infty} J_{xx}(x,t,u)\, du\,.$$

Nun rechnet man leicht nach, daß

$$J_t(x,t,u) = -\frac{1}{2t}J(x,t,u) + \frac{(x-u)^2}{4\lambda t^2}J(x,t,u)\,,$$

$$J_x(x,t,u) = -\frac{x-u}{2\lambda t}J(x,t,u) \text{ und somit}$$

$$J_{xx}(x,t,u) = -\frac{1}{2\lambda t}J(x,t,u) + \frac{(x-u)^2}{4\lambda^2 t^2}J(x,t,u) \text{ gilt.}$$

Da also ersichtlich $J_t(x,t,u) = \lambda J_{xx}(x,t,u)$, gilt nach obigem auch $k_t(x,t) = \lambda k_{xx}(x,t)$, d.h. die Funktionen (3) sind Lösungen der p.Dgl.(2).

Diffusion in der Ebene

Wir betrachten jetzt die Ausbreitung einer Substanz durch Diffusion in einer ebenen Schicht. Durch eine analoge infinitesimale Betrachtung wie bei unserem

224

Rohr erhalten wir nun für die Funktion $k(x, y, t)$, welche die Konzentration an der Stelle (x, y) zur Zeit t angeben soll, die p.Dgl.

$$\frac{\partial}{\partial t}k(x, y, t) = \lambda \left(\frac{\partial^2}{\partial x^2}k(x, y, t) + \frac{\partial^2}{\partial y^2}k(x, y, t) \right) \text{, die wir kürzer auch}$$

$$k_t = \lambda(k_{xx} + k_{yy}) \tag{4}$$

schreiben können. Sie gilt aber nur, wenn die Substanz (bzw. die Wärme) nach allen Richtungen der Ebene gleichmäßig diffundiert und wenn die Konzentration (bzw. die Temperatur) nicht von der Höhe innerhalb der Schicht abhängt. Auch zu (4) gibt es Lösungen zu jeder beliebigen Anfangskonzentration $k(x, y, 0) = f(x, y)$; sie lauten nun

$$k(x, y, t) = \frac{1}{4\pi\lambda t} \int_{-\infty}^{\infty} \int_{-\infty}^{\infty} f(u, v)e^{\frac{(x-u)^2 + (y-v)^2}{4\lambda t}} \, du \, dv \text{ für } t > 0 . \tag{5}$$

Solche doppelten Integrale sind bisher nicht aufgetreten. Sie werden berechnet, indem man zunächst nach du integriert und dabei die andere Integrationsvariable v , aber auch x, y, t als Konstante behandelt. Das Resultat dieser ersten Integration ist dann noch von v abhängig und wird nach dv integriert. Man müßte aber $f(u, v)$ sehr speziell wählen, um Stammfunktionen für diese Integranden angeben zu können. In den meisten praktischen Fällen ist man auf Näherungsverfahren und die Hilfe eines Computers angewiesen.

Bemerkung: In (3) wird $f(u)$ mit dem Faktor

$$\frac{1}{2\sqrt{\pi\lambda t}}e^{-\frac{(x-u)^2}{4\lambda t}} \text{ multipliziert.}$$

Für festes u und t ist dies als Funktion von x eine Wahrscheinlichkeitsdichte, und zwar die Dichte der Normalverteilung mit dem Mittelwert u und der Streuung $\sqrt{2\lambda t}$. Diese Begriffe werden wir im nächsten Kapitel kennenlernen. Wir bemerken hier nur, daß die Streuung mit der Zeit wie $\sqrt{t}$ wächst. Damit ist die ausbreitende Wirkung der Diffusion quantitativ erfaßt, die ja dafür sorgt, daß eine zunächst in einem engen Bereich konzentrierte Substanz im Laufe der Zeit „breiter gestreut" sein wird.

Da jede Diffusion ein aus zufälligen molekularen Bewegungen resultierender Vorgang ist, braucht man sich nicht zu wundern, daß hier Begriffe aus der Wahrscheinlickeitsrechnung ins Spiel kommen.

AUFGABE 74: Zu der partiellen Dgl. $k_t = \lambda(k_{xx} + k_{yy})$ gibt es auch einfachere Lösungen als die in (5) angegebenen, so zum Beispiel

$$k(x, y, t) = \frac{A}{\lambda t}e^{-\frac{x^2 + y^2}{4\lambda t}} \text{ für } t > 0, A > 0, \text{ beliebig.}$$

Diese Lösung kann als Näherung für den Fall dienen, daß man zum Zeitpunkt $t = 0$ einen kleinen Tropfen der Substanz an den Punkt $(0,0)$ der x, y-Ebene gebracht hat. Nach einiger Zeit wird die Konzentration dann in etwa normalverteilt sein und $k(x, y, t)$ ist in der Tat bis auf einen konstanten Faktor, der von der gesamten Menge der Substanz abhängt, gleich der Dichte einer zweidimensionalen Normalverteilung (vgl. Kapitel 9).

a) Wo liegt für beliebige $t > 0$ das absolute Maximum von $k(x, y, t)$ bezüglich x und y? Wie groß ist es und wie nimmt es mit wachsendem t ab?

b) Für zwei verschiedene t-Werte t_1 und t_2 skizziere man einige Höhenlinien der Funktionen $k(x, y, t_1)$ und $k(x, y, t_2)$.

c) Prüfen Sie, ob die angegebene Funktion $k(x, y, t)$ wirklich Lösung der p.Dgl. $k_t = \lambda(k_{xx} + k_{yy})$ für die Diffusion in der Ebene ist!

AUFGABE 75: $f(z)$ sei zweimal differenzierbar und $g(x, t) = f(x - ct)$ sei die damit gebildete Wellenfunktion. Geben Sie sowohl eine p.Dgl. 1.Ordnung als auch eine p.Dgl. 2.Ordnung an, für die $g(x, t)$ eine Lösung ist!

9 Begriffe der Wahrscheinlichkeitsrechnung

9.1 Meßwerte hängen vom Zufall ab

Der bisweilen mit dem Autor korrespondierende Student Robert ist inzwischen in allen Teilbereichen der Biologie intensiv geschult, Mathematik und Statistik hat er bisher allerdings etwas vernachlässigt. Als Diplomarbeit soll er einen Bericht über die fraßhemmende Wirkung gewisser pflanzlicher Alkaloide auf Insekten erarbeiten. Er fertigt ein Substrat A an, das eine bestimmte Konzentration eines solchen Alkaloids enthält. Ein anderes Substrat B enthält das Alkaloid nicht, ist aber sonst identisch mit A. Von 15 Raupen einer Insektenart, die alle von einem Gelege stammen und sich im selben Entwicklungsstadium befinden, werden 7 auf das Substrat A gesetzt und 8 auf das Substrat B. Nach 5 Tagen wird die Gewichtszunahme bei allen Raupen gemessen und das Resultat sei wie folgt:

Zunahme in mg der 7 Raupen auf A: $81, 67, 60, 96, 116, 92, 76$;
Zunahme in mg der 8 Raupen auf B: $88, 124, 108, 84, 104, 75, 85, 116$.

Bezeichnen wir die beobachteten Werte bei A mit $x_1, x_2, \ldots, x_7$ und bei B mit $y_1, y_2, \ldots, y_8$, dann sind die Durchschnittswerte der beiden Meßreihen gleich

$$\bar{x} = \frac{1}{7} \sum_{i=1}^{7} x_i = \frac{1}{7}(81 + 67 + \ldots + 76) = 84{,}0 \text{ und}$$

$$\bar{y} = \frac{1}{8} \sum_{j=1}^{8} y_j = \frac{1}{8}(88 + 124 + \ldots + 116) = 98{,}0.$$

Im Durchschnitt haben also die Raupen auf A um $14\,mg$ weniger zugenommen als die auf B; kann man aber daraus schon schließen, daß das Alkaloid der Grund dafür ist? Hätte Robert andere Raupen derselben Art genommen oder hätte er von den vorhandenen 15 Raupen sieben andere auf A gesetzt, dann wäre das Resultat sicherlich etwas anders ausgefallen.
Stellen wir uns vor, das Alkaloid hätte überhaupt keine Wirkung auf die Entwicklung dieser Raupen; auch dann sind unsere Daten zufallsabhängig! Zwar würde dann jede der 15 Raupen ihren Gewichtszuwachs auf B ebenso wie auf A erzielen und die 15 beobachteten Gewichtsdifferenzen wären auf jeden Fall eingetreten. Da es aber (s. 2.3)

$$\binom{15}{7} = \frac{15 \cdot 14 \cdot 13 \cdot 12 \cdot 11 \cdot 10 \cdot 9}{7 \cdot 6 \cdot 5 \cdot 4 \cdot 3 \cdot 2 \cdot 1} = 6435$$

227

verschiedene Möglichkeiten gibt, 7 von 15 Raupen für A auszuwählen, hängen $\bar{x}$ und $\bar{y}$ auch davon ab, welche dieser Möglichkeiten zufällig verwirklicht wird. Das obige Resultat wäre dann so zu interpretieren, daß es auch unter den Raupen geborene „Kümmerlinge" gibt und daß man durch Zufall, ohne daß man es vorher wissen konnte, ziemlich viele von diesen auf A placiert hat.

Robert skizziert nun seine Beobachtungen, indem er auf einer Skala die A-Werte nach oben, die B-Werte nach unten als sog. Bäumchen anträgt. Er erhält so das folgende *Bäumchen-Diagramm:*

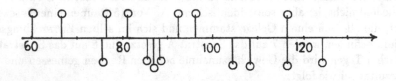

Figur 79

Er ahnt, daß man auch die Größenreihenfolge von x- und y-Werten heranziehen kann, um die Frage zu beantworten, ob die x-Werte nur zufällig meist kleiner sind als die y-Werte, oder ob man einen Einfluß des Alkaloids als gesichert ansehen darf. Letzteres würde Robert sofort glauben, wenn alle x-Werte kleiner wären als der kleinste y-Wert. Zwar wäre auch dieses extreme Resultat noch vereinbar mit der Vorstellung, daß jede Raupe ihren Gewichtszuwachs unabhängig von A oder B erzielt hätte; es könnte sich dann aber nur bei einer einzigen der 6435 Auswahlmöglichkeiten ergeben, nämlich dann, wenn man per Zufall gerade die sieben Raupen auf A gesetzt hätte, die auch dann am wenigsten zugenommen hätten, wenn alle 15 Raupen nur das Substrat B gefressen hätten. Robert weiß noch nicht, was eine zufällige Auswahl ist, aber er denkt doch, daß bei Wirkungslosigkeit des Alkaloids ein solches extremes Resultat auch extrem unwahrscheinlich wäre und daß er es dann, wenn es sich trotzdem eingestellt hätte, der Wirkung des Alkaloids zuschreiben würde.

Er sieht nun auch ein, daß man einiges über Zufall und Wahrscheinlichkeit lernen muß, um derartige Fragen zu entscheiden. Das einführende Beispiel mit den 15 Raupen werden wir später noch einmal behandeln.

9.2 Münzen, Würfel, Urnen

Zum Glück gibt es einfache Experimente, deren Ergebnisse vom Zufall abhängen und an denen man sehen kann, welchen Regeln der Begriff der Wahrscheinlichkeit gehorchen muß, damit er der Erfahrung nicht widerspricht.

BEISPIEL 1: Ein Wurf mit einer Münze.
Wenn wir eine 2 DM-Münze zu Boden werfen, bleibt sie entweder so liegen, daß der Kopf zu sehen ist, oder so, daß der Adler oben ist. Diese beiden möglichen Ergebnisse unseres einfachen Experiments nennen wir ω_1 und ω_2. Weil wir überzeugt sind, daß bei häufiger Wiederholung des Experiments in etwa der Hälfte aller Fälle ω_1 eintreten wird und daß dies demzufolge dann auch für ω_2 gilt, ordnen wir beiden Ergebnissen die Wahrscheinlichkeit 1/2 zu und schreiben dies so:

$$W(\omega_1) = W(\omega_2) = \frac{1}{2}.$$

BEISPIEL 2: Ein Wurf mit einem Würfel.
Wenn der Würfel gut gearbeitet ist, dann glauben wir, daß bei häufigem Würfeln alle sechs möglichen Augenzahlen etwa gleich oft auftreten werden, also jede in etwa einem Sechstel aller Fälle. Bezeichnen wir also mit ω_i das Resultat „i Augen werden geworfen" , dann setzen wir

$$W(\omega_i) = \frac{1}{6} , \ i = 1, 2, \ldots, 6.$$

Bezeichnungen: Die Ereignisse, die für uns die möglichen Ergebnisse eines zufallsabhängigen Vorgangs darstellen, nennen wir *Elementarereignisse*. Die Menge aller Elementarereignisse wird allgemein mit Ω bezeichnet. Aus Gründen, die später deutlich werden, nennt man Ω auch den *Stichprobenraum*. Beim ersten Beispiel ist also $\Omega = \{\omega_1, \omega_2\}$, beim 2.Beispiel ist $\Omega = \{\omega_1, \omega_2, \ldots, \omega_6\}$.

Ω ist übrigens im allgemeinen nicht eindeutig durch das Zufallsexperiment festgelegt. Wir können häufig willkürlich entscheiden, was wir als Elementarereignisse ansehen. Diese müssen sich nur gegenseitig ausschließen und wirklich alle Möglichkeiten erfassen, die sich ergeben können. Wenn wir etwa bei einem Wurf mit einem Würfel nur darauf achten wollten, ob eine gerade oder eine ungerade Augenzahl gewürfelt wird, dann würden zwei Elementarereignisse genügen, die dann beide die Wahrscheinlichkeit 1/2 hätten und Ω bestünde dann nur aus diesen beiden Elementarereignissen. Hierzu noch das

BEISPIEL 3: Zwei Würfe mit einem Würfel.

Die Summe der Augenzahlen bei beiden Würfen kann eine der Zahlen $2, 3, \ldots, 12$ sein und wir könnten als Elementarereignisse

$$\omega_j = \text{„die Augensumme ist gleich } j \text{ ''}, \quad j = 2, 3, \ldots, 12$$

benutzen. Allerdings wären wir dann nicht davon überzeugt, daß diese Elementarereignisse gleichwahrscheinlich sind. Denn man erhält z.B. ω_2 nur, wenn beide Male die 1 gewürfelt wird, während man ω_4 in drei Fällen erhält, nämlich mit $1 + 3$, mit $3 + 1$ und mit $2 + 2$.

Will man gleiche Wahrscheinlichkeit für alle Elementarereignisse, dann wählt man bei zwei Würfen mit einem Würfel

$$\Omega = \{\omega_{ij} | i \text{ und } j \text{ aus } \{1, 2, \ldots, 6\}\},$$

wobei ω_{ij} bedeutet, daß sich i Augen beim 1. Wurf, j Augen beim 2. Wurf ergeben. Bei einem guten Würfel sind diese 36 Elementarereignisse gleichwahrscheinlich und haben die Wahrscheinlichkeit $1/36$. Denn für beliebige i, j aus $\{1, 2, \ldots, 6\}$ vermuten wir, daß in etwa $1/6$ aller Fälle, bei denen der 1.Wurf i Augen erbracht hat, der zweite Wurf j Augen bringt und da i beim 1.Wurf in etwa $1/6$ aller Fälle eintreten wird, können wir i, j, also i beim 1. Wurf und j beim 2. Wurf, in etwa $1/36$ aller Fälle erwarten. Noch besser werden wir das begründen können, wenn wir den Begriff der Unabhängigkeit kennen werden.

Obwohl bei einem zufallsabhängigen Experiment immer nur genau ein Elementarereignis eintritt, betrachtet man auch Teilmengen von Ω, die aus mehreren Elementarereignissen bestehen. So können wir etwa bei einem Wurf mit einem Würfel die Teilmenge $\{\omega_2, \omega_4, \omega_6\}$ betrachten: wenn eines dieser drei Elementarereignisse eintritt, dann haben wir eine gerade Zahl gewürfelt. Mit welcher Wahrscheinlichkeit würfelt man also eine gerade Zahl?

Jeder wird hier wohl vermuten, daß diese Wahrscheinlichkeit $1/2$ ist. Man addiert hierbei die drei Wahrscheinlichkeiten von ω_2, ω_4 und ω_6, die jeweils gleich $1/6$ sind.

Bei zwei Würfen mit einem Würfel könnte man z.B. nach der Wahrscheinlichkeit fragen, mit der die Augensumme größer als 10 wird (etwa wenn der Gegner in einem Würfelspiel bereits die Augensumme 10 erreicht hat). Man fragt also nach der Wahrscheinlichkeit des *zufälligen Ereignisses*, das genau dann eintritt, wenn ein Element der Teilmenge $\{\omega_{5,6}, \omega_{6,5}, \omega_{6,6}\}$ zustande kommt. Wir verfahren wie zuvor und ordnen diesem zufälligen Ereignis die Wahrscheinlichkeit

$$W(\omega_{5,6}) + W(\omega_{6,5}) + W(\omega_{6,6}) = \frac{1}{36} + \frac{1}{36} + \frac{1}{36} = \frac{1}{12}$$

230

zu. Wir verallgemeinern dies und halten fest:

Ein zufälliges Ereignis A ist eine Teilmenge der Menge Ω aller Elementarereignisse. A tritt ein, wenn ein ω eintritt, welches in A liegt. Wenn A aus endlich vielen Elementarereignissen $\omega_1, \ldots, \omega_k$ besteht, dann ist

$$W(A) = \sum_{i=1}^{k} W(\omega_i) \text{ die Wahrscheinlichkeit von A.}$$

Wenn Ω aus N Elementarereignissen $\omega_1, \omega_2, \ldots, \omega_N$ besteht und wenn wir überzeugt sind, daß diese gleichwahrscheinlich sind, dann ordnen wir jedem ω_i, $i = 1, 2, \ldots, N$ die Wahrscheinlichkeit $W(\omega_i) = 1/N$ zu. Jede Teilmenge A von Ω ist dann ein zufälliges Ereignis mit der Wahrscheinlichkeit

$$W(A) = \frac{|A|}{|\Omega|} = \frac{|A|}{N} = \frac{\text{Anzahl der Elementarereignisse in } A}{\text{Anzahl aller Elementarereignisse}} . \qquad (1)$$

Die Formel (1) heißt die *Laplace-Formel* (nach P.S.Laplace, 1749- 1827).

Bezeichnungen: Wenn ω ein Element einer Menge A ist, dann schreiben wir dafür $\omega \in A$. Eine Menge A ist in einer Menge B *enthalten,* wenn aus $\omega \in A$ folgt: $\omega \in B$. Dafür schreiben wir auch $A \subset B$ oder $B \supset A$.

BEISPIEL 4: Das Urnenmodell ohne Zurücklegen.

In einer Urne seien 10 Kugeln, die wir uns numeriert denken. Eine davon wird zufällig entnommen und das soll heißen: eine jede wird mit Wahrscheinlichkeit 1/10 genommen. Würden wir das Experiment jetzt beenden, könnten wir als Menge aller möglichen Elementarereignisse

$$\Omega = \{\omega_1, \omega_2, \ldots, \omega_{10}\} \text{ benutzen, wobei } W(\omega_i) = \frac{1}{10}, i = 1, 2, \ldots, 10 .$$

Wir ziehen aber noch eine weitere Kugel zufällig, d.h. eine jede der 9 übrigen Kugeln wird mit Wahrscheinlichkeit 1/9 genommen. Die gezogenen Kugeln werden nicht zurückgelegt. Die Menge der Elementarereignisse bei diesem Experiment können wir durch

$$\Omega = \{\omega_{ij} | 1 \leq i \leq 10 \text{ und } 1 \leq j \leq 10, \text{ aber } j \neq i\}$$

angeben, wobei ω_{ij} bedeutet, daß erst die Kugel Nr. i und dann die Kugel Nr. j gezogen wird. Zu jedem i gibt es nur 9 mögliche Werte für j, da wir

231

ohne Zurücklegen ziehen, d.h. die schon gezogene Kugel Nr. i kann nicht noch einmal gezogen werden. Also gibt es hier $10 \cdot 9 = 90$ Elementarereignisse ω_{ij}. Da sowohl die erste, als auch die zweite Kugel zufällig aus der jeweils noch vorhandenen Menge entnommen wurde, sind wir überzeugt, daß alle ω_{ij} dieselbe Wahrscheinlichkeit $1/90$ besitzen.

Mit welcher Wahrscheinlichkeit erhält man nun zwei bestimmte Kugeln, sagen wir die Kugeln Nr. 3 und Nr. 7 ? Dies ist die Wahrscheinlichkeit der Teilmenge

$$A = \{\omega_{3,7}\, , \ \omega_{7,3}\}, \ \text{also} \ W(A) = \frac{2}{90}\ .$$

Wir erinnern uns (s.den Abschnitt 2.3 über die Binomialkoeffizienten), daß

$$\binom{10}{2} = \frac{10 \cdot 9}{2 \cdot 1} = \frac{90}{2}$$

die Anzahl der Möglichkeiten für die Auswahl von 2 aus 10 Objekten ist, wenn man die Reihenfolge der Auswahl nicht berücksichtigt. $W(A)$ ist also gleich $1 : \binom{10}{2}$. Statt der Kugeln 3 und 7 hätten wir auch zwei beliebige andere betrachten können und dieselbe Wahrscheinlichkeit $2/90$ erhalten.

Also erhalten wir bei diesem Auswahlverfahren jede mögliche Auswahl von zwei Kugeln mit derselben Wahrscheinlichkeit $1 : \binom{10}{2} = 2/90$.

Setzen wir das Experiment fort, indem wir noch eine dritte Kugel zufällig aus den 8 noch vorhandenen nehmen, dann können wir die möglichen Ergebnisse dieses dreimaligen Ziehens ohne Zurücklegen durch die Elementarereignisse

$$\{\omega_{ijk}|\ 1 \le i \le 10\, , \ 1 \le j \le 10 \ \text{und} \ j \ne i\, , \ 1 \le k \le 10 \ \text{und} \ k \ne i,\ k \ne j\}$$

angeben. Natürlich bedeutet nun ω_{ijk}, daß erst Kugel i, dann Kugel j und dann Kugel k gezogen wird. Jetzt haben wir $10 \cdot 9 \cdot 8 = 720$ Elementarereignisse, und da bei dem Ziehungsverfahren offenbar kein Tripel ijk gegenüber einem anderen bevorzugt wird, müssen diese Elementarereignisse gleichwahrscheinlich sein.

Eine bestimmte Auswahl von drei Kugeln wird nun durch $3! = 6$ Elementarereignisse geliefert, z.B. erhalten wir die Teilmenge der Kugeln 2, 5 und 8 durch

$$\omega_{2,5,8}, \ \ \omega_{2,8,5}, \ \ \omega_{5,2,8}, \ \ \omega_{5,8,2}, \ \ \omega_{8,2,5}, \ \ \omega_{8,5,2}.$$

Jede mögliche Auswahl von 3 Kugeln erhalten wir also bei diesem Auswahlverfahren mit der Wahrscheinlichkeit $6/720 = 1 : \binom{10}{3}$.

Daher könnten wir auch die $\binom{10}{3} = 120$ Teilmengen der 10 Kugeln, welche aus drei Kugeln bestehen, als Elementarereignisse ansehen. Sie beschreiben nur, welche drei Kugeln in die Auswahl kommen, nicht aber, in welcher Reihenfolge das geschieht. Diese Elementarereignisse hätten dann alle die Wahrscheinlichkeit $1 : \binom{10}{3} = 1 : 120$ und jedes von ihnen würde durch Zusammenfassen von $3! = 6$ der obigen Elementarereignisse entstehen. Wir verallgemeinern das und halten fest:

Werden einer Menge von N Objekten nacheinander n Objekte so entnommen, daß kein gezogenes Objekt zurückgelegt wird und beim k-ten Zug jedes der dann noch vorhandenen $N - k + 1$ Objekte mit der Wahrscheinlichkeit $1/(N - k + 1)$ genommen wird $(k = 1, 2, \ldots, n)$, dann erhält man dabei jede mögliche Auswahl von n Objekten, also jede der $\binom{N}{n}$ aus n Objekten bestehenden Teilmengen, mit Wahrscheinlichkeit $1 : \binom{N}{n}$.

Bezeichnung: Allgemein werden wir als **zufällige Auswahl** ein jedes Auswahlverfahren bezeichnen, bei dem sich jede mögliche Auswahl mit derselben Wahrscheinlichkeit ergibt.

Das Ziehen ohne Zurücklegen bei dem obigen Urnenmodell ist also eine zufällige Auswahl. Eine zufällige Auswahl kann man aber auch anders realisieren, z.B. indem man eine Urne gut schüttelt und dann mit einem Griff n Kugeln herausholt.

Bei zufälliger Auswahl von n aus N Objekten kommt jedes der N Objekte mit derselben Wahrscheinlichkeit in die ausgewählte Teilmenge. Denn unter den $\binom{N}{n}$ möglichen n-elementigen Teilmengen gibt es genau $\binom{N-1}{n-1}$, die ein bestimmtes Objekt enthalten; man hat ja die übrigen $n - 1$ Objekte der Teilmenge aus den $N - 1$ anderen Objekten zu wählen. Nach der Laplace-Formel (1) ist also die Wahrscheinlichkeit, daß irgendein festes Objekt unter den n ausgewählten ist, gleich

$$\binom{N-1}{n-1} : \binom{N}{n} = \frac{(N-1)!}{(n-1)!(N-n)!} : \frac{N!}{n!(N-n)!} = \frac{n}{N}.$$

Eine zufällig aus einer größeren Gesamtheit ausgewählte Teilmenge bezeichnet man gewöhnlich als eine **Stichprobe**. Es gilt also der

SATZ 9.2.1: In eine Stichprobe von n Objekten, die einer Gesamtheit von $N \geq n$ Objekten zufällig entnommen wird, kommt jedes der N Objekte mit der Wahrscheinlichkeit n/N.

Der Umkehrschluß wäre übrigens falsch: daraus, daß bei einem Auswahlverfahren jedes Element der Gesamtheit mit derselben Wahrscheinlichkeit in die

Stichprobe kommt, folgt nicht, daß die Auswahl in unserem Sinn zufällig ist, d.h. es folgt daraus noch nicht, daß sich auch jede mögliche Stichprobe mit derselben Wahrscheinlichkeit ergibt. Darauf hat Basler [18] aufmerksam gemacht.

BEISPIEL 5: Wenn man von einer zweihäusigen Pflanze drei Exemplare kauft und diese zufällig aus einem Vorrat von 8 männlichen und 4 weiblichen Pflanzen auswählt, mit welcher Wahrscheinlichkeit sind dann beide Geschlechter in der Auswahl vertreten?

Wir bezeichnen mit A_k, $k = 0, 1, 2, 3$, die zufälligen Ereignisse, die durch die Bedingungen „k weibliche Pflanzen sind in der Auswahl" gegeben sind. Die $\binom{12}{3}$ möglichen dreielementigen Teilmengen des Vorrats sind hier die gleichwahrscheinlichen Elementarereignisse. Zunächst bestimmen wir die Wahrscheinlichkeiten $W(A_k)$.

Zu A_0 gehören die $\binom{8}{3}$ Elementarereignisse, die eine Auswahl von 3 männlichen aus den vorhandenen 8 männlichen Pflanzen darstellen, also ist nach (1)

$$W(A_0) = \binom{8}{3} : \binom{12}{3} = \frac{8 \cdot 7 \cdot 6}{3 \cdot 2 \cdot 1} : \frac{12 \cdot 11 \cdot 10}{3 \cdot 2 \cdot 1} = \frac{8 \cdot 7 \cdot 6}{12 \cdot 11 \cdot 10} = \frac{14}{55} .$$

Um die Anzahl der ω in A_1 zu bekommen, muß man die $\binom{4}{1}$ Möglichkeiten für ein weibliches Exemplar mit den $\binom{8}{2}$ Möglichkeiten kombinieren, die man für die Auswahl von weiteren zwei Pflanzen aus den 8 männlichen hat. Somit ist

$$W(A_1) = \frac{\binom{4}{1}\binom{8}{2}}{\binom{12}{3}} = \frac{4 \cdot 28}{220} = \frac{28}{55} .$$

Entsprechend erhalten wir $\binom{4}{2}\binom{8}{1} = 48$ und $\binom{4}{3} = 4$ für die Anzahlen der ω in A_2 bzw. A_3, so daß

$$W(A_2) = \frac{48}{220} = \frac{12}{55} \quad \text{und} \quad W(A_3) = \frac{4}{220} = \frac{1}{55} .$$

Diese vier Wahrscheinlichkeiten ergeben die Summe $(14 + 28 + 12 + 1)/55 = 1$; das muß so sein, denn jedes ω ist ja in genau einer der Teilmengen A_k, $k = 0, 1, 2, 3$, von Ω und daher ist $|A_0| + |A_1| + |A_2| + |A_3| = |\Omega|$.

Die gesuchte Wahrscheinlichkeit ist nun $W(A_1) + W(A_2) = (28 + 12)/55 = 8/11$, denn nur die den Elementarereignissen in A_1 und A_2 entsprechenden Teilmengen enthalten mindestens ein weibliches und mindestens ein männliches Exemplar.

Wenn wir berücksichtigen, daß $\binom{4}{0} = 1$ und $\binom{8}{0} = 1$ gilt, dann können wir

$$W(A_k) \text{ für } k = 0, 1, 2, 3 \text{ nach der Formel } W(A_k) = \frac{\binom{4}{k}\binom{8}{3-k}}{\binom{12}{3}}$$

berechnen. Durch Verallgemeinerung dieser Formel erhalten wir den

SATZ 9.2.2 (Satz von der sog. *hypergeometrischen Verteilung*): Wenn M von N Objekten eine gewisse Eigenschaft besitzen und wenn n Objekte zufällig aus den N Objekten ausgewählt werden, dann ist

$$W(A_k) = \frac{\binom{M}{k}\binom{N-M}{n-k}}{\binom{N}{n}}, \quad k = 0, 1, \ldots, n \qquad (2)$$

die Wahrscheinlichkeit dafür, daß genau k Objekte mit der Eigenschaft in die Auswahl kommen. Diese Formel (2) gilt für $n = 1, 2, \ldots, N$.

Auch wenn $k > M$ oder $n - k > N - M$ sein sollte, liefert (2) den richtigen Wert 0, wenn man beachtet, daß ein Binomialkoeffizient gleich 0 ist, falls seine untere Zahl größer ist als die obere (es gibt ja auch keine Möglichkeit, mehr auszuwählen als da ist). Die Formel gibt an, wie sich die gesamte Wahrscheinlichkeit 1 auf die Fälle $k = 0, 1, \ldots, n$ verteilt; wir sprechen daher von einem *Verteilungsgesetz* oder einfach von einer *Verteilung*. Den durch (2) gegebenen Verteilungstyp nennt man aus Gründen, die hier nicht wichtig sind, eine *hypergeometrische Verteilung*. Damit kann man z.B. auch berechnen, mit welcher Wahrscheinlichkeit k defekte Exemplare in einer Stichprobe von n Exemplaren sein werden, wenn diese zufällig aus einer Gesamtheit von M defekten und $N - M$ intakten Exemplaren gezogen wird.

AUFGABE 76: Louis Pasteur impfte im Jahre 1880 sechs Hühner mit einem Serum gegen Cholera. Als er diese und sechs ungeimpfte Hühner mit Cholera-Erregern infizierte, waren am nächsten Tag sechs Hühner tot. Wäre die Impfung völlig wirkungslos gewesen, dann wären die sechs toten Hühner eine zufällige Auswahl aus allen 12 infizierten Hühnern gewesen. Mit welcher Wahrscheinlichkeit hätte man dann erwarten können, daß die sechs toten Hühner (so wie es tatsächlich eintrat) gerade die sechs ungeimpften sein würden?

AUFGABE 77: Berechnen Sie die Wahrscheinlichkeiten dafür, daß sich unter den 6 toten Hühnern Pasteurs (s.Aufgabe 76) genau k geimpfte befinden, für $k = 0, 1, \ldots, 6$ unter der Annahme, daß die Impfung ohne jede Wirkung war. (Rechenkontrolle: die Summe der Wahrscheinlichkeiten muß 1 sein.)

AUFGABE 78: Bei einer Tombola kauft Robert 5 von 20 Losen, unter denen sich 4 Gewinnlose und 16 Nieten befinden. Mit welcher Wahrscheinlichkeit hat er dann $k = 0, 1, \ldots, 5$ Gewinne?

9.3 Rechenoperationen für Mengen und die Axiome der Wahrscheinlichkeitsrechnung

Wenn A und B zwei Teilmengen einer Grundmenge Ω sind, dann wird ihre *Vereinigung* mit $A \cup B$ bezeichnet; sie ist definiert durch

$$A \cup B = \{\omega | \omega \text{ ist in mindestens einer der Mengen } A, B\} \,. \qquad (1)$$

Sind A und B zufällige Ereignisse, dann ist auch $A \cup B$ ein zufälliges Ereignis, das offenbar durch die Bedingung „A oder B tritt ein" festgelegt ist. Dabei darf man „oder" nicht im Sinne von „entweder ... oder" auffassen: $A \cup B$ enthält auch die Elemente, die in beiden Mengen sind, wie man an der folgenden Figur 80 erkennen kann.

$$A \cup B$$

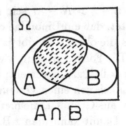

$$A \cap B$$

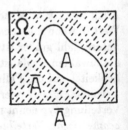

$$\bar{A}$$

Figur 80

In dieser Skizze ist Ω ein Rechteck und wir können uns vorstellen, daß jeder Punkt des Rechtecks ein Elementarereignis ω ist. Da Ω hier unendlich viele Elemente hat, kann man $W(A)$ oder $W(B)$ nicht mit der Laplace-Formel ((1) in 9.2) berechnen, weil man dabei ∞ im Zähler und im Nenner hätte. Hier könnte man stattdessen annehmen, daß die Wahrscheinlichkeit einer Teilfläche A gleich dem Quotienten aus ihrem Flächeninhalt und dem von Ω ist.

Der *Durchschnitt* von A und B wird mit $A \cap B$ bezeichnet und ist durch

$$A \cap B = \{\omega | \omega \in A \text{ und } \omega \in B\} \qquad (2)$$

definiert. Für zufällige Ereignisse A und B ist $A \cap B$ wieder ein zufälliges Ereignis, das durch die Bedingung „A und B treten beide ein" festgelegt ist.

Es kann sein, daß A und B kein einziges Element gemeinsam haben. Dann ist $A \cap B$ gleich der *leeren Menge* Φ, die auch zu den zufälligen Ereignissen gehört und das *unmögliche Ereignis* genannt wird. Wenn $A \cap B = \Phi$ ist, dann nennt man A und B auch *unvereinbar* oder *punktfremd*.

Das *Komplement* $\bar{A}$ einer Teilmenge A besteht aus allen ω, die nicht in A sind:

$$\bar{A} = \{\omega | \omega \notin A\}, \tag{3}$$

wobei $\notin A$ als „nicht in A" zu lesen ist.

Diese drei Rechenoperationen $\cup$, $\cap$ und $^-$ genügen eigentlich schon und man kann sich leicht überzeugen, daß einige Rechenregeln gelten, wie etwa

$$A \cup \bar{A} = \Omega, \quad A \cap \bar{A} = \Phi, \quad A \cap (B \cup C) = (A \cap B) \cup (A \cap C)$$

$$\text{oder auch } \bar{A} \cup \bar{B} = \overline{(A \cap B)} \text{ und } \bar{A} \cap \bar{B} = \overline{(A \cup B)}.$$

Man schreibt aber gerne statt $A \cap \bar{B}$ auch $A - B$, denn man erhält diese Menge, indem man aus A alle ω entfernt, die auch zu B gehören. Wir können nun eine beliebige Vereinigung $A \cup B$ auch in der Form

$$A \cup B = (A - B) \cup (A \cap B) \cup (B - A)$$

darstellen. Die drei Mengen $A - B$, $A \cap B$ und $B - A$ sind dabei *paarweise punktfremd*, d.h. es gibt kein ω, das gleichzeitig in zwei dieser Mengen wäre.

Die Bezeichnung $B \subset A$ für „B enthalten in A" kennen wir schon. Aus $B \subset A$ folgt $A \cup B = A$, $A \cap B = B$ und für endliche Mengen gilt dann $|A - B| = |A| - |B|$, wobei wieder mit $|C|$ die Mächtigkeit einer Menge C, d.h. die Anzahl ihrer Elemente bezeichnet wird. Das letzte minus-Zeichen ist hier wieder ein gewöhnliches, während $A - B$ für $A \cap \bar{B}$ steht.

Die nach der Laplace-Formel ((1) in 9.2) berechneten Wahrscheinlichkeiten haben folgende Eigenschaften:

1.) $W(A) = |A| : |\Omega|$ ist ≥ 0 für jedes zufällige Ereignis A.

2.) $W(\Omega) = |\Omega| : |\Omega| = 1$.

3.) Wenn A und B punktfremd sind, dann gilt $W(A \cup B) = W(A) + W(B)$.

Die letzte Gleichung folgt einfach daraus, daß für punktfremde endliche Mengen $|A \cup B| = |A| + |B|$ gilt und daher

$$W(A \cup B) = \frac{|A| + |B|}{|\Omega|} = \frac{|A|}{|\Omega|} + \frac{|B|}{|\Omega|} = W(A) + W(B).$$

Diese drei Eigenschaften sind auch vernünftig, wenn man die Laplace-Formel nicht verwenden kann, etwa weil die Elementarereignisse ω nicht alle gleichwahrscheinlich sind oder weil es davon unendlich viele gibt. Daher fordert man diese Eigenschaften als *Axiome*.

Jede mathematische Theorie geht von einigen einfachen Aussagen über die Begriffe dieser Theorie aus. Zum Beispiel lautet eines der Axiome der Geometrie: Zwei verschiedene Punkte bestimmen genau eine Gerade, die diese beiden Punkte enthält. Aus den Axiomen, die man unbewiesen an den Anfang stellt, werden dann alle Sätze der betreffenden Theorie hergeleitet. Als Axiomensystem der Wahrscheinlichkeitsrechnung genügen nach A.N.Kolmogorow (*1903) die erwähnten drei Eigenschaften, wobei die dritte allerdings noch ein wenig zu erweitern ist. Durch das folgende ist dann auch der Begriff der Wahrscheinlichkeit axiomatisch fixiert:

Eine Wahrscheinlichkeit ist stets gegeben für ein bestimmtes System von zufälligen Ereignissen, welche als Teilmengen einer Grundmenge Ω aufgefaßt werden können. Sie ordnet jedem zufälligen Ereignis A eine reelle Zahl $W(A)$ zu und erfüllt dabei die folgenden Axiome:

I) $W(A) \geq 0$ für jedes zufällige Ereignis A.   II) $W(\Omega) = 1$.

Um das dritte Axiom bequem formulieren zu können, führen wir für die Vereinigung von k Mengen $A_1, A_2, \ldots, A_k$ die Bezeichnung

$$\bigcup_{i=1}^{k} A_i \text{ ein und } \bigcup_{i=1}^{\infty} A_i$$

für die Vereinigung von abzählbar unendlich vielen Mengen $A_1, A_2, \ldots$. Diese Vereinigungen sind definiert als die Menge aller ω, die in wenigstens einer der gegebenen Mengen enthalten sind. Das dritte Axiom sagt, daß die Wahrscheinlichkeit einer Vereinigung gleich der Summe der Wahrscheinlichkeiten der einzelnen zufälligen Ereignisse ist, sofern die letzteren *paarweise punktfremd* sind, d.h. wenn je zwei von ihnen als Durchschnitt stets die leere Menge haben. Es lautet

III) Wenn die zufälligen Ereignisse $A_1, A_2, \ldots$ paarweise punktfremd sind, dann ist für alle $k = 2, 3, \ldots$ stets

$$W\left(\bigcup_{i=1}^{k} A_i\right) = \sum_{i=1}^{k} W(A_i) \text{ und es gilt auch } W\left(\bigcup_{i=1}^{\infty} A_i\right) = \sum_{i=1}^{\infty} W(A_i) .$$

Das dritte Axiom wird auch als die sog. σ-Additivität bezeichnet. Im Grunde kennt man diese Eigenschaft bereits vom geometrischen Flächeninhalt: wenn man eine Fläche in paarweise punktfremde Teilflächen zerlegt, dann muß ihr Inhalt auch gleich der Summe der Inhalte der Teilflächen sein, und auch dort fordert man, daß dies für den Fall einer Zerlegung in abzählbar unendlich viele Teilflächen ebenfalls gilt, wobei aus der Summe dann eine unendliche Reihe wird.

Wir können im folgenden nicht alles streng aus den Axiomen ableiten, aber doch wenigstens einige wichtige Folgerungen daraus ziehen: Aus $A \cap \bar{A} = \Phi$ folgt wegen III), daß $W(A \cup \bar{A}) = W(A) + W(\bar{A})$; andererseits ist $A \cup \bar{A} = \Omega$ und $W(\Omega) = 1$. Somit folgt

$$1 = W(A) + W(\bar{A}) \text{ oder } W(\bar{A}) = 1 - W(A) \,. \tag{4}$$

Für den Spezialfall $A = \Omega$ folgt wegen $\bar{A} = \Phi$ und II) aus (4) sofort

$$W(\Phi) = 0 \,. \tag{5}$$

Auch wenn $A \cap B$ nicht die leere Menge ist, können wir $W(A \cup B)$ mit Hilfe der Axiome angeben. Da mit

$$A \cup B = (A - B) \cup (B - A) \cup (A \cap B)$$

eine Darstellung von $A \cup B$ als Vereinigung von drei paarweise punktfremden Mengen gegeben ist, folgt zunächst aus Axiom III), daß

$$W(A \cup B) = W(A - B) + W(B - A) + W(A \cap B) \,. \tag{6}$$

Nun können wir aber auch A und B jeweils als Vereinigung von zwei punktfremden Mengen darstellen, nämlich

$$A = (A \cap B) \cup (A - B) \text{ und } B = (A \cap B) \cup (B - A) \,;$$

somit ist nach III)

$$W(A) = W(A \cap B) + W(A - B) \text{ und } W(B) = W(A \cap B) + W(B - A) \,.$$

Wir können also

$$W(A - B) = W(A) - W(A \cap B) \text{ und } W(B - A) = W(B) - W(A \cap B)$$

in (6) einsetzen und erhalten so die ebenfalls für beliebige A und B geltende Formel

$$W(A \cup B) = W(A) + W(B) - W(A \cap B) \tag{7}$$

Wenn B enthalten ist in A, dann ist $A = B \cup (A - B)$ und da $B \cap (A - B) = \Phi$, folgt nach III) , daß $W(A) = W(B) + W(A - B)$ und da $W(A - B) \geq 0$ nach I), gilt also:

wenn $B \subset A$, dann ist $W(A) \geq W(B)$ und $W(A - B) = W(A) - W(B)$ (8)

Ohne die Voraussetzung $B \subset A$ ist die letzte Gleichung nicht richtig! Wenn etwa A und B punktfremd sind, dann gilt $A - B = A$, also $W(A - B) = W(A)$.

9.4 Bedingte Wahrscheinlichkeit und Unabhängigkeit

Zunächst soll auf einen einfachen, aber wichtigen Zusammenhang zwischen den Begriffen „relative Häufigkeit" und „Wahrscheinlichkeit" hingewiesen werden. Wenn M von N Objekten eine Eigenschaft haben, dann nennt man

$$\frac{M}{N} \text{ die relative Häufigkeit der Objekte mit der Eigenschaft}$$

in der Gesamtheit der N Objekte. Wählt man nun ein Objekt zufällig aus, dann ist M/N auch die Wahrscheinlichkeit, daß man ein Objekt mit der Eigenschaft erhält. Das folgt aus der Laplaceformel ((1) in 9.2), denn bei zufälliger Auswahl haben die Elementarereignisse

$$\omega_i = \text{„Objekt Nr.} i \text{ wird gewählt"}, \quad i = 1, 2, \ldots, N$$

alle die Wahrscheinlichkeit $1/N$ und das zufällige Ereignis „ein Objekt mit der Eigenschaft wird gewählt" besteht dann gerade aus M Elementarereignissen. Daher lassen sich relative Häufigkeiten auch deuten als Wahrscheinlichkeiten bei zufälliger Auswahl von einem Objekt.

BEISPIEL 1: Bei einer Krankheit tritt immer mindestens eines von zwei Symptomen S_a und S_b auf. Bei 50 Patienten, die nachweislich an der Krankheit leiden, sollen 35 das Symptom S_a und 25 das Symptom S_b aufweisen. Dann ist also $35/50 = 0,70$ die relative Häufigkeit von S_a und $25/50 = 0,50$ die relative Häufigkeit von S_b.
Wenn bei zufälliger Auswahl eines dieser Patienten A und B die Ereignisse bedeuten, da man einen mit S_a bzw. mit S_b erhält, dann ist also

$$W(A) = 0,70 , \; W(B) = 0,50.$$

Nach (7) im vorigen Abschnitt ist $W(A \cap B) = W(A) + W(B) - W(A \cup B)$ und weil hier $A \cup B = \Omega$ ist (jeder Patient hat mindestens eines der beiden Symptome) und $W(\Omega) = 1$ nach Axiom II), folgt

$$W(A \cap B) = 0,70 + 0,50 - 1 = 0,20$$

und dies ist wiederum die relative Häufigkeit der Patienten, die beide Symptome aufweisen. Es haben also 10 Patienten beide Symptome.

Man kann sich bei diesem Beispiel auch fragen, wie groß die Wahrscheinlichkeit dafür ist, daß ein Patient das Symptom S_a hat, wenn man schon weiß, daß er

S_b hat. Sie wird so groß sein wie die Wahrscheinlichkeit für S_a, wenn man den Patienten nicht aus allen 50 Patienten, sondern aus der Teilmenge der 25 Patienten mit S_b zufällig wählt. Diese Wahrscheinlichkeit ist daher gleich

$$\frac{10}{25} = 0,40 = \frac{10/50}{25/50} = \frac{W(A \cap B)}{W(B)} .$$

Wir nennen sie die *bedingte Wahrscheinlichkeit für A unter der Bedingung B* und schreiben dafür $W(A|B)$. Entsprechend muß dann die bedingte Wahrscheinlichkeit für B unter der Bedingung A gleich

$$W(B|A) = \frac{W(A \cap B)}{W(A)}$$

sein und in der Tat erhalten wir so $0,20 : 0,70 = 10/35$, also die relative Häufigkeit von S_b in der Teilmenge der S_a-Patienten.

Hier ist $W(A|B) = 0,40$ deutlich kleiner als $W(A) = 0,70$ und auch $W(B|A) = 10/35$ ist kleiner als $W(B) = 0,50$. Vermutlich behindert das Auftreten des einen Symptoms die Ausbildung des anderen Symptoms, aber sie schließen sich nicht gegenseitig aus, denn sonst wäre ja $A \cap B = \Phi$ und $W(A \cap B) = 0$.

Wenn die bedingte Wahrscheinlichkeit $W(A|B)$ gleich $W(A)$ wäre, dann würde die Bedingung B das Eintreten von A nicht beeinflussen; aus

$$W(A|B) = \frac{W(A \cap B)}{W(B)} = W(A) \text{ folgt aber } W(A \cap B) = W(A)W(B)$$

und daraus wieder

$$W(B|A) = \frac{W(B \cap A)}{W(A)} = \frac{W(B)W(A)}{W(A)} = W(B) ;$$

also hat dann auch umgekehrt die Bedingung A keinen Einfluß auf das Eintreten von B. In solchen Fällen werden wir die zufälligen Ereignisse A und B *unabhängig* nennen. Während die bedingten Wahrscheinlichkeiten $W(A|B)$ und $W(B|A)$ nur für $W(B) > 0$ bzw. $W(A) > 0$ definiert sind, ist die Gleichung $W(A \cap B) = W(A)W(B)$ auch erfüllt, wenn eines der Ereignisse die Wahrscheinlichkeit 0 besitzt. Da es dann mit Sicherheit nicht eintritt, wollen wir es auch als unabhängig von jedem anderen Ereignis ansehen. Wir verwenden daher diese Gleichung, um die Unabhängigkeit von zufälligen Ereignissen zu definieren.

DEFINITION: Wenn B ein zufälliges Ereignis mit $W(B) > 0$ ist, dann ist die *bedingte Wahrscheinlichkeit* eines beliebigen zufälligen Ereignisses A

unter der Bedingung B gleich

$$W(A|B) = \frac{W(A \cap B)}{W(B)} \tag{1}$$

Zwei beliebige zufällige Ereignisse heißen *unabhängig,* wenn

$$W(A \cap B) = W(A)W(B). \tag{2}$$

Wenn die letzte Gleichung nicht erfüllt ist, nennen wir A und B *abhängig.* Es folgt zum Beispiel, daß punktfremde Ereignisse A und B abhängig sind, wenn beide eine positive Wahrscheinlichkeit haben. Denn aus $A \cap B = \Phi$ folgt dann $W(A \cap B) = 0 \neq W(A)W(B)$. Auch anschaulich ist das klar, denn wenn sich A und B gegeseitig ausschließen, kann A unter der Bedingung B nicht eintreten und umgekehrt.

BEISPIEL 2: Ω sei das Einheitsquadrat, jeder Punkt darin ein ω. Die Wahrscheinlichkeit einer Teilmenge A von Ω sei gleich ihrem Flächeninhalt (Teilmengen, denen man keinen Flächeninhalt zuordnen kann, brauchen wir nicht zu betrachten; es gibt zwar solche Teilmengen, aber diese wären dann keine zufälligen Ereignisse.)

Die Diagonalen unterteilen Ω also in vier kongruente Dreiecke F_1, F_2, F_3, F_4, die alle die Wahrscheinlichkeit $1/4$ besitzen. Wenn also ω ein durch Zufall bestimmter Punkt des Quadrats ist, dann fällt er in jede dieser vier Teilmengen mit Wahrscheinlichkeit $1/4$. Je zwei der Teilmengen sind abhängig; dabei kommt es nicht darauf an, ob die die Dreieck-Seiten zu den F_i gehören oder nicht. In beiden Fällen ist

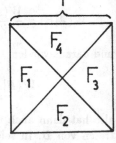

Figur 81

$$W(F_i \cap F_j) = 0 \neq W(F_i)W(F_j) = \frac{1}{4} \cdot \frac{1}{4}.$$

Setzen wir nun $A = F_1 \cup F_2$ und $B = F_2 \cup F_3$, dann sind A und B unabhängig, denn $W(A \cap B) = W(F_2) = 1/4 = W(A)W(B) = (1/2)(1/2)$.
Es wäre eine sehr gute Übung für den Leser, weitere Mengenpaare mit den vier Dreiecken zu bilden und zu prüfen, ob diese unabhängig oder abhängig sind!

DEFINITION: Drei zufällige Ereignisse A, B und C nennt man *unabhängig,* wenn sie <u>paarweise unabhängig</u> sind, d.h. wenn

$W(A \cap B) = W(A)W(B)$, $W(A \cap C) = W(A)W(C)$, $W(B \cap C) = W(B)W(C)$
und wenn $W(A \cap B \cap C) = W(A)W(B)W(C)$.

Beliebig viele Ereignisse $A_1, A_2, \ldots, A_n$ heißen unabhängig, wenn für jedes $k = 2, 3, \ldots, n$ folgendes gilt: Wählt man nach Belieben k der Ereignisse aus, dann ist die Wahrscheinlichkeit ihres Durchschnitts gleich dem Produkt ihrer Wahrscheinlichkeiten.

Wenn wir etwa im vorigen Beispiel außer $A = F_1 \cup F_2$ und $B = F_2 \cup F_3$ noch $C = F_3 \cup F_1$ betrachten, dann sind diese drei Ereignisse zwar paarweise unabhängig, denn es gilt offenbar

$$W(A \cap B) = W(A)W(B), \quad W(A \cap C) = W(A)W(C), \quad W(B \cap C) = W(B)W(C),$$

aber $W(A \cap B \cap C) = 0 \neq W(A)W(B)W(C)$, die drei Ereignisse sind also abhängig! Auch das ist anschaulich klar, denn wenn man z.B. weiß, daß B und C eintreten, dann kann A nur mit Wahrscheinlichkeit 0 eintreten.

Oft kann man die Wahrscheinlichkeit für den Durchschnitt (d.h. das gleichzeitige Eintreten) mehrerer Ereignisse bequem mit Hilfe bedingter Wahrscheinlichkeiten berechnen, und zwar gerade auch dann, wenn die Ereignisses abhängig sind. Hierzu das

BEISPIEL 3: Gesucht ist die Wahrscheinlichkeit dafür, daß vier zufällig zusammentreffende Kinder heuer an vier verschiedenen Wochentagen Geburtstag haben. Wir wollen davon ausgehen, daß jeder Wochentag mit Wahrscheinlichkeit 1/7 der Wochentag des heurigen Geburtstags für jedes der Kinder ist. (Warum könnte es sein, daß dies nicht genau stimmt?) Wir denken uns nun die Kinder in einer beliebigen Reihenfolge aufgestellt und betrachten die Ereignisse
$A = $ „das zweite Kind hat an einem anderen Wochentag Geburtstag als das erste",
$B = $ „das dritte Kind hat mit keinem der beiden ersten denselben Wochentag als Geburtstag" und
$C = $ „das vierte Kind hat mit keinem der ersten drei denselben Wochentag als Geburtstag".
Dann tritt $A \cap B \cap C$ genau dann ein, wenn die vier Geburtstage auf vier verschiedene Wochentage fallen. Nun ist aber

$$W(A \cap B \cap C) = W(A) \frac{W(A \cap B)}{W(A)} \frac{W(A \cap B \cap C)}{W(A \cap B)} = W(A)W(B|A)W(C|A \cap B).$$

Es ist $W(A) = 6/7$, weil das zweite Kind unabhängig davon, an welchem Wochentag das erste Geburtstag hat, noch an sechs anderen Wochentagen Geburtstag haben kann. Ferner ist $W(B|A) = 5/7$, denn wenn die beiden ersten an verschiedenen Wochentagen Geburtstag haben, bleiben für das dritte Kind jeweils noch 5 andere zur Auswahl. Man beachte, daß wir $W(B)$ gar nicht kennen müssen und daß man sich die bedingte Wahrscheinlichkeit $W(B|A)$ offenbar leichter überlegt! A und B sind sicherlich abhängig, denn die Bedingung A verringert die Chancen für das Eintreten von B.

Schließlich erkennen wir auch leicht, daß $W(C|A\cap B) = 4/7$ ist, denn unter der Bedingung $A \cap B$ sind drei Wochentage schon mit Geburtstagen belegt. Also ist die gesuchte Wahrscheinlichkeit, daß die vier Kinder an vier verschiedenen Wochentagen Geburtstag haben, gleich

$$\frac{6}{7} \cdot \frac{5}{7} \cdot \frac{4}{7} = 0,35 \,.$$

Wir können ganz allgemein die Wahrscheinlichkeit für einen Durchschnitt wie eben als Produkt bedingter Wahrscheinlichkeiten berechnen. Indem man die letzteren als Quotienten gemäß (1) schreibt und dann kürzt, bestätigt man leicht die Formel

$$W(A_1 \cap A_2 \cap \ldots \cap A_n) =$$
$$= W(A_1)W(A_2|A_1)W(A_3|A_1 \cap A_2) \cdots W(A_n|A_1 \cap A_2 \cap \ldots \cap A_n). \qquad (3)$$

Wenn die Vereinigung von paarweise punktfremden Ereignissen $B_1, \ldots, B_k$ gleich Ω ist, dann bilden diese Ereignisse eine sogenannte *Zerlegung* von Ω. Jedes zufällige Ereignis A kann dann auch zerlegt werden in der Form

$$A = \bigcup_{i=1}^{k} (A \cup B_i) \,,$$

denn jedes ω in A ist auch in genau einer der Mengen B_i enthalten; nach Axiom III) ist also

$$W(A) = \sum_{i=1}^{k} W(A \cap B_i) \,.$$

Nun ist natürlich $W(A\cap B_i) = W(B_i \cap A)$ und nach (3) gleich $W(A|B_i)W(B_i)$. Setzen wir dies ein, dann folgt der

SATZ 9.4.1 (Satz von der totalen Wahrscheinlichkeit):

Wenn $\Omega = \bigcup_{i=1}^{k} B_i$ mit paarweise punktfremden B_i ,

244

dann gilt für jedes zufällige Ereignis A

$$W(A) = \sum_{i=1}^{k} W(A|B_i)W(B_i) \ . \tag{4}$$

Oft sind die bedingten Wahrscheinlichkeiten $W(A|B_i)$ recht einfach zu ermitteln, während $W(A)$ auf direktem Weg sehr schwer zu bestimmen wäre. Natürlich kommt es bei der Anwendung des Satzes auch darauf an, die Zerlegung von Ω in die Mengen B_i geschickt zu wählen. Er gilt übrigens auch, wenn eines oder oder mehrere der B_i die Wahrscheinlichkeit 0 haben sollten; zwar ist dann $W(A|B_i)$ nicht definiert, aber da der Summand $W(A|B_i)W(B_i)$ ja gleich der Wahrscheinlichkeit $W(A \cap B_i)$ sein muß, die wegen $(A \cap B_i) \subset B_i$ und $W(B_i) = 0$ auch gleich 0 ist, setzen wir in solchen Fällen $W(A|B_i)W(B_i) = 0$. Ein schönes Anwendungsbeispiel ist

BEISPIEL 4 (SATZ VON HARDY UND WEINBERG): Unter beiden Geschlechtern einer Population seien die drei Genotypen AA, Aa und aa mit den relativen Häufigkeiten u, $2v$ und w vertreten. Es ist dann $u + 2v + w = 1$ (daß man die relative Häufigkeit von Aa mit $2v$ und nicht mit v bezeichnet, hat lediglich rechentechnische Gründe). Wir wollen berechnen, mit welcher Wahrscheinlichkeit bei zufälliger Paarung der Individuen ein Nachkomme vom Genotyp AA entsteht. Dabei setzen wir voraus, daß das betrachtete Merkmal nur in den Varianten A und a auftritt und nach den Mendel'schen Gesetzen vererbt wird, die ja eigentlich Aussagen über bedingte Wahrscheinlichkeiten sind.

Für die Eltern des Nachkommen sind folgende $3 \cdot 3 = 9$ Kombinationen möglich (links steht jeweils der Genotyp des männlichen, rechts der des weiblichen Elternteils):

$K_1 :$ AA x AA $K_2 :$ AA x Aa $K_3 :$ AA x aa
$K_4 :$ Aa x AA $K_5 :$ Aa x Aa $K_6 :$ Aa x aa
$K_7 :$ aa x AA $K_8 :$ aa x Aa $K_9 :$ aa x aa

Die Ereignisse K_1 bis K_9 bilden eine Zerlegung von Ω. Wir wissen das, ohne Ω näher zu beschreiben, weil diese Ereignisse offenbar paarweise punktfremd (unvereinbar) sind und weil sie zusammen alle Möglichkeiten für das Elternpaar beschreiben.
Nennen wir nun das Ereignis „der zufällig entstehende Nachkomme ist vom Genotyp AA" der Einfachheit halber AA , dann ist nach dem Satz von der

totalen Wahrscheinlichkeit (s.(4))

$$W(AA) = \sum_{i=1}^{9} W(AA|K_i)W(K_i) \ .$$

Bei den Elternkombinationen K_3, K_6, K_7, K_8 und K_9 kann nach den Mendel'schen Regeln kein Nachkomme vom Genotyp AA entstehen, d.h. für $i = 3, 6, 7, 8, 9$ ist $W(AA|K_i) = 0$. Die übrigen bedingten Wahrscheinlichkeiten sind nach Mendel

$$W(AA|K_1) = 1 \ , \ W(AA|K_2) = W(AA|K_4) = \frac{1}{2} \ \text{und} \ W(AA|K_5) = \frac{1}{4} \ .$$

Die Wahrscheinlichkeiten der K_i ergeben sich, wenn wir „zufällige Paarung" so auffassen, als ob Vater und Mutter jeweils zufällig und unabhängig voneinander aus einer Urne gezogen würden, in der die drei Genotypen mit den relativen Häufigkeiten $u, 2v$ und w vertreten sind. Es ist dann

$$W(K_1) = u^2 \ , \quad W(K_2) = W(K_4) = 2vu \ , \quad W(K_5) = 4v^2 \ .$$

Daraus folgt nun

$$W(AA) = 1 \cdot u^2 + \frac{1}{2}2uv + \frac{1}{2}2uv + \frac{1}{4}4v^2 = (u+v)^2 \tag{5}$$

Ganz analog erhalten wir durch Vertauschen von u mit w die Wahrscheinlichkeit für den reinrassig rezessiven Genotyp aa zu

$$W(aa) = (w+v)^2 \ . \tag{6}$$

Wegen $W(AA) + W(aa) + W(Aa) = 1$ (der Nachkomme gehört mit Sicherheit zu einem der drei Genotypen) ist $W(Aa)$ gleich

$1 - (u+v)^2 - (w+v)^2$; wegen $1 = (u+v) + (v+w) = [(u+v) + (w+v)]^2$ ist

$(u+v)^2 + (w+v)^2 = 1 - 2(u+v)(w+v)$, also $W(Aa) = 2(u+v)(w+v)$.

Setzen wir nun der Kürze wegen $u + v = p$ und $w + v = q$, dann sind

$$W(AA) = p^2 \ , \ W(Aa) = 2pq \ \text{und} \ W(aa) = q^2$$

die Wahrscheinlichkeiten dafür, daß der Nachkomme vom Genotyp AA bzw. Aa bzw. aa ist. Wegen $u + 2v + w = p + q$ gilt nun $p + q = 1$.

Wenn nun viele Nachkommen entstehen, dann ist anzunehmen, daß diese Wahrscheinlichkeiten recht genau den relativen Häufigkeiten der Genotypen in der nächsten Generation entsprechen. Gehen wir dann von dieser Generation und ihren relativen Häufigkeiten aus, d.h. ersetzen wir nun u durch p^2, $2v$ durch $2pq$ und w durch q^2 , dann erhalten wir für die zweite Generation von Nachkommen die relativen Häufigkeiten

$$(p^2 + pq)^2 \text{ für AA}, \quad 2(p^2 + pq)(q^2 + pq) \text{ für Aa und } (q^2 + pq)^2 \text{ für aa.}$$

Man kann aber in jedem dieser Ausdrücke $(p+q) = 1$ ausklammern und erhält so

$$[p(p+q)]^2 = p^2 \text{ für AA}, \quad 2(p+q)p(p+q)q = 2pq \text{ für Aa}, \quad [(p+q)q]^2 = q^2 \text{ für aa.}$$

Also sind die relativen Häufigkeiten der drei Genotypen in der zweiten Generation der Nachkommen so wie in der ersten Generation der Nachkommen. Natürlich kann man das nun so fortsetzen und erhält die Aussage, daß bei beliebigen relativen Häufigkeiten in der Ausgangsgeneration die relativen Häufigkeiten in allen Folgegenerationen dieselben sind. Das ist der berühmte Satz von Hardy und Weinberg, der aber natürlich nur dann bei realen Populationen bestätigt werden kann, wenn bei diesen die genannten Modellvoraussetzungen wenigstens annähernd erfüllt sind. Die von ihm behauptete Stabilität ab der 1. Folgegeneration wird z.B. nicht eintreten, wenn die drei Genotypen unterschiedliche Fortpflanzungs- oder Überlebenschancen haben.

Man beachte auch, daß die relativen Häufigkeiten der Folgegenerationen natürlich abhängig sind von den relativen Häufigkeiten $u, 2v$ und w in der Ausgangspopulation. Sind etwa in dieser 40% vom Typ AA, 10% vom Typ Aa und 50% vom Typ aa, d.h. $u = 0,4$, $2v = 0,1$ und $w = 0,5$, dann erhalten wir mit $p = 0,45$, $q = 0,55$ in allen Folgegenerationen

$$p^2 = 0,2025 \text{ für AA} , \quad 2pq = 0,4950 \text{ für Aa und } q^2 = 0,3025 \text{ für aa.}$$

AUFGABE 79: Zeigen Sie, daß Ω und Φ von jedem zufälligen Ereignis A unabhängig sind.

AUFGABE 80: Zeigen Sie, daß aus der Unabhängigkeit zweier zufälliger Ereignisse A und B auch die Unabhängigkeit von $A, \bar{B}$ folgt. Daraus ergibt sich dann auch (durch Rollentausch von A und B und dann von A mit $\bar{A}$) daß auch die Ereignispaare $\bar{A}, B$ und $\bar{A}, \bar{B}$ unabhängig sind.

AUFGABE 81: Hinter einer von drei Türen ist ein Gewinn und ein Kandidat wählt zunächst eine der Türen, wobei er mit Wahrscheinlichkeit $1/3$ die richtige trifft. Danach wird nicht diese Türe, sondern eine der beiden anderen geöffnet, und zwar eine, hinter der sich kein Gewinn befindet. Nun weiß der

Kandidat, daß sich der Gewinn hinter einer der beiden noch geschlossenen Türen befindet und darf sich für eine der beiden Strategien entscheiden:
a) er bleibt bei der gewählten Tür,
b) er wählt von den beiden noch geschlossenen Türen diejenige, die er zunächst nicht gewählt hatte.
Sind beide Strategien hinsichtlich der Wahrscheinlichkeit, daß er gewinnt, gleichwertig? (Diese Frage hat in den USA nach einem Bericht des „SPIEGEL" (Nr.34/1991) „die Nation gespalten" . Mit Hilfe des Satzes von der totalen Wahrscheinlichkeit erhält man das richtige Resultat auf recht einfache und überzeugende Weise!)

9.5 Bernoulli-Schema und Binomialverteilung

Wenn wir n-mal würfeln und jedesmal darauf achten, ob eine Sechs gewürfelt wird oder nicht, dann sind wir überzeugt davon, daß sich die Ergebnisse der einzelnen Würfe gegenseitig nicht beeinflussen können und daß die Wahrscheinlichkeit für die Sechs bei jedem Wurf dieselbe bleibt. Denn der hirnlose Würfel besitzt weder ein Gedächtnis, noch ein Gefühl für ausgleichende Gerechtigkeit; er wird also für einen, der sich schon 20-mal vergeblich um eine Sechs bemüht hat, beim nächsten Wurf die Sechs nicht mit höherer Wahrscheinlichkeit bringen als für einen, der gerade vorher dreimal nacheinander die Sechs hatte. Dies ist ein Beispiel für das sogenannte

Bernoulli-Schema: Ein solches ist immer gegeben, wenn ein Versuch mehrmals wiederholt wird, wobei sich die Ergebnisse der Einzelversuche gegenseitig nicht beeinflussen und wenn bei jedem Einzelversuch ein gewisses Ereignis A stets mit derselben Wahrscheinlichkeit p eintritt.
Dies ist noch keine exakte Definition, sondern nur eine anschauliche Beschreibung des nach Jakob Bernoulli (1654-1705) benannten Begriffs „Bernoulli-Schema". Genauer wird es, wenn wir erklären, welche Elementarereignisse wir dabei betrachten:
Wenn n die Anzahl der Einzelversuche ist, dann seien die Elementarereignisse alle n-tupel, die sich mit Komponenten A und $\bar{A}$ bilden lassen; zum Beispiel ist bei $n = 5$ das Quintupel

$$(A, A, \bar{A}, A, \bar{A})$$ eines der Elementarereignisse.

Es bedeutet, daß A beim 1., beim 2. und beim 4. Einzelversuch eintritt, nicht jedoch beim 3. und beim 5. Einzelversuch. Die oben etwas vage formulierte Bedingung, daß sich die Ergebnisse der Einzelversuche nicht beeinflussen, läßt sich jetzt präziser fassen: n Ereignisse der Form

$$B_i = \{\omega| \text{ die } i\text{-te Komponente von } \omega \text{ ist } U_i\}, \quad i = 1, 2, \ldots, n$$

sind immer unabhängig, wenn man für U_i nach Belieben entweder A oder $\bar{A}$ einsetzt. Da nun aber jede Komponente mit Wahrscheinlichkeit p gleich A und mit Wahrscheinlichkeit $1 - p$ gleich $\bar{A}$ ist, muß ein n-tupel ω, bei dem k Komponenten gleich A und daher $n - k$ Komponenten gleich $\bar{A}$ sind, wegen der Unabhängigkeit der B_i die Wahrscheinlichkeit

$$W(\omega) = p^k(1 - p)^{n-k} \tag{1}$$

besitzen. Das obige Quintupel $(A, A, \bar{A}, A, \bar{A})$ hat also die Wahrscheinlichkeit $p^3(1 - p)^2$.

Ein Bernoulli-Schema ist durch die Anzahl n der Einzelversuche und die Wahrscheinlichkeit p für A bei jedem Einzelversuch bereits gegeben. Es kommt nicht darauf an, welches Ereignis A bei den Einzelversuchen eintreten kann. Wesentlich ist dagegen die Unabhängigkeit der Ereignisse B_i, die man auch die „Unabhängigkeit der Komponenten" nennen könnte.

Wir haben hier ein Ω, bei dem nicht alle ω gleichwahrscheinlich sind, außer im Sonderfall $p = 1/2$. Wenn etwa bei 5-maligem Würfeln mit einem Würfel A das Auftreten der Sechs bedeutet, dann hat das Quintupel (A, A, A, A, A) die Wahrscheinlichkeit $(1/6)^5$, während $(\bar{A}, \bar{A}, \bar{A}, \bar{A}, \bar{A})$ die Wahrscheinlichkeit $(5/6)^5$ hat. Jedes Quintupel mit drei A-Komponenten und zwei $\bar{A}$-Komponenten hat dann die Wahrscheinlichkeit $(1/6)^3(5/6)^2$ usw. .

Immerhin haben aber alle n-tupel ω, die dieselbe Anzahl k von A-Komponenten aufweisen, dieselbe Wahrscheinlichkeit, nämlich $p^k(1-p)^{n-k}$. Insgesamt gibt es 2^n verschiedene n-tupel, weil wir bei jeder Komponente die beiden Möglichkeiten A und $\bar{A}$ haben und diese jeweils frei mit den Möglichkeiten der anderen Komponenten kombinieren können. Von diesen 2^n Elementarereignissen haben

$$\binom{n}{k} \text{ genau } k \text{ Komponenten } A,$$

weil dies die Anzahl der Möglichkeiten ist, k der n Stellen mit A zu besetzen (vgl.2.3). Diese Elementarereignisse fassen wir zusammen zu dem zufälligen Ereignis

$$C_k = \text{ „bei den } n \text{ Einzelversuchen tritt } A \text{ genau } k\text{-mal ein" .}$$

249

Da also C_k aus $\binom{n}{k}$ Elementarereignissen besteht, die alle die Wahrscheinlichkeit $p^k(1-p)^{n-k}$ besitzen, folgt sofort

$$W(C_k) = \binom{n}{k} p^k(1-p)^{n-k} \text{ für } k = 0, 1, \ldots, n \tag{2}$$

Durch diese Formel ist die *Binomialverteilung* gegeben. Sie gibt an, wie sich die gesamte Wahrscheinlichkeit $W(\Omega) = 1$ auf die Ereignisse C_k, $k = 0, 1, \ldots, n$ verteilt. Da die C_k eine Zerlegung von Ω sind, muß die Summe über alle $W(C_k)$ gleich 1 sein. Dies folgt auch aus dem Binomischen Satz (vgl.(1) in 2.3), denn es ist

$$1 = [p + 1 - p] = [p + (1 - p)]^n = \sum_{k=0}^{n} \binom{n}{k} p^k(1-p)^{n-k} .$$

BEISPIEL 1: Nach dem 2.Mendel'schen Gesetz wird ein Nachkomme von Eltern, die beide dem hybriden Genotyp Aa angehören, mit Wahrscheinlichkeit 1/4 dem reinrassig rezessiven Genotyp aa angehören. Der Grund dafür ist, daß bei der Bildung von Keimzellen der doppelte Chromosomensatz getrennt wird, so daß hybride Individuen ebenso viele Keimzellen mit dem Gen A wie mit dem Gen a haben. Bei der Zeugung eines Nachkommen stehen z.B. je s Samenzellen mit A und mit a zur Verfügung und je r Eizellen mit A und mit a. Der Nachkomme kann also aus $2s \cdot 2r$ möglichen Verbindungen entstehen, die man als gleichwahrscheinlich ansieht. Der Genotyp aa entsteht bei den sr möglichen Verbindungen einer a-Samenzelle mit einer a-Eizelle und somit ist die Wahrscheinlichkeit für den Genotyp aa nach der Laplace-Formel ((1) in 9.2) gleich $sr/4sr = 1/4$.

Wenn der nächste Nachkomme entsteht, haben sich r und s vielleicht geändert, aber das hat keine Auswirkung auf die Wahrscheinlichkeit 1/4. Da mehrere Nachkommen ihren Genotyp nicht gegenseitig beeinflussen können, dürfen wir also das Entstehen von n Nachkommen als Bernoulli-Schema mit n Einzelversuchen und der Wahrscheinlichkeit $p = 1/4$ deuten. Diese Wahrscheinlichkeit folgt also hier zwingend aus dem Modell. Man nennt die Wahrscheinlichkeit p bei einem Bernoulli-Schema häufig auch die „Trefferwahrscheinlichkeit", da man das Eintreten des betrachteten Ereignisses auch als „Treffer" bezeichnet. Für die Ereignisse $C_k = $ „es werden k von n Nachkommen vom Typ aa sein" erhalten wir hier z.B. bei $n = 5$ folgende Wahrscheinlichkeiten:

$$W(C_0) = \binom{5}{0}(\tfrac{1}{4})^0(\tfrac{3}{4})^5 = 0,2373 , \qquad W(C_1) = \binom{5}{1}(\tfrac{1}{4})^1(\tfrac{3}{4})^4 = 0,3955 ,$$
$$W(C_2) = \binom{5}{2}(\tfrac{1}{4})^2(\tfrac{3}{4})^3 = 0,2637 , \qquad W(C_3) = \binom{5}{3}(\tfrac{1}{4})^3(\tfrac{3}{4})^2 = 0,0879 ,$$
$$W(C_4) = \binom{5}{4}(\tfrac{1}{4})^4(\tfrac{3}{4})^1 = 0,01465 , \qquad W(C_5) = \binom{5}{5}(\tfrac{1}{4})^5(\tfrac{3}{4})^0 = 0,000976 .$$

Als Rechenprobe bestätigen wir, daß die Summe dieser sechs Wahrscheinlichkeiten bis auf Rundungsfehler gleich 1 ist.

BEISPIEL 2 (Ziehen mit Zurücklegen aus einer Urne): Wenn man jede gezogene Kugel wieder in die Urne legt, bevor man die nächste Kugel wieder zufällig aus allen vorhandenen Kugeln zieht, dann hat man auch hier ein Bernoulli-Schema, denn es wird derselbe Versuch jeweils unter denselben Bedingungen wiederholt, ohne daß sich die Einzelresultate gegenseitig beeinflussen können. Sind M weiße und $N - M$ schwarze Kugeln in der Urne, dann ist die Wahrscheinlichkeit für eine weiße Kugel bei jedem Ziehen gleich $p = M/N$ und wenn wir n-mal ziehen und mit C_k das Ereignis „es wird k-mal eine weiße Kugel gezogen" bezeichnen, dann gilt für $W(C_k)$, $k = 0, 1, \ldots, n$ wieder die Formel (2).

Wenn n klein gegen N ist, dann sind die nach (2) berechneten Wahrscheinlichkeiten, die für das Ziehen mit Zurücklegen gelten, in etwa dieselben, wie die nach der hypergeometrischen Verteilung (s.(2) in 9.2) berechneten, die beim Ziehen ohne Zurücklegen zutreffen. Wenn nämlich nur wenige von vielen Kugeln gezogen werden, dann macht es keinen großen Unterschied, ob die gezogenen zurückgelegt werden oder nicht. Auch im letzteren Fall bleibt der Anteil $p = M/N$ annähernd konstant wie bei dem Bernoulli-Schema, das wir durch das Ziehen mit Zurücklegen realisieren können. In der Tat kann man als Faustregel sagen, daß

$$\frac{\binom{M}{k}\binom{N-M}{n-k}}{\binom{N}{n}} \approx W(C_k) = \binom{n}{k} p^k (1 - p)^{n-k} \text{ mit } p = \frac{M}{N}, \tag{3}$$

falls $n < N/10$ ist.

AUFGABE 82: Von 50 gleichaltrigen Versuchstieren werden per Zufall 20 ausgewählt und erhalten eine Behandlung, die angeblich ihre Lebensdauer verlängern soll. Das Experiment wird abgebrochen, sobald 5 Tiere gestorben sind. Falls die Behandlung keine Auswirkungen auf die Lebensdauer hat, nach welcher Verteilung sind dann die Wahrscheinlichkeiten dafür zu berechnen, daß unter den 5 gestorbenen genau k behandelte Tiere sind ($k = 0, 1, \ldots, 5$) ? Wie stark weichen hier die hypergeometrischen von den entsprechenden binomialen Wahrscheinlichkeiten ab?

9.6 Zufällige Variable

Eine zufällige Variable X ist eine Größe, die einen von mehreren oder auch vielen möglichen Werten annehmen wird. Welchen, das hängt vom Zufall ab. Beispiele im täglichen Leben gibt es zuhauf, etwa die Anzahl der Hörer, die morgen zu einer bestimmten Vorlesung erscheinen werden, die restliche Lebensdauer einer Fliege, die in der nächsten Woche von einem Wetterbeobachter zu messende Niederschlagsmenge usw.. Wir sind bereits zufälligen Variablen begegnet, nämlich der Augenzahl bei einem Wurf bzw. der Augensumme bei zwei Würfen mit einem Würfel, der Anzahl der Objekte mit einer gewissen Eigenschaft in einer zufälligen Auswahl oder beim Ziehen mit Zurücklegen. In all diesen Fällen wird jedem ω aus Ω eine <u>Zahl</u> zugeordnet, die wir jetzt mit $X(\omega)$ bezeichnen.

Ist X die Augenzahl bei einem Wurf mit einem Würfel, dann ist offenbar $X(\omega_i) = i$ für $i = 1, 2, \ldots, 6$ und X hat als mögliche Werte nur diese sechs Zahlen. Ist X die Augensumme bei zwei Würfen mit einem Würfel, dann ist $X(\omega_{ij}) = i + j$ und die möglichen Werte, die X annehmen kann, sind $2, 3, \ldots, 12$.

Bei einem Bernoulli-Schema ordnen wir jedem n−tupel ω als $X(\omega)$ die Anzahl seiner A-Komponenten zu, z.B. dem Quintupel $\omega = (A, A, \bar{A}, A, \bar{A})$ den Wert $X(\omega) = 3$. Dann hat X die möglichen Werte $0, 1, \ldots, n$. Wenn also ein bestimmtes ω eintritt, dann nimmt die zufällige Variable X den Wert $X(\omega)$ an. Wir halten fest:

Eine zufällige Variable X ist eine Funktion auf der Menge Ω aller Elementarereignisse, die jedem $\omega \in \Omega$ eine reelle Zahl als Wert $X(\omega)$ zuordnet. Eine reelle Zahl x ist genau dann ein möglicher Wert von X, wenn es mindestens ein ω mit $X(\omega) = x$ gibt.

Nun kann man zufällige Ereignisse, also Teilmengen von Ω, auch durch Bedingungen über eine zufällige Variable X festlegen. So ist etwa durch die Bedingung $X = a$ die Teilmenge von Ω festgelegt, deren Elemente ω alle die Bedingung $X(\omega) = a$ erfüllen. Diese Teilmenge ist die leere Menge Φ, falls a nicht zu den möglichen Werten von X gehört.

<u>Bezeichnung:</u> Statt $W(\{\omega | X(\omega) = a\})$ schreiben wir kürzer einfach $W(X = a)$ und verstehen darunter die Wahrscheinlichkeit des zufälligen Ereignisses, das durch die Bedingung $X = a$ festgelegt ist. Ebenso verfahren wir bei anderen Bedingungen für X. So ist etwa durch $a \leq X \leq b$ die Teilmenge $\{\omega | a \leq X(\omega) \leq b\}$ festgelegt und wir schreiben

$$W(a \leq X \leq b) \text{ für } W(\{\omega | a \leq X(\omega) \leq b\}) \tag{1}$$

BEISPIEL 1: X sei die Augensumme bei zwei Würfen mit einem Würfel. Dann ist z.B.

$$W(X=2) = W(\{\omega_{1,1}\}) = \frac{1}{36} \ , \ W(X=3) = W(\{\omega_{1,2},\omega_{2,1}\}) = \frac{2}{36} \ \text{usw.}.$$

BEISPIEL 2: X sei die Anzahl der reinrassig rezessiven Genotypen unter 5 Nachkommen aus einer Kreuzung vom Typ Aa x Aa, wie sie in Beispiel 1 von 9.5 beschrieben wurde. Dann ist

$$W(X=k) = W(C_k) = \binom{5}{k}(\frac{1}{4})^k(\frac{3}{4})^{5-k} \text{ für } k = 0,1,\ldots,5 ,$$

denn die Bedingung $X = k$ legt ja gerade das zufällige Ereignis C_k fest.

Das durch die Bedingung $X \leq 3$ festgelegte Ereignis hat hier z.B. die Wahrscheinlichkeit

$$W(X \leq 3) = W(C_0 \cup C_1 \cup C_2 \cup C_3) = W(C_0) + W(C_1) + W(C_2) + W(C_3) =$$

$$= W(X=0) + W(X=1) + W(X=2) + W(X=3).$$

Wir benutzen hier das Axiom III), denn die C_k sind paarweise punktfremd. Diese vier Wahrscheinlichkeiten haben wir in 9.5 bereits berechnet. Ihre Summe ist $0,237 + 0,396 + 0,264 + 0,088 = 0,985$. Oft drückt man Wahrscheinlichkeiten auch in Prozent von 1 aus; hier würde man dann sagen, daß mit der sehr hohen Wahrscheinlichkeit von $98,5\,\%$ nicht mehr als drei rein rezessive Genotypen auftreten werden.

Bezeichnungen: Eine zufällige Variable X heißt *binomialverteilt,* nach $\text{Bi}(n,p)$, wenn ihre möglichen Werte $0,1,\ldots,n$ sind und mit den schon in 9.5 als $W(C_k)$ berechneten Wahrscheinlichkeiten

$$W(X=k) = \binom{n}{k}p^k(1-p)^{n-k} \ , \ k = 0,1,\ldots,n \tag{2}$$

angenommen werden.

Eine zufällige Variable Y heißt *hypergeometrisch* nach $\text{H}(N,M,n)$ verteilt, wenn Y die Werte $0,1,\ldots,n$ mit den Wahrscheinlichkeiten

$$W(Y=k) = \frac{\binom{M}{k}\binom{N-M}{n-k}}{\binom{N}{n}} \ , \ k = 0,1,\ldots,n \tag{3}$$

annimmt.

253

Immer, wenn eine zufällige Auswahl von n aus N Objekten erfolgt (etwa bei Ziehen ohne Zurücklegen aus einer Urne), von denen M eine gewisse Eigenschaft besitzen, dann ist die Anzahl Y der Objekte mit dieser Eigenschaft in der Auswahl nach $H(N, M, n)$ verteilt. Wenn $n > M$ oder $n > N - M$ gelten sollte, dann wären nicht alle Zahlen aus $\{0, 1, \ldots, n\}$ mögliche Werte von Y. Die unmöglichen Werte werden mit Wahrscheinlichkeit $W(\Phi) = 0$ angenommen. Das heißt aber nicht, daß die Wahrscheinlichkeit für jeden möglichen Wert positiv sein müßte! Wir sehen das am folgenden

BEISPIEL 3: Wenn eine Uhr stehenbleibt, deren Minutenzeiger nach jeder Minute sprunghaft vorrückt, dann wird er wohl bei jedem der 60 Teilstriche auf dem Zifferblatt mit Wahrscheinlichkeit 1/60 stehenbleiben. Rückt der Zeiger aber kontinuierlich vor, dann ist es vorteilhafter, das folgende Wahrscheinlichkeitsmodell zu verwenden: Es sei Ω die Menge aller Punkte auf dem Einheitskreis; jedem ω entspricht eine mögliche Richtung, in der der Zeiger stehenbleiben kann. Dann wird aber jedes ω nur mit Wahrscheinlichkeit 0 angenommen. Anders ist die Gleichwahrscheinlichkeit für alle Richtungen nicht zu erreichen, denn es gibt ja unendlich viele! Die Wahrscheinlichkeit, daß der Zeiger innerhalb eines Sektors mit der Bogenlänge s auf dem Einheitskreis stehenbleibt, setzen wir gleich $s/2\pi$. Sie ist somit proportional zu s und $W(\Omega) = 2\pi/2\pi = 1$, wie es sein muß.

Als zufällige Variable $X(\omega)$ können wir hier z.B. die zum Punkt ω gehörende Bogenlänge auf dem Einheitskreis betrachten (s.Figur 82a). Für beliebige a und s mit $0 \leq a \leq a + s \leq 2\pi$ gilt dann $W(a \leq X \leq a + s) = s/2\pi$.

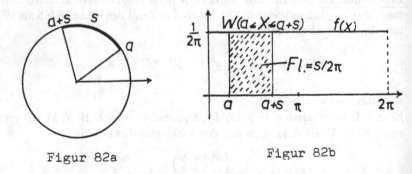

Figur 82a   Figur 82b

Diese Wahrscheinlichkeit $s/2\pi$ können wir auch als Integral über eine konstante

Funktion $f(x) = 1/2\pi$ für $0 \leq x \leq 2\pi$ erhalten, die ein besonders einfaches Beispiel für eine *Wahrscheinlichkeitsdichte* ist. Offenbar gilt nämlich (s.Figur 82b)

$$W(a \leq X \leq a+s) = \int_a^{a+s} \frac{1}{2\pi}\, dx = \frac{s}{2\pi}.$$

Zum Beispiel ist die Wahrscheinlichkeit, daß der Zeiger zwischen halb und dreiviertel stehen bleibt, gleich $(\pi/2) : (2/\pi) = 1/4$. Wenn X nur die zu ganzen Minuten gehörenden Bogenlängen annehmen könnte, dann müßten wir klären, ob die 30. und 45. Minute dazugehören oder nicht. Das Resultat wäre dann je nachdem $14/60$ oder $16/60$; dieses Problem fällt weg, weil wir X als kontinuierliche Größe auffassen, denn für diese ist $W(X = \pi) = W(X = 3\pi/4) = 0$. Unser X ist ein Beispiel für eine zufällige Variable vom stetigen Typ, alle vorigen waren vom diskreten Typ. Beide Typen sind wie folgt festgelegt:

DEFINITION: Eine zufällige Variable X ist vom *diskreten Typ*, wenn sie nur endlich viele oder abzählbar unendlich viele mögliche Werte hat. Sie ist vom *stetigen Typ*, wenn die Menge ihrer möglichen Werte mindestens ein Intervall umfaßt und wenn man für jedes Intervall $[a, b]$ die Wahrscheinlichkeit $W(a \leq X \leq b)$ als Integral über eine zu X gehörende sog. *Dichte* $f(x)$ in der Form

$$W(a \leq X \leq b) = \int_a^b f(x)\, dx \tag{4}$$

berechnen kann.

Es ist üblich, eine Dichte $f(x)$ immer für alle x der Zahlengeraden zu definieren. In den Bereichen, die keine möglichen Werte enthalten, setzt man sie einfach gleich 0. Dann folgt aus den Axiomen, daß das uneigentliche Integral

$$\int_{-\infty}^{\infty} f(x)\, dx \text{ existiert und gleich } W(\Omega) = 1 \text{ ist.}$$

Ebenso folgt für eine zufällige Variable X vom diskreten Typ: Wenn nur endlich viele mögliche Werte $x_1, x_2, \ldots, x_n$ vorhanden sind, dann gilt für ihre Wahrscheinlichkeiten $p_i = W(X = x_i)$, daß

$$\sum_{i=1}^{n} p_i = 1; \text{ entsprechend gilt } \sum_{i=1}^{\infty} p_i = 1,$$

falls abzählbar unendlich viele Werte $x_1, x_2, \ldots$ vorhanden sind.

BEISPIEL 4: Sei X die Anzahl der Würfe, die wir brauchen, um mit einem Würfel eine Sechs zu würfeln. Dann ist $X = n$ genau dann, wenn wir bei den ersten $n - 1$ Würfen keine Sechs haben und beim n-ten Wurf dann eine Sechs. Da Ereignisse bei verschiedenen Würfen unabhängig sind, gilt

$$W(X = n) = \frac{1}{6}\left(\frac{5}{6}\right)^{n-1} \text{ für alle } n = 1, 2, \dots .$$

Die möglichen Werte sind hier alle natürlichen Zahlen; man kann ja keine obere Grenze N angeben und sagen, daß man mit Sicherheit nicht mehr als N Würfe braucht! Erst die unendliche Reihe über alle $W(X = n)$ ergibt den Wert 1:

$$\sum_{n=1}^{\infty} \frac{1}{6}\left(\frac{5}{6}\right)^{n-1} = \frac{1}{6}\left(1 + \frac{5}{6} + \left(\frac{5}{6}\right)^2 + \dots\right) = \frac{1}{6} \cdot \frac{1}{1 - \frac{5}{6}} = 1 .$$

BEISPIEL 5: Eine zufällige Variable X vom stetigen Typ heißt *exponentialverteilt*, wenn ihre Dichte von der Form

$$f(x) = \begin{cases} be^{-bx} & \text{für } x \geq 0 \\ 0 & \text{für } x < 0 \text{ ist, wobei } b > 0. \end{cases} \tag{5}$$

Man sagt dann auch, daß X der Exponentialverteilung mit dem Parameter b gehorcht. In Figur 83 sind Dichten der Exponentialverteilung zu $b = 1$ und $b = 0,5$ skizziert. Wenn X z.B. eine exponentialverteilte Lebensdauer ist, dann gilt für alle $t \geq 0$

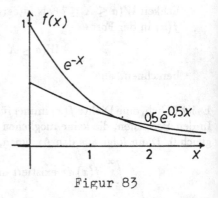

Figur 83

$$W(X \leq t) = \int_{-\infty}^{t} f(x)\,dx =$$

$$= \int_0^t be^{-bx}\,dx = -e^{-bx}\big|_0^t = 1 - e^{-bt} .$$

Je größer also b ist, umso sicherer ist das betreffende Individuum zur Zeit t bereits tot. Mit Sicherheit stirbt es irgendwann, denn für jedes $b > 0$ gilt

$$\lim_{t \to \infty} W(X \leq t) = \lim_{t \to \infty}(1 - e^{-bt}) = 1 .$$

BEISPIEL 6: Eine zufällige Variable X vom stetigen Typ heißt *normalverteilt nach der Normalverteilung* $N(\mu; \sigma^2)$, wenn sie eine Dichte des Typs

$$f(x) = \frac{1}{\sqrt{2\pi}\sigma} e^{-(x-\mu)^2/2\sigma^2} \text{ mit beliebigem } \mu \text{ und } \sigma > 0 \text{ besitzt.} \tag{6}$$

256

Diese Dichte wird maximal für $x = \mu$, da dort der Exponent gleich 0 ist. Der Wert des Maximums ist $f(\mu) = 1/\sqrt{2\pi}\sigma$. Je kleiner also der Parameter σ ist, umso größer wird das Maximum. Erstaunlicherweise kommt hier auch die Kreiszahl $\pi = 3,1415\ldots$ vor; der konstante Faktor $1/\sqrt{2\pi}\sigma$ bewirkt, daß das Integral von $-\infty$ bis ∞ über $f(x)$ gleich 1 wird; der Nachweis erfordert allerdings etwas mehr Kenntnisse über Integrale, als sie hier vom Leser vorausgesetzt werden.

Offensichtlich ist allerdings die Symmetrie der Dichte bezüglich μ. Für $x = \mu + \Delta$ und $x = \mu - \Delta$ erhalten wir nämlich bei beliebigem Δ stets denselben Exponenten $\Delta^2/2\sigma^2$.

Durch zweimaliges Differenzieren kann man auch nachweisen, daß $f(x)$ an den Stellen $x = \mu + \sigma$ und $x = \mu - \sigma$ Wendepunkte besitzt.

Für $\mu = 0$ und $\sigma = 1$ wird aus $f(x)$ die Dichte der $N(0;1)$-Verteilung, der sogenannten

$$\text{Standard-Normalverteilung:} \quad \varphi(x) = \frac{1}{\sqrt{2\pi}}e^{-x^2/2} \qquad (7)$$

$\varphi(x)$ ist zusammen mit der Dichte von $N(3;0,5^2)$ in Figur 84 skizziert.

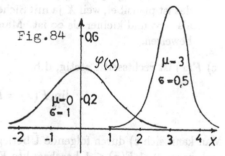

Bemerkung:Obwohl diese Dichten bei $x = \mu$ maximal werden, sollte man nie sagen, daß μ der „wahrscheinlichste" Wert einer normalverteilten Variablen X sei. Wir wissen ja, daß eine zufällige Variable vom stetigen Typ einen jeden Wert nur mit Wahrscheinlichkeit 0 annimmt!

Die Verteilungsfunktion einer zufälligen Variablen

Für jede zufällige Variable ist die Wahrscheinlichkeit $W(X \leq x)$ für alle rellen x definiert, sie ist also eine Funktion $F(x)$. Wir nennen $F(x)$ die *Verteilungsfunktion* von X. Hat man $F(x)$ gegeben, dann kann man auch für jedes Intervall $[a,b]$ die Wahrscheinlichkeit $W(a \leq X \leq b)$ berechnen. Wegen $a \leq b$ ist nämlich

$$\{\omega|X(\omega) \leq a\} \text{ enthalten in } \{\omega|X(\omega) \leq b\}$$

und daher folgt (s.(8) in 9.3) zunächst

$$W(a < X \leq b) = W(\{\omega|X(\omega) \leq b\}) - W(\{\omega|X(\omega) \leq a\})$$

257

und dies ist $F(b) - F(a)$. Folglich ist für jede zufällige Variable X und jedes Intervall $[a, b]$

$$W(a \leq X \leq b) = F(b) - F(a) + W(X = a) \ . \tag{8}$$

Wenn X vom stetigen Typ ist, dann ist für jedes a wegen (2)

$$W(X = a) = \int_a^a f(x)\,dx = 0, \text{ also gilt}$$

$$W(a \leq X \leq b) = F(b) - F(a), \text{ falls } X \text{ vom stetigen Typ.} \tag{9}$$

Über die Verteilungsfunktion $F(x)$ einer zufälligen Variablen X erhält man alle praktisch wichtigen Informationen über X, ohne daß man die jeweils zugrundeliegende Menge Ω der Elementarereignisse kennen muß. Jede Verteilungsfunktion hat die folgenden Eigenschaften:

a) Sie ist monoton wachsend, d.h. aus $x_1 < x_2$ folgt $F(x_1) \leq F(x_2)$. Das folgt aus (8) in 9.3, weil $\{\omega | X(\omega) \leq x_1\}$ enthalten ist in $\{\omega | X(\omega) \leq x_2\}$.

b) Für $x \to -\infty$ gilt $\lim F(x) = 0$, für $x \to \infty$ gilt $\lim F(x) = 1$; das ist plausibel, weil X ja mit Sicherheit einen Wert annimmt, der größer als $-\infty$ und kleiner als ∞ ist. Man kann das auch mit Hilfe der Axiome beweisen.

c) $F(x)$ ist rechtsseitig stetig, d.h.

$$\lim_{x \downarrow a} F(x) = F(a) \text{ für alle } a.$$

Man kann sich c) durch folgende Überlegung plausibel machen: als monotone und wegen $0 \leq F(x) \leq 1$ beschränkte Funktion kann $F(x)$ als Unstetigkeitsstellen nur Sprungstellen haben und wenn $x = a$ eine solche Stelle ist, dann wird die Sprunghöhe gleich $W(X = a)$ sein. Damit ist dann $F(a) = W(X < a) + W(X = a)$ mindestens um $W(X = a)$ größer als $F(x)$ für alle $x < a$. Der linksseitige Grenzwert von $F(x)$ für $x \uparrow a$ ist also kleiner als $F(a)$. Daß der rechtsseitige Grenzwert von $F(x)$ für $x \downarrow a$ stets gleich $F(a)$ sein muß, kann man exakt mit Hilfe der Axiome beweisen. Beide Grenzwerte existieren, weil die Funktion monoton und beschränkt ist.

Bei einer zufälligen Variablen X vom diskreten Typ ist

$$F(x) = W(X \leq x) = \sum_i W(X = x_i) \text{ über alle } i \text{ mit } x_i \leq x. \tag{10}$$

Dies ist tatsächlich eine Funktion von x. Sie bleibt konstant zwischen den möglichen Werten und diese sind Sprungstellen. Die Sprunghöhen sind gerade die Wahrscheinlichkeiten $W(X = x_i) = p_i$. Eine solche stückweise konstante Funktion nennt man eine *Treppenfunktion* (s.die Beispiele 7 und 8).

Bei einer zufälligen Variablen X vom stetigen Typ berechnen wir $F(x)$ über die Dichte $f(x)$ als Integral:

$$F(x) = W(X \leq x) = \int_{-\infty}^{x} f(u)\,du\,, \tag{11}$$

(Wir schreiben unter dem Integralzeichen nun $f(u)$ statt $f(x)$, weil die obere Integrationsgrenze mit x bezeichnet wurde.) Aus dem Hauptsatz der Integralrechnung (s.Satz 5.1.2) folgt nun

SATZ 9.6.1: Überall , wo eine Dichte $f(x)$ stetig ist, existiert die Ableitung der zugehörigen Verteilungsfunktion $F(x)$ und $F'(x) = f(x)$.

BEISPIEL 7: Die Augenzahl X bei einem Wurf mit einem Würfel hat die Verteilungsfunktion

$$F(x) = \begin{cases} 0 & \text{für } x < 1 \\ 1/6 & \text{für } 1 \leq x < 2 \\ 2/6 & \text{für } 2 \leq x < 3 \\ 3/6 & \text{für } 3 \leq x < 4 \\ 4/6 & \text{für } 4 \leq x < 5 \\ 5/6 & \text{für } 5 \leq x < 6 \\ 1 & \text{für alle } x \geq 6 \end{cases}$$

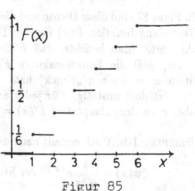

Figur 85

BEISPIEL 8: Wenn ein Greifvogel, der im Sturzflug Mäuse erbeutet, bei jedem Versuch nur mit Wahrscheinlichkeit $1/3$ erfolgreich ist, dann wird er bei vier Versuchen eine Anzahl X von Mäusen erbeuten, die nach Bi$(4, 1/3)$ verteilt ist. Die Wahrscheinlichkeiten für die möglichen Werte $0, 1, 2, 3, 4$ von X sind

$$W(X = 0) = \binom{4}{0}(\frac{1}{3})^0(\frac{2}{3})^4 = \frac{16}{81}\,, \quad W(X = 1) = \binom{4}{1}(\frac{1}{3})^1(\frac{2}{3})^3 = \frac{32}{81}\,,$$

$$W(X = 2) = \binom{4}{2}(\frac{1}{3})^2(\frac{2}{3})^2 = \frac{24}{81}\,, \quad W(X = 3) = \binom{4}{3}(\frac{1}{3})^3(\frac{2}{3})^1 = \frac{8}{81}\,,$$

$$W(X = 4) = \binom{4}{4}(\frac{1}{3})^4(\frac{2}{3})^0 = \frac{1}{81}\,.$$

259

Die Verteilungsfunktion von X ist daher (vgl. Figur 86)

$$F(x) = \begin{cases} 0 & \text{für } x < 0 \\ 16/81 & \text{für } 0 \le x < 1 \\ 16/81 + 32/81 = 48/81 & \text{für } 1 \le x < 2 \\ 48/81 + 24/81 = 72/81 & \text{für } 2 \le x < 3 \\ 72/81 + 8/81 = 80/81 & \text{für } 3 \le x < 4 \\ 80/81 + 1/81 = 1 & \text{für alle } x \ge 4 \end{cases}$$

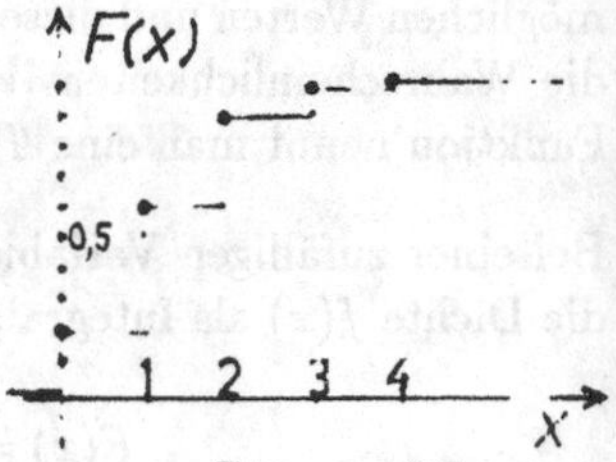

Figur 86

BEISPIEL 9: Wenn X exponentialverteilt ist mit der Dichte

$$f(x) = \begin{cases} be^b x & \text{für } x \ge 0 \\ 0 & \text{für } x < 0 \end{cases} \text{, dann ist}$$

$$F(x) = \begin{cases} \int_{-\infty}^{x} be^{-bu}\, du & = 1 - e^{-bx} & \text{für } x \ge 0 \\ 0 & & \text{für } x < 0 \end{cases}.$$

In Figur 87 sind diese Dichte und die zugehörige Verteilungsfunktion $F(x)$ für den Fall $b = 0,2$ skizziert. Man beachte, daß $F'(0)$ nicht existiert, weil die Funktionskurve $F(x)$ an der Stelle $x = 0$ einen „Knick" hat. Die Dichte $f(x)$ ist dort unstetig. Für jedes andere x gilt aber nach dem Hauptsatz: $F'(x) = f(x)$.

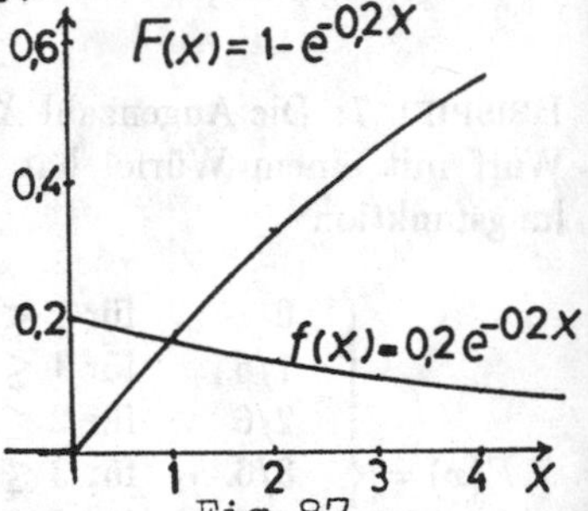

Fig. 87

BEISPIEL 10: X sei verteilt nach der Dichte

$$\varphi(x) = \frac{1}{\sqrt{2\pi}} e^{-x^2/2} \text{ der Standardnormalverteilung } N(0;1)$$

Die zugehörige Verteilungsfunktion wird mit $\Phi(x)$ bezeichnet, also ist

$$\Phi(x) = W(X \le x) = \int_{-\infty}^{x} \frac{1}{\sqrt{2\pi}} e^{-u^2/2}\, du \ . \tag{12}$$

Man kann aber die Stammfunktionen zu $\varphi(x)$ nicht mit den üblichen Funktionssymbolen (etwa als Exponentialfunktion oder mit Winkelfunktionen oder Polynomen) ausdrücken. Daher versagt hier die übliche Integrationsmethode und deshalb hat man mit Hilfe von Näherungsverfahren sehr ausführliche Tabellen von $\Phi(x)$ angelegt. Der folgende Auszug gibt nur die wichtigsten Werte an:

260

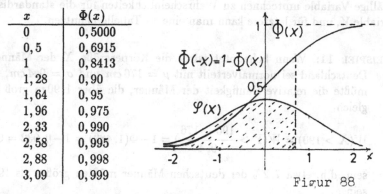

x	$\Phi(x)$
0	0,5000
0,5	0,6915
1	0,8413
1,28	0,90
1,64	0,95
1,96	0,975
2,33	0,990
2,58	0,995
2,88	0,998
3,09	0,999

$$\Phi(-x)=1-\Phi(x)$$

Figur 88

Wegen der 0-Symmetrie von $\varphi(x)$ gilt für alle x

$$\Phi(-x) = 1 - \Phi(x)\,, \qquad (13)$$

denn $\Phi(-x) = \displaystyle\int_{-\infty}^{-x} \varphi(u)\,du = \int_{x}^{\infty} \varphi(u)\,du = 1 - \Phi(x)$ (s.Figur 88).

Wenn nun X nach einer anderen Normalverteilung $N(\mu;\sigma^2)$ verteilt ist, dann gehorcht X der Verteilungsfunktion

$$F(x) = W(X \le x) = \int_{-\infty}^{x} \frac{1}{\sqrt{2\pi}\sigma}e^{-(u-\mu)^2/2\sigma^2}\,du$$

und dieses Integral wird durch die Substitution (s.5.2) $y = (u - \mu)/\sigma$ bzw. $u = \sigma y + \mu$ mit $du/dy = \sigma$ zu

$$\int_{-\infty}^{(x-\mu)/\sigma} \frac{1}{\sqrt{2\pi}}e^{-y^2/2}\,dy = \Phi(\frac{x-\mu}{\sigma})\,.$$

Da die Ungleichungen $X \le x$ und $(X - \mu)/\sigma \le (x - \mu)/\sigma$ äquivalent sind, sind die Wahrscheinlichkeiten für die durch diese Ungleichungen bestimmten zufälligen Ereignisse gleich und daher folgt

SATZ 9.6.2: Wenn X nach $N(\mu;\sigma^2)$ verteilt ist, dann ist die sog. *standardisierte Variable* $Y = (X - \mu)/\sigma$ nach $N(0;1)$ verteilt. Für beliebiges x ist dann

$$W(X \le x) = W(\frac{X-\mu}{\sigma} \le \frac{x-\mu}{\sigma}) = W(Y \le \frac{x-\mu}{\sigma}) = \Phi(\frac{x-\mu}{\sigma})\,.$$

261

So kann man gesuchte Wahrscheinlichkeiten für eine beliebige normalverteilte zufällige Variable umrechnen zu Wahrscheinlichkeiten für die standardisierte Variable Y, und für letztere kann man eine Φ- Tabelle benutzen.

BEISPIEL 11: Wenn behauptet wird, die Körpergröße X der Männer in Deutschland sei normalverteilt mit $\mu = 176\,cm$ und $\sigma = 9,4\,cm$, dann müßte die relative Häufigkeit der Männer, die über $1,90\,m$ groß sind, gleich

$$W(X > 190) = W(Y > \frac{190 - 176}{9,4}) = 1 - \Phi(1,489) = 1 - 0,932 = 0,072$$

sein, d.h. etwa $7,2\%$ der deutschen Männer müßten größer als $190\,cm$ sein.

Dabei haben wir benutzt, daß das Ereignis „$Y > y$" für alle y komplementär zu „$Y \leq y$" ist und somit

$$W(Y > y) + W(Y \leq y) = 1 \text{ oder } W(Y > y) = 1 - W(Y \leq y) = 1 - \Phi(y)$$

gilt. Wir erkennen aber noch mehr: $Y = (X - \mu)/\sigma$ ist wie X selbst eine zufällige Variable und die Verteilung von Y hat sich aus der von X ergeben. Natürlich ist Y auf Ω definiert durch

$$Y(\omega) = \frac{X(\omega) - \mu}{\sigma}.$$

Allgemein gilt der

SATZ 9.6.3: Jede stetige Funktion $f(X)$ einer zufälligen Variablen X ist wieder eine zufällige Variable Y , die auf Ω durch $Y(\omega) = f(X(\omega))$ definiert ist. Gewöhnlich ist Y <u>anders</u> verteilt als X.

Als weiteres Beispiel können wir $Y = X^2$ betrachten, wobei X nach $N(0;1)$ verteilt sei. Y nimmt dann nur Werte $y \geq 0$ an und die Verteilungsfunktion $G(y) = W(Y \leq y) = W(X^2 \leq y)$ ist für alle $y > 0$ gleich

$$W(-\sqrt{y} \leq X \leq \sqrt{y}) = \Phi(\sqrt{y}) - \Phi(-\sqrt{y}) = \Phi(\sqrt{y}) - (1 - \Phi(\sqrt{y})) = 2\Phi(\sqrt{y}) - 1$$

Die Ableitung $G'(y) = g(y)$ ist nach der Kettenregel gleich

$$2\Phi'(\sqrt{y})(\sqrt{y})' = 2\varphi(\sqrt{y})\frac{1}{2\sqrt{y}} = \frac{1}{\sqrt{2\pi}}y^{-1/2}e^{-y/2}.$$

Somit haben wir eine Dichte $g(y)$ zu $Y = X^2$ für $y > 0$ bestimmt. Für $y < 0$ setzen wir $g(y) = 0$, denn dort ist ja $G(y)$ konstant gleich 0. An der Stelle $y = 0$ ist $g(y)$ zunächst nicht definiert; wir können aber einer Dichte an einzelnen Stellen stets beliebige Funktionswerte zudiktieren. Dies ändert nämlich kein Integral über die Dichte und da wir diese nur dazu benutzen, Wahrscheinlichkeiten als Integrale zu berechnen, können wir tatsächlich einzelne Funktionswerte nach Belieben ändern oder willkürlich festsetzen. Es ist also eigentlich gar nicht richtig, wenn man von „der Dichte" einer zufälligen Variablen spricht, denn jede Funktion, die sich von einer gegebenen Dichte nur an endlich vielen (oder sogar abzählbar unendlich vielen) Stellen unterscheidet, ist ebenfalls eine Dichte zu derselben zufälligen Variablen. Wir können also einfach $g(0) = 0$ festsetzen.

Die Dichte $g(y)$ gehört übrigens zu der sogenannten χ^2-Verteilung mit Freiheitsgrad 1, auf die wir in 11.9 zurückkommen werden.

Bemerkung: Durch eine zufällige Variable X ist die zugehörige Verteilungsfunktion $F(x) = W(X \leq x)$ stets eindeutig bestimmt. Durch $F(x)$ ist dann die Dichte von X, falls überhaupt eine Dichte existiert, d.h. falls X vom stetigen Typ ist, „im wesentlichen" bestimmt. Dagegen kann es zu einer gegebenen Verteilungsfunktion $F(x)$ oder zu einer gegebenen Dichte viele unterschiedliche zufällige Variable geben, die nach dieser Verteilungsfunktion bzw. Dichte verteilt sind.

AUFGABE 83: X heißt *gleichverteilt über dem Intervall* $[a, b]$, wenn zu X die folgende Dichte gehört:

$$f(x) = \begin{cases} 1/(b-a) & \text{für } a \leq x \leq b \\ 0 & \text{für alle } x \text{ außerhalb von } [a, b] \end{cases}$$

(s.Beispiel 3, dort war $[a, b] = [0, 2\pi]$). Berechnen Sie die zu X gehörende Verteilungsfunktion!

AUFGABE 84: Zeigen Sie, daß die für $x \geq 1$ durch $f(x) = 1/x^2$ und für $x < 1$ durch $f(x) = 0$ gegebene Funktion eine Wahrscheinlichkeitsdichte ist. Berechnen Sie die zu dieser Dichte gehörende Verteilungsfunktion!

9.7 Erwartungswert und Streuung

Wenn wir n-mal würfeln und die zufälligen Variablen $X_k =$ „Augenzahl beim k-ten Wurf" für $k = 1, 2, \ldots, n$ beobachten, dann sind wir überzeugt davon, daß diese zufälligen Variablen unabhängig sind (die Unabhängigkeit von zufälligen Variablen wird im nächsten Abschnitt definiert) und daß alle verteilt sind wie

263

$X = $ „Augenzahl bei einem beliebigen Wurf mit diesem Würfel". Wenn n sehr groß ist, dann erwarten wir von einem guten Würfel, daß jede der Zahlen 1 bis 6 etwa in $1/6$ aller Würfe auftreten wird. Im selben Sinn kann man auch eine beliebige zufällige Variable vom diskreten Typ, welche ihre möglichen Werte x_i mit den Wahrscheinlichkeiten $p_i = W(X = x_i)$ annimmt, n-mal „unabhängig voneinander" beobachten und man erwartet dann, daß für die Anzahl n_i der Beobachtungen, bei denen X den Wert x_i annimmt, bei großem n gilt:

$$\frac{n_i}{n} \approx p_i \tag{1}$$

Der *Durchschnitt* aller beobachteten Werte ist dann

$$\frac{1}{n}(n_1 x_1 + n_2 x_2 + \ldots) = \sum_i x_i \frac{n_i}{n} \approx \sum_i x_i p_i$$

und wir vermuten, daß die Übereinstimmung des Durchschnitts mit dem letzten Ausdruck im allgemeinen umso besser sein wird, je größer n ist.

DEFINITION: Der Erwartungswert $E[X]$ einer zufälligen Variablen X vom diskreten Typ ist

$$E[X] = \sum_i x_i p_i . \tag{2}$$

Dabei ist über alle möglichen Werte x_i zu summieren; der Erwartungswert ist ein sog. „gewichtetes arithmetisches Mittel" aus den möglichen Werten x_i ; die „Gewichte" sind dabei die Wahrscheinlichkeiten $p_i = W(X = x_i)$.
Wenn abzählbar unendlich viele mögliche Werte existieren, kann es sein, daß die Reihe

$$\sum_{i=1}^{\infty} x_i p_i \text{ divergiert; dann sagen wir: } E[X] \text{ existiert nicht.}$$

Wenn unter abzählbar unendlich vielen möglichen Werten neben unendlich vielen positiven auch unendlich viele negative Werte sind, dann könnte es sein, daß die obige Definition nicht sinnvoll ist, obwohl die unendliche Reihe konvergiert; aber mit diesem Fall brauchen wir uns nicht zu beschäftigen.

DEFINITION: Der Erwartungswert $E[X]$ einer zufälligen Variablen X vom stetigen Typ mit der Dichte $f(x)$ ist

$$E[X] = \int_{-\infty}^{\infty} x f(x)\, dx, \text{ falls } \int_{-\infty}^{\infty} |x| f(x)\, dx \text{ existiert.} \tag{3}$$

Wenn das letztere Integral existiert, dann existiert das erstere nämlich ebenfalls und nur dann stellt dieses eine brauchbare Definition für den Erwartungswert dar. Die Analogie zu (2) wird deutlich, wenn man den Integrationsweg $(-\infty, \infty)$ in unendlich viele kleine Intervalle aufteilt, deren Mittelpunkte man mit x_i und deren Längen man mit dx_i bezeichnet. Man kann dann das erste Integral in (3) durch eine Reihe approximieren:

$$\int_{-\infty}^{\infty} x f(x) \, dx \approx \sum_i x_i f(x_i)(dx_i) \; ;$$

dabei ist $f(x_i)(dx_i)$ ungefähr die Wahrscheinlichkeit dafür, daß der Wert, den X annimmt, in das Intervall mit dem Mittelpunkt x_i fällt.

BEISPIEL 1: Der Erwartungswert der Augenzahl X bei einem Wurf mit einem Würfel ist wegen $x_i = i$, $p_i = 1/6$ für $i = 1, 2, \ldots, 6$ gleich

$$E[X] = \sum_{i=1}^{6} i\frac{1}{6} = 21/6 = 3,5 \; .$$

Natürlich erwartet man nicht, daß man $3,5$ würfelt, sondern daß der Durchschnitt aus vielen Würfen etwa $3,5$ sein wird.

BEISPIEL 2: Wenn X binomialverteilt ist mit den Parametern n und p, dann ist

$$E[X] = \sum_{k=0}^{n} k \binom{n}{k} p^k (1-p)^{n-k} \; ; \quad \text{wegen } k\binom{n}{k} = n\binom{n-1}{k-1} \text{ für } k \geq 1$$

und weil der erste Summand gleich 0 ist, läßt sich dies umformen zu

$$np \sum_{k=1}^{n} \binom{n-1}{k-1} p^{k-1} (1-p)^{n-1-(k-1)} \; ;$$

Nun stehen aber unter dem Summenzeichen gerade alle Wahrscheinlichkeiten der Binomialverteilung $\text{Bi}(n-1, p)$ und diese ergeben die Summe 1. Folglich ist

$$E[X] = np \, , \quad \text{wenn } X \text{ nach } \text{Bi}(n, p) \text{ verteilt ist.} \qquad (4)$$

Wenn man p als „Trefferwahrscheinlichkeit" und X als Anzahl der „Treffer" deutet, dann besagt (4), daß man bei n unabhängigen Versuchen im Durchschnitt np „Treffer" haben wird. Würde etwa in einer großen Gesellschaft ein jeder 15-mal würfeln und die Anzahl der dabei gewürfelten Sechsen aufschreiben, dann wird der Durchschnitt dieser Anzahlen etwa gleich $15 \cdot (1/6) = 2,5$ sein.

BEISPIEL 3: Wenn X nach der hypergeometrischen Verteilung $H(N, M, n)$ verteilt ist, dann gilt

$$E[X] = \sum_{k=0}^{n} k \frac{\binom{M}{k}\binom{N-M}{n-k}}{\binom{N}{n}} = n \frac{M}{N} \ . \tag{5}$$

Man erhält das Resultat durch eine Umformung der Summe wie bei Beispiel (2). Es ist plausibel; zieht man etwa ohne Zurücklegen n Kugeln aus einer Urne mit M weißen und $N - M$ schwarzen Kugeln, dann ist $p = M/N$ der relative Anteil der weißen Kugeln, der zu Beginn in der Urne ist, und es verwundert nicht, daß der Erwartungswert für die Anzahl X der weißen Kugeln unter den n gezogenen gleich $np = n \cdot M/N$ ist.

SATZ 9.7.1: Wenn eine Dichte $f(x)$ bezüglich einer Zahl μ symmetrisch ist, d.h. wenn $f(\mu + u) = f(\mu - u)$ für alle u, dann hat eine nach $f(x)$ verteilte zufällige Variable X den Erwartungswert $E[X] = \mu$, falls $E[X]$ existiert.

Beweis: Der Erwartungswert $E[X]$ ist gleich

$$\int_{-\infty}^{\infty} x f(x)\, dx = \int_{-\infty}^{\infty} (x - \mu + \mu) f(x)\, dx = \int_{-\infty}^{\infty} (x - \mu) f(x)\, dx + \mu \int_{-\infty}^{\infty} f(x)\, dx \ ;$$

das Integral über $f(x)$ ist gleich 1, also folgt

$$E[X] = \mu + \int_{-\infty}^{\infty} (x - \mu) f(x)\, dx \ .$$

Das letzte Integral ist gleich 0, denn durch die Substitution $x - \mu = u$ wird es zunächst gleich

$$\int_{-\infty}^{\infty} u f(\mu + u)\, du = \int_{-\infty}^{0} u f(\mu + u)\, du + \int_{0}^{\infty} u f(\mu + u)\, du \ .$$

Nun kann man schon erkennen, daß diese beiden Integrale die Summe 0 ergeben, denn wegen $f(\mu + u) = f(\mu - u)$ entspricht jedem Wert des Integranden $u f(\mu + u)$ für ein positives u ein negativer, dem Betrag nach gleich großer Wert $\hat{u} f(\mu + \hat{u})$ an der Stelle $\hat{u} = -u$. Wer sich im Substituieren üben will, kann auch das vorletzte Integral mit $\hat{u} = -u$ umformen zu

$$\int_{\infty}^{0} \hat{u} f(\mu - \hat{u})\, d\hat{u}, \ \text{das wegen} \ \int_{\infty}^{0} = -\int_{0}^{\infty} \ \text{und} \ f(\mu - \hat{u}) = f(\mu + \hat{u})$$

umgeformt werden kann zu

$$-\int_{0}^{\infty} \hat{u} f(\mu + \hat{u})\, d\hat{u} \ \text{und mit} \ \hat{u} = u \ \text{zu} \ -\int_{0}^{\infty} u f(\mu + u)\, du \ ..$$

BEISPIEL 4: Wenn X gleichverteilt ist auf einem Intervall $[a, b]$, dann hat X die bezüglich der Intervallmitte $(a + b)/2$ symmetrische Dichte

$$f(x) = \begin{cases} 1/(b - a) & \text{für } a \leq x \leq b \\ 0 & \text{für } x \notin [a, b] \end{cases} \quad ; \text{ also ist } E[X] = \frac{a + b}{2},$$

was man natürlich auch durch die Berechnung des Integrals

$$\int_{-\infty}^{\infty} x f(x) \, dx = \int_{a}^{b} \frac{x}{b - a} \, dx \text{ erhalten kann.}$$

BEISPIEL 5: Da die Dichte einer Normalverteilung $N(\mu; \sigma^2)$ bezüglich μ symmetrisch ist, gilt $E[X] = \mu$ für eine nach $N(\mu; \sigma^2)$ verteilte zufällige Variable.

Auch wenn X nicht normalverteilt ist, bezeichnet man den Erwartungswert oft mit μ oder auch mit μ_x statt mit $E[X]$.

BEISPIEL 6: Die Lebensdauer T eines einzelnen Atoms sei exponentialverteilt mit der Verteilungsfunktion

$$F(t) = W(T \leq t) = \begin{cases} 1 - e^{-\beta t} & \text{für } t \geq 0 \\ 0 & \text{für } t < 0. \end{cases}$$

Dann ist $F'(t) = f(t)$ für alle $t \neq 0$ definiert und eine Dichte von T. Diese lautet

$$f(t) = \begin{cases} \beta e^{-\beta t} & \text{für } t > 0 \\ 0 & \text{für } t < 0; \text{ für } t = 0 \text{ setzen wir willkürlich } f(0) = \beta. \end{cases}$$

Mit Hilfe der Substitution $\beta t = u$, $dt = \frac{1}{\beta} du$ erhalten wir

$$E[T] = \int_{-\infty}^{\infty} t f(t) \, dt = \int_{0}^{\infty} t \beta e^{-\beta t} \, dt = \frac{1}{\beta} \int_{0}^{\infty} u e^{-u} \, du.$$

als Stammfunktion des letzten Integranden erhält man mit Hilfe der partiellen Integration $-(1 + u)e^{-u}$ (s.Aufgabe 45, vgl.5.2) und somit ist

$$E[T] = \frac{1}{\beta} \lim_{u \to \infty} [-(1 + u)e^{-u} + 1] = \frac{1}{\beta}.$$

Also ist $1/\beta$ der Erwartungswert einer exponentiell mit dem Parameter β verteilten Lebensdauer. Hier interpretieren wir $1/\beta$ sofort als mittlere Lebensdauer der Atome dieses Typs. Wir werden gleich sehen, daß der Verteilungsparameter β nichts anderes ist, als die uns schon aus 3.2 vertraute Zerfallskonstante!

Wir schließen an dieses Beispiel noch einige Gedanken an: wenn ein anderer Beobachter zu einem späteren Zeitpunkt t_0 das Atom beobachten wird, dann stellt er, falls das Atom zum Zeitpunkt t_0 noch nicht zerfallen ist, die „Restlebensdauer" $L = T - t_0$ fest. Wie ist nun diese verteilt? Nach der Definition der bedingten Wahrscheinlichkeit (s.9.4) ist

$$W(L \leq t | T \geq t_0) = \frac{W((L \leq t) \cap (T > t_0))}{W(T > t_0)} = \frac{W(t_0 < T \leq t_0 + t)}{W(T > t_0)} =$$

$$= \frac{F(t_0 + t) - F(t_0)}{1 - F(t_0)} = \frac{1 - e^{-\beta(t+t_0)} - (1 - e^{-\beta t_0})}{1 - (1 - e^{-\beta t_0})} = \frac{e^{-\beta t_0}(1 - e^{-\beta t})}{e^{-\beta t_0}} = 1 - e^{-\beta t}.$$

Die Verteilungsfunktion der Restlebensdauer L ist also dieselbe wie die von T. Jeder, der auf das Zerfallen von Atomen wartet, beobachtet nur Restlebensdauern und oft sind die Atome zu verschiedenen Zeitpunkten entstanden, haben also verschiedenes Alter. Dennoch ist die Verteilung der Restlebensdauer für jedes Atom derselben Art dieselbe. Man sagt daher, daß Atome nicht altern. Übrigens haben auch Biergläser diese Eigenschaft, denn ein neues Glas wird (bei gleich intensiver Benutzung) mit derselben Wahrscheinlichkeit einen beliebigen Zeitraum nicht überleben, wie ein noch intaktes altes Glas.

Wenn man n Atome hat und wenn ein Zerfall eines Atoms keinen Einfluß auf andere Atome hat, also insbesondere keine Kettenreaktionen auslösen kann, dann kann man die Anzahl X der bis zur Zeit t noch vorhandenen Atome als Anzahl der „Erfolge" bei einem Bernoulli-Schema mit n Einzelversuchen und der „Erfolgswahrscheinlichkeit" $p = W(L > t) = 1 - F(t) = e^{-\beta t}$ ansehen. X ist also nach Bi(n, p) mit $p = e^{-\beta t}$ verteilt und daher ist nach (4)

$$E[X] = np = ne^{-\beta t} \tag{6}$$

der Erwartungswert für die Anzahl der nach t Zeiteinheiten noch vorhandenen Atome, wenn zu Beginn n Atome vorhanden sind. Das uns aus 3.2 bekannte Zerfallsgesetz gibt also eigentlich den Erwartungswert für die Anzahl der noch vorhandenen Atome an. Daß X für sehr große Anzahlen n gewöhnlich bis auf einen ganz geringen relativen Fehler mit $E[X]$ übereinstimmt, ist eine Konsequenz des Gesetzes der großen Zahl, das wir bald kennenlernen werden.

In aller Regel wird der Wert, den eine zufällige Variable X annimmt, mehr oder weniger von ihrem Erwartungswert $E[X]$ abweichen. Die Wahrscheinlichkeit für eine Abweichung um mehr als ein $\Delta > 0$ ist

$$W(|X - \mu| > \Delta) = \int_{-\infty}^{\mu-\Delta} f(x)\, dx + \int_{\mu+\Delta}^{\infty} f(x)\, dx \,,$$

wenn es sich um ein X vom stetigen Typ mit der Dichte $f(x)$ handelt, oder im diskreten Fall gleich der Summe über alle $p_i = W(X = x_i)$, für die $|x_i - \mu| > \Delta$

ist.

Man kann dann auch den Erwartungswert $E[|X - \mu|]$ berechnen, doch dessen mathematische Eigenschaften sind nicht so günstig wie die der Varianz, die wir nun definieren:

DEFINITION: Die Varianz $V[X]$ einer zufälligen Variablen X ist der Erwartungswert ihrer quadratischen Abweichung von $E[X] = \mu$, also

$$V[X] = E[(X - \mu)^2], \text{ falls dieser Erwartungswert existiert.} \quad (7)$$

Häufig bezeichnet man die Varianz auch mit σ_x^2 und wenn keine Verwechslung mit anderen Varianzen möglich ist, auch einfach mit σ^2.

Wie ist nun $V[X]$ zu berechnen? Ist X vom diskreten Typ, dann ist auch die neue zufällige Variable $Y = (X - \mu)^2$ diskret und wenn X die möglichen Werte x_i, $i = 1, 2, \ldots$ besitzt, dann sind die möglichen Werte von Y gleich $(x_i - \mu)^2$; jeder dieser Werte wird entweder nur angenommen, wenn $X = x_i$ ist, also mit Wahrscheinlichkeit $p_i = W(X = x_i)$, oder auch dann, wenn X den bezüglich μ symmetrischen Wert zu x_i annimmt (letzterer ist $\mu - \Delta$, falls $x_i = \mu + \Delta$, allerdings kann dies nur eintreten, wenn auch $\mu - \Delta$ ein möglicher Wert von X ist). In jedem Fall hat offenbar die Summe

$$\sum_i (x_i - \mu)^2 p_i \text{ denselben Wert wie } \sum_j y_j q_j \,,$$

wenn wir die möglichen Werte von $Y = (X - \mu)^2$ mit y_j und die zugehörigen Wahrscheinlichkeiten $W(Y = y_j)$ mit q_j bezeichnen. Damit folgt bereits die erste Aussage von

SATZ 9.7.2: Die Varianz $V[X]$ einer zufälligen Variablen X vom diskreten Typ mit dem Erwartungswert $E[X] = \mu$, den möglichen Werten x_i und $p_i = W(X = x_i)$ ist gleich

$$\sigma^2 = \sum_i (x_i - \mu)^2 p_i \,; \quad (8)$$

sie existiert immer, wenn nur endlich viele mögliche Werte x_i existieren. Gibt es abzählbar unendlich viele, dann ist die Summe in (8) als unendliche Reihe aufzufassen und $V[X]$ existiert nur, wenn diese konvergiert.

Im stetigen Fall gilt der dazu analoge

SATZ 9.7.3: Die Varianz $V[X]$ einer zufälligen Variablen X vom stetigen Typ mit der Dichte $f(x)$ und dem Erwartungswert $\mu = E[X]$ ist

$$\sigma^2 = \int_{-\infty}^{\infty} (x - \mu)^2 f(x)\, dx, \qquad (9)$$

falls dieses uneigentliche Integral existiert. Andernfalls sagen wir, die Varianz von X existiert nicht.

An sich könnte man die Varianz von X im stetigen Falle auch berechnen, indem man zunächst eine Dichte $g(y)$ für die neue Variable $Y = (X - \mu)^2$ bestimmt und dann gemäß der Definition des Erwartungswerts $E[Y]$ das Integral von $-\infty$ bis ∞ über $y g(y)\, dy$ bildet. Das Resultat ist aber immer genau dasselbe wie mit dem Integral in (9) ! Dies wird sich aus einem allgemeinen Satz ergeben, den wir in 9.10 kennenlernen werden.

BEISPIEL 7: Die Augenzahl X bei einem Wurf mit einem guten Würfel hat den Erwartungswert $E[X] = 3,5$. Also ist die Varianz $V[X]$ nach (8) gleich

$$\sigma^2 = \sum_{i=1}^{6} (i - 3,5)^2 \frac{1}{6} = (2,5^2 + 1,5^2 + 0,5^2 + 0,5^2 + 1,5^2 + 2,5^2)\frac{1}{6} =$$

$$= (6,25 + 2,25 + 0,25)\frac{1}{3} = 2,9166\ldots \, .$$

Der vorletzte Ausdruck zeigt, daß die Variable $Y = (X - \mu)^2$ hier nur die möglichen Werte $6,25$, $2,25$ und $0,25$ hat, die sie alle mit Wahrscheinlichkeit $1/3$ annimmt. σ^2 ist hier daher das gewöhnliche arithmetische Mittel aus den drei möglichen quadratischen Abweichungen vom Erwartungswert.

Allgemein ist die Varianz aufzufassen als mittlere quadratische Abweichung bei sehr vielen „unabhängigen Beobachtungen" der zufälligen Variablen. Wenn $V[X]$ existiert, gilt stets folgende Umformung:

$$V[X] = E[(X - \mu)^2] = E[X^2 - 2\mu X + \mu^2] = E[X^2] - 2\mu E[X] + \mu^2, \text{ also}$$

$$V[X] = E[X^2] - \mu^2 \, . \qquad (10)$$

Dabei haben wir aber von drei Sätzen Gebrauch gemacht, die wir erst noch in 9.10 kennenlernen werden. Diese besagen, daß der Erwartungswert einer Summe stets gleich der Summe der Erwartungswerte der Summanden ist, daß

$E[aX] = aE[X]$ für jeden konstanten Faktor a und daß der Erwartungswert einer Konstanten gleich dieser Konstanten ist. Die letzten beiden Aussagen dürften allerdings unmittelbar einleuchten. Natürlich können wir (10) auch direkt zeigen, denn

$$\sum_i (x_i - \mu)^2 p_i = \sum_i x_i^2 p_i - \sum_i 2x_i p_i + \sum_i \mu^2 p_i$$

bzw. $\displaystyle\int_{-\infty}^{\infty} (x-\mu)^2 f(x)\,dx = \int_{-\infty}^{\infty} x^2 f(x)\,dx - \int_{-\infty}^{\infty} 2x\mu f(x)\,dx + \int_{-\infty}^{\infty} \mu^2 f(x)\,dx$.

In beiden Fällen ist die rechte Seite gleich $E[X^2] - \mu E[X] + \mu^2$, wegen $\mu = E[X]$ also gleich $E[X^2] - \mu^2$.

BEISPIEL 8: Die Varianz einer nach der Binomialverteilung $Bi(n,p)$ verteilten zufälligen Variablen X berechnen wir, indem wir zunächst $E[X(X-1)] = E[X^2 - X] = E[X^2] - E[X]$ bestimmen. Die möglichen Werte sind hier $0, 1, \ldots, n$ also ist

$$E[X(X-1)] = \sum_{k=0}^{n} k(k-1) \binom{n}{k} p^k (1-p)^{n-k} ;$$

die ersten beiden Summanden sind gleich 0 und für $k \geq 2$ gilt

$$k(k-1)\binom{n}{k} p^k = n(n-1)p^2 \binom{n-2}{k-2} p^{k-2}, \text{ daher folgt:}$$

$$E[X(X-1)] = n(n-1)p^2 \sum_{k=2}^{n} \binom{n-2}{k-2} p^{k-2}(1-p)^{n-2-(k-2)} = n(n-1)p^2,$$

denn unter dem Summenzeichen stehen gerade alle Wahrscheinlichkeiten der Binomialverteilung $Bi(n-2,p)$, und diese ergeben die Summe 1. Also ist $E[X(X-1)] = E[X^2] - E[X] = E[X^2] - np = n(n-1)p^2$ und somit

$$E[X^2] = n(n-1)p^2 + np ;$$

Somit ist $V[X] = E[X^2] - (E[X])^2 = n(n-1)p^2 + np - (np)^2 =$
$= np - np^2$, also

$$V[X] = np(1-p) . \tag{11}$$

Analog berechnet man die Varianz einer mit den Parametern N, M, n hypergeometrisch verteilten zufälligen Variablen X zu

$$V[X] = n\frac{M}{N}(1 - \frac{M}{N})\frac{N-n}{N-1} \tag{12}$$

Eine solche Variable könnte z.B. die Anzahl der weißen Kugeln unter n gezogenen Kugeln sein, wenn diese aus einer Urne mit M weißen und $N - M$ schwarzen Kugeln zufällig und ohne Zurücklegen entnommen werden. Ziehen wir mit Zurücklegen, dann wäre diese Anzahl nach $\text{Bi}(n, p)$ mit $p = M/N$ verteilt und hätte nach (11) die Varianz $n(M/N)(1 - M/N)$. Wird ohne Zurücklegen gezogen, ist die Varianz also um den Faktor $(N - n)/(N - 1)$ kleiner.

BEISPIEL 9: Für eine auf einem Intervall $[a, b]$ gleichverteilte zufällige Variable X ist $\sigma^2 = V[X]$ gleich

$$E[(X - \frac{a+b}{2})^2] = \int_{-\infty}^{\infty} (x - \frac{a+b}{2})^2 f(x) dx = \int_a^b (x - \frac{a+b}{2})^2 \frac{1}{b-a} dx =$$

$$= \frac{1}{b-a} \cdot \frac{1}{3}(x - \frac{a+b}{2})^3 \Big|_{x=a}^{x=b} = \frac{1}{3(b-a)}[(\frac{b-a}{2})^3 - (\frac{a-b}{2})^3] = \frac{(b-a)^2}{12}.$$

BEISPIEL 10: Bei der Normalverteilung $N(\mu, \sigma^2)$ verraten uns schon die Bezeichnungen der Parameter, daß $E[X] = \mu$ und $V[X] = \sigma^2$ für jede dieser Verteilung gehorchende Variable gilt. Ersteres folgt aus Satz 9.7.1, weil die Dichte symmetrisch bezüglich μ ist; letzteres kann man zeigen, indem man mit Hilfe der partiellen Integration nachweist, daß tatsächlich gilt:

$$V[X] = \int_{-\infty}^{\infty} (x - \mu)^2 \frac{1}{\sqrt{2\pi}\sigma} e^{-(x-\mu)^2/2\sigma^2} dx = \sigma^2.$$

Bezeichnung: Die positive Wurzel aus der Varianz $V[X]$ wird als die *Streuung* σ_x der zufälligen Variablen X bezeichnet oder einfach mit σ, wenn keine Verwechslung möglich ist. Da die Varianz als mittlere quadratische Abweichung vom Erwartungswert μ zu interpretieren ist, könnte man glauben, daß $\sigma = \sqrt{V[X]}$ gleich der mittleren Abweichung $E[|X - \mu|]$ wäre. Das ist aber nicht der Fall; σ ist in den meisten Fällen nur ungefähr gleich $E[|X - \mu|]$ und kann auch beträchtlich davon abweichen.

BEISPIEL 11: Wenn X die Werte $0, 2, 4$ jeweils mit Wahrscheinlichkeit $1/3$ annimmt, dann ist $\mu = E[X] = (0+2+4)/3 = 2$ und $\sigma^2 = (4+0+4)/3 = 8/3$, also $\sigma = \sqrt{8/3} = 1,633$.

Dagegen ist $E[|X - \mu|] = E[|X - 2|] = 2/3 + 0/3 + 2/3 = 4/3 = 1,333$.

Wir erkennen an diesem einfachen Beispiel auch, warum σ im allgemeinen nicht gleich $E[|X - \mu|]$ ist: weil die Wurzel aus einer Summe nicht gleich der Summe aus den Wurzeln der Summanden ist.

Dimensionsbetrachtung: Zufällige Variable haben oft eine Dimension, denn sie können z.B. eine Lebensdauer, eine Länge oder ein Gewicht bedeuten. Der Erwartungswert $\mu = E[X]$ hat immer dieselbe Dimension wie X selbst, denn er ist ja im Grunde nichts anderes als ein mit Wahrscheinlichkeiten gewichtetes arithmetisches Mittel aus den möglichen Werten von X. Dagegen hat die Varianz σ^2 als gewichtetes arithmetisches Mittel der Abweichungsquadrate $(X - \mu)^2$ als Dimension das Quadrat der Dimension von X, also z.B. cm^2, wenn X in cm gemessen wird. Als Wurzel aus der Varianz hat dann die Streuung σ wieder die Dimension von X.

Bei physikalischen Messungen hat man häufig folgende Modell-Vorstellung: Jede Messung liefert den Wert einer zufälligen Variablen X und $E[X] = \mu$ wäre der „wahre Wert" der zu messenden Größe. Damit setzt man voraus, daß man bei häufiger und „unabhängiger" Wiederholung der Messung als Durchschnittswert den richtigen Wert der Größe erhalten würde. Man schließt damit einen sog. „systematischen Fehler" aus; ein solcher würde bedeuten, daß man im Durchschnitt einen zu hohen oder einen zu niedrigen Wert bekäme, d.h. $E[X] = \mu$ wäre dann nicht der „wahre Wert." Wenn μ der „wahre Wert" ist, dann nennt man

$$X - \mu \text{ den \underline{absoluten Fehler},} \qquad \frac{X - \mu}{\mu} \text{ den \underline{relativen Fehler}.}$$

Auch die Fehler sind natürlich zufällige Variable. In diesem Zusammenhang werden manchmal abenteuerliche „Erklärungen" der Streuung σ gegeben. Gewöhnlich behaupten dieselben Leute, die das μ einer Normalverteilung fälschlich als den „wahrscheinlichsten Wert" bezeichnen, daß die Streuung σ der „wahrscheinlichste Fehler" sei. Wenn sie logisch und konsequent wären, müßten sie nun doch behaupten, daß der wahrscheinlichste Fehler gleich 0 ist, denn dieser Fehler wäre ja der ihres „wahrscheinlichsten Werts", d.h. er käme zustande, wenn $X = \mu$. Wir wissen aber, daß zufällige Variable des stetigen Typs jeden Wert nur mit Wahrscheinlichkeit 0 annehmen. Wenn dies für X gilt, dann gilt dasselbe aber auch für den Fehler $X - \mu$, denn dieser ist dann ja auch vom stetigen Typ.

Wir müssen uns damit abfinden, daß es für die Streuung keine anschauliche Deutung gibt. Die Varianz, also ihr Quadrat, läßt sich hingegen als durchschnittliche quadratische Abweichung interpretieren. Für die Streuung ist auch die Bezeichnung *Standard-Abweichung* üblich. Sie hat ebenfalls den Vorteil, daß man sich darunter nichts Konkretes (und damit auch nichts Falsches) vorstellen kann. Immerhin gilt für viele Verteilungen, daß der Betrag des Fehlers $X - \mu$ mit einer Wahrscheinlichkeit von etwa 2/3 nicht größer ist als σ. Zum

Beispiel gilt für jede normalverteilte zufällige Variable X, daß

$$W(|X - \mu| \leq \sigma) = W(\mu - \sigma \leq X \leq \mu + \sigma) = W(\frac{-\sigma}{\sigma} \leq \frac{X - \mu}{\sigma} \leq \frac{+\sigma}{\sigma})$$

$$= \Phi(1) - \Phi(-1) = \Phi(1) - (1 - \Phi(1)) = 2\Phi(1) - 1 = 1,682 - 1 = 0,682 \text{ , das heißt}$$

$$W(\mu - \sigma \leq X \leq \mu + \sigma) = 0,682 \tag{13}$$

Also liegt der Wert von X mit Wahrscheinlichkeit $0,682$ innerhalb der sog. 1σ-Grenzen $\mu - \sigma$ und $\mu + \sigma$, wenn X normalverteilt ist.

Innerhalb der 2σ-Grenzen $\mu - 2\sigma$ und $\mu + 2\sigma$ liegt der Wert von X dann mit der Wahrscheinlichkeit

$$W(\mu - 2\sigma \leq X \leq \mu + 2\sigma) = \Phi(2) - \Phi(-2) = 0,954, \tag{14}$$

also wird X nur mit der kleinen Wahrscheinlichkeit von etwa $0,046$ einen Wert außerhalb des Intervalls $[\mu - 2\sigma; \mu + 2\sigma]$ annehmen. Bei anderen Verteilungstypen können diese Wahrscheinlichkeiten beträchtlich von den eben für die Normalverteilung berechneten Werten differieren (s.Aufgabe 86). Allgemein kann man zeigen, daß größere Abweichungen vom Erwartungswert μ wenig wahrscheinlich sind, wenn σ klein ist. Dies besagt nämlich die

Ungleichung von Tschebyschew: Wenn die Varianz σ^2 einer zufälligen Variablen existiert, dann gilt für jedes $c > 0$

$$W(|X - \mu| \geq c) \leq \frac{\sigma^2}{c^2}. \tag{15}$$

Beweis: Für eine zufällige Variable X vom stetigen Typ ist

$$V[X] = \sigma^2 = \int_{-\infty}^{\infty} (x - \mu)^2 f(x)\, dx$$

und wir können dieses Integral in drei nichtnegative Teilintegrale zerlegen:

$$\sigma^2 = \int_{-\infty}^{\mu-c} (x - \mu)^2 f(x)\, dx + \int_{\mu-c}^{\mu+c} (x - \mu)^2 f(x)\, dx + \int_{\mu+c}^{\infty} (x - \mu)^2 f(x)\, dx \text{ ;}$$

die rechte Seite wird kleiner , wenn wir das mittlere Integral weglassen und in den beiden anderen Integralen $(x - c)^2$ durch c^2 ersetzen, denn $(x - \mu)^2 \geq c^2$ gilt sowohl für $x \leq \mu - c$, als auch für $x \geq \mu + c$. Es folgt daher

$$\sigma^2 \geq c^2 \int_{-\infty}^{\mu-c} f(x)\, dx + c^2 \int_{\mu+c}^{\infty} f(x)\, dx = c^2 W(|X - \mu| \geq c)$$

und daraus folgt die Ungleichung (15).

Für eine zufällige Variable vom diskreten Typ verläuft der Beweis analog; man zerlegt dabei statt eines Integrals die Summe über die möglichen quadratischen Abweichungen. Da keine Wahrscheinlichkeit größer als 1 sein kann, ist die Tschebyschew'sche Ungleichung (15) nur für $c > \sigma$ nichttrivial. Auch dann ist die Schranke σ^2/c^2 oft nur eine grobe Abschätzung und $W(|X - \mu| > c)$ kann wesentlich kleiner sein als diese Schranke. Bei einer normalverteilten zufälligen Variablen ist beispielsweise

$$W(|X - \mu| \geq 2\sigma) = 1 - W(|X - \mu| < 2\sigma) = 1 - 0,954 = 0,046 \ (\text{vgl.}(14))$$

während die Tschebyschew-Ungleichung für diese Wahrscheinlichkeit nur die obere Schranke $\sigma^2/(2\sigma)^2 = 1/4$ liefert. Der Vorteil dieser Ungleichung liegt aber darin, daß sie bei beliebiger Verteilung gilt, wenn nur die Varianz existiert.

Aufgabe 85: Berechnen Sie die mittlere Abweichung $E[|X - \mu|]$ für eine normalverteilte zufällige Variable!

Aufgabe 86: Berechnen Sie $W(\mu - \sigma \leq X \leq \mu + \sigma)$ für eine in einem Intervall $[a, b]$ gleichverteilte zufällige Variable. Wie stark weichen hier $\sigma = (b-a)/\sqrt{12}$ und $E[|X - \mu|]$ voneinander ab?

Aufgabe 87: Schätzen Sie die Wahrscheinlichkeit dafür, daß eine mit $n = 300$ und $p = 1/4$ binomialverteilte zufällige Variable um mehr als 20 von ihrem Erwartungswert abweicht, mit Hilfe der Tschebyschew- Ungleichung nach oben ab!

9.8 Unabhängige zufällige Variable

In 9.4 hatten wir die Unabhängigkeit zufälliger Ereignisse A und B durch die Bedingung $W(A \cap B) = W(A)W(B)$ definiert. Nun betrachten wir zwei zufällige Variable X und Y auf derselben Menge Ω.

DEFINITION: Zwei zufällige Variable X und Y heißen *unabhängig*, wenn die zufälligen Ereignisse $\{\omega|X(\omega) \leq x\}$ und $\{\omega|Y(\omega) \leq y\}$ für jedes Wertepaar x, y unabhängig sind.

Für die Wahrscheinlichkeiten dieser beiden Ereignisse schreiben wir wieder $W(X \leq x) = F(x)$ und $W(Y \leq y) = H(y)$ und die Wahrscheinlichkeit ihres Durchschnitts, also $W(\{\omega|X(\omega) \leq x\} \cap \{\omega|Y(\omega) \leq y\})$ bezeichnen wir mit $W(X \leq x, Y \leq y)$. Für unabhängige zufällige Variable X und Y gilt also

$$W(X \leq x, Y \leq y) = W(X \leq x)W(Y \leq y) = F(x)H(y) \tag{1}$$

275

für beliebige x, y, wobei $F(x)$ und $H(y)$ die Verteilungsfunktionen von X und Y sind.

Bezeichnung: Wir nennen die von x und y abhängende Wahrscheinlichkeit $\overline{W(X \leq x, Y \leq y)}$ die *gemeinsame Verteilungsfunktion* $G(x, y)$ von X und Y. X und Y sind also genau dann unabhängig, wenn die gemeinsame Verteilungsfunktion $G(x, y)$ gleich dem Produkt $F(x)H(y)$ der Verteilungsfunktionen von X und Y ist. Daraus kann man die folgenden wichtigen Eigenschaften unabhängiger Variabler herleiten:

Für beliebige Intervalle $[a, b]$ und $[c, d]$ ist

$$W(a \leq X \leq b, c \leq Y \leq d) = W(a \leq x \leq b)W(c \leq Y \leq d) \qquad (2)$$

Sind X und Y unabhängig und beide vom diskreten Typ, dann ist

$$W(X = x, Y = y) = W(X = x)W(Y = y) \text{ für jedes Wertepaar } x, y \qquad (3)$$

Man braucht dies nur für solche Wertepaare x, y zu prüfen, bei denen $\overset{\bullet}{x}$ ein möglicher Wert von X und y ein möglicher Wert von Y ist. Andernfalls gilt (3) ohnehin, weil dann beide Seiten gleich 0 sind.

Zwei zufällige Variablen X und Y vom stetigen Typ sind genau dann unabhängig, wenn das Produkt ihrer Dichten $f(x)$ und $h(y)$ eine sog. *gemeinsame Dichte* $g(x, y)$ darstellt, also

$$f(x)h(y) = g(x, y) \text{ für alle } x, y. \qquad (4)$$

Dazu muß man wissen, daß zwei stetige zufällige Variable X und Y, die beide auf demselben Ω definiert sind, stets eine gemeinsame Dichte $g(x, y)$ besitzen, mit deren Hilfe man die gemeinsame Verteilungsfunktion $G(x, y)$ in Form eines Doppelintegrals berechnen kann:

$$W(X \leq x, Y \leq y) = G(x, y) = \int_{-\infty}^{x} \int_{-\infty}^{y} g(u, v) \, du \, dv. \qquad (5)$$

Überall, wo $g(x, y)$ stetig ist, gilt dann

$$\frac{\partial^2 G(x, y)}{\partial x \, \partial y} = g(x, y); \qquad (6)$$

für unabhängige zufällige Variable X und Y vom stetigen Typ ist dann

$$G(x, y) = F(x)H(y) \text{ und } g(x, y) = \frac{\partial^2 F(x)H(y)}{\partial x \, \partial y} = f(x)h(y) \qquad (7)$$

Stellt man fest, daß eine dieser Folgerungen verletzt ist, dann können die Variablen nicht unabhängig sein und man nennt sie dann <u>abhängig</u>.

BEISPIEL 1: Es sei X die Augenzahl beim 1.Wurf, Y die beim 2.Wurf mit einem Würfel und $Z = X + Y$. Dann sind X und Y unabhängig, denn für alle Paare möglicher Werte i, j, d.h. für beliebige i und j aus $\{1, 2, 3, 4, 5, 6\}$

gilt $W(X = i, Y = j) = W(\omega_{i,j}) = 1/36 = W(X = i)W(Y = j)$.

Dagegen sind X und Z natürlich abhängig, denn es ist (3) verletzt. Zum Beispiel ist $W(X = 1, Z = 10) = 0 \neq W(X = 1)W(Z = 10) = (1/6)(3/36)$. Auch Y und Z sind abhängig.

BEISPIEL 2: X sei gleichverteilt auf $[a, b]$ und Y sei gleichverteilt auf $[c, d]$. Aus den Dichten

$$f(x) = \begin{cases} 1/(b-a) & \text{für } a \leq x \leq b \\ 0 & \text{für } x \notin [a, b] \end{cases}$$

und

$$h(y) = \begin{cases} 1/(d-c) & \text{für } c \leq y \leq d \\ 0 & \text{für } y \notin [c, d] \end{cases}$$

erhält man die Verteilungsfunktionen

$$F(x) = \int_{-\infty}^{x} f(u)\, du = \begin{cases} 0 & \text{für } x \leq a \\ \frac{x-a}{b-a} & \text{für } a \leq x \leq b \\ 1 & \text{für } x \geq b \end{cases}$$

$$H(y) = \int_{-\infty}^{y} h(u)\, du = \begin{cases} 0 & \text{für } y \leq c \\ \frac{y-c}{d-c} & \text{für } c \leq y \leq d \\ 1 & \text{für } y \geq d \end{cases}$$

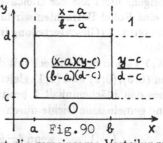

Wenn X und Y nun unabhängig sind, dann ist die gemeinsame Verteilungsfunktion $G(x, y) = W(X \leq x, Y \leq y)$ für alle Punkte (x, y) der Ebene gleich dem Produkt $F(x)H(y)$, also

$$G(x, y) = \begin{cases} 0 & \text{wenn } x \leq a \text{ oder } y \leq c \\ \frac{(x-a)(y-c)}{(b-a)(d-c)} & \text{wenn } a \leq x \leq b \text{ und } c \leq y \leq d \\ F(x) \cdot 1 = (x-a)/(b-a) & \text{wenn } y \geq d \text{ und } a \leq x \leq b \\ 1 \cdot H(y) = (y-c)/(d-c) & \text{wenn } x \geq b \text{ und } c \leq y \leq d \\ 1 & \text{wenn } x \geq b \text{ und } y \geq d \end{cases}$$

In Figur 90 sind die 5 Bereiche, in denen $G(x, y)$ jeweils durch eine andere Vorschrift definiert ist, angedeutet. Eine gemeinsame Dichte $g(x, y)$ erhalten

277

wir, indem wir $G(x,y)$ nach x und nach y partiell differenzieren. Offensichtlich ist $g(x,y)$ nur im Rechteck mit den Ecken $(a,c),(b,c),(b,d),(a,d)$ von 0 verschieden und dort gilt

$$g(x,y) = \frac{1}{b-a} \cdot \frac{1}{d-c} = f(x)h(y) \ .$$

Außerhalb des Rechtecks gilt $g(x,y) = 0$ und da dort immer wenigstens eine der beiden Dichten $f(x)$ und $h(y)$ gleich 0 ist, gilt auch dort $g(x,y) = f(x)h(y)$.

DEFINITION: Wenn Ω eine Fläche in der Ebene mit dem Flächeninhalt Q ist und wenn die zufälligen Variablen X und Y die $x-$ bzw. die $y-$Koordinaten der Punkte $\omega \in \Omega$ bedeuten, dann sagen wir, der *zufällige Punkt* (X,Y) ist *gleichverteilt* auf Ω, wenn X und Y nach der gemeinsamen Dichte

$$g(x,y) = \left\{ \begin{array}{ll} 1/Q & \text{wenn } (x,y) = \omega \in \Omega \\ 0 & \text{wenn } (x,y) \notin \Omega \end{array} \right. \quad \text{verteilt sind.}$$

In Beispiel 2 hatten wir also einen in einem Rechteck gleichverteilten zufälligen Punkt (X,Y) und unabhängige Variable X,Y. Die Unabhängigkeit folgt übrigens nicht aus der Gleichverteilung; hier spielt auch die Form der Fläche Ω eine Rolle! Betrachten wir hierzu das
BEISPIEL 3 (Gleichverteilung in einem Dreieck):
(X,Y) sei in dem Dreieck mit den Eckpunkten $(0;0), (0;2)$ und $(2;1)$ gleichverteilt, welches den Flächeninhalt 1 besitzt. Dann ist eine gemeinsame Dichte durch

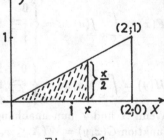

Figur 91

$$g(x,y) = \left\{ \begin{array}{ll} 1 & \text{wenn } (x,y) \text{ in } D \\ 0 & \text{wenn } (x,y) \text{ nicht in } D \end{array} \right.$$

gegeben.

Es ist klar, daß hier X und Y nicht unabhängig sein können, denn Y kann immer nur einen Wert annehmen, der nicht größer als die Hälfte des jeweiligen $X-$Werts ist (s.Figur 91).

Wir bestätigen dies, indem wir für X und Y Verteilungsfunktion und Dichte berechnen. Offenbar ist die Verteilungsfunktion $F(x) = W(X \le x)$ gleich dem Flächeninhalt des durch die Bedingung $X(\omega) \le x$ bestimmten Teildreiecks; diesen Flächeninhalt bestimmt man leicht zu $x \cdot \frac{x}{2} \cdot \frac{1}{2} = x^2/4$ für $0 \le x \le 2$.

Ähnlich ist $W(Y > y)$ gleich der Fläche eines Teildreiecks, dessen Grundlinie die Länge $2(1 - y)$ und dessen Höhe $(1 - y)$ ist (s.Figur 91), also ist $W(Y > y) = (1 - y)^2$ und $W(Y \leq y) = 1 - (1 - y)^2$. Die Verteilungsfunktionen von X und Y sind also

$$F(x) = \begin{cases} 0 & \text{für } x < 0 \\ x^2/4 & \text{für } 0 \leq x \leq 2 \\ 1 & \text{für } x > 2 \end{cases} \quad \text{und } H(y) = \begin{cases} 0 & \text{für } y < 0 \\ 1 - (1 - y)^2 & \text{für } 0 \leq y \leq 1 \\ 1 & \text{für } y > 1 \end{cases}$$

Daraus ergeben sich Dichten $f(x)$ und $h(y)$ mit $f(x) = F'(x) = x/2$ für $0 < x < 2$ und $h(y) = H'(y) = 2(1 - y)$ für $0 < y < 1$. Wären X und Y unabhängig, dann müßte im Innern des Dreiecks eine gemeinsame Dichte $g(x, y)$ durch das Produkt $f(x)h(y)$ gegeben sein. Letzteres ist aber offensichtlich nicht konstant. Also führt die Annahme einer Gleichverteilung im Dreieck nicht wie beim Rechteck auf unabhängige Variable X und Y.

Wir nehmen nun wieder an, daß X und Y vom diskreten Typ sind. Das Produkt XY ist dann eine zufällige Variable, welche die Werte $x_i y_j$ annimmt, wenn wir wieder die möglichen Werte von X und Y mit x_i bzw. y_j bezeichnen. Daher ist der Erwartungswert

$$E[XY] = \sum_i \sum_j x_i y_j W(X = x_i, \ Y = y_j), \qquad (8)$$

wobei über alle Paare (x_i, y_j) von möglichen Werten zu summieren ist. Wenn X und Y unabhängig sind, dann ist $W(X = x_i, \ Y = y_j)$ gleich $W(X = x_i)W(Y = y_j)$. Es folgt daher für unabhängige X, Y

$$E[XY] = \sum_i x_i W(X = x_i) \sum_j x_j W(Y = y_j) = E[X] \cdot E[Y] \qquad (9)$$

Wenn X und Y vom stetigen Typ sind und folglich eine gemeinsame Dichte $g(x, y)$ besitzen, dann definiert man

$$E[XY] = \int_{-\infty}^{\infty} \int_{-\infty}^{\infty} xy \, g(x, y) \, dx \, dy . \qquad (10)$$

Sind nun X und Y unabhängig, dann ist das Produkt $f(x)h(y)$ ihrer Dichten eine gemeinsame Dichte $g(x, y)$ und es folgt analog zum diskreten Fall

$$E[XY] = \int_{-\infty}^{\infty} xf(x) \, dx \int_{-\infty}^{\infty} yh(y) \, dy = E[X] \cdot E[Y] . \qquad (11)$$

Auch wenn nicht beide Variable vom diskreten bzw. stetigen Typ sind, gilt ganz allgemein der folgende Satz, den wir ohne weiteren Beweis zitieren:

SATZ 9.8.1: Wenn X und Y unabhängig sind und wenn $E[X]$ und $E[Y]$ existieren, dann existiert auch $E[XY]$ und $E[XY] = E[X] \cdot E[Y]$.

Für das Beispiel 2 folgt also $E[XY] = (a + b)(c + d)/4$, denn dort sind X und Y unabhängig und ihre Erwartungswerte sind gleich den Intervallmitten von $[a, b]$ und $[c, d]$. Man kann $E[XY]$ als durchschnittlichen Flächeninhalt des Rechtecks mit den Ecken $(0; 0)$, $(X; 0)$, $(X; Y)$, $(0; Y)$ auffassen, wenn (X, Y) im Rechteck des Beispiels 2 gleichverteilt ist. Dagegen erhalten wir bei Beispiel 3, in dem X und Y abhängig sind,

$$E[X] = \int_{-\infty}^{\infty} x f(x)\, dx = \int_0^2 x \cdot \frac{x}{2}\, dx = \frac{x^3}{6}\Big|_0^2 = 4/3,$$

$$E[Y] = \int_{-\infty}^{\infty} y h(y)\, dy = \int_0^1 y 2(1 - y)\, dy = y^2 - 2\frac{y^3}{3}\Big|_0^1 = 1 - 2/3 = 1/3.$$

Der Erwartungswert von XY ist hier aber nicht $(4/3)(1/3)$, sondern

$$E[XY] = \int\int xy \cdot 1\, dx\, dy \ , \text{ wobei über die Dreiecksfläche integriert wird.}$$

Dies kann geschehen, indem man zunächst für beliebiges x die Variable y jeweils von 0 bis $x/2$ laufen läßt und dann x von 0 bis 2. Dadurch erhalten wir

$$E[XY] = \int_0^2 x \Big(\int_0^{x/2} y\, dy \Big) dx = \int_0^2 x \cdot [y^2/2|_{y=0}^{y=x/2}]\, dx = \int_0^2 \frac{x^3}{8}\, dx = 16/32 = 1/2.$$

Auch mehr als zwei Variable können unabhängig sein und dies läßt sich wie bei zwei Variablen als Eigenschaft der gemeinsamen Verteilungsfunktion definieren.

DEFINITION: Zufällige Variable $X, Y, \ldots, Z$ heißen *unabhängig,* wenn die gemeinsame Verteilungsfunktion

$$G(x, y, \ldots, z) = W(X \le x, Y \le y, \ldots, Z \le z) \text{ für beliebige } (x, y, \ldots, z)$$

stets gleich dem Produkt der Verteilungsfunktionen $F(x), H(y), \ldots, K(z)$ von $X, Y, \ldots, Z$ ist.

Sind die Variablen alle diskret, dann ist diese Definition damit gleichbedeutend, daß für unabhängige Variable stets

$$W(X = x, Y = y, \ldots, Z = z) = W(X = x)W(Y = y) \cdots W(Z = z) \quad (12)$$

für jedes n−tupel möglicher Werte $(x, y, \ldots, z)$ gilt. Ist (12) für irgendein solches n−tupel verletzt, dann sind die Variablen abhängig. Variable vom stetigen Typ mit den Dichten $f(x), h(y), \ldots, k(z)$, sind genau dann unabhängig, wenn das Produkt $f(x)h(y) \cdots k(z)$ eine gemeinsame Dichte ist.

Für unabhängige Variable gilt der folgende wichtige Satz, den wir allerdings mit den hier zur Verfügung stehenden Mitteln nicht beweisen können.

SATZ 9.8.2: Wenn $X, Y, \ldots, Z$ unabhängige zufällige Variable sind, dann sind stetige Funktionen $s(X)$, $t(Y)$, $\ldots u(Z)$ dieser Variablen wieder unabhängige zufällige Variable.

Der Satz gilt sogar, wenn die Funktionen $s, t, \ldots, u$ nur die Eigenschaft der sog. „Meßbarkeit" besitzen. Diesen Begriff wollen wir nicht erläutern, der Leser kann aber darauf vertrauen, daß alle Funktionen, mit denen er zu tun haben wird, diese Eigenschaft besitzen. Nicht nur alle stetigen Funktionen sind meßbar, sondern auch viele andere, darunter auch solche mit unendlich vielen Unstetigkeitsstellen!

Natürlich sind die zufälligen Variablen $s(X)$ usw. so definiert, daß $s(X)$ den Wert $s(X(\omega))$ annimmt, wenn X den Wert $X(\omega)$ annimmt. Der Satz 9.8.2 läßt sich noch in folgender Weise verallgemeinern: teilt man die unabhängigen Variablen in mehrere elementfremde Gruppen auf und bildet man mit jeder Gruppe eine (meßbare) Funktion, dann sind diese Funktionen wieder unabhängige zufällige Variable. Wenn z.B. X, Y und Z unabhängig sind, dann sind es auch die durch $s(X, Y)$ und $u(Z)$ definierten zufälligen Variablen.

AUFGABE 88: A und B seien zufällige Ereignisse; dann sind

$$X(\omega) = \begin{cases} 1 & \text{wenn } \omega \in A \\ 0 & \text{wenn } \omega \in \bar{A} \end{cases} \quad \text{und} \quad Y(\omega) = \begin{cases} 1 & \text{wenn } \omega \in B \\ 0 & \text{wenn } \omega \in \bar{B} \end{cases}$$

zufällige Variable. Zeigen Sie, daß X und Y genau dann unabhängig sind, wenn A und B unabhängig sind!

AUFGABE 89: Ω sei das Einheitsquadrat und die Wahrscheinlichkeit, daß ω in eine der in Figur 92 skizzierten Teilflächen fällt, sei gleich dem Flächeninhalt der jeweiligen Teilfläche. Für die drei zufälligen Variablen

$$X(\omega) = \begin{cases} 1 & \text{wenn } \omega \text{ im Dreieck ABC} \\ 0 & \text{wenn } \omega \text{ nicht in ABC} \end{cases}$$

$$Y(\omega) = \begin{cases} 1 & \text{wenn } \omega \text{ im Dreieck ABD} \\ 0 & \text{wenn } \omega \text{ nicht in ABD} \end{cases}$$

$$Z(\omega) = \begin{cases} 1 & \text{wenn } \omega \text{ im Viereck EFGH} \\ 0 & \text{wenn } \omega \text{ nicht in EFGH} \end{cases}$$

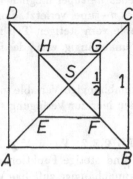

Figur 92

zeige man die Unabhängigkeit.

$$\text{Sei nun } U(\omega) = \begin{cases} 1 & \text{wenn } \omega \text{ aus Dreieck ASD oder BSC} \\ 0 & \text{wenn } \omega \text{ weder in ASD noch in BSC.} \end{cases}$$

Zeigen Sie, daß zwar die Paare X, Y und X, U und Y, U jeweils unabhängig sind, daß aber X, Y, U abhängig sind!

AUFGABE 90: Der Punkt (X, Y) sei gleichverteilt im Innern des Einheitskreises. Sind dann X und Y unabhängig? Geben Sie die Verteilungsfunktionen $F(x) = W(X \leq x)$ und $H(y) = W(Y \leq y)$ und dazugehörige Dichten $f(x)$ und $h(y)$ an!

9.9 Der Korrelationskoeffizient

Ältere Menschen haben im allgemeinen einen höheren Blutdruck als jüngere. Dieser Zusammenhang zwischen dem Alter und dem Blutdruck ist jedoch kein funktionaler Zusammenhang, denn sonst könnte man jedem Alter einen eindeutigen Blutdruckwert zuordnen, sondern ein statistischer Zusammenhang und das heißt, daß die zufälligen Variablen

$X(\omega)$ = Alter einer zufällig ausgewählten Person
$Y(\omega)$ = Blutdruck dieser Person

abhängig sind. Jedes ω bedeutet hier die Auswahl einer bestimmten Person in einer Bevölkerung. Betrachten wir nun das Produkt

$$(X(\omega) - \mu_x)(Y(\omega) - \mu_y), \text{ wobei } \mu_x = E[X], \ \mu_y = E[Y];$$

es ist positiv, wenn $X(\omega) > \mu_x$ und $Y(\omega) > \mu_y$ gilt, d.h. wenn die ausgewählte Person überdurchschnittlich alt ist und einen überdurchschnittlichen

Blutdruck hat. Es ist aber auch positiv, wenn $X(\omega) < \mu_x$ und $Y(\omega) < \mu_y$ gilt. In der Mehrzahl der möglichen Fälle wird also das Produkt positiv sein und daher wird wohl auch der Erwartungswert

$$E[(X - \mu_x)(Y - \mu_y)] \text{ , die sog. } Kovarianz \text{ von } X \text{ und } Y \qquad (1)$$

positiv sein. Wenn dies so ist, dann sagen wir, X und Y sind *positiv korreliert*. Für die Kovarianz verwenden wir auch die Bezeichnung $cov[X, Y]$.

Bei anderen Beispielen kann man vermuten, daß die Variablen negativ korreliert sind, weil überdurchschnittliche X-Werte i.a. mit unterdurchschnittlichen Y-Werten gekoppelt sind und umgekehrt. So wird es z.B. sein bei den Variablen

$X(\omega) =$ Gesamtgewicht aller Trauben an einem Weinstock
$Y(\omega) =$ Zuckergehalt des Saftes dieser Trauben,

wenn der Weinstock zufällig aus einer größeren Gesamtheit ausgewählt wird. Ein anderes Beispiel wäre etwa die Anzahl der Ferkel eines Wurfs und das durchschnittliche Geburtsgewicht dieser Ferkel.

X und Y müssen nicht vom selben Typ sein; sind beide stetig und ist dann $g(x, y)$ eine gemeinsame Dichte, dann gilt

$$cov[X, Y] = E[(X - \mu_x)(Y - \mu_y)] = \int_{-\infty}^{\infty} \int_{-\infty}^{\infty} (x - \mu_x)(y - \mu_y)g(x, y)\, dx\, dy \text{ . } \quad (2)$$

Sind X und Y beide vom diskreten Typ, dann ist

$$cov[X, Y] = E[(X - \mu_x)(Y - \mu_y)] = \sum_i \sum_j (x_i - \mu_x)(y_j - \mu_y)p_{ij}, \qquad (3)$$

wobei $p_{ij} = W(X = x_i, Y = y_j)$. Zu summieren ist über alle Paare x_i, y_j von möglichen Werten. Die Kovarianz läßt sich also auffassen als gewichtetes arithmetisches Mittel aus den möglichen Werten des Produkts $(X - \mu_x)(Y - \mu_y)$, wobei die Wahrscheinlichkeiten p_{ij} die Gewichte sind. Manchmal berechnet man $cov[X, Y]$ bequemer nach der Formel

$$cov[X, Y] = E[XY] - \mu_x \mu_y \text{ . } \qquad (4)$$

Es gilt nämlich

$$E[(X - \mu_x)(Y - \mu_y)] = E[XY - X\mu_y - Y\mu_x + \mu_x \mu_y] =$$

$$= E[XY] - E[X]\mu_y - E[Y]\mu_x + \mu_x \mu_y = E[XY] - \mu_x \mu_y \text{ . }$$

Daraus folgt aber sofort der

SATZ 9.9.1: Für unabhängige Variable X, Y , deren Erwartungswerte existieren, ist $cov[X, Y]$ gleich 0.

Beweis: Natürlich kann die Kovarianz $E[(X - \mu_x)(Y - \mu_y)]$ nur existieren, wenn μ_x und μ_y existieren. Bei Unabhängigkeit von X und Y gilt dann $E[XY] = E[X]E[Y]$ (s.Satz 9.8.1) und somit

$$cov[X,Y] = E[XY] - \mu_x\mu_y = E[X]E[Y] - \mu_x\mu_y = \mu_x\mu_y - \mu_x\mu_y = 0.$$

Unabhängige Variable sind daher stets *unkorreliert*, d.h. ihre Kovarianz ist gleich 0. Daß die Umkehr dieses Satzes nicht gilt, zeigt

BEISPIEL 1: X nehme die Werte -1, 0, 1 jeweils mit der Wahrscheinlichkeit $1/3$ an; dann nimmt $Y = X^2$ die Werte 0 und 1 mit $W(Y = 0) = 1/3$ und $W(Y = 1) = 2/3$ an und es folgt:

$$E[X] = (-1)\frac{1}{3} + 0\frac{1}{3} + 1\frac{1}{3} = 0, \quad E[Y] = 0\frac{1}{3} + 1\frac{2}{3} = \frac{2}{3} \text{ und}$$

$$cov[X,Y] = E[XY] - \mu_x\mu_y = E[X^3] - 0 \cdot \frac{2}{3} = (-1)^3\frac{1}{3} + 0^3\frac{1}{3} + 1^3\frac{1}{3} = 0.$$

Aber obwohl die Kovarianz gleich 0 ist, sind X und Y hier abhängig, ja es besteht sogar die funktionale Abhängigkeit $Y = X^2$. Man erkennt die Abhängigkeit auch daran, daß z.B.

$$W(X = 1, Y = 0) = 0 \neq W(X = 1)W(Y = 0) = \frac{1}{3} \cdot \frac{1}{3}.$$

BEISPIEL 2: Wir greifen zurück auf das Beispiel 3 in 9.8, bei dem X, Y im Dreieck mit den Ecken $(0,0)$, $(2,0)$ und $(2,1)$ gleichverteilt war. Dort hatten wir die Abhängigkeit von X und Y gezeigt und

$$E[X] = \frac{4}{3}, \; E[Y] = \frac{1}{3}, \; E[XY] = \frac{1}{2}$$

berechnet. Daraus folgt nun nach (4) sofort: $cov[X,Y] = 1/2 - 4/9 = 1/18$.

Die Kovarianz hat den Nachteil, daß sie von den Maßeinheiten abhängt. Wenn etwa X ein zufälliges Gewicht in kg und Z dieses Gewicht in Pfund ist, dann gilt $Z = 2X$ und $cov[Z,Y]$ wird doppelt so groß wie $cov[X,Y]$ bei beliebigem Y, denn $\mu_z = 2\mu_x$ und

$$cov[Z,Y] = E[ZY] - \mu_z\mu_y = E[2XY] - 2\mu_x\mu_y = 2(E[XY] - \mu_x\mu_y) = 2cov[X,Y].$$

Diesen Nachteil vermeidet der

$$\textit{Korrelationskoeffizient } \rho_{x,y} = \frac{cov[X,Y]}{\sigma_x \cdot \sigma_y}. \tag{5}$$

Er ist unabhängig von den Maßeinheiten, in denen X und Y gemessen werden und existiert immer, wenn die Varianzen σ_x^2 und σ_y^2 existieren. Er hat dann folgende Eigenschaften:

SATZ 9.9.2: Für unabhängige zufällige Variable X, Y ist $\rho_{x,y} = 0$. Stets gilt $-1 \le \rho_{x,y} \le 1$.
Ist Y eine lineare Funktion von X, d.h. $Y = aX + b$ mit beliebigen Konstanten a, b, dann ist $\rho_{x,y} = 1$, falls $a > 0$ und $\rho_{x,y} = -1$, falls $a < 0$.

<u>Beweis:</u> Die erste Aussage folgt aus dem vorigen Satz. Die zweite ergibt sich daraus, daß $E[(c(X - \mu_x) + (Y - \mu_y))^2]$ als Erwartungswert eines Quadrats für beliebiges c nichtnegativ ist. Es ist also

$$E[c^2(X-\mu_x)^2 + 2c(X-\mu_x)(Y-\mu_y) + (Y-\mu_y)^2] = c^2\sigma_x^2 + 2c \cdot cov[X,Y] + \sigma_y^2 \ge 0$$

für alle c, d.h. der letzte Ausdruck, der ja ein Polynom 2.Grades in c ist, hat keine reelle oder genau eine reelle Nullstelle. Daraus folgt, daß in der Formel für die Nullstellen dieses Polynoms unter der Wurzel ein Radikand steht, der nicht positiv ist. Das heißt aber

$$(cov[X,Y])^2 - (\sigma_x \sigma_y)^2 \le 0 \text{ oder } (\rho_{x,y})^2 \le 1 \,,$$

was gleichbedeutend ist mit $-1 \le \rho_{x,y} \le 1$.
Um die dritte Aussage zu beweisen, benutzen wir vorgreifend die Aussage von Satz 9.10.2, wonach aus $Y = aX + b$ folgt: $E[Y] = a\mu_x + b$ und $\sigma_y^2 = a^2\sigma_x^2$. Also ist für $Y = aX + b$

$$cov[X,Y] = E[(X - \mu_x)(aX + b - a\mu_x - b)] = aE[(X - \mu_x)^2] = a\sigma_x^2$$

und somit $\rho_{x,y} = \dfrac{a\sigma_x^2}{\sigma_x\sigma_y} = \dfrac{a\sigma_x}{\sigma_y} = \dfrac{a\sigma_x}{|a|\sigma_x} = \dfrac{a}{|a|} = \begin{cases} 1\,, & \text{falls } a > 0\,, \\ -1\,, & \text{falls } a < 0. \end{cases}$

<u>Bemerkung:</u> Daß aus $\rho_{x,y} = 0$ nicht die Unabhängigkeit von X und Y folgt, ergibt sich wieder aus Beispiel 1. Zur dritten Aussage gilt aber eine gewisse Umkehr: wenn $\rho_{x,y}$ gleich 1 oder gleich -1 ist, dann besteht mit Wahrscheinlichkeit 1 ein linearer Zusammenhang zwischen X und Y. Daher nennt man $\rho_{x,y}$ oft ein Maß für den Grad der Linearität des Zusammenhangs zwischen X und Y.

BEISPIEL 3: Wenn X und Y die Augenzahlen beim ersten bzw. beim 2.Wurf mit einem Würfel sind, dann sind X und Y unabhängig und somit $\rho_{x,y} = 0$. Betrachten wir aber X und die Augensumme $Z = X + Y$, dann sind X und Z abhängig und wir vermuten eine positive Korrelation, weil Z im allgemeinen größer ausfallen wird, wenn X schon relativ groß ist und umgekehrt hat man weniger Chancen für eine große Augensumme, wenn X nur gleich 1 oder 2 ist.

Mit Hilfe der Sätze im folgenden Abschnitt ergibt sich nun

$$E[Z] = E[X + Y] = E[X] + E[Y] = 3,5 + 3,5 = 7 \text{ und } \sigma_z^2 = \sigma_x^2 + \sigma_y^2 = 2\sigma_x^2,$$

was man auch durch direkte Berechnung nachprüfen kann, wenn man die Verteilung von Z bestimmt, d.h. $W(Z = k)$ für $k = 2, 3, \ldots, 12$. Da

$$E[(X-3,5)(Z-7)] = E[(x-3,5)(X-3,5+Y-3,5)] = E[(X-3,5)^2] + cov[X,Y]$$
$$= \sigma_x^2, \text{ (denn } cov[X,Y] = 0\text{), folgt}$$

$$\rho_{x,z} = \frac{cov[X,Z]}{\sigma_x \sigma_z} = \frac{\sigma_x^2}{\sigma_x \sqrt{2}\sigma_x} = \frac{1}{\sqrt{2}}.$$

Wenn $\rho_{x,y}$ nahe bei 1 liegt, nennt man X und Y *stark positiv korreliert*, wenn $\rho_{x,y}$ nahe bei -1 liegt, nennt man sie *stark negativ korreliert*.

AUFGABE 91: Fünf Fische sind in einem Teich und sie haben folgende Gewichte und Längen:

Fisch Nr.i	1	2	3	4	5
Länge in cm	32	21	40	27	25
Gewicht in g	460	150	870	485	325

Ein Fisch wird geangelt und X sei seine Länge, Y sein Gewicht. Berechnen Sie $\rho_{x,y}$ unter der Voraussetzung, daß jeder der fünf Fische mit derselben Wahrscheinlichkeit 1/5 gefangen wird.

9.10 Wichtige Sätze der Wahrscheinlichkeitsrechnung

Die folgenden Sätze werden in der Statistik laufend benötigt. Wir können hier nicht alle beweisen, aber ihre Bedeutung soll in jedem Fall erläutert werden.

SATZ 9.10.1: Wenn $Y = h(X)$ eine stetige Funktion der zufälligen Variablen X ist, dann kann der Erwartungswert $E[Y]$, falls er existiert, bei stetigem X auch in der Form

$$E[Y] = \int_{-\infty}^{\infty} h(x)f(x)\,dx, \tag{1}$$

bei diskretem X auch in der Form

$$E[Y] = \sum_i h(x_i)p_i \tag{2}$$

berechnet werden. Dabei ist $f(x)$ eine zu X gehörende Dichte, im diskreten Fall sind die x_i die möglichen Werte von X und $p_i = W(X = x_i)$.

Man muß also nicht unbedingt zuerst eine Dichte von Y bzw. die möglichen Werte von Y und deren Wahrscheinlichkeiten berechnen, um den Erwartungswert $E[Y]$ zu bestimmen. Dieser Satz wird oft als selbstverständlich angesehen und bei diskretem X ist er auch leicht zu beweisen, denn wenn mehrere x_i denselben Y-Wert $h(x_i)$ ergeben, dann kann man diesen in der Sume ausklammern und die in der Klammer stehende Summe der entsprechenden p_i ist dann gerade die Wahrscheinlichkeit dieses Y-Werts. Als Anwendung auf den speziellen Fall einer linearen Funktion $h(X)$ erhalten wir

SATZ 9.10.2: Wenn $E[X] = \mu$ und $V[X] = \sigma^2$, dann hat die zufällige Variable $Y = aX + b$ den Erwartungswert

$$E[Y] = E[aX + b] = a\mu + b \text{ und die Varianz } V[Y] = a^2\sigma^2. \quad (3)$$

a und b sind dabei beliebig wählbare Konstanten. Der Satz gilt auch für $a = 0$, denn dann ist Y die Konstante b, welche natürlich den Erwartungswert b und die Varianz 0 hat.

Beweis: Wenn X stetig ist, also eine Dichte $f(x)$ besitzt, dann folgt aus Satz 9.10.1

$$E[Y] = \int_{-\infty}^{\infty} (ax + b)f(x)\,dx = a\int_{-\infty}^{\infty} xf(x)\,dx + b\int_{-\infty}^{\infty} f(x)\,dx = a\mu + b\,.$$

Da auch $(Y - \mu_y)^2 = (aX + b - a\mu - b)^2 = a^2(X - \mu)^2$ eine stetige Funktion von X ist, folgt wieder nach Satz 9.10.1

$$V[Y] = \int_{-\infty}^{\infty} a^2(x - \mu)^2 f(x)\,dx = a^2\sigma^2.$$

Für diskretes X folgt die Behauptung von Satz 9.10.2 ganz analog.

Wenn $a \neq 0$ ist, dann sagt man, die Verteilung von $Y = aX + b$ gehört zur selben *Verteilungsfamilie* wie die Verteilung von X. Wählt man speziell $a = 1/\sigma$ und $b = -\mu/\sigma$, dann hat nach Satz 9.10.2

$$Y = \frac{X - \mu}{\sigma} \text{ den Erwartungswert } E[Y] = 0 \text{ und die Varianz } 1\,. \quad (4)$$

Man nennt Y dann die *standardisierte Variable* zu X. Bei normalverteiltem X haben wir schon in 9.6 die standardisierte Variable $Y = (X - \mu)/\sigma$ betrachtet, die nach der *Standardnormalverteilung* $N(0; 1)$ verteilt ist; die zugehörige Verteilungsfunktion $\Phi(y)$ ist tabelliert. Nun sehen wir, daß man jede Variable X standardisieren kann, wenn nur $E[X]$ und $V[X]$ existieren.

SATZ 9.10.3: Wenn die Erwartungswerte von $X_1, X_2, \ldots, X_n$ existieren, dann existiert auch der Erwartungswert der Summe und ist gleich der Summe der einzelnen Erwartungswerte, d.h.

$$E[X_1 + X_2 + \ldots + X_n] = E[X_1] + E[X_2] + \ldots + E[X_n] \; . \qquad (5)$$

Man beachte, daß der Satz auch für abhängige Variable gilt! Wir beweisen den Satz nur für $n = 2$ im diskreten Fall: Wenn X und Y beide diskret sind und die Paare (x_i, y_j) der möglichen Werte mit den Wahrscheinlichkeiten $p_{ij} = W(X = x_i, Y = y_j)$ annehmen, dann ist

$$E[X + Y] = \sum_i \sum_j (x_i + y_j) p_{ij} = \sum_i x_i \sum_j p_{ij} + \sum_j y_j \sum_i p_{ij} \; ;$$

Nun ist aber

$$\sum_j p_{ij} = \sum_j W(X = x_i, Y = y_j) = W(X = x_i) \; ,$$

denn die Ereignisse $\{\omega | Y(\omega) = y_j\}$ bilden eine punktfremde Zerlegung von Ω (vgl. den Beweis des Satzes von der totalen Wahrscheinlichkeit in 9.4); ebenso erhalten wir $W(Y = y_j)$, wenn wir die p_{ij} über alle i summieren und somit folgt

$$E[X + Y] = \sum_i x_i W(X = x_i) + \sum_j y_j W(Y = y_j) = E[X] + E[Y].$$

Ähnlich beweist man den Satz im stetigen Fall, wobei die p_{ij} durch eine gemeinsame Dichte und die Summation durch Integration ersetzt wird. Natürlich folgt dann sofort $E[X + Y + Z] = E[X + Y] + E[Z] = E[X] + E[Y] + E[Z]$ usw. und durch vollständige Induktion folgt, daß der Satz für eine beliebige Anzahl n von Summanden gilt.

Die wichtigste Anwendung von Satz 9.10.3 betrifft das arithmetische Mittel aus mehreren Beobachtungen. Wenn $X_1, X_2, \ldots, X_n$ alle denselben Erwartungswert μ haben, dann hat ihre Summe den Erwartungswert $n\mu$ und somit gilt für das arithmetische Mittel der

SATZ 9.10.4: Aus $E[X_i] = \mu$ für $i = 1, 2, \ldots, n$ folgt für

$$\bar{X} = \frac{1}{n} \sum_i X_i \; , \text{ daß } E[\bar{X}] = \mu \qquad (6)$$

Als stetige Funktion von zufälligen Variablen $X_1, X_2, \ldots, X_n$ ist auch $\bar{X}$ eine zufällige Variable. Sie hat denselben Erwartungswert wie die X_i, aber sie wird im allgemeinen weniger stark von μ abweichen. Dies gilt vor allem dann, wenn die X_i unabhängig sind, wie wir gleich sehen werden.

SATZ 9.10.5: Sind $X_1, X_2, \ldots, X_n$ unabhängig und

$$E[X_i] = \mu_i, \quad V[X_i] = \sigma_i^2 \text{ für } i = 1, 2, \ldots, n, \text{ dann hat}$$

$$Y = \sum_{i=1}^{n} X_i \text{ die Varianz } V[Y] = \sum_{i=1}^{n} \sigma_i^2 \tag{7}$$

<u>Beweis:</u> Wenn $E[X_1] = \mu_1$, $E[X_2] = \mu_2$, $V[X_1] = \sigma_1^2$ und $V[X_2] = \sigma_2^2$, dann hat $Y = X_1 + X_2$ nach Satz 9.10.3 den Erwartungswert $E[Y] = \mu_1 + \mu_2$. Also ist

$$V[Y] = E[(X_1 + X_2 - \mu_1 - \mu_2)^2] = E[((X_1 - \mu_1) + (X_2 - \mu_2))^2] =$$

$$= E[(X_1 - \mu_1)^2 + (X_2 - \mu_2)^2 + 2(X_1 - \mu_1)(X_2 - \mu_2)]$$

und das ist $\sigma_1^2 + \sigma_2^2 + 2cov[X, Y] = \sigma_1^2 + \sigma_2^2$, denn nach Satz 9.10.3 ist der Erwartungswert einer Summe gleich der Summe der Erwartungswerte der Summanden und wegen der Unabhängigkeit gilt $cov[X, Y] = 0$.
Nun kann man zu $Y = X_1 + X_2$ noch eine davon unabhängige Variable X_3 addieren und genau wie eben zeigen, daß $V[Y + X_3] = V[Y] + V[X_3] = \sigma_1^2 + \sigma_2^2 + \sigma_3^2$ gilt, und da man dies iterieren kann, folgt durch vollständige Induktion, daß der Satz für alle $n \geq 2$ richtig ist.

Sind nun die unabhängigen X_i *identisch verteilt,* d.h. nach derselben Verteilungsfunktion, dann haben sie alle denselben Erwartungswert μ und dieselbe Varianz σ^2. Dann hat $Y = X_1 + X_2 + \ldots, X_n$ den Erwartungswert $n\mu$ und die Varianz $n\sigma^2$. Für $\bar{X} = Y/n$ folgt dann

SATZ 9.10.6: Sind $X_1, X_2, \ldots, X_n$ unabhängig und identisch verteilt mit $E[X_i] = \mu$ und $V[X_i] = \sigma^2$ für $i = 1, 2, \ldots, n$, dann gilt für

$$\bar{X} = \frac{1}{n} \sum_{i=1}^{n} X_i, \text{ daß } E[\bar{X}] = \mu, V[\bar{X}] = \frac{\sigma^2}{n}. \tag{8}$$

Daß $E[\bar{X}] = \mu$ ist, besagt schon Satz 9.10.4 und dazu müßten die X_i nicht einmal unabhängig sein. Da nach Satz 9.10.2

$$V[\bar{X}] = V[\frac{1}{n} Y] = \frac{1}{n^2} V[Y] \text{ mit } Y = X_1 + X_2 + \ldots + X_n,$$

289

und $V[Y]$ nach obigem gleich $n\sigma^2$ ist, folgt $V[\bar{X}] = \sigma^2/n$.

Die Streuung von $\bar{X}$ ist also $\sigma/\sqrt{n}$. Das bedeutet, daß $\bar{X}$ im allgemeinen näher bei μ liegen wird, als der Wert einer einzelnen Variablen X_i ; es kann zwar vor allem bei größerem n vorkommen, daß einige der X_i durch Zufall Werte annehmen, die dichter bei μ liegen als der Wert von $\bar{X}$, da man jedoch nicht weiß, welche X_i das sein werden, wird man μ mit Hilfe von $\bar{X}$ schätzen.

Man kann nun die Ungleichung von Tschebyschew (s.(15) in 9.7) auch auf $\bar{X}$ anwenden, wobei nun aber die Varianz von $\bar{X}$, also σ^2/n einzusetzen ist. Es folgt also für jedes $\varepsilon > 0$,

$$W(|\bar{X} - \mu| \geq \varepsilon) \leq \frac{\sigma^2}{n\varepsilon^2}$$

und daraus ergibt sich ein sogenanntes *Gesetz der großen Zahl:*

SATZ 9.10.7 (Schwaches Gesetz der großen Zahl): Wenn $X_1, X_2, \ldots, X_n$ unabhängige und identisch verteilte zufällige Variable mit dem Erwartungswert μ und der Streuung σ sind, dann konvergiert $W(|\bar{X} - \mu| \geq \varepsilon)$ für jedes $\varepsilon > 0$ gegen 0, wenn n gegen ∞ geht.

Wählt man also n hinreichend groß, dann erhält man ein X, welches sich mit beliebig hoher Wahrscheinlichkeit um weniger als ein beliebig kleines $\varepsilon > 0$ von μ unterscheidet. Denn es ist

$$W(|\bar{X} - \mu| \geq \varepsilon) = 1 - W(|\bar{X} - \mu| < \varepsilon)$$

und wenn die erste dieser Wahrscheinlichkeiten gegen 0 geht, strebt die zweite gegen 1.

Es gibt auch noch ein sogenanntes *starkes Gesetz der großen Zahl;* es sagt, daß nicht nur die Folge der Wahrscheinlichkeiten $W(|\bar{X} - \mu| \geq \varepsilon)$ bei beliebigem $\varepsilon > 0$ für $n \to \infty$ gegen 0 konvergiert, sondern daß sogar die Folge der für wachsende n berechneten $\bar{X}$-Werte mit Wahrscheinlichkeit 1 gegen μ konvergiert. Näheres dazu kann der mathematisch etwas versiertere Leser etwa bei Chung [23] oder Rényi [28] nachlesen.

SATZ 9.10.8 (Zentraler Grenzwertsatz): Wenn $X_1, X_2, \ldots, X_n$ unabhängige, identisch verteilte zufällige Variable mit $E[X_i] = \mu$ und $V[X_i] = \sigma^2$ sind, dann konvergiert die Verteilungsfunktion der zu $\bar{X}$ gehörenden standardisierten Variablen Y für $n \to \infty$ gegen die Verteilungsfunktion $\Phi(y)$ der Standardnormalverteilung.

Weil $\bar{X}$ den Erwartungswert μ und die Streuung $\sigma/\sqrt{n}$ hat, ist

$$Y = (\bar{X} - \mu) : (\sigma/\sqrt{n}) = \frac{(\bar{X} - \mu)\sqrt{n}}{\sigma}$$

und dieses Y ist also für hinreichend großes n in guter Näherung nach $\Phi(y)$ verteilt. Es gilt dann z.B.

$$W(Y \le y) \approx \Phi(y) \text{ oder } W(a \le Y \le b) \approx \Phi(b) - \Phi(a),$$

wobei $\Phi(y)$ die tabellierte Verteilungsfunktion der Normalverteilung $N(0;1)$ ist. Dieser Satz ist übrigens nicht die allgemeinste Form des Zentralen Grenzwertsatzes, sondern nur ein besonders wichtiger Spezialfall. Wir können ihn hier nicht beweisen (der mathematisch interessierte Leser findet den Beweis in jedem Lehrbuch der Wahrscheinlichkeitstheorie), wollen ihn aber an einfachen Beispielen illustrieren.

BEISPIEL 1: Wenn (X, Y) gleichverteilt im Einheitsquadrat ist, dann ist $g(x, y)$ eine gemeinsame Dichte, wenn $g(x, y) = 1$ für alle (x, y) im Einheitsquadrat und $g(x, y) = 0$ für alle (x, y) außerhalb des Quadrats. X und Y sind dann unabhängig und haben dieselbe Dichte bzw. Verteilungsfunktion, nämlich (s.Figur 93a)

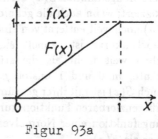

$$f(x) = \begin{cases} 1 & \text{für } 0 \le x \le 1 \\ 0 & \text{sonst} \end{cases}$$

und $F(x) = W(X \le x) = W(Y \le x) = H(x)$

$$\text{mit } F(x) = \begin{cases} 0 & \text{für } x < 0 \\ x & \text{für } 0 \le x \le 1 \\ 1 & \text{für } x \ge 1 \end{cases}$$

Figur 93a

Wir wollen nun sehen, ob die Summe der unabhängigen Variablen $X + Y$ eine Dichte und eine Verteilungsfunktion hat, die stärker als $f(x)$ bzw. $F(x)$ der Dichte bzw. Verteilungsfunktion einer Normalverteilung ähnelt. Aufgrund des Zentralen Grenzwertsatzes kann man das vermuten, bei oberflächlichem Denken könnte man allerdings auch meinen, daß $X + Y$ im Intervall $[0, 2]$ gleichverteilt sei. Die Verteilungsfunktion

$$S(u) = W(X + Y \leq u)$$

hat für $0 \leq u \leq 2$ als Wert den Inhalt der Fläche, die sich im Einheitsquadrat unterhalb der Geraden $x + y = u$ befindet. Diese Fläche ist für $0 \leq u \leq 1$ ein Dreieck mit dem Inhalt $u^2/2$, für $1 \leq u \leq 2$ ist der Inhalt gleich 1 minus Inhalt des Dreiecks oberhalb der Geraden $x + y = u$, also $1 - (2 - u)^2/2$ (s.Figur 93b). Es folgt also

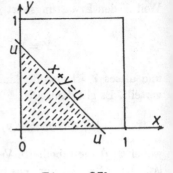

Figur 93b

$$S(u) = \begin{cases} 0 & \text{für } u < 0 \\ u^2/2 & \text{für } 0 \leq u \leq 1 \\ 1 - (2 - u)^2/2 & \text{für } 1 \leq u \leq 2 \\ 1 & \text{für } u \geq 2. \end{cases}$$

Dichte zu $S(u)$ ist $s(u) = \begin{cases} 0 & \text{für } u \leq 0 \\ u & \text{für } 0 < u < 1 \\ 2 - u & \text{für } 1 \leq u \leq 2 \\ 0 & \text{für } u > 2 \end{cases}$

In Figur 93c sind die Dichte $s(u)$ und die Verteilungsfunktion $S(u)$ der Summe $X + Y$ skizziert; wenn auch die geknickte Form von $s(u)$ noch weit entfernt von einer Gauß'schen Glockenkurve ist, ähnelt sie dieser doch schon weit mehr als die stückweise konstante, in 0 und 1 unstetige Dichte $f(x)$. Auch $S(x)$ ist mit ihrer gekrümmten, überall differenzierbaren Funktionskurve der Verteilungsfunktion einer Normalverteilung ähnlicher als $F(x)$.

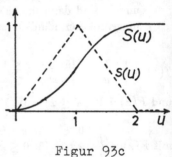

Figur 93c

Wir erkennen an diesem Beispiel noch etwas Wichtiges: die Summe von zufälligen Variablen gehorcht im allgemeinen einem anderen Verteilungstyp als die einzelnen Summanden! $X + Y$ ist *nicht* gleichverteilt über einem Intervall, obwohl X und Y über $[0,1]$ gleichverteilt sind. Die Normalverteilung spielt hier eine Sonderrolle, denn es gilt der

SATZ 9.10.9: Wenn X nach $N(\mu_x; \sigma_x^2)$ und Y nach $N(\mu_y; \sigma_y^2)$ normalverteilt ist, und wenn die Variablen X und Y unabhängig sind, dann sind

292

$X + Y$ und $X - Y$ wieder *normalverteilt* mit den Erwartungswerten und Varianzen, die sich aus den Sätzen 9.10.2 bis 9.10.5 ergeben.

Nach Satz 9.10.3 ist $E[X + Y] = \mu_x + \mu_y$ und nach Satz 9.10.5 ist $V[X + Y] = \sigma_x^2 + \sigma_y^2$, also ist $X + Y$ verteilt nach $N(\mu_x + \mu_y; \sigma_x^2 + \sigma_y^2)$. Nach Satz 9.10.2 hat $-Y$ dieselbe Varianz σ_y^2 wie Y und als stetige Funktion von Y ist $-Y$ ebenfalls unabhängig von X (vgl. Satz 9.8.2). Also hat $X - Y = X + (-Y)$ dieselbe Varianz wie $X + Y$ und nach Satz 9.10.3 den Erwartungswert $\mu_x - \mu_y$. Daher ist $X - Y$ normalverteilt nach $N(\mu_x - \mu_y; \sigma_x^2 + \sigma_y^2)$.

Sind nun X, Y, Z unabhängig und normalverteilt, dann sind auch die beiden Variablen $(X + Y)$ und Z unabhängig und normalverteilt und folglich ist nach Satz 9.10.9 auch $X + Y + Z$ normalverteilt. So können wir schrittweise die Anzahl der Summanden vermehren und erhalten

SATZ 9.10.10: Eine Summe von beliebig vielen unabhängigen und normalverteilten zufälligen Variablen ist normalverteilt.

Der Erwartungswert dieser Summe ist nach Satz 9.10.3 gleich der Summe der Erwartungswerte der Summanden, die Varianz der Summe ist nach Satz 9.10.5 die Summe der Varianzen der Summanden.

Für n *identisch* verteilte Summanden X_i mit $E[X_i] = \mu$ und $V[X_i] = \sigma^2$ folgt nun, daß ihr arithmetisches Mittel $\bar{X}$ exakt normalverteilt ist, wenn die X_i normalverteilt sind. Das

standardisierte Mittel $\dfrac{(\bar{X} - \mu)\sqrt{n}}{\sigma}$ ist dann exakt nach $N(0; 1)$ verteilt,

während es nach dem Zentralen Grenzwertsatz bei <u>nicht</u> normalverteilten, aber unabhängigen und identisch verteilten X_i nur näherungsweise nach $N(0; 1)$ verteilt ist. Die Näherung wird mit wachsender Anzahl n der Summanden in der Regel immer besser, aber leider kann man nicht allgemein sagen, wie groß n sein muß, damit die Verteilung von $(\bar{X} - \mu)\sqrt{n}/\sigma$ hinreichend gut mit der Standard-Normalverteilung übereinstimmt. Die Geschwindigkeit der vom Zentralen Grenzwertsatz behaupteten Konvergenz der Verteilungen hängt nämlich stark vom Verteilungstyp der Sumanden X_i ab. Manchmal ist schon ein Mittel aus fünf unabhängigen Variablen in guter Näherung normalverteilt, in anderen Fällen ist $n = 20$ noch zu wenig.

BEISPIEL 2: Für das Bernoulli-Schema (vgl.9.5) betrachteten wir als Elementarereignisse die n-tupel, deren Komponenten A oder $\bar{A}$ sind. Wenn wir nun die sog. „Zählvariablen"

$$Z_i(\omega) = \begin{cases} 1 & \text{, wenn } A \text{ die } i\text{-te Komponente von } \omega \text{ ist} \\ 0 & \text{, wenn } \bar{A} \text{ die } i\text{-te Komponente von } \omega \text{ ist} \end{cases},$$

betrachten, dann ist die binomialverteilte Anzahl X der A-Komponenten (die „Trefferanzahl") gleich $Z_1 + Z_2 + \ldots + Z_n$.
Voraussetzung des Bernoulli-Schemas ist, daß je n zufällige Ereignisse der Form $\{\omega |$ die i-te Komponente von ω ist $d_i\}$, $i = 1, 2, \ldots, n$, stets unabhängig sind, wenn man für die d_i nach Belieben jeweils entweder A oder $\bar{A}$ einsetzt. Daher sind nun die Zählvariablen unabhängig und sie sind identisch verteilt mit

$$W(Z_i = 1) = p, \ W(Z_i = 0) = 1 - p.$$

Daraus folgt $E[Z_i] = 1 \cdot p + 0 \cdot (1 - p) = p$ und die Varianz
$V[Z_i] = (1-p)^2 \cdot p + (0-p)^2 \cdot (1-p) = p - 2p^2 + p^3 + p^2 - p^3 = p(1-p)$;
nun können wir ohne Rechnen den Erwartungswert $E[X] = np$ und die Varianz $V[X] = np(1-p)$ der Binomialverteilung auch aus den Sätzen 9.10.3 und 9.10.5 schließen.
Da die binomialverteilte Variable X somit die Summe der unabhängigen und identisch verteilten zufälligen Variablen Z_i ist, muß X für große n ungefähr nach $N(np; np(1-p))$ verteilt sein, also muß die standardisierte Variable zu X, nämlich

$$Y = \frac{X - np}{\sqrt{np(1-p)}}, \text{ die wir mit } \bar{X} = X/n \text{ auch } Y = \frac{(\bar{X} - p)\sqrt{n}}{\sqrt{p(1-p)}} \quad (9)$$

schreiben, für große n ungefähr nach der Standard-Normalverteilung $N(0; 1)$ verteilt sein. Die Genauigkeit der Approximation hängt aber nicht nur von n, sondern auch von p ab und sie ist besser für mittlere Werte von p als für p-Werte dicht bei 0 oder 1. Als Faustregel gilt, daß die Ungleichung

$$np(1-p) > 9 \quad (10)$$

erfüllt sein sollte, wenn man die Verteilung der Variablen (9) durch $N(0; 1)$ approximiert.

Sei etwa X nach $Bi(50; 0,30)$ verteilt. Dann ist $np(1-p) = 50 \cdot 0,3 \cdot 0,7 = 10,5$ und die Faustregel ist somit erfüllt. Wir können dann für jedes b die Wahrscheinlichkeit

$$W(X \le b) = W(\frac{X - 15}{\sqrt{10,5}} \le \frac{b - 15}{\sqrt{10,5}}) \text{ durch } \Phi(\frac{b - 15}{\sqrt{10,5}})$$

approximieren. Für $b = 10$ würden wir so

$$W(X \leq 10) \approx \Phi(-\frac{5}{\sqrt{10,5}}) = \Phi(-1,543) = 0,062$$

erhalten, während der exakte Wert mühsam als Summe der Wahrscheinlichkeiten $W(X = k)$, $k = 0, 1, \ldots, 10$ zu $0,079$ berechnet wird. Sehr gut ist die Approximation in diesem Fall also noch nicht. Sie läßt sich verbessern, indem wir $W(X \leq b)$ durch $W(Z \leq b + 0,5)$ annähern, wobei Z normalverteilt ist und denselben Erwartungswert und dieselbe Streuung wie X hat.

Diese Verbesserung der Approximation durch Addition von $0,5$ nennt man die *Korrektur nach Yates*. Man kann sie immer anwenden, wenn die Verteilung einer diskreten zufälligen Variablen X, deren mögliche Werte im Abstand 1 aufeinander folgen, mit Hilfe einer Dichte approximiert wird. Aus Figur 94 erkennt man, warum das so ist:

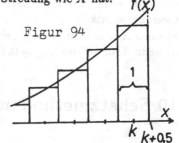

Figur 94

wenn k ein möglicher Wert von X ist, dann kann man $W(X \leq k)$ als Summe der Flächeninhalte von Rechtecken darstellen, deren Grundlinien alle die Länge 1 haben und deren Höhen gleich $W(X = i)$ sind, wobei i bis k läuft. Diese Summe wird in den meisten Fällen besser durch das Integral von $-\infty$ bis $k + 0,5$ über die Dichte approximiert, als durch das nur bis k laufende Integral.

In unserem Beispiel müßten wir also $W(X \leq 10)$ durch $W(Z \leq 10,5)$ approximieren, wobei Z nach der Normalverteilung mit $\mu = np = 15$ und $\sigma^2 = np(1 - p) = 10,5$ verteilt ist. Über die standardisierte Variable zu Z erhalten wir nun

$$W(Z \leq 10,5) = W(\frac{Z - 15}{\sqrt{10,5}} \leq \frac{10,5 - 15}{\sqrt{10,5}}) = \Phi(-1,389) = 0,082$$

und dies liegt wesentlich näher am exakten Wert $0,079$.

<u>AUFGABE 92:</u> Mendel erzielte 5527 Nachkommen von hybriden Erbsen. Die Anzahl X unter diesen Nachkommen, die das Merkmal „Blütenfarbe" in der dominanten Form „rot" aufweisen würden, war nach seinem Modell binomialverteilt mit $n = 5527$ und $p = 0,75$. Mit welcher Wahrscheinlichkeit mußte dann X zwischen 4000 und 4300 liegen? (Mendel erhielt 4114 Stück, der Erwartungswert von X ist $E[X] = 5527 \cdot 0,75 = 4145$.) Berechnen Sie die gesuchte Wahrscheinlichkeit über die hier in sehr guter Näherung nach $N(0; 1)$ verteilte Größe (9).

AUFGABE 93: Die Körpergröße X verheirateter Männer sei normalverteilt mit $E[X] = 176\,cm$ und $\sigma_x = 10\,cm$, während die Größe Y verheirateter Frauen mit $E[Y] = 165\,cm$ und $\sigma_y = 9\,cm$ normalverteilt sei. Wenn X und Y unabhängig wären, d.h. wenn die Größe bei der Partnerwahl keine Rolle spielen würde, bei wieviel Prozent aller Ehepaare wäre dann die Frau größer als der Mann?

AUFGABE 94: Bei einem gewissen Typ von Flaschen sei das Gewicht X der leeren Flasche mit $\mu_x = 500\,g$ und $\sigma_x = 10\,g$ verteilt; das Gewicht Y des flüssigen Inhalts sei mit $\mu_y = 980\,g$ und $\sigma_y = 8\,g$ verteilt. Wie groß ist das Gesamtgewicht $X + Y$ im Durchschnitt und wie groß ist die Streuung des Gesamtgewichts
a) wenn X und Y unabhängig sind und
b) wenn X und Y mit $\rho_{x,y} = 0,80$ korreliert sind?

10 Schätzmethoden

10.1 Parameterschätzung

Für die bisher betrachteten zufälligen Variablen kannten wir die Verteilung; diese folgte aus einem Modell, etwa dem des Bernoulli-Schemas oder dem des zufälligen Ziehens aus einer Urne ohne Zurücklegen usw., oder wir forderten einfach, daß die zufällige Variable nach einer gewissen Verteilungsfunktion oder Dichte verteilt sein sollte. Weil wir die Verteilung kannten, konnten wir Vorhersagen über den Wert machen, den die Variable annehmen wird, z.B. konnten wir die Wahrscheinlichkeit berechnen, mit der er in ein gegebenes Intervall fallen wird.

In der Praxis ist die Zielrichtung meist umgekehrt: man kennt die Verteilung nicht, hat aber Werte von zufälligen Variablen beobachtet, die nach der unbekannten Verteilung verteilt sind; nun möchte man aufgrund der beobachteten Werte Aussagen über die unbekannte Verteilung gewinnen. In den meisten Fällen reicht die Anzahl der Beobachtungen bei weitem nicht aus, um etwa die Verteilungsfunktion in ihrem gesamten Verlauf einigermaßen genau schätzen zu können; wohl aber kann man Verteilungsparameter wie den Erwartungswert oder die Varianz durch Schätzwerte ungefähr bestimmen und für viele Zwecke genügt das auch. Grundlegend hierfür ist jeweils eine

Stichprobe $X_1, X_2, \ldots, X_n$;

die X_i sind zufällige Variable, von denen in der Regel vorausgesetzt wird, daß sie unabhängig und alle nach der unbekannten Verteilungsfunktion $F(x)$

verteilt sind. Wir nennen sie die *Stichprobenvariablen* und n den *Umfang der Stichprobe.*

Zu diesem Modell kann man wie folgt kommen: X_1 sei der Wert eines gewissen Merkmals (z.B. das Gewicht) bei einem zufällig aus einer Menge von N Objekten ausgewählten Objekt. Die Verteilung von X_1 würde man kennen, wenn für jedes der N Objekte der Merkmalswert bekannt wäre. Wenn alle Merkmalswerte der N Objekte verschieden sind, dann nimmt X_1 einen jeden mit Wahrscheinlichkeit $1/N$ an, tritt ein Merkmalswert bei insgesamt k Objekten auf, dann wird er mit Wahrscheinlichkeit k/N angenommen. Legt man das zuerst gezogene Objekt zurück und zieht dann zufällig ein weiteres Objekt, dessen Merkmalswert wir mit X_2 bezeichnen, dann sind X_1 und X_2 unabhängig und haben dieselbe Verteilung. Fährt man so fort, indem man jeweils das zuletzt gezogene Objekt zurücklegt und ein weiteres immer zufällig aus stets derselben Menge der N Objekte zieht, dann beobachtet man eine Stichprobe $X_1, X_2, \ldots, X_n$, falls man insgesamt n Objekte zieht. Wenn n klein gegen N ist, kommt es nicht darauf an, ob man die gezogenen Objekte zurücklegt oder nicht. Im letzteren Fall sind die X_i zwar nicht exakt unabhängig, aber man begeht keinen wesentlichen Fehler, wenn man sie wie unabhängige, identisch nach $F(x)$ verteilte Variable behandelt (s. hierzu auch den Vergleich von hypergeometrischen und binomialen Wahrscheinlichkeiten am Ende von 9.5 und Aufgabe 82).

Die Stichprobenvariablen $X_1, X_2, \ldots, X_n$ seien also unabhängig und alle nach einer unbekannten Verteilungsfunktion $F(x)$ verteilt. Wenn zu dieser Verteilungsfunktion der Erwartungswert μ und die Varianz σ^2 gehören, dann erfüllen die Variablen die Voraussetzungen der Sätze 9.10.4 und 9.10.7, die etwas über das arithmetische Mittel $\bar{X}$ aussagen:

a) nach Satz 9.10.4 gilt $E[\bar{X}] = \mu$

b) nach Satz 9.10.7 (dem schwachen Gesetz der großen Zahl) konvergiert

$$W(|\bar{X} - \mu| > \varepsilon) \text{ gegen } 0 \text{ für jedes } \varepsilon > 0 \text{ , wenn } n \text{ gegen } \infty \text{ geht.}$$

Diese beiden Eigenschaften rechtfertigen die Verwendung von $\bar{X}$ als sogenannte *Schätzfunktion* für den unbekannten Erwartungswert μ der Verteilung. Die erste bedeutet, daß man mit dieser Schätzfunktion den Parameter μ im Durchschnitt weder zu hoch, noch zu niedrig schätzt. Man nennt $\bar{X}$ daher eine *erwartungstreue Schätzfunktion* für μ. Die Eigenschaft b) bedeutet, daß sich $\bar{X}$ mit beliebig dicht bei 1 liegender Wahrscheinlichkeit beliebig wenig von μ unterscheiden wird, wenn wir nur hinreichend viele Beobachtungen machen, d.h. wenn der Umfang n der Stichprobe groß genug gewählt wird. Diese Eigenschaft wird auch als *Konsistenz* bezeichnet.
Diese Eigenschaften sind allgemein wünschenswert für Schätzfunktionen.

DEFINITION: Eine Funktion $T(X_1, X_2, \ldots, X_n)$ der Stichprobenvariablen heißt *Schätzfunktion* für einen Verteilungsparameter θ, wenn ihr Wert als Schätzwert für θ benutzt wird.

Sie heißt *erwartungstreue Schätzfunktion* für θ, wenn $E[T] = \theta$; sie heißt *konsistente Schätzfunktion* für θ, wenn

$$\lim_{n \to \infty} W(|T - \theta| > \varepsilon) = 0 \text{ für jedes } \varepsilon > 0.$$

Auch Schätzfunktionen sind zufällige Variable, da sie ja von den Stichprobenvariablen abhängen. Ihr jeweiliger Wert kann erst berechnet werden, wenn die Stichprobenvariablen beobachtet sind, d.h. wenn $X_1, X_2, \ldots, X_n$ gewisse Werte $x_1, x_2, \ldots, x_n$ angenommen haben. Diese Werte $x_1, x_2, \ldots, x_n$ bezeichnet man als das *Stichprobenergebnis*. Liegt es vor, dann nimmt z.B. die

Schätzfunktion $\bar{X} = \dfrac{1}{n} \displaystyle\sum_{i=1}^{n} X_i$ den Wert $\bar{x} = \dfrac{1}{n} \displaystyle\sum_{i=1}^{n} x_i$ an.

Es ist zu vermuten, daß ein Stichprobenergebnis $x_1, x_2, \ldots, x_n$ noch mehr Informationen über die unbekannte Verteilung enthält, als daß μ ungefähr gleich $\bar{x}$ sein wird. Wir können mit Hilfe der beobachteten Werte x_i sogar eine Näherungsfunktion für die unbekannte Verteilungsfunktion $F(x)$ konstruieren.

DEFINITION: Es sei U ein aus der Menge $\{x_1, x_2, \ldots, x_n\}$ der bereits beobachteten Werte zufällig auszuwählender Wert. Dann heißt die Verteilung von U die durch das Stichprobenergebnis bestimmte *empirische Verteilung*

U nimmt jeden der vorliegenden Werte x_i mit Wahrscheinlichkeit $1/n$ an, wenn diese alle verschieden sind. Kommt eine Zahl k-mal als beobachteter Wert vor, wird sie mit der Wahrscheinlichkeit k/n angenommen. Die empirische Verteilung ist also immer vom diskreten Typ und die zugehörige Verteilungsfunktion daher eine Treppenfunktion. Sie heißt die *empirische Verteilungsfunktion*.

Wenn n groß ist, dürfen wir annehmen, daß sie die unbekannte Verteilungsfunktion $F(x)$ der Stichprobenvariablen gut approximiert, und zwar auch dann, wenn letztere überall steig ist. Nach einem berühmten Satz des russischen Mathematikers Glivenko ist man sogar sicher, daß die empirische Verteilungsfunktion für $n \to \infty$ an jeder Stelle x gegen $F(x)$ konvergiert.

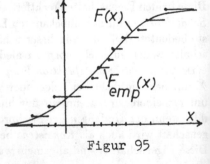

Figur 95

In Figur 95 ist eine empirische Verteilungsfunktion skizziert, die auf einer Stichprobe vom Umfang $n = 12$ beruht. Die tatsächliche Verteilungsfunktion könnte etwa die gezeichnete stetige Funktion $F(x)$ sein.

Der Erwartungswert der empirischen Verteilung ist

$$E[U] = \sum_{i=1}^{n} x_i \cdot \frac{1}{n} \,,$$

denn U nimmt jeden der vorliegenden Werte $x_1, x_2, \ldots, x_n$ des Stichprobenergebnisses mit Wahrscheinlichkeit $1/n$ an. $E[U]$ ist also immer gleich dem Wert, den das Stichprobenmittel $\bar{X}$ annimmt. Wir benutzen also den Erwartungswert der empirischen Verteilung als Schätzwert für den Erwartungswert μ der Stichprobenvariablen und folgen damit einem

ALLGEMEINEN SCHÄTZPRINZIP: *Ein unbekannter Parameter der Verteilungsfunktion $F(x)$ der Stichprobenvariablen kann durch den entsprechenden Parameter der empirischen Verteilung geschätzt werden.*

Nach diesem Prinzip läßt sich also $\bar{X}$ als Schätzfunktion für μ ableiten. Versuchen wir dasselbe mit der Varianz σ^2 ! Die

Varianz der empirischen Verteilung ist $\sum_{i=1}^{n}(x_i - \bar{x})^2 \cdot \frac{1}{n}$,

denn U nimmt auch die Abweichungsquadrate $(x_i - \bar{x})^2$ von seinem Erwartungswert $\bar{x}$ jeweils mit der Wahrscheinlichkeit $1/n$ an. Diese Sume ist also bei vorliegendem Stichprobeneregebnis ein Schätzwert für σ^2 ; er ist immer gleich dem Wert, den die Schätzfunktion

$$\hat{S}^2 = \frac{1}{n} \sum_{i=1}^{n}(X_i - \bar{X})^2 \tag{1}$$

annimmt. Damit folgt also $\hat{S}^2$ als Schätzfunktion für σ^2 aus unserem allgemeinen Schätzprinzip. Allerdings ist $\hat{S}^2$ nicht erwartungstreu, wie folgende Rechnung zeigt: Wegen Satz 9.10.3 gilt

$$E[\hat{S}^2] = \frac{1}{n} \sum_{i=1}^{n} E[(X_i - \bar{X})^2 \text{ und dies ist gleich } E[(X_1 - \bar{X})^2] \,,$$

weil die Erwartungswerte $E[(X_i - \bar{X})^2]$ aus Symmetriegründen alle gleich sind. Nun ist aber

$$E[(X_1 - \bar{X})^2] = E[(X_1 - \mu + \mu - \bar{X})^2] = E[(X_1 - \mu)^2 + (\mu - \bar{X})^2 + 2(X_1 - \mu)(\mu - \bar{x})]$$

$$= E[(X_1 - \mu)^2] + E[(\bar{X} - \mu)^2] + 2E[(X_1 - \mu)(\mu - \bar{X})] =$$

$$= \sigma^2 + \frac{\sigma^2}{n} + 2E[(X_1 - \mu)(\mu - \bar{X})] \,,$$

wobei wir Gebrauch von den Sätzen 9.10.3 und 9.10.6 gemacht haben. Wegen

$\mu - \bar{X} = \frac{1}{n} \sum_{i=1}^{n} (\mu - X_i)$ läßt sich $E[(X_1 - \mu)(\mu - \bar{X})]$ zerlegen in

$$\frac{1}{n} \sum_{i=1}^{n} E[(X_1 - \mu)(\mu - X_i)] = -\frac{1}{n} \sum_{i=1}^{n} E[(X_1 - \mu)(X_i - \mu)]$$

und in der letzten Summe sind alle Erwartungswerte gleich 0 bis auf den ersten, denn die X_i sind unabhängig und folglich sind ihre Kovarianzen gleich 0. Der erste Erwartungswert ist $E[(X_1 - \mu)^2] = \sigma^2$ und deshalb folgt

$$E[\hat{S}^2] = \sigma^2 + \frac{\sigma^2}{n} - 2\frac{\sigma^2}{n} = \frac{n-1}{n}\sigma^2 \,. \tag{2}$$

Der Erwartungswert von $\hat{S}^2$ ist also nicht gleich σ^2 und deshalb ist $\hat{S}^2$ keine erwartungstreue Schätzfunktion für die Varianz σ^2. Man nennt eine solche Schätzfunktion *verfälscht* oder *verzerrt*.
Diese Verzerrung ist aber für große n gering und sie läßt sich für alle n beheben, indem wir statt $\hat{S}^2$ die

erwartungstreue Schätzfunktion $S^2 = \dfrac{n}{n-1}\hat{S}^2 = \dfrac{1}{n-1} \sum_{i=1}^{n} (X_i - \bar{X})^2$ (3)

verwenden. S^2 ist erwartungstreu, weil

$$E[S^2] = \frac{n}{n-1} E[\hat{S}^2] = \frac{n}{n-1} \cdot \frac{n-1}{n}\sigma^2 = \sigma^2.$$

S^2 ist erst ab $n = 2$ definiert, d.h. man muß mindestens zwei Beobachtungen haben, um σ^2 mit Hilfe von S^2 erwartungstreu schätzen zu können.

Als Schätzfunktion für die Streuung σ verwendet man

$$S = \sqrt{S^2} = \sqrt{\frac{1}{n-1} \sum_{i=1}^{n} (X_i - \bar{X})^2} \,. \tag{4}$$

S ist im allgemeinen nicht erwartungstreu, aber konsistent. Wir können also darauf vertrauen, daß der Wert von S bei großem n dicht bei σ liegt. S ist offenbar genau dann konsistent für σ, wenn S^2 konsistent für σ^2 ist, denn die Relationen $S \approx \sigma$ und $S^2 \approx \sigma^2$ bedingen sich gegenseitig. Dagegen läßt sich aus der Erwartungstreue von S^2 nicht folgern, daß auch S erwartungstreu wäre. Im allgemeinen ist nämlich

$$E[S] = E[\sqrt{S^2}] \neq \sqrt{E[S^2]} = \sqrt{\sigma^2} = \sigma.$$

Die Ungleichheit folgt daraus, daß ein Erwartungswert als eine (gewichtete) Summe über alle möglichen Werte der betreffenden zufälligen Variablen aufgefaßt werden kann und bekanntlich ist die Wurzel aus einer Summe in der Regel nicht gleich der Summe aus den Wurzeln der Summanden: $\sqrt{a+b} \neq \sqrt{a} + \sqrt{b}$.

Der Wert von S wird bei Computerprogrammen manchmal unter der Bezeichnung SE (=Standard Error) ausgedruckt. Es handelt sich dann also nicht um die wahre Standardabweichung σ, sondern nur um einen Schätzwert. Als SEM (= Standard Error oft the Mean) wird häufig $S/\sqrt{n}$ berechnet. Dies ist eine Schätzung für die Streuung $\sigma/\sqrt{n}$ des Stichprobenmittels $\bar{X}$.

Unser allgemeines Schätzprinzip führt auch auf eine Schätzfunktion für den Korrelationskoeffizienten $\rho_{x,y}$ von zwei zufälligen Variablen X, Y. Dazu muß eine Stichprobe von n Paaren $(X_i, Y_i), i = 1, 2, \ldots, n$ beobachtet werden, die alle wie X, Y verteilt sind und gewöhnlich werden diese Paare als unabhängig vorausgesetzt, während zwischen X und Y bzw. zwischen X_i und Y_i eine Abhängigkeit bestehen kann. Das Stichprobenresultat ist dann eine Menge von n Punkten $(x_i, y_i), i = 1, 2, \ldots, n$ der x, y-Ebene. x_i und y_i sind die Werte, die X_i bzw. Y_i angenommen haben.

DEFINITION: Die *empirische Verteilung* aufgrund einer Stichprobe von n beobachteten Punkten $(x_1, y_1), (x_2, y_2), \ldots, (x_n, y_n)$ ist die gemeinsame Verteilung von (U, Z), wobei (U, Z) ein zufällig aus den bereits beobachteten Punkten zu wählender Punkt ist.

Die empirische Verteilung ist hier also eine gemeinsame Verteilung von diskretem Typ; sie ordnet jedem der beobachteten Punkte die Wahrscheinlichkeit $1/n$ zu, wenn diese alle verschieden sind. Ist einer der Punkte k-mal beobachtet worden, wird ihm die Wahrscheinlichkeit k/n zugeordnet. Zur empirischen Verteilung gehört der Korrelationskoeffizient (vgl.(10) in 9.9)

$$\rho_{u,z} = \frac{E[(U - \mu_u)(Z - \mu_z)]}{\sigma_u \sigma_z}.$$

Diesen Korrelationskoeffizienten berechnen wir und benutzen seinen Wert als Schätzwert für $\rho_{x,y}$. Da U die Werte x_i mit Wahrscheinlichkeit $1/n$ annimmt, folgt

$$E[U] = \frac{1}{n} \sum_{i=1}^{n} x_i = \bar{x} \text{ und ebenso folgt } E[Z] = \frac{1}{n} \sum_{i=1}^{n} y_i = \bar{y}.$$

Bei der Herleitung von $\hat{S}^2$ haben wir gesehen, daß die Streuung σ_u von U gleich

$$\sqrt{\frac{1}{n}\sum_{i=1}^{n}(x_i - \bar{x})^2} \text{ ist. Ebenso ist } \sigma_z = \sqrt{\frac{1}{n}\sum_{i=1}^{n}(y_i - \bar{y})^2}\,.$$

Wir müssen also nur noch die Kovarianz von U und Z berechnen. Da die Punkte (x_i, y_i) mit den Wahrscheinlichkeiten von je $1/n$ angenommen werden, gilt

$$cov[U, Z] = E[(U - \bar{x})(Z - \bar{y})] = \frac{1}{n}\sum_{i=1}^{n}(x_i - \bar{x})(y_i - \bar{y})\,;$$

Damit erhalten wir

$$\rho_{u,z} = \frac{\dfrac{1}{n}\sum\limits_{i=1}^{n}(x_i - \bar{x})(y_i - \bar{y})}{\sqrt{\dfrac{1}{n}\sum\limits_{i=1}^{n}(x_i - \bar{x})^2}\sqrt{\dfrac{1}{n}\sum\limits_{i=1}^{n}(y_i - \bar{y})^2}} = \frac{\sum\limits_{i=1}^{n}(x_i - \bar{x})(y_i - \bar{y})}{\sqrt{\sum\limits_{i=1}^{n}(x_i - \bar{x})^2}\sqrt{\sum\limits_{i=1}^{n}(y_i - \bar{y})^2}}\,;$$

dies ist immer gleich dem Wert, den die Schätzfunktion

$$R = \frac{\sum\limits_{i=1}^{n}(X_i - \bar{X})(Y_i - \bar{Y})}{\sqrt{\sum\limits_{i=1}^{n}(X_i - \bar{X})^2}\sqrt{\sum\limits_{i=1}^{n}(Y_i - \bar{Y})^2}} = \frac{\sum\limits_{i=1}^{n}(X_i - \bar{X})(Y_i - \bar{Y})}{(n-1)S_x S_y} \tag{5}$$

annimmt, die wir somit aus dem allgemeinen Schätzprinzip als Schätzfunktion für $\rho_{x,y}$ hergeleitet haben.

S_x und S_y sind die Schätzfunktionen für die Streuungen σ_x und σ_y, also

$$S_x = \sqrt{\frac{1}{n-1}\sum_{i=1}^{n}(X_i - \bar{X})^2}\,, \quad S_y = \sqrt{\frac{1}{n-1}\sum_{i=1}^{n}(y_i - \bar{Y})^2}\,.$$

R wird der *empirische Korrelationskoeffizient nach Bravais* genannt, die Berechnungsformel (5) nennt man häufig die *Produkt-Moment-Formel nach Pearson*. Da der Wert von R nicht nur ein Schätzwert für $\rho_{x,y}$ ist, sondern zugleich auch der wahre Korrelationskoeffizient der empirischen Verteilung, hat auch R alle Eigenschaften eines Korrelationskoeffizienten (vgl.9.9), d.h. auch für R gilt $-1 \leq R \leq 1$ und $R = 1$ bzw. $R = -1$ genau dann, wenn die beobachteten Punkte (x_i, y_i) auf einer steigenden bzw. fallenden Geraden liegen. Ferner ist R wie jeder Korrelationskoeffizient invariant gegen positiv-lineare Transformation, d.h. er ändert sich nicht, wenn man für X oder Y andere Maßeinheiten einführt. Man kann also z.B. die x_i durch $ax_i + b$ mit $a > 0$ und b beliebig ersetzen und die y_i durch $cy_i + d$ mit $c > 0$ und d beliebig, ohne daß sich der Wert von R ändert.

BEISPIEL 1: Eine seltene Baumart kommt noch an fünf Standorten vor. Man registriert jeweils die Höhe x_i des Standorts über dem Meeresspiegel und den Prozentsatz y_i der Bäume dieser Art, die dort durch Umwelteinflüsse geschädigt sind. Aus der sich ergebenden Tabelle soll die Korrelation zwischen der Höhe X und dem Prozentsatz Y der geschädigten Bäume dieser Art geschätzt werden. Die Tabelle sei wie folgt:

Standort Nr.i	1	2	3	4	5
Höhe x_i in m	280	540	170	610	550
Schädigung y_i in%	22	35	27	39	37

Man berechnet ohne Mühe

$$\bar{x} = 430, \quad \sqrt{\sum_{i=1}^{5}(x_i - 430)^2} = 386 \,, \quad \bar{y} = 32 \,, \quad \sqrt{\sum_{i=1}^{5}(y_i - 32)^2} = 14,42$$

$\sum_{i=1}^{n}(x_i - \bar{x})(y_i - \bar{y})$ kann auch in der Form $\sum_{i=1}^{n}(x_i - \bar{x})y_i$ oder $\sum_{i=1}^{n}x_i(y - \bar{y})$ berechnet werden, denn man läßt jeweils nur eine Summe weg, die den Wert 0 ergibt:

$$\sum_{i=1}^{n}(x_i - \bar{x})\bar{y} = \bar{y}\sum_{i=1}^{n}(x_i - \bar{x}) = 0 \text{ und ebenso } \sum_{i=1}^{n}\bar{x}(y_i - \bar{y}) = 0 \,.$$

Aus den obigen beiden Umformungen ergibt sich als dritte

$$\sum_{i=1}^{n}(x_i - \bar{x})(y_i - \bar{y}) = \sum_{i=1}^{n}x_i y_i - n\bar{x}\bar{y} \,.$$

Früher boten solche Umformungen beträchtliche Rechenvorteile; heute muß man nur die Wertepaare (x_i, y_i) in einen besseren Taschenrechner oder einen PC eingeben und erhält R per Knopfdruck. Wir berechnen

$$\sum_{i=1}^{5}(x_i - \bar{x})y_i = -150 \cdot 22 + 110 \cdot 35 - 260 \cdot 27 + 180 \cdot 39 + 120 \cdot 37 = 4990 \,,$$

also ist

$$R = \frac{4990}{386 \cdot 14,42} = 0,896 \,.$$

Aufgrund des geringen Stichprobenumfangs muß man damit rechnen, daß dies nur ein sehr ungenauer Schätzwert für den tatsächlichen Korrelationskoeffizienten $\rho_{x,y}$ ist. Da aber der empirische Korrelationskoeffizient R nahe bei 1 liegt, wird man vermuten, daß $\rho_{x,y}$ positiv ist.

Außer unserem allgemeinen Schätzprinzip, das sich auf die empirische Verteilung stützt, gibt es auch andere Schätzverfahren, so z.B. das

PRINZIP DER KLEINSTEN QUADRATE: Es besteht darin, als Schätzwert für einen Parameter einen Wert zu wählen, für den eine Summe quadratischer Abweichungen minimal wird.

Wir werden dieses Prinzip in 10.3 bei der Regression verwenden und zeigen jetzt nur, daß man auch aus ihm $\bar{X}$ als Schätzfunktion für μ erhält. Die Summe der Abweichungsquadrate der beobachteten Werte x_i von einer beliebigen Zahl c ist nämlich immer

$$\sum_{i=1}^{n}(x_i-c)^2 = \sum_{i=1}^{n}(x_i-\bar{x}+\bar{x}-c)^2 = \sum_{i=1}^{n}(x_i-\bar{x})^2+n(\bar{x}-c)^2+2\sum_{i=1}^{n}(x_i-\bar{x})(\bar{x}-c) \; ;$$

nun ist aber

$$2\sum_{i=1}^{n}(x_i-\bar{x})(\bar{x}-c) = 2(\bar{x}-c)\sum_{i=1}^{n}(x_i-\bar{x}) = 0$$

und somit ist

$$\sum_{i=1}^{n}(x_i-c)^2 = \sum_{i=1}^{n}(x_i-\bar{x})^2 + n(\bar{x}-c)^2$$

und dies ist offenbar minimal, wenn $c = \bar{x}$ gewählt wird. Für das empirische Mittel $\bar{x}$ ist also die Summe der quadratischen Abweichungen der n beobachteten Werte am geringsten und daher ergibt sich $\bar{X}$ als Schätzfunktion für μ auch nach dem Prinzip der kleinsten Quadrate.

Man kann übrigens die letzte Gleichung auch zu einem Rechenvorteil benutzen. Die oft benötigte Quadratsumme

$$\sum_{i=1}^{n}(x_i-\bar{x})^2 \text{ ist gleich } \sum_{i=1}^{n}(x_i-c)^2 - n(\bar{x}-c)^2 \tag{6}$$

für jedes c und wenn man für c eine „glatte", dicht bei $\bar{x}$ liegende Zahl wählt, dann kann man den „Korrekturterm" $n(\bar{x}-c)^2$ oft vernachlässigen.

Ein weiteres Schätzprinzip ist die sogenannte

MAXIMUM-LIKELIHOOD-METHODE: Im diskreten Fall wählt man dabei unter allen möglichen Parameterwerten einen, für den das beobachtete Stichprobenergebnis maximale Wahrscheinlichkeit erhält.

BEISPIEL 2: Sei X nach einer Binomialverteilung $Bi(n,p)$ mit unbekanntem p verteilt; wenn sie den Wert k annimmt, haben wir nach der Maximum-Likelihood-Methode als Schätzwert für p denjenigen zu wählen, für den die Wahrscheinlichkeit

$$W(X = k) = \binom{n}{k} p^k (1 - p)^{n-k} \text{ maximal wird.}$$

Wir differenzieren nach p und erhalten die Ableitung

$$k \binom{n}{k} p^{k-1} (1 - p)^{n-k} - (n - k) \binom{n}{k} p^k (1 - p)^{n-k-1},$$

die offenbar genau dann gleich 0 wird, wenn $k(1 - p) = (n - k)p$ gilt und daraus folgt $p = k/n$. Man kann leicht zeigen, daß dies tatsächlich eine Maximalstelle ist und somit erhalten wir, da k der von X angenommene Wert war,

$$\frac{X}{n} \text{ als Schätzfunktion für } p \qquad (7)$$

nach der Maximum-Likelihood-Methode.

Da $E[X] = np$, (s.(4) in 9.7), gilt $E[X/n] = p$, d.h. X/n ist erwartungstreue Schätzfunktion für p.

Die Maximum-Likelihood-Methode hat den Vorteil, daß sie sich ohne weiteres auch auf die gleichzeitige Schätzung mehrerer Parameter anwenden läßt. Die aus ihr gewonnenen Schätzfunktionen sind in gewissem Sinn asymptotisch (d.h. für große Stichprobenumfänge) optimal. Sie hat aber auch den Nachteil, daß nicht immer eindeutige Lösungen existieren und daß vorhandene Lösungen oft nicht mit Hilfe von Formeln angegeben werden können, sondern nur numerisch mit dem Computer berechnet werden können.

Im stetigen Fall schreibt die Maximum-Likelihood-Methode als Schätzwert für einen unbekannten Parameter einen Wert vor, für den die gemeinsame Dichte der Stichprobenvariablen an der Stelle $(x_1, x_2, \ldots, x_n)$ maximal wird. Bei unabhängigen und identisch nach einer Dichte $f(x)$ verteilten Stichprobenvariablen ist dieser durch geeignete Parameterwahl zu maximierende Funktionswert der gemeinsamen Dichte gleich

$$f(x_1) f(x_2) \cdots f(x_n), \qquad (8)$$

wobei $x_1, x_2, \ldots, x_n$ die beobachteten Werte der Stichprobenvariablen sind. Das Dichteprodukt (8) heißt die *Likelihoodfunktion* L. Ein Parameterwert, für den sie maximal wird, ist ein *Maximum- Likelihood-Schätzwert*.

BEISPIEL 3: Ein Mikro-Organismus vermehrt sich durch Teilung, seine Lebensdauer, d.h. die Zeit von seiner Enstehung bis zu seiner Teilung sei exponentiell verteilt mit dem unbekannten Parameter β. Da die Dichte der Exponentialverteilung für alle $x > 0$ durch $\beta e^{-\beta x}$ gegeben ist, haben wir hier die Likelihoodfunktion

$$L = \beta e^{-\beta x_1} \cdot \beta e^{-\beta x_2} \cdots \beta e^{-\beta x_n} = \beta^n e^{-\beta(x_1 + x_2 + \cdots + x_n)} \, .$$

Wenn wir das bezüglich β maximieren wollen, können wir ebensogut $\ln L$ maximieren, denn als streng monotone Funktion ist $\ln L$ genau dort maximal, wo auch L maximal ist. Hier ist

$$\ln L = n \ln \beta - \beta \sum_{i=1}^{n} x_i \, , \text{ daher } \frac{d}{d\beta}(\ln L) = \frac{n}{\beta} - n \bar{x} \, .$$

Diese Ableitung wird gleich 0 für $\beta = 1/\bar{x}$ und weil die zweite Ableitung von $\ln L$ nach β gleich $-n/\beta^2$ und damit negativ ist, haben wir in $1/\bar{x}$ eine Maximalstelle gefunden. Also ist

$$\frac{1}{\bar{X}} \text{ Schätzfunktion für das } \beta \text{ der Exponentialverteilung} \qquad (9)$$

nach dem Maximum-Likelihood-Prinzip.

Wenn wir etwa für eine größere Anzahl solcher Organismen als arithmetisches Mittel ihrer Lebensdauern $\bar{x} = 14,73 \, min$ feststellen, dann ist $1/14,73 = 0,0679 \, \frac{1}{min}$ der Maximum-Likelihood-Schätzwert für β.

Bemerkung: Da der Erwartungswert der Exponentialverteilung gleich $1/\beta$ ist (vgl. Beispiel 6 in 9.7), muß $E[\bar{X}] = 1/\beta$ gelten, denn $\bar{X}$ ist ja immer eine erwartungstreue Schätzung für den Erwartungswert der Stichprobenvariablen. Es hätte also auch ohne das Maximum-Likelihood-Prinzip nahegelegen, β mit Hilfe von $1/\bar{X}$ zu schätzen. Es folgt aber keineswegs, daß $E[1/\bar{X}]$ gleich β sein müßte. In der Tat ist die Maximum-Likelihood- Schätzfunktion hier verfälscht; wir können das schon im Fall $n = 1$ erkennen, in dem $\bar{X} = X_1$ und $E[X_1] = 1/\beta$ gilt, aber $E[1/X_1]$ existiert nicht einmal, weil

$$\int_0^{\infty} \frac{1}{x} \beta e^{-\beta x} \, dx = \lim_{c \downarrow 0} \int_c^{\infty} \frac{1}{x} e^{-\beta x} \, dx \text{ nicht existiert.}$$

Für $c \downarrow 0$ divergieren diese Integrale nämlich gegen ∞. Wir merken uns daher als Warnung: Wenn $Y = f(X)$, dann ist im allgemeinen $E[Y] \neq f(E[X])$.

AUFGABE 95: Bei 11 zufällig ausgewählten Trinkwasser-Quellen einer Region wurde jeweils die Tiefe T (in m), die Temperatur U des Quellwassers (in

$^{\circ}C$), die Nitratbelastung N (in mg/l) und die Anzahl Z der Keime pro cm^3 festgestellt. Ergebnis der Stichprobe war folgende Tabelle:

T	3,4	4,6	8,8	3,8	11,2	8,5	4,0	3,1	4,9	6,7	5,3
U	11,2	9,5	8,6	10,7	10,5	7,8	10,9	10,4	8,8	6,9	8,1
N	47	22	17	29	8	33	54	41	45	36	33
Z	34	22	11	56	19	7	67	15	39	22	17

Schätzen Sie die wahren Korrelationskoeffizienten, die in dieser Region zwischen je zwei der zufälligen Variablen T, U, N und Z bestehen!

AUFGABE 96: Wenn die Stichprobenvariablen $X_1, X_2, \ldots, X_n$ in einem Intervall $[a, b]$ gleichverteilt sind, von dem wir weder a noch b kennen, dann werden wir aufgrund der empirischen Verteilung a durch das Minimum, b durch das Maximum der beobachteten Werte x_i schätzen, denn diese sind in der empirischen Verteilung der kleinste bzw. der größte mögliche Wert. Zeigen Sie, daß auch das Maximum-Likelihood- Prinzip zu diesen Schätzwerten für a und b führt!

10.2 Konfidenz-Intervalle

Wir wissen nun, daß ein Stichprobenmittel $\bar{X}$ den unbekannten Erwartungswert μ einer Verteilung in der Regel genauer schätzt als eine einzelne Stichprobenvariable X_i, die dieser Verteilung gehorcht. Noch besser wäre es, wenn wir zusätzlich ein Intervall angeben könnten, in dem μ mit Sicherheit liegt. Dies ist in manchen Fällen möglich; wenn man z.B. weiß, daß die Stichprobenvariablen alle gleichverteilt in einem Intervall $[a, a + 1]$ mit unbekanntem a sind, dann kann a nicht größer sein als $m + 1$, wenn m das Minimum der beobachteten Werte x_i ist. Andererseits kann a nicht kleiner sein als $M - 1$, wenn M das Maximum der beobachteten Werte ist. Der Erwartungswert $a + 0, 5$ liegt also mit Sicherheit, d.h. mit Wahrscheinlichkeit 1 im Intervall $[M - 0, 5; m + 0, 5]$. In den meisten Fällen muß man aber mit einem Intervall zufrieden sein, das den unbekannten Parameter mit einer hohen Wahrscheinlichkeit überdeckt.

DEFINITION: Ein *Konfidenzintervall zur Vertrauenswahrscheinlichkeit* β ist ein Intervall mit zufallsabhängigen Grenzen, das den wahren Wert eines unbekannten Parameters mit der vorher gewählten hohen Wahrscheinlichkeit β überdeckt.

Konfidenzintervalle für den Erwartungswert

a) Konfidenzintervall für das μ einer Normalverteilung bei bekanntem σ.

Die Stichprobenvariablen X_i, $i = 1, 2, \ldots, n$ seien unabhängig und alle nach einer Normalverteilung $N(\mu; \sigma^2)$ verteilt. Zunächst nehmen wir den (in der Praxis seltenen) Fall an, daß σ bekannt und nur μ unbekannt ist. Dann ist das Stichprobenmittel $\bar{X}$ nach $N(\mu, \sigma^2/n)$ verteilt und die standardisierte Variable

$$Y = \frac{(\bar{X} - \mu)\sqrt{n}}{\sigma} \text{ ist exakt nach } N(0; 1) \text{ verteilt.}$$

Man kann daher aus einer Tabelle der $N(0; 1)$-Verteilung bei gegebenem β die Schranke λ_β ablesen, für die

$$W(-\lambda_\beta \leq Y \leq \lambda_\beta) = \Phi(\lambda_\beta) - \Phi(-\lambda_\beta) = \beta \tag{1}$$

gilt. Wegen $\Phi(-\lambda_\beta) = 1 - \Phi(\lambda_\beta)$ folgt $\Phi(\lambda_\beta) = (1 + \beta)/2$, d.h. wir erhalten die Schranke λ_β als den y-Wert, für den die tabellierte Verteilungsfunktion $\Phi(y)$ der $N(0; 1)$-Verteilung den Wert $(1 + \beta)/2$ annimmt. Man nennt λ_β die *Konfidenzschranke der $N(0; 1)$-Verteilung zur Vertrauenswahrscheinlichkeit β*. Die üblichsten Vertrauenswahrscheinlichkeiten sind $0,95$ und $0,99$ und die dazugehörigen Konfidenzschranken sind

$$\lambda_{0,95} = 1,96, \quad \lambda_{0,99} = 2,58 \tag{2}$$

Aus (1) folgt, daß mit Wahrscheinlichkeit β gleichzeitig die beiden Ungleichungen

$$\frac{(\bar{X} - \mu)\sqrt{n}}{\sigma} \leq \lambda_\beta \text{ und } -\lambda_\beta \leq \frac{(\bar{X} - \mu)\sqrt{n}}{\sigma}$$

gelten. Indem wir beide Ungleichungen mit $\sigma/\sqrt{n}$ multiplizieren, erhalten wir die äquivalenten Ungleichungen

$$\bar{X} - \mu \leq \lambda_\beta \sigma/\sqrt{n}, \quad -\lambda_\beta \sigma/\sqrt{n} \leq \bar{X} - \mu$$

und dies ist äquivalent zu

$$\bar{X} - \lambda_\beta \frac{\sigma}{\sqrt{n}} \leq \mu \leq \bar{X} + \lambda_\beta \frac{\sigma}{\sqrt{n}}.$$

Also wird das Intervall

$$[\bar{X} - \lambda_\beta \frac{\sigma}{\sqrt{n}}; \ \bar{X} + \lambda_\beta \frac{\sigma}{\sqrt{n}}] \tag{3}$$

den unbekannten Erwartungswert μ mit Wahrscheinlichkeit β überdecken; es ist also ein Konfidenzintervall für μ zur Vertrauenswahrscheinlichkeit β. Hat man das Stichprobenergebnis beobachtet, dann liegen auch die Grenzen dieses Konfidenzintervalls fest und dann ist μ entweder darin oder nicht. Es ist daher nicht richtig, wenn man sagt, μ liege mit der Wahrscheinlichkeit β in einem bereits berechneten Intervall! Richtig ist, daß das Intervall nach einem Verfahren berechnet wurde, welches mit der Wahrscheinlichkeit β zum Ziel führt, d.h. zur Überdeckung von μ.

BEISPIEL 1: Ein gewisser Blutfettwert sei bei den Männern eines Landes mit dem Durchschnittswert $170\,mg/dl$ und der Streuung $45\,mg/dl$ verteilt. Bei 441 am Meer lebenden Männern dieser Bevölkerung beobachtete man für diesen Blutfettwert das Stichprobenmittel $\bar{X}$ zu

$$\bar{x} = \frac{1}{441}\sum_{i=1}^{441} x_i = 154 \text{ und für } S \text{ den Wert } s = \sqrt{\frac{1}{440}\sum_{i=1}^{441}(x_i - \bar{x})^2} = 44,2.$$

Man kann daher annehmen, daß die Streuung in der Teilgesamtheit der Küstenbewohner dieselbe oder doch fast dieselbe ist wie in der gesamten männlichen Bevölkerung. Dagegen ist der Erwartungswert für die Teilgesamtheit offensichtlich niedriger. Er kann bei einer gewählten Vertrauenswahrscheinlichkeit von $\beta = 0,95$ durch das Konfidenzintervall

$$[\bar{x} \pm \lambda_{0,95}\frac{\sigma}{\sqrt{n}}] = [154 \pm 1,96\frac{45}{\sqrt{441}}] = [149,8 \; ; \; 158,2]$$

geschätzt werden. Das gilt auch, wenn die Verteilung des Blutfettwerts von einer Normalverteilung etwas abweicht, denn bei unserem großen Stichprobenumfang ist $\bar{X}$ aufgrund des Zentralen Grenzwertsatzes vermutlich in sehr guter Näherung normalverteilt.

Obwohl nun der wahre Erwartungswert für die Küstenbewohner entweder im berechneten Intervall liegt oder nicht und es jetzt keinen Sinn mehr hat, von einer Wahrscheinlichkeit zu sprechen, mit der er im Intervall liegt, dürfen wir doch auf letzteres vertrauen, weil wir ein Verfahren benutzt haben, das in 95% der Fälle zum Erfolg führt.

b) Konfidenzintervall für das μ einer Normalverteilung bei unbekanntem σ.

Wir können bei unbekanntem σ die nach $N(0;1)$ verteilte Variable $Y = (\bar{X} - \mu)\sqrt{n}/\sigma$ nicht verwenden und ersetzen sie durch

$$T = \frac{(\bar{X} - \mu)\sqrt{n}}{S} \text{ , wobei } S = \sqrt{\frac{1}{n-1}\sum_{i=1}^{n}(X_i - \bar{X})^2} \tag{4}$$

Wir ersetzen also das unbekannte σ in Y durch seine Schätzfunktion S. Für T gilt der hier nicht zu beweisende (vgl. aber z.B. M.Fisz [25],Kap.IX,6)

SATZ 10.2.1: Bei unabhängigen, identisch nach einer Normalverteilung $N(\mu; \sigma^2)$ verteilten Stichprobenvariablen X_i , $i = 1, 2, \ldots, n$ sind die Schätzfunktionen $\bar{X}$ und S unabhängig und der Quotient T gehorcht der sogenannten t-Verteilung mit dem Freiheitsgrad $n - 1$.

Die t-Verteilung mit dem Freiheitsgrad $n - 1$ ist für alle $n \geq 2$ durch eine 0-symmetrische und für $-\infty < t < \infty$ definierte Dichte der Form

$$h_{n-1}(t) = C_{n-1} \frac{1}{(1 + \dfrac{t^2}{n-1})^{n/2}} \tag{5}$$

gegeben. Dabei stellt die von $n-1$ abhängende Konstante C_{n-1} sicher, daß das Integral von $-\infty$ bis ∞ über $h(t)$ den Wert 1 ergibt. Die Verteilungsfunktion

$$H_{n-1}(x) = W(T \leq x) = \int_{-\infty}^{x} h_{n-1}(t)\, dt \text{ ist tabelliert}$$

für die Freiheitsgrade $1, 2, \ldots, 150$ (s. etwa die Tabellen von Owen [32]) ; man kann der Tabelle die *Konfidenzschranken* $\tau_\beta(n - 1)$ *der t-Verteilung* entnehmen, die durch die Bedingung

$$W(-\tau_\beta(n-1) \leq T \leq \tau_\beta(n-1)) = \beta \tag{6}$$

bestimmt sind. Diese Schranken ersetzen also nun die Schranken λ_β der $N(0,1)$-Verteilung und indem wir nun T so wie zuvor Y behandeln, erhalten wir bei gegebenem β das Konfidenzintervall

$$[\bar{X} - \tau_\beta(n-1)\frac{S}{\sqrt{n}} \; ; \; \bar{X} + \tau_\beta(n-1)\frac{S}{\sqrt{n}}] \tag{7}$$

Wie beim Konfidenzintervall (3) ist auch hier $\bar{X}$ die Intervallmitte und die Länge des Intervalls geht mit $n \to \infty$ nur wie $1/\sqrt{n}$ gegen 0. Will man also die Länge des Konfidenzintervalls halbieren, muß man viermal so viele Werte beobachten, um die Länge auf ein Drittel zu reduzieren, müßte man n neunmal so groß wählen usw..

Im folgenden Tabellenauszug sind die Schranken $\tau_{0,95}$ und $\tau_{0,99}$ für einige Freiheitsgrade angegeben:

$n-1$	1	2	3	4	5	6	7	8
$\tau_{0,95}$	12,71	4,30	3,18	2,78	2,57	2,45	2,36	2,31
$\tau_{0,99}$	63,66	9,92	5,84	4,60	4,03	3,71	3,50	3,36

$n-1$	9	10	12	15	20	30	40	100
$\tau_{0,95}$	2,26	2,23	2,18	2,13	2,09	2,04	2,02	1,98
$\tau_{0,99}$	3,25	3,17	3,05	2,95	2,85	2,75	2,70	2,63

Mit wachsendem n konvergieren die Schranken $\tau_{0,95}(n-1)$ gegen $\lambda_{0,95} = 1,96$ und $\tau_{0,99}(n-1)$ gegen $\lambda_{0,99} = 2,58$. Das liegt daran, daß die Dichte $h_{n-1}(t)$ der t-Verteilung für $n \to \infty$ gegen die Dichte der $N(0; 1)$-Verteilung konvergiert.

BEISPIEL 2: Die Länge der erwachsenen Ringelnattern (natrix natrix) wird in der Literatur mit 100 bis 130 cm angegeben. Dabei sind aber die Weibchen im Durchschnitt länger als die Männchen. Ein Zoologe hat bei 11 Weibchen folgende Längen (in cm) beobachtet: 123, 134, 117, 128, 120, 135, 109, 117, 125, 124, 131. Daraus berechnet er den Wert von $\bar{X}$ zu $\bar{x} = 123,91$ und den Wert von S zu

$$s = \sqrt{\frac{1}{10} \sum_{i=1}^{11} (x_i - 123,91)^2} = 7,92 \; ;$$

Damit kann er für die durchschnittliche Länge der Weibchen das Konfidenzintervall $[123,91 \pm \tau_\beta(10) \cdot 7,92/\sqrt{11}]$ angeben. Wenn die Vertrauenswahrscheinlichkeit β gleich 0,99 sein soll, dann ist die Konfidenzschranke aus der obigen Tabelle zu $\tau_{0,99}(10) = 3,17$ abzulesen. Dies ergibt das Konfidenzintervall $[116,3 \; ; \; 131,5]$ für die durchschnittliche Länge der Weibchen.

Natürlich ist die exakte Vertrauenswahrscheinlichkeit von 0,99 nur gewährleistet, wenn man die beobachteten Exemplare als zufällige Auswahl aus der Population der weiblichen Ringelnattern ansehen kann und wenn in dieser Population die Länge der Schlangen normalverteilt ist. Hätte man die Geschlechter nicht unterschieden und eine Stichprobe aus der Gesamtheit aller erwachsenen Ringelnattern gezogen, dann wären die Stichprobenvariablen X_i sicher nicht normalverteilt. Sie würden dann einer sogenannten *Mischverteilung* gehorchen, die man wie folgt herleiten kann: Es sei A das Ereignis, daß das zufällig ausgewählte Exemplar ein Männchen ist und $\bar{A}$ das Ereignis, daß es ein Weibchen ist. Wenn nun $F(x)$ und $H(x)$ die Verteilungsfunktionen der Länge bei den Männchen bzw. den Weibchen sind, dann ist $F(x) = W(X_i \le x | A)$ und $H(x) = W(X_i \le x | \bar{A})$. Nach dem Satz von der totalen Wahrscheinlichkeit (Satz 9.4.1) gilt also

$$W(X_i \le x) = W(A)F(x) + W(\bar{A})H(x) = pF(x) + (1-p)H(x),$$

wenn p der relative Anteil der Männchen und folglich $1-p$ der relative Anteil der Weibchen ist. Die Dichte, nach der die Stichprobenvariablen X_i verteilt sind, ist daher das gewichtete Mittel $pf(x) + (1 - p)h(x)$ aus den zu $F(x)$ und $H(x)$ gehörenden Dichten $f(x)$ und $h(x)$. Diese Dichte ist im allgemeinen auch dann nicht die einer Normalverteilung, wenn $f(x)$ und $h(x)$ Dichten von Normalverteilungen sind. Dies folgt schon daraus, daß solche Mischverteilungsdichten oft zwei Maximalstellen besitzen, während die Dichte einer Normalverteilung nur für $x = \mu$ maximal wird. Nehmen wir z.B. an, daß die Länge der männlichen Schlangen nach $N(110; 7, 4^2)$ verteilt ist, die der Weibchen nach $N(124; 8, 0^2)$, und daß 45% der Population aus Männchen besteht. Für die Gesamtpopulation gilt dann die Mischverteilung mit der Dichte

$$m(x) = 0,45\frac{1}{\sqrt{2\pi}\,7,4}e^{-(x-110)^2/109,52} + 0,55\frac{1}{\sqrt{2\pi}\,8,0}e^{-(x-124)^2/128}.$$

Diese Dichte ist in der Figur 96 skizziert. Da eine solche Dichte stark vom Verlauf einer Normalverteilungsdichte abweicht, wäre es verfehlt, den Erwartungswert eines derart verteilten Merkmals mit Hilfe des Konfidenzintervalls (7) eingrenzen zu wollen, wenn man nur einen kleinen Stichprobenumfang hat. Für große n ist dagegen nicht nur $(\bar{X} - \mu)\sqrt{n}/\sigma$ annähernd nach $N(0; 1)$ verteilt, sondern bei den meisten in der Praxis auftretenden Verteilungen konvergiert auch S/σ gegen 1 für $n \to \infty$.

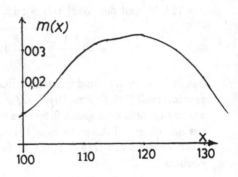

Figur 96

In diesen Fällen konvergiert dann die Verteilung von $(\bar{X} - \mu)\sqrt{n}/S$ auch gegen die $N(0; 1)$-Verteilung, nur möglicherweise nicht so schnell, wie wenn $\bar{X}$ und S von normalverteilten Stichprobenvariablen gewonnen werden. Ab $n = 50$ hat man üblicherweise keine Bedenken, das Konfidenzintervall (7) auch anzuwenden, wenn die Stichprobenvariablen zwar vermutlich nicht normalverteilt sind, andererseits aber auch keine gravierenden Abweichungen von der Normalverteilungsannahme erkennbar sind.

Konfidenzintervall für einen unbekannten Anteil

Wir betrachten nun als Stichprobe n zufällig aus einer Gesamtheit ausgewählte Elemente. Wenn genau k dieser Elemente eine bestimmte Eigenschaft besitzen,

312

dann wird man den relativen Anteil p der Elemente mit dieser Eigenschaft
für die Gesamtheit mit k/n schätzen. Ist die Anzahl der Elemente in der
Gesamtheit groß im Vergleich zu n, dann ist die Anzahl X der Elemente mit der
Eigenschaft, die wir in der Stichprobe finden werden, in guter Näherung nach
der Binomialverteilung $Bi(n, p)$ verteilt. Der relative Anteil p ist also zugleich
die unbekannte Wahrscheinlichkeit einer Binomialverteilung. Der Schätzwert
k/n ist offenbar gleich dem Wert, den die Schätzfunktion X/n annimmt. Wir
bezeichnen X/n wieder mit $\bar{X}$, denn X/n ist ja auch das arithmetische Mittel
der sog. „Zählvariablen" Z_i, wobei $Z_i = 1$, wenn das i-te Stichprobenelement
die Eigenschaft besitzt und $Z_i = 0$, wenn es die Eigenschaft nicht besitzt.
Der Erwartungswert der binomialverteilten Variablen X ist np (vgl.(4) in 9.7)
und ihre Varianz ist $np(1 - p)$ (vgl.(9) in 9.7). Die standardisierte Variable zu
X ist also

$$Y = \frac{X - np}{\sqrt{np(1 - p)}} = \frac{(\bar{X} - p)\sqrt{n}}{\sqrt{p(1 - p)}} . \tag{8}$$

Wenn die Faustregel $np(1 - p) > 9$ erfüllt ist (vgl.(10) in 9.10), dann ist Y in
guter Näherung nach $N(0; 1)$ verteilt und wir können ganz analog wie bei der
Herleitung von (3) rechnen und erhalten mit den Schranken λ_β der $N(0; 1)$-
Verteilung

$$W(\bar{X} - \lambda_\beta \frac{\sqrt{p(1 - p)}}{\sqrt{n}} \leq p \leq \bar{X} + \lambda_\beta \frac{\sqrt{p(1 - p)}}{\sqrt{n}}) \approx \beta \tag{9}$$

Unangenehm ist hier, daß das unbekannte p auf beiden Seiten der Ungleichungen auftritt; man könnte nun mit Hilfe quadratischer Gleichungen die Menge
der p-Werte berechnen, die beide Ungleichungen erfüllen und diese Lösungsmenge wäre dann das Konfidenzintervall. Da es aber ohnehin nur ein genäher-
tes Konfidenzintervall ist (weil Y ja nicht exakt nach $N(0; 1)$ verteilt ist), lohnt
sich die Mühe kaum und wir vereinfachen das Problem, indem wir unter der
Wurzel $p(1 - p)$ durch $\bar{X}(1 - \bar{X})$ ersetzen. Dies läßt sich damit entschuldigen,
daß $\sqrt{\bar{X}(1 - \bar{X})}$ für mittlere p-Werte auch dann ungefähr gleich $\sqrt{p(1 - p)}$ ist,
wenn $\bar{X}$ erheblich von p abweicht. Zum Beispiel unterscheiden sich für $p = 0, 4$
und $\bar{X} = 0, 5$ die Wurzeln $\sqrt{0, 4 \cdot 0, 6} = 0, 49$ und $\sqrt{0, 5 \cdot 0, 5} = 0, 5$ nur um
2 %, während doch $\bar{X}$ um 25 % größer als p ist. Diese zweite Näherung führt
schließlich nach derselben Umformung wie bei (3) zum Konfidenzintervall

$$[\bar{X} - \lambda_\beta \frac{\sqrt{\bar{X}(1 - \bar{X})}}{\sqrt{n}} \ , \ \bar{X} + \lambda_\beta \frac{\sqrt{\bar{X}(1 - \bar{X})}}{\sqrt{n}}] ; \tag{10}$$

es überdeckt p etwa mit Wahrscheinlichkeit β, wenn die beiden benutzten
Näherungen genau genug sind. In der Regel ist dies der Fall, wenn die folgenden, nachträglich zu überprüfenden Faustregeln erfüllt sind:

1.) $np(1 - p) > 9$ gilt, wenn wir für p die untere Grenze des berechneten Intervalls einsetzen und ebenso auch für die obere;

2.) das berechnete Intervall ist enthalten im Intervall $[\frac{12}{n+12} ; \frac{n}{n+12}]$.

Für den Fall, daß eines dieser Kriterien oder auch beide nicht erfüllt sind, findet man exakte Konfidenzintervalle in dem Tabellenwerk von A.Hald [31].

BEISPIEL 3: Drosophila-Fliegen werden einer Strahlung ausgesetzt und später zählt man in der 1.Filialgeneration die Nachkommen mit einer erkennbaren Mutation. Wenn die Strahlung zufällig einzelne Gene verändert, dann treten die Mutanten unabhängig voneinander auf und ihre Anzahl ist binomialverteilt nach $\mathrm{Bi}(n, p)$, wobei n die Anzahl aller Nachkommen in der F_1-Generation und p die unbekannte Wahrscheinlichkeit dafür ist, daß bei einem dieser Nachkommen eine erkennbare Mutation vorliegen wird. Nehmen wir an, daß ein Konfidenz-Intervall zu $\beta = 0,99$ für p zu bestimmen ist, und daß unter insgesamt 8000 Nachkommen 320 erkennbar mutierte Exemplare auftreten.

Dann nimmt $\bar{X}$ den Wert $\bar{x} = 320/8000 = 0,040$ an und mit $\lambda_{0,99} = 2,58$ erhalten wir mit Formel (10) das Konfidenzintervall

$$[0,40 \pm 2,58 \frac{\sqrt{0,04 \cdot 0,96}}{\sqrt{8000}}] = [0,034 ; 0,046] \,.$$

Weil n sehr groß ist, sind hier beide Faustregeln erfüllt: sowohl $8000 \cdot 0,034 \cdot 0,966$ als auch $8000 \cdot 0,046 \cdot 0,954$ ist viel größer als 9 und das berechnete Intervall $[0,034 ; 0,046]$ ist enthalten im Intervall $[\frac{12}{8012} ; \frac{8000}{8012}]$.

AUFGABE 97: Ein Arzt läßt 75 Zecken, die sich an Menschen festgesetzt hatten, daraufhin untersuchen, ob sie eine Borreliose hätten auslösen können. Das Labor teilt ihm mit, daß dies bei 21 dieser Zecken zutraf. Nehmen Sie an, daß die 75 Zecken eine zufällige Auswahl aus allen Zecken dieser Region darstellen und geben Sie ein Konfidenz-Intervall für den unbekannten Anteil p der „gefährlichen" Zecken an!

AUFGABE 98: 16 Pflanzen einer neuen Sorte brachten auf einem Versuchsfeld folgende Erträge in kg :
2,18 3,33 2,14 2,56 1,97 2,12 2,45 2,89 3,05 2,54 1,86 3,21 3,66
2,67 2,18 2,79. Nehmen Sie an, daß die Erträge dieser Pflanzen in guter

Näherung normalverteilt sind und berechnen Sie ein Konfidenz-Intervall zu $\beta = 0,95$ für den Erwartungswert des Ertrags einer Pflanze dieser Sorte unter den gegebenen Versuchsbedingungen.

Bemerkung: Auch wenn von der neuen Sorte vorerst nur diese 16 Pflanzen existieren, kann man sie doch als zufällige Auswahl aus der Gesamtheit aller Pflanzen dieser Sorte betrachten, die man noch züchten könnte. Es handelt sich hier um eine sog. *fiktive Grundgesamtheit*, also eine konstruierte, real (noch) gar nicht existierende Gesamtheit. Ohne sie hätte man gar kein Wahrscheinlichkeitsmodell und das Konfidenzintervall hätte keinen Sinn!

10.3 Lineare Regression

Manchmal besteht zwischen zufälligen Variablen X und Y ein Zusammenhang nach folgendem Modell:

$$Y = aX + b + U . \qquad (1)$$

Dabei sind a und b unbekannte Konstanten und U ist eine zufällige Variable mit dem Erwartungswert $E[U] = 0$. Wenn die Varianz von U klein ist im Verhältnis zur Varianz von X, dann ist der Zusammenhang im wesentlichen linear und U bezeichnet man dann als eine *Störgröße*. Hätte man a und b, dann könnte man nach Beobachtung des X-Werts x den zugehörigen Y-Wert durch $y = ax + b$ schätzen, denn dies ist der Erwartungswert für Y bei gegebenem x. Das ist von Vorteil, wenn die Größe Y schwieriger zu messen ist als X. So ist es z.B. üblich, vom spezifischen Gewicht X eines Saftes auf seinen Zuckergehalt Y zu schließen. Nach diesem Prinzip arbeitet die sog. Mostwaage. Wenn x der Wert des spezifischen Gewichts ist, dann ist der Zuckergehalt des Saftes ungefähr gleich $y = (x - 1)2280$ Gramm/Liter. Man nennt

$$y = ax + b \text{ die Gleichung der } wahren \ Regressionsgeraden \qquad (2)$$

Man beobachtet eine Stichprobe von n Paaren (X_i, Y_i), für die der obige Zusammenhang gilt, d.h. $Y_i = aX_i + b + U_i$, wobei Y_i, X_i und U_i so verteilt sind wie die Variablen Y, X und U. Das Stichprobenresultat ist eine Menge von Punkten (x_i, y_i), $i = 1, 2, \ldots, n$ in der Ebene (s.Figur 97).

315

Wir müssen $n \geq 2$ und mindestens zwei verschiedene x_i voraussetzen. Man schätzt nun a und b nach der schon in 10.1 erwähnten Methode der kleinsten Quadrate. Diese besteht hier darin, die Quadratsumme

$$Q(a,b) = \sum_{i=1}^{n}(y_i - ax_i - b)^2 \quad (3)$$

bezüglich a und b zu minimieren. $y_i - ax_i - b$ ist die vertikal gemessene Abweichung des Punktes (x_i, y_i) von der Geraden $y = ax + b$ bei beliebigem $a \neq 0$ und beliebigem b (s.Figur 97).

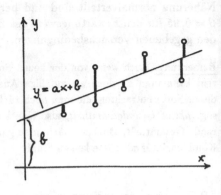

Figur 97

$Q(a,b)$ ist also die Summe über die Quadrate dieser (in Figur 97 dick eingezeichneten) Abweichungen. Wenn $\hat{a}$ und $\hat{b}$ die Werte von a und b sind, für die $Q(a,b)$ minimal wird, dann bezeichnet man die Gerade

$$\hat{y} = \hat{a}x + \hat{b} \text{ als } \textit{empirische Regressionsgerade.} \quad (4)$$

Sie dient dazu, bei gegebenem x den zugehörigen Y-Wert y zu schätzen und heißt darum auch *Regressionsgerade für den Schluß von x auf y*.

Früher (vgl.Figur 62 b) legten wir einfach nach Augenmaß eine Gerade durch die Punkte (x_i, y_i) oder wir suchten uns weitgehend willkürlich zwei der Punkte aus und wählten deren Verbindungsgerade. Bei diesem groben Verfahren können die von verschiedenen Zeichnern bestimmten Geraden erheblich differieren, während die Methode der kleinsten Quadrate jedem dieselbe empirische Regressionsgerade liefert.

Notwendig für ein relatives Minimum von $Q(a,b)$ sind die Bedingungen

$$\frac{\partial}{\partial a}Q(a,b) = 2 \cdot \sum_{i=1}^{n}(y_i - ax_i - b)(-x_i) = 0 \text{ und}$$

$$\frac{\partial}{\partial b}Q(a,b) = 2 \cdot \sum_{i=1}^{n}(y_i - ax_i - b)(-1) = 0 .$$

Aus der zweiten Bedingung schließen wir

$$\sum_{i=1}^{n}y_i - a \cdot \sum_{i=1}^{n}x_i = nb ;$$

316

mit den üblichen Abkürzungen für die arithmetischen Mittel:

$$\bar{x} = \frac{1}{n} \sum_{i=1}^{n} x_i \, , \quad \bar{y} = \frac{1}{n} \sum_{i=1}^{n} y_i \text{ erhalten wir daraus}$$

$$\hat{b} = \bar{y} - a\bar{x} \tag{5}$$

Setzen wir nun (5) in die erste Bedingung ein, dann folgt

$$\sum_{i=1}^{n}(y_i - ax_i - \bar{y} + a\bar{x})x_i = 0 \text{ oder } \sum_{i=1}^{n}(y_i - \bar{y})x_i = a \cdot \sum_{i=1}^{n}(x_i - \bar{x})x_i,$$

woraus man schon den gesuchten Wert von a in der Form

$$\hat{a} = \sum_{i=1}^{n}(y_i - \bar{y})x_i \ : \ \sum_{i=1}^{n}(x_i - \bar{x})x_i \tag{6}$$

erhalten kann. Hat man danach $\hat{a}$ berechnet, kann man $\hat{b}$ mit Hilfe von (5) bestimmen.

Gewöhnlich formt man die Formel (6) noch ein wenig um. Es gilt ja

$$\sum_{i=1}^{n}(y_i - \bar{y}) = 0 \text{ und damit auch } \sum_{i=1}^{n}(y_i - \bar{y})\bar{x} = 0 \, ;$$

$$\text{ebenso folgt } \sum_{i=1}^{n}(x_i - \bar{x})\bar{x} = 0 \, .$$

Subtrahieren wir ersteres vom Zähler, letzteres vom Nenner des Quotienten in (5), ändert er seinen Wert also nicht. So erhalten wir die üblichen *Formeln für die lineare Regression*:

$$\hat{a} = \frac{\sum_{i=1}^{n}(y_i - \bar{y})(x_i - \bar{x})}{\sum_{i=1}^{n}(x_i - \bar{x})^2} \qquad \boxed{\hat{b} = \bar{y} - \hat{a}\bar{x}} \, . \tag{7}$$

Aus (7) ist zu erkennen, daß $\hat{a}$ nicht definiert wäre, wenn alle x_i gleich wären, denn dann wäre auch $\bar{x} = x_i$ für alle i und der Nenner in der Formel für $\hat{a}$ wäre gleich 0.

Daß $Q(a, b)$ wirklich für $a = \hat{a}$ und $b = \hat{b}$ minimal wird, ist natürlich noch nicht bewiesen; bis jetzt wissen wir ja nur, daß die beiden partiellen Ableitungen

317

von $Q(a, b)$ an der Stelle $(\hat{a}, \hat{b})$ gleich 0 sind. Dies ist notwendig, aber nicht hinreichend für ein relatives Maximum.

Es muß aber mindestens eine Gerade geben, für die $Q(a, b)$ minimal ist und dieses Minimum ist dann auch ein relatives Minimum bezüglich (a, b), weil a und b nicht beschränkt sind. Nach Satz 8.4.1 müssen an der betreffenden Stelle beide partiellen Ableitungen gleich 0 sein. Dies ist aber nur an der Stelle $(\hat{a}, \hat{b})$ der Fall und folglich nimmt $Q(a, b)$ dort sein absolutes und zugleich relatives Minimum an. Damit ist bewiesen:

SATZ 10.3.1: Zu jeder Punktmenge $(x_1, y_1), (x_2, y_2), \ldots, (x_n, y_n)$ mit $n \geq 2$ und mindestens zwei verschiedenen x-Koordinaten gibt es genau eine empirische Regressionsgerade $\hat{y} = \hat{a}x + \hat{b}$, für deren Parameter $\hat{a}$ und $\hat{b}$ die Quadratsumme $Q(a, b)$ minimal wird.

BEISPIEL 1:Für 7 Kartoffeln findet man in der folgenden Tabelle jeweils das spezifische Gewicht und den Stärkegehalt.

Kartoffel Nr.i	1	2	3	4	5	6	7
sp.Gew.in mg/cm^3	1060	1065	1070	1070	1075	1080	1084
Stärkegeh. in %	9,6	10,5	11,4	11,4	11,6	12,4	13,6

Da wir vom spezifischen Gewicht auf den Stärkegehalt schließen wollen, bezeichnen wir die gemessenen Werte für ersteres mit x_i und die gemessenen Prozentzahlen des Stärkegehalts mit y_i. Zunächst berechnen wir die arithmetischen Mittel

$$\bar{x} = \frac{1}{7} \sum_{i=1}^{7} x_i = 1072 \text{ und } \bar{y} = \frac{1}{7} \sum_{i=1}^{7} y_i = 11,5$$

Dann bilden wir den Zähler von $\hat{a}$, also

$$\sum_{i=1}^{7}(y_i - \bar{y})(x_i - \bar{x}) = (-1,9)(-12) + (-1)(-7) + \ldots + (2,1)(12) = 62,9.$$

Der Nenner von $\hat{a}$ ist

$$\sum_{i=1}^{7}(x_i - \bar{x})^2 = (1060 - 1072)^2 + (1065 - 1072)^2 + \ldots + (1084 - 1072)^2 = 418 ,$$

also ist $\hat{a} = 62,9/418 = 0,1505$ und $\hat{b} = 11,5 - 0,1505 \cdot 1072 = -149,81$. die empirische Regressionsgerade lautet also

$$\hat{y} = 0,1505\, x - 149,81 .$$

Wenn die Anzahl n der beobachteten Punkte größer als bei diesem Beispiel ist, wird man zur Berechnung der empirischen Regressionsgeraden ein Computerprogramm benutzen, z.B. das im Anhang angegebene PASCAL- Programm REGR .

Natürlich kann dieser lineare Zusammenhang zwischen dem spezifischen Gewicht und dem Stärkegehalt nur für einen relativ engen Bereich gelten. Das sieht man schon daran, daß $\hat{y}$ für zu kleine x-Werte negativ wäre, z.B. schon für $x = 900\, mg/cm^3$. Hätte man aber für eine Kartoffel das spezifische Gewicht zu $1090\, mg/cm^3$ gemessen, dann könnte man sich die aufwendigere Messung ihres Stärkegehalts sparen und letzteren mit $\hat{y} = 0,1505 \cdot 1090 - 149,81 = 14,23\%$ schätzen.

$\hat{a}$ und $\hat{b}$ lassen sich auffassen als angenommene Werte der Schätzfunktionen

$$\hat{A} = \frac{\sum_{i=1}^{n}(Y_i - \bar{Y})(X_i - \bar{X})}{\sum_{i=1}^{n}(X_i - \bar{X})^2} \quad \text{und} \quad \hat{B} = \bar{Y} - \hat{A}\bar{X} \qquad (8)$$

SATZ 10.3.2: Gilt für die Variablenpaare (X_i, Y_i) der Stichprobe, daß $Y_i = aX_i + b + U_i$, mit $E[U_i] = 0$ für $i = 1, 2, \ldots, n$ und sind die U_i unabhängig von sämtlichen X_i, dann gilt $E[\hat{A}] = a$ und $E[\hat{b}] = b$, d.h. $\hat{A}$ und $\hat{B}$ sind erwartungstreue Schätzfunktionen für die Parameter a bzw. b der wahren Regressionsgeraden $y = ax + b$.

Beweis: Wegen $Y_i = aX_i + b + U_i$ folgt

$$\bar{Y} = \frac{1}{n}\sum_{i=1}^{n}(aX_i + b + U_i) = a\bar{X} + b + \bar{U} \text{ mit } \bar{U} = \frac{1}{n}\sum_{i=1}^{n}U_i \, ;$$

setzen wir $Y_i - \bar{Y} = aX_i + b + U_i - (a\bar{X} + b + \bar{U}) = a(X_i - \bar{X} + U_i - \bar{U})$ im Zähler von $\hat{A}$ ein, dann wird dieser zu

$$a\sum_{i=1}^{n}(X_i - \bar{X})^2 + \sum_{i=1}^{n}(U_i - \bar{U})(X_i - \bar{X}) \text{ und damit gilt}$$

$$\hat{A} = a + \sum_{i=1}^{n}(U_i - \bar{U})\frac{X_i - \bar{X}}{\sum_{i=1}^{n}(X_i - \bar{X})^2} \, ; \qquad (9)$$

aus $E[U_i] = 0$ für $i = 1, 2, \ldots, n$ folgt $E[\bar{U}] = 0$, also $E[U_i - \bar{U}] = 0 - 0 = 0$ und wenn die U_i unabhängig von allen X_i sind, hat auch jeder Summand der

Summe in (9) den Erwartungswert 0. Somit ist $E[\hat{A}] = a$ bewiesen. Da nun $\hat{B} = \bar{Y} - \hat{A}\bar{X}$ und (s. oben) $\bar{Y} = a\bar{X} + b + \bar{U}$, folgt

$$E[\hat{B}] = E[a\bar{X} + b + \bar{U}] - E[\hat{A}\bar{X}] = b + aE[\bar{X}] - E[\hat{A}\bar{X}] \, .$$

Aus (9) erkennt man aber, daß $\hat{A}\bar{X}$ gleich $a\bar{X}$ plus einer Summe ist, deren Erwartungswert gleich 0 wird, wenn die U_i unabhängig von allen X_i sind. Damit folgt $E[\hat{A}\bar{X}] = aE[\bar{X}]$ und somit $E[\hat{B}] = b$.

Man beachte, daß wir nichts über die Verteilung der X_i voraussetzen mußten. Die X_i können voneinander abhängig sein und sie müssen keineswegs identisch verteilt sein. Die Verteilung eines jeden Y_i ergibt sich dann wegen $Y_i = aX_i + b + U_i$ aus der Verteilung von X_i und der von U_i. Es schadet also auch nichts, wenn wir für X_i ganz spezielle zufällige Variable, z.B. von uns gewählte Konstanten nehmen. (Jede Konstante kann man auffassen als eine zufällige Variable, die ihren Wert mit Wahrscheinlichkeit 1 annimmt.)

BEISPIEL 2: Für sieben Zeitpunkte t_1 bis t_7, die im Abstand von 3 Zeiteinheiten gewählt werden, wird der Durchmesser y_i einer Mikrobenkultur gemessen, die sich kreisförmig auf der Oberfläche eines Substrats ausbreitet. Es sollen sich folgende Meßwerte ergeben:

t_i in h	0	3	6	9	12	15	18
y_i in mm	4,2	4,6	4,9	5,6	6,0	6,3	6,9

Daraus berechnen wir

$$\bar{t} = \frac{1}{7}\sum_{i=1}^{7} t_i = 9 \, , \quad \sum_{i=1}^{7}(t_i - 9)^2 = 252 \, , \quad \bar{y} = \frac{1}{7}\sum_{i=1}^{7} y_i = 5,5 \, ,$$

$$\sum_{i=1}^{7}(y_i - 5,5)(t_i - 9) = 37,8 \, ;$$

also ist $\hat{a} = 37,8/252 = 0,15$ und $\hat{b} = \bar{y} - 0,15\bar{x} = 5,5 - 0,15 \cdot 9 = 4,15$. Mit Hilfe der empirischen Regressionsgeraden $\hat{y} = 0,15t + 4,15$ kann man nun z.B. den Durchmesser nach $20\,h$ zu $\hat{y}(20) = 0,15 \cdot 20 + 4,15 = 7,15$ schätzen.

Zwischen dem Anstieg $\hat{a}$ einer empirischen Regressionsgeraden und dem Wert r des zu denselben Punkten (x_i, y_i) gehörenden Korrelationskoeffizienten besteht folgender Zusammenhang: Wegen

$$r = \frac{\sum\limits_{i=1}^{n}(x_i - \bar{x})(y_i - \bar{y})}{\sqrt{\sum\limits_{i=1}^{n}(x_i - \bar{x})^2}\sqrt{\sum\limits_{i=1}^{n}(y_i - \bar{y})^2}} = \hat{a}\frac{\sqrt{\sum\limits_{i=1}^{n}(x_i - \bar{x})^2}}{\sqrt{\sum\limits_{i=1}^{n}(y_i - \bar{y})^2}} \quad \text{folgt } r = \hat{a}\frac{s_x}{s_y},$$

wobei s_x und s_y die nach Formel (4) in 10.1 zu berechnenden Werte für die empirische Streuung der x_i bzw. der y_i sind. Da diese nie negativ sein können, müssen r und $\hat{a}$ immer dasselbe Vorzeichen haben. $r > 0$ gilt also genau dann, wenn die empirische Regressionsgerade ansteigend ist, $r < 0$ genau dann, wenn sie fällt.

Zu den beobachteten x_i gehören auf der Regressionsgeraden die Ordinaten $\hat{y}_i = \hat{a}x_i + \hat{b}$; wegen $\hat{b} = \bar{y} - \hat{a}\bar{x}$ folgt $\bar{y} = \hat{b} + \hat{a}\bar{x}$ und somit $\hat{y}_i - \bar{y} = \hat{a}(x_i - \bar{x})$. Also gilt

$$\frac{\sum\limits_{i=1}^{n}(\hat{y}_i - \bar{y})^2}{\sum\limits_{i=1}^{n}(y_i - \bar{y})^2} = \hat{a}^2\frac{\sum\limits_{i=1}^{n}(x_i - \bar{x})^2}{\sum\limits_{i=1}^{n}(y_i - \bar{y})^2} = r^2. \quad (10)$$

Wegen (10) kann man r^2 auffassen als den Anteil der Varianz der y_i, der auf die lineare Abhängigkeit von den x_i zurückzuführen ist und daher nennt man r^2 oft auch das *Bestimmtheitsmaß*.

Es gibt Regressionsmodelle, die sich durch Transformation der Variablen auf unser lineares Modell zurückführen lassen. So folgt etwa aus

$$Z = cT^a, \text{ daß } \ln Z = a\ln T + \ln c, \quad (11)$$

also ein linearer Zusammenhang für die Logarithmen von Z und T. Setzen wir also $Y = \ln Z$, $X = \ln T$ und $\ln c = b$, dann gilt $Y = aX + b$. Wenn dies nun nicht exakt gilt und wir daher auf der rechten Seite noch zufällige Störvariablen mit dem Erwartungswert 0 addieren, dann haben wir wieder das lineare Regressionsmodell. Aus der empirischen Regressionsgeraden für die Logarithmen X und Y entnehmen wir dann $\hat{a}$ als Schätzwert für a und $\hat{b}$ als Schätzwert für $\ln c$. Daher kann man c durch $\hat{c} = e^{\hat{b}}$ schätzen und schließlich die Abhängigkeit von Z und T genähert durch $Z \approx \hat{c}T^{\hat{a}}$ angeben.

Wenn Z bis auf zufällige Abweichungen eine Exponentialfunktion von X ist, dann folgt aus

$$Z \approx ce^{aX}, \text{ daß } \ln Z \approx aX + \ln c, \quad (12)$$

also ein annähernd linearer Zusammenhang von $Y = \ln Z$ und X. Man kann nun eine empirische Regressionsgerade für die Punkte $(x_i, y_i) = (x_i, \ln z_i)$ berechnen. Ihre Parameter $\hat{a}$ und $\hat{b}$ schätzen a bzw. $\ln c$ und der Zusammenhang zwischen Z und X ist in etwa $Z = e^{\hat{b}} e^{\hat{a}X}$.

AUFGABE 99: Nehmen Sie an, daß das Gewicht G einer Weinbergschnecke bis auf geringe zufällige Abweichungen von ihrem größten Durchmesser D in der Form $G = cD^a$ abhängt und schätzen Sie c und a aufgrund folgender Messungen an 15 solcher Schnecken (s. auch Figur 62 in 7.1):

$Nr.i$	1	2	3	4	5	6	7	8
D in cm	2,8	3,2	3,5	3,7	3,7	4,1	4,2	4,2
G in g	8	12	14	14	18	26	27	29

$Nr.i$	9	10	11	12	13	14	15
D in cm	4,3	4,4	4,5	4,6	4,6	4,7	4,8
G in g	30	31	33	35	36	37	41

AUFGABE 100: Von einer aussterbenden Art zählte man für die letzten 8 Jahre noch folgende Bestände (Anzahlen der Exemplare):

$$831, \ 766, \ 601, \ 550, \ 520, \ 477, \ 451 \ 432 \ .$$

Setzen Sie für die Anzahl Y im Jahr t, ($t = 0, 1, 2, \dots$) ein exponentielles Regressionsmodell des Typs $Y = ce^{-\beta t} \cdot \delta$ mit zufallsabhängigem $\delta \approx 1$ voraus und schätzen Sie c und β, sowie den Bestand im übernächsten Jahr!

11 Signifikanztests

11.1 Einführende Beispiele und allgemeines Schema

„Statistisch nachgewiesenen" Behauptungen wird häufig mißtraut. Dazu haben nicht nur Fälschungen und bewußte Irreführungen beigetragen, sondern auch Fehlanwendungen von Signifikanztests, die unterlaufen, wenn elementare Regeln mißachtet werden. Eine dieser Regeln lautet:

WER ERST AUFGRUND VORLIEGENDER DATEN ZU EINER VERMUTUNG KOMMT, BRAUCHT NEUE DATEN, UM DIESE VERMUTUNG ZU BESTÄTIGEN!

BEISPIEL 1: Angenommen, wir hätten fünfmal mit einem Würfel gewürfelt und dabei der Reihe nach die Zahlen $3, 5, 4, 6, 2$ erhalten. Zunächst wird man dabei nichts Besonderes finden, aber es läßt sich an jedem Datenmaterial irgendetwas Auffälliges entdecken. Hier könnte jemand darauf hinweisen, daß zunächst zwei ungerade und dann nur noch gerade Zahlen gewürfelt wurden. Die Wahrscheinlichkeit für dieses Ereignis ist aber bei einem normalen Würfel nur $(1/2)^5 = 1/32$. Auffällig ist auch, daß fünf verschiedene Zahlen gewürfelt wurden. Für dieses Ereignis ist die Wahrscheinlichkeit ebenfalls gering, nämlich $(5/6)(4/6)(3/6)(2/6) = 0,0926$. (Man berechnet nach (3) in 9.4 die Wahrscheinlichkeit für den Durchschnitt der Ereignisse A_i = „der i-te Wurf bringt eine von allen vorher gewürfelten Zahlen verschiedene Augenzahl" , $i = 2, 3, 4, 5$.) Dürfen wir aber deshalb schließen, daß der Würfel „nicht normal" ist, etwa daß bei ihm die Augenzahlen der einzelnen Würfe nicht unabhängig sind? Niemand käme wohl hier auf die Idee, daß der Würfel gerne die Zahlen vermeidet, die er schon gewürfelt hat, oder daß er eher mit ungeraden Zahlen beginnt und dafür eher mit geraden Zahlen aufhört. Leider kommt es aber immer noch vor, daß erst nach Sichtung empirischer Daten Hypothesen formuliert werden, die man dann aufgrund ebendieser Daten „statistisch absichern" will.

Am Anfang eines Signifikanztests steht immer eine Vermutung, die entweder auf früheren Beobachtungen oder auf theoretischen Modellvorstellungen beruht. Ähnlich wie beim indirekten Beweis (s.1.1) geht man nun aus von einer Ausssage, die der Vermutung widerspricht. Diese Aussage ist die sog. *Nullhypothese* H_0. Man möchte H_0 aufgrund empirischer Daten, die noch zu beobachten sind, widerlegen und damit die Vermutung bestätigen. Anders als bei einem erfolgreich durchgeführten indirekten Beweis kann man aber gewöhnlich H_0 nicht mit absoluter Sicherheit zum Widerspruch führen, sondern nur mit einer gewissen Wahrscheinlichkeit.

BEISPIEL 2: Ein Arzt vermutet, daß eine Injektion von Frischzellen das Leben von Mäusen verlängern kann. Er wählt sechs Paare von Mäusen aus, wobei jedes Paar gleichaltrig, vom selben Geschlecht und genetisch möglichst ähnlich ist. Dann wird von jedem Paar ein Exemplar zufällig für die Injektion bestimmt, das andere Exemplar bleibt unbehandelt. Getestet wird die Nullhypothese H_0 : die Injektion hat keinen Effekt auf die Lebensdauer. Der Arzt wird diese Nullhypothese nur dann ablehnen, wenn alle 6 behandelten Mäuse ihren unbehandelten Partner überleben. Wenn die H_0 richtig ist, dann ist der Versuch ein Bernoulli- Schema mit $n = 6$ und $p = 1/2$, denn dann wird jede der behandelten Mäuse mit Wahrscheinlichkeit 1/2 länger leben als ihr unbehandelter Partner (beide leben ja dann genau so lange, wie sie ohne die Behandlung des einen Partners leben würden und mit Wahrscheinlichkeit $1/2$ behandelt man den ohnehin länger lebenden Partner). H_0 wird daher nur mit der Wahrscheinlichkeit $(1/2)^6 = 1/64$ abgelehnt, wenn sie richtig ist.

Allgemein nennt man die Wahrscheinlichkeit, mit der bei einem Signifikanztest eine Nullhypothese H_0 im Fall ihrer Richtigkeit abgelehnt wird, die *Irrtumswahrscheinlichkeit* α. Es handelt sich dabei um die Wahrscheinlichkeit für den sog. *Fehler 1.Art,* der darin besteht, eine richtige Nullhypothese abzulehnen. Als obere Schranke α_0 für α wählt man häufig $0,05$ oder $0,01$, denn man möchte diesen Fehler natürlich nur mit geringer Wahrscheinlichkeit begehen. Vielfach sagt man dann, daß auf dem „Testniveau" $0,05$ bzw. $0,01$ getestet wird, aber diese Bezeichnung ist nicht besonders glücklich, weil im Deutschen ein hohes Niveau etwas Besseres bedeutet als ein niedriges, während hier ein niedriges Testniveau erstrebenswert ist (das englische „level" ist wohl in seiner Bedeutung neutraler). In Beispiel 2 ist die Anzahl X der Erfolge bei einem Bernoulli-Schema mit $n = 6$ und $p = 1/2$ die sogenannte *Testgröße*. Allgemein ist die Testgröße eines Signifikanztests eine zufällige Variable V, deren Verteilung sich aus H_0 ergibt, d.h. man kennt die Verteilung von V für den Fall, daß H_0 richtig ist. So wissen wir im Beispiel 2, daß X nach $Bi(6; 1/2)$ verteilt ist, <u>wenn</u> die Injektion keinen Effekt hat.(Der Name „Nullhypothese" kommt daher, daß sie oft behauptet, ein Effekt sei gleich 0.) Stets wird der Wertebereich von V in zwei Bereiche aufgeteilt: den *kritischen Bereich K*, und dessen Komplement $\bar{K}$. $\bar{K}$ wollen wir den *Nichtablehnungsbereich* nennen. Bei richtiger H_0 fällt der Wert der Testgröße nur mit der geringen Wahrscheinlichkeit α nach K und mit der hohen Wahrscheinlichkeit $\beta = 1 - \alpha$ nach $\bar{K}$. Man nennt $\beta = 1 - \alpha$ die *Sicherheitswahrscheinlichkeit* des Tests. Wenn V einen Wert in K annimmt, dann lehnt man H_0 ab. Rechtfertigen könnte man dies etwa mit der Bemerkung: „warum sollte gerade ich ein solcher Pechvogel sein, daß mir etwas passiert, was bei richtiger H_0 höchstens mit Wahrscheinlichkeit $0,05$ bzw. $0,01$ passiert? Eine nicht zu beanstandende Sprechweise im Fall der Ablehnung wäre dann etwa:
Aufgrund der Beobachtungen kann H_0 bei der gewählten Sicherheitswahrscheinlichkeit β abgelehnt werden.

Fällt der Wert von V nach $\bar{K}$, dann sagt man am besten, daß die vorliegenden Beobachtungen nicht hinreichen, um H_0 bei der geforderten Sicherheitswahrscheinlichkeit abzulehnen. Keinesfalls darf man annehmen, daß H_0 nun mit hoher Wahrscheinlichkeit richtig sei, nur weil man nicht mit der geforderten hohen Sicherheitswahrscheinlichkeit ablehnen konnte! In Beispiel 2 war K der Wert 6, also $\bar{K} = \{0, 1, 2, 3, 4, 5\}$. Da $W(X = 6) = 1/32$, hat der Arzt also $\alpha = 1/32$ gewählt. Er kann die Nullhypothese der Wirkungslosigkeit der Behandlung also bei der hohen Sicherheitswahrscheinlichkeit $\beta = 1 - 1/32 = 0,969$ ablehnen, wenn $X = 6$ eintreten sollte. Wenn aber $X = 5$ eintritt, dann kann er zwar H_0 nicht bei der geforderten hohen Sicherheitswahrscheinlichkeit ablehnen, aber er wird die Hoffnung nicht aufgeben, bei einem neuen Experiment mit mehr Mäusen die Wirksamkeit seiner Therapie doch noch bestätigen zu können. Wir merken uns also als weitere wichtige Regel:

EINE NULLHYPOTHESE, DIE AUFGRUND EINER STICHPROBE NICHT ABGELEHNT WERDEN KANN, IST DESWEGEN NICHT ALS RICHTIG ANZUNEHMEN.

Selbst wenn X den Wert 3 annehmen würde, der am besten zu einer völligen Wirkungslosigkeit der Therapie passen würde, könnte es doch sein, daß diese ein ganz klein wenig nützt und damit wäre ja H_0 schon falsch; vielleicht könnte man einen solchen geringen Effekt auch durch einen Versuch mit sehr vielen Mäusepaaren nachweisen, aber in aller Regel ist man an geringfügigen Effekten nicht interessiert. Bei vielen Nullhypothesen weiß man von vorneherein, daß sie nicht ganz genau stimmen können. Es geht dann auch gar nicht um die Richtigkeit von H_0, sondern darum, ob die Realität so gravierend von H_0 abweicht, um auch bei mäßigem Stichprobenumfang zu einem Wert der Testgröße im kritischen Bereich K zu führen.

Es wäre übrigens auch ein grober Fehler, wenn der Arzt, nachdem er ein X in $\bar{K}$ erhalten hat, so lange weitermachen würde, bis das Resultat zur Ablehnung führt; es gibt zwar sogenannte *sequentielle Testverfahren*, die so ähnlich vorgehen, aber bei diesen ist die Irrtumswahrscheinlichkeit anders zu berechnen. Bei allen im folgenden behandelten Tests ist der Stichprobenumfang vor Berechnung der Testgröße V festzulegen oder er muß durch äußere Umstände, z.B. durch die Anzahl der verfügbaren Versuchsobjekte, gegeben sein. Eine nachträgliche Erweiterung des Stichprobenumfangs mit dem Ziel, so lange weiter zu beobachten, bis V nach K fällt, hätte in aller Regel zur Folge, daß die wahre Irrtumswahrscheinlichkeit viel größer als das gewählte α wird.

Man sagt auch „V *ist signifikant*," wenn V einen Wert in K annimmt; manchmal wird noch zwischen „signifikant" und „hochsignifikant"unterschieden. Im ersteren Fall erfolgt die Ablehnung bei einem $\alpha \leq 0,05$, im letzteren bei $\alpha \leq 0,01$.

Wir wiederholen schematisch die einzelnen Schritte bei der Durchführung eines Signifikanztests:

| Formuliere eine H_0, die der Vermutung widerspricht! |

| Wähle eine obere Schranke α_0 für α ! |

> Wähle die Testgröße V und beobachte eine Stichprobe!

> Bestimme K so, daß $W(V \in K) = \alpha \leq \alpha_0$!

> Berechne den Wert von V aus dem Stichprobenresultat!

Liegt dann der Wert von V in K, dann wird H_0 abgelehnt, liegt er in $\bar{K}$, dann kann H_0 bei der geforderten Schranke α_0 für die Irrtumswahrscheinlichkeit α nicht abgelehnt werden.

Wenn wir H_0 nicht ablehnen können, obwohl H_0 falsch ist, dann begehen wir den sogenannten *Fehler 2.Art*. Die Wahrscheinlichkeit dafür hängt davon ab, wie sehr die Realität von H_0 abweicht, aber auch vom Stichprobenumfang und nicht zuletzt auch davon, für welche Testgröße man sich entscheidet! In der Regel gibt es nämlich mehrere Testverfahren mit verschiedenen Testgrößen, die in der gegebenen Situation anwendbar sind. Bei gleichem α nennen wir ein Testverfahren A *gleichmäßig besser* als ein Testverfahren B, wenn es bei jeder Alternative aus einer ganzen Menge von Alternativen, die anstelle von H_0 richtig sein könnten, mit größerer oder zumindest gleicher Wahrscheinlichkeit zur Ablehnung von H_0 führt wie B.

Der Test, den wir in Beispiel 2 kennengelernt haben, heißt *Vorzeichentest* oder einfach *Zeichentest*. Seine Testgröße ist die Anzahl der positiven Differenzen in einer Stichprobe von n Wertepaaren. Im Beispiel waren dies die Differenzen der Lebensdauern der beiden Partner eines Paares. Dabei haben wir unterstellt, daß keine dieser Differenzen gleich 0 sein wird, d.h. bei keinem Paar werden die Partner genau zur selben Zeit sterben. Wenn auch Differenzen auftreten können, die gleich 0 sind, dann läßt man diese beim Zeichentest weg. Es muß nur sicher sein, daß bei richtiger H_0 alle von 0 verschiedenen Differenzen unabhängig und mit Wahrscheinlichkeit 1/2 positiv, mit Wahrscheinlichkeit 1/2 negativ sind. Wir werden diesen Test in 11.6 noch genauer kennenlernen.

AUFGABE 101: Um festzustellen, ob Ratten bestrahltes Getreide von unbestrahltem unterscheiden können, setzte man jeder von 12 hungrigen Ratten zwei gleich große Häufchen Weizen vor, von dem das eine aus einem bestrahlten Vorrat stammte. In 2 Fällen konnte man keine Präferenz feststellen, aber von den 10 anderen Ratten fraßen acht deutlich mehr vom unbestrahlten Häufchen oder verschmähten das bestrahlte Futter ganz. Kann aufgrund dieses Resultats die Nullhypothese, wonach die Ratten die verschiedene Qualität des Futters nicht unterscheiden können, bei Zugrundelegung einer Sicherheitswahrscheinlichkeit $\beta \geq 0,95$ abgelehnt werden? (Hinweis: man vermutet hier, daß die Tiere das bestrahlte Futter eher meiden, wenn sie es unterscheiden können.

Als Bestätigung dieser Vermutung wird man es ansehen, wenn die Anzahl X der Ratten, die das unbestrahlte Futter erkennbar vorziehen, nahe bei ihrem größtmöglichen Wert 10 ist. Man testet hier „einseitig" d.h. der kritischen Bereich wird nur extrem große Werte für X enthalten. Würde man es auch für möglich halten, daß den Tieren das bestrahlte Futter besser schmeckt, dann würde man „zweiseitig" testen, d.h. K aus extrem großen und extrem kleinen Werten zusammensetzen.

11.2 Test der Nullhypothese $\mu = \mu_0$ bei Normalverteilung mit bekanntem σ.

Es kommt vor, daß der Wert eines Merkmals in sehr guter Näherung einer Normalverteilung $N(\mu_0, \sigma^2)$ gehorcht, wenn man aus einer großen Gesamtheit ein Exemplar zufällig auswählt und dieses Merkmal mißt. Vermutet man, daß die Merkmalswerte in einer gewissen Teilgesamtheit im Durchschnitt größer oder kleiner als μ_0 sein werden, dann kann man die Nullhypothese wie wie folgt formulieren:

H_0 : „in der Teilgesamtheit ist das Merkmal wie in der Gesamtheit verteilt."

Auch wenn man zwei Gesamtheiten miteinander vergleicht (etwa zwei verwandte Arten) und vermutet, daß ein Merkmal in der zweiten Gesamtheit im Durchschnitt kleinere bzw. größere Werte hat als in der ersten Gesamtheit, wo es nach $N(\mu_0, \sigma^2)$ verteilt ist, wird man als Nullhypothese behaupten, daß das Merkmal in der zweiten Gesamtheit wie in der ersten verteilt ist.
Es werden dann n Elemente aus der Teilgesamtheit bzw. aus der zweiten Gesamtheit zufällig ausgewählt und ihre Merkmalswerte $X_1, X_2, \ldots, X_n$ werden beobachtet. Die Gesamtheit, aus der die auszuwählenden Elemente stammen, sei so groß, daß wir die Stichprobenvariablen X_i als unabhängig ansehen dürfen. Dann folgt in beiden Fällen aus der Nullhypothese, daß die X_i nach $N(\mu, \sigma^2)$ mit $\mu = \mu_0$ verteilt sind, d.h. der Erwartungswert μ der Teilgesamtheit bzw. 2.Gesamtheit ist derselbe wie der „Vergleichswert" μ_0. Wenn man nun μ_0 und σ kennt, kann man als Testgröße

$$V = \frac{(\bar{X} - \mu_0)\sqrt{n}}{\sigma} \tag{1}$$

verwenden; bei richtiger Nullhypothese ist V die zum arithmetischen Mittel $\bar{X}$ der Stichprobenvariablen gehörende standardisierte Variable, d.h. V ist bei richtiger Nullhypothese nach $N(0; 1)$ verteilt.
Die uns schon bekannten Konfidenzschranken λ_β (vgl.(1) und (2) in 10.2)

können nun als *Testschranken* dienen.

Denn aus $W(-\lambda_\beta \leq V \leq \lambda_\beta) = \beta$ folgt

$$W(|V| \geq \lambda_\beta) = 1 - \beta = \alpha . \qquad (2)$$

Wir können als kritischen Bereich K also die Menge der V-Werte v mit $|v| \geq \lambda_\beta$ wählen, d.h.

$$K = (-\infty, -\lambda_\beta] \cup [\lambda_\beta, \infty) \qquad (3)$$

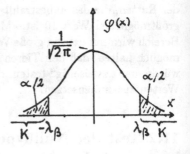

Figur 98

(vgl.Figur 98). Da unsere Testgröße V hier vom stetigen Typ ist, können wir eine gewählte Schranke α_0 für die Irrtumswahrscheinlichkeit α stets realisieren, und daher setzen wir hier $\alpha = \alpha_0$.

Würden wir α_0 unterschreiten, dann hätten wir zwar eine geringere Wahrscheinlichkeit für den Fehler 1.Art, dafür wäre aber die Wahrscheinlichkeit für den Fehler 2.Art größer, d.h. wenn μ von μ_0 abweicht, werden wir H_0 mit geringerer Wahrscheinlichkeit ablehnen, als wenn wir mit $\alpha = \alpha_0$ testen. Wenn μ stark von μ_0 abweicht, dann wird V mit ziemlich großer Wahrscheinlichkeit entweder nach $[\lambda_\beta, \infty)$ oder nach $(-\infty, -\lambda_\beta]$ fallen. Ersteres wird eher eintreten, wenn $\mu > \mu_0$ gilt, letzteres eher bei $\mu < \mu_0$. In beiden Fällen können wir ein signifikantes Resultat erwarten, wenn nur μ weit genug vom hypothetischen Wert μ_0 abweicht, denn wir testen hier *zweiseitig*.

Bezeichnung: Allgemein nennt man einen Test *zweiseitig,* wenn sein kritischer Bereich K sowohl aus extrem großen, als auch aus extrem kleinen Werten der Testgröße V besteht. Man nennt ihn *einseitig,* wenn K entweder nur aus extrem großen oder nur aus extrem kleinen Werten von V besteht.

Man wird immer einseitig testen, wenn man sicher ist, daß μ nur in einer Richtung vom Vergleichswert μ_0 abweichen kann. Im ersteren Fall lehnt man H_0 nur ab, wenn V größer oder gleich der sog. einseitigen Schranke λ_β^* ist, für die $\Phi(\lambda_\beta^*) = \beta$ gilt. Bei richtiger H_0 ist dies dann zugleich die Wahrscheinlichkeit dafür, daß V nicht größer als λ_β^* ausfällt und daher ist $\alpha = 1 - \beta$ die Wahrscheinlichkeit dafür, daß V in den (einseitigen) kritischen Bereich $K = [\lambda_\beta^*, \infty)$ fällt. Zu den üblichen α-Werten $0,05$ bzw. $0,01$ gehören wegen $\Phi(1,64) = 0,95$ und $\Phi(2,33) = 0,99$ die

$$\text{einseitigen Schranken } \lambda_{0,95}^* = 1,64 \text{ , bzw. } \lambda_{0,99}^* = 2,33 \text{ (vgl. Figur 98). (4)}$$

Wie man sieht, sind die einseitigen Schranken kleiner als die zweiseitigen Schranken zur selben Sicherheitswahrscheinlichkeit. Die Chancen, eine falsche

Nullhypothese abzulehnen, sind also beim einseitigen Test größer als beim zweiseitigen, vorausgesetzt, daß μ wirklich nur nach oben von μ_0 abweichen kann.

Analog verläuft die entgegengesetzte Form des einseitigen Tests. Weiß man schon vorher, daß μ höchstens nach unten von μ_0 abweichen kann, dann wird man H_0 nur ablehnen, falls $V \leq -\lambda_\beta^*$ ausfällt.

Für die zweiseitigen Testschranken λ_β gilt $1 - \Phi(\lambda_\beta) = \alpha/2$, denn auf beide Teile von K fällt die Hälfte der Irrtumswahrscheinlichkeit (vgl.Figur 98). Also ist jede zweiseitige Schranke zur Sicherheitswahrscheinlichkeit β zugleich als einseitige Schranke zur Sicherheitswahrscheinlichkeit $1 - (\alpha/2) = 1 - (1 - \beta)/2 = (1 + \beta)/2$ verwendbar, d.h. $\lambda_\beta = \lambda_{(1+\beta)/2}^*$.

Man kann das eben geschilderte Testverfahren nicht oft anwenden; entweder bestehen Zweifel an der Normalverteilung des Merkmals, oder man kennt vielleicht μ_0, nicht aber σ genau genug. Da die hier verwendeten Testschranken aber auch im folgenden noch eine Rolle spielen und ja auch für Konfidenzintervalle benötigt werden (s.10.2), stellen wir die wichtigsten zusammen:

Einseitige und zweiseitige Testschranken der $N(0,1)$-Verteilung.

α	$\beta = 1 - \alpha$	λ_β	λ_β^*
0,10	0,90	1,645	1,28
0,05	0,95	1,96	1,645
0,02	0,98	2,33	1,96
0,01	0,99	2,58	2,33
0,005	0,995	2,81	2,58

BEISPIEL 1: Es sei bekannt, daß in einer Region das Geburtsgewicht der Kinder (ohne Frühgeburten und Mehrlinge) normalverteilt ist mit dem durchschnittlichen Wert $\mu_0 = 3120\,g$ und $\sigma = 490\,g$. Man vermutet, daß Raucherinnen im Durchschnitt leichtere Babies zur Welt bringen und will daher die Hypothese H_0 : „Das Geburtsgewicht der Babies von Raucherinnen ist ebenso verteilt wie in der Gesamtheit aller Babies" einseitig testen. Die Irrtumswahrscheinlichkeit soll $\alpha = 0,01$ sein. Man verschafft sich die Aufzeichnungen der Geburtsgewichte von 100 Normalgeburten von Raucherinnen, berechnet den Wert $\bar{X}$ als das arithmetische Mittel der 100 Gewichte, und lehnt H_0 ab, wenn die Testgröße $(\bar{X}-3120)\sqrt{100}/490$ kleiner oder gleich der Testschranke $-\lambda_{0,99}^* = -2,33$ ist. Denn da man von vorneherein eine negative Wirkung des Rauchens unterstellt, wird man nur dann H_0 ablehnen, wenn das Resultat für die Vermutung spricht, d.h. wenn $\bar{X}$ und damit V erheblich kleiner ausfallen, als es nach der Nullhypothese zu erwarten wäre. Hier führen

329

alle $\bar{X}$- Werte, die nicht größer als $3005\,g$ sind, zu einem bei $\alpha = 0,01$ signifikanten Wert der Testgröße V.

11.3 Test der Hypothese $\mu = \mu_0$ bei Normalverteilung mit unbekannter Streuung (ein t-Test)

Der vorige Test wird mit hoher Wahrscheinlichkeit zur Ablehnung von H_0 führen, wenn μ stark von μ_0 abweicht. Aber auch dann, wenn die Stichprobenvariablen zwar mit dem Erwartungswert $\mu = \mu_0$ verteilt sind, aber eine Streuung $\hat{\sigma}$ besitzen, die größer als das bekannte σ ist, ist die H_0 des vorigen Tests falsch und wird mit einer größeren Wahrscheinlichkeit als α abgelehnt. Die Testgröße V ist dann nämlich nicht nach $N(0,1)$ sondern nach $N(0, \hat{\sigma}^2/\sigma^2)$ verteilt.

Wir lösen uns nun von der Annahme, daß wir die Streuung σ der Vergleichsgesamtheit kennen. Die Nullhypothese H_0 lautet wieder: „In der Gesamtheit, aus der die Stichprobe gezogen wird, ist das Merkmal verteilt wie in der Vergleichsgesamtheit" und wir setzen wieder voraus, daß das Merkmal in der Vergleichsgesamtheit normal mit $\mu = \mu_0$ verteilt ist. Nun aber hilft uns die Testgröße V von 11.2 nicht weiter, weil wir ja σ nicht kennen. Daher ersetzen wir

$$V = \frac{(\bar{X} - \mu_0)\sqrt{n}}{\sigma} \quad \text{durch die Testgröße} \quad T = \frac{(\bar{X} - \mu_0)\sqrt{n}}{S}, \qquad (1)$$

wobei S die uns bereits vertraute Schätzfunktion für die unbekannte Streuung ist (vgl.(4) in 10.1) , mit der die Stichprobenvariablen verteilt sind, d.h. für die Streuung, mit der das Merkmal in der Gesamtheit verteilt ist, aus der die Stichprobe gezogen wird.

Die Testgröße T ist uns schon bei den Konfidenz-Intervallen in 10.2 begegnet und wir wissen, daß sie bei richtiger H_0 der t-Verteilung mit dem Freiheitsgrad $n - 1$ gehorcht. Ebenso wie wir die Konfidenzschranken λ_β in 11.2 als zweiseitige Testschranken benutzten, können wir nun die Konfidenzschranken $\tau_\beta(n-1)$ der t-Verteilung als zweiseitige Testschranken benutzen. Bei gegebener Irrtumswahrscheinlichkeit α lautet im zweiseitigen Test die Testvorschrift nun:

$$\text{lehne } H_0 \text{ ab, wenn } |T| \geq \tau_\beta(n-1). \qquad (2)$$

Einige dieser Testschranken kann man dem Tabellenauszug in 10.2 entnehmen. Wie die $N(0,1)$-Verteilung ist auch jede t-Verteilung nullsymmetrisch; daher sind die zweiseitigen Testschranken zugleich einseitige Testschranken, und zwar gilt

$$\tau_\beta(n-1) = \tau^*_{(1+\beta)/2}(n-1) \, , \tag{3}$$

wobei letztere wieder die einseitigen Schranken sind. Vermutet man schon vor Beobachtung der Stichprobenvariablen, daß ihr Erwartungswert μ größer als μ_0 ist, dann wird man einseitig testen nach der Vorschrift:

Lehne H_0 genau dann ab, wenn $T = \dfrac{(\bar{X} - \mu_0)\sqrt{n}}{S} \geq \tau^*_\beta(n-1)$; $\qquad$ (4)

Ist man dagegen von vorneherein sicher, daß das μ der Stichprobenvariablen höchstens nach unten von μ_0 abweichen kann, dann wählt man die entgegengesetzte Form des einseitigen Tests und verfährt nach der Vorschrift:

Lehne H_0 genau dann ab, wenn $T = \dfrac{(\bar{X} - \mu_0)\sqrt{n}}{S} \leq -\tau^*_\beta(n-1)$. $\qquad$ (5)

Die Testschranken der t-Verteilungen kann man dem Tabellen-Auszug in 10.2 oder den Tabellen von Owen [32], Wetzel [33] oder auch Pfanzagl [27] entnehmen.

BEISPIEL 1: Man vermutet, daß bei Personen, die zu Herzinfarkt neigen, der Eisengehalt des Serums mit höherem oder niedrigerem Durchschnittswert verteilt sein könnte. Es sei bekannt, daß dieser Eisengehalt bei gesunden Männern normalverteilt mit $\mu_0 = 115$ Mikrogramm pro deziliter ist. Bei $n = 16$ Männern, die schon einen Infarkt überlebt haben und nach wie vor infarktgefährdet sind, mißt man folgende Werte: 123, 137, 148, 155, 109, 104, 136, 141, 115, 165, 147, 118, 107, 99, 104, 118. Die gewählte Sicherheitswahrscheinlichkeit sei $\beta = 0,99$. Kann man dann aufgrund dieser Daten die Nullhypothese H_0, wonach die Verteilung des Eisengehalts im Serum bei Infarktgefährdeten dieselbe wie bei Gesunden ist, ablehnen? Hätte man ablehnen können, wenn man mit $\beta = 0,95$ zufrieden gewesen wäre? Hätte man ablehnen können, wenn man von vorneherein vermutet hätte, daß bei Infarktgefährdeten der Eisengehalt höher ist als bei Gesunden und deshalb einseitig (bei $\beta = 0,99$) getestet hätte?

Wir berechnen den Wert von $\bar{X}$ zu $\bar{x} = 126,625$ und den Wert von S zu

$$s = \sqrt{\frac{1}{15}\sum_{i=1}^{16}(x_i - 126,625)^2} = 20,546 \, ;$$

also nimmt T den Wert $\dfrac{(126,625 - 115)\sqrt{16}}{20,546} = 2,263$ an.

331

Da $\tau_{0,99}(15) = 2,95$, kann man H_0 bei der geforderten hohen Sicherheitswahrscheinlichkeit $0,99$ im zweiseitigen Test nicht ablehnen. Wenn man $\beta = 0,95$ gewählt hätte, hätte man H_0 bei zweiseitigem Test ablehnen können, denn $\tau_{0,95}(15) = 2,13$ ist kleiner als der Wert, den T angenommen hat. Erst recht hätte man dann H_0 im einseitigen Test bei $\beta = 0,95$ ablehnen können, denn die einseitige Schranke ist bei gleichem β immer kleiner als die zweiseitige (hier ist sie $\tau^*_{0,95}(15) = 1,75$.) Dagegen wäre bei $\beta = 0,99$ auch die einseitige Schranke $\tau^*_{0,99} = 2,60$ noch größer als $2,13$ und somit hätte man auch bei einseitigem Test nicht ablehnen können, wenn $\beta = 0,99$ vorgegeben ist.

Dieses Beispiel sollte aber nicht dazu verführen, nachträglich die Sicherheits- und damit auch die Irrtumswahrscheinlichkeit zu ändern. Wenn das zulässig wäre, dann könnte man im Fall der Ablehnung meistens noch den kritischen Bereich K verkleinern, indem man die Testschranken so weit verschiebt, daß sie gerade noch übertroffen werden. Signifikanztests sind aber so konstruiert, daß K vor Berechnung der Testgröße feststeht und daß alle Werte in K zusammen die Wahrscheinlichkeit α haben. Jeder Wert in K führt zur Ablehnung von H_0, unabhängig davon, ob er nahe bei der Testschranke liegt oder weit davon entfernt ist.

Auch der nachträgliche Übergang vom zweiseitigen Test zu einer der beiden Formen des einseitigen Tests ist nicht erlaubt; zwar sollte man immer einseitig testen, wenn man schon vor Sichtung der Daten sicher ist, daß ein möglicher Unterschied nur positiv bzw. nur negativ sein kann. Kommt man aber erst nach Betrachtung der Ergebnisse zu dieser Meinung und testet dann erst einseitig, dann ist die wahre Irrtumswahrscheinlichkeit bei diesem unerlaubten Vorgehen anders als man behauptet. Wir merken uns also als weitere Regel:

WÄHLE TESTVERFAHREN UND IRRTUMSWAHRSCHEINLICHKEIT
VOR SICHTUNG DER DATEN!

AUFGABE 102: Von einer vorgeschichtlichen Menschenrasse sei aufgrund zahlreicher Funde bekannt, daß erwachsene Männer eine durchschnittliche Schädelkapazität von $1615\,cm^3$ hatten. Wenn man nun an einer neuen Fundstelle fünf Schädel von erwachsenen Männern findet, die aus derselben Epoche stammen und (in cm^3) die Kapazitäten 1490, 1524, 1557, 1475 und 1533 haben, kann man dann schon mit einer Sicherheitswahrscheinlichkeit von $0,95$ behaupten, daß diese Menschen einer anderen Rasse angehörten? Dabei nehme man an, daß bei der erstgenannten Menschenrasse die Schädelkapazität der Männer normalverteilt ist. Warum sollte man hier zweiseitig testen?

11.4 Der t-Test für verbundene Stichproben

Wir nehmen nun an, daß n Paare (X_i, Y_i) von Stichprobenvariablen zu beobachten sind. Die Paare sollen unabhängig und alle wie ein Variablenpaar (X, Y) verteilt sein. X und Y können abhängig sein und somit auch X_i und Y_i bei jedem Paar. Die Variablen sollen vom stetigen Typ sein und dieselbe Dimension haben, denn wir müssen hier die Differenzen $D_i = Y_i - X_i$ bilden. Das ist anders als bei der Berechnung von Korrelationskoeffizienten, wo wir durchaus auch Merkmale verschiedener Dimension betrachten und ihre Abhängigkeit studieren; dort werden ja auch nur die Differenzen $X_i - \bar{X}$ und $Y_i - \bar{Y}$ gebildet und miteinander multipliziert und letzteres ist natürlich auch bei verschiedener Dimension der Faktoren möglich. Typische Beispiele für die Paare (X_i, Y_i), mit denen wir uns nun beschäftigen werden sind etwa

X_i = Ertrag pro m^2 von Sorte A auf der Versuchsparzelle Nr.i,
Y_i = Ertrag pro m^2 von Sorte B auf der Versuchsparzelle Nr.i;

oder

X_i = Meßwert an Versuchsobjekt Nr.i vor einer Behandlung
Y_i = Meßwert am selben Objekt nach der Behandlung.

Man macht solche Versuche, weil man einen „Behandlungseffekt" vermutet. Dabei ist „Behandlung" oft in einem sehr allgemeinen Sinn zu verstehen und kann etwa einen Sortenwechsel oder auch den Übergang von einer Methode zu einer neuen Methode bedeuten. Getestet wird die Nullhypothese
H_0 : Die Behandlung ist ohne Effekt auf das zu beobachtende Merkmal.

Wenn H_0 richtig ist, dann müssen X und Y sogenannte *vertauschbare* zufällige Variable sein. Darunter versteht man im stetigen Fall solche X, Y, für deren gemeinsame Dichte $g(x, y)$

$$g(x, y) = g(y, x) \text{ für beliebige } (x, y) \text{ gilt.} \tag{1}$$

Das wird durch folgende Überlegung plausibel: wenn H_0 erfüllt ist, dann liefern die beiden Objekte eines Versuchspaares dieselben Werte, wenn man statt des einen das andere Objekt behandelt hätte. Dann aber würde man statt $X_i = x, Y_i = y$ immer $X_i = y, Y_i = x$ beobachten. Aus (1) kann man nun durch eine kleine Integralrechnung folgern, daß für alle z

$$W(Y - X \leq z) = W(X - Y \leq z) = W(Y - X \geq -z). \tag{2}$$

Für die Verteilungsfunktion $F(z) = W(Y - X \leq z)$ der Differenz $D = Y - X$ gilt im stetigen Fall also

$$F(z) = 1 - F(-z), \text{ wenn } H_0 \text{ richtig ist.} \tag{3}$$

Das bedeutet aber die Nullsymmetrie für die Verteilung von D, denn durch Differenzieren beider Seiten von (3) folgt (bei Berücksichtigung der Kettenregel) für die Dichte $f(z)$ von D, daß $f(z) = f(-z)$ gilt.

Die Differenzen D_i sind also bei richtiger H_0 nullsymmetrisch verteilt, woraus aber noch nicht folgt, daß sie normalverteilt sein müßten. Gerade letzteres brauchen wir aber als Annahme für unseren t-Test. Manchmal hat man die Möglichkeit, viele Differenzen zu beobachten, die sich ohne „Behandlung" ergeben, z.B. könnte man Parzellen, auf denen nur die alte Sorte A angebaut wird, in zwei Hälften teilen und die Differenz der Erträge auf beiden Hälften beobachten. Sind diese Differenzen dann in guter Näherung normalverteilt, dann müßten es auch die Differenzen für Sorte B und Sorte A sein, wenn die H_0 stimmt, d.h. wenn sich die Sorten hinsichtlich des Ertrags nicht unterscheiden.

Dies führt uns auf die bisher noch nicht behandelte Frage, ob man mit statistischen Mitteln nachweisen kann, daß empirische Daten einer bestimmten Verteilung oder wenigstens einem bestimmten Verteilungstyp gehorchen. Das ist streng genommen nicht möglich. Es gibt aber sogenannte Anpassungstests (goodness of fit-tests), die zur Ablehnung einer Verteilungsannahme führen, wenn die tatsächliche Verteilung stark von der hypothetischen Verteilung abweicht und wenn man viele Beobachtungen für den Anpassungstest hat. Wenn er nicht zur Ablehnung führt, dann ist noch lange nicht nachgewiesen, daß die hypothetische Verteilung bzw. der hypothetische Verteilungstyp vorliegt, aber man darf annehmen, daß die tatsächliche Verteilung nicht sehr von der hypothetischen abweicht, falls der Anpassungstest trotz großen Stichprobenumfangs nicht zur Ablehnung führt.

Es ist daher gar nicht exakt beweisbar, daß bei wirkungsloser „Behandlung" die Differenzen D_i einer Normalverteilung $N(0; \sigma^2)$ gehorchen müßten. Immerhin konnten wir aber zeigen, daß sie dann nullsymmetrisch verteilt sein müßten und wenn die beobachteten Variablen quantitative, in der Natur vorkommende Größen betreffen, dann hat man häufig gute Gründe für die Annahme, daß die D_i bei richtiger Nullhypothese in guter Näherung normalverteilt wären.

Der Test ist dann lediglich der Spezialfall $\mu_0 = 0$ des vorigen Tests und völlig analog zur vorigen Testgröße $V = (\bar{X} - \mu_0)\sqrt{n}/S$ bilden wir nun

$$V = \frac{(\bar{D} - 0)\sqrt{n}}{S_D} = \frac{\bar{D}\sqrt{n}}{S_D} \text{ mit } S_D = \sqrt{\frac{1}{n-1} \sum_{i=1}^{n} (D_i - \bar{D})^2} \,, \qquad (4)$$

die wieder der t-Verteilung mit Freiheitsgrad $n - 1$ gehorcht, wenn aus $H_0 = $ „die Behandlung ist ohne Effekt auf das Merkmal" folgt, daß auch $H_0^* = $ „die D_i gehorchen einer Normalverteilung $N(0; \sigma^2)$"

erfüllt ist. Kann man dann H_0^* ablehnen, dann lehnt man damit auch H_0 ab, denn wenn H_0^* falsch ist, dann muß auch H_0 falsch sein, weil ja sonst H_0^* folgen würde (s.das Prinzip des indirekten Beweises in 1.1).

Beim zweiseitigen Test lautet die Testvorschrift also : H_0^* (und damit auch H_0) wird abgelehnt, wenn $|V| \geq \tau_\beta(n-1)$, die beiden einseitigen Tests lehnen ab, wenn $V \geq \tau_\beta^*(n-1)$ bzw. wenn $V \leq -\tau_\beta^*(n-1)$.

BEISPIEL 1: Wie bei Aufgabe 101 (s.11.1) bieten wir jedem von n verschiedenen Versuchstieren zwei gleich große Häufchen mit Futter an, wobei das eine Häufchen einen chemischen Zusatz enthält, von dem man nicht weiß, ob die Tiere ihn wahrnehmen können. Anders als dort beobachten wir nun nicht nur, ob ein Tier eines der Häufchen bevorzugt, sondern wir wiegen die vertilgten Mengen. Es könnte sein, daß wir bei 9 Tieren folgende Gewichte messen, wobei x_i = verzehrte Menge ohne Zusatz, y_i = verzehrte Menge mit Zusatz:

Tier Nr. i	1	2	3	4	5	6	7	8	9
x_i in g	18,3	21,5	12,4	12,0	17,9	11,7	13,4	24,1	18,8
y_i in g	15,2	3,8	15,4	11,4	1,2	13,1	10,2	0	8,7
$d_i = y_i - x_i$	$-3,1$	$-17,7$	$3,0$	$-0,6$	$-16,7$	$1,4$	$-3,2$	$-24,1$	$-10,1$

Die beobachteten Werte d_i der Differenzen D_i machen nicht den Eindruck, als seien die D_i normalverteilt, aber das ist kein Argument gegen den t-Test; die D_i müßten ja nur bei richtiger Nullhypothese normalverteilt sein! Man kann sich hier vorstellen, daß einige der Tiere den Zusatz bemerken und vermeiden, indem sie nur wenig oder gar nichts von dem Futter mit dem Zusatz zu sich nehmen; dadurch dürfte es zu den extremen negativen Differenzen d_i gekommen sein.

Wenn man davon ausgeht, daß die Tiere den Zusatz vermeiden, wenn sie ihn wahrnehmen können, wird man einseitig testen und $H_0 =$ „die Tiere können den Zusatz nicht wahrnehmen" nur dann ablehnen, wenn $V \leq -\tau_\beta^*(8)$. Es sei die Sicherheitswahrscheinlichkeit $0,975$ vorgegeben. Dann ist $\tau_{0,975}^*(8) = \tau_{0,95}(8) = 2,31$. Den Wert von $\bar{D}$ berechnet man zu

$$\bar{d} = -7,90 \text{ und } s_D = \sqrt{\frac{1}{8} \sum_{i=1}^{9} (d_i + 7,9)^2} = 9,65 \text{ als Wert von } S_D$$

und damit den Wert der Testgröße V zu $-7,9\sqrt{9}/9,65 = -2,46$. Da dieser Wert kleiner als $-2,31$ ist, kann H_0 bei der gewählten Irrtumswahrscheinlichkeit von $\alpha = 1 - \beta = 0,025$ abgelehnt werden. Allerdings sollte man prüfen, ob sich bei richtiger Nullhypothese wenigstens annähernd normalverteilte (und nullsymmetrisch verteilte) D_i ergeben. Das könnte man hier tun, indem man mit wesentlich mehr als neun Tieren den Versuch wiederholt und dabei jedem Tier zwei Häufchen mit dem gleichen Futter ohne den Zusatz anbietet. Übrigens ist hier zu vermuten, daß jedes Variablenpaar X_i, Y_i abhängig ist, wie fast immer, wenn beide Variablen an einem Versuchsobjekt beobachtet werden. Man kann annehmen, daß ein Tier weniger von dem einen Häufchen nimmt, wenn es sich vom anderen schon satt gefressen hat. Der Annahme einer Normalverteilung für die D_i widerspricht das nicht; auch abhängige zufällige Variable können eine normalverteilte Differenz haben. Ein triviales Beispiel dafür wäre $Y = X + U$, wobei X beliebig verteilt und U normalverteilt ist. Dann sind X und Y in der Regel abhängig und $Y - X = U$ ist normalverteilt.

BEISPIEL 2 : Je acht Ferkel eines Wurfs werden zufällig in zwei Vierergruppen aufgeteilt. Die eine Gruppe wird „Behandlungsgruppe" und erhält einen Zusatz im Futter. Die andere Gruppe wird „Kontrollgruppe"und erhält dasselbe Futter ohne den Zusatz. Man beobachtet die Werte von
X_i = durchschnittliche Gewichtszunahme der Kontrollgruppe
Y_i = durchschnittliche Gewichtszunahme der Behandlungsgruppe
für denselben Zeitraum. Den Ferkelforschern sei bekannt, daß die Gewichtszunahme eines Ferkels im betreffenden Zeitraum in guter Näherung normalverteilt ist; umso mehr ist das dann wegen des Zentralen Grenzwertsatzes für die arithmetischen Mittel X_i und Y_i aus je vier solchen Variablen zu erwarten. Wenn nun die Gruppen getrennt voneinander gemästet werden, kann man Unabhängigkeit von X_i und Y_i unterstellen und dann sind X_i und Y_i bei richtiger H_0 beide nach einer Normalverteilung $N(\mu_i, \sigma_i^2)$ verteilt. Gehören alle Ferkel derselben Rasse an, dann kann man auch annehmen, daß alle σ_i gleich einem Wert σ sind und endlich folgt für die $D_i = Y_i - X_i$ die Normalverteilung $N(0, 2\sigma^2)$ bei richtiger Nullhypothese. Wir überlassen es dem Leser, für dieses Beispiel den t-Test mit konkreten Zahlen zu rechnen (s. Aufgabe 103).

Während also bei diesem t-Test die Nullsymmetrie für die Verteilung der Differenzen D_i aus der Nullhypothese folgt, hat man stets zu prüfen, ob zusätzlich die Annahme einer Normalverteilung der D_i bei richtiger Nullhypothese gerechtfertigt ist. Wir werden in 11.6 und 11.7 Testverfahren kennenlernen, die ohne eine solche *Verteilungsannahme* auskommen und daher *verteilungsfrei* genannt werden.

AUFGABE 103: Für den Versuch von Beispiel 2 sollen 5 Würfe zur Verfügung stehen und die durchschnittlichen Gewichtszunahmen X_i der Kontrollgruppen sowie die durchschnittlichen Gewichtszunahmen Y_i der Behandlungsgruppen seien wie folgt:

Wurf Nr.i	1	2	3	4	5
X_i in kg	16,45	17,10	15,90	16,25	17,40
Y_i in kg	16,75	18,20	15,75	16,80	17,65

Es sei nicht von vorneherein klar, daß sich der Zusatz, wenn überhaupt, dann nur positiv auswirken kann. Daher ist zweiseitig zu testen. Wegen des geringen Stichprobenumfangs $n = 5$ begnügt man sich mit $\alpha = 0,05$. Läßt sich dann die Nullhypothese H_0 : „Der Zusatz hat keinen Effekt auf die Gewichtszunahme der Ferkel" ablehnen?

11.5 Test der Hypothese $p = p_0$ für eine Binomialverteilung

Häufig folgert man aus Modellvorstellungen, daß eine Wahrscheinlichkeit einen gewissen Wert p_0 haben muß, wenn das Modell zutrifft. Wenn etwa ein vererbliches Merkmal in zwei Varianten A und a auftritt, dann folgt aus dem Mendel'schen Vererbungsmodell, daß bei einer Kreuzung vom Typ Aa x Aa jeder Nachkomme mit Wahrscheinlichkeit 1/4 vom Genotyp aa sein wird. Wenn dann unter einer größeren Anzahl n solcher Nachkommen die Anzahl X der Genotypen aa stark von $n/4$ abweicht, werden wir die Hypothese, daß X nach der Binomialverteilung Bi($n, 1/4$) verteilt ist, ablehnen und damit auch das Mendel'sche Modell für das betreffende Merkmal.

Oft möchte man testen, ob eine Eigenschaft, die in einer Gesamtheit mit der relativen Häufigkeit p_0 vorkommt, auch in einer Teilgesamtheit oder in einer anderen Gesamtheit mit derselben relativen Häufigkeit vertreten ist. Anlaß ist dazu meist die Vermutung, daß dies nicht der Fall ist. Zieht man dann eine Stichprobe vom Umfang n aus dieser Teilgesamtheit bzw. der anderen Gesamtheit, dann ist die Anzahl X der Stichprobenelemente mit dieser Eigenschaft nach einer Binomialverteilung Bi(n, p) verteilt, wenn die Stichprobe mit Zurücklegen gezogen wird (s.Beispiel 2 in 9.5) und sie ist auch bei Ziehen ohne Zurücklegen in guter Näherung binomialverteilt, wenn n klein gegen die Anzahl aller Elemente in der Gesamtheit ist, aus der die Stichprobe gezogen wird.

Wir gehen also aus von einer zufälligen Variablen X, die nach einer Binomialverteilung Bi(n, p) verteilt ist, von der wir n kennen; die Nullhypothese H_0

lautet: $p = p_0$. Als Testgröße können wir

$$V = \frac{(\bar{X} - p_0)\sqrt{n}}{\sqrt{p_0(1 - p_0)}} \quad \text{mit } \bar{X} = \frac{X}{n} \tag{1}$$

verwenden. Bei richtiger Nullhypothese ist V die zu X gehörende standardisierte Variable, von der wir auch in 10.2 bei der Konstruktion des Konfidenzintervalls für ein unbekanntes p zunächst ausgingen. Dort wurde bereits erwähnt, daß dieses V wegen des zentralen Grenzwertsatzes in guter Näherung normalverteilt ist, wenn n groß genug ist; die Faustregel hierfür lautet nun: $np_0(1 - p_0) > 9$ sollte erfüllt sein. Als Testschranken können wir dann also die Schranken der $N(0, 1)$-Verteilung benutzen, d.h. bei zweiseitigem Test lehnen wir die Nullhypothese ab, falls $|V| \geq \lambda_\beta$ ist, bei einseitigem Test entweder nur, falls $V \geq \lambda_\beta^*$, oder nur, falls $V \leq -\lambda_\beta^*$.

BEISPIEL 1: Nicht alle vererblichen Merkmale gehorchen den Mendel'schen Gesetzen, weil häufig mehrere Gene für ein Merkmal verantwortlich sind und weil sog. Genkopplungen auftreten können. Nach Mendel hat der Genotyp aa bei Kreuzungen vom Typ Aa x Aa die Wahrscheinlichkeit 1/4. Kann man die Nullhypothese $p = p_0 = 1/4$ bei einer Sicherheitswahrscheinlichkeit von $0,99$ ablehnen, wenn sich unter 75 Nachkommen aus Kreuzungen dieses Typs nicht mehr als 9 vom Genotyp aa befinden? (Dabei dürfen eineiige Mehrlinge nur als ein Nachkomme gezählt werden.)
Die Faustregel ist erfüllt, da $75(1/4)(3/4) = 14,06$ größer als 9 ist. Wenn nicht von vorneherein klar ist, daß p nur in einer Richtung von $p_0 = 1/4$ abweichen kann, muß man zweiseitig testen. Unsere Testschranke ist dann $\lambda_{0,99} = 2,58$. Da wir mit $X = 9$ und $\bar{X} = 9/75 = 0,12$ für V den Wert

$$v = \frac{(0,12 - 0,25)\sqrt{75}}{\sqrt{0,25 \cdot o,75}} = -2,60$$

erhalten, lehnen wir H_0 nach der Vorschrift des zweiseitigen Tests ab, denn es ist das Ereignis $|V| > \lambda_{0,99}$ eingetreten.

Da die Verteilung der Testgröße durch die $N(0, 1)$-Verteilung nur approximiert wird, ist allerdings die tatsächliche Irrtumswahrscheinlichkeit bei diesem Test nur genähert gleich dem vorgegebenen α. Damit ist besonders dann zu rechnen, wenn $np_0(1 - p_0)$ die in der Faustregel angegebene Schranke 9 nur geringfügig übertrifft.

Wenn $np_0(1 - p_0)$ kleiner als 9 ist, dann approximiert die Standard- Normalverteilung $N(0, 1)$ die Verteilung von V noch nicht gut und man muß daher aus dem Wertebereich $\{0, 1, \ldots, n\}$ von X einen kritischen Bereich so wählen, daß $W(V \in K) \leq \alpha)$ gilt. Dazu sind einige Wahrscheinlichkeiten der Binomialverteilung $\mathrm{Bi}(n, p_0)$ zu berechnen, die aus der Nullhypothese folgt. Das ist etwas mühsamer als die Verwendung der obigen Testgröße V, dafür ist man aber sicher, daß die Irrtumswahrscheinlichkeit α nicht überschritten wird.

BEISPIEL 2: Auf einem Feld stehen mehrere Tausend Rosenstöcke einer Sorte und mindestens 30 % von ihnen sind vom Mehltau befallen. Zufällig verstreut stehen auf demselben Feld auch 17 Rosenstöcke einer anderen Sorte, die der Wildform genetisch nähersteht. Man vermutet daher, daß diese resistenter gegen den Pilz ist und wird diese Vermutung als bestätigt ansehen, wenn nur wenige der 17 Stöcke befallen sind. Wenn kein Unterschied in der Resistenz der beiden Sorten ist, dann wird die Anzahl X der befallenen unter den 17 Stöcken nach einer Binomialverteilung mit $n = 17$ und $p \geq 0,30$ verteilt sein. (Man nimmt an, daß die Pilzsporen überall vorkommen und jeder Stock unabhängig von seinen Nachbarn mit einer Wahrscheinlichkeit angesteckt wird, die von Sorte, Standort und Pflege abhängt, wobei die letzteren beiden Einflüsse hier als für alle gleich angesehen werden.) Nun sind aber kleine Werte von X bei $p = 0,30$ wahrscheinlicher als bei größerem p, d.h. wenn wir die Nullhypothese $p = p_0 = 0,30$ im einseitigen Test aufgrund kleiner X-Werte ablehnen können, dann können wir damit gleichzeitig auch jede Nullhypothese mit $p_0 > 0,30$ ablehnen.

Da $17 \cdot 0,30 \cdot 0,70$ kleiner als 9 ist, verwenden wir die Approximation durch Normalverteilung nicht und bestimmen den kritischen Bereich selbst. Mit $p = p_0 = 0,30$ erhalten wir für die kleinen X-Werte die Wahrscheinlichkeiten

$$W(X = 0) = \binom{17}{0} 0,30^0 \cdot 0,70^{17} = 0,70^{17} = 0,002326 \,,$$

$$W(X = 1) = \binom{17}{1} 0,30^1 \cdot 0,70^{16} = 5,1 \cdot 0,70^{16} = 0,01695,$$

$$W(X = 2) = \binom{17}{2} 0,30^2 \cdot 0,70^{15} = 12,24 \cdot 0,70^{15} = 0,0581 \,.$$

Wenn mit $\alpha = 0,05$ getestet werden soll, müssen wir $K = \{0, 1\}$ wählen, denn $W(X = 2)$ übertrifft ja alleine schon diese Irrtumswahrscheinlichkeit. Wie fast immer bei einer Testgröße vom diskreten Typ können wir also auch hier die erlaubte Irrtumswahrscheinlichkeit α nicht voll ausschöpfen, was einerseits zu einer noch geringeren tatsächlichen Irrtumswahrscheinlichkeit führt, andererseits aber auch die Chancen für eine Ablehnung der Nullhypothese vermindert (= Vergrößerung der Wahrscheinlichkeit für den Fehler 2.Art, s.das Ende von 11.1). Hier werden wir $H_0 = $ „die beiden Sorten sind gleich resistent gegen Mehltau" also nur dann ablehnen, wenn höchstens einer der 17 Stöcke befallen ist und die tatsächliche Irrtumswahrscheinlichkeit beträgt $W(X = 0) + W(X = 1) = 0,002326 + 0,01695 = 0,0193$.

Bei zweiseitigem Test setzt man den kritischen Bereich K sowohl aus extrem kleinen, als auch aus extrem großen Werten von X zusammen.

Der schon in 11.1 erwähnte Zeichentest läßt sich hier als der Spezialfall $p_0 = 1/2$ einordnen; seiner großen Bedeutung wegen wollen wir ihn aber im nächsten Abschnitt gesondert behandeln.

AUFGABE 104: Bei den meisten Tierarten ist die Geschlechterproportion ziemlich genau 1 : 1, was sich durch Anwendung der Mendel'schen Regeln auf die Geschlechtschromosomen xx bzw. xy erklären läßt. Es gibt aber auch Ausnahmen. Kann man z.B. beim Kuckuck die Nullhypothese, daß ein schlüpfendes Junges mit Wahrscheinlichkeit $p_0 = 1/2$ ein Männchen ist, bei einer Irrtumswahrscheinlichkeit $\alpha = 0,01$ ablehnen, falls aus 52 (von verschiedenen Weibchen gelegten Eiern) nur 16 Männchen und 33 Weibchen schlüpften? (Aus drei Eiern schlüpfte kein Jungvogel)

AUFGABE 105: Bei der künstlichen Besamung von Bienenköniginnen hatte ein Züchter bisher nur eine Erfolgsquote von 55 %, weil viele Königinnen durch den Eingriff geschädigt wurden und dann entweder eingingen oder ihre Aufgabe nur mangelhaft erfüllen konnten. Bei Verwendung eines neuen Instruments waren unter den ersten 30 Versuchen hingegen nur 5 Mißerfolge zu verzeichnen. Kann man daher die Nullhypothese, wonach die neue Methode der alten nicht überlegen ist, bei einer Sicherheitswahrscheinlichkeit von 0,95 ablehnen?

11.6 Der Vorzeichen-Test

Wie in 11.4 betrachten wir auch hier Variablenpaare (X_i, Y_i), die bei richtiger Nullhypothese vertauschbar sind, d.h. die Verteilung von (Y_i, X_i) ist dann dieselbe wie die von (X_i, Y_i). Für Variable vom stetigen Typ heißt dies, daß die gemeinsame Dichte $g(x, y)$ die Bedingung $g(x, y) = g(y, x)$ erfüllt, für Variable vom diskreten Typ bedeutet die Vertauschbarkeit, daß für jedes Wertepaar (x, y) die Bedingung $W(X = x, Y = y) = W(X = y, Y = x)$ erfüllt ist. Wie wir in 11.4 gesehen haben, folgt daraus dann die Nullsymmetrie für die Verteilung der Differenzen $D_i = Y_i - X_i$. Wegen der Nullsymmetrie ist dann bei stetigen Variablen

$$W(D_i > 0) = W(D_i < 0) = \frac{1}{2}. \tag{1}$$

Die n Paare (X_i, Y_i) , $i = 1, 2, \ldots, n$ sollen wieder unabhängig sein, während die beiden Variablen eines Paars abhängig sein können und nur bei richtiger Nullhypothese vertauschbar sein müssen. Es muß nicht vorausgesetzt werden, daß die verschiedenen Paare alle dieselbe gemeinsame Verteilung haben.

Bei diskreten zufälligen Variablen kann $W(D_i = 0)$ positiv sein, aber auch dann gilt bei Nullsymmetrie der Verteilung $W(D_i > 0) = W(D_i < 0)$, denn für jeden möglichen Wert x_k ist dann $W(D_i = x_k) = W(D_i = -x_k)$. Daher folgt

$$W(D_i > 0|D_i \neq 0) = \frac{W(D_i > 0)}{1 - W(D_i = 0)} = \frac{W(D_i < 0)}{1 - W(D_i = 0)} = W(D_i < 0|D_i \neq 0);$$

da die erste und die letzte Wahrscheinlichkeit die Summe 1 ergeben und gleich sind, müssen beide gleich 1/2 sein. Somit folgt

$$W(D_i > 0|D_i \neq 0) = W(D_i < 0|D_i \neq 0) = \frac{1}{2}. \tag{2}$$

Wir können also alle D_i weglassen, die gleich 0 sind und haben dann eine Anzahl $n' \leq n$ von 0 verschiedener Differenzen übrig. Darunter wird eine Anzahl X positiver Differenzen sein, die bei richtiger Nullhypothese nach der Binomialverteilung $\text{Bi}(n', 1/2)$ verteilt ist. Bei stetigen Variablen X_i, Y_i kann es gewöhnlich nur mit Wahrscheinlichkeit 0 vorkommen, daß $X_i = Y_i$ und damit $D_i = 0$ gilt, und es müßte daher immer $n' = n$ sein. Durch die begrenzte Meßgenauigkeit werden aber auch stetige zufällige Variable durch das unvermeidliche Auf- oder Abrunden praktisch zu diskreten zufälligen Variablen und damit können auch im stetigen Fall einige Differenzen gleich 0 sein.

Wir benutzen die Anzahl X der positiven Differenzen als Testgröße des *Vorzeichentests*. Da wir die sich aus der ursprünglichen Hypothese „Behandlung ist ohne Effekt" ergebende Nullhypothese $H_0 : p = p_0 = 1/2$ testen, ist dieser Test offenbar ein Spezialfall des im vorigen Abschnitt behandelten Tests. Wir gingen jetzt von derselben Anwendungssituation aus wie beim t-Test für verbundene Stichproben in 11.4.; nun aber brauchen wir keine Verteilungsannahme für die D_i. Der Vorzeichen-Test gehört daher zu den sog. *verteilungsfreien Testverfahren*. Es muß hier nur gesichert sein, daß die D_i bei richtiger Nullhypothese unabhängig sind und eine nullsymmetrische Verteilung besitzen, die sogar für die einzelnen D_i verschieden sein darf.

Bei kleinerem n' können wir den kritischen Bereich wieder selbst konstruieren; die Faustregel $n'p_0(1 - p_0) > 9$ wird nun wegen $p_0 = 1/2$ zu $n' > 36$, d.h.

für $n' > 36$ dürfen wir die Verteilung von $\bar{X} = X/n'$ durch die Normalverteilung $N(1/2\ ;\ 1/(4n'))$ approximieren und für die zugehörige standardisierte Testgröße

$$V = (\bar{X} - 0,5)2\sqrt{n'} = (2\bar{X} - 1)\sqrt{n'} \tag{3}$$

verwenden wir dann entweder die zweiseitigen Testschranken λ_β oder die einseitigen Testschranken λ_β^* der Standard-Normalverteilung.

BEISPIEL 1: Ein Bauer hat erfahren, daß Kühe mehr Milch geben, wenn man sie klassische Musik hören läßt. Er verspricht sich von harter Rockmusik eine noch bessere Wirkung und beschallt seine 12 Milchkühe deshalb eine Woche lang damit. Er testet einseitig und wird die Nullhypothese, wonach diese Musik keinen Einfluß auf die Milchleistung hat, nur ablehnen, wenn fast alle Kühe in dieser „Musikwoche" mehr Milch geben als in der Vorwoche. Wir wollen annehmen, daß $n' = 10$ ist, weil bei zwei Kühen kein Unterschied gegenüber der Vorwoche feststellbar ist. Bei einer vorgegebenen Irrtumswahrscheinlichkeit von $0,05$ wird der Bauer dann die Nullhypothese ablehnen und eine positive Wirkung als bestätigt ansehen, falls mindestens neun von den $n' = 10$ übrigen Kühen mehr Milch geben als vorher, denn bei richtiger Nullhypothese wäre

$$W(X \geq 9) = W(X = 9) + W(X = 10) = \binom{10}{9}(\frac{1}{2})^{10} + \binom{10}{10}(\frac{1}{2})^{10} =$$

$$= \frac{11}{1024} = 0,0107\ .$$

Würde er auch schon bei $X = 8$ ablehnen, also $K = \{8, 9, 10\}$ wählen, dann käme $W(X = 8) = 45/1024 = 0,0439$ hinzu, d.h. K hätte die Wahrscheinlichkeit $0,0546$ und damit wäre die vorgegebene Irrtumswahrscheinlichkeit $\alpha = 0,05$ geringfügig überschritten.

Bei diesem Beispiel hätte wohl niemand Bedenken gegen den t-Test für verbundene Stichproben, denn die wöchentliche Milchmenge einer Kuh wird in etwa normalverteilt sein, und für die Differenz der Mengen zweier Wochen dürfte das erst recht zutreffen. Wenn man die Mengen genau genug mißt, wird es auch nicht vorkommen, daß Differenzen D_i gleich 0 sind. Nehmen wir nun einmal an, daß folgende 12 Differenzen $D_i = Y_i - X_i$, $i = 1, 2, \ldots, 12$ beobachtet werden, wobei Y_i die Milchmenge von Kuh Nr.i unter dem Einfluß von Rockmusik sei, X_i ihre Milchmenge der Vorwoche:

$$+0,7 - 11,7 - 5,2 - 8,9 - 3,2 + 0,5 - 3,1 - 9,5 - 4,2 - 1,7 - 5,2 + 1,2\ .$$

Der einseitige Test des Bauern, mit dem er die positive Wirkung der Rockmusik bestätigen möchte, kann hier natürlich nicht zur Ablehnung der Nullhypothese führen, denn die Ergebnisse sprechen ja gegen eine positive und für eine negative Wirkung dieser Musik. Weil X den Wert 3 angenommen hat, hätte man im zweiseitigen Vorzeichentest nur ablehnen können, wenn man als kritischen Bereich $\{0,1,2,3\} \cup \{9,10,11,12\}$ gewählt hätte. Dazu gehört aber eine zu große Irrtumswahrscheinlichkeit, nämlich

$$2[W(X=0)+W(X=1)+W(X=2)+W(X=3)] = \frac{2}{4096}(1+12+66+220)=$$

$=0,1460$. Hingegen hätte der zweiseitige t-Test bei $\alpha = 0,05$ hier zur Ablehnung geführt, denn mit $\bar{d} = -4,192$, $s_d = 4,180$ hätte man den Wert der Testgröße

$$T = \frac{\bar{D}}{S_D}\sqrt{12} \text{ zu } \frac{-4,192}{4,180}3,464 = -3,474$$

erhalten und dies ist dem Betrag nach größer als die zweiseitige Schranke $\tau_{0,95}(11) = 2,20$ der t-Verteilung mit Freiheitsgrad 11. (Diese Schranke steht nicht in der Tabelle von 10.2, aber $\tau_{0,95}(10) = 2,23$ ist dort aufgeführt. Da T diese Schranke übertrifft, wird auch $\tau_{0,95}(11)$ übertroffen, denn die Schranken sind mit wachsendem Freiheitsgrad streng monoton fallend!)

Man darf also vermuten, daß der t-Test für verbundene Stichproben einen vorhandenen Unterschied mit größerer Wahrscheinlichkeit aufdeckt als der Zeichentest, zumindest dann, wenn die Voraussetzungen für ersteren gegeben sind, d.h. wenn der t-Test korrekt angewendet wird. Dies ist auch nicht verwunderlich, weil der Vorzeichentest ja nur einen Teil der durch die Meßwerte gegebenen Information ausnützt.

Dafür ist der Vorzeichentest häufiger anwendbar und manchmal hat man kaum eine andere Wahl, nämlich dann, wenn man keine quantitativen Daten beobachten und nur eine Einteilung in zwei Kategorien wie etwa „besser" und „schlechter" vornehmen kann. Hierzu das

BEISPIEL 2: 50 Tiere einer Art lernten zunächst, daß sie sich durch Drücken einer jeden von zwei Tasten Futter verschaffen konnten. Dann färbte man die rechte Taste blau, die linke rot und gab nur noch Futter bei Betätigung der blauen Taste. Dann brachte man jedes Tier in einen neuen Käfig gleicher Bauart, bei dem aber blaue Taste und rote Taste nicht mehr nebeneinander, sondern an gegenüberliegenden Wänden waren. Wenn sich ein Tier also die blaue Farbe nicht merken oder auch blau und rot nicht unterscheiden kann, dann wird es mit Wahrscheinlichkeit 1/2 die blaue Taste zuerst drücken und mit Wahrscheinlichkeit 1/2 die rote zuerst, vorausgesetzt, daß es überhaupt eine Taste betätigt. Kann man nun bei einer gegebenen Irrtumswahrscheinlichkeit von $\alpha = 0,01$ die Hypothese, wonach diese Tiere nicht fähig sind, sich Farben zu merken, verwerfen, falls 46 der Tiere eine Taste drücken und davon 29 zuerst die blaue?

Man wird hier einseitig testen, denn man vermutet ein Farbgedächtnis bei den Tieren (sonst wäre der Versuch nicht durchgeführt worden) und dieses kann nur bestätigt werden, wenn wesentlich mehr als die Hälfte der Tiere die blaue Taste zuerst drückt. Da $n' = 46$ die Schranke 36 der Faustregel übertrifft, berechnen wir den Wert von

$$V = (2\bar{X} - 1)\sqrt{n'} \text{ zu } (2 \cdot \frac{29}{46} - 1)\sqrt{46} = 1,77.$$

Dies ist kleiner als die Testschranke $\lambda^*_{0,99} = 2,33$. Bei der geforderten hohen Sicherheitswahrscheinlichkeit läßt sich die H_0 hier also nicht ablehnen. Dennoch spricht das Ergebnis für ein Farbgedächtnis bei diesen Tieren, denn immerhin hätten wir bei einer gegebenen Irrtumswahrscheinlichkeit von $0,05$ ablehnen können. Die einseitige Schranke $\lambda^*_{0,95} = 1,64$ wurde nämlich übertroffen.

AUFGABE 106: Um festzustellen, ob der Hahn die Legeleistung ihrer 15 Hennen beeinflußt hat, notiert Witwe Bolte zunächst die Anzahlen X_i der von den einzelnen Hühnern während einer Woche gelegten Eier. Dann schlachtet sie den Hahn und notiert dann die Anzahlen Y_i der von den einzelnen Hühnern in der darauf folgenden Woche gelegten Eier. Für $D_i = Y_i - X_i$ erhält sie die folgenden Werte:

$$0\,,\,-1\,,\,-1\,,\,-2\,,\,0\,,\,-2\,,\,-3\,,\,0\,,\,1\,,\,-2\,,\,1\,,\,0\,,\,-1\,,\,-3\,,\,1$$

Den t-Test kann man hier nicht anwenden, weil die D_i offenbar nur wenige diskrete Werte annehmen können. Sie sind daher auch bei zutreffender Nullhypothese sicher nicht normalverteilt. Testen Sie die Nullhypothese H_0 :„das Verschwinden des Hahns beeinträchtigt die Legeleistung nicht" bei einer Irrtumswahrscheinlichkeit von $0,05$. Voraussetzung für die Anwendbarkeit des Tests ist, daß die Hennen unabhängig voneinander legen würden, wenn die H_0 richtig wäre; davon kann man wohl ausgehen. Wenn sich die Tiere durch ein Trauerverhalten gegenseitig beeinflussen, dann könnte es durchaus sein, daß die Unabhängigkeit nicht gegeben ist, aber dann ist ja die Nullhypothese schon falsch und eine etwaige Abhängigkeit der Differenzen in diesem Fall braucht uns nicht zu kümmern!

11.7 Der Vorzeichen-Rang-Test von Wilcoxon

Beim Vorzeichen-Test haben wir Differenzen mit großen Beträgen wie solche mit kleinen Beträgen behandelt. Dabei wird nur ein Teil der mit den beobachteten Daten vorliegenden Information genutzt und daher reagiert der Vorzeichen-Test meist weniger empfindlich auf Abweichungen von der Nullhypothese, d.h. er führt im allgemeinen mit geringerer Wahrscheinlichkeit zur Ablehnung als etwa der t-Test für verbundene Stichproben. Der folgende Test vermeidet diesen Nachteil weitgehend, indem er größere Beträge stärker gewichtet als kleinere und er hat dennoch wie der Vorzeichen-Test den Vorteil, daß er *verteilungsfrei* ist. Wir brauchen also keine Annahme über den Verteilungstyp der D_i. Vorauszusetzen ist lediglich, daß die Differenzen $D_i = Y_i - X_i$ bei zutreffender Nullhypothese unabhängig und nullsymmetrisch verteilt sind. Wie beim Zeichentest ist es nicht nötig, daß dann alle D_i dieselbe nullsymmetrische Verteilung besitzen; dies wird zwar manchmal gefordert, würde aber die Anwendbarkeit des Tests unnötig einschränken.

Nur vorläufig nehmen wir an, daß die D_i vom stetigen Typ sind; daraus folgt, daß die Beträge der D_i mit Sicherheit alle verschieden sind und kein D_i gleich 0 ist. Nach der Größe ihrer Beträge erhalten nun die D_i die *Rangzahlen* $1, 2, \ldots, n$, d.h. das D_i mit dem kleinsten Betrag erhält die 1, das D_i mit dem zweitkleinsten Betrag erhält die Rangzahl 2 usw. . Alles weitere hängt dann nur noch ab vom

$$\text{Vorzeichenvektor } \vec{z} = (e_1, e_2, \ldots, e_n), \tag{1}$$

dessen Komponenten e_j gleich 1 oder -1 sind, je nachdem, ob die zur Rangzahl j gehörende Differenz positiv oder negativ ist. Zum Beispiel bedeutet $\vec{z} = (1, -1, 1)$ im Fall $n = 3$, daß das D_i mit dem kleinsten Betrag und das mit dem größten Betrag positiv sind, während das D_i mit dem zweitkleinsten Betrag negativ ist.

Es gibt 2^n solche Vorzeichenvektoren und aus H_0 folgt, daß alle gleichwahrscheinlich sind. Denn aus der Nullsymmetrie folgt für ein D_i vom stetigen Typ, daß $W(D_i > 0) = W(D_i < 0) = 1/2$ und aus der Unabhängigkeit der D_i folgt, daß jede mögliche Zuordnung von n Vorzeichen zu den n Differenzen die Wahrscheinlichkeit $1/2^n$ besitzt. Zu jeder solchen Zuordnung gehört aber genau ein Vorzeichenvektor für die Beträge, wenn letztere alle verschieden sind, was wir vorläufig vorausgesetzt haben.

Als vorläufige Testgröße betrachten wir

$$R_+ = \text{Summe der zu positiven } D_i \text{ gehörenden Rangzahlen} \tag{2}$$

Die möglichen Werte von R_+ sind $0, 1, 2, \ldots, n(n+1)/2$, wobei $R_+ = 0$ genau dann eintritt, wenn $\vec{z} = (-1,-1,\ldots,-1)$ und der maximal mögliche Wert $1+2+\ldots+n = n(n+1)/2$ (s.(1) in 2.4) ergibt sich, wenn alle Differenzen positiv sind, also wenn $\vec{z} = (1,1,\ldots,1)$. Daraus folgt

$$W(R_+ = 0) = W(R_+ = n(n+1)/2) = 1/2^n \; .$$

Auch der zweitkleinste Wert 2 und der zweitgrößte Wert $n(n+1)/2-1$ werden mit dieser Wahrscheinlichkeit angenommen, denn es gibt jeweils nur einen Vorzeichenvektor, der zu diesen Werten führt (bei 2 ist es $(-1,1,-1,\ldots,-1)$, bei $n(n+1)/2-1$ ist es $(1,-1,1,\ldots,1)$).

Der drittkleinste Wert 3 wird dann ebenso wie der drittgrößte mit der Wahrscheinlichkeit $2/2^n$ angenommen, denn nun gibt es jeweils zwei Vorzeichenvektoren, die zu diesen Rangsummen führen. Die gesamte Verteilung der Rangsumme R_+ ergibt sich aus der Gleichwahrscheinlichkeit aller Vorzeichenvektoren und diese Verteilung ist offenbar in folgender Weise symmetrisch:

$$W(R_+ = k) = W(R_+ = n(n+1)/2 - k).$$

$R_+ = k$ ist äquivalent zu $R_+ - \dfrac{n(n+1)}{4} = k - \dfrac{n(n+1)}{4}$ und

$R_+ = \dfrac{n(n+1)}{2} - k$ ist äquivalent zu $R_+ - \dfrac{n(n+1)}{4} = \dfrac{n(n+1)}{4} - k$;

Wenn wir also von R_+ übergehen zu $V = R_+ - n(n+1)/4$, dann ist dieses V offenbar *nullsymmetrisch* verteilt, denn für $k = 0,1,\ldots,n(n+1)/2$ gilt

$$W(V = k - \frac{n(n+1)}{4}) = W(V = \frac{n(n+1)}{4} - k) \; . \qquad (3)$$

Die möglichen Werte von V sind also

$$-n(n+1)/4, \; -n(n+1)/4 + 1, \ldots, n(n+1)/4.$$

Diese sind alle ganzzahlig, wenn n oder $n+1$ durch 4 teilbar ist, oder sie sind alle von der Form $g + 0,5$ mit einer ganzen Zahl g. In beiden Fällen folgen die möglichen Werte im Abstand 1 aufeinander.

Es folgt $E[V] = 0$ aus der Nullsymmetrie der Verteilung von V. Wir können das aber auch einsehen, indem wir die Summe

$$\sum_{j=1}^{n} j e_j \text{ betrachten. Sie ist gleich } R_+ - R_- \, ,$$

wobei wir mit R_- die Summe der Rangzahlen bezeichnen, die auf negative Differenzen D_i entfallen. Es muß aber $R_+ + R_- = 1+2+\ldots+n = n(n+1)/2$ gelten (dies kann als Rechenkontrolle dienen) und somit gilt

$$R_- = \frac{n(n+1)}{2} - R_+ \text{ und damit } \sum_{j=1}^{n} j e_j = 2R_+ - \frac{n(n+1)}{2} \; .$$

Da jede Komponente e_j des Vorzeichenvektors $\vec{z}$ den Erwartungswert 0 hat (es gilt ja $W(e_j = 1) = W(e_j = -1) = 1/2$), folgt auch

$$E[\sum_{j=1}^{n} j e_j] = \sum_{j=1}^{n} j E[e_j] = 0 = 2E[R_+] - \frac{n(n+1)}{2} \text{ und damit}$$

$$E[R_+] = \frac{n(n+1)}{4}, \text{ also } E[V] = E[R_+ - \frac{n(n+1)}{4}] = 0. \tag{4}$$

Es sei daran erinnert, daß dies alles nur für den Fall gilt, daß die Nullhypothese richtig ist! Man hätte übrigens den Erwartungswert von R_+ auch folgendermaßen erraten können: im Durchschnitt wird bei richtiger Nullhypothese die Hälfte der Differenzen positiv sein und der Durchschnitt der n Rangzahlen ist $(n+1)/2$. Also wird $E[R_+]$ gleich $(n/2)(n+1)/2$ sein.

Man kann die Testgröße V auch mit Hilfe von R_- berechnen und wird das tun, wenn nur wenige D_i negativ sind. Wegen $R_+ = n(n+1)/2 - R_-$ folgt nämlich

$$\boxed{V = R_+ - \frac{n(n+1)}{4} = \frac{n(n+1)}{4} - R_-} \tag{5}$$

Die Verteilung von V folgt wie die von R_+ bei richtiger H_0 aus der Gleichwahrscheinlichkeit aller Vorzeichenvektoren $\vec{z}$. Man hat die zweiseitigen und die einseitigen Testschranken, die wir mit $c_\beta(n)$ und $c_\beta^*(n)$ bezeichnen wollen, tabelliert. Beim zweiseitigen Test lautet die Testvorschrift:

$$\text{lehne } H_0 \text{ ab, wenn } |V| \geq c_\beta(n).$$

Bei einseitigem Test lautet die Vorschrift entweder:

$$\text{lehne } H_0 \text{ nur ab, wenn } V \geq c_\beta^* \quad \text{oder: lehne } H_0 \text{ nur ab, wenn } V \leq -c_\beta^*.$$

Die folgende Tabelle gibt die einseitigen und die zweiseitigen Testschranken zu $\beta = 0,95$ und $\beta = 0,99$ bis zu $n = 20$ an. Für größere n kann man sich genäherte Schranken selbst berechnen, wie noch gezeigt werden wird. Wie bei den Schranken der Normalverteilung oder der t-Verteilung sind die einseitigen Schranken auch als zweiseitige Schranken verwendbar und umgekehrt. Wegen der Nullsymmetrie gilt nämlich analog wie dort:

$$c_\beta = c_{(1+\beta)/2}^*, \quad c_\beta^* = c_{2\beta-1},$$

also z.B. $c_{0,95} = c_{0,975}^*$ oder $c_{0,99}^* = c_{0,98}$. Offenbar muß man mindestens 5 Differenzen beobachten, um bei einseitigem Test bei einer Irrtumswahrscheinlichkeit von $\alpha = 1 - \beta = 0,05$ überhaupt eine Chance für die Ablehnung zu haben.

347

Bei $n = 4$ hätte der maximal mögliche Wert 5 von V, den wir nur bekommen, wenn alle vier beobachteten Differenzen positiv sind, bereits die Wahrscheinlichkeit $1/2^4 = 1/16 = 0,0625$, die größer als $\alpha = 0,05$ ist, d.h. man kann bei $n = 4$ noch keinen kritischen Bereich zu diesem α bilden. Auch bei $n = 5$ kann höchstens der einseitige Test zur Ablehnung führen, falls $\alpha = 0,05$ vorgegeben ist, aber auch nur dann, wenn alle Differenzen dasselbe Vorzeichen haben. Sie sind mit Wahrscheinlichkeit $1/2^5 = 1/32$ alle positiv bzw. alle negativ. Der kritische Bereich des zweiseitigen Tests müßte aber mindestens die beiden extremen V-Werte $-7,5$ und $7,5$ enthalten und diese hätten dann zusammen die Wahrscheinlichkeit $2/32 = 0,0625$, welche die Irrtumswahrscheinlichkeit $0,05$ übertrifft.

n	$c_{0,95}$	$c_{0,99}$	$c^*_{0,95}$	$c^*_{0,99}$
5			7,5	
6	10,5		8,5	
7	12		11	14
8	15	18	13	17
9	17,5	20,5	14,5	19,5
10	19,5	24,5	17,5	22,5
11	23	28	20	26
12	26	32	22	30
13	28,5	35,5	24,5	33,5
14	31,5	39,5	27,5	36,5
15	35	44	30	41
16	38	48	33	45
17	41,5	53,5	35,5	48,5
18	45,5	57,5	38,5	52,5
19	49	62	42	57
20	53	67	45	62

Daher ist ein zweiseitiger Test zu diesem α bei $n = 5$ noch nicht möglich und deshalb enthält unsere Tabelle keinen Eintrag an der betreffenden Stelle. Entsprechend sind die übrigen Leerstellen zu deuten.

BEISPIEL 1: Bei 15 Personen wurde eine durchschnittliche Reaktionszeit sowohl vor, als auch nach dem Genuß einer bestimmten Menge Alkohol gemessen. X_i und Y_i seien die durchschnittlichen Reaktionszeiten von Person Nr.i vor bzw. nach dem Alkoholgenuß, in Hundertstel-Sekunden.

Nr.i	1	2	3	4	5	6	7	8	9	10	11	12	13	14	15
X_i	62	48	79	96	74	101	57	52	83	47	61	50	72	66	97
Y_i	79	60	81	93	88	94	81	77	97	60	81	82	111	82	93
D_i	17	12	2	-3	14	-7	24	25	14	13	20	32	39	16	-4

Um die D_i nach der Größe ihrer Beträge zu ordnen, verwenden wir ein sogenanntes *Bäumchen-Diagramm,* in dem jedes positive D_i als nach oben gerichtetes Bäumchen und jedes negative D_i als Bäumchen nach unten eingetragen ist. Wir erhalten die folgende Figur 99:

Mühelos kann man an die Bäumchen die Rangzahlen anschreiben. Daß der Betrag 14 infolge der begrenzten Meßgenauigkeit zweimal auftritt, widerspricht zwar unserer vorläufigen Annahme, nach der alle Beträge verschieden sind, aber weil die beiden Differenzen beide positiv sind, schadet dies nicht; wir ge-

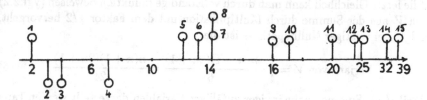

Figur 99

ben einfach einem der beiden bei 14 nach oben angetragenen Bäumchen die Rangzahl 7, dem anderen 8 und erhalten so dieselbe Testgröße, wie wenn wir durch genaueres Messen hätten feststellen können, welche der beiden Differenzen ein wenig größer ist als die andere. Die Testgröße berechnen wir in der Form

$$V = \frac{n(n+1)}{4} - R_- = 15 \cdot 16/4 - 9 = 51 .$$

Bei unserem Beispiel wird man von vornherein eine verzögernde Wirkung des Alkohols vermuten und daher einseitig testen. Wenn $\alpha = 0,01$ vorgegeben ist, kann man die Nullhypothese, daß Alkoholgenuß keinen Einfluß auf die Reaktionsgeschwindigkeit hat, ablehnen, denn 51 ist größer als die einseitige Testschranke $c^*_{0,99}(15) = 41,0$.

Für $n > 20$ kann man die Verteilung von V durch diejenige Normalverteilung approximieren, die wie V den Erwartungswert 0 und auch dieselbe Varianz wie V hat. Dazu müssen wir letztere berechnen. Es gilt

$$V = \frac{1}{2} \sum_{j=1}^{n} j e_j \quad \text{(s.die Herleitung von (4)),}$$

wobei wieder $e_j = 1$ oder $e_j = -1$ je nach Vorzeichen der Differenz, der die Rangzahl j zugeordnet wird. (Wir wissen bereits, daß die Summe gleich $R_+ - R_-$ ist und daß dies gleich $R_+ - (n(n+1)/2 - R_+) = 2V$ ist.) Bei richtiger Nullhypothese sind die e_j unabhängig und nehmen die Werte 1 und -1 jeweils mit Wahrscheinlichkeit 1/2 an. Daher ist ihre Varianz $1^2 \cdot 0,5 + (-1)^2 \cdot 0,5 = 1$. Die Summanden $j e_j$ sind dann ebenfalls unabhängig und ihre Varianzen sind gleich j^2 ; nach Satz 9.10.5 hat dann die Summe

$$\sum_{j=1}^{n} j e_j \text{ die Varianz } \sum_{j=1}^{n} j^2 = \frac{n(n+1)(2n+1)}{6}$$

(die letzte Gleichheit kann man durch vollständige Induktion beweisen (vgl.2.2)). Da V aus der Summe durch Multiplikation mit dem Faktor $1/2$ hervorgeht, folgt: bei richtiger Nullhypothese ist die

$$\text{Varianz von } V = \frac{1}{4} \cdot \frac{n(n+1)(2n+1)}{6} = \frac{n(n+1)(2n+1)}{24} . \tag{6}$$

Weil V als Summe unabhängiger zufälliger Variablen dargestellt werden kann (und weil die Varianzen j^2 nicht so stark anwachsen, daß die Voraussetzungen des Zentralen Grenzwertsatzes verletzt wären), läßt sich die Verteilung von V für große n durch die Normalverteilung mit $\mu = 0$ und dieser Varianz approximieren. Dividieren wir V durch die Streuung, also durch die Wurzel aus der obigen Varianz, dann können wir für die standardisierte Variable

$$\frac{V\sqrt{24}}{\sqrt{n(n+1)(2n+1)}} \text{ die Testschranken } \lambda_\beta \text{ der } N(0;1)\text{-Verteilung}$$

als genäherte Testschranken benutzen. Man lehnt damit im zweiseitigen Test genau dann die Nullhypothese ab, wenn

$$|V| \geq \lambda_\beta \sqrt{\frac{n(n+1)(2n+1)}{24}} . \tag{7}$$

Für V selbst gelten also bei zweiseitigem Test die in (7) angegebenen genäherten Testschranken. Ganz analog kann man sich für größere n die genäherte einseitige Testschranken für V nach der Formel

$$c_\beta^* \approx \lambda_\beta^* \sqrt{\frac{n(n+1)(2n+1)}{24}} \tag{8}$$

berechnen. Man kann die Näherung im allgemeinen noch verbessern, indem man zu diesen genäherten Testschranken noch $0,5$ addiert. Dies ist wieder die schon in 9.10 erwähnte *Kontinuitätskorrektur* nach Yates. Wenn also c exakte Schranke der diskreten Verteilung zu einem α ist, d.h. $W(X \geq c) = \alpha$ und wenn λ die entsprechende Schranke der approximierenden Dichte ist, dann gilt wieder $c \approx \lambda + 0,5$. Daher verwenden wir beim Vorzeichen-Rangtest für größere n die *genäherten Testschranken mit Kontinuitätskorrektur:*

$$c_\beta(n) \approx \lambda_\beta \sqrt{\frac{n(n+1)(2n+1)}{24}} + \frac{1}{2}, \quad c_\beta^* \approx \lambda_\beta^* \sqrt{\frac{n(n+1)(2n+1)}{24}} + \frac{1}{2} \tag{9}$$

350

Wir überprüfen die Güte dieser Näherungen anhand der Tabellenwerte für $n = 20$; unserer Tabelle entnehmen wir

$$c_{0,95} = 53,0 \ , \ \text{die Näherung ist } 1,96\sqrt{\frac{20 \cdot 21 \cdot 41}{24}} + 0,5 = 53,01 \ ;$$

$$c_{0,99} = 67,0 \ , \ \text{die Näherung ist } 2,58\sqrt{\frac{20 \cdot 21 \cdot 41}{24}} + 0,5 = 69,6 \ ;$$

$$c_{0,95}^* = 45,0 \ , \ \text{die Näherung ist } 1,64\sqrt{\frac{20 \cdot 21 \cdot 41}{24}} + 0,5 = 44,43 \ ;$$

$$c_{0,99}^* = 62,0 \ , \ \text{die Näherung ist } 2,33\sqrt{\frac{20 \cdot 21 \cdot 41}{24}} + 0,5 = 62,41.$$

Wir müssen nun auch den Fall betrachten, daß einige Differenzen gleich 0 sind und mehrere Differenzen verschiedene Vorzeichen, aber gleichen Betrag haben. Letztere nennt man *Bindungen* oder *ties*. Wenn die Stichprobenvariablen vom stetigen Typ sind, können ties und Differenzen D_i, die gleich 0 sind, an sich nur mit Wahrscheinlichkeit 0 auftreten, doch die beobachteten Zahlen sind schon wegen der begrenzten Meßgenauigkeit immer auf- oder abgerundet und daher kann es immer zu ties oder Nulldifferenzen kommen. Erst recht muß man damit rechnen, wenn die X_i und Y_i vom diskreten Typ sind und nur wenige Werte annehmen können, denn dasselbe gilt dann ja auch für die Differenzen D_i.

Es ist üblich, die Differenzen, die gleich 0 sind, einfach wegzulassen und dann mit n die Anzahl der von 0 verschiedenen D_i zu bezeichnen. Letztere würden dann nach der Größe ihrer Beträge die Rangzahlen $1, 2, \ldots, n$ erhalten, wenn diese Beträge alle verschieden sind. Wenn zwei oder mehr Beträge gleich sind, dann gibt man jedem das arithmetische Mittel derjenigen Rangzahlen, die man diesen Beträgen zuordnen würde, wenn man sie unterscheiden könnte. Wenn z.B. der zweitkleinste Betrag zweimal auftritt, erhalten beide die Rangzahl $2, 5$ und der nächstgrößere Betrag erhält dann als Rangzahl die 4, wenn er nicht auch zu einer tie-Gruppe gehört. Wir erläutern das Vorgehen am

BEISPIEL 2: X und Y seien die Anzahlen der Jungen einer Katze im Frühjahr und im Herbst. Man möchte testen, ob X und Y vertauschbare zufällige Variable sind, d.h. ob für beliebige natürliche Zahlen i, j stets gilt: $W(X = i, Y = j) = W(Y = i, X = j)$. Daraus würde die Nullsymmetrie der Verteilung von $D = Y - X$ folgen, also die Nullhypothese des Vorzeichen-Rangtests. Wenn nun von 45 Katzen, die sowohl im Frühjahr, als auch im Herbst Junge hatten, 15 beidesmal dieselbe Anzahl zur Welt brachten, und wenn die Differenzen $D_i = Y_i - X_i$ für die $n = 30$ anderen 2-mal den Wert -3, 5-mal den Wert -2, 7-mal den Wert -1, 6-mal den Wert 1, 7-mal den Wert 2, 1-mal den Wert 3 und 2-mal den Wert 4 annahmen, dann erhalten wir das Bäumchendiagramm von Figur 100:

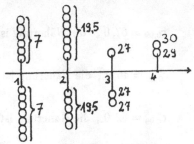

Da der kleinste Betrag 1 insgesamt 13-mal vorkommt, erhalten alle diese Beträge als Rangzahl das arithmetische Mittel aus $1, 2, \ldots, 13$, also 7. Der Betrag 2 kommt 12-mal vor, also wird 12-mal das arithmetische Mittel der Zahlen $14, 15, \ldots, 25$ als Rangzahl erteilt, welches gleich $13 + (12 \cdot 13/2) : 12 = 19,5$ ist.

Figur 100

Der Betrag 3 tritt 3-mal auf, also geben wir dreimal die Rangzahl 27, welche das arithmetische Mittel der drei auf 25 folgenden Zahlen $26, 27, 28$ ist. Die beiden Differenzen mit dem Betrag 4 sind beide positiv und es ist daher egal, ob wir beiden die Rangzahl $29,5$ geben oder einfach der einen die 29, der anderen die 30.

R_+ nimmt hier den Wert $6 \cdot 7 + 7 \cdot 19,5 + 1 \cdot 27 + 29 + 30 = 264,5$ an, die Testgröße $V = R_+ - 30 \cdot 31/4$ hat also den Wert $264,5 - 232,5 = 32,0$. Dies ist viel kleiner als die genäherte Testschranke $c_{0,95}(30)$, die wir zu $1,96\sqrt{30 \cdot 31 \cdot 61/24} + 0,5 = 95,8$ berechnen. Die Beobachtungen geben also keinen Anlaß zur Behauptung, daß Katzen im Frühjahr durchschnittlich eine höhere oder geringere Anzahl von Jungen werfen.

Zunächst ist jedoch fraglich, ob wir überhaupt die Testschranken des Vorzeichen-Rangtests benutzen dürfen, wenn so viele ties auftreten. Diese Schranken wurden ja für den Fall berechnet, daß die Beträge der D_i alle verschieden sind und alle Rangzahlen von 1 bis n vergeben werden, während hier fast nur gemittelte Rangzahlen (sog. *midranks*) in die Testgröße eingehen. In der Tat ist die Verteilung von V etwas anders, wenn ties auftreten, aber auch dann gilt die Nullsymmetrie, wenn H_0 richtig ist.

Wenn k tie-Gruppen auftreten und m_j die gemittelte Rangzahl für die j-te Gruppe ist, die aus n_j gleichen Beträgen besteht, dann gilt für V die Darstellung

$$V = \frac{1}{2} \sum_{j=1}^{k} m_j \sum_{i=1}^{n_j} e_{ij},$$

wobei die e_{ij}, $i = 1, 2, \ldots, n_j$ die Vorzeichen derjenigen Differenzen sind, welche die tie-Gruppe Nr. j bilden. Die e_{ij} sind nach wie vor alle unabhängig und haben den Erwartungswert 0 sowie die Varianz 1, wenn H_0 richtig ist. Daher folgt aus dieser Darstellung sofort, daß V nullsymmetrisch verteilt und somit $E[V] = 0$ ist und daß die Varianz von V die Summe der Varianzen m_j^2 der n unabhängigen Summanden $m_j e_{ij}$ sein muß, d.h.

$$\text{Varianz von } V \text{ bei richtiger } H_0 \text{ ist } \frac{1}{4} \sum_{j=1}^{k} n_j m_j^2 \, ; \qquad (10)$$

Wenn keine ties auftreten, dann ist $k = n$ und alle n_j sind gleich 1; ersichtlich liefert (10) dann wieder die Varianz $n(n+1)(2n+1)/24$, die für den Fall ohne ties gilt. Diese ist immer größer als die in (10) angegebene Varianz im Falle $k < n$, d.h. wenn ties auftreten. Denn dann werden offenbar in der Summe (vgl. die Herleitung von (6))

$$\sum_{j=1}^{n} j^2 \text{ ein oder mehrere Abschnitte der Form } (h+1)^2 + (h+2)^2 + \ldots + (h+n_j)^2$$

ersetzt durch $n_j m_j^2$, wobei m_j das arithmetische Mittel der natürlichen Zahlen $h+1, h+2, \ldots, h+n_j$ ist. Nun gilt aber für beliebige Zahlen $u_1, u_2, \ldots, u_r$, die nicht alle gleich sind, daß

$$\sum_{i=1}^{r} (u_i - \bar{u})^2 = \sum_{i=1}^{r} u_i^2 + r\bar{u}^2 - 2\bar{u} \sum_{i=1}^{r} u_i = \sum_{i=1}^{r} u_i^2 - n\bar{u}^2 > 0$$

und deshalb ist auch $n_j m_j^2$ kleiner als $(h+1)^2 + (h+2)^2 + \ldots + (h+n_j)^2$. Also liefert (10) bei Vorliegen von ties einen kleineren Wert für die Varianz von V als $n(n+1)(2n+1)/24$. Das bedeutet aber, daß extreme Abweichungen vom Erwartungswert $E[V] = 0$ in aller Regel unwahrscheinlicher werden, wenn ties auftreten. Wenn wir also die üblichen Testschranken auch bei Auftreten von ties verwenden, dann wird unsere tatsächliche Irrtumswahrscheinlichkeit noch kleiner sein als das vorgegebene α.

Im übrigen läßt die obige Darstellung von V als Summe von unabhängigen zufälligen Variablen auch erkennen, daß man wieder für größere n die Verteilung von V durch die Normalverteilung mit $\mu = 0$ und der in (10) angegebenen Varianz approximieren kann. Die genäherten Testschranken sind dann das λ_β-fache bzw. das λ_β^*-fache der positiven Wurzel aus dieser Varianz und da diese kleiner ist als $n(n+1)(2n+1)/24$, sind auch die genäherten Testschranken, die man natürlich erst berechnen kann, wenn man die tie-Struktur kennt, kleiner als die in (7) bzw. (8) für den Fall ohne ties angegebenen. Die Kontinuitätskorrektur durch Addition von $0,5$ ist hier i.a. nicht sinnvoll, da die möglichen

353

Werte von V wegen der Mittelung nicht immer im Abstand 1 aufeinander folgen.

AUFGABE 107: Berechnen Sie die genäherte Testschranke des zweiseitigen Vorzeichen-Rangtests mit $\alpha = 0,05$ für $n = 30$ und die in Beispiel 2 gegebene tie-Struktur! Vergleichen Sie Ihr Ergebnis mit den für den Fall $n = 30$ ohne ties geltenden genäherten Schranken $95, 8$ bzw. $95, 3$.

AUFGABE 108: Wenden Sie nun den Vorzeichen-Rang-Test auf die in Aufgabe 106 gegebenen Daten über die Hühner der Witwe Bolte an!

AUFGABE 109: Zeigen Sie, daß der Vorzeichen-Rangtest äquivalent zum Vorzeichentest ist, wenn alle D_i denselben Betrag haben. (Man nennt allgemein zwei Tests äquivalent, wenn sie bei jedem α für jedes mögliche Stichprobenresultat stets zur selben Entscheidung führen. Werden die kritischen Bereiche in beiden Fällen aus den extremen Werten konstruiert, dann sind die Tests z.B. äquivalent, wenn die Testgröße U des einen Tests eine lineare Funktion der Testgröße V des anderen Tests ist, d.h. $U = aV + b$ mit $a \neq 0$.

AUFGABE 110: 10 Pflanzen der Sorte A und 10 Pflanzen der Sorte B werden demselben Infektionsrisiko ausgesetzt. Dieser Versuch wird 14- mal bei verschiedenen Temperaturen wiederholt. Das Infektionsrisiko kann daher jedesmal anders sein, aber bei gleicher Resistenz der beiden Sorten ist es jedesmal für beide gleich hoch. Kann man die Nullhypothese gleicher Resistenz bei einer Irrtumswahrscheinlichkeit von $\alpha = 0,05$ ablehnen, wenn man für
X_i = Anzahl infizierter Exemplare von Sorte A bei Versuch Nr.i und
Y_i = Anzahl infizierter Exemplare von Sorte B bei Versuch Nr.i
folgende Werte beobachtet:

Nr.i	1	2	3	4	5	6	7	8	9	10	11	12	13	14
Wert von X_i	0	1	5	4	8	7	8	5	9	4	5	9	3	8
Wert von Y_i	2	4	4	7	8	10	9	3	8	6	9	7	7	6

11.8 Der Zwei-Stichproben-Test von Wilcoxon (Test von Mann und Whitney)

Vorzeichen-Test und Vorzeichen-Rang-Test beruhen auf den Variablenpaaren (X_i, Y_i), die am selben Objekt (vor und nach „Behandlung") oder jeweils an einem Paar von möglichst gleichartigen Versuchsobjekten zu beobachten sind. Diese Paarbildung sollte bei den Differenzen $D_i = Y_i - X_i$ für eine möglichst geringe Streuung sorgen. Wenn dann nämlich ein „Behandlungseffekt" besteht und die D_i dann nicht nullsymmetrisch verteilt sind, dann werden sie bei geringer Streuung fast alle positiv oder fast alle negativ sein und somit ein signifikantes Resultat liefern.

Eine solche Paarbildung ist aber nicht immer möglich; man kann z.B. einen Patienten gewöhnlich nicht zweimal nach verschiedenen Methoden operieren, der klassische Sortenvergleich auf den beiden Hälften einer Versuchsparzelle wäre etwa dann nicht sinnvoll, wenn die zu vergleichenden Sorten verschiedene Bodenqualität erfordern usw.. Wir betrachten daher nun den Fall von *zwei unabhängigen Stichproben* $X_1, X_2, \ldots, X_m$ und $Y_1, Y_2, \ldots, Y_n$.

Wir nehmen an, daß die X_i, $i = 1, 2, \ldots, m$, Meßwerte für ein Merkmal sind, die an m zufällig aus einer Gesamtheit G_x ausgewählten Objekten zu messen sind und die Y_j, $j = 1, 2, \ldots, n$, sollen Meßwerte für dasselbe Merkmal bei n zufällig aus einer Gesamtheit G_y ausgewählten Objekten sein. G_x und G_y sollen so viele Objekte enthalten, daß die X_i als unabhängige Variable betrachtet werden können, die alle nach einer Verteilungsfunktion $F(x)$ verteilt sind und ebenso die Y_j als unabhängige Variable, die alle nach einer Verteilungsfunktion $H(x)$ verteilt sind. Wir sagen dann auch, daß das Merkmal in G_x nach $F(x)$ und in G_y nach $H(x)$ verteilt ist. Unabhängigkeit der beiden Stichproben bedeutet, daß die X_i und die Y_j nicht nur untereinander unabhängig sind, sondern daß auch die gesamte Stichprobe $(X_1, X_2, \ldots, X_m)$ unabhängig ist von der gesamten Stichprobe $(Y_1, Y_2, \ldots, Y_n)$.

Gewöhnlich vermutet man, daß das Merkmal in G_y anders verteilt ist als in G_x und deshalb testet man die Nullhypothese $H_0 : F(x) = H(x)$. Trifft H_0 zu, dann bilden $X_1, X_2, \ldots, X_m$, $Y_1, Y_2, \ldots, Y_n$ eine *Gesamtstichprobe* vom Umfang $m + n$, deren Variable alle nach $F(x)$ verteilt und unabhängig sind. Zunächst nehmen wir wieder an, daß alle beobachteten Werte verschieden sind, wie es bei stetigen Variablen auch mit Wahrscheinlichkeit 1 eintreten wird. (Die begrenzte Meßgenauigkeit führt allerdings auch bei stetigen Variablen dazu, daß nicht alle verschiedenen Werte auch als verschieden erkannt werden.) Die beobachteten Werte $x_1, x_2, \ldots, x_m, y_1, y_2, \ldots, y_n$ können wir dann der Größe nach ordnen und dem kleinsten die Rangzahl 1, dem zweitkleinsten die Rangzahl 2, $\ldots$, dem größten die Rangzahl $m + n$ geben.

Wenn nun $r_1, r_2, \ldots, r_m$ die Rangzahlen von $x_1, x_2, \ldots, x_m$ und $s_1, s_2, \ldots, s_n$ die Rangzahlen von $y_1, y_2, \ldots, y_n$ sind, dann ist $(r_1, r_2, \ldots, r_m, s_1, s_2, \ldots, s_n)$ eine der $(m + n)!$ möglichen Anordnungen der Zahlen $1, 2, \ldots, m + n$. Bei richtiger Nullhypothese, wenn also alle $m + n$ Stichprobenvariablen unabhängig und identisch nach $F(x)$ verteilt sind, kommt jede dieser $(m + n)!$ möglichen Anordnungen mit derselben Wahrscheinlichkeit zustande. Das läßt sich beweisen, aber es ist auch ohne Beweis plausibel genug. Wir ziehen daraus zwei

Folgerungen:

a) Für jedes $i = 1, 2, \ldots, m$ und jedes $j = 1, 2, \ldots, n$ gilt

$$W(r_i = k) = W(s_j = k) = \frac{1}{m+n} \text{ für } k = 1, 2, \ldots, m+n . \qquad (1)$$

Es gibt nämlich $(m + n - 1)!$ Anordnungen, bei denen eine der Zahlen $1, 2, \ldots, m + n$ an i-ter Stelle steht, weil wir ja die $(m + n - 1)$ übrigen Zahlen noch nach Belieben umordnen können. Damit folgt nach der Laplace- Formel ((1) in 9.2)), daß

$$W(r_i = k) = \frac{(m+n-1)!}{(m+n)!} = \frac{1}{m+n} \text{ und ebenso } W(s_j = k) = \frac{1}{m+n}.$$

b) Für jede aus m Elementen bestehende Teilmenge $\{k_1, k_2, \ldots, k_m\}$ der Menge $\{1, 2, \ldots, m + n\}$ gilt

$$W(\{r_1, r_2, \ldots, r_m\} = \{k_1, k_2, \ldots, k_m\}) = \frac{1}{\binom{n+m}{m}} \qquad (2)$$

Das bedeutet, daß die Menge der Rangzahlen von $X_1, X_2, \ldots, X_m$ eine zufällige Auswahl von m Elementen aus der Menge $\{1, 2, \ldots, m + n\}$ darstellt. Man beachte, daß in (2) nicht die Wahrscheinlichkeit für die Gleichheit der m-tupel $(r_1, r_2, \ldots, r_m)$ und $(k_1, k_2, \ldots, k_m)$ gemeint ist, sondern die für die Gleichheit der *Mengen* $\{r_1, r_2, \ldots, r_m\}$ und $\{k_1, k_2, \ldots, k_m\}$, wobei es in den Mengen nicht auf die Reihenfolge ankommt. Die beiden Mengen sind natürlich gleich, wenn sie genau dieselben Rangzahlen enthalten. (2) folgt daraus, daß es genau $m!n!$ Anordnungen von $\{1, 2, \ldots, m+n\}$ gibt, bei denen die Mengen $\{r_1, r_2, \ldots, r_m\}$ und $\{s_1, s_2, \ldots, s_n\}$ fest bleiben; es sind dies gerade alle Anordnungen, bei denen nur innerhalb dieser Mengen Elemente vertauscht werden. Nach der Laplace-Formel folgt dann

$$W(\{r_1, r_2, \ldots, r_m\} = \{k_1, k_2, \ldots, k_m\}) = \frac{m!n!}{(m+n)!} = \frac{1}{\binom{m+n}{m}}$$

Natürlich ist dies auch die Wahrscheinlichkeit dafür, daß $\{s_1, s_2, \ldots, s_n\}$ das Komplement von $\{k_1, k_2, \ldots, k_m\}$ in $\{1, 2, \ldots, m+n\}$ ist und weil $\{k_1, k_2, \ldots, k_m\}$ eine beliebige Teilmenge mit m Elementen von $\{1, 2, \ldots, m + n\}$ war und $\binom{m+n}{m} = \binom{m+n}{n}$ gilt, folgern wir:

Wenn $H_0 : F(x) = H(x)$ richtig ist, dann ist die Menge $\{r_1, r_2, \ldots r_m\}$ der auf die x-Stichprobe entfallenden Rangzahlen eine zufällige Auswahl von m Elementen aus $\{1, 2, \ldots, m+n\}$. Ebenso ist die Menge $\{s_1, s_2, \ldots, s_n\}$ der Rangzahlen der y-Stichprobe eine zufällige Auswahl von n Elementen aus $\{1, 2, \ldots, m+n\}$. In beiden Fällen hat jede mögliche Auswahl die Wahrscheinlichkeit $1 : \binom{m+n}{m} = 1 : \binom{m+n}{n}$.

Nun sei R_y die Summe der Rangzahlen, die auf $Y_1, Y_2, \ldots, Y_n$ entfallen, also

$$R_y = s_1 + s_2 + \ldots + s_n .$$

Nach (1) nimmt im Fall der Nullhypothese jedes s_j eine jede der Rangzahlen $k = 1, 2, \ldots, m+n$ mit der Wahrscheinlichkeit $1/(m+n)$ als Wert an. Daher hat jedes s_j denselben Erwartungswert und somit ist

$$E[R_y] = nE[s_1] = n \sum_{k=1}^{m+n} k \frac{1}{m+n} = \frac{n}{m+n} \sum_{k=1}^{m+n} k = n \frac{m+n+1}{2} . \qquad (3)$$

Also ist $E[R_y]$ gerade das n-fache des arithmetischen Mittels der Rangzahlen $k = 1, 2, \ldots, m+n$. Der kleinste mögliche Wert von R_y ist $n(n+1)/2$; er wird angenomen, wenn der größte in der y-Stichprobe beobachtete Wert noch kleiner ist als alle x_i. Der größte mögliche Wert von R_y ist gleich $(m+1)+(m+2)+\ldots+(m+n) = nm+n(n+1)/2$; er wird angenommen, wenn der kleinste beobachtete Wert in der y-Stichprobe schon größer ist als alle x_i. In beiden Fällen gibt es nur eine Auswahl von n Rangzahlen aus $\{1, 2, \ldots, m+n\}$, die zu $R_y = n(n+1)/2$ bzw. $R_y = nm+n(n+1)/2$ führt und daher nimmt R_y den kleinstmöglichen und den größtmöglichen Wert nur mit Wahrscheinlichkeit $1 : \binom{m+n}{n}$ an.

Die Testgröße sei $V = R_y - E[R_y] = R_y - n \dfrac{m+n+1}{2}$, $\qquad (4)$

Die möglichen Werte von V laufen also von

$$\frac{n(n+1)}{2} - n\frac{m+n+1}{2} = -\frac{mn}{2} \text{ bis } nm + \frac{m+n+1}{2} - n\frac{m+n+1}{2} = \frac{mn}{2} .$$

Sie folgen im Abstand 1 aufeinander, denn jedes R_y, das noch nicht maximal ist, kann um 1 vergrößert werden, indem man ein s_j mit einem um 1 größeren r_i vertauscht. Bei richtiger Nullhypothese ist $E[V] = 0$ und die Verteilung von V ist dadurch bestimmt, daß

$$V(V = v) = \frac{\text{Anz. der Teilmengen } \{s_1, \ldots, s_n\} \text{ mit } R_y = v + n(m+n+1)/2}{\binom{m+n}{n}} ,$$

357

wobei die Teilmengen natürlich der Menge $\{1, 2, \ldots, m+n\}$ zu entnehmen sind. Mit Hilfe dieser Verteilung kann man zu gegebener Irrtumswahrscheinlichkeit α bzw. zur Sicherheitswahrscheinlichkeit $\beta = 1 - \alpha$ aus den extremen Werten von V kritische Bereiche bilden und Testschranken berechnen. Die zweiseitigen Testschranken bezeichnen wir mit $c_\beta(m, n)$, die einseitigen mit $c_\beta^*(m, n)$. Die Verteilung von V ist bei richtiger H_0 nullsymmetrisch und deshalb folgt wieder $c_\beta = c_{(1+\beta)/2}^*$ für alle m, n und beliebiges β.

Das Testergebnis darf natürlich nicht davon abhängen, welche der beiden unabhängigen Stichproben wir als y-Stichprobe bzw. als x-Stichprobe bezeichnen. Hätten wir diese Bezeichnungen vertauscht, dann hätten wir statt R_y zunächst $R_x = $ Summe der auf die x-Stichprobe entfallenden Rangzahlen berechnet und als Testgröße $R_x - m(m + n + 1)/2$ erhalten. Es gilt aber $R_x + R_y = 1 + 2 + \ldots + (m + n) = (m + n)(m + n + 1)/2$ (diese Beziehung kann als Rechenkontrolle dienen; man berechnet dazu beide Rangsummen R_x und R_y und prüft, ob ihre Summe $(m + n)(m + n + 1)/2$ ergibt). Damit folgt

$$R_x - m\frac{m+n+1}{2} = (m+n)\frac{m+n+1}{2} - R_y - m\frac{m+n+1}{2} = -R_y + n\frac{m+n+1}{2}$$

und das ist gleich $-V$. Es ist also egal, welche der beiden Stichproben als x- und welche als y- Stichprobe bezeichnet wird und es folgt natürlich auch

$$c_\beta(m, n) = c_\beta(n, m) \, , \ c_\beta^*(m, n) = c_\beta^*(n, m) \text{ für alle } m, n \text{ und jedes } \beta \qquad (5)$$

Bei einer geforderten Sicherheitswahrscheinlichkeit β wird im zweiseitigen Test die Nullhypothese $F(x) = H(x)$ genau dann abgelehnt, wenn $|V| \geq c_\beta(m, n)$; im einseitigen Testverfahren wird man H_0 entweder nur dann ablehnen, wenn $V \geq c_\beta^*(m, n)$, oder nur dann, wenn $V \leq -c_\beta^*(m, n)$. Einige Testschranken für niedrige Werte von m und n sind am Ende dieses Abschnitts angegeben und dort findet man auch Formeln für die Berechnung genäherter Testschranken, die im allgemeinen genau genug sind, wenn $m + n > 30$ gilt.

BEISPIEL 1: Ein Imker hat zu Beginn einer Tracht 18 etwa gleich starke Völker. 11 davon gehören zur Rasse Carnica, 7 sind Buckfast-Bienen. Er möchte testen, ob man mit einer Irrtumswahrscheinlichkeit von $0,05$ behaupten kann, daß sich die beiden Rassen bei den gegebenen Trachtverhältnissen und den gegenwärtigen klimatischen Bedingungen hinsichtlich ihres Honigertrags unterscheiden. Bei der Schleuderung am Ende der Tracht erhält er von den Völkern folgende Mengen an Honig (in kg):
Carnica: 14,2 13,7 7,5 21,3 17,4 11,7 8,6 13,5 16,0 19,2 20,4
Buckfast:16,9 21,5 20,8 17,6 19,3 14,1 20,2

Wir benutzen für die Zuordnung der Rangzahlen wieder ein Bäumchendiagramm: In Figur 101 sind nach unten die Werte der 11 Carnica-Völker angetragen, nach oben die 7 Werte der Buckfast- Völker. Hier sind alle gemessenen Werte verschieden und wenn es nicht so gewesen

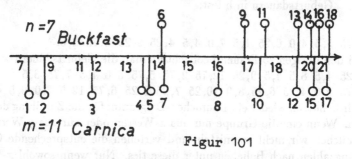

Figur 101

wäre, hätte man die dann aufgetretenen ties durch genaueres Nachwiegen sicherlich wieder trennen können. Wenn wir die Mengen der Buckfast-Völker als y-Stichprobe wählen, erhalten wir $R_y = 6+9+11+13+14+16+18 = 87$, also den V-Wert $87 - 7 \cdot 19/2 = 20, 5$.

Aus dem Tabellenauszug am Ende des Abschnitts entnehmen wir die Testschranke $c_{0,95}(11,7) = 22, 5$. Das Stichprobenergebnis spricht zwar für einen im Durchschnitt größeren Ertrag von Buckfast-Völkern bei den gegenwärtigen Verhältnissen, aber es reicht nicht hin, einen Unterschied der beiden Rassen hinsichtlich des Ertrags mit einer Irrtumswahrscheinlichkeit von nur 0, 05 zu behaupten.

Nun müssen wir uns noch von der Voraussetzung lösen, daß die beobachteten Werte alle verschieden sind, wir müssen also ties zulassen. Auch hier ist es üblich, „midranks" zu geben, d.h. man erteilt jedem Meßwert einer Gruppe von gleichen Meßwerten als Rangzahl das arithmetische Mittel aus den Rangzahlen, die auf diese Gruppe entfallen würden, wenn die Meßwerte ein klein wenig verschieden wären, so daß man ihre Größenreihenfolge erkennen könnte. Hierzu das folgende

BEISPIEL 2: An einer Frauenklinik haben in einem Jahr 36 Erstgebärende entbunden, von denen 11 zuvor an einem Gymnastikkurs für Schwangere teilgenommen hatten. Der Kurs sollte die Geburt erleichtern und damit auch verkürzen. Man will daher die Hypothese H_0 : „die Teilnahme an dem Gymnastikkurs hat keinen Einfluß auf die Dauer der Geburt" testen. Da eine verzögernde Wirkung des Kurses ausgeschlossen erscheint, wird man einseitig testen und H_0 nur dann ablehnen, wenn die gewonnenen Daten für eine verkürzende Wirkung des Kurses sprechen. Für das Einsetzen der Wehen kann man den Zeitpunkt nur ungefähr bestimmen und daher sind die folgenden Angaben auf Viertelstunden gerundet, was ties zu Folge hat. Für die 11 Kursteilnehmerinnen stellte man folgende Geburtsdauern in h fest:

2,75 5,5 4,0 6,25 1,5 7,0 4,5 4,25 9,25 3,75 2,5.

bei den übrigen 25 Frauen beobachtete man die Geburtsdauern

6,25 4,5 8,5 4,5 9,25 12,75 2,75 5,75 5,0 7,5 7,75 3,5

6,75 5,0 4,75 6,25 8,0 10,25 7,25 2,25 6,75 12,5 3,0 9,5 4,75.

Wir benutzen wieder ein Bäumchen-Diagramm für die Zuteilung der Rangzahlen. Wenn eine tie-Gruppe nur aus x-Werten oder nur aus y-Werten besteht, brauchen wir nicht zu mitteln und verteilen die entsprechende Gruppe von Rangzahlen nach Belieben unter diese ties. Nur wenn sowohl x- als auch y-Werte zur tie-Gruppe gehören, müssen wir „midranks" geben.

Wir erhalten $R_y = 1 + 3 + 4,5 + \ldots + 25 + 31,5 = 143$, also für V den Wert

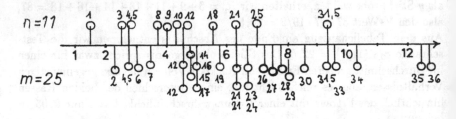

Figur 102

$143 - 11(11 + 25 + 1)/2 = -60,5$.

Man wird hier einseitig testen, denn man vermutet ja eine verkürzende Wirkung des Kurses und wird eine verlängernde Wirkung von vornherein ausschließen können. Abzulehnen ist daher die Nullhypothese, wonach der Kurs die Dauer der Geburt nicht beeinflußt, nur dann, wenn $V \leq -c_\beta^*(25,11)$. Für $m = 25$, $n = 11$ reicht die Tabelle am Ende dieses Abschnitts nicht aus, daher bestimmen wir mit Hilfe der Tabelle in Wetzel [33] (s. zuvor die Bemerkungen zum U-Test im folgenden!) $c_{0,95}^*(25,11) = 48,5$ und $c_{0,99}^*(25,11) = 67,5$. Da also V mit $-60,5$ einen Wert angenommen hat, der zwar kleiner als $-48,5$, nicht aber kleiner als $-67,5$ ist, kann H_0 abgelehnt werden, wenn man mit Irrtumswahrscheinlichkeit $0,05$ testet, nicht aber, wenn $\alpha = 0,01$ vorgeschrieben ist. Wenn nun die 11 Teilnehmerinnen zufällig aus 36 Schwangeren ausgewählt wurden, dann wird man den mit einer Irrtumswahrscheinlichkeit von $0,05$

nachgewiesenen Unterschied wohl auf den Besuch des Kurses zurückführen. Wenn es aber so war, daß sich die Teilnehmerinnen spontan zur Teilnahme entschlossen haben, die anderen 25 Frauen aber kein Interesse hatten, dann wäre es immer noch denkbar, daß der Kurs keinen Effekt hat und der Unterschied der beiden Gruppen einfach darauf zurückzuführen ist, daß sich eben in erster Linie die jüngeren und beweglicheren Frauen für die Teilnahme entschlossen haben und daß diese auch ohne Kurs im Durchschnitt kürzere Geburtszeiten gehabt hätten als die anderen!

Genäherte Testschranken

Wenn $m+n$ größer als 30 wird und der kleinere Stichprobenumfang mindestens 2 ist, dann kann man die bei richtiger H_0 gültige Verteilung von V durch die Normalverteilung $N(0; \sigma_V^2)$ approximieren, wobei σ_V^2 die Varianz von V bei richtiger H_0 ist. Man erhält sie nach einigem Rechnen zu

$$\sigma_V^2 = \frac{mn(m+n+1)}{12} \tag{6}$$

Analog wie beim Vorzeichen-Rangtest berechnet man daraus für die Testschranken $c_\beta^*(m,n)$ und $c_\beta(m,n)$ die Näherungen

$$\lambda_\beta^* \sqrt{\frac{mn(m+n+1)}{12}} + \frac{1}{2}, \text{ bzw. } \lambda_\beta \sqrt{\frac{mn(m+n+1)}{12}} + \frac{1}{2}. \tag{7}$$

λ_β^* und λ_β sind wieder die einseitigen bzw. zweiseitigen Schranken der $N(0; 1)$-Verteilung, also

$$\lambda_{0,95}^* = 1,64, \quad \lambda_{0,95} = 1,96, \quad \lambda_{0,99}^* = 2,33 \text{ und } \lambda_{0,99} = 2,58.$$

Wenn einer der beiden Stichprobenumfänge nur gleich 1 sein sollte, dann gilt für die eine Rangzahl R, die auf diese Stichprobe entfällt,

$$W(R = j) = 1/(m + n) \text{ für } j = 1, 2, \ldots, m + n \text{ , falls keine ties auftreten.}$$

Man braucht dann weder Tabellen noch genäherte Testschranken, weil man ohne Mühe selbst die exakten Schranken angeben kann. Ist z.B. $m = 19, n = 1$, dann wäre 20 die exakte Schranke für $R = R_y$ beim einseitigen Test mit $\alpha = 0,05$ und daher $20 - 1 \cdot 21/2 = 9,5$ die entsprechende Schranke für V. Man kann H_0 bei einseitigem Test also ablehnen, wenn der eine Wert der y-Stichprobe größer ausfällt als alle 19 Werte der x-Stichprobe; dies gilt jedoch nur für den Fall, in dem man zuvor schon vermutet hat, daß die y- Werte im allgemeinen die größeren sein werden. Vermutet man dagegen, daß sie im allgemeinen kleiner sein werden als die x-Werte, dann wählt man die andere Form des einseitigen Tests und lehnt dann H_0 nur ab, wenn der eine y-Wert der kleinste unter allen 20 Werten ist.

In (7) haben wir gleich die Kontinuitätskorrektur mit $+1/2$ angebracht, denn V ist auch hier eine Testgröße, deren mögliche Werte im Abstand 1 aufeinander folgen, zumindest dann, wenn keine ties vorliegen (vgl.9.10).
Sind ties vorhanden, dann gilt wie beim Vorzeichen-Rangtest, daß die Verwendung der tabellierten, für den Fall ohne ties berechneten Testschranken im allgemeinen lediglich dazu führt, daß die tatsächliche Irrtumswahrscheinlichkeit noch kleiner ist als das vorgeschriebene α.

Bei unserem Beispiel 2 hätten wir statt der Testschranken $c^*_{0,95}(25, 11) = 48,5$ und $c^*_{0,99}(25, 11) = 67,5$ mit (7) die Näherungen $1,64\sqrt{25 \cdot 11 \cdot 37/12} + 0,5 = 48,3$ und $2,33\sqrt{25 \cdot 11 \cdot 37/12} + 0,5 = 68,3$ erhalten.

Nun sind wir endlich in der Lage, dem Studenten Robert bei der Auswertung seiner Beobachtungen an den 15 Raupen zu helfen:

BEISPIEL 3: Das einführende Beispiel in 9.1 betraf zwei Gruppen von Raupen, die sich von zwei unterschiedlichen Substraten nähren. Die festgestellten Gewichtszunahmen können als Resultat von zwei unabhängigen Stichproben mit Umfang $m = 7$ und $n = 8$ gedeutet werden. Die in 9.1 angegebenen Werte führen zu dem Bäumchen-Diagramm, das wir schon als Figur 79 hatten:

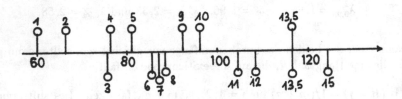

Figur 103

Es soll nicht von vorneherein ausgeschlossen werden, daß das Alkaloid sich auch positiv auswirken könnte und daher wird zweiseitig getestet. Die geforderte Sicherheitswahrscheinlichkeit sei $\beta = 0,95$. Der Tabelle am Ende dieses Abschnitts entnehmen wir $c_{0,95}(7,8) = c_{0,95}(8,7) = 18,0$. Die Summe der

Rangzahlen der x-Stichprobe ist $R_x = 1 + 2 + 4 + 5 + 9 + 10 + 13,5 = 44,5$, also nimmt V den Wert $7 \cdot 16/2 - 44,5 = 11,5$ an. Da also V den Wert 18 nicht übertrifft, kann die Nullhypothese, nach der das Alkaloid keine Auswirkung auf die Gewichtszunahme der Raupen hat, bei der geforderten Irrtumswahrscheinlichkeit $\alpha = 0,05$ nicht abgelehnt werden. Der beobachtete Unterschied bei den beiden Stichproben ist also noch im Bereich der Abweichungen, die man im Fall der Wirkungslosigkeit des Alkaloids als zufällig betrachten muß.

Der U-Test

Der sogenannte U-Test nach Mann und Whitney ist äquivalent zum Zweistichproben-Test von Wilcoxon. Als Testgröße U_y benutzt der U-Test die Anzahl der Paare (X_i, Y_j), bei denen $Y_j > X_i$ gilt. Da es insgesamt mn solcher Paare gibt (jedes X_i ist mit jedem Y_j zu vergleichen), hat U_y die möglichen Werte $0, 1, 2, \ldots, mn$. Wenn wir die auf die y- Stichprobe entfallenden Rangzahlen der Größe nach ordnen und wieder mit $s_1, s_2, \ldots, s_n$ bezeichnen, dann gilt offenbar

$$U_y = (s_1 - 1) + (s_2 - 2) + \ldots + (s_n - n), \tag{8}$$

wenn keine ties vorliegen; denn dann gibt es $s_1 - 1$ Werte in der x -Stichprobe, die kleiner sind als der kleinste y-Wert, $s_2 - 2$ Werte in der x-Stichprobe sind kleiner als der zweitkleinste y-Wert usw.. Daraus folgt wegen $s_1 + s_2 + \ldots + s_n = R_y$ und $V = R_y - n(n + m + 1)/2$:

$$U_y = R_y - n(n+1)/2 = V + \frac{mn}{2} \tag{9}$$

Dieser Zusammenhang (9) gilt aber auch bei Auftreten von ties, wenn man dann bei V wieder die gemittelten Rangzahlen zuteilt und U_y so definiert:

$$U_y = \begin{cases} (\text{Anzahl der Paare } (X_i, Y_j) \text{ mit } X_i < Y_j) \\ + \frac{1}{2}(\text{Anzahl der Paare } (X_i, Y_j) \text{ mit } X_i = Y_j) \end{cases} \tag{10}$$

Da also U_y aus V durch Addition der Konstanten $mn/2$ hervorgeht, sind die mit diesen Testgrößen durchgeführten Tests äquivalent. Es gilt

$$V \geq c_\beta^*(m, n) \iff U_y \geq c_\beta^*(m, n) + mn/2,$$

$$V \leq -c_\beta^*(m, n) \iff U_y \leq -c_\beta^*(m, n) + mn/2$$

die zweite einseitige Schranke des U-Tests ist also nicht der negative Wert der ersten, was daran liegt, daß die Testgröße U_y nicht wie V nullsymmetrisch verteilt ist. U_y kann ja nur nichtnegative Werte annehmen. Wir betrachten daher zusätzlich noch U_x, welches wir analog zu (10) als Anzahl der Paare mit $X_i > Y_j$ plus der halben Anzahl der Paare mit $X_i = Y_j$ definieren. Dann gilt offenbar

$$U_y + U_x = mn \qquad (11)$$

und $U_y \geq c_\beta^*(m,n) + mn/2$ ist äquivalent zu $mn - U_x \geq c_\beta^*(m,n) + mn/2$, also

$$U_y \geq c_\beta^*(m,n) + mn/2 \quad \Leftrightarrow \quad U_x \leq -c_\beta^*(m,n) + mn/2 \qquad (12)$$

Es genügt daher, als *einseitige* Schranke $u_\beta^*(m,n)$ des U-Tests die kleinere der beiden Schranken $c_\beta^*(m,n) + mn/2$ und $-c_\beta^*(m,n) + mn/2$ zu tabellieren, also die letztere. Diese Schranken sind bei Wetzel et al.[33] tabelliert und der Zusammenhang mit den einseitigen Schranken $c_\beta^*(m,n)$ des Zweistichprobentests von Wilcoxon ist somit gegeben durch

$$\boxed{u_\beta^*(m,n) = \tfrac{mn}{2} - c_\beta^*(m,n)} \,, \qquad \boxed{c_\beta^*(m,n) = \tfrac{mn}{2} - u_\beta^*(m,n)} \,. \qquad (13)$$

Wenn man von Anfang an vermutet, daß die y-Werte durchschnittlich größer als die x-Werte sind, dann lehnt man beim einseitigen U-Test nur dann ab, wenn U_x „zu klein" d.h. $\leq u_\beta^*(m,n)$ ist. Vermutet man, daß die x-Werte die größeren sein werden, dann lehnt man beim einseitigen U-Test nur dann ab, wenn U_y zu klein, d.h. nicht größer als die Schranke $u_\beta^*(m,n)$ ist.

Beim zweiseitigen Wilcoxon-Test lehnen wir H_0 genau dann ab, wenn entweder $V \geq c_\beta(m,n)$, oder wenn $V \leq -c_\beta(m,n)$. Ganz analog wie oben folgt, daß ersteres äquivalent mit $U_x \leq -c_\beta(m,n) + mn/2$ ist, letzteres äquivalent mit $U_y \leq -c_\beta(m,n) + mn/2$.

Daher genügt es, als *zweiseitige* Schranke für den $U - Test$

$$u_\beta(m,n) = -c_\beta(m,n) + mn/2 \qquad (14)$$

zu tabellieren und dann lehnt man bei zweiseitigem Test H_0 genau dann ab, wenn entweder U_x oder U_y nicht größer als diese Schranke ist. Die Testvorschrift für den zweiseitigen Test lautet also:

$$\text{lehne } H_0 \text{ genau dann ab, wenn } min(U_x, U_y) \leq u_\beta(m,n), \qquad (15)$$

wobei $u_\beta(m,n) = mn/2 - c_\beta(m,n)$. Für die einseitigen und die zweiseitigen Schranken von $U - Test$ und Zweistichprobentest von Wilcoxon gilt dann also derselbe Zusammenhang! Dieser gilt natürlich auch für genäherte Testschranken. Wenn also g eine genäherte Testschranke für den Wilcoxon-Test ist, dann ist $-g + mn/2$ eine genäherte Testschranke zum selben β für den U-Test.

Aufgabe 111: 26 Jäger sind mit ihrem Hund zu einer Jagdhunde- Prüfung erschienen. 9 Hunde gehören zur Rasse A, 17 zur Rasse B. Ein Hund der Rasse

B erhält 0 Punkte, weil er davonläuft und sich Spaziergängern anschließt. Die anderen erhalten folgende Punktzahlen bei der Prüfung:

A: 24 27 23 29 23 23 25 26 27

B: 17 21 26 23 20 25 22 25 20 27 22 24 25 21 18 23 .

Es sind Umstände denkbar, unter denen man aus diesen Daten nichts oder nur wenig über die bessere oder weniger gute Eignung der beiden Rassen als Jagdhunde schließen kann. Wenn etwa alle A-Hunde von einem Ausbilder trainiert wurden und alle B-Hunde von einem anderen, dann sagen die aufgetretenen Unterschiede höchstens etwas über unterschiedliche Fähigkeiten der Ausbilder aus. Man setze also voraus, daß jeder Hund nur von seinem Herrn ausgebildet wurde, daß die Prüfer objektiv sind und daß sich die Hunde während der Prüfung nicht gegenseitig beeinflussen bzw. stören können. Dann teste man die Nullhypothese, wonach sich die beiden Rassen in ihrer Eignung für die Jagd nicht unterscheiden, bei $\alpha = 0,01$

a) wenn man die Punktzahl 0 als sog. „Ausreißer" nicht berücksichtigt;

b) wenn auch die Punktzahl 0 berücksichtigt wird, weil sich die Experten darin einig sind, daß der davongelaufene Hund weniger als alle anderen taugt.

Führen Sie den Test sowohl als U-Test, als auch mit der Testgröße V durch!

Testschranken für $V = R_y - n(m+n+1)/2$

$$c^*_{0,95}(m,n)$$

m	3	4	5	6	7	8	9	10	11	12	13	14	15	16	17	18	19	20
n = 3	4,5	6	6,5	7	8,5	9	9,5	11	11,5	13	13,5	14	15,5	16	16,5	18	18,5	19
4		7	8	9	10	11	12	13	14	15	16	17	18	18	19	20	21	22
5			8,5	10	11,5	12	13,5	14	15,5	17	17,5	19	19,5	21	22,5	23	24,5	25
6				11	13	14	15	16	17	19	20	21	22	23	25	26	27	28
7					13,5	15	16,5	18	19,5	21	21,5	23	24,5	26	26,5	28	29,5	31
8						17	18	20	21	22	24	25	27	28	29	31	32	33
9							19,5	21	22,5	24	25,5	27	28,5	30	31,5	33	34,5	36
10								23	24	26	28	29	31	32	34	35	37	38
11									26,5	28	29,5	31	32,5	34	36,5	38	39,5	41
12										30	31	33	35	36	38	40	42	43
13											33,5	35	36,5	39	40,5	42	43,5	46
14												37	39	41	42	44	46	48
15													40,5	43	44,5	47	48,5	50

Da $c^*_\alpha(m,n) = c^*_\alpha(n,m)$, genügt die Tabellierung für $m \geq n$. Die tabellierten Schranken sind exakt, also nicht gerundet. Der Eintrag fehlt, wenn m und n noch so klein sind, daß der größtmögliche bzw. der kleinstmögliche Wert von V eine Wahrscheinlichkeit besitzt, die bereits größer als $\alpha = 0,05$ ist. Analoges gilt auch für die folgenden Tabellenauszüge. Wenn $m + n > 30$ und $min(m, n) > 2$, ist $c^*_{0,95}(m, n)$ ungefähr gleich der genäherten Testschranke $1,64\sqrt{mn(m + n + 1)/12} + 0,5$.

$$c_{0,95}(m, n)$$

m	3	4	5	6	7	8	9	10	11	12	13	14	15	16	17	18	19	20
n = 3			7,5	8	9,5	10	11,5	12	13,5	14	15,5	16	17,5	18	19,5	20	21,5	22
4		8	9	10	11	12	14	15	16	17	18	19	20	21	23	24	25	26
5			10,5	12	12,5	14	15,5	17	18,5	19	20,5	22	23,5	24	25,5	27	28,5	30
6				13	15	16	17	19	20	22	23	25	26	27	29	30	32	33
7					16,5	18	19,5	21	22,5	24	25,5	27	28,5	30	31,5	33	34,5	36
8						19	21	23	25	26	28	30	31	33	34	36	38	39
9							23,5	25	26,5	28	30,5	32	33,5	35	37,5	39	40,5	42
10								27	29	31	32	34	36	38	40	42	43	45
11									30,5	33	34,5	37	38,5	40	42,5	44	46,5	48
12										35	37	39	41	43	45	47	49	51
13											39,5	41	43,5	45	47,5	50	51,5	54
14												43	46	48	50	52	55	57
15													48,5	50	52,5	55	57,5	60

$c_{0,95}(m, n) \approx 1,96\sqrt{mn(m + n + 1)/12} + 0,5$ gilt, wenn $m + n > 30$ und $min(m, n) > 2$.

$$c_{0,99}^*(m,n)$$

m	5	6	7	8	9	10	11	12	13	14	15	16	17	18	19	20
n = 3			10,5	12	12,5	14	15,5	16	17,5	19	19,5	21	21,5	23	24,5	25
4	10	11	13	14	15	17	18	19	21	22	23	25	26	27	29	30
5	11,5	13	14,5	16	17,5	19	20,5	22	23,5	25	26,5	28	29,5	31	32,5	34
6		15	17	18	20	22	24	25	27	28	30	32	33	35	37	38
7			18,5	21	22,5	24	26,5	28	29,5	31	33,5	35	36,5	39	40,5	42
8				23	25	27	29	31	32	34	36	38	40	42	44	46
9					26,5	29	30,5	33	35,5	37	39,5	41	43,5	45	47,5	50
10						31	33	36	38	40	42	44	47	49	51	53
11							35,5	38	40,5	43	45,5	47	49,5	52	54,5	57
12								41	43	46	48	50	53	55	58	60
13									45,5	48	50,5	53	55,5	58	60,5	63
14										51	54	56	59	61	64	67
15											56,5	59	61,5	65	67,5	70

$c_{0,99}^*(m,n) \approx 2,33\sqrt{mn(m+n+1)/12}$ gilt, wenn $m+n > 30$ und $min(m,n) > 2$. (Bei den 99%-Schranken ist die Näherung ohne die Kontinuitätskorrektur $+0,5$ meist genauer!)

$$c_{0,99}(m,n)$$

m	5	6	7	8	9	10	11	12	13	14	15	16	17	18	19	20
n = 3					13,5	15	16,5	17	18,5	20	20,5	22	23,5	25	25,5	27
4		12	14	15	17	18	20	21	22	24	25	27	28	30	31	32
5	12,5	14	16,5	18	19,5	21	22,5	24	25,5	28	29,5	31	32,5	34	35,5	37
6		16	18	20	22	24	26	27	29	31	33	35	36	38	40	42
7			20,5	22	24,5	26	28,5	30	32,5	34	36,5	38	40,5	42	44,5	46
8				25	27	29	31	33	35	38	40	42	44	46	48	50
9					29,5	32	33,5	36	38,5	41	42,5	45	47,5	50	51,5	54
10						34	36	39	41	44	46	49	51	53	56	58
11							39,5	42	44,5	47	49,5	52	54,5	57	59,5	62
12								44	47	50	53	55	58	61	63	66
13									50,5	53	55,5	58	60,5	62	66,5	70
14										56	59	62	65	67	70	73
15											61,5	65	67,5	71	73,5	77

$c_{0,99}(m,n) \approx 2,58\sqrt{mn(m+n+1)/12}$ gilt, wenn $m+n > 30$ und $min(m,n) > 2$.

Wenn diese Tabelle nicht ausreicht und der Wert der Testgröße V ungefähr gleich der Näherung für die Testschranke sein sollte, kann man die entsprechende U-Schranke u bei Wetzel [33] (Tab.XIX) aufsuchen und entweder die exakte V-Schranke c nach der Formel $c = mn/2 - u$ berechnen oder gleich den Test als U-Test durchführen.

11.9 Der Rangkorrelationskoeffizient von Spearman

In Satz 9.2.2 haben wir festgestellt, daß unabhängige zufällige Variable X, Y, deren Varianzen existieren, immer unkorreliert sind, d.h. ihr Korrelationskoeffizient $\rho_{X,Y}$ ist gleich 0. Es liegt daher nahe, eine Nullhypothese, welche die Unabhängigkeit von X und Y behauptet, mit Hilfe eines empirischen Korrelationskoeffizienten zu testen und abzulehnen, falls er sich „signifikant" von 0 unterscheidet. Der Bravais'sche Korrelationskoeffizient, den wir in 10.1 kennengelernt haben, wird hierfür bisweilen als Testgröße benutzt. Allerdings kann man seine exakte Verteilung im Fall der Unabhängigkeit nur bestimmen, wenn man die gemeinsame Verteilung von X, Y kennt. Bei dem folgenden Rangkorrelationskoeffizienten benötigt man eine solche Verteilungsannahme nicht; seine Verteilung ergibt sich im Fall der Unabhängigkeit aus einer einfachen kombinatorischen Überlegung und er gehört somit wie die Wilcoxon-Tests zu den sog. *verteilungsfreien* Verfahren.

Wir setzen also nur voraus, daß n unabhängige Variablenpaare (X_i, Y_i), $i = 1, 2, \ldots, n$ beobachtet werden, die alle wie (X, Y) verteilt sind. Getestet wird die Nullhypothese

$$H_0 : X \text{ und } Y \text{ sind unabhängig.}$$

Trifft H_0 zu, dann ist nicht nur jedes Y_i unabhängig vom zugehörigen X_i, sondern wegen der Voraussetzung unabhängiger Paare kann geschlossen werden, daß $(Y_1, Y_2, \ldots, Y_n)$ von $(X_1, X_2, \ldots, X_n)$ unabhängig ist, wobei die Y_i unabhängig und identisch verteilt sind, ebenso die X_i, aber im allgemeinen nach einer anderen Verteilung. Es sei daran erinnert, daß man mit Korrelationsmethoden Zusammenhänge zwischen Merkmalen ganz verschiedener Dimension aufdecken kann, zum Beispiel zwischen der Lebensdauer (in Jahren) und der Anzahl der durchschnittlich pro Woche gerauchten Zigaretten. Bei allen anderen Tests für zwei verbundene oder unabhängige Stichproben, die wir bisher kennengelernt haben, mußten X- und Y-Werte Meßwerte für dasselbe Merkmal sein.

Wir ordnen die beobachteten Wertepaare (x_i, y_i) nach der Größe der X-Werte und nehmen vorläufig an, daß diese alle und auch die beobachteten Y-Werte alle verschieden sind. Wenn dann nach der Umordnung $x_1 < x_2 < \ldots < x_n$ gilt, erhält x_i die Rangzahl i und y_i die Rangzahl s_i, die ihm innerhalb der Y-Stichprobe zukommt. Die Rangzahlen $(s_1, s_2, \ldots, s_n)$ von $y_1, y_2, \ldots, y_n$ sind daher eine Permutation von $(1, 2, \ldots, n)$.

Wenn nun X und Y unabhängig sind, dann kann man aus der Unabhängigkeit der n-tupel $(X_1, X_2, \ldots, X_n)$ und $(Y_1, Y_2, \ldots, Y_n)$ weiter schließen, daß $(s_1, s_2, \ldots, s_n)$ alle $n!$ möglichen Permutationen von $(1, 2, \ldots, n)$ mit derselben Wahrscheinlichkeit $1/n!$ annimmt. Darauf beruht dann die Verteilung des Rangkorrelationskoeffizienten bei richtiger Nullhypothese. Er wird berechnet, indem man die Bravais'sche Formel ((5) in 10.1) einfach auf die Paare (i, s_i) anwendet:

$$R_{sp} = \frac{\sum\limits_{i=1}^{n}(i - \bar{i})(s_i - \bar{s})}{\sqrt{\sum\limits_{i=1}^{n}(i - \bar{i})^2}\sqrt{\sum\limits_{i=1}^{n}(s_i - \bar{s})^2}}, \tag{1}$$

da aber $\bar{i} = \bar{s} = \dfrac{1}{n}\sum\limits_{i=1}^{n} i = \dfrac{n+1}{2}$ und $\sum\limits_{i=1}^{n}(s_i - \bar{s})^2 = \sum\limits_{i=1}^{n}(i - \bar{i})^2$,

die letzte Summe aber gleich

$$\sum_{i=1}^{n} i^2 - n(\bar{i})^2 = \frac{n(n+1)(2n+1)}{6} - n\frac{(n+1)^2}{4} = \frac{n^3 - n}{12} \text{ ist,}$$

vereinfacht sich (1) zu

$$R_{sp} = \frac{12\sum\limits_{i=1}^{n}(i - \dfrac{n+1}{2})(s_i - \dfrac{n+1}{2})}{n^3 - n}.$$

Nun gilt für beliebige Zahlenpaare (x_i, y_i) stets:

$$\sum_{i=1}^{n}(x_i - \bar{x})(y_i - \bar{y}) = \sum_{i=1}^{n} x_i y_i - n\bar{x}\bar{y} \text{ (vgl. 10.1),}$$

und somit können wir weiter vereinfachen zu

$$R_{sp} = \frac{12(\sum\limits_{i=1}^{n} i s_i - n(n+1)^2/4)}{n^3 - n}.$$

Schließlich können wir noch wegen

$$\sum_{i=1}^{n}(s_i - i)^2 = \sum_{i=1}^{n} s_i^2 + \sum_{i=1}^{n} i^2 - 2\sum_{i=1}^{n} i s_i = 2\frac{n(n+1)(2n+1)}{6} - 2\sum_{i=1}^{n} i s_i$$

den Zähler von R_{sp} umformen in

$$12\left(\frac{n(n+1)(2n+1)}{6} - \frac{n(n+1)^2}{4} - \frac{1}{2}\sum_{i=1}^{n}(s_i - i)^2\right) = n^3 - n - 6\sum_{i=1}^{n}(s_i - i)^2.$$

Damit erhalten wir die im Vergleich zu (1) bequemere Formel

$$R_{sp} = 1 - \frac{6\sum_{i=1}^{n}(s_i - i)^2}{n^3 - n}. \tag{2}$$

Man sieht sofort, daß $R_{sp} = 1$ genau dann gilt, wenn $s_i = i$, d.h wenn zum kleinsten X-Wert auch der kleinste Y-Wert gehört, zum zweitkleinsten X-Wert auch der zweitkleinste Y-Wert usw.. Eine kleine Rechnung zeigt, daß R_{sp} genau dann gleich -1 ist, wenn $s_i = n + 1 - i$, d.h. wenn die X- und Y-Werte „gegenläufig" angeordnet sind, so daß der kleinste X-Wert mit dem größten Y-Wert gepaart ist, der zweitkleinste X-Wert mit dem zweitgrößten Y-Wert usw.. Aus der Herleitung von (2) folgt, daß diese Formel nur dann richtig ist, wenn sowohl die X_i, als auch die Y_i alle voneinander verschieden sind. Wenn hingegen einige X-Werte gleich sind, dann gibt man wieder „midranks" d.h. jedes Mitglied einer tie-Gruppe von X-Werten erhält als Rangzahl das arithmetische Mittel aller Rangzahlen, die auf die Gruppe entfallen würden, wenn diese Werte ein klein wenig verschieden wären. Mit ties innerhalb der Y-Stichprobe wird ebenso verfahren. Wenn dann (r_i, s_i) die Rangzahlen von X_i, Y_i sind, dann gilt wie im Fall ohne ties $\bar{r} = \bar{s} = (n+1)/2$, aber die Summen über die quadratischen Abweichungen $(r_i - \bar{r})^2$ bzw. $(s_i - \bar{s})^2$ hängen von der „tie-Struktur" ab, also davon, wieviele tie-Gruppen es gibt und wieviele Mitglieder die einzelnen Gruppen haben. Streng genommen muß man dann für R_{sp} die korrekte Formel

$$R_{sp} = \frac{\sum_{i=1}^{n}(r_i - \frac{n+1}{2})(s_i - \frac{n+1}{2})}{\sqrt{\sum_{i=1}^{n}(r_i - \frac{n+1}{2})^2}\sqrt{\sum_{i=1}^{n}(s_i - \frac{n+1}{2})^2}} \tag{3}$$

benutzen. Es zeigt sich aber immer wieder, daß man mit (2) fast denselben Wert erhält, wenn nur nicht allzuviele ties vorliegen (s. auch Siegel [29], Kap.9).

Die Testschranken sind natürlich für den Fall ohne ties berechnet. Bei richtiger Nullhypothese ist dann $W(R_{sp} = 1) = W(R_{sp} = -1) = 1/n!$, denn nur für $(s_1, s_2, \ldots, s_n) = (1, 2, \ldots, n)$ nimmt R_{sp} den Wert 1 an und nur für $(s_1, s_2, \ldots, s_n) = (n, n-1, \ldots, 2, 1)$ folgt $R_{sp} = -1$. Die übrigen möglichen

Werte von R_{sp} sind, wie aus (2) ersichtlich ist, Brüche mit dem Nenner $n^3 - n$ und die zugehörigen Wahrscheinlichkeiten sind ganzzahlige Vielfache von $1/n!$.

Die Nullhypothese, daß X und Y unabhängig sind, wird im zweiseitigen Test und bei vorgegebenem α abgelehnt, wenn das Ereignis $|R_{sp}| \geq S_\beta(n)$ eintritt, wobei S_β die zweiseitige Testschranke zur Sicherheitswahrscheinlichkeit $\beta = 1 - \alpha$ ist.

Wenn man schon vorher weiß, daß X und Y, wenn überhaupt, dann höchstens positiv korreliert sein können, dann wird man H_0 nur ablehnen, wenn $V \geq S_\beta^*(n)$ eintritt; dabei ist $S_\beta^*(n)$ die einseitige Testschranke. Da R_{sp} bei richtiger Nullhypothese eine nullsymmetrische Verteilung besitzt, gilt wie immer in solchen Fällen der Zusammenhang

$$S_\beta(n) = S_{(1+\beta)/2}^*(n) \text{ bzw. } S_{1-\alpha}^*(n) = S_{1-2\alpha}(n)$$

für einseitige und zweiseitige Testschranken.

Weiß man schon vorher, daß X und Y höchstens negativ korreliert sein können, dann lehnt man H_0 beim einseitigen Test nur dann ab, wenn $V \leq -S_\beta^*(n)$. Die Testschranken nehmen für wachsendes n monoton ab; für große n führen also schon dicht bei 0 liegende Werte von R_{sp} zur Ablehnung, während sie für kleine n dicht bei 1 bzw -1 liegen müssen, um signifikant zu sein. So genügt z.B. im einseitigen Test mit $\alpha = 0,05$ bei $n = 6$ ein Wert von $0,829$ oder größer, bei $n = 30$ genügt es schon für die Ablehnung, wenn $R_{sp} \geq 0,31$ ist.

Einige Testschranken sind am Ende dieses Abschnitts zu finden. Man kann sich schon ab $n = 12$ selbst genäherte Testschranken berechnen, die auf einer Approximation durch Normalverteilung beruhen. R_{sp} ist nämlich bei richtiger Nullhypothese nullsymmetrisch und mit der Varianz $1/(n - 1)$ verteilt. Je größer n wird, umso besser lassen sich dann für die standardisierte Variable $R_{sp}\sqrt{n - 1}$ die Wahrscheinlichkeiten $W(R_{sp}\sqrt{n - 1} \leq x)$ durch die Verteilungsfunktion $\Phi(x)$ der $N(0; 1)$-Verteilung annähern. Aus

$$\Phi(\lambda_\beta^*) = \beta \text{ folgt also } W(R_{sp}\sqrt{n - 1} \leq \lambda_\beta^*) \approx \beta.$$

Es ist somit

$$W(R_{sp} \leq \lambda_\beta^*/\sqrt{n - 1}) \approx \beta$$

Entsprechendes gilt für λ_β und daher ist für $n > 11$

$$S_\beta(n) \approx \frac{\lambda_\beta}{\sqrt{n - 1}}, \quad S_\beta^*(n) \approx \frac{\lambda_\beta^*}{\sqrt{n - 1}}. \tag{4}$$

BEISPIEL 1: Zwei Experten sollen unabhängig voneinander 10 Qualitätsweine beurteilen und dem Wein, den sie für den besten halten, die Rangzahl 1 geben, dem nächstbesseren die Rangzahl 2 usw. bis zur Rangzahl 10, die der Experte dem von ihm am schlechtesten beurteilten Wein gibt. Wenn es objektive Kriterien für die Beurteilung von Wein gibt und wenn die Experten in der Lage sind, danach zu urteilen, dann werden die Rangzahlen, die ein Wein von den beiden Experten bekommt, abhängig sein; es dürfte dann nur selten vorkommen, daß ein Wein, der vom einen Experten als ganz hervorragend beurteilt wird, vom anderen als minderwertig deklariert wird und umgekehrt. Falls es aber keine objektiven Kriterien für die Beurteilung gibt, oder wenn mindestens einer der Experten völlig unfähig ist, dann werden diese Rangzahlen unabhängig sein.

Wenn dann die 10 Weine in der Reihenfolge angeordnet werden, die der erste Experte vorgibt, in der sie also von diesem die Rangzahlen $1, 2, \ldots, 10$ erhalten, dann sind die Rangzahlen $s_1, s_2, \ldots, s_n$ die sie in dieser Reihenfolge vom zweiten Experten bekommen, eine Permutation von $(1, 2, \ldots, n)$ und wir testen die Nullhypothese H_0 : jede der $n!$ Permutationen wird mit Wahrscheinlichkeit $1/n!$ von $s_1, s_2, \ldots, s_n$ realisiert.

Wenn wir diese Nullhypothese bei der gegebenen Irrtumswahrscheinlichkeit von $\alpha = 0,95$ ablehnen können, dann nehmen wir an, daß es objektive Kriterien der Beurteilung gibt und wir werden auch keinem der beiden Experten unterstellen, daß er keine Ahnung hat. Natürlich werden wir einseitig testen und nur ablehnen, wenn $R_{sp} \geq S^*_{0,95}(10)$ ist. Nach der Tabelle am Ende dieses Abschnitts ist $S^*_{0,95}(10) = 0,564$. Angenommen, wir würden folgende Rangzahlenpaare erhalten:

Rangzahl i des 1.Experten:	1	2	3	4	5	6	7	8	9	10
Rangzahl s_i des 2.Experten:	3	2	5	1	8	4	6	9	10	7

Die Summe der Quadrate $(s_i - i)^2$ ist hier $4 + 0 + 4 + 9 + 9 + 4 + 1 + 1 + 1 + 9 = 42$ und der Wert von R_{sp} ist daher nach Formel (2) gleich $1 - 6 \cdot 42/(10^3 - 10) = 1 - 0,2545 = 0,7455$; dies ist größer als die Testschranke $0,564$ und wir lehnen daher die Nullhypothese ab.

BEISPIEL 2: Es ist zu vermuten, daß das Gewicht neugeborener Mäuse mit der Anzahl der Jungen des betreffenden Wurfs korreliert ist. Wir beobachten daher bei 10 Würfen die Anzahl der Jungen und für jeden Wurf das durchschnittliche Gewicht der Jungen, wobei wir durch möglichst genaues Wiegen bei den Gewichten die ties weitgehend vermeiden können. Dagegen läßt es sich nicht vermeiden, daß wir öfter dieselbe Anzahl der Jungen beobachten.

Wurf Nr. i	1	2	3	4	5	6	7	8	9	10
Anz. der Jungen	2	4	4	5	5	6	6	6	7	9
Rangzahlen r_i	1	2,5	2,5	4,5	4,5	7	7	7	9	10
Durchschnitt in g	1,2	1,15	1,08	1,12	1,10	1,12	1,02	1,06	1,14	1,04
Rangzahlen s_i	10	9	4	6,5	5	6,5	1	3	8	2
$s_i - r_i$	9	6,5	1,5	2	0,5	−0,5	−6	−4	−1	−8

Die Nullhypothese H_0 : „Durchschnittsgewicht und Anzahl der Jungen sind unabhängig" sei bei einer Irrtumswahrscheinlichkeit von 0,01 zu testen. Da wir nun etliche ties haben, erhalten wir den exakten Wert von R_{sp} nicht mit Formel (2), sondern mit (3). Es ist der Bravais'sche Korrelationskoeffizient für die Wertepaare (r_i, s_i). Man berechnet

$$\bar{s} = \bar{r} = \frac{n+1}{2} = 5,5, \quad \sum_{i=1}^{10}(r_i - 5,5)(s_i - 5,5) = -42,75,$$

$$\sum_{i=1}^{10}(r_i - 5,5)^2 = 79,5, \quad \sum_{i=1}^{10}(s_i - 5,5)^2 = 82.$$

Die beiden letzten Quadratsummen sind also beide etwas kleiner als die entsprechende Quadratsumme $(10^3 - 10)/12 = 82,5$, die man ohne ties hätte. Die Testgröße R_{sp} nimmt bei obigen Daten also den Wert

$$\frac{-42,5}{\sqrt{79,5}\sqrt{82}} = -0,526 \text{ an. Testschranke ist } S_{0,99}^*(10) = 0,746$$

(s. die folgende Tabelle). Man testet hier einseitig, weil man schon vorher eine negative Korrelation vermutet. Da $-0,526$ nicht kleiner ist als $-0,746$, kann man also die Nullhypothese der Unabhängigkeit nicht mit der geforderten niedrigen Irrtumswahrscheinlichkeit verwerfen, obwohl die beobachteten Daten eher für eine negative Korrelation als für Unabhängigkeit sprechen.

AUFGABE 112: 15 Äpfel der gleichen Sorte werden dem Gewicht nach sortiert und getrennt voneinander gelagert. Bei jedem wird festgestellt, nach wieviel Tagen er die erste faule Stelle aufweist. Bei einer Irrtumswahrscheinlichkeit von 0,05 soll getestet werden, ob die Haltbarkeit der Äpfel von ihrem Gewicht unabhängig ist. Wir nehmen an, daß wir folgende Daten erhalten:

Apfel Nr. i	1	2	3	4	5	6	7	8	9	10	11	12	13	14	15
X_i in g	90	95	95	105	115	120	130	130	145	145	145	160	180	180	210
Y_i (Tage)	98	104	32	64	103	77	26	101	54	77	53	95	32	80	53

Auch hier hätte man die ties bei den X_i durch genaueres Wiegen vermeiden können; man berechne R_{sp} zunächst näherungsweise mit Hilfe der Formel (2), wobei aber $s_i - r_i$ statt $s_i - i$ einzusetzen ist und die Rangzahlen r_i der Gewichte bei ties ebenso wie die Rangzahlen s_i der Haltbarkeitsdauern zu mitteln sind. Dann vergleiche man diese Näherung mit dem exakten Wert von R_{sp} nach (3). Ist der letztere signifikant bei zweiseitigem Test mit $\alpha = 0,05$? Als Schätzwert für den wahren Korrelationskoeffizienten $\rho_{X,Y}$ hätte man hier auch das Bravais'sche R verwenden können. Welchen Wert r nimmt R an?

Testschranken für R_{sp}

Die folgende Tabelle wurde mit Hilfe der bei Owen [32] tabellierten Verteilung der Summe

$$\sum_{i=1}^{n}(s_i - i)^2$$

berechnet. Diese Verteilung und die damit berechneten Testschranken gelten bei richtiger Nullhypothese exakt nur für den Fall ohne ties, aber man kann die Testschranken auch verwenden, wenn ties vorliegen. Die exakten Testschranken würden dann von Anzahl und Umfang der jeweiligen tie-Gruppen abhängen und wären in der Regel etwas kleiner. Das heißt aber, daß man eine etwas kleinere Irrtumswahrscheinlichkeit als α hat, wenn man die nachstehenden Schranken auch im Fall von ties benutzt.

Analog zu unseren sonstigen Bezeichnungen soll $S_\beta^*(n)$ die einseitige Testschranke, $S_\beta(n)$ die zweiseitige Testschranke zur Sicherheitswahrscheinlichkeit $\beta = 1 - \alpha$ bedeuten, falls n Wertepaare beobachtet werden.

n	$S_{0,95}^*(n)$	$S_{0,99}^*(n)$	$S_{0,95}(n)$	$S_{0,99}$
4	1			
5	0,900	1	1	
6	0,829	0,943	0,886	1
7	0,714	0,893	0,786	0,929
8	0,643	0,833	0,738	0,881
9	0,600	0,783	0,683	0,833
10	0,564	0,733	0,648	0,794
11	0,527	0,700	0,618	0,755

Da R_{sp} bei richtiger Nullhypothese eine nullsymmetrische Verteilung hat, kann man zweiseitige Schranken zu β auch als einseitige zu $(1 + \beta)/2$ verwenden und umgekehrt einseitige Schranken zu $\beta = 1 - \alpha$ auch als zweiseitige zur Sicherheitswahrscheinlichkeit $1 - 2\alpha$. Es gilt also stets:

$$S_{0,95}^*(n) = S_{0,90}(n), \; S_{0,99}^*(n) = S_{0,98}(n), \; S_{0,95}(n) = S_{0,975}^*(n), \; S_{0,99}(n) = S_{0,995}^*(n$$

374

Ab $n = 12$ kann man die bereits erwähnten Näherungen verwenden:

$$S_{0,95}^*(n) \approx \frac{1,64}{\sqrt{n-1}}, \; S_{0,99}^*(n) \approx \frac{2,33}{\sqrt{n-1}}, \; S_{0,95}(n) \approx \frac{1,96}{\sqrt{n-1}}, \; S_{0,99}(n) \approx \frac{2,58}{\sqrt{n-1}}.$$

Wir vergleichen die Näherungen für $n = 11$ mit den exakten Werten, die oben in der untersten Zeile der Tabelle stehen:

$$\frac{1,64}{\sqrt{10}} = 0,519, \; \frac{2,33}{\sqrt{10}} = 0,737, \; \frac{1,96}{\sqrt{10}} = 0,620, \; \frac{2,58}{\sqrt{10}} = 0,816 \; .$$

Wie man sieht, ist die Übereinstimmung bei den 95%-Schranken schon recht gut, während die 99%-Schranken noch etwas überschätzt werden. Die Übereinstimmung wird für wachsendes n rasch besser, wobei aber die 99%-Schranken gewöhnlich etwas überschätzt werden. Das hängt damit zusammen, daß ja R_{sp} nur Werte in $[-1; 1]$ annehmen kann, während die approximierende Normalverteilung $N(0; 1/(n-1))$ auch dem Bereich außerhalb dieses Intervalls stets noch eine kleine Wahrscheinlichkeit zuordnet. In der Nähe von 1 oder -1 wird die Approximation der beiden Verteilungen also nicht so gut sein, wie weiter im Innern des Intervalls.

11.10 χ^2-Tests

In 11.5 haben wir die Nullhypothese $p = p_0$ für eine unbekannte Wahrscheinlichkeit bzw. einen unbekannten Anteil mit Hilfe der Testgröße

$$V = \frac{X - np_0}{\sqrt{np_0(1 - p_0)}} \qquad \text{(vgl. (1) in 11.5)}$$

getestet. X war bei richtiger Nullhypothese binomialverteilt nach $Bi(n, p_0)$ und V ist also die zu X gehörende standardisierte Variable. Da V für große n ungefähr nach $N(0; 1)$ verteilt ist, muß V^2 dann in etwa so verteilt sein wie Y^2, falls Y der Standardnormalverteilung $N(0; 1)$ gehorcht. Für Y^2 haben wir aber schon in 9.6 (s. das Beispiel nach Satz 9.6.3) die Dichte

$$g_1(y) = \begin{cases} y^{-1/2} \cdot \dfrac{1}{\sqrt{2\pi}} e^{-y/2} & \text{für } y > 0 \\ 0 & \text{für } y \leq 0 \end{cases} \tag{1}$$

bestimmt. Durch vollständige Induktion kann man zeigen, daß eine Summe $Z_1 + Z_2 + \ldots + Z_n$ von unabhängigen Summanden Z_i, die alle wie Y^2 verteilt sind, der Dichte

$$g_n(y) = \begin{cases} \dfrac{2^{-n/2}}{\Gamma(n/2)} y^{\frac{n}{2}-1} e^{-y/2} & \text{für } y > 0 \\ 0 & \text{für } y \leq 0 \end{cases} \tag{2}$$

gehorcht. Man nennt sie die *Dichte der χ^2-Verteilung mit Freiheitsgrad* n. Dabei ist $\Gamma(n/2)$ der Wert der sog. *Gammafunktion* $\Gamma(x)$ an der Stelle $x = n/2$. Für gerades n ist $n/2$ gleich einer ganzen Zahl k und für alle $k = 1, 2, \dots$ gilt

$$\Gamma(k) = (k-1)! \; , \quad \text{dagegen ist} \; \Gamma(k+1/2) = \sqrt{\pi}\frac{1 \cdot 3 \cdot 5 \cdots (2k-1)}{2^k}.$$

Letzteres brauchen wir, wenn n ungerade ist, denn dann ist $n/2 = k + 1/2$ für ein ganzzahliges k.

Wir können $V^2 = \dfrac{(X - np_0)^2}{np_0(1 - p_0)}$ umformen zu $V^2 = \dfrac{(X - np_0)^2}{np_0} + \dfrac{(X - np_0)^2}{n(1 - p_0)}$,

denn es gilt

$$\frac{1}{np_0(1 - p_0)} = \frac{1}{np_0} + \frac{1}{n(1 - p_0)}\;.$$

$X - np_0$ ist die Abweichung der zufälligen Anzahl X von ihrem Erwartungswert np_0, den sie bei richtiger Nullhypothese besitzt. Ebenso ist $-(X - np_0) = (n - X) - n(1 - p_0)$ die Abweichung der zufälligen Anzahl $n - X$ von ihrem Erwartungswert $n - np_0 = n(1 - p_0)$. Wenn wir nämlich X als Anzahl der „Treffer" bei einem Bernoulli-Schema deuten, dann ist $n - X$ die Anzahl der „Nichttreffer" und deren Erwartungswert ist $n(1 - p_0)$, falls $p = p_0$ und die Wahrscheinlichkeit für keinen Treffer bei jedem Einzelversuch somit $1 - p_0$ ist. Wir können V^2 somit weiter umformen zu

$$V^2 = \frac{(X - np_0)^2}{np_0} + \frac{(n - X - n(1 - p_0))^2}{n(1 - p_0)}\; ; \tag{3}$$

wir dividieren in (3) also die quadratischen Abweichungen der beobachteten Anzahlen X und $n - X$ durch ihre Erwartungswerte und addieren die so entstehenden Brüche. Nach diesem Muster sind auch die Testgrößen der folgenden χ^2-Tests zu bilden. χ ist der Buchstabe „chi" aus dem griechischen Alphabet, gesprochen wie das „Chi" in „Chirurg" .

a) Test hypothetischer Wahrscheinlichkeiten

Wenn alle Elemente einer Gesamtheit ein Merkmal besitzen, das in k verschiedenen Varianten vorkommt, dann ist die Wahrscheinlichkeit, bei zufälliger Auswahl eines Elements eines mit der i-ten Variante zu erhalten, gleich der relativen Häufigkeit p_i, mit der die i-te Variante in der Gesamtheit vorkommt. Wenn etwa die vier Hauptblutgruppen A, B, AB und O in einer Bevölkerung mit den relativen Häufigkeiten 0,30, 0,10, 0,20 und 0,40 vorkommen, dann sind dies zugleich die Wahrscheinlichkeiten, bei zufälliger Auswahl einer Person eine mit Blutgruppe A bzw. B usw. zu erhalten. Wenn nun das Auftreten einer bestimmten Art von Krebs unabhängig von der Blutgruppe ist, dann kann man ein Kollektiv von n Patienten, die an dieser Art von Krebs leiden, als eine hinsichtlich der Blutgruppen zufällige Auswahl aus der Bevölkerung ansehen. Wenn dann N_1, N_2, N_3, N_4 die Anzahlen der Patienten mit den genannten Blutgruppen unter den n Patienten sind, dann wären diese im Fall der Unabhängigkeit und bei einer im Vergleich zu n recht großen Bevölkerungsanzahl binomialverteilt, und zwar N_1 nach $Bi(n; 0,30)$, N_2 nach $Bi(n; 0,10)$ usw. .

Allgemein testen wir hier die Nullhypothese, daß die k Varianten des Merkmals mit den Wahrscheinlichkeiten bzw. relativen Häufigkeiten p_i auftreten, $i = 1, 2, \ldots, k$. Dabei muß $p_1 + p_2 + \ldots + p_k = 1$ gelten, sonst wäre H_0 von vorneherein unsinnig. Wir nennen $p_1, p_2, \ldots, p_k$ die *hypothetischen Wahrscheinlichkeiten*. Sie ergeben sich oft aus Modellvorstellungen, die man mit Hilfe des Tests überprüfen will, oder sie sind relative Häufigkeiten, die in einer anderen oder in einer umfassenderen Gesamtheit gültig sind. So ergeben sich etwa aus dem Vererbungsmodell von Mendel hypothetische Vererbungswahrscheinlichkeiten, bei unseren Krebspatienten kann man sich dafür interessieren, ob bei diesen die relativen Häufigkeiten der einzelnen Blutgruppen denen in der Gesamtbevölkerung in etwa entsprechen, oder ob sie „signifikant" davon abweichen.

Seien also $N_1, N_2, \ldots, N_k$ die Anzahlen der Stichprobenelemente, bei denen das Merkmal in der 1., 2., \ldots, k. Variante auftritt. Wenn die von der Nullhypothese behaupteten Wahrscheinlichkeiten p_i zutreffen, dann gilt, wie eben am Beispiel der Blutgruppen erläutert:

$$E[N_i] = np_i, \quad i = 1, 2, \ldots, k. \tag{4}$$

Wir nennen die N_i die *tatsächlichen Besetzungszahlen* und ihre Erwartungswerte np_i die *hypothetischen Besetzungszahlen*. Letztere sind im allgemeinen nicht ganzzahlig, aber sie ergeben ebenso wie die tatsächlichen Besetzungszahlen die Summe n, da

$$\sum_{i=1}^{n} np_i = n \sum_{i=1}^{n} p_i = n = N_1 + N_2 + \ldots + N_k .$$

Aus der letzten Gleichung folgt übrigens, daß die zufälligen Variablen N_i abhängig sind.

Die Testgröße χ^2 wird nun nach dem Muster von (3) gebildet:

$$\chi^2 = \sum_{i=1}^{n} \frac{(N_i - np_i)^2}{np_i}. \tag{5}$$

Sie ist in guter Näherung nach der χ^2-Verteilung mit Freiheitsgrad $k-1$ verteilt, wenn n groß genug ist. Wie groß n sein muß, hängt auch von den hypothetischen Wahrscheinlichkeiten und damit von den hypothetischen Besetzungszahlen ab. Als Faustregel wird angegeben (vgl. etwa Pfanzagl [27]):

keine der hypothetischen Besetzungszahlen soll kleiner als 1 sein;
höchstens ein Fünftel von ihnen darf kleiner als 5 sein;
bei $k = 2$ muß $np_1 \geq 5$, $np_2 \geq 5$ und $n > 30$ gelten.

Für $k = 2$ stimmt (5) mit (3) überein, wenn wir $N_1 = X$, $N_2 = n - X$, $p_1 = p_0$ und $p_2 = 1 - p_0$ setzen.

Mit der Testgröße χ^2 ist kein einseitiger Test möglich; wenn man daher von vorneherein vermutet, daß eine der k Wahrscheinlichkeiten besonders stark von ihrem hypothetischen Wert abweichen wird, dann wird man besser den Test von 11.5 über diese eine Wahrscheinlichkeit benutzen, und diesen möglichst in der einseitigen Form. Mit χ^2 wird man testen, wenn man zwar vermutet, daß eine oder mehrere Wahrscheinlichkeiten stark von ihren hypothetischen Werten abweichen könnten, aber keine in besonderem Verdacht hat.

Offensichtlich kann χ^2 nie negativ werden; kleine positive Werte bedeuten gute Übereinstimmung der tatsächlichen Besetzungszahlen mit den hypothetischen. Zur Ablehnung der Nullhypothese können also nur Werte von χ^2 führen, die eine positive Schranke $chi_\beta(k - 1)$ übertreffen. Diese ist so zu wählen, daß sie von einer nach der χ^2-Verteilung mit Freiheitsgrad $k - 1$ verteilten zufälligen Variablen mit Wahrscheinlichkeit $\beta = 1 - \alpha$ nicht übertroffen wird, also mit Wahrscheinlichkeit α übertroffen wird. Am Ende dieses Abschnitts findet der Leser einen kleinen Tabellenauszug mit häufig benötigten Testschranken der χ^2-Verteilung.

BEISPIEL 1: Wenn ein Merkmal, das in den beiden Varianten A und a vorkommt, nach den Mendel'schen Gesetzen vererbt wird, dann sind 1/4, 1/2 und 1/4 die Wahrscheinlichkeiten dafür, daß ein Nachkomme von Eltern des hybriden Genotyps Aa den Genotyp AA bzw. Aa bzw. aa haben wird. Wenn nun unter 60 solchen Nachkommen 10 vom Typ AA, 46 vom Typ Aa und nur 4 vom Typ aa sind, kann man dann die Hypothese der Vererbung nach Mendel bei diesem Merkmal verwerfen, wenn die Irrtumswahrscheinlichkeit $\alpha = 0,01$ gewählt wurde?

Die hypothetischen Besetzungszahlen np_i sind hier $60/4 = 15$, $60/2 = 30$ und $60/4 = 15$; da alle drei größer als 5 sind, wäre die Testgröße bei richtiger Nullhypothese in guter Näherung nach der χ^2-Verteilung mit Freiheitsgrad 2 verteilt. Ihr Wert ist

$$\frac{(10-15)^2}{15} + \frac{(46-30)^2}{30} + \frac{(4-15)^2}{15} = 18,07.$$

Dies ist größer als die Schranke $chi_{0,99}(2) = 9,21$ und daher wird man das Mendel'sche Modell für dieses Merkmal verwerfen.

b) χ^2-Test für Kontingenztafeln

Wir gliedern jetzt eine Stichprobe vom Umfang n nach zwei Merkmalen A und B, die in den Varianten $A_1, A_2, \ldots, A_k$ und $B_1, B_2, \ldots, B_r$ vorkommen. Es sei

$$n_{ij} = \text{Anzahl der Stichprobenelemente mit } A_i \text{ und } B_j.$$

Diese Anzahlen n_{ij} ordnen wir in einem Matrix-Schema an, welches man auch eine *Kontingenztafel* nennt. Diese hat k Zeilen und r Spalten, daher spricht man von einer $k \cdot r$-Kontingenztafel.

Zum Beispiel wird eine $3 \cdot 4$-Tafel in der nebenstehenden Form angeschrieben. Neben die Zeilen schreibt man die

$$\text{Zeilensummen } n_{i.} = \sum_{j=1}^{r} n_{ij}$$

	B_1	B_2	B_3	B_4	
A_1	n_{11}	n_{12}	n_{13}	n_{14}	$n_{1.}$
A_2	n_{21}	n_{22}	n_{23}	n_{24}	$n_{2.}$
A_3	n_{31}	n_{32}	n_{33}	n_{34}	$n_{3.}$
	$n_{.1}$	$n_{.2}$	$n_{.3}$	$n_{.4}$	n

für $i = 1, 2, \ldots, k$ und unter die Spalten die Spaltensummen $n_{.j} = \sum_{i=1}^{k} n_{ij}$ für $j = 1, 2, \ldots, r$. Addiert man die r Spaltensummen oder die k Zeilensummen, dann erhält man in beiden Fällen die Summe n. Mit den tatsächlichen Besetzungszahlen n_{ij} ist eine empirische Verteilung der beiden Merkmale gegeben: zieht man zufällig eines der n bereits in der Stichprobe vorliegenden Elemente, dann erhält man

mit Wahrscheinlichkeit $n_{i.}/n$ eines mit A_i,
mit Wahrscheinlichkeit $n_{.j}/n$ eines mit B_j und
mit Wahrscheinlichkeit n_{ij}/n eines mit A_i und B_j.

In dieser empirischen Verteilung sind die Merkmale also genau dann unabhängig verteilt, wenn für alle i, j gilt:

$$\frac{n_{ij}}{n} = \frac{n_{i.}}{n} \cdot \frac{n_{.j}}{n} \quad \text{oder} \quad n_{ij} = \frac{n_{i.} n_{.j}}{n} \tag{6}$$

379

Getestet wird die Nullhypothese der Unabhängigkeit der beiden Merkmale; man wird den Test anwenden, wenn man eine Abhängigkeit vermutet, wie sie z.B. seit langem für die Merkmale „Haarfarbe" und „Augenfarbe" bekannt ist. Wenn nun die beiden Merkmale A und B unabhängig sind, dann werden die tatsächlichen Besetzungszahlen n_{ij} nicht allzusehr von den obigen Werten $n_{i.}n_{.j}/n$ abweichen, die sie haben müßten, wenn die Merkmale in der empirischen Verteilung unabhängig wären. Wir nennen daher diese Werte

$$\frac{n_{i.}n_{.j}}{n} = h_{ij} \text{ die } \textit{hypothetischen Besetzungszahlen} \qquad (7)$$

Die h_{ij} sind im allgemeinen nicht ganzzahlig wie die n_{ij}, aber sie bilden ebenfalls eine $k \cdot r$-Matrix mit denselben Zeilen- und Spaltensummen wie die Kontingenztafel, denn offenbar ist

$$\sum_{j=1}^{r} h_{ij} = n_{i.} \sum_{j=1}^{r} \frac{n_{.j}}{n} = n_{i.} \text{ und } \sum_{i=1}^{k} h_{ij} = n_{.j} \sum_{i=1}^{k} \frac{n_{i.}}{n} = n_{.j} .$$

Dies kann als Rechenkontrolle dafür dienen, ob die h_{ij} richtig berechnet wurden.

Die Testgröße χ^2 erhält man wieder, indem man alle quadratischen Abweichungen der tatsächlichen von den hypothetischen Besetzungszahlen durch letztere dividiert und dann die Summe bildet, also

$$\chi^2 = \sum_{i=1}^{k} \sum_{j=1}^{r} \frac{(n_{ij} - h_{ij})^2}{h_{ij}} . \qquad (8)$$

Die Summe besteht aus $k \cdot r$ Summanden; jede der $k \cdot r$ tatsächlichen Besetzungszahlen n_{ij} liefert einen Beitrag.

Diese Testgröße ist hinreichend genau nach der χ^2-Verteilung mit Freiheitsgrad $(k-1)(r-1)$ verteilt, wenn die hypothetischen Besetzungszahlen h_{ij} die in a) angegebene Faustregel erfüllen, d.h. wenn sie alle größer als 5 sind bzw. wenn höchstens der fünfte Teil dieser Werte zwischen 1 und 5 liegt, alle übrigen aber größer als 5 sind. Die Anzahl $(k-1)(r-1)$ der Freiheitsgrade wird vielleicht dadurch plausibel, wenn man bedenkt, daß die Differenzen $n_{ij} - h_{ij}$ nicht unabhängig sind, sondern die $k + r$ Gleichungen

$$\sum_{j=1}^{r}(n_{ij} - h_{ij}) = 0, \quad i = 1, 2, \ldots, k; \quad \sum_{i=1}^{k}(n_{ij} - h_{ij}) = 0, \quad j = 1, 2, \ldots, r$$

erfüllen. Da sich eine dieser Gleichungen aus den übrigen folgern läßt, ist das System dieser $k + r$ Gleichungen äquivalent einem System von nur $k + r - 1$

Gleichungen und weil $kr - (k+r-1) = (k-1)(r-1)$ ist, mag man sich mit dieser Betrachtung zufrieden geben, vor allem wenn man daran denkt, daß wir bei a) eine Testgröße aus k Summanden und den Freiheitsgrad $k-1$ hatten, wobei dort die Abweichungen $N_i - np_i$ nur eine Bedingung erfüllen, nämlich daß ihre Summe gleich 0 ist.

Man kann bei gegebenem α die Nullhypothese der Unabhängigkeit beider Merkmale also ablehnen, wenn der nach (8) berechnete Wert von χ^2 größer oder gleich der Schranke $chi_\beta((k-1)(r-1))$ mit $\beta = 1 - \alpha$ ist.

BEISPIEL 2: Bei einer Tierart kann das Fell glatt oder rauh sein und seine Farbe kann hell, dunkel oder scheckig sein. Aufgrund einer Stichprobe vom Umfang $n = 90$ soll bei einer Irrtumswahrscheinlichkeit von $0,05$ getestet werden, ob die Merkmale „Farbe"und „Fellstruktur" unabhängig sind. Es könnte sich folgende $2 \cdot 3$- Kontingenztafel ergeben:

	hell	dunkel	scheckig	
glatt	22	15	7	$44 = n_1.$
rauh	7	19	20	$46 = n_2.$
	$29 = n_{.1}$	$34 = n_{.2}$	$27 = n_{.3}$	

Die Tafel der h_{ij} ist:

	hell	dunkel	scheckig
glatt	14,18	16,62	13,20
rauh	14,82	17,38	13,80

Etwa die Hälfte der Tiere hat also ein glattes Fell, aber bei den hellfarbigen sind weit mehr als die Hälfte glatt, bei den scheckigen weit weniger als die Hälfte. Daher wird man ein signifikantes Resultat vermuten. In der Tat erhalten wir mit

$$\chi^2 = \frac{(22 - 14,18)^2}{14,18} + \frac{(15 - 16,62)^2}{16,62} + \frac{(7 - 13,20)^2}{13,20} +$$

$$+\frac{(7 - 14,82)^2}{14,82} + \frac{(19 - 17,38)^2}{17,38} + \frac{(20 - 13,80)^2}{13,80} = 14,445$$

einen Wert, der bei weitem größer ist als die zum Freiheitsgrad $(2-1)(3-1) = 2$ gehörende Testschranke $chi_{0,95}(2) = 5,99$, die wir der Tabelle am Ende dieses Abschnitts entnehmen. Die Hypothese der Unabhängigkeit von Fellfarbe und Fellstruktur gilt also als widerlegt.

Manchmal fragt man sich, ob die r Varianten eines Merkmals B in verschiedenen Gesamtheiten mit denselben relativen Häufigkeiten vorkommen. Zum

381

Beispiel kommen die vier Hauptblutgruppen A,B,AB und O bei den Eskimos mit anderen relativen Häufigkeiten vor als bei Mitteleuropäern. Man zieht dann aus jeder der k vorliegenden Gesamtheiten eine Stichprobe und bezeichnet mit n_{ij} die Anzahl der Elemente der i-ten Stichprobe, bei denen das Merkmal B als Variante B_j auftritt. Diese Anzahlen n_{ij} bilden wieder eine Kontingenztafel, bei der nun aber die Zeilensummen $n_{i.}$, $i = 1, 2, \ldots, k$, die Stichprobenumfänge sind; sie sind also nicht wie bei den bisherigen Beispielen zufallsabhängig, sondern können vorher gewählt werden. Dieser Unterschied spielt aber für den Test keine Rolle; die hypothetischen Besetzungszahlen h_{ij} werden wie zuvor aus den Zeilen- und Spaltensummen berechnet und wir verwenden auch wieder dieselbe χ^2-Testgröße, die bei richtiger Nullhypothese und wenn die Faustregel erfüllt ist, wieder in guter Näherung der χ^2-Verteilung mit Freiheitsgrad $(k-1)(r-1)$ gehorcht. Getestet wird nun die Nullhypothese

H_0 : die Wahrscheinlichkeiten $W(B_1), W(B_2), \ldots, W(B_r)$, mit denen die Varianten B_j, $j = 1, 2, \ldots, r$ des Merkmals B auftreten, sind in den k Gesamtheiten dieselben.

Das soll nicht heißen, daß H_0 die Gleichheit von $W(B_1), W(B_2), \ldots, W(B_r)$ behauptet, sondern daß in jeder der k Gesamtheiten dieselben Wahrscheinlichkeiten $W(B_1), W(B_2), \ldots, W(B_r)$ gelten.

BEISPIEL 3: In einem Geröllfeld kommen 6 Gesteinstypen $G_1, G_2, \ldots, G_6$ vor und von jedem dieser Typen gibt es Steine, auf denen Flechten gedeihen. Letztere gehören sämtlich zu einer von drei Arten, die wir mit I, II und III bezeichnen. Man sucht nun von jedem Gesteinstyp 60 Steine mit Flechten und teilt sie in folgende Kategorien ein: auf B_1 kommt nur die Art I vor, auf B_2 nur II, auf B_3 nur III; auf B_4 kommen I und II, auf B_5 kommen I und III, auf B_6 kommen II und III gemeinsam vor, auf B_7 alle drei Arten. Wenn alle drei Arten auf jedem der sechs Gesteinstypen gleich gut gedeihen, dann müßte auch die Nullhypothese richtig sein, wonach die Wahrscheinlichkeiten für die sieben Bewuchskategorien bei jedem Gesteinstyp dieselben sind, sofern der Stein überhaupt Flechten trägt. Diese Nullhypothese soll bei einer Irrtumswahrscheinlichkeit von $\alpha = 0,01$ getestet werden.

Zunächst möge sich folgende Kontingenztafel ergeben:

| | B_1 | B_2 | B_3 | B_4 | B_5 | B_6 | B_7 | |
	I	II	III	I/II	I/III	II/III	$I/II/III$	Zeilens.
G_1	13	17	0	24	3	2	1	60
G_2	5	28	7	11	0	5	4	60
G_3	21	19	9	10	1	0	0	60
G_4	15	23	3	12	2	3	2	60
G_5	9	34	4	6	0	5	2	60
G_6	14	12	8	15	2	4	5	60
Spaltens.	77	133	31	78	8	19	14	$360 = n$

Die letzten drei Spaltensummen sind so klein, daß alle hypothetischen Besetzungszahlen in den drei letzten Spalten kleiner als 5 werden. Da also die Faustregel verletzt ist, eignet sich diese Kontingenztafel nicht für den χ^2-Test. Es liegt aber nahe, die Spalte B_5 zur Spalte B_1 zu addieren, Spalte B_6 zu B_2 und Spalte B_7 zu B_4. Damit geben wir die seltener vorkommende Art III als Kriterium auf, wenn sie zusammen mit anderen Arten vorkommt, nicht aber, wenn sie alleine auftritt. Die neue Kontingenztafel ist dann die folgende $6 \cdot 4$-Felder-Tafel:

| | B_1 | B_2 | B_3 | B_4 | |
	$Iu.I/III$	$IIu.II/III$	III	$I/IIu.I/II/III$	$Zeilens.$
G_1	16	19	0	25	60
G_2	5	33	7	15	60
G_3	22	19	9	10	60
G_4	17	26	3	14	60
G_5	9	39	4	8	60
G_6	16	16	8	20	60
$Spaltens.$	85	152	31	92	$360 = n$

Nun sind alle h_{ij} größer als 5 und daher können wir die Kontingenztafel für den χ^2-Test heranziehen. Da alle Zeilensummen gleich 60 sind, folgt $h_{ij} = 60 \cdot n_{.j}/360 = n_{.j}/6$ für alle $i = 1, 2, \ldots, 6$, d.h. jede Spalte der Tafel der h_{ij} besteht aus sechs gleichen Werten. In der 1.Spalte haben wir $85/6 = 14,167$, in der zweiten Spalte $152/6 = 25,333$, in der dritten $31/6 = 5,167$ und in der vierten Spalte $92/6 = 15,333$.
Die Testgröße hat hier den Wert

$$\chi^2 = \frac{(16 - 14,167)^2}{14,167} + \frac{(19 - 25,333)^2}{25,333} + \ldots + \frac{(20 - 15,333)^2}{15,333} =$$

$$= 0,237 + 1,583 + \ldots + 1,421 = 53,89.$$

383

Da wir eine $6 \cdot 4$-Felder-Tafel haben, muß dies verglichen werden mit der Schranke $chi^2_{0,99}$ zum Freiheitsgrad $(6-1)(4-1) = 15$, die wir der Tabelle am Ende dieses Abschnitts zu $30,58$ entnehmen. Mit großer Sicherheit können wir also einen Zusammenhang zwischen Gesteinstyp und darauf vorkommenden Flechten behaupten. Ob und wie sich dieser Zusammenhang kausal deuten läßt, kann mit statistischen Methoden allein nicht entschieden werden. Man wird natürlich zunächst die chemische Zusammensetzung, aber auch die Oberflächenstrukturen der Steine dafür verantwortlich machen können, daß sich ihr Flechtenbewuchs, sofern überhaupt vorhanden, signifikant voneinander unterscheidet. Es wären aber auch andere Ursachen denkbar, z.B. mikroklimatische Unterschiede innerhalb des untersuchten Geländes, wobei es auch sein könnte, daß eine der Gesteinsarten dort gar nicht zu finden ist, wo eine der Flechtenarten besonders gut gedeiht. Auf ähnliche Überlegungen werden wir auch beim nächsten Beispiel kommen.

Spezialfall $k = r = 2$: die Vierfelder-Tafel

Wenn zwei Merkmale A und B nur in jeweils zwei Varianten A_1, A_2 bzw. B_1, B_2 auftreten, oder wenn zwei unabhängige Stichproben aus zwei Gesamtheiten A_1, A_2 nach den Varianten B_1, B_2 eines Merkmals zerlegt werden, erhalten wir als Kontingenztafel die

$$\textit{Vierfeldertafel:} \quad \begin{array}{c|cc|c} & B_1 & B_2 & \\ \hline A_1 & n_{11} & n_{12} & n_{1.} \\ A_2 & n_{21} & n_{22} & n_{2.} \\ \hline & n_{.1} & n_{.2} & n \end{array}$$

Entweder will man also testen, ob in einer Gesamtheit die beiden Varianten des einen Merkmals unabhängig von den beiden Varianten des anderen Merkmals auftreten, oder man testet, ob die Wahrscheinlichkeiten für die beiden Varianten des Merkmals B in den beiden Gesamtheiten A_1 und A_2 dieselben sind. Im ersteren Fall nennt man den Test den χ^2-*Test auf Unabhängigkeit zweier Merkmalsklassen,* im letzteren Fall nennt man ihn χ^2-*Test auf Gleichheit von Wahrscheinlichkeiten.* Diese Bezeichnungen verwendet man auch bei größeren Kontingenztafeln; unser Beispiel 2 war ein Test auf Unabhängigkeit der Merkmalsklassen „Fellfarbe"und „Fellstruktur" Beispiel 3 ein Test auf Gleichheit von Wahrscheinlichkeiten. Die Testgröße der Vierfelder-Tafel ist

$$\chi^2 = \sum_{i=1}^{2} \sum_{j=1}^{2} (n_{ij} - h_{ij})^2 / h_{ij} \text{ mit } h_{ij} = n_{i.}n_{.j}/n.$$

Sie läßt sich umformen und vereinfachen zu

$$\chi^2 = \frac{n(n_{11}n_{22} - n_{12}n_{21})^2}{n_{1.}n_{2.}n_{.1}n_{.2}} \tag{9}$$

Im Zähler dieser Formel steht also das mit n multiplizierte Quadrat der Determinante der $2 \cdot 2$-Matrix, die von den vier tatsächlichen Besetzungszahlen $n_{ij}, i = 1, 2, j = 1, 2$ gebildet wird. Im Nenner steht das Produkt aus den beiden Spaltensummen und den beiden Zeilensummen. Als Voraussetzung dafür, daß χ^2 bei richtiger Nullhypothese in guter Näherung nach der χ^2-Verteilung mit Freiheitsgrad $(2 - 1)(2 - 1) = 1$ verteilt ist, fordert man nun nicht nur, daß alle h_{ij} größer als 5 sind, sondern auch, daß $n > 30$ gilt. Wenn diese Faustregeln nur knapp erfüllt sind, sollte man statt (9) besser die mit der sog. Kontinuitätskorrektur nach Yates etwas verkleinerte Testgröße

$$\chi_Y^2 = \frac{n(|n_{11}n_{22} - n_{12}n_{21}| - n/2)^2}{n_{1.}n_{2.}n_{.1}n_{.2}} \tag{10}$$

verwenden. Wenn dieses χ_Y^2 die Testschranke übertrifft, dann gilt dies erst recht von der Testgröße (9) und die tatsächliche Irrtumswahrscheinlichkeit ist bei Verwendung von χ_Y^2 in der Regel kleiner als das vorgeschriebene α. Die Nullhypothese ist abzulehnen, falls der Wert von χ_Y^2 bzw. χ^2 größer oder gleich der Testschranke $chi_\beta(1)$ ausfällt. Der Tabelle entnehmen wir $chi_{0,95}(1) = 3,84$, $chi_{0,99}(1) = 6,635$.

BEISPIEL 4: Von 170 erstmals trächtigen Kühen, die alle derselben Rasse angehören, wurden 90 auf der Weide und 80 im Stall gehalten. Bei der Geburt der Kälber gab es in 22 Fällen Komplikationen, wovon aber nur 7 Fälle Kühe von der Weide betrafen. Kann man deshalb die Hypothese, daß die Wahrscheinlichkeit für solche Komplikationen bei Weidekühen dieselbe wie bei Stallkühen ist, bei einer Irrtumswahrscheinlichkeit von $\alpha = 0,05$ ablehnen?

Aus der Vierfelder-Tafel

	mit K.	ohne K.	
Weide	7	83	$n_{1.} = 90$
Stall	15	65	$n_{2.} = 80$
	$n_{.1} = 22$	$n_{.2} = 148$	$n = 170$

erhalten wir für die Testgröße den Wert

$$\chi^2 = \frac{170(7 \cdot 65 - 83 \cdot 15)^2}{90 \cdot 80 \cdot 22 \cdot 148} = 4,526$$

und dies ist größer als die Testschranke $chi_{0,95}(1) = 3,84$; ehe man dies aber als Nachweis für die Überlegenheit der Weidehaltung deutet, muß man sich zunächst fragen, ob die 90 Kühe von der Weide und die 80 Kühe im Stall als zwei unabhängige Stichproben angesehen werden können; das wäre z.B. nicht der Fall, wenn es im Stall zu einer ansteckenden Infektion gekommen ist, welche Komplikationen beim Kalben verursachen kann. Dann könnte es nämlich sein, daß sich mehrere Komplikationen wechselseitig bedingen und die Unabhängigkeit innerhalb der einen Stichprobe wäre nicht gewährleistet. Es könnte auch sein, daß der Bauer nur die robusteren Jungrinder auf die Weide getrieben, die schwächeren aber im Stall gelassen hat. Auch dann wäre unser Testergebnis natürlich kein Nachweis für die Überlegenheit der Weidehaltung. Wenn allerdings die beiden Gruppen zufällig ausgewählt wurden und eine wechselseitige Abhängigkeit in beiden Stichproben ausgeschlossen werden kann, dann darf man sagen, daß die Überlegenheit der Weidehaltung bei einer Irrtumswahrscheinlichkeit von $0,05$ gesichert ist. Aber auch dann ist noch nicht bewiesen, daß der Bewegungsmangel im Stall die alleinige Ursache ist. Es wären auch andere Ursachen denkbar, z.B. Lichtmangel, andere Fütterung im Stall etc..

Ein gerne zitiertes Beispiel, welches davor warnen soll, nachweisbare statistische Zusammenhänge kritiklos als Kausalzusammenhänge zu deuten, ist das von den Störchen: wo viele Störche sind, bleiben signifikant weniger Ehen kinderlos als dort, wo keine Störche mehr sind. Natürlich wird dies niemand als Beweis für das Märchen vom Klapperstorch mißdeuten, sondern man wird die ländliche Struktur der Gegenden mit Störchen als Ursache sowohl für das Vorhandensein der Störche, als auch für weniger kinderlose Ehen ansehen.
Wie bei diesem Beispiel kommt es oft vor, daß ein Zusammenhang zwischen zwei Merkmalen nicht durch eine Kausalität zwischen diesen beiden Merkmalen bedingt ist, sondern durch ein drittes Merkmal (oben die ländliche Struktur), welches sich fördernd oder hemmend auf die beiden ersteren Merkmale auswirkt.
Ein weiteres Beispiel dafür ist der schon mehrfach nachgewiesene Zusammenhang zwischen der Intelligenz von Kindern und dem Alter der Mütter bei deren Geburt: von älteren Müttern geborene Kinder sind im Durchschnitt intelligenter, wobei allerdings genetisch geschädigte Kinder außer Betracht bleiben. Auch hier darf man nicht vorschnell schließen, daß sich auf geheimnisvolle Weise erworbene Intelligenz vererbt. Eine einfachere Erklärung wäre es jedenfalls, wenn man als „drittes Merkmal" die Intelligenz der Mütter ansehen würde, welche einerseits längere Berufsausbildung, spätere Heirat und Familienplanung zur Folge hat, andererseits intelligentere Ehepartner und durch normale Vererbung im Durchschnitt auch intelligentere Kinder.

Bemerkung: Merkmale, die nur in zwei Varianten auftreten, wie z.B. das Geschlecht, codiert man häufig durch sogenannte *binäre Variable;* das sind solche, die nur die beiden Werte 0 und 1 annehmen. Wendet man auf zwei binäre Variable X und Y den Spearman'schen Rangkorrelationskoeffizienten R_{sp} an, dann erweist sich dieser als äquivalent mit der Testgröße χ^2 der Vierfeldertafel. Wenn nämlich n Paare (X_i, Y_i) beobachtet werden und man erhält a-mal $(0,0)$, b-mal $(0,1)$, c-mal $(1,0)$ und d-mal $(1,1)$, dann kann man dieses Resultat auch als Vierfelder-Tafel darstellen:

Da wir bei den X-Werten nun $(a + b)$-mal die 0 und $(c + d)$-mal 1 haben, erhalten wir in dieser extremen tie-Situation als Rangzahlen r_i nur $(a + b + 1)/2$ und $a + b + (c + d + 1)/2$.

	$Y = 0$	$Y = 1$
$X = 0$	a	b
$X = 1$	c	d

Entsprechend erteilt man den $a + c$ Nullen bei den Y-Werten die Rangzahl $(a + c + 1)/2$, den $b + d$ Einsen aber $a + c + (b + d)/2$. Als Rangzahlenpaare (r_i, s_i) hat man also

$$a\text{-mal } \left(\frac{a+b+1}{2} ; \frac{a+c+1}{2}\right), \quad b\text{-mal } \left(\frac{a+b+1}{2} ; a+c+\frac{b+d+1}{2}\right),$$

$$c\text{-mal } \left(a+b+\frac{c+d+1}{2} ; \frac{a+c+1}{2}\right), \quad d\text{-mal } \left(a+b+\frac{c+d+1}{2} ; a+c+\frac{b+d+1}{2}\right).$$

In den Zähler von R_{sp} kommt also (wobei wir $a + b + c + d$ für n einsetzen)

$$\sum_{i=1}^{n}(r_i - \frac{n+1}{2})(s_i - \frac{n+1}{2}) = a(-\frac{c+d}{2})(-\frac{b+d}{2}) + b(-\frac{c+d}{2})(\frac{a+c}{2}) +$$

$$+c(\frac{a+b}{2})(-\frac{b+d}{2}) + d(\frac{a+b}{2})(\frac{a+c}{2}), \text{ was man vereinfachen kann zu}$$

$$(a+b+c+d)\frac{ad-bc}{4} = \frac{n}{4}(ad-bc).$$

Da $r_i - (n+1)/2$ hier entweder $-(c + d)/2$ oder $(a + b)/2$ ist (s. oben), steht im Nenner von R_{sp} die Wurzel aus

$$\sum_{i=1}^{n}(r_i - \frac{n+1}{2})^2 = (a+b)(c+d)^2/4 + (c+d)(a+b)^2/4 =$$

$$= \frac{1}{4}(a+b)(c+d)(c+d+a+b) = \frac{n}{4}(a+b)(c+d).$$

Die Summe über die $(s_i - (n + 1)/2)^2$ ergibt ganz analog $\frac{n}{4}(a + c)(b + d)$ und damit folgt:

für binäre Variable ist
$$R_{sp} = \frac{ad - bc}{\sqrt{(a+b)(c+d)(a+c)(b+d)}} \qquad (11)$$

Wenn wir nun die in der Vierfeldertafel stehenden Zahlen a, b, c, d wieder mit $n_{11}, n_{12}, n_{21}, n_{22}$ bezeichnen, dann sind $(a + b)$ und $(c + d)$ die Zeilensummen und $(a + c)$, $(b + d)$ die Spaltensummen. Der Vergleich von (11) mit (9) zeigt, daß

$$\text{für binäre Variable gilt: } R_{sp} = \pm\sqrt{\chi^2/n}. \tag{12}$$

Bei gegebenem n wird χ^2 maximal, wenn $c = b = 0$, also $a + d = n$ gilt, oder wenn $a = d = 0$, also $b + c = n$ gilt. In beiden Fällen erhält man $\chi^2 = n$ und somit $R_{sp} = \pm 1$. Auf einen ähnlichen Zusammenhang, der bei dieser extremen tie-Struktur zwischen einer sog. tie-korrigierten Form des Tests mit dem Spearman'schen Rangkorrelationskoeffizienten und der χ^2-Größe der Vierfeldertafel gilt, hat Basler [21] hingewiesen.

Wenn die vier hypothetischen Besetzungszahlen h_{ij} der Vierfeldertafel nicht alle größer als 5 sind oder wenn n nicht größer als 30 ist, dann kann man den χ^2-Test nicht anwenden, weil die Verteilung der Testgröße nicht gut genug durch die χ^2-Verteilung mit Freiheitsgrad 1 approximiert wird. Man wendet dann den sogenannten *exakten Test von Fisher* an, den wir im letzten Abschnitt kurz behandeln werden.

AUFGABE 113: 500 Samenkörner wurden zufällig in fünf Gruppen zu je 100 aufgeteilt. Gruppe I blieb unbehandelt, die Gruppen II bis V wurden nach vier verschiedenen Methoden präpariert. Die Körner keimten entweder normal, oder der erste Trieb kam beschädigt ans Tageslicht, oder sie keimten gar nicht.

Kann die Nullhypothese, nach der alle fünf Methoden gleichwertig für Keimung und Entwicklung der Sämlinge sind, aufgrund der nebenstehenden Kontingenztafel abgelehnt werden, wenn eine Irrtumswahrscheinlichkeit von $\alpha = 0,01$ gefordert ist?

	normal	besch.	ohneKeim
I	47	43	10
II	64	22	14
III	67	15	18
IV	44	49	7
V	62	17	21

AUFGABE 114: Von 67 Störchen, die gemeinsam über Gibraltar nach Afrika flogen, kamen nur 43 zurück. Von 91 Störchen, die im selben Herbst gemeinsam über die Türkei flogen, kamen 82 zurück. Kann man aufgrund dieser Daten einen χ^2-Test mit einer Vierfelder-Tafel in der Absicht machen, eine unterschiedliche Sicherheit der beiden Routen nachzuweisen?

AUFGABE 115: Ein Fischer hat an einem Fanggrund 132 Schollen gefangen, von denen 23 Stück Mißbildungen aufweisen. Von einem zweiten Fanggrund hat er 168 Schollen mitgebracht und von diesen haben nur 19 Stück solche

Mißbildungen. Testen Sie bei $\alpha = 0,01$ die Hypothese, daß sich die Schollen in den beiden Fanggründen nicht hinsichtlich der relativen Häufigkeit von Mißbildungen unterscheiden!

AUFGABE 116: Zum Bezirk eines Briefträgers gehören 74 Hundehalter, von denen jeder nur einen Hund hat. Darunter sind 41 Rüden und 33 Hündinnen. Insgesamt sind 42 Hunde aggressiv gegen den Briefträger und darunter sind 28 Rüden und 14 Hündinnen. Kann man mit einer Irrtumswahrscheinlichkeit von höchstens $0,05$ behaupten, daß die Aggressivität von Hunden gegen diesen Briefträger vom Geschlecht der Hunde abhängig ist ?

Einige Testschranken der χ^2-Verteilung

Eine ausführliche Tabelle der χ^2-Schranken findet man z.B. bei Wetzel [33]

Freih.grad s	$chi_{0,95}(s)$	$chi_{0,99}(s)$	Freih.grad s	$chi_{0,95}(s)$	$chi_{0,99}(s)$
1	3,84	6,63	12	21,03	26,22
2	5,99	9,21	14	23,68	29,14
3	7,81	11,35	15	25,00	30,58
4	9,49	13,28	16	26,30	32,00
5	11,07	15,08	18	28,87	34,81
6	12,59	16,81	20	31,41	37,57
7	14,06	18,47	21	32,67	38,93
8	15,51	20,09	24	36,42	42,98
9	16,92	21,67	25	37,65	44,31
10	18,31	23,21	30	43,77	50,89

11.11 Der exakte Test von Fisher

Wenn die hypothetischen Besetzungszahlen h_{ij} einer Vierfeldertafel nicht alle größer als 5 sind und somit die Faustregel für die Anwendbarkeit des χ^2-Tests verletzt ist, wendet man den von R.A. Fisher stammenden Test für die Vierfeldertafel an. Er heißt „exakter Test", weil die Verteilung seiner Testgröße im Fall der Nullhypothese genau bekannt ist und nicht approximiert wird. Es handelt sich dabei um eine hypergeometrische Verteilung, also um den ersten Verteilungstyp, den wir kennengelernt haben (vgl. Satz 9.2.2). Der Test soll hier nur an einem Beispiel erklärt werden; eine ausführliche Behandlung und einige neuere Ergebnisse findet man bei Basler [19].

BEISPIEL 1: Maiskörner sind süß oder stärkehaltig und letzteres ist dominant. Ihre Keimblätter sind weiß oder grün und grün ist dominant. Eine

Stichprobe von 44 Nachkommen hybrider Pflanzen, die also vom Genotyp (Ss, Gg) sind, wenn wir $S =$ stärkehaltig, $s =$ süß und $G =$ grün, $g =$ weiß setzen, soll sich nach der folgenden Vierfelder- Tafel aufgliedern:

	s	S	
g	1	9	$n_{1.} = 10$
G	11	23	$n_{2.} = 34$
	$n_{.1} = 12$	$n_{.2} = 32$	$n = 44$

Tafel der h_{ij} :

	s	S
g	2,73	7,27
G	9,27	24,73

Es soll getestet werden, ob sich Zuckergehalt und Keimblattfarbe unabhängig voneinander vererben. Den χ^2-Test können wir nicht verwenden, da eine der hypothetischen Besetzungszahlen kleiner als 5 ist.

Wir nehmen es als gegeben hin, daß wir die beobachteten Zeilensummen und Spaltensummen haben. Wir hätten sie auch mit anderen tatsächlichen Besetzungszahlen n_{ij} erhalten können, aber wir sehen sofort, daß dann eine dieser vier Zahlen die anderen drei bestimmt. Hätten wir z.B. $n_{11} = 0$ statt $n_{11} = 1$ beobachtet, dann müßte

$$n_{12} = 10, \; n_{21} = 12, \; n_{22} = 22$$

gelten, wenn die obigen Zeilen- und Spaltensummen erhalten bleiben sollen. Wir wählen daher n_{11} (oder eine der drei anderen tatsächlichen Besetzungszahlen) als Testgröße und überlegen uns ihre Verteilung für den Fall, daß die Nullhypothese richtig ist. Diese behauptet die Unabhängigkeit der beiden Merkmale. Sind diese aber unabhängig, dann müssen die 10 Nachkommen mit weißen Keimblättern eine bezüglich des Zuckergehalts der Körner rein zufällige Auswahl sein, also zufällig aus 12 Nachkommen mit süßen Körnern und 32 Nachkommen mit stärkehaltigen Körnern entnommen sein.
Dann ist aber die Wahrscheinlichkeit $W(n_{11} = k)$ für $k = 0, 1, \ldots, 10$ gleich der Wahrscheinlichkeit dafür, daß man bei zufälligem Ziehen (ohne Zurücklegen) von 10 Kugeln aus einer Urne mit 12 weißen und 32 schwarzen Kugeln genau k weiße erhält. Dies sind also (vgl.(2) in 9.2) die hypergeometrischen Wahrscheinlichkeiten

$$W(n_{11} = k) = \frac{\binom{12}{k}\binom{32}{10-k}}{\binom{44}{10}}, \; k = 0, 1, \ldots, 10.$$

Der Erwartungswert dieser Verteilung ist übrigens gerade die hypothetische Besetzungszahl $h_{11} = 10 \cdot (12/44) = 2,73 = n_{1.}n_{.1}/n$. Im Gegensatz zum

χ^2-Test ist es hier möglich, auch einseitig zu testen. Die hypergeometrischen Wahrscheinlichkeiten sind wie folgt:

k	0	1	2	3	4	5	6
$W(n_{11} = k)$	0,0260	0,1357	0,2798	0,2984	0,1808	0,0643	0,0134

k	7	8	9	10
$W(n_{11} = k)$	0,00158	0,000099	$2,8 \cdot 10^{-6}$	$2,7 \cdot 10^{-8}$

Als kritische Region für einen einseitigen Test können wir also entweder nur den Wert 0, oder die Werte $\{6, 7, 8, 9, 10\}$ verwenden, bei zweiseitigem Test ist die kritische Region $\{0, 6, 7, 8, 9, 10\}$. In keiner dieser kritischen Regionen liegt der beobachtete Wert 1, denn dieser hat allein schon eine größere Wahrscheinlichkeit als $\alpha = 0,05$. Daher kann die Hypothese der unabhängigen Vererbung der beiden Merkmale aufgrund unserer Beobachtungen nicht abgelehnt werden. Aufgrund einer größeren Stichprobe konnte man diese Hypothese jedoch ablehnen (vgl. v.d.Waerden [30],S.184).

AUFGABE 117: Manche Baumarten, wie etwa der Speierling, lassen sich nur schwer durch Samen vermehren. Von 17 Sämlingen kamen 9 in normale Wald erde und 8 in ein spezielles Substrat. Von ersteren überlebte keiner die nächsten drei Jahre, von letzteren überlebten immerhin vier Stück. Reicht dieses Ergebnis aus, um bei einer Irrtumswahrscheinlichkeit von 0,05 die Überlegenheit des Substrats nachzuweisen?

Anhang

Einige PASCAL-Programme

Alle Übungsaufgaben in diesem Buch sind so gehalten, daß man sie auch mit Hilfe eines Taschenrechners mit wenig Zeitaufwand lösen kann. Schneller geht es natürlich mit einem Tischrechner, wenn man die entsprechenden Programme zur Verfügung hat. Den Lesern, die schon ein wenig Erfahrung mit Rechenprogrammen haben, stelle ich im folgenden einige PASCAL-Programme zur Verfügung. Sie sind nicht auf dem modernsten Stand, aber sie sind gut durchschaubar und können denjenigen, die etwa gerade PASCAL lernen, als Programmierbeispiele dienen. Die Programme sind alle in turbo 3.0 erprobt, müßten aber auch in neueren PASCAL-Versionen laufen. Wenn man die Ergebnisse nicht nur am Bildschirm, sondern auch ausgedruckt haben möchte, ergänze man den writeln(-Befehl nach der Klammer durch den Schreibbefehl lst, .

MEANVAR

Dieses Programm berechnet für n Zahlen $x_1, x_2, \ldots, x_n$ das arithmetische Mittel $\bar{x}$ (unter der Bezeichnung „mean"), die empirische Varianz (emp.var) und die empirische Streuung (sigma), ferner unter der Bezeichnung SEM (standard error of the mean) als Schätzung für die Streuung des Stichprobenmittels den durch $\sqrt{n}$ dividierten Wert der empirischen Streuung.

```
program meanvar;
var n,i,j:integer; x,m,s2,s,t,u:real;
begin readln(n);readln(x); t:=x; u:=x*x; i:=1;
while i<n do begin
readln(x); t:=t+x;u:=u+x*x; i:=i+1; end;
m:=t/n; s2:= (u-n*m*m)/(n-1); s:=sqrt(s2);
writeln('mean=',m:1:4); writeln('emp.var=', s2:1:4);
writeln('sigma=',s:1:4); s:= s/sqrt(n);
writeln('SEM=',s:1:4); end.
(* Eingabe: n in 1.Zeile, darunter dann jedes xi
in eigene Zeile!*)
```

Außer dem Wert r des empirischen Korrelationskoeffizienten R nach Bravais für n Wertepaare (x_i, y_i) werden auch die Werte von $\bar{X}, \bar{Y}$ und S_x, S_y angegeben. Das Programm verwendet die Bezeichnungen „meanx" für $\bar{x}$, „meany"für $\bar{y}$ und „emp sigma x" bzw. „emp sigma y" für s_x bzw. s_y.

```
program bravais;
var  n,i,j,k: integer; r,s,x,y,t,s2,t2,u,z: real;

begin readln (n) ; readln (x,y); s:=x; t:= y;
s2:=x*x; t2:= y*y;  u:= x*y  ;i:=1;
while i<n do begin readln (x,y); s:=s+x; t:=t+y;
s2:= s2+ x*x ; t2 := t2+ y*y ; u:= u+ x*y ; i:=i+1;
end;
s:=s/n ; t:= t/n;  s2:= s2 - n*s*s ; t2:= t2- n*t*t;
s2:= sqrt(s2) ; t2:=sqrt( t2) ; u:= u - n*s*t ;
r:= u/(s2*t2); s2:= s2/sqrt(n-1) ; t2:= t2/sqrt(n-1);
writeln( ' r = ' ,   r: 2:4 );
writeln( ' meanx = ',  s: 2:4 ) ;
writeln( ' meany = ',  t: 2:4 );
writeln(' empsigma x =', s2 : 2:4 );
writeln(' empsigma y = ', t2 : 2:4); end.
(* EINGABE : n in Zeile 1, dann jedes Paar xi yi
in eine Zeile *)
```

WILCOXON

Damit kann man für zwei Stichprobenresultate $x_1, x_2, \ldots, x_m$ und $y_1, y_2, \ldots, y_n$ mit $2 \leq n \leq m \leq 100$ den Wert der Testgröße $V = R_y - n(n + m + 1)/2$ des Zweistichprobentests von Wilcoxon berechnen. Ferner gibt das Programm auch die Werte der Größen U_x und U_y für den Fall an, daß man den äquivalenten U-Test anwenden möchte. Es dürfen ties vorkommen; sie erhalten gemittelte Rangzahlen.

Eingabe der Daten: In 1.Zeile m n (wobei $m \geq n$), dann n Zeilen mit x_i y_i , dann die restlichen x-Werte untereinander.

```
program wilcoxon; (* Zweistichprobentest mit m>=n *)
var n,m,i,j:integer; v,x,y,u,u2,e:real;
a:array[1..100]of real; b:array[1..100]of real;
begin readln(m,n); i:=1;
while i<=n do
begin readln(x,y); a[i]:=x;b[i]:=y; i:=i+1; end;
while i<=m do
begin readln(x); a[i]:=x; i:=i+1; end;
u:=0; i:=0; e:=exp(-10);
while i<m do begin i:=i+1; j:=1; while j<=n do
begin if a[i]<b[j] then u:=u+1;
if abs(a[i]-b[j])<e then u:=u+0.5;j:=j+1; end;
end;
u2:=m*n-u; v:=u-m*n/2;
writeln('Uy = ', u:5:5);
writeln('Ux = ', u2:5:5);
writeln('Testgröße V des Wilcoxon-Tests = ', v:5:5);
(* ties werden berücksichtigt durch midranks;
V ist Ry -n(n+m+1)/2 ; es muß m>=n gelten! *)
end.
```

VRTEST (der Vorzeichen-Rangtest)

Dieses Programm ordnet zunächst die Beträge der Differenzen $D_i = Y_i - X_i$ und gibt ihre Rangzahlen am Bildschirm an. Nulldifferenzen fallen weg, das neue n wird angegeben. Das Programm berechnet auch die genäherten zweiseitigen Testschranken zu $\alpha = 0,05$ und $\alpha = 0,01$. Diese sind aber zu ungenau, wenn n kleiner als 20 ist!

```
   program vrtest;
var n,i,j,k:integer; s,t,u,x,y,e: real;
b:array[1..100]of real; r:array[1..100]of real;
d:array[1..100]of integer;
label bam,tam,wam,sam,ram,zam;
begin readln(n); i:=1; j:=0;e:=exp(-15);
bam: readln(x,y); if abs(x-y)<e then
begin i:=i+1;goto bam;end;
j:=j+1;b[j]:=abs(y-x); d[j]:=1;if x>y then d[j]:= -1;
i:=i+1; if i<=n then goto bam; writeln('neues n =',j);
i:=1; tam: while i<j do begin if b[i+1]<b[i] then begin
s:=b[i]; b[i]:=b[i+1]; b[i+1]:=s; k:= d[i];d[i]:=d[i+1];
d[i+1]:=k;end;i:=i+1;end;
i:=1; while i<j do begin if b[i+1]<b[i] then
goto tam; i:=i+1; end;
i:=1; while i<=j do begin
writeln(b[i]:5:5, '  vorz =' ,d[i]);i:=i+1;end;
i:=1; sam: r[i]:=i;k:=0;wam:i:=i+1;if i>j then goto
zam; if b[i-1]>b[i]-e then begin k:=k+1;
goto wam; end;zam:i:=i-k-1;t:=i;
while i<=t+k do begin r[i]:=t+k/2;i:=i+1;end;
if i>j then goto ram; goto sam;
ram: writeln('Beträge mit Rangz.');writeln;
i:=1;while i<=j do begin
write(b[i]:5:5,' Rang:',r[i]:3:1,'   ');i:=i+1;end;
s:=0;i:=1;while i<=j do
begin s:=s+r[i]*d[i];i:=i+1;end; s:=s/2;writeln;
writeln('Testgröße V= ',s:5:1);
u:=j*(j+1)*(2*j+1)/24 ;u:=sqrt(u);u:=1.96*u+0.5;
writeln('gen.zweis. 95%-Schranke= ',u:5:3);
u:=2.57583*(u-0.5)/1.96+0.5;
writeln( 'gen.zweis. 99%-Schranke = ',u:5:3);end.
(*Eingabe: In 1.Zeile n , darunter die x₁ y₁ in je
eine Zeile *)
```

SPEARMAN

Wenn mehr als 10 Wertepaare (x, y) eingegeben werden, dann gibt das Programm außer dem Wert von R_{sp} auch die genäherten zweiseitigen Testschranken zu $\alpha = 0,05$ und $\alpha = 0,01$ an. Sowohl in der x- Stichprobe, als auch in der y-Stichprobe können ties auftreten; sie erhalten gemittelte Rangzahlen.

```
program Spearman;
var n,i,j:integer;u,e,s,t:real;
x:array[1..100]of real; y:array[1..100]of real;
r:array[1..100]of real; q:array[1..100]of real;
begin i:=1;e:=exp(-17); readln(n);
while i<=n do begin readln(x[i],y[i]);i:=i+1;end;
i:=1;while i<=n do begin r[i]:=1;j:=1;
while j<=n do begin if x[i]-x[j] > e then
r[i]:=r[i]+1;if abs(x[i]-x[j])<e
then r[i]:=r[i]+0.5;j:=j+1;end; r[i]:=r[i]-0.5;
i:=i+1;end;
i:=1;while i<=n do begin q[i]:=1;j:=1;
while j<=n do begin if y[i]-y[j]>e then
q[i]:=q[i]+1;if abs(y[i]-y[j])<e then q[i]:=q[i]+0.5;
j:=j+1;end; q[i]:=q[i]-0.5;i:=i+1;end;
i:=1;s:=0;t:=0;u:=0;while i<=n do begin
s:=s+r[i]*q[i]; t:=t+r[i]*r[i];u:=u+q[i]*q[i];i:=i+1;
end;
s:=s-n*(n+1)*(n+1)/4 ; t:=sqrt(t-n*(n+1)*(n+1)/4);
u:=sqrt(u-n*(n+1)*(n+1)/4); s:=s/(t*u);writeln;
write('Rangkorrelationskoeff. von Spearman =',s:2:5);
writeln;if n >10 then begin s:=2.576/sqrt(n-1);
write('gen.zweis.Schranke zu p=0.01 ist ',s:2:4);
writeln; s:=s*1.96/2.576;
write('gen.zweis.Schranke zu p=0.05 = ',s:2:4);
writeln; writeln;end;end.
(* Eingabe: erst n, darunter n Paare x,y *)
```

REGR (empirische Regressionsgerade)

Auch mit diesem Programm kann man den Wert r des Korrelationskoeffizienten von Bravais berechnen. Daneben erhält man den Anstieg $\hat{a}$ und den Ordinatenabschnitt $\hat{b}$ der empirischen Regressionsgeraden. Auch die Schätzwerte s_x und s_y für die Streuungen der X-Werte bzw. der Y-Werte werden angegeben.

```
program regr; var n,i: integer;
sxy,sx,sy,s2x,s2y,xm,ym,co,s1,s2,r,a,b:real;
p:array[1..100,1..2] of real;
begin readln(n); i:=1;sx:=0;sy:=0;
sxy:=0;s2x:=0;s2y:=0;
while i<=n do begin
readln(p[i,1],p[i,2]);sx:=sx+p[i,1];
sy:=sy+p[i,2];sxy:=sxy+p[i,1]*p[i,2];
s2x:=s2x+p[i,1]*p[i,1]; s2y:=s2y+p[i,2]*p[i,2];
i:=i+1; end;
xm:=sx/n ; ym:= sy/n ; co:=sxy -n*xm*ym ;
s2x:=s2x-n*xm*xm;s2y:=s2y-n*ym*ym;
s1:=sqrt(s2x/(n-1)); s2:= sqrt(s2y/(n-1));
r:=co/(s1*s2) ; r:= r/(n-1); a:= r*s2/s1 ;
b:= ym-a*xm;
writeln('x-mittel =',xm:3:5);
writeln('y-mittel =',ym:3:5);
writeln('sx =',s1:4:4);
writeln('sy =',s2:5:5);
writeln('Korr.=',r:1:5);
writeln('Regr.Anstieg=',a:2:5);
writeln('Achsenabschnitt b =',b:2:5); end.

(*Eingabe: in 1.Zeile n , dann die Paare xi yi in
je eine Zeile. *)
```

397

12 Lösungen

Es ist nicht nötig, zu allen Aufgaben die Lösungen anzugeben, da manche Aufgaben sehr einfach sind; diese wurden dennoch gestellt, weil auch triviale Aufgaben das Verständnis vertiefen und als Lernkontrolle dienen können.

2): $f(x) = |x - 2|$ ist für $x \neq 2$ stetig, da die Funktion dort durch die stetigen Polynome 1.Grades $x - 2$ bzw. $2 - x$ gegeben ist. Auch an der Stelle $x = 2$ ist sie stetig, denn

$$|f(x) - f(2)| = ||x - 2| - 0| = |x - 2|$$

wird kleiner als jedes $\varepsilon > 0$, wenn wir x dicht genug bei 2 wählen.

5): Die Höhe ist $h = 14 \tan 60° = 14\sqrt{3} = 24,25\,m$.

6): Eine horizontale Hilfslinie durch den Endpunkt des Schattens schneidet den Baum in der Höhe $h_1 = 3 \sin 20° = 1,026\,m$; die restliche Höhe ist dann $h_2 = 3 \cos 20° \cdot \tan 50° = 3 \cdot 0,940 \cdot 1,192 = 3,361\,m$, also Gesamthöhe $= h_1 + h_2 = 4,39\,m$.

7):a) $y = 0,5x + 2,5$; b) $y = -0,4x + 0,2$; c) $y = 3$; d) ; $x = -5$.

8): Die Schnittpunkte sind $(0; 3)$ und $(-1, 2\,;\,2, 4)$.

9): Lösungsmenge ist das Stück der Geraden $y = x$, das in dem Kreis um $(0; 0)$ mit Radius $\sqrt{8}$ verläuft. Da z.B. der obere Endpunkt $(2, 2)$ dieser Lösungsmenge die Bedingung $y + 2x \leq 4$ nicht erfüllt, ändert sich die Lösungsmenge, wenn man diese Ungleichung als dritte Bedingung mit hinzunimmt.

10): Die Bedingung, daß die Abstände eines Ellipsenpunkts (x, y) zu den Brennpunkten B_1 und B_2 stets die Summe $2a$ ergeben, lautet

$$\sqrt{(x - \sqrt{a^2 - b^2})^2 + y^2} + \sqrt{(x + \sqrt{a^2 - b^2})^2 + y^2} = 2a \,.$$

Durch geschicktes Umformen und Vereinfachen folgt daraus die Ellipsengleichung.

11): Nach Drehung um den Winkel φ hat sich der Mittelpunkt des Rades um $a\varphi$ nach rechts bewegt. Für die Koordinaten (x, y) von P gilt dann

$$x = a\varphi - a \sin \varphi \,;\; y = a(1 - \cos \varphi). \quad \varphi \text{ im Bogenmaß}.$$

12):a) $|\frac{x}{1+x} - 1| = |\frac{1}{1+x}|$; b) $|\frac{\sin x}{x} - 0| \leq \frac{1}{|x|}$. Beide Beträge werden beliebig klein für alle hinreichend großen x-Werte.

c):zunächst zeigt man, daß jedes Polynom der Form

$$P(x) = x^n + a_{n-1} x^{n-1} + \ldots + a_1 x + a_0 \text{ für } x \to \infty \text{ gegen } \infty \text{ geht}.$$

Dies folgt, weil jede beliebig große positive Zahl $K > 1$ von $P(x)$ übertroffen wird, wenn $x > K + |a_{n-1}| + |a_{n-2}| + \ldots + |a_1| + |a_0|$. Offenbar ist dann nämlich

$$x^n > (K + |a_{n-1}| + \ldots + |a_1| + |a_0|)x^{n-1} > K + |a_{n-1}| x^{n-1} + \ldots + |a_1| x + |a_0|$$

und damit folgt $P(x) > K$. Der Rest ist dann trivial.

13): $\sqrt[n]{n} = 1 + \delta$ mit $(1 + \delta)^n = n$; wenn n gerade ist, also $n = 2k$, dann folgt $(1 + \delta)^k (1 + \delta)^k = n$ und nach dem Hilfssatz in 2.2 gilt $(1 + \delta)^k \geq 1 + k\delta$, also

$$n \geq (1 + k\delta)^2 = 1 + 2k\delta + k^2\delta^2 \; ; \text{ es folgt}$$

$2k\delta + k^2\delta^2 < n$ und damit $\delta < n/(2k + k^2\delta) < n/(k^2\delta)$; also gilt $\delta^2 < n/k^2 = n/(n/2)^2 = 4/n$ und dies geht gegen 0 für $n \to \infty$. Also geht auch δ^2 und damit auch δ gegen 0 , d.h. $\sqrt[n]{n} \to 1$, wenn n die Zahlen $2, 4, \ldots$ durchläuft. Für ungerades n setze man $n = 2k + 1$ und schließe analog wie eben aus $n \geq (1 + k\delta)^2(1 + \delta) > (1 + k\delta)^2$, daß $\delta \to 0$ für $n = 3, 5, \ldots$. (Man kann den Beweis noch bequemer mit dem binomischen Satz (vgl.2.3) führen.)

14): b_t und a_t können sich höchstens um eine Rohrlänge unterscheiden; geht daher der gesamte Weg gegen ∞, dann auch a_t und b_t und es folgt $a_t/(a_t + b_t) \to 1/2$.

15): Für jedes durch 5 teilbare n erhält sie als Durchschnitt aller Meßwerte den Durchschnitt $\bar{m}$ der fünf vorkommenden Spannweiten. Ist $n > 5$ und nicht teilbar durch 5, dann erhält sie als Durchschnitt ihrer Messungen $\bar{m} + a/n$, wobei a die Summe aus höchstens vier der vorkommenden Spannweiten, also beschränkt ist. Daraus folgt die Konvergenz ihrer Durchschnittswerte gegen $\bar{m}$. (Der Edelzwicker ist übrigens kein Käfer, sondern eine Weinsorte!)

16): $P(x + \Delta) - P(x)$ ist ein Polynom, dessen Grad höchstens $n - 1$ ist.

17): Es gibt $10! = 3\,628\,800$ verschiedene Möglichkeiten.

18): Es sind $\binom{10}{6} = \binom{10}{4} = (10 \cdot 9 \cdot 8 \cdot 7)/4! = 210$ Möglichkeiten.

19): Man gruppiert die Glieder der Reihe wie folgt:

$$\sum_{n=1}^{\infty} = 1 + \frac{1}{2} + (\frac{1}{3} + \frac{1}{4}) + (\frac{1}{5} + \frac{1}{6} + \frac{1}{7} + \frac{1}{8}) + \ldots \; ;$$

da jede Gruppe eine Summe ergibt, die nicht kleiner als $1/2$ ist und da man beliebig viele solcher Gruppen bilden kann, muß die Reihe gegen ∞ divergieren. Dagegen ist bei der Reihe

$$\sum_{n=1}^{\infty} \frac{1}{n^2} \text{ jede Teilsumme } S_k = 1 + \frac{1}{2^2} + \frac{1}{3^2} + \ldots + \frac{1}{k^2} \text{ kleiner als}$$

$$1 + \sum_{n=1}^{\infty} \frac{1}{n(n+1)} = 1 + 1 = 2 \text{ (s.Beispiel 5)}.$$

Die Konvergenz folgt daher nach dem 1.Konvergenzkriterium.

20): Wenn der jetzige Jahrésverbrauch gleich 1 gesetzt und jedes Jahr um $100\delta\%$ vermindert wird, dann wird künftig noch die Menge

$$1 + (1 - \delta) + (1 - \delta)^2 + \ldots = \frac{1}{1 - (1 - \delta)} = \frac{1}{\delta} \text{ verbraucht.}$$

Damit dies kleiner als der noch vorhandene Vorrat 30 ist, muß $\delta > 1/30 = 0,0333\ldots$ gelten, d.h. man müßte den Verbrauch von Jahr zu Jahr um mindestens $3,33\ldots\%$ drosseln.

22): Sei a_n das Alkoholvolumen in G, b_n das in H nach n Schöpfvorgängen. Dann gilt $a_{n+1} = 0,9 a_n + \frac{1}{11}(b_n + 0,1 a_n)$, denn beim Schöpfen wird ein Zehntel des Volumens, also auch ein Zehntel des Alkoholvolumens a_n aus G entnommen und nach H gebracht. Dort sind dann zunächst $1,1$ Liter und davon $b_n + 0,1 a_n$ Liter Alkohol. Von diesen $1,1$ Litern wird ein Elftel nach G gebracht. Wegen $b_n = 1 - a_n$ (das gesamte Alkoholvolumen bleibt 1 Liter) folgt die inhomogene Dgl. 1.Ordnung:

$$a_{n+1} = a_n \frac{9}{11} + \frac{1}{11} \text{ mit den Lösungen } a_n = \frac{1}{2} + A\left(\frac{9}{11}\right)^n$$

Jede Lösungsfolge hat den Grenzwert $1/2$. Zu unserem Anfangswert $a_0 = 1$ gehört die Folge mit $A = 0,5$. Ab a_9 liegen alle Folgenglieder zwischen $0,50$ und $0,60$.

23): Jetzt ist $a_0 = 3$ und $a_1 = 4$ gegeben, denn nur das erwachsene Pärchen hat nach dem 1.Monat Junge. Alle weiteren Folgenglieder ergeben sich nun aus der Rekursionsgleichung $a_{n+1} = a_n + a_{n-1}$, nämlich $a_2 = 7$, $a_3 = 11$, $a_4 = 18$ usw.. Um unsere Folge aus der Lösungsgesamtheit

$$a_n = A\left(\frac{1 + \sqrt{5}}{2}\right)^n + B\left(\frac{1 - \sqrt{5}}{2}\right)^n \text{ auszusondern, müssen wir } A \text{ und } B$$

so wählen, daß wir für $n = 0$ den Wert $a_0 = 3$ und für $n = 1$ den Wert $a_1 = 4$ erhalten. Dies wird mit $A = 1,5 + \frac{\sqrt{5}}{2}$ und $B = 1,5 - \frac{\sqrt{5}}{2}$ erreicht.

24) $a_{n+1} = (a_n - 3000) \cdot 1,03$, also $a_{n+1} = 1,03 a_n - 3090$.
Lösungsgesamtheit: $a_n = 103\,000 + A \cdot 1,03^n$, A beliebig.
Nur die Lösung mit $A = 0$ (also $a_0 = 103\,000$) divergiert nicht. Zu $a_0 = 50\,000$ gehört die Lösung $a_n = 103\,000 - 53\,000 \cdot 1,03^n$. Bei $n = 22$ bricht der Prozeß ab, denn $a_{22} = 1447$; es ist also nicht mehr möglich, $3000\,m^3$ zu schlagen.

25) $a_{n+1} = 2 a_{n-1}$, denn alle, die zum Zeitpunkt $n - 1$ da waren, teilen sich bis zum Zeitpunkt $n + 1$ genau einmal, die einen schon bei $t = n$, die anderen bei $t = n + 1$. Aus $a_0 = 3$ folgt also $a_2 = 6$, $a_4 = 12, \ldots, a_{12} = 3 \cdot 2^6 = 192$. Lösungsgesamtheit ist die Menge der Folgen $a_n = A(\sqrt{2})^n + B(-\sqrt{2})^n$, denn die charakteristische Gleichung $\lambda^2 - 2 = 0$ hat die Lösungen $\sqrt{2}$ und $-\sqrt{2}$. Unsere Anfangsbedingungen sind $a_0 = 3$, $a_1 = 4$; daraus folgt $A = 1,5 + \sqrt{2}$, $B = 1,5 - \sqrt{2}$. Die gesuchte Lösungsfolge ist also $a_n = (1,5 + \sqrt{2})(\sqrt{2})^n + (1,5 - \sqrt{2})(-\sqrt{2})^n$.

26) Dividiert man $a_{n+1} = a_n + a_{n-1}$ durch a_n, dann folgt die nichtlineare Dgl. $z_{n+1} = 1 + 1/z_n$ für die Zuwachsraten z_n. Da

$$z_{n+1} - z_n = 1 + \frac{1}{z_n} - z_n = 1 + \frac{1}{z_n} - (1 - \frac{1}{z_{n-1}}) = -\frac{z_n - z_{n-1}}{z_n z_{n-1}},$$

haben die Differenzen $z_{n+1} - z_n$ abwechselnde Vorzeichen. Wir setzen positive Anfangswerte voraus; dann sind alle a_n und damit auch alle z_n positiv. Wegen $z_{n+1} = 1 + 1/z_n$ folgt dann aus $z_1 > 0$, daß $z_2 > 1$ und damit $1 < z_3 < 2$ gilt. Nun kann man durch vollständige Induktion zeigen, daß $1,5 < z_n < 2$ ab $n = 4$ gilt. Der Betrag von $z_{n+1} - z_n$ ist also weniger als halb so groß wie der von $z_n - z_{n-1}$, wenn $n \geq 4$. Damit erfüllt also die Folge z_n das dritte Konvergenzkriterium. Für ihren Grenzwert α muß $\alpha = 1 + 1/\alpha$ gelten. Er ist daher gleich der positiven Lösung $(1 + \sqrt{5})/2 \approx 1,618$ der quadratischen Gleichung $\alpha^2 - \alpha - 1 = 0$. Diese Zahl hängt mit dem sog. „goldenen Schnitt" zusammen. Wir können die Bedingung $\alpha = 1 + 1/\alpha$ nämlich auch in der Form $\alpha : 1 = (\alpha + 1) : \alpha$ schreiben. Teilt man eine beliebige Strecke in zwei Teile und wählt die Länge des kleineren Teils als Längeneinheit, dann ist die Strecke nach dem goldenen Schnitt aufgeteilt, wenn der größere Teil gerade die Länge α hat. Es verhält sich dann der größere Teil zum kleineren, wie die gesamte Länge $1 + \alpha$ zum größeren Teil α. Diese Proportionen findet man oft bei antiken Bauwerken und Statuen.

27) Das Polynom ist $-5,49 \cdot 10^{-6} \cdot \varphi^3 - 0,0024692\varphi^2 + 1,1778\varphi$, φ in $^\circ$.

30) Für β gilt $e^{-\beta 30} = 0,20$, also $-30\beta = \ln 0,20 = -1,61$, woraus $\beta = 0,0536$ folgt. Also ist $\ln 2/\beta = 12,9$ Tage die Halbwertzeit.

31) Aus $L_0 e^{-\beta \cdot 1} = 0,1 L_0$ folgt $-\beta = \ln 0,1 = -2,3026$, also $\beta = 2,3026$, wenn die Tiefe x in m gemessen wird. Für beliebige x folgt dann

$$L(x + 0,1) = L_0 e^{-\beta(x+0,1)} = L_0 e^{-\beta x} e^{-\beta 0,1} = L(x) e^{-\beta 0,1} .$$

Jede $10\,cm$ dicke Schicht schwächt also das in sie eindringende Licht um denselben Faktor $e^{-\beta 0,1} = e^{-0,23026} = 0,794$; sie absorbiert also $20,6\%$ des einfallenden Lichts, egal in welcher Tiefe x die Schicht beginnt.

32) linear, denn $\ln y = k \ln x + \ln c$ und ebenso $\log y = k \log x + \log c$.

33) Für ein Jahr, das kein Schaltjahr ist, wäre

$$y(t) = 12,10 + 4,26 \sin(\frac{2\pi}{365}t - \frac{\pi}{2} + 2\pi \frac{9}{365})$$

eine solche Funktion. Allerdings wäre damit die mittlere Tageslänge nicht $12\,h$, sondern $12,10\,h$ und die Äquinoktialtage wären der 82. und der 265. Tag, d.h. der 23. März und der 22. September.

35) $\tau = \frac{2\pi}{\omega} = 2$, also $\omega = \pi$. Wenn das 1. Maximum zur Zeit t_1 ist, dann folgt das zweite zur Zeit $t_1 + 2$. Es ist um 3% kleiner als das erste, also folgt

$$A_0 e^{-\beta(t_1+2)} \sin(\pi(t_1 + 2) + \varphi_0) = 0,97 A_0 e^{-\beta t_1} \sin(\pi t_1 + \varphi_0) \, ;$$

die sinus-Werte auf beiden Seiten sind dieselben, weil das Argument links um 2π größer ist als auf der rechten Seite. Also folgt

$$e^{-2\beta} = 0,97 \text{ und daraus } \beta = 0,0152.$$

36) Die Tangentengleichungen lauten in der Form $y = f(x_0) + f'(x_0)(x - x_0)$

$$y = -8 + 12(x + 2) \text{ bzw. } y = 0 + 0(x - 0) \text{ bzw. } y = 1 + 3(x - 1).$$

Man wird sie umformen zu $y = 12x + 16$ bzw. $y = 0$ bzw. $y = 3x - 2$.

37) $f(x)$ ist nicht, $g(x)$ ist differenzierbar an der Stelle $x = 2$.

38) Wenn x das Gradmaß, u das Bogenmaß ist, dann gilt $u = x \frac{2\pi}{360}$. Da $\sin u = \sin x$ und $\cos u = \cos x$ (im Grunde sind sin und cos andere Funktionen, wenn sie vom Gradmaß abhängen, als wenn sie vom Bogenmaß abhängen, aber leider schreibt man sie in beiden Fällen gleich!) folgt nach der Kettenregel:

$$\frac{d}{dx} \sin x = (\frac{d}{du} \sin x) u'(x) = (\frac{d}{du} \sin u) \frac{2\pi}{360} = (\cos u) \frac{2\pi}{360} = (\cos x) \frac{2\pi}{360}.$$

Ebenso zeigt man, daß $(\cos x)' = (-\sin x) \frac{2\pi}{360}$ ist.

39) $(\tan x)' = 1 + (\tan x)^2$; $[(\sin x)^n]' = n(\sin x)^{n-1} \cos x$; $(\ln(\cos x))' = -\tan x$.
$(e^{-x})' = -e^{-x}$; $(\arcsin y)' = 1/\sqrt{1 - y^2}$, denn $y = \sin x$ hat die Ableitung $\cos x = \sqrt{1 - \sin^2 x} = \sqrt{1 - y^2}$.

40) Die Ableitung von $K(x) = gx/2 + Ga/x$ ist $K'(x) = g/2 - Ga/x^2$; diese wird im Bereich $x > 0$ nur für $x = \sqrt{2Ga/g}$ gleich 0. Dort liegt ein relatives Minimum vor, denn $K''(x) = 2Gax^{-3}$ ist für alle positiven x positiv, also auch an dieser Nullstelle der Ableitung. Diese ist die einzige im betrachteten Bereich und daher ist das Minimum zugleich das absolute Minimum von $K(x)$.

41) Wenn d die Entfernung von A und B ist, dann gilt auf der Verbindungsstrecke von A mit B, daß $y = d - x$ und die gesamte Verunreinigung ist $U(x) + V(d - x) = 10^4(4e^{-bx} + e^{-b(d-x)})$. Es hängt von den Konstanten b und d ab, ob die 1.Ableitung dieser Funktion eine Nullstelle in $[0, d]$ besitzt.

42) Aus $y'(0) = v_0 \sin u$ folgt $y'(t) = v_0 \sin u - gt$, wobei g die Erdbeschleunigung ist. $y(t)$ ist also gleich $v_0 \sin u \cdot t - gt^2/2 + c$, wobei $c = 0$ aus $y(0) = 0$ folgt. Der Flug ist beendet, wenn erstmals für $t > 0$ wieder $y(t) = 0$ gilt, also für $t = 2v_0 \sin u/g$. Die Horizontalkomponente $v_0 \cos u$ der Geschwindigkeit bleibt unverändert, weil wir

die Luftreibung vernachlässigen und somit keine Beschleunigung in horizontaler Richtung berücksichtigen. Die Wurfweite ist also das Produkt aus dieser Horizontalkomponente mal der Flugdauer:

$$w = v_0 \cos u \, 2v_0 \sin u/g = \frac{2v_0^2}{g} \sin u \cos u.$$

$\sin u \cos u$ hat die Ableitung $\sin^2 u - \cos^2 u$ und das ist im Intervall $[0, \pi/2]$ nur an der Stelle $u = \pi/4$ gleich 0. Für $u = 0$ und $u = \pi/2$ ist die Wurfweite gleich 0, daher wird das absolute Maximum im Innern von $[0, \pi/2]$ angenommen und ist zugleich relatives Maximum. Da $u = \pi/4$ die einzige Nullstelle der Ableitung in diesem Intervall ist, muß dies die Maximalstelle sein. Die maximal mögliche Wurfweite (ohne Berücksichtigung der Luftreibung) wäre also

$$w_{max} = 2v_0^2 \frac{1}{g} \sin \frac{\pi}{4} \cos \frac{\pi}{4} = \frac{v_0^2}{g}.$$

43) Für sehr große wie für sehr kleine v wird E beliebig groß. Es muß also ein $v > 0$ geben, welches die Stelle des absoluten Minimums ist. Dieses ist dann zugleich relatives Minimum. Da $E'(v) = 3A\sigma v^2 - G^2 v^{-2}/B\sigma$ nur die eine positive Nullstelle

$$v = v_0 = \sqrt{\frac{G}{\sigma}} \cdot (3AB)^{-1/4}$$

besitzt, ist E bei gegebenem σ für dieses v minimal. Ganz ähnlich kann man E bei gegebenem v bezüglich σ minimieren; das optimale σ ist $\sigma_0 = G/(v^2 \sqrt{BA})$. Falls dieses σ gleich 10^{-3} g/cm^2 ist, ergibt sich die zugehörige Höhe zu 1785 m.
Die Dimension von A ist zunächst $(cal \, sec^3 \, cm^3)/(min \, m^3 g)$; kürzen wir m gegen cm und min gegen sec und ersetzen wir cal durch eine kinetische Energieeinheit (Wärme-Energie ist ja nichts anderes als die kinetische Energie einer Vielzahl von Molekülen), dann erhalten wir $\llbracket A \rrbracket = cm^2$. Für $\llbracket B \rrbracket$ erhalten wir sec^4. Damit können wir für unsere Lösungen die Dimensionsprobe machen: das optimale v_0 hat die Dimension

$$\llbracket v_0 \rrbracket = \sqrt{\frac{g \, cm^3}{g}} (cm^2 sec^4)^{-1/4} = \frac{cm}{sec},$$

also tatsächlich die einer Geschwindigkeit, während

$$\llbracket \sigma_0 \rrbracket = \frac{g \, sec^2}{m^2 \sqrt{sec^4 cm^2}} = \frac{g}{cm^3},$$

also tatsächlich die Dimension einer Dichte ist. Es ist allerdings möglich, daß der Vogel das optimale v_0 bzw. das optimale σ_0 aus physiologischen Gründen nicht realisieren kann. Man vergleiche hierzu auch Beispiel 4 in 8.4.

44) $kx(a - x)$ wird maximal für $x = a/2$.

45) $\int xe^{-x}\,dx = x(-e^{-x}) + \int e^{-x}\,dx = -e^{-x}x - e^{-x} = -e^{-x}(1+x)$.

$\int \cos^2 x\,dx = \sin x \cos x + \int \sin^2 x\,dx = \sin x \cos x + \int (1 - \cos^2 x)\,dx$;
also gilt:$2 \int \cos^2 x\,dx = \sin x \cos x + x$ oder $\int \cos^2 x\,dx = \frac{1}{2}(\sin x \cos x + x)$.

46) Durch die Substitution $x = \sin u$ geht

$$\int_{-1}^{1} \sqrt{1 - x^2}\,dx \text{ über in } \int_{-\pi/2}^{\pi/2} \sqrt{1 - \sin^2 u}\frac{dx}{du}\,du = \int_{-\pi/2}^{\pi/2} \cos^2 u\,du ;$$

eine Stammfunktion zu $\cos^2 u$ ist nach der vorigen Aufgabe $(\sin u \cos u + u)/2$, also lautet das Resultat:

$$\frac{1}{2}(\sin u \cos u + u)\big|_{-\pi/2}^{\pi/2} = \frac{1}{2}(0 + \frac{\pi}{2} - (0 - \frac{\pi}{2})) = \frac{\pi}{2}.$$

47) Stammfunktionen für die vier Integranden sind

$$\frac{1}{2}\sin^2 x\ , \ -\frac{1}{2}\cos 2x\ , \ -\frac{1}{\beta}e^{-\beta x} \text{ und } \frac{1}{2}(\ln x)^2,$$

wobei man die letzte leicht durch partielle Integration erhält. Die Integrale haben der Reihe nach folgende Werte:

$$\frac{1}{2}\ ,\ 1\ ,\ \frac{1}{\beta}(e^{\beta} - e^{-3\beta}) \text{ und } \frac{1}{2}(\ln 9)^2 = 2(\ln 3)^2.$$

48) $\int_0^h \rho_0 e^{\alpha x} q\,dx = \rho_0 q \frac{1}{\alpha} e^{\alpha x}\big|_0^h = \frac{\rho_0 q}{\alpha}(e^{\alpha h} - 1)$.

49) Da $G = \frac{\rho_0 q}{\beta}(1 - e^{-\beta h})$, ist $\rho_0 = \frac{G\beta}{q(1 - e^{-\beta h})}$.

Bei gleichmäßiger Verteilung ist die Dichte $\bar{\rho} = G/qh$.
übrigens strebt ρ_0 für $\beta \to 0$ gegen $\bar{\rho}$, wie man sofort erkennt, wenn man $e^{-\beta h}$ durch die zugehörige Exponentialreihe ersetzt.

50) In 21 Tagen zerstören sie die Blattfläche $\int_0^{21} 3A_0 e^{\alpha t}\,dt = \frac{3A_0}{\alpha}(e^{21\alpha} - 1)\ cm^2$.

51) Da $Q(t)$ in Liter/min angegeben wird, wählen wir min als Zeiteinheit. 4 Wochen sind $40320\,min$; daher ist $1 = 30e^{-40320\beta}$. Daraus erhält man $\beta = 8,435 \cdot 10^{-5}$. Insgesamt hat die Quelle in den vier Wochen die folgende Menge ausgeschüttet:

$$\int_0^{40320} 30e^{-0,00008435\,t}\,dt = 343800 \text{ Liter}.$$

52) Für Körper mit konstanter Dichte ist die Schwerpunktkoordinate

$$x_s = \frac{1}{V}\int_a^b xq(x)\,dx\ , \text{ wobei } a = \text{minimale}, \ b = \text{maximale } x\text{-Koordinate}$$

des Körpers. Der zu x gehörende Querschnitt $q(x)$ läßt sich immer zerlegen in $q(x) = q_1(x) + q_2(x)$, wobei $q_1(x)$ der zu A und $q_2(x)$ der zu B gehörende Anteil ist; es kann sein, daß einer oder beide Anteile für gewisse Teilstrecken des Integrationsweges gleich 0 sind. Es folgt daher

$$\int_a^b x q(x)\, dx = \int_a^b x q_1(x)\, dx + \int_a^b x q_2(x)\, dx = x_1 V_1 + x_2 V_2$$

und daraus folgt die Behauptung für x_s. Für die beiden anderen Schwerpunktkoordinaten y_s und z_s ist der Nachweis analog.

53) $P(-3) = 26,5$, $P(-2) = -3$, $P(-1) = 3,5$, $P(0) = 10$, $P(1) = 4,5$, $P(2) = -1$, $P(3) = 29,5$. In den Intervallen $(-3,-2), (-2,-1), (1,2)$ und $(2,3)$ liegt also jeweils mindestens eine Nullstelle. Da das Polynom vom Grad 4 ist, kann es nur vier Nullstellen haben. Also enthält jedes der genannten Intervalle genau eine Nullstelle, die man nach dem Verfahren von Newton oder mit der regula falsi ungefähr wie folgt bestimmen kann: $-2,31$, $-1,34$, $1,51$ und $2,15$.

54) Linear interpoliert: $1,8796$, quadratisch: $1,8777$, exakter Wert: $1,87761\ldots$

55) Für $x_0 = \pi/4$ ist $\cos x_0 = \sin x_0 = 1/\sqrt{2}$, also sind alle Ableitungen an dieser Stelle gleich $1/\sqrt{2}$ oder $-1/\sqrt{2}$. In der Nähe von $x_0 = \pi/4$ ist $\cos x$ also ungefähr gleich dem Taylorpolynom vom Grad 3:

$$\cos x \approx p_3(x) = \frac{1}{\sqrt{2}} - \frac{1}{\sqrt{2}}\left(x - \frac{\pi}{4}\right) - \frac{1}{\sqrt{2}}\left(x - \frac{\pi}{4}\right)^2 \cdot \frac{1}{2!} + \frac{1}{\sqrt{2}}\left(x - \frac{\pi}{4}\right)^3 \cdot \frac{1}{3!} =$$

$$= \frac{1}{\sqrt{2}}\left[1 - \left(x - \frac{\pi}{4}\right) - \frac{1}{2}\left(x - \frac{\pi}{4}\right)^2 + \frac{1}{6}\left(x - \frac{\pi}{4}\right)^3\right].$$

Für $x_0 = \pi/3$ ist $\cos x_0 = 1/2$, $\sin x_0 = \sqrt{3}/2$ und alle Ableitungen des cosinus an dieser Stelle sind daher $\pm 1/2$ oder $\pm\sqrt{3}/2$. In der Nähe von $x_0 = \pi/3$ gilt also

$$\cos x \approx \frac{1}{2} - \frac{\sqrt{3}}{2}\left(x - \frac{\pi}{3}\right) - \frac{1}{2}\left(x - \frac{\pi}{3}\right)^2 \cdot \frac{1}{2!} + \frac{\sqrt{3}}{2}\left(x - \frac{\pi}{3}\right)^3 \cdot \frac{1}{3!}.$$

Würde man x in Grad angeben, dann wären die Ableitungen von $\cos x$ gleich (s. Aufgabe 38)

$$(\cos x)' = -\sin x \cdot \frac{2\pi}{360}, \quad (\cos x)'' = -\cos x \cdot \left(\frac{2\pi}{360}\right)^2 \text{ usw.;}$$

zum Beispiel würde dann das Taylorpolynom 3.Grades an der Stelle $x_0 = 60°$ lauten:

$$p_3(x) = \frac{1}{2} - \frac{\sqrt{3}}{2}(x - 60)\frac{2\pi}{360} - \frac{1}{2}(x - 60)^2\left(\frac{2\pi}{360}\right)^2 \cdot \frac{1}{2!} + \frac{\sqrt{3}}{2}(x - 60)^3\left(\frac{2\pi}{360}\right)^3 \cdot \frac{1}{3!}.$$

Dieses Polynom wird identisch mit dem obigen, wenn man überall die Gradwerte wieder durch die entsprechenden Bogenmaßwerte ersetzt.

56) Das Taylorpolynom $p_n(x)$ für $u(x)$ an der Stelle $x_0 = 0$ ist die n-te Teilsumme der Exponential-Reihe von e^x, d.h.

$$p_n(x) = 1 + x + \frac{x^2}{2!} + \ldots + \frac{x^n}{n!} \, .$$

Aus Satz 6.4.1 folgt, daß $u(x) = e^x$ für alle x.

57) Die Lösungsgesamtheit besteht aus allen Funktionen der Form $T(t) = T_u + Ce^{-kt}$, C beliebig. Für $T_u = 10$, $k = 0,5$ lautet sie also $T(t) = 10 + Ce^{-0,5t}$. Aus $T_u = 80$ folgt $C = 70$ und damit $T(t) = 10 + 70e^{-0,5t}$; dies wird gleich 20 für $t = 3,89\,min$. Wenn $T(0) = -20$, dann ist $C = -30$ zu setzen und nach $10\,min$ haben wir dann die Temperatur $T(10) = 10 - 30e^{-5} = 9,80\,^\circ$ Celsius.

58) Durch Subtraktion der zweiten von der 1.Gleichung erhalten wir für die Temperaturdifferenz $T(t) - S(t)$ die Dgl. $(T - S)' = -(k + m)(T - S)$, welche die Lösungsgesamtheit $T - S = Ce^{-(k+m)t}$, C beliebig, besitzt. C ist die Differenz am Anfang; sie hat sich auf $C/2$ verringert, wenn $e^{-(k+m)t} = 1/2$ gilt, also zum Zeitpunkt $t = \ln 2/(k + m)$.

59) Die Wendepunktkoordinaten sind $x_0 = \ln Q/k$ und $y_0 = A/2$.

60) Die Dgl. $y' = k(A - y)(B - y)$ ist vom Typ (5) mit $a = k$ und $\lambda_1 = A$, $\lambda_2 = B$, wobei wir annehmen, daß $A > B$ gilt. Ihre Lösungsgesamtheit lautet daher

$$y(t) = \frac{A + BQe^{(A-B)kt}}{1 + Qe^{(A-B)kt}}, \quad Q \text{ beliebig.}$$

Zu $y(0) = 0$ gehört die Lösung mit $Q = -A/B$, also

$$y(t) = \frac{A(1 - e^{(A-B)kt})}{1 - \frac{A}{B}e^{(A-B)kt}} = \frac{B(e^{(A-B)kt} - 1)}{e^{(A-B)kt} - B/A}.$$

Für $t \to \infty$ geht $y(t)$ gegen B.

61) Die Ableitung $y'(x)$ ist $kK/(x + K)^2$, also positiv für alle x. Daher wächst $y(x)$ streng monoton; offenbar gilt $y' = y^2/kx^2$; dies ist eine Dgl.1.Ordnung.

62) In beiden Fällen lautet die 1.Ableitung $\lambda_1 Ae^{\lambda_1 t} + \lambda_2 Be^{\lambda_2 t}$; sie kann nur gleich 0 sein, wenn $e^{(\lambda_1 - \lambda_2)t} = -\lambda_2 B/\lambda_1 A$ gilt und wegen der Monotonie der e-Funktion hat diese Gleichung höchstens eine Lösung. Solche Funktionen können also höchstens ein relatives Extremum besitzen und somit sind sie keine Schwingungsfunktionen.

63) $y'(t) = e^{\alpha t}(\alpha \sin(\omega t) - \omega \cos(\omega t))$ ist nicht gleich 0, wo $\cos(\omega t) = 0$. Wenn aber für ein t_0 gilt:

$$\alpha \sin(\omega t_0) - \omega \cos(\omega t_0)) = 0, \quad \text{dann gilt dies auch, wenn wir}$$

t_0 durch $t_0 + \pi/\omega$ ersetzen, denn $\sin(\omega t_0 + \pi) = -\sin(\omega t_0)$ und $\cos(\omega t_0 + \pi) = -\cos(\omega t_0)$. Wie bei der Funktion $\sin(\omega t)$ folgen also auch bei $e^{\alpha t}\sin(\omega t)$ die relativen Extrema im Abstand π/ω aufeinander, wenn sie auch nicht an denselben Stellen angenommen werden.

64) Aus $x(0) = 0,1$ und $y(0) = 5$ folgt wegen der 1. Modellgleichung $y'(0) = 0,2 \cdot 5 - 1 = 0$. Durch Differenzieren der 1. Gleichung nach t und Einsetzen der 2. Gleichung erhalten wir die Dgl. $y'' = 0,2y' - 0,1y + 0,6$. Die charakteristische Gleichung hat die Lösungen $0,1 \pm 0,3i$ und die konstante Lösung ist $y = g = 6$. Also kann die Lösungsgesamtheit in der Form

$$y(t) = 6 + e^{0,1t}[(A + B)\cos(0,3t) + i(A - B)\sin(0,3t)],$$

angegeben werden, wobei A und B beliebige komplexe Konstanten sind. Wegen $y(0) = 5$ und $y'(0) = 0$ folgt $5 = 6 + A + B$, $0 = 0,1(A + B) + 0,3i(A - B)$ und daraus erhalten wir $A = -\frac{1}{2} + \frac{i}{6}$, $B = -\frac{1}{2} - \frac{i}{6}$. Zu unseren Anfangsbedingungen gehört also die Lösung $y(t) = 6 + e^{0,1t}[-\cos(0,3t) + \frac{1}{3}\sin(0,3t)]$. Die erste Nullstelle dieser Funktion ist der Zeitpunkt des Aussterbens. Man kann ihn mit dem Newton'schen Verfahren zu etwa 18,4 Jahre bestimmen. Für die Anzahl der Räuber erhält man ganz analog die Lösung

$$x(t) = 0,12 + 0,01e^{0,1t}[-2\cos(0,3t) - \frac{8}{3}\sin(0,3t)];$$

diese Funktion wird erstmals gleich 0 für $t = 20,4$. Da aber unsere Modellgleichungen und die daraus abgeleiteten Lösungen nur so lange gelten, als beide Bestände positiv sind, bricht das Modell bereits bei $t = 18,4$ zusammen, wenn die Beutetiere ausgerottet sind. Würden die Räuber eher aussterben, was man durch geänderte Anfangsbedingungen erreichen könnte, dann würden sich die dann noch vorhandenen Beutetiere ab diesem Zeitpunkt vermutlich nach der Dgl. $y' = 0,2y$, also exponentiell vermehren.

65) Gleichung der Kugeloberfläche: $(x - x_0)^2 + (y - y_0)^2 + (z - z_0)^2 = r^2$.

Die Funktionsfläche von $z(x, y) = z_0 + \sqrt{r^2 - (x - x_0)^2 - (y - y_0)^2}$

ist die obere Halbkugelfläche. Diese Funktion ist definiert für alle (x, y) mit $(x - x_0)^2 + (y - y_0)^2 \le r^2$, also in und auf dem Kreis der x, y-Ebene mit dem Mittelpunkt (x_0, y_0) und dem Radius r.

66) $\mathcal{F}$ ist die obere Hälfte der Einheitskugel. Die Schnittkurve mit der Ebene $y = y_0$ ist durch $z = \sqrt{1 - y_0^2 - x^2}$ gegeben, wobei $1 - y_0^2 \ge x^2$, also $-\sqrt{1 - y_0^2} \le x \le \sqrt{1 - y_0^2}$ gelten muß. Da für die Punkte (x, y_0, z) der Schnittkurve die Gleichung $x^2 + z^2 = 1 - y_0^2$ gilt, handelt es sich um die obere Hälfte eines Kreises in der Schnittebene, dessen Mittelpunkt $(0, y_0, 0)$ und dessen Radius $\sqrt{1 - y_0^2}$ ist.

67) Die Pflanze besteht zu $100\frac{0{,}9x+0{,}5y}{x+y}$ Gewichtsprozenten aus Wasser. Wegen $x>0$ und $y>0$ nimmt diese Funktion nur Werte zwischen 50 und 90 an. Die Höhenlinie zum Wert c (mit $50<c<90$) ist die Gerade $y=x\cdot(90-c)/(c-50)$, soweit sie im positiven Quadranten verläuft.

69) Die Beschleunigung $v'(t)$ ergibt sich nach· der Kettenregel zu

$$\frac{\partial v}{\partial u_1}u_1' + \frac{\partial v}{\partial u_2}u_2' + \frac{\partial v}{\partial u_3}u_3' = \frac{1}{v}(u_1b_1 + u_2b_2 + u_3b_3).$$

70) Da $V=cxyz$, ist

$$\frac{dV}{dt} = \frac{\partial V}{\partial x}x'(t) + \frac{\partial V}{\partial y}y'(t) + \frac{\partial V}{\partial z}z'(t) = cyz\,x'(t) + cxz\,y'(t) + cxy\,z'(t).$$

71) Da $g(x,t)$ die Höhe über der x-Achse sein soll, ist $\frac{\partial}{\partial t}g(x,t) = -cf'(x-ct)$ die Geschwindigkeit der Auf- oder Abwärtsbewegung, mit der sich die Ordinate über einem festen Punkt x der x-Achse ändert, wenn die Funktionskurve mit der Geschwindigkeit c nach rechts wandert. Für $g(x,t)=\sin(x-0{,}5t)$ ist diese Geschwindigkeit also $-0{,}5\cos(x-0{,}5t)$. Die Sinuskurven $\sin(x-\pi/4)$ und $\sin(x-\pi/2)$ sind gegenüber $\sin x$ um $\pi/4$ bzw. $\pi/2$ nach rechts verschoben.

72) $V=xyz$ ist unter der Nebenbedingung $4x+4y+4z=L$ zu maximieren, wobei L die Länge des Stabes ist. Das absolute Maximum, welches zugleich relatives Maximum ist, wird angenommen, wenn $x=y=z=L/12$ ist, d.h. wenn der Quader ein Würfel ist.

73) Die notwendige Bedingung ist $S_x(x,y)=S_y(x,y)=0$.

$$S_x = k_1\frac{K}{(x+K)^2} - k_3\frac{K}{(1-x-y+K)^2} \;;\; S_y = k_2\frac{K}{(y+K)^2} - k_3\frac{K}{(1-x-y+K)^2}.$$

Bei gleicher Ergiebigkeit der drei Stellen (d.h. $k_1=k_2=k_3=k$) folgt $x+K=1-x-y+K=y+K$ und daraus dann $x=y=z=1/3$. Hierfür ist $S(x,y)$ dann gleich $k/(K+1/3)$, während die Randwerte $S(0,0),S(0,1)$ und $S(1,0)$ sämtlich gleich $k/(K+1)$ sind.

74 a) Für beliebiges festes t wird das absolute Maximum von $k(x,y,t)$ bei $(x,y)=(0,0)$ angenommen und ist gleich $A/\lambda t$. Es nimmt also durch die Diffusion im Lauf der Zeit wie $1/t$ ab.

b) Für jedes c mit $0<c<A/\lambda t$ sind die Höhenlinien von $k(x,y,t)$ bei festem t Kreise in der x,y-Ebene mit Mittelpunkt $(0,0)$ und Radius $4\lambda t\cdot\ln(A/t\lambda c)$.

75) Die „Wellenfunktion" $g(x,t)=f(x-ct)$ hat die partiellen Ableitungen

$$g_x = \frac{\partial}{\partial x}f(x-ct) = f'(x-ct) \text{ und } g_t = \frac{\partial}{\partial t}f(x-ct) = -cf'(x-ct).$$

Daher ist z.B. $g_t = -cg_x$ eine partielle Dgl. 1. Ordnung, der die Wellenfunktion genügt.
Da $g_{tt} = c^2 f''(x - ct)$ und $g_{xx} = f''(x - ct)$, ist z.B. $g_{tt} = c^2 g_{xx}$ eine partielle Dgl. 2. Ordnung, der die Wellenfunktion genügt.

76) Die Wahrscheinlichkeit wäre gleich $1 : \binom{12}{6} = 1/924$ gewesen.

77) Die Wahrscheinlichkeit für k geimpfte unter den 6 toten Hühnern wäre dann

$$\frac{\binom{6}{k}\binom{6}{6-k}}{\binom{12}{6}} \; ; \; \text{für } k = 0,1,\ldots,6 \text{ erhält man die Wahrscheinlichkeiten}$$

$$\frac{1}{924}, \frac{36}{924}, \frac{225}{924}, \frac{400}{924}, \frac{225}{924}, \frac{36}{924}, \frac{1}{924}.$$

78) Wenn A_k das Ereignis ist, daß er k Gewinne erhält, dann gilt bei zufälliger Auswahl der 5 Lose, daß sich die Wahrscheinlichkeiten $W(A_k)$ für $k = 0,1,2,3,4$ nach der hypergeometrischen Verteilung der Reihe nach wie folgt ergeben: $W(A_0) = 0,282$, $W(A_1) = 0,470$, $W(A_2) = 0,217$, $W(A_3) = 0,0310$, $W(A_4) = 0,00103$.

79) $W(\Omega \cap A) = W(A) = W(\Omega)W(A); \; W(\Phi \cap A) = W(\Phi) = 0 = W(\Phi)W(A)$.

80) Wenn A und B unabhängig, also $W(A \cap B) = W(A)W(B)$, dann folgt wegen

$$W(A) = W(A \cap \Omega) = W(A \cap (B \cup \bar{B})) = W(A \cap B) + W(A \cap \bar{B}) = W(A)W(B) +$$
$+W(A \cap \bar{B})$, daß $W(A \cap \bar{B}) = W(A) - W(A)W(B) = W(A)(1 - W(B)) = W(A)W(\bar{B})$,
d.h. auch A und $\bar{B}$ sind unabhängig.

81) Bleibt er bei der zuerst gewählten Tür, dann gewinnt er genau dann, wenn er gleich die richtige trifft; die Wahrscheinlichkeit dafür ist 1/3. Wechselt er dagegen auf die andere noch nicht geöffnete Tür über, dann gewinnt er genau dann, wenn er zuerst eine der beiden falschen Türen wählt; dafür ist die Wahrscheinlichkeit 2/3. Die Gewinnchance ist also bei der 2.Strategie doppelt so groß. Mit dem Satz von der totalen Wahrscheinlichkeit kann man das so darstellen:
Sei A das Ereignis: „er wählt gleich die richtige Türe" und G das Ereignis: „er gewinnt". Dann gilt bei jeder Strategie

$$W(G) = W(A)W(G|A) + W(\bar{A})W(G|\bar{A}) .$$

Natürlich ist auch stets $W(A) = 1/3$ und $W(\bar{A}) = 2/3$. Bei der ersten Strategie ist aber $W(G|A) = 1$ und $W(G|\bar{A}) = 0$, während bei der Wechsel-Strategie $W(G|A) = 0$ und $W(G|\bar{A}) = 1$ ist.

82) Nach der hypergeometrischen Verteilung mit den Wahrscheinlichkeiten

$$W(A_k) = \frac{\binom{20}{k}\binom{30}{5-k}}{\binom{50}{5}}, k = 0,1,\ldots 5 ,$$

wobei A_k das Ereignis ist, daß k behandelte Tiere unter den 5 gestorbenen sind. Diese sechs Wahrscheinlichkeiten sind

$$0,06726, \ 0,2587, \ 0,3641, \ 0,2341, \ 0,0686, \ 0,00732.$$

Die entsprechenden Wahrscheinlichkeiten der Binomialverteilung mit $n = 5$ und $p = 20/50 = 0,40$ sind

$$0,0778, \ 0,2592, \ 0,3456, \ 0,2304, \ 0,0768, \ 0,0102.$$

83) $F(x) = 0$ für $x \leq a$ und $F(x) = 1$ für $x \geq b$. Für $a < x < b$ gilt

$$F(x) = \int_a^x \frac{1}{b-a} \, dx = \frac{x-a}{b-a} \, .$$

84) $f(x)$ ist eine Dichte, weil $f(x) \geq 0$ für alle x und weil

$$\int_{-\infty}^{\infty} f(x)dx = \int_1^{\infty} \frac{1}{x^2} \, dx = \lim_{b \to \infty} \int_1^b \frac{1}{x^2} \, dx = \lim_{b \to \infty} (1 - 1/b) = 1.$$

$F(x)$ ist gleich 0 bis $x = 1$, für alle $x > 1$ gleich $1 - 1/x$.

85) $E[|X - \mu|]$ läßt sich schreiben als Summe der Integrale

$$\int_{-\infty}^{\mu} (\mu - x)f(x) \, dx + \int_{\mu}^{\infty} (x - \mu)f(x) \, dx \; ; \; \text{Stammfunktion zu}$$

$$(x - \mu)f(x) = \frac{(x - \mu)}{\sqrt{2\pi}\sigma} e^{-(x-\mu)^2/2\sigma^2} \text{ ist } \frac{-\sigma}{\sqrt{2\pi}} e^{-(x-\mu)^2/2\sigma^2}$$

und wenn wir das $-$-Zeichen weglassen, haben wir eine Stammfunktion zu $(\mu - x)f(x)$. Damit können wir beide Integrale berechnen und erhalten für Normalverteilung: $E[|X - \mu|] = \sigma/\sqrt{2\pi} + \sigma/\sqrt{2\pi} = \sigma\sqrt{2/\pi}$.

86) Wegen $\mu = (a + b)/2$ und $\sigma = (b - a)/\sqrt{12}$ ist

$$W(\mu - \sigma \leq X \leq \mu + \sigma) = F((a+b)/2 + (b-a)/\sqrt{12}) - F((a+b)/2 - (b-a)/\sqrt{12})$$

$$= \frac{1}{b-a}[\frac{a+b}{2} + \frac{b-a}{\sqrt{12}} - a - \frac{a+b}{2} + \frac{b-a}{\sqrt{12}} + a] = \frac{2}{\sqrt{12}} \approx 0,577.$$

(s. Aufgabe 83!). Hier ist

$$E[|X - \mu|] = \int_a^b |x - \frac{a+b}{2}| \cdot \frac{1}{b-a} \, dx = 2 \int_{(a+b)/2}^b (x - \frac{a+b}{2}) \frac{1}{b-a} \, dx = \frac{b-a}{4}.$$

Wie bei der Normalverteilung ist also auch hier σ etwas größer als $E[|X - \mu|]$.

87) $W(|X - \mu| \geq 20) \leq \sigma_x^2/20^2 = 300 \cdot 0,25 \cdot 0,75/400 = 0,14.$

88) Es ist zu zeigen: $W(X = 0, Y = 0) = W(X = 0)W(Y = 0)$,
$W(X = 0, Y = 1) = W(X = 0)W(Y = 1)$, $W(X = 1, Y = 0) =$
$= W(X = 1)W(Y = 0)$ und $W(X = 1, Y = 1) = W(X = 1)W(Y = 1)$. Zum Beispiel folgt die dritte Gleichung aus $W(X = 1, Y = 0) = W(A \cap \bar{B}) = W(A)W(\bar{B}) =$
$W(X = 1)W(Y = 0)$, (mit A und B sind auch A und $\bar{B}$ nach Aufgabe 80 unabhängig!) Analog zeigt man die Richtigkeit der restlichen drei Gleichungen.

89) X, Y, Z sind unabhängig, weil für jeden der acht Punkte $(\delta_1, \delta_2, \delta_3)$ mit $\delta_i = 1$
oder 0 gilt: $W((X, Y, Z) = (\delta_1, \delta_2, \delta_3)) = W(X = \delta_1)W(Y = \delta_2)W(Z = \delta_3)$. Es gilt
z.B.

$$W((X, Y, Z) = (1, 0, 1)) = W(\{\omega | \omega \text{ in Dreieck FGS}\}) = \frac{1}{16} = \frac{1}{2} \cdot \frac{1}{2} \cdot \frac{1}{4}.$$

Auch die übrigen sieben Gleichungen kann man so beweisen. Damit sind auch X und
Y unabhängig und die Unabhängigkeit der Paare X, U und Y, U folgt daraus, daß
jeweils $W((X, U) = (\delta_1, \delta_2)) = 1/4 = (1/2)(1/2) = W(X = \delta_1)W(U = \delta_2)$ erfüllt ist
und dasselbe auch für Y, U gilt. Trotzdem sind die drei Variablen X, Y, U abhängig,
denn es gilt z.B. $W((X, Y, U) = (1, 1, 1)) = 0 \neq W(X = 1)W(Y = 1)W(U = 1) =$
$(1/2)(1/2)(1/2)$.

90) Es gibt im Einheitskreis z.B. keinen Punkt (x, y) mit $x \leq -3/4$ und $y \leq -3/4$.
Folglich ist $W(X \leq -3/4 , Y \leq -3/4) = 0 \neq W(X \leq -3/4)W(Y \leq -3/4)$ (die
beiden letzten Wahrscheinlichkeiten sind natürlich beide größer als 0.) Die Gleichverteilung von X, Y im Kreis hat also nicht die Unabhängigkeit der Variablen zur
Folge.
$F(x)$ ist gleich 0 für alle $x \leq -1$ und gleich 1 für alle $x \geq 1$. Für $-1 \leq x \leq 1$ ist
$F(x)$ gleich $1/\pi$ mal dem Flächeninhalt des Kreissegmentes links von der Geraden,
die parallel zur y-Achse ist und durch den Punkt x der x-Achse geht.
Es folgt $F(x) = 1 + (x\sqrt{1 - x^2} - \arccos x)/\pi$ für $-1 \leq x \leq 1$ und $H(y)$ ist dieselbe
Funktion in y. Der arccos läuft dabei von 0 bis π. Die Dichte $f(x)$ ist gleich 0 außerhalb des Intervalls $[-1, 1]$ und innerhalb gleich $F'(x) = 2\sqrt{1 - x^2}/\pi$. Die Dichte $h(y)$
ist natürlich dieselbe Funktion in y.

91) $\rho_{x,y} = 0,9611$. (Da wir eine Gleichverteilung auf den fünf möglichen Punkten
haben, die (X, Y) annehmen kann, wird $\rho_{x,y}$ ebenso wie der Bravais'sche Korrelationskoeffizient für die fünf Punkte berechnet.)

92) Wegen des großen Stichprobenumfangs von $n = 5527$ ist hier

$$Y = \frac{(X - np)}{\sqrt{np(1 - p)}} \text{ in guter Näherung nach } N(0, 1) \text{ verteilt und somit}$$

$$W(4000 \leq X \leq 4300) = W(\frac{4000 - 4145}{\sqrt{4145 \cdot 0,75}} \leq \frac{X - 4145}{\sqrt{4145 \cdot 0,75}} \leq \frac{4300 - 4145}{\sqrt{4145 \cdot 0,75}})$$

$$\approx \Phi(2,78) - \Phi(-2,60) = 0,9973 - 1 + 0,9953 = 0,9926.$$

93) X und Y wären dann unabhängig, also müßte $X - Y$ wieder normalverteilt sein, und zwar nach $N(11,(10^2 + 9^2)) = N(11,181)$. Der gesuchte Prozentsatz ist dann $100W(Y > X) = 100W(X - Y < 0)$. Es ist aber

$$W(X - Y < 0) = W(\frac{X - Y - 11}{\sqrt{181}} < \frac{-11}{\sqrt{181}}) = \Phi(\frac{-11}{\sqrt{181}}) = \Phi(-0,81) = 0,201.$$

Es müßte also bei etwa 20% aller Paare die Frau größer als der Mann sein.

94) Das durchschnittliche Gesamtgewicht $E[X + Y]$ ist $E[X] + E[Y] = 500 + 980 = 1480\,g$. Bei Unabhängigkeit ist die Varianz von $X + Y$ gleich $\sigma_x^2 + \sigma_y^2 = 100 + 64$, die Streuung des Gesamtgewichts der Flaschen ist dann $\sqrt{164} = 12,8\,g$. Sind X, Y korreliert mit $\rho_{x,y} = 0,80$, dann ist die Varianz von $X + Y$

$$E[(X+Y-500-980)^2] = E[((X-500)+(Y-980))^2] = E[(X-500)^2]+E[(Y-980)^2]+$$

$$+E[2(X-500)(Y-980)] = \sigma_x^2+\sigma_y^2+2cov[X,Y] = 100+64+0,80\cdot10\cdot8 = 164+64 =$$

$$= 228. \text{ Die Streuung ist dann } \sqrt{228} = 15,1\,g.$$

95) Der empirische Korrelationskoeffizient von Bravais ergibt folgende Schätzungen für die wahren Korrelationskoeffizienten:
$-0,376$ für T,U , $-0,732$ für T,N , $-0,528$ für T,Z ,
$0,147$ für U,N , $0,552$ für U,Z , $0,523$ für N,Z.

96) Die Likelihoodfunktion $f(x_1)f(x_2)\cdot\ldots\cdot f(x_n)$ wird nur dann nicht gleich 0, wenn $a \leq min\{x_1, x_2, \ldots, x_n\}$ und $b \geq max\{x_1, x_2, \ldots, x_n\}$ gewählt wird und ihr Wert ist dann $1/(b - a)^n$. Dieser ist aber unter der obigen Bedingung am größten, wenn $a = \hat{a} = min\{x_1, x_2, \ldots, x_n\}$ und $b = \hat{b} = max\{x_1, x_2, \ldots, x_n\}$ gesetzt wird.

97) Das Intervall ist $[0,280 \pm 1,96\sqrt{0,28\cdot0,72/75}] = [0,228 \; ; \; 0,332]$. Beide Faustregeln sind erfüllt.

98) $\bar{x} = 2,600$, $S = 0,5243$, $\tau_{0,95}(15) = 2,13$ (s. den Tabellenauszug in 10.2); das Konfidenzintervall ist

$$2,60 \pm 2,13 \cdot 0,5243/\sqrt{16}] = [2,32 \; , \; 2,88]$$

99) Aus $Y = BX^a\delta$ mit $\delta \approx 1$ folgt $\ln Y \approx a\ln X + \ln B$. Für die Logarithmen $u_i = \ln x_i$ und $v_i = \ln y_i$ erhält man die empirische Regressionsgerade $\hat{v} = \hat{a}u + \hat{b}$ mit $\hat{a} = 3,136$, $\hat{b} = -1,218$. Da $\hat{b}$ ein Schätzwert für $\ln B$ ist, schätzt $e^{-1,218} = 0,296$ die Konstante B. Der geschätzte Zusammenhang zwischen größtem Durchmesser X und Gewicht Y lautet also: $Y \approx 0,296\,X^{3,136}$.

100) Aus $Y = Be^{-\beta X}\delta$ mit $\delta \approx 1$ folgt $\ln Y \approx -\beta X + \ln B$. Für die Wertepaare ξ_i, v_i mit $\xi_1 = 5$, $\xi_2 = 6 \ldots$, $\xi_8 = 12$ und $v_i = \ln y_i$ lautet die empirische Regressionsgerade $\hat{v} = -0,09505\xi + 7,142$. Also ist $\hat{Y} = e^{7,142}e^{-0,09505\xi}$ ein Schätzwert für den Bestand Y zum Zeitpunkt ξ, welchem das Jahr $x = 1980 + \xi$ entspricht. Für $\xi = 14$, also für $x = 1994$, erhalten wir den Schätzwert 334.

101) Da nur bei 10 Ratten eine Präferenz festzustellen war, gilt für die Anzahl X derjenigen, die das unbestrahlte Futter vorziehen, bei richtiger H_0 :
$$W(X \geq 8) = W(X = 8) + W(X = 9) + W(X = 10) = (45 + 10 + 1)/2^{10} = 0,0547.$$ Mit dem kritischen Bereich $\{8, 9, 10\}$ wird also die geforderte Irrtumswahrscheinlichkeit $0,05$ etwas überschritten und daher kann die Nullhypothese nicht abgelehnt werden.

102) Es ist klar, daß die Schädelvolumina bei einer noch unbekannten Rasse sowohl einen nach oben, wie einen nach unten verschobenen Mittelwert haben können; würde man einseitig testen, dann müßte man sich auf jeden Fall schon vor dem Ausmessen der Schädel für eine der beiden Formen des einseitigen Tests entscheiden! Die Testgröße T des zweiseitigen t-Tests nimmt hier den Wert $-6,70$ an, dessen Betrag größer als die zweiseitige Schranke $\tau_{0,99}(4) = 4,60$ ist, die wir dem Tabellenauszug in 10.2 entnehmen können. Es handelt sich also mit großer Sicherheit um eine andere Rasse.

103) Das Mittel der Differenzen D_i ist $D = 0,41$ und die empirische Streuung der Differenzen ist $S_D = 0,46$. Die Testgröße des t-Tests für verbundene Stichproben nimmt daher den Wert $0,41\sqrt{5}/0,46 = 1,99$ an. Da dies kleiner ist als $\tau_{0,95}(4) = 2,78$, kann H_0 nicht mit der geforderten Sicherheitswahrscheinlichkeit abgelehnt werden.

104) Mit $p_0 = 1/2$ gilt $np_0(1 - p_0) = 49/4 = 12,5 > 9$, d.h. die standardisierte Größe $(X - np_0)/\sqrt{np_0(1 - p_0)} = (X - 24,5)2/7$ ist hinreichend genau nach $N(0; 1)$ verteilt. Für $X = 16$ nimmt sie den Wert $-2,43$ an, dessen Betrag kleiner als die Schranke $\lambda_{0,99} = 2,58$ des zweiseitigen Tests ist; wenn man allerdings von früheren Beobachtungen her vermuten darf, daß es weniger männliche als weibliche Kuckucke gibt, hätte man auch einseitig testen können; dann wäre die Schranke $-\lambda_{0,99}^* = -2,33$ unterschritten worden und man hätte die Nullhypothese ablehnen können!

105) Für die nach $Bi(30; 0,55)$ verteilte Testgröße ist die kritische Region des einseitigen Tests zu $\alpha_0 = 0,05$, der nur bei extrem großen X-Werten ablehnt, gleich $\{22, 23, \ldots, 30\}$, wobei die Irrtumswahrscheinlichkeit α nur etwa $0,035$ beträgt. Wenn X den Wert 25 annimmt, kann man also mit einer Sicherheitswahrscheinlichkeit von mehr als 95 % behaupten, daß die neue Methode der alten überlegen ist.

106) Bei $n' = 11$ Hennen hat sich die Anzahl der gelegten Eier verändert. Da man vermutet, daß sich das Fehlen des Hahns negativ auswirkt, wird man einseitig testen und die Nullhypothese nur ablehnen, wenn die Anzahl der positiven Differenzen klein genug ist. Zu $\alpha_0 = 0,05$ gehört dann der kritische Bereich $K = \{0, 1, 2\}$ mit der

tatsächlichen Irrtumswahrscheinlichkeit

$$\alpha = W(X = 0) + W(X = 1) + W(X = 2) = 1/2^{11} + 11/2^{11} + 55/2^{11} = 0,0327.$$

Würde man auch die 3 noch nach K geben, dann wäre $\alpha_0 = 0,05$ bereits übertroffen. Da X den Wert 3 angenommen hat, kann man die H_0 nicht ablehnen, obwohl die Beobachtungen dafür sprechen, daß sich das Verschwinden des Hahns zunächst negativ auf die Leistung der Hennen auswirkt.

107) Der Betrag 1 kam 13-mal vor; diese Differenzen erhalten alle die 7 als Rangzahl. Der Betrag 2 kam 12-mal vor und die betreffenden Differenzen bekommen die Rangzahl $13 + \frac{1}{2}(12 \cdot 13)/12 = 19,5$. Die drei Differenzen mit Betrag 3 erhalten die 27 und die beiden Differenzen mit Betrag 4 erhalten 29,5 als Rangzahl. Bei dieser gegebenen tie-Struktur ist die Varianz von V bei richtiger H_0 gleich $\frac{1}{4}[13 \cdot 7^2 + 12 \cdot 19,5^2 + 3 \cdot 27^2 + 2 \cdot 29,5^2] = 2281,87$. Die genäherte zweiseitige Testschranke zu $\alpha = 0,05$ ist daher $1,96 \cdot \sqrt{2281,87} = 93,63$. Ohne Berücksichtigung der ties hätte man die genäherte Testschranke $1,96\sqrt{30 \cdot 31 \cdot 61/24} + 0,5 = 95,79$.

108) Wir haben 8 Differenzen mit Betrag 1, zwei mit Betrag 2 und eine mit dem Betrag 3. Daher werden die Rangzahlen $4,5$ $9,5$ und 11 erteilt. Die einseitige Testschranke für den Fall ohne ties ist $c_{0,95}^*(11) = 20,0$; Die Testgröße $V = R_+ - 11 \cdot 12/4$ nimmt den Wert $12,5 - 33 = -20,5$ an, unterschreitet also $-c_{0,95}^*(11) = -20$. Die exakte Testschranke, die man für die gegebene tie-Struktur berechnen könnte, wäre kleiner als $20,0$. Daher kann H_0 jetzt bei der gegebenen Irrtumswahrscheinlichkeit $0,05$ abgelehnt werden.

109) Wenn alle Beträge der n' beobachteten $D_i \neq 0$ gleich sind, dann wird nur die Rangzahl $(n' + 1)/2$ vergeben. R_+ ist dann gleich $X(n' + 1)/2$, wenn X die Anzahl der positiven D_i ist. Also ist $V = X(n'+1)/2 - n'(n'+1)/4$ eine lineare Funktion der Testgröße X des Vorzeichentests und damit folgt schon die Äquivalenz der beiden Tests in diesem Spezialfall.

110) Unter den $n' = 13$ von 0 verschiedenen D_i kommt der Betrag 1 dreimal, der Betrag 2 fünfmal, Betrag 3 dreimal und Betrag 4 zweimal vor. Wir erteilen daher die Rangzahlen $2,6,10$ und $12,5$. Wenn es als möglich erscheint, daß sowohl Sorte A, als auch Sorte B resistenter ist, dann testen wir zweiseitig. Die exakte Testschranke $c_{0,95}(13)$ für den Fall ohne ties ist gleich $28,5$. Für V erhalten wir den Wert $13 \cdot 14/4 - R_- = 45,5 - 22 = 23,5$. Die Beobachtungen sprechen also für eine größere Resistenz der Sorte A, aber die Nullhypothese, die gleiche Resistenz behauptet, kann bei der geforderten Sicherheitswahrscheinlichkeit von $\beta = 0,95$ nicht abgelehnt werden.

111) a) Ohne den „Ausreißer" haben wir $m = 16, n = 9$ und die zweiseitige Testschranke $c_{0,99}(16,9)$ ist laut Tabelle $45,0$. Wir erhalten für V den Wert $39,5$ und können H_0 bei der geforderten hohen Sicherheitswahrscheinlichkeit von 99% nicht ablehnen. Dasselbe Resultat ergibt sich beim U-Test, da dieser äquivalent zum Zweistichprobentest von Wilcoxon ist. Die entsprechende Schranke für $min(U_x, U_y)$

ist $-45,0 + 9 \cdot 16/2 = 27$. Da $U_y = V + mn/2 = 39,5 + 72 = 111,5$ und daher $U_x = mn - U_y = 144 - 111,5 = 32,5$, unterschreitet $min(U_x, U_y) = 32,5$ die Schranke 27 nicht (die Differenz zur Testschranke ist genauso groß wie bei V).

b) Berücksichtigt man den „Ausreißer" als kleinsten Wert (ob dies 0 oder irgendeine Punktzahl kleiner als 17 ist, wirkt sich gleich aus), dann wachsen alle bei a) erteilten Rangzahlen um 1. Dort war $R_y = 156,5$, jetzt erhalten wir $R_y = 156,5 + 9 = 165,5$. Da der „Ausreißer" bei den X-Werten auftritt, wächst R_x von $168,5$ um $1 + 16 = 17$ auf $185,5$. Die Testgröße V nimmt jetzt also den Wert $165,5 - 9 \cdot (17 + 9 + 1)/2 = 44,0$ an, die Schranke $c_{0,99}(17,9)$ ist $47,5$. Auch jetzt kann man also die Nullhypothese nicht mit der geforderten hohen Sicherheitswahrscheinlichkeit von 99% ablehnen und der U-Test liefert natürlich wieder dasselbe Resultat. Man hätte übrigens sowohl bei a), als auch bei b) ablehnen können, wenn man mit $\beta = 0,95$ zufrieden wäre; dann hätte nämlich V jeweils die Schranken $c_{0,95}(16,9) = 35,0$ bzw. $c_{0,95}(17,9) = 37,5$ überschritten.

112) Da ties auftreten, benutzen wir (2) in der Form $1 - 6 \sum (s_i - r_i)^2/(n^3 - n)$ und erhalten für R_{sp} den Näherungswert $-0,3196$. Den exakten Wert erhalten wir mit (3) zu $-0,33153$. Wenn also nicht zu viele ties auftreten, ergibt (2) eine gute Näherung. Das Resultat spricht dafür, daß sich die kleineren Äpfel länger halten. Es ist aber sicher nicht signifikant bei zweiseitigem Test mit $\alpha = 0,05$, denn der Betrag von R_{sp} hat die genäherte Testschranke $1,96/\sqrt{15} = 0,506$ bei weitem nicht erreicht.

113) Da alle Zeilensummen gleich 100 sind, sind alle hypothetischen Besetzungszahlen der 1.Spalte gleich $284 \cdot 100/500 = 56,8$, die der 2.Spalte gleich $146 \cdot 100/500 = 29,2$ und die der 3.Spalte sind alle gleich $70 \cdot 100/500 = 14$. Allein schon die fünf Summanden, die mit den Besetzungszahlen der 2.Spalte gebildet werden, ergeben eine Summe, die größer ist als die Testschranke $chi_{0,99}(8) = 20,09$. Also kann H_0 abgelehnt werden, d.h. wir dürfen mit einer Sicherheitswahrscheinlichkeit von 99% behaupten, daß die Behandlungsmethoden einen Einfluß auf den Keimerfolg haben.

114) Ein χ^2-Test mit einer Vierfeldertafel wäre nur dann sinnvoll, wenn alle Störche einzeln und zu verschiedenen Zeiten flögen. Da sie aber in Gruppen fliegen, ist die Unabhängigkeit der Beobachtungen nicht gewährleistet; es kann z.B. eine ganze Gruppe in einen Sturm geraten, beschossen werden etc..

115) Da alle vier hypothetischen Besetzungszahlen erheblich größer sind als 5 und n immerhin gleich 300 ist, verwenden wir die unkorrigierte Testgröße (9). Aber auch diese ist nur gleich $2,296$ und das ist kleiner als die Testschranke $chi_{0,95}(1) = 3,84$. Sie ist also nicht signifikant.

116) Auch hier kann man die unkorrigierte Testgröße für die Vierfelder-Tafel verwenden. Sie nimmt den Wert $4,985$ an und ist somit bei dem geforderten Testniveau $0,05$ signifikant, da sie die Schranke $3,84$ übertrifft. Die nach Yates korrigierte Testgröße übertrifft die Schranke ebenfalls, allerdings nur knapp; sie nimmt im Vergleich zur

unkorrigierten Testgröße den erheblich kleineren Wert 3, 987 an!

117) Da man die Überlegenheit des Substrats vermutet und nachweisen möchte, ist hier einseitig zu testen. Bei Gleichwertigkeit von Substrat und Walderde sind die 4 überlebenden Bäumchen eine Zufallsauswahl aus den 17 vorhandenen und daß keiner der vier in Walderde stand, ist ebenso wahrscheinlich, wie das folgende Ereignis beim Ziehen ohne Zurücklegen: aus einer Urne mit 9 weißen und 8 schwarzen Kugeln werden vier gezogen und unter den vier gezogenen ist keine weiße Kugel. Die Wahrscheinlichkeit dafür ist nach der hypergeometrischen Verteilung gleich $\binom{9}{0}\binom{8}{4} : \binom{17}{4} = 0,0294$. Wenn also n_{11} in der Vierfeldertafel die Anzahl der in Walderde überlebenden Bäumchen bedeutet, dann haben wir den kleinstmöglichen Wert von n_{11} beobachtet, der die Wahrscheinlichkeit 0, 0294 besitzt. Daher kann H_0 bei der gefordertenSicherheitswahrscheinlichkeit 0, 95 abgelehnt werden und man wird behaupten, daß das Substrat günstiger ist.

Literatur

A) Mathematik für Biologen und andere Naturwissenschaftler

[1] E.Batschelet: Einführung in die Mathematik für Biologen; Heidelberg 1980
[2] L.Cavalli-Sforza: Biometrie; Stuttgart 1969
[3] G.Fuchs: Mathematik für Mediziner und Biologen; Heidelberg 1969
[4] K.P.Hadeler: Mathematik für Biologen; Heidelberg 1974
[5] J.Hainzl: Mathematik für Naturwissenschaftler; Stuttgart 1977
[6] B.L.v.d.Waerden: Mathematik für Naturwissenschaftler; Mannheim 1975
[7] E.Walter: Biomathematik für Mediziner; Stuttgart 1980

B) Bücher zu speziellen Anwendungen der Mathematik in der Biologie

[8] C.L.Chiang: Introduction to Stochastic Processes in Biostatistics;
    New York 1968
[9] J.H.M.Thornley: Mathematical models in Plant Physiology; London 1976
[10] E.Weber: Mathematische Grundlagen der Genetik; Jena 1978

Ferner sei auf die vielen Bände der Reihe „Biomathematics" des Springer-Verlags (Heidelberg) hingewiesen.

C) Lehrbücher der Statistik für Biologen u.a. Naturwissenschaftler

[11] A.Linder: Statistische Methoden für Naturwissenschaftler, Mediziner und
    Ingenieure; Basel 1959
[12] A.Linder: Planen und Auswerten von Versuchen; Basel 1959
[13] E.Weber: Grundriß der Biologischen Statistik; Jena 1964

D) Wegen fehlender Beweise wurden zitiert:

[14] H.Grauert, I.Lieb: Differential- und Integralrechnung I,II und III;
    Heidelberg 1976
[15] H.Hermes: Einführung in die Mathematische Logik; Stuttgart 1969
[16] H.W.Knobloch, F.Kappel: Gewöhnliche Differentialgleichungen;
    Stuttgart 1974
[17] W.W.Stepanow: Lehrbuch der Differentialgleichungen; Berlin 1956

E) Literatur zu den Kapiteln 9 bis 11 (Statistik)

[18] H.Basler: Zur Definition von Zufallsstichproben aus endlichen
    Grundgesamtheiten; Metrika 26 (1979), 219-236

[19] H.Basler: Verbesserung des nichtrandomisierten exakten Tests von Fisher; Metrika 34 (1987), 287-322

[20] H.Basler: Grundbegriffe der Wahrscheinlichkeitsrechnung und Statistischen Methodenlehre; 9.Auflage, Heidelberg 1986

[21] H.Basler: Equivalence between tie-corrected Spearman test and a Chi-square test in a fourfold contingency table; Metrika 35 (1988) 203- 209

[22] K.L.Chung: Elementare Wahrscheinlichkeitsrechnung und Stochastische Prozesse; Heidelberg 1978

[23] K.L.Chung: A course in probability theory; New York 1968

[24] J.Dufner, U.Jensen, E.Schumacher: Statistik mit SAS; Stuttgart 1992

[25] M.Fisz: Wahrscheinlichkeitstheorie und Mathematische Statistik; 3.Auflage, Berlin 1965

[26] R.J.Lorenz: Grundbegriffe der Biometrie; 2.Auflage, Stuttgart 1988

[27] J.Pfanzagl: Allgemeine Methodenlehre der Statistik II, 4.Auflage, Berlin 1974

[28] A.Rényi: Wahrscheinlichkeitsrechnung; 2.Auflage, Berlin 1966

[29] S.Siegel: Nonparametric statistics for the behavioral sciences; New York 1956

[30] B.L.v.d.Wærden: Mathematische Statistik; 2.Auflage, Berlin 1965

F) Tabellenwerke

[31] A.Hald: Statistical tables and formulas; New York 1952

[32] D.B.Owen: Handbook of statistical tables; Reading Mass./Palo Alto 1962

[33] W.Wetzel, M.D.Jöhnk, P.Naeve: Statistische Tabellen; Berlin 1967

Sachverzeichnis

Abbau radioaktiver Substanz 90,
168,207
abgeschlossenes Intervall 11
Ableitung 97ff
-en, höhere 118
-, partielle 208
absolute Extrema 113,217
absoluter Fehler 273
Abszisse 20
Additionstheoreme 110f
allometrische Differentialgl. 172
Amplitude 96
Anfangsphase 22
Anpassungstest 334
Anstieg 23,100,210
äquivalent 8
äquivalente Tests 354, 363f
arithmetisches Mittel 288,297
Aussagen 7
Axiome der Wahrscheinlichkeit 238

Bäumchen-Diagramm 228,349
bedingte Wahrscheinlichkeit 240
Bernoulli-Schema 248f
Beschleunigung 124,141
Bestimmtheitsmaß 321
Beweis, direkter 9
-, indirekter 9
Bindungen (s.ties) 351
Binomischer Satz 48
biologisches Gleichgewicht 38,185
Bravais, Korrelationskoeff. von 302
Brechungsgesetz 19,120

Cauchy-Kriterium 42
charakteristische Gleichung 62,186
Chi-Quadrat-Tests 375ff
Chi-Quadrat-Verteilung 262f,375
cosinus 18
cotangens 18
C^{14}-Methode

Definitionsbereich 13

dekadische Logarithmen 92
Differentialgleichungen 165ff
-, partielle 220ff
Differenzengleichungen 55ff
Differenzenquotient 98
differenzierbar 99
Diffusion 60,169,221
Dimension 122,141
Dimensionsproben 123,148,160,223
direkter Beweis 9
Divergenz 39
Dreiecksungleichung 17
Durchschnitt 236
dyadische Logarithmen 93

Elementarereignis 229
Ellipse 32,35
empirische Regressionsgerade 316
empirischer Korrelationskoeff. 302
empirische Verteilung 298
Ereignisse, zufällige 230
-, unabhängige 242
Ergänzung, quadratische 63
Erwartungstreue 297f
Erwartungswert 263ff
Eulers e 41,84
Exponentialfunktion 81ff
Exponentialreihe 83
Exponentialverteilung 256,260
Extinktionskoeffizient 93
Exzentrizität, lineare 35

Fakultät 50
Fehler, absoluter 273
-, prozentualer 156
-, relativer 156, 273
- 1. Art 324
- 2. Art 326
Fibonacci 61
Fick'sches Gesetz 169
Folge 36
-, geometrische 37
Funktion 13

Funktion mehrerer Variablen 196
Funktionsflächen 199

gedämpfte Schwingung 96,185f
geometrische Folge 37
- Reihe 52
Geschwindigkeit 124,141
Gesetz der großen Zahl 290
gleichmäßig besserer Test 326
gleichverteilt 263, 278
Graph 15
Grenzwert 39,45
Grenzwertsatz, zentraler 290

Halbwertzeit 91
Hardy und Weinberg 202,245ff
Hauptsatz der Integralrechnung 130
hinreichend 8
Höhenlinien 204
Hooke'sches Gesetz 143
Horner-Schema 76

Imaginäre Einheit 65
Imaginärteil 65
indirekter Beweis 9
Induktion, vollständige 40
Integral 128ff
- , bestimmtes 131
- , unbestimmtes 131
Interpolation 156ff
Irrtumswahrscheinlichkeit 324
Iteration 154f

Kegelvolumen 144
Kettenregel 106,213
Komplement 7,237
komplexe Zahlen 65,187
- , konjugierte 66
Konfidenzintervall 307ff
- für unbekannten Anteil 312
- für unbek. Erwartungswert 308
Konsistenz 297
Kontingenztafel 379
Kontinuitätskorrektur 295,350
Konvergenz 38
-kriterien 42ff

Korrelation 282ff
Kovarianz 283
Kreiskegel 144
Kriterien, hinreichende 8
- , notwendige 8
kritischer Bereich 324
Kugelvolumen 144

Lagrange-Formeln 80
Laplace-Formel 231
limes 39,45
lineare Differentialgl. 165ff
lineare Differenzengl. 55ff
Lipschitz-stetig 167
Logarithmen 86ff
logistische Funktion 180

Maximum, absolutes 113,217
- , relatives 114,217
Maximum-Likelihood 304
Menten-Michaelis-Funktion 181
- , multiple 212
Minimum, absolutes 113,217
- , relatives 114, 217
Mischverteilung 311
Mittel der Stichprobe 288f,297
- , standardisiertes 293
Mittelwertsätze 116,129
Momentanbeschleunigung 124
Momentangeschwindigkeit 124
Monotonie 14,38

n-dimensionaler Raum 196
Newtons Verfahren 153
- Differentialgleichung 180
Normalverteilung 256ff
notwendige Bedingung 8
Nullfolge 99
Nullhypothese H_0 323

obere Schranke 12
Obersumme 133
offenes Intervall 11
Ordinate 20

Parabeln 26

Parameterdarstellung 30
partielle Ableitung 208f,214
partielle Differentialgl. 220ff
partielle Integration 135
Pascal'sches Dreieck 49
PASCAL-Programm für $\bar{x}$ und s 392
- für das r von Bravais 393
- für den Rangkorrelationskoeff. 396
- für den Vorzeichen-Rang-Test 394
- für den Zweistichproben-Test von
  Wilcoxon 393
- für die empirische Regressionsgerade
  397
Perspektive 200
Polarkoordinaten
Polynom 16,74ff
Prinzip der kleinsten Quadrate 304
Produkt-Moment-Formel 302
Produktregel 104
Pythagoras 25,198

Quadrate, Prinzip der kleinsten 304
quadratische Ergänzung 63
- Interpolation 157
Quotientenregel 105

radioaktiver Zerfall 90,267f
Rangkorrelation 368ff
Räuber-Beute-Modelle 68,184,194
Realteil 65
Regression 315
regula falsi 155
Reihen 51ff
relative Extrema 114,217
relativer Fehler 273
Riemann-Integral 133f
Rotationskörper 144

Satz von Fermat 115
- von der totalen Wahrscheinlichkeit
  244
- von Hardy und Weinberg 202,245f
- von Rolle 116
Schätzfunktionen 297
- erwartungstreue und konsistente 297
Schätzprinzip, allgemeines 299
Scheinperspektive 200f

Schlußkette 8
Schwerpunkt 145
Schwingungen 22,94ff,182
- , gedämpfte 185
- , ungedämpfte 182
Schwingungsdauer 22,94
Sicherheitswahrscheinlichkeit 324
signifikant 325
Signifikanztest 322ff
Simpsons Verfahren 158ff
sinus 18
Spearmans Rangkorrelationskoeffizient
  368ff
Spiralen 27,33
Stammfunktion 131
Standard-Abweichung 273
Standardisierung 287
Standard-Normalverteilung 257,261
Stetigkeit 15,100
Stichprobe 233,296
Stichprobenergebnis 298
Streuung 272
Substitutionsregel 136

tangens 18
Tangenten 101
Taylor-Polynome 161ff
Test von Fisher 380f
- von Mann und Whitney 363
- von $p = p_0$ 327
- von Wilcoxon (Zweistichprobentest)
  354
Testschranken
- der χ^2-Verteilung 389
- der $N(0,1)$-Verteilung 308,329
- der t-Verteilung 310f
- für den Vorzeichen-Rang-Test 348
- für den Zweistichproben-Test von
  Wilcoxon 365ff
- für Spearmans R_{sp} 374
ties 351
totale Wahrscheinlichkeit 244
Treppenfunktion 259
Tschebyschew-Ungleichung 274
t-Test 330ff

Umgebung 198
Umkehrfunktion 14,87
Umrechnungsfaktor für Grad- und Bogenmaß 21
- für Logarithmen 92
Unabhängige Ereignisse 242
- Stichproben 355
- zufällige Variable 275,280
- uneigentliches Integral 149ff
- ungedämpfte Schwingung 94
Untersumme 133
Urnenmodelle 231,251
U-Test 363f

Variable 13
- , zufällige 252
Varianz 269
verbundene Stichproben 333
Vereinigung 236
Verteilung, empirische 298
- , Exponential- 256,260
- , hypergeometrische 235
- , Normal- 256,260f,290
Verteilungsfamilie 287
verteilungsfreie Verfahren 341
Verteilungsfunktion 257
Vierfelder-Tafel 384
Volumenberechnung 143f
Vorzeichentest 326,340ff
Vorzeichen-Rang-Test 345
- , Testscchranken für 348

Wachstum, unbeschränktes 166
Wärmediffusion 222f
Wendepunkt 181
Wertebereich 13,197
Winkelfunktionen 18
- , Umkehr der 29
Wurfparabel 31

Yates (s. Kontinuitätskorrektur)

Zählvariable 294
Zenons Paradoxon 53

Zentraler Grenzwertsatz 290
Zerfallskonstante 90
Zerlegung von Kräften 18
- von Ω 244
zufällige Auswahl 233
zufälliges Ereignis 231
zufällige Variable 252
- - vom diskreten Typ 255
- - vom stetigen Typ 255
Zweistichproben-Test 354ff
Zwischenwertsatz 15
Zykloide 36

Metzler
Dynamische Systeme in der Ökologie

Mathematische Modelle und Simulation

Dynamische Systeme begegnen uns in diesem einführenden Text als deterministische Modelle ökologischer Phänomene. Das Buch verbindet ihre Modellierung und Simulation mit der mathematischen Analyse ihres Lösungsverhaltens und wendet sich damit hauptsächlich an Studenten der Mathematik, der Biologie und der Informatik in den Anfangssemestern.

Am Beginn steht eine anschauliche Einführung in die Modellierung dynamischer Vorgänge mit Hilfe von Zuständen und Flüssen. Es wird ein Arbeitskonzept vorgestellt, welches den Leser von einer umgangssprachlichen Problembeschreibung hinführt zur mathematischen Darstellung als Differentialgleichungssystem. Dieses Konzept wird durch eine graphenorientierte Simulationssprache konkretisiert. Anschließend werden mathematische Hilfsmittel zur Stabilitätsanalyse der Differentialgleichungsmodelle bereitgestellt.

Beide Instrumente werden beispielhaft zur Modellierung und Analyse sowohl klassischer ökologischer Fragestellungen (z. B. Räuber-Beute-Systeme) als auch neuzeitlicher Probleme (Waldsterben) eingesetzt. Dabei versucht das Buch seinem Anspruch als Einführungstext dadurch gerecht zu werden, daß es, von wenigen Ausnahmen abgesehen, lediglich auf Grundkenntnisse über die Differenzierbarkeit von Funktionen und über die Lösung linearer Gleichungssysteme zurückgreift.

Aus dem Inhalt:

Arbeitsbeispiel "Weltmodell" – Modellerstellung und Simulation – Ebene autonome Differentialgleichungssysteme – Numerische Integration – Stabilität – Klassifikation von Gleichgewichtspunkten – Langzeitverhalten nichtlinearer Systeme – Wechselwirkungen in ökologischen Systemen – Populationsmodelle und logistisches Wachstum – Volterra-Exklusionsprinzip – Räuber-Beute-Systeme – Waldsterben: Simulation und Differentialgleichungsmodelle

Von Dr. **Wolfgang Metzler**
Gesamthochschule/
Universität Kassel
unter Mitwirkung von
Dipl.-Math. **Dieter Gockert**
Gesamthochschule/
Universität Kassel

1987. 210 Seiten.
13,7 x 20,5 cm.
Kart. DM 28,80
ÖS 225,– / SFr 28,80
ISBN 3-519-02082-3

(Teubner Studienbücher)

Preisänderungen vorbehalten.

B. G. Teubner Stuttgart

Dufner/Jensen/ Schumacher
Statistik mit SAS

Die statistische Datenanalyse erfordert in der praktischen Durchführung den Einsatz eines Statistik-Softwarepaketes. SAS (Statistical Analysis System) zählt zu den am weitesten verbreiteten und leistungsfähigsten Software-Systemen dieser Art. Es enthält neben den üblichen Auswertungsroutinen eine große Zahl spezieller Prozeduren, die mit Hilfe einer eigenen Programmiersprache flexibel eingesetzt werden können.
Im Buch wird anhand einer Vielzahl von typischen Problemstellungen die statistische Modellbildung erläutert und die Durchführung der Rechnung mit SAS beschrieben. Die mit SAS erhaltenen Ergebnisse werden interpretiert und gegebenenfalls graphisch dargestellt. Eine Zusammenstellung der Grundlagen der Wahrscheinlichkeitsrechnung und der Statistik dient als Basis für die Erläuterung der einzelnen statistischen Verfahren.
Obwohl sich das Buch auf die PC-Version von SAS bezieht, ist es mit wenigen Einschränkungen auch für den Benutzer der Großrechner-Version geeignet.
Der Leser soll in die Lage versetzt werden, sein statistisches Problem mit Hilfe von SAS auf dem PC zu lösen. Dafür sind Vorkenntnisse aus der Statistik nötig, Erfahrungen mit dem PC werden nicht vorausgesetzt, jedoch sind Grundkenntnisse des Betriebssystems DOS von Vorteil.

Aus dem Inhalt:

Grundlagen des SAS-Systems für PC – Beschreibende Statistik – Nichtlineare Anpassung – Grundlagen der Wahrscheinlichkeitstheorie und Statistik – Normalverteilungstests – Anpassungstests – Verteilungsunabhängige Verfahren – Versuchspläne – Varianzanalyse (Ein- und Mehrfachklassifikation, zufällige Effekte, spezielle Randomisationsstrukturen, fehlende Werte) – Regressionsanalyse (einfache lineare Regression, multiple Regression, Kovarianzanalyse)

Von Prof. Dr. **Julius Dufner,** Universität Hohenheim, Priv.-Doz. Dr. **Uwe Jensen,** Universität Hohenheim und Dr. **Erich Schumacher,** Universität Hohenheim

1992. 398 Seiten.
13,7 x 20,5 cm.
Kart. DM 42,–
ÖS 328,– / SFr 32,–
ISBN 3-519-02088-2

(Teubner Studienbücher)

Preisänderungen vorbehalten.

B. G. Teubner Stuttgart